海底管道工程与管理

苏春梅　沙　秋　杨泽亮　◎等编著

石油工業出版社

内 容 提 要

本书系统地介绍了海底管道系统设计、施工、运行维护、管理等方面内容，涉及海底管道发展历史与趋势、海底管道系统工艺、路由选择、材料与焊接、腐蚀控制、海底管道结构设计、海上施工、海底管道检测、管道在位隐患治理、管道泄漏维抢修及应急预案、完整性管理。

本书对从事海底管道设计、施工、运行维护管理的工程师具有直接的指导作用，也可作为海洋石油工程相关专业的研究生进行该方面课程学习的重要参考书。

图书在版编目（CIP）数据

海底管道工程与管理/苏春梅等编著. —北京：石油工业出版社，2022.12

ISBN 978 - 7 - 5183 - 5536 - 5

Ⅰ. ① 海… Ⅱ. ① 苏 …Ⅲ. ① 水下管道 - 海底铺管 - 管道工程 - 工程管理 Ⅳ. ① P756.2

中国版本图书馆 CIP 数据核字（2022）第 148740 号

出版发行：石油工业出版社

（北京安定门外安华里 2 区 1 号　100011）

网　址：www. petropub. com

编辑部：（010）64523535　图书营销中心：（010）64523633

经　　销：全国新华书店

印　　刷：北京中石油彩色印刷有限责任公司

2022 年 12 月第 1 版　2022 年 12 月第 1 次印刷

787 × 1092 毫米　开本：1/16　印张：30.25

字数：775 千字

定价：240.00 元

前　言
PREFACE

海底管道工程在现代石油工业中具有相当重要的作用，海底管道是海上油气生产设施中不可缺少的组成部分，能快捷、安全、经济连续地输送大量油气，像“血管”一样能把海上油气田的生产集输系统和储运系统有机联系起来。

当今世界能源需求不断增加，陆上油气资源逐渐匮乏。石油和天然气作为主要能源，既蕴藏在陆地的底层深处，也蕴藏在海底的底层深处。我国有 $300\times10^4km^2$ 的海洋国土面积，海域油气资源非常丰富，油气资源量超过 850×10^8t 油当量，是东亚地区最大的含油气区，也是世界上最大的含油气区之一。中国近海石油地质资源主要集中于渤海湾盆地海域、珠江口和北部湾三大盆地，石油地质资源量累计超过 210×10^8t，占近海的93%；天然气地质资源主要分布于东海、琼东南、珠江口、莺歌海、渤海湾五大盆地，天然气地质资源量累计超过 $17\times10^{12}m^3$，占近海的97%。海上油气生产已经成为重要的能源增长极，亚洲地区引领了全球海上油气勘探活动的复苏，中国海域是勘探活动最为活跃的地区之一。海上油气新增储量继续引领全球，已经由浅近海开始向深水、超深水迈进，海底管道也将向深海发展，将采出的油气输送至陆地终端储存或加工处理。

我国目前已建成海洋油气开发与储运海底管道超过8000km，主要分布在渤海、东海和南海油气田，包括混输、原油、天然气、注水、柴油及三甘醇等多种介质类型，以中国海油建设的海底管道最多，占90%以上，中国石化建设的海底管道主要以胜利油田的浅近海管道为主，中国石油建设的海底管道主要以辽河油田、大港油田和冀东油田的浅近海管道为主。油气储运类的海底管道主要集中在西气东输二线管道、中缅油气管道和西气东输三线管道等重大能源通道的建设上。

海底管道的优点是可以连续输送，几乎不受环境条件的影响，不会因海上设施容量限制或穿梭油轮的接运不及时而被迫减产或停产，输油效率高，运油能力大。海底管道铺设工期短、投产快、管理方便和操作费用高。缺点是管道处于海底，多数需埋设于海底中一定深度，检查和维修困难，处于潮差带或波浪破碎带的管段，特别是立管，受风浪、潮流、冰等影响大，海管悬空超过设计条件或海床不稳定易造成海管断裂，海管裸露海床或埋深不够易受抛锚破坏。海底管道工程投资巨大，发生失效后的维修费用十分昂贵。原油泄漏不但会造成油气田停产，而且将导致海洋生态环境的污染。因此，有必要系统总结海底管道工程设计、建设及运行管理的相关要点，结合海底管道工程具体实践，编写《海底管道工程与管理》一书，为海洋油气行业的从业人员提供思路、参考和借鉴。

本书旨在介绍海底管道系统从前期规划、可行性研究，到设计、施工、运行维护与抢修等全方面概念性内容。

第 1 章简单介绍了海底管道的分类、现状与发展趋势；第 2 章介绍海底油、气、水及多相流管道的系统工艺；第 3 章介绍海底管道的路由选择原则及考虑因素；第 4 章介绍海底管道的材质选择及焊接检验；第 5 章介绍海底管道的内外腐蚀及控制措施；第 6 章介绍海底管道的结构设计；第 7 章介绍海底管道的施工；第 8 章介绍管道在完成建设或运行阶段的内外检测技术；第 9 章介绍管道运行期间的常见风险及隐患治理手段；第 10 章介绍管道运行期间的泄漏维抢修方法及应急预案措施；第 11 章介绍海底管道完整性管理的基本知识和推荐做法。

本书由苏春梅、沙秋、杨泽亮统稿并审定。第 1 章由苏春梅、杨泽亮、黄水祥、沙秋编写，第 2 章由郭紫薇、孔霞、於增月编写，第 3 章由黄水祥、景苏明编写，第 4 章由康煜媛编写，第 5 章由李雪、黄水祥编写，第 6 章由韩鹏、黄水祥、黄昕明编写，第 7 章由陈超、韩鹏编写，第 8 章由郭紫薇、黄水祥编写，第 9 章由杨泽亮、黄昕明编写，第 10 章由杨坤、周刘芳惠、运嘉璐编写，第 11 章由景苏明、沙秋编写。

本书在编写过程中得到了中国石油油气和新能源分公司、中国石油工程项目管理公司天津设计院等单位的大力支持，在此一并致谢。

由于本书内容涉及技术领域广泛，受笔者知识和经验所限，书中难免存在不足之处，敬请广大读者提出宝贵意见，共同促进我国海底管道工程设计、施工和运维等的完整性管理水平不断提高。

目录
CONTENTS

第 1 章　绪论 …… 1

1.1　海底管道分类 …… 1

1.2　国内外海底管道建设现状 …… 2

1.3　海底管道法律法规及标准规范 …… 5

1.4　海底管道发展趋势 …… 7

参考文献 …… 11

第 2 章　海底管道系统工艺 …… 13

2.1　输油管道工艺 …… 13

2.2　输气管道工艺 …… 43

2.3　多相流混输工艺 …… 73

2.4　输水管道工艺 …… 88

2.5　管道热绝缘设计 …… 94

参考文献 …… 94

第 3 章　海底管道路由选择 …… 95

3.1　海底管道路由选择一般性原则 …… 96

3.2　自然环境因素 …… 96

3.3　社会影响因素 …… 108

3.4　基于三维海床的路由选择技术 …… 111

3.5　案例研究 …… 123

参考文献 …… 125

第 4 章　材料与焊接 …… 126

4.1　管材 …… 126

4.2　管件 …… 146

4.3　焊接与检验 …… 159

参考文献 …… 185

第 5 章　腐蚀控制 …… 186
5.1　腐蚀机理 …… 186
5.2　海洋腐蚀环境 …… 190
5.3　外腐蚀与防护 …… 198
5.4　阴极保护 …… 204

第 6 章　海底管道结构设计 …… 214
6.1　结构设计方法 …… 214
6.2　强度 …… 221
6.3　稳定性 …… 231
6.4　自由悬跨 …… 252
6.5　管道膨胀及屈曲 …… 270
6.6　第三方破坏风险及力学保护 …… 288
6.7　海底管道穿越及跨越 …… 314
6.8　管道登陆设计 …… 331
6.9　立管 …… 335
参考文献 …… 348

第 7 章　海上施工 …… 350
7.1　管道安装方法 …… 350
7.2　国内外铺管船舶资源 …… 354
7.3　管道登陆施工 …… 378
7.4　提吊连头 …… 381
7.5　立管安装 …… 381
7.6　挖沟 …… 382
7.7　回填 …… 384
参考文献 …… 385

第 8 章　海底管道检测 …… 386
8.1　管道检测内容 …… 386
8.2　内部检测 …… 387
8.3　外部检测 …… 393
8.4　智能检测设备 …… 394
8.5　技术发展方向 …… 400
参考文献 …… 401

第 9 章　管道在位隐患治理 ······ 402
9.1　裸露悬空 ······ 402
9.2　第三方破坏 ······ 407
9.3　点腐蚀 ······ 410
9.4　不均匀沉降 ······ 416
9.5　漂移 ······ 417
9.6　地震破坏 ······ 419
参考文献 ······ 420

第 10 章　管道泄漏维抢修及应急响应 ······ 421
10.1　管道泄漏因素 ······ 421
10.2　泄漏维抢修方法 ······ 425
10.3　管道泄漏应急响应 ······ 434
参考文献 ······ 437

第 11 章　海底管道完整性管理 ······ 438
11.1　海底管道完整性管理系统 ······ 438
11.2　海底管道风险评价和完整性管理计划 ······ 440
11.3　检测、监测与试验 ······ 459
11.4　完整性评价 ······ 466
11.5　缓解、改造与修复 ······ 467
参考文献 ······ 476

第 1 章　绪　　论

近几十年来，全球海洋油气开发迅猛，海底油气管道是连续、大量输送油气资源最快捷、最安全可靠和最经济的方式，担负着海上油气集输的重要任务，也被称为海洋油气工程的“生命线”。自 1954 年美国 Brown & Root 海洋工程公司在墨西哥湾铺设第 1 条海底管道以来，全球各大海域已经形成庞大的海底管道网络。中国自 1985 年在渤海埕北油田建成第 1 条海底输油管道以来，已在不同海域铺设了总长超过 8000km 的海底管道。

海洋油气田的开发建设不仅是商业市场需要，也是一个国家综合国力提升的展现，有利于维护国家海洋权益。

1.1　海底管道分类

根据管道在海洋油气资源开发中的用途可分为运输管线、油田产品输送检验/生产管线、水和化学制品注射管线、生产管线和立管之间的连接短管等。

根据管道结构不同，可分为单层钢管保温管道、双层钢管保温管道、非保温带混凝土配重管道、非保温无混凝土配重管道、管束及柔性软管等。

根据连接对象的不同，管道可划分为油气田集输管道、外输管道和跨国输送管道。

1.1.1　油气田集输管道

油气田集输管道通常口径较小（一般不大于 12in），壁厚大，用于油井输出或注入流体介质。这类管道的特点是：管道内输送的流体，其流速、流量和压力等变化范围大。管道承担复杂的操作条件，一般为高温高压管道，外部需要绝热保温。一方面，外部保温涂层材料需要适应极大的外部水压力作用；另一方面，管道容易出现结蜡、水合物等流动保障问题，以及管道整体屈曲、轴向爬行问题。此类管道设计寿命通常为 15 ~ 20 年。

1.1.2　外输管道

外输管道用于输送海上油气田处理后的油品至岸上，管径通常在 14in 或以上。特点是：管道内输送的流体流速、流量和压力等变化范围小，流量大。外输管道作为多井口甚至多油气田区块的介质输送公共通道，设计寿命比油气田集输管道要长，通常为 20 ~ 30 年。

1.1.3　跨国输送管道

跨国输送管道主要用于跨国输送天然气，管径最大，输送距离长，是能源供应的基础设施，可将油气富产区的天然气供应给不同国家和城市。考虑经济性与长期使用的可能性，这类管道设计寿命通常为 40 ~ 50 年。为达到最大的输送效率，这种管道需要设计为最大口径；而跨国输送，穿越洲际海域，往往水深大。此类管道途经深水区域不可避免，口径尽可能大，因此这种跨国管道最有可能推动深水管道建设技术发展，也最有可能不断突破深水管道建设的纪录。挪威至英国的朗格德管道（水深1100m，30in）[1]、俄罗斯至欧洲穿越黑海的北溪管道（水深2200m，24in）[2]以及中东至印度管道（水深3500m，27.2in）[3]就属于这种类型的管道。

1.2 国内外海底管道建设现状

1.2.1 国外海底管道建设现状

海底管道的建设能力包括设计、制造和安装能力等方面，并随技术的进步不断地发展，建设能力常用水深这个简单的指标来衡量。

1954年，由美国Brown & Root海洋工程公司建设的第一条商业运营海底管道时，最大水深15m。

1974年，道达尔公司投资建设的32in Frigg天然气管道（北海），最大水深155m。

1978年，Saipem公司承建Transmed项目20in海底管道，最大水深610m，该纪录保持20年之久。

20世纪八九十年代，深水管道铺设水深迅速增大到1000m以上。

截至2015年，全球范围内1000m以上水深管道超过了175条，海底管道铺设最大水深达到了2961m（墨西哥湾Perdido Infield项目，2011年）。全球范围内建设的1000m以上水深主要管道统计如图1.1所示。

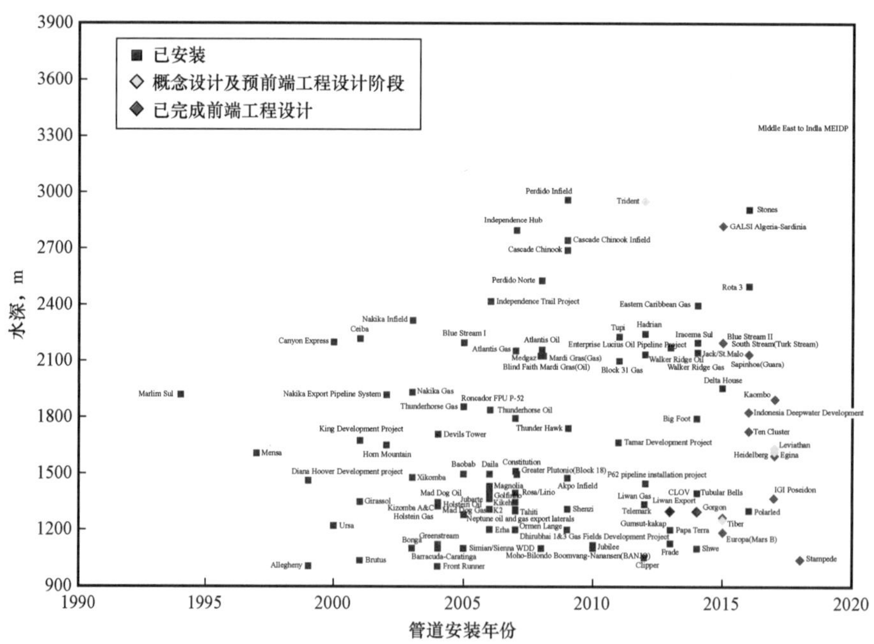

图1.1　全球范围内建设的1000m以上水深的管道

国外主要深水铺管船资源及装备能力情况见表 1.1。

表 1.1 国外主要深水铺管船参数

船东	船舶名称	服役时间	铺管方法	张紧器	船舶主尺度，m			
					船长	船宽	型深	吃水
Allseas	Pioneering Spirit	2016 年	S – Lay	2000t	382	124	30	27
Allseas	Solitaire	1998 年	S – Lay	1050t	397	41	24	10
Heerema Marine Contractors	Balder	1978 年	J – Lay	1050t	154	86	42	8 ~ 25
Heerema Marine Contractors	Aegir	2013 年	J – Lay/R – Lay	2000t	210	46.2	—	9 ~ 11
Saipem	FDS – 2	2011 年	J – Lay	2000t	183	32.2	14.5	8 ~ 9.5
Saipem	Castorone	2011 年	S – Lay	3 × 250t	330	39	—	9.5 ~ 10.6
Saipem	S7000	1999 年	J – Lay	3 × 175t	198	87	43.5	18.5 ~ 27.5
Mcdermott	DLV – 2000	2016 年	S – Lay	3 × 150t	184	38.6	—	5.5 ~ 7.9
Sea Trucks Group	Jascon 18	2016 年	S – Lay/J – Lay	3 × 200t	150	36.8	15.1	6.8

1.2.2 国内海底管道建设现状

国内，海底管道技术和装备发展缓慢，相对落后。中国海油、中国石油和中国石化等涉足海底管道工程建设，以中国海油技术及装备能力最强。

1985 年，中日合作开发，由日本新日铁公司设计的中国第一条海底管道埕北油田内部海管采用浮拖法安装下水。

1992 年，我国锦州 20 – 2 天然气凝析油混输管道建成投产，这是国内第一条采用铺管船铺设的海底管道。

直到 2013 年，采用具有自主知识产权的 HYSY201 铺管船创造了 1409m 的铺管深水纪录。

2014 年 7 月，自主研发建造的“海洋石油 981”钻井平台在南海北部深水区开展钻探作业，发现了陵水 17 – 2 大型气田，最大钻探水深 1547m。2020 年，中国海油 HYSY201 铺管船[4]完成陵水 17 – 2 大型气田海底管道的建设，将国内海底管道建设能力提升到水深 1500m 的能力范围。

国内海底管道建设重要节点记录见表 1.2。根据国内外海底管道建设现状大致判断，国内海底管道建设仍落后国外 20 多年的技术差距。

表 1.3 为国内铺管船一览表，张紧器能力直接反映深水管道铺设能力，国内最先进的 201 铺管船仅有 400t，实施了 1500m 水深 6in 小口径管道的铺设作业[5]。对比表 1.1 国外深水铺管船参数，国外满足 3000 ~ 3500m 水深的深水铺管船，张紧器均达到 750 ~ 1000t，说明国内铺管船仍不能完全具备 3000m 水深管道铺设装备。海上安装设计、作业程序及施工经验上，国内通过陵水 17 – 2 大型气田项目，已累积 1500m 水深的管道铺设技术。但核心技术仍掌握在国外公司手中，有待进一步攻关研究。

表 1.2　国内海底管道建设重要节点记录

序号	年份	管道项目	管径 in	最大水深 m	备注
1	1985	埕北油田管道项目	（管中管） 6/12	—	第一条海底管道；国外公司设计，浮拖施工
2	1992	锦州 20－2 天然气 凝析油混输管道项目	12	—	第一条国内铺管船铺设
3	1995	南海崖城 13－1 至 香港输气管道项目	28	148	联合外资开发；国内最长海底管道，778km；国外公司建设
4	1996	LH11－1 输油管道项目	13.5	330	联合外资开发；国外公司建设
5	2013	LW3－1 气田项目 6in 深水管道项目	6	1409	联合外资开发；自有 HYSY201 铺管船铺设
6	2013	LW3－1 气田项目 22in 深水管道项目	22	1480	联合外资开发；国外公司铺设
7	2020	陵水 17－2 大型 气田海底管道项目	12	1542	目前我国最大水深海底管道

表 1.3　国内铺管船一览表

船东	船舶名称	服役 时间	铺管方法	张紧器	主尺度，m			
					船长	船宽	型深	吃水
海洋石油工程股份有限公司	滨海 106	1997 年	S－Lay	1×23t	80	23	5	2.5
海洋石油工程股份有限公司	滨海 109	1987 年	S－Lay	1×67.5t	91	27	6.7	4.0
海洋石油工程股份有限公司	蓝疆号	2002 年	S－Lay	2×73t	157	48	12.5	—
海洋石油工程股份有限公司	HYSY202	2009 年	S－Lay	2×100t	170	46	13.6	
海洋石油工程股份有限公司	HYSY201	2012 年	S－Lay （可改 J－lay 和 R－Lay）	2×200t	204	39.2	14	7～9.5
胜利油田胜利石油化 工建设有限责任公司	SL901	1998 年	S－Lay	1×50t 1×30t	91	28	5.6	2
胜利油田胜利石油化 工建设有限责任公司	SL902	2011 年	S－Lay	2×75t	118.8	30.4	8.4	5.8
天津天易海上工程有限公司	天易 601	2008 年	S－Lay	1×20t	79.2	22	4.5	1.9
中国石油海洋工程有限公司	中油海 101	2010 年	S－Lay	1×75t	115	32.2	6.5	2.4

续表

船东	船舶名称	服役时间	铺管方法	张紧器	主尺度，m			
					船长	船宽	型深	吃水
中国石油管道局工程有限公司	CPP601	2012 年	S - Lay	2 × 60t	121	36	9.6	6 ~ 6.5
海隆石油海洋工程有限公司	Hilong 106	2012 年	S - Lay	2 × 100t	169	46	13.5	7 ~ 8.7
天津恒泰国际海洋工程有限公司	蓝海 300	2016 年	S - Lay	1 × 100t	105	26	6.5	2.5 ~ 4.7
汇众（天津）融资租赁有限公司	汇众 301	2017 年	S - Lay	—	172.5	35	12.5	8
交通运输部烟台打捞局	“德合”轮	2018 年	S - Lay	3 × 200t	199	47.5	15	7.5 - 10.6
上海振华重工（集团）股份有限公司	JSD6000	在建	J/S - LAY	待定	216	49	22.4	10.8

1.3 海底管道法律法规及标准规范

1.3.1 法律法规

海底管道建设和管理主要依据的法律法规如下，如发生更新，以最新版为准：

(1)《中华人民共和国环境保护法》(2015 年 1 月 1 日)；

(2)《中华人民共和国海洋环境保护法》(2017 年 11 月 5 日)；

(3)《中华人民共和国海上交通安全法》(2016 年 11 月 7 日)；

(4)《中华人民共和国安全生产法》(2021 年 9 月 1 日)；

(5)《中华人民共和国石油天然气管道保护法》(2010 年 10 月 1 日)；

(6)《中华人民共和国海域使用管理法》(2002 年 1 月 1 日)；

(7)《中华人民共和国渔业法》(2013 年 12 月 28 日)；

(8)《中华人民共和国港口法》(2017 年 11 月 5 日)；

(9)《中华人民共和国消防法》(2009 年 5 月 1 日)；

(10)《中华人民共和国突发事件应对法》(2007 年 11 月 1 日)；

(11)《中华人民共和国职业病防治法》(2018 年 12 月 29 日)；

(12)《中华人民共和国土地管理法》(2004 年 8 月 28 日)；

(13)《中华人民共和国节约能源法》(2016 年 7 月 2 日)；

(14)《中华人民共和国防震减灾法》(2009 年 5 月 1 日)；

(15)《中华人民共和国大气污染防治法》(2016 年 1 月 1 日)；

(16)《中华人民共和国水土保持法》(2011 年 3 月 1 日)；

(17)《中华人民共和国噪声污染防治法》(1997 年 3 月 1 日)；

(18)《建设项目环境保护管理条例》(2017 年 10 月 1 日)；

(19)《中华人民共和国防治海岸工程建设项目污染损害海洋环境管理条例》(2018 年

3月19日）；

（20）《中华人民共和国水土保持法实施条例》（2011月8日）；

（21）《中华人民共和国海洋倾废管理条例》（2011年1月8日）；

（22）《防治船舶污染海洋环境管理条例》（2010年3月1日）；

（23）《建设项目用地预审管理办法》（2009年1月1日）；

（24）《中华人民共和国水上水下活动通航安全管理规定》（2019年1月28日）；

（25）《航道通航条件影响评价审核管理办法》，中华人民共和国交通运输部令2017年第1号；

（26）《石油天然气管道安全监督与管理暂行规定》（2015年7月1日）；

（27）《国务院关于促进节约集约用地的通知》（2008年1月3日）。

1.3.2 标准规范

标准规范是海底管道建设的技术基础，决定工程项目的经济型和可行性，尤其是复杂的深水海底管道开发。国际上有多套海底管道设计的指导规范或导则，主要包括DNVGL－ST－F101（DNV－OS－F101），ASME B31.4，ASME B31.8，API RP 1111，ISO 13623和BSI PD 8010－2，这些规范已经在众多海底管道工程项目中。国内规范主要有SY/T 10037—2018《海底管道系统规范》和中国石油企业标准QSY/T 18008—2020《海底管道系统设计规范》。

1.3.2.1 DNVGL－ST－F101（DNV－OS－F101）

目前国外各重要深水管道项目都采用DNVGL－ST－F101作为设计规范，该规范也在根据工程经验的累积持续更新，成为知名度最高的深水管道执行规范，为设计、建造、生产、运营各方所熟悉。DNVGL－ST－F101系列规范一个重要优势是它的完整性，提供了海底管道设计所涉及各方面的设计指导，其他海底管道规范也经常引用这些设计指导。

DNVGL－ST－F101遵照ISO 13623安全目标要求编制，基于荷载抗力系数设计方法，根据管道设计不同安全等级及材料性质，使用不同的荷载抗力设计系数，比传统许用应力设计方法更具经济合理性，同时也比极限状态设计方法应用简便。

1.3.2.2 ASME B31.4，ASME B31.8和API RP 1111

ASME B31.4，ASME B31.8和API RP 1111同属美国规范，在北美和非洲地区应用较多，其中ASME规范主要针对陆上管道，不是专门的海底管道设计规范，对海底管道设计的指导性不强。且ASME规范基于许用应力设计方法，不能很好地反映和利用材料的性能。

API PR 1111基于极限状态设计方法制定，考虑设计安全系数及材料本身极限特征抗力。该规范的完整性较DNV－OS－F101差，海底管道相关分析设计转引DNV的设计指导。

1.3.2.3 ISO 13623和BSI PD 8010－2

ISO 13623规定海底管道系统设计、材料、建造、测试、运行、维护和停运各方面要求，但是过于概括，设计指导性不强。

BSI PD 8010 - 2 是英国海底管道系统规范，与 ISO 13623 规范要求一致，并随着 ISO 13623 持续补充更新。

ISO 13623 和 BSI PD 8010 - 2 两种规范要求过于笼统，规范指导体系完整性差，行业人员更倾向于应用等同要求的 DNV - OS - F101 规范。

1.3.2.4　SY/T 10037 和 QSY/T 18008

SY/T 10037《海底管道系统规范》由中国海油牵头编写，等同采标 DNV - OS - F101 规范。

QSY/T 18008《海底管道系统设计规范》由中国石油牵头编写，采标 DNVGL - ST - F101，融入了中国石油在海底管道建设的经验，如海底管道定向钻穿越登陆、海底管道交越已建管道等方面。

1.4　海底管道发展趋势

1.4.1　管道建设统计分析

近 20 年间，海底管道建设已经将深水管道铺设水深推升至 3000m 的界限高度，而规划中的管道需要继续增大管道建设水深。图 1.2 为截至 2015 年已建深水管道的水深和管径对应关系图，图中勾画的包络绿实线代表了当前深水管道行业建设最高水平。图 1.3 在图 1.2 的基础上增加了正在安装或设计中的深水海底管道，绿虚线代表了拟建深水管道的技术水平。绿实线到绿虚线推进过程，直观显示深水管道建设技术水平提升的趋势：建设同管径条件下的更大水深管道，以及同水深条件下的更大口径管道。

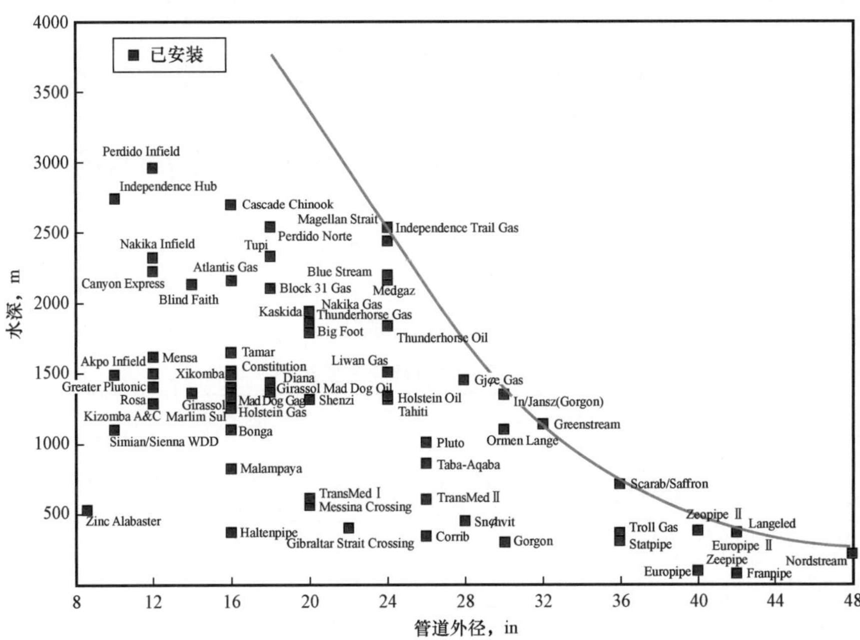

图 1.2　截至 2015 年的在役深水管道

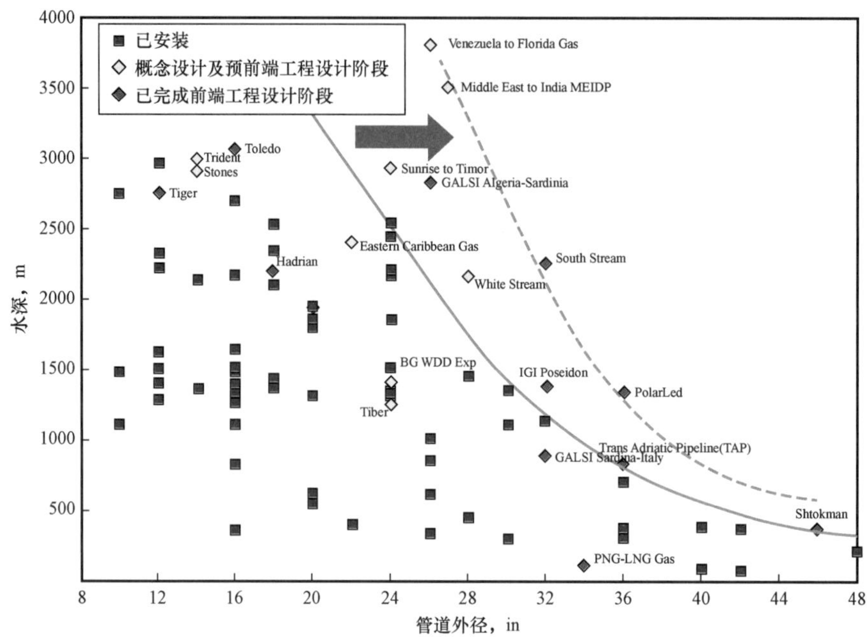

图 1.3　截至 2015 年正在安装或设计中的深水海底管道

1.4.2　标准规范

好的设计规范，主要从以下三方面进行评价：

（1）良好的业绩记录。规范已经在类似工程中得到良好且广泛应用，包括制造商、安装承包商、认证单位和机构等。

（2）完整性。设计规范应提供详细的指导，包括材料选择、设计、建造、安装和运行等方面。

（3）力学设计。海底管道系统强度设计和要求的壁厚，这与管道建设经济性息息相关。

表 1.4 总结对比了海底管道主要参考规范的优劣。注："+"表示优点，"-"表示不足。相比于其他规范，DNVGL-ST-F101 在业绩记录、完整性和力学设计等方面都具备优势，仍将继续成为深水海底管道建设的首选规范。

表 1.4　海底管道行业主要规范

设计规范	业绩记录	完整性	力学设计
DNVGL-ST-F101	+	+	+
ASME B31.4	-	-	-
ASME B31.8	-	-	-
API RP 1111	+/-	+/-	+
ISO 13623	-	-	+/-
BSI PD 8010-2	-	-	+/-

国内海底管道设计规范都是等同采标 DNVGL－ST－F101，同样适用于指导海底管道的设计和管理。

1.4.3　勘察设计

1.4.3.1　管道壁厚设计

一般情况下，海底管道壁厚由下列两条准则决定：

（1）内部承压极限状态。海底管道的壁厚需要承受管道运行工况的内压。

（2）局部屈曲极限状态。最不利的局部屈曲通常发生在安装工况，以及组合荷载作用工况，如外部水压和弯矩。

在浅水海域，内部承压极限状态为控制性准则。然而，对于深水管道，外部静水压力大，局部屈曲（压溃）极限状态变为控制性准则。考虑到管道壁厚设计，下列方面成为管道向深水发展的制约条件[1]：

（1）管道安装存在不同设计模型，如荷载控制和位移控制设计模型，需要研究哪种设计模型更符合深水条件。

（2）深水管道的要求壁厚大，径厚比（D/t）小，而海底管道设计规范 DNVGL－ST－F101，局部屈曲设计公式适用范围为：径厚比 15 ~ 45，如图 1.4所示。

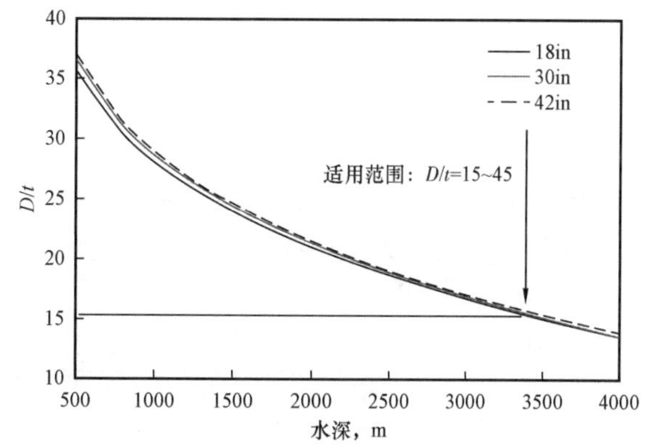

图 1.4　DNVGL－ST－F101 规范局部屈曲公式适用条件

（3）现有的管道制造工艺，无法生产过小的径厚比管道。

（4）管道生产工艺无法满足较小的管道制造偏差，如管道的椭圆度（管道局部屈曲设计的重要影响参数）。

（5）线路用管技术要求，需要综合考虑强度、韧性、可焊性、酸性条件、尺寸和补充要求等影响。

1.4.3.2　不利地质条件

深水管道通常处于大陆架以下（ >200m 水深）的大陆坡和深海盆地。对于大陆坡区域，主要的不利地质条件包括海底峡谷、冲沟、泥流、浊流、海底滑坡、不平整海床等；对深海盆地，则存在沉积软土、浅层气、泥火山等危害[2]。

深水管道建设勘察，需要对海底管道路由进行详细的勘察测量分析，包括桌面研究、初步勘察和详细勘察三个阶段。勘察工作包括：

（1）地球物理探测（包括海底地形/水深测量、浅地层剖面探测分析、管道路由海床侧扫影像分析）。

（2）地质钻孔调查（钻探取样和实验室土工试验）。

（3）水文气象调查。

（4）地震影响评价。

综合上述勘察手段取得的成果，对管道路由进行全面综合评价，定量分析地质灾害对管道的作用，作为深水管道设计输入条件。

1.4.3.3　流动保障

随着水深的增加，管道需要承受的内外管道压力增大，同时管道所处深海环境温度低。管道高程上的急剧变化和管道内压变化，容易诱发焦耳—汤普生冷却效应，有导致水合物形成的风险。对于油气田内集输管道，高温高压输送油气井介质，温度控制至关重要。为了减小水合物形成和温度控制的风险，有如下几种措施，需要针对具体项目情况进行适用性分析确定：

（1）绝热系统、承受高压的涂层或管中管系统；

（2）注入化学药剂，如甲醇、乙二醇；

（3）挖沟；

（4）加热系统等。

1.4.4　安装

对于深水管道，铺管悬跨长度长，且管道自身壁厚大，要求铺管船具备较大的张紧能力，尤其是大口径的管道铺设[3]。深水铺管的另一个关键，是如何应对铺管中湿式屈曲的能力；突然的管道进水（管道浮力损失）将大大增加管道的重量，超出铺管船的张紧器能力。根据铺设方法和海底管道在铺设过程中呈现的空间形态可分为S形铺管法（S－Lay）、J形铺管法（J－Lay）和卷管式铺管法（Reel Lay），三种方法的铺管示意图如图1.5所示。对不同口径管道，三种铺管方法的适应水深如图1.6所示。

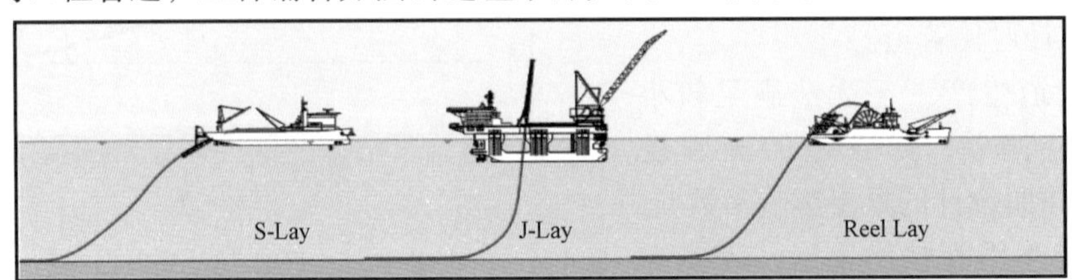

图1.5　海底管道铺设方法示意图

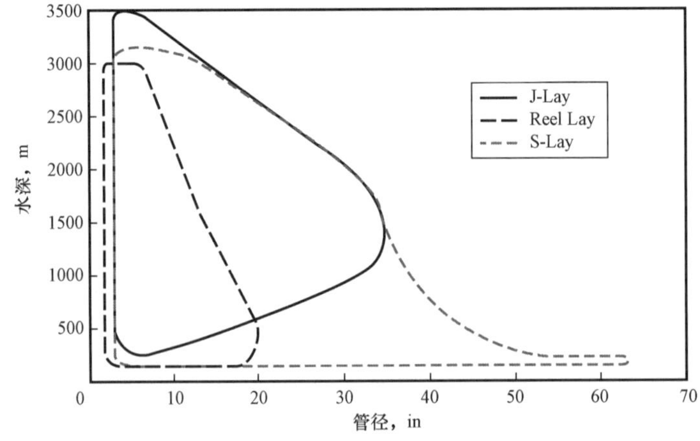

图1.6　海底管道铺设方法适用水深范围[3]

国外主要深水铺管船资源及装备能力情况见表 1.1。

1.4.5 小结

对比分析了国内海底管道建设现状及技术差距，主要结论如下：

（1）深水管道建设存在管道壁厚大、介质输送流动保障、深水地质灾害条件、管材制造、管道可安装性等 5 方面的技术挑战。

（2）已建海底管道最大铺设水深达 2961m，并朝着在同管径条件下的更大铺设水深管道以及同铺设水深条件下的更大口径管道的趋势发展。

（3）海底管道规范仍首选 DNV – OS – F101；同时，为适应更大水深的管道设计需求，需研究径厚比小于 15 的管道屈曲校核方法，弥补规范不足。

（4）国内依托 LW3 – 1 深水气田开发项目，在深水海底管道建设上迈出了实质性的一步，但深水管道建设技术仍落后国外 20 多年，铺管船装备能满足 1500m 水深内小口径管道的铺设需求，距离满足 3000m 水深管道铺设还存在一定差距。

通过分析深水管道建设制约因素和技术差距，展望深水管道技术发展趋势，见表 1.5。

表 1.5 深水管道发展趋势总结

分类	技术差距	技术研究方向
规范与设计	设计公式的应用限制	拓宽现有设计公式的应用范围，或者研究新的公式（主要针对径厚比小于 15 的情况）
	新材料的设计指导	适用于 3500m 深水的保温涂层、复合管等
	流动保障	保温形式研究：电加热保温、深水管中管结构等
	勘察测量和海洋环境	浅层气、边坡稳定性、地势起伏区域的海流分布；深海地震活动评价方法等
管材及配件制造	提高材料制造因子的方法	研究 DNV 规范提高管道生产过程中的制造因子 α_{fab} 的适用条件和新准则
	高强度钢的高强匹配焊接	开发新的焊接方法，克服高强匹配与焊接要求不相符的问题
	大口径的无缝钢管	研究径厚比小于 20、椭圆度小于 0.5% 的大口径无缝钢生产可行性
	大口径线路用管的卷管	研究径厚比不大于 20 的线路用管的卷管可行性
	新型管道（复合管等）	研究多层不同材料的复合管的生产可行性
管道安装	铺管船	大口径卷管铺设
	焊接	高钢级、高壁厚的管道焊接效率提升。

参考文献

[1] Bruschi R, Vitali L, Torselletti E, et al. Langeled – Pipe Capacity vs. Wall Thickness Selection [C]. ISOPE, 2007.

[2] Iorio Giuseppe, Roberto Bruschi, Elio Donati. Challenges and Opportunities for Ultra Deep Waters Pipelines

in Difficult Sea Bottoms [C]. 16th World Petroleum Congress. OnePetro, 2000.

[3] Nash I, Roberts P M. Planning a Route and Installation for the Middle East – to – India Deepwater Pipeline after Years of Feasibility Studies and Technological Advances, Pipelines at Depths up to 3500 Meters Are Nearly in Reach [J]. Sea Technology, 2011, 52 (9): 15 – 17.

[4] 许文兵. 深水铺管起重船“海洋石油 201”研制 [J]. 中国造船, 2014 (1): 208 – 215.

[5] 王晓波, 许文兵, 肖龙. 深水铺管起重船“海洋石油 201”在荔湾 3 – 1 气田开发工程的适用性分析 [C]. 纪念顾懋祥院士海洋工程学术研讨会, 2011: 7.

第 2 章　海底管道系统工艺

建设海底管道系统，目的在于实现介质的输送要求。海底管道系统工艺的任务是研究确定管道输送基本要求，包括管道口径、输送介质压力和温度、管道两端的配套装置设备等。根据输送介质不同，海洋油气开发中海底管道系统工艺主要分输油管道工艺[1]、输气管道工艺[2]、多相流混输工艺[3]和输水管道工艺等类型[4-6]。

2.1　输油管道工艺

输油管道工艺主要是指实现管道油品输送的技术和方法，输油工艺设计主要是根据油品性质和输量，确定输送方法和流程、输油站类型与位置，选择管材和主要设备，并制定后期的运行方案和实现输量调节功能。

2.1.1　水力计算

对于输送低黏度、低凝固点原油的海底输油管道，不需加热，管道内原油与周围介质的温差很小，沿线温降很小，热交换可以忽略不计，工程上称这类管道为等温输油管道。原油沿管道流动时，所消耗的能量主要是压力能，这类管道的工艺计算主要是水力计算。等温输油管道的水力计算是一般输油管道水力计算的基础。

等温输油管道的能量消耗主要包括两部分：一是用于克服地形高差所需的能量，主要由当地地形变化的高差来决定，对于某一条输油管道，它是不随输油过程中其他环节而变化的一个定值；二是克服油流在管路内流动过程所消耗的能量，消耗的这部分能量通常称为摩阻损失，与管路特性、油流特性和输送条件等有关。在等温输送条件下，油流在管路内流动时的各种摩阻，可以直接利用管道水力学的基本方程式进行计算。

实际工程管路都是由许多直管段和各种阀门、管件组成的管系。因此，长输管道的摩阻损失包括两部分：一是油流通过直管段所产生的摩阻损失 h_f，简称沿程摩阻损失；二是油流通过各种阀门、管件所产生的摩阻损失 h_j，简称局部摩阻损失。

对于一般管道而言，沿程摩阻损失是主要的，通常约占总损失的 90% 以上，而局部损失仅占不到 10%，尤其是对于海底长输管道，局部损失仅占 1% ~2%。

2.1.1.1　沿程摩阻损失

2.1.1.1.1　流态划分

流体在管内的流动分为 3 种流动状态：层流状态、紊流状态及临界状态（即介于层流状态与紊流状态之间的不稳定过渡状态）。

流体在管内流动时所产生的沿程摩阻损失与流体在管内的流动状态直接有关。流体流动阻力产生的根本原因是由于流体本身具有的惯性和黏性。根据相似原理，惯性力与黏性

力之比可用雷诺数 Re 来表示，其表达式为：

$$Re = \frac{vd}{\nu} = \frac{4Q}{\pi d\nu} \tag{2.1}$$

式中 v——流体平均流速，m/s；

ν——流体运动黏度，m^2/s；

d——管内径，m；

Q——流体在管路中的体积流量，m^3/s。

紊流状态下，惯性力占主要地位，雷诺数较大；层流状态下，惯性力较弱，黏性力居主导地位，雷诺数较小。雷诺数能同时反映出流速、管径和流体的物理性质三方面对流态的影响，综合了引起流动阻力的内因和外因，揭示了流动阻力的物理本质，故用雷诺数来判别流态。对于任何一种管内流动的流体，在任何流态下都有一个确定的雷诺数值。

通常根据雷诺数值将流态区域划分为 3 类：

（1）$Re<2000$，层流区；

（2）$Re=2000\sim3000$，层流与紊流的不稳定过渡区；

（3）$Re>3000$，紊流区。

2.1.1.1.2　沿程水力摩阻损失的计算

管路的沿程水力摩阻损失 h_f 可按下面公式计算。

（1）达西公式：

$$h_f = \lambda \frac{L}{d}\frac{v^2}{2g} \tag{2.2}$$

式中 L——管路长度，m；

d——管内径，m；

v——平均流速，m/s；

g——重力加速度，m/s^2；

λ——水力摩阻系数。

水力摩阻系数 λ 随流态的变化而不同。理论和实验研究表明，水力摩阻系数是雷诺数 Re 和管壁相对当量粗糙度 ε 的函数，即 $\lambda=f(Re,\varepsilon)$。$\lambda$ 的表达式见表 2.1，管壁相对当量粗糙度 ε 表示为：

$$\varepsilon = 2e/d \tag{2.3}$$

式中 e——管壁绝对粗糙度，m；

d——管内径，m。

① 当量绝对粗糙度的确定。管壁的绝对粗糙度指管内壁突起高度的统计平均值。由于制管及焊接、安装过程中的种种原因，管内壁难免是凹凸不平的，其突起的高低、形式及分布情况具有随机性质。粗糙度的测量方法常采用等直径的沙粒粘在光滑的管内壁面上，制成人工粗糙面，取沙粒的直径作为粗糙高度，以 e 表示。由于人工粗糙面可以测得

准确的 e 值，故将其作为绝对粗糙度的比较标准。将实际管道的内壁面与人工粗糙面相比，以具有相同摩阻系数的人工粗糙面的沙粒高度 e 作为该实际壁面的绝对粗糙度。通过对各种管材、管径的管路摩阻数据的整理、研究表明：新的、清洁的管壁的绝对粗糙度仅取决于管材及制管方法，与管径无关。使用后的管道则随运行情况，如所输流体性质、腐蚀程度、运行年限和清管方法等的不同而有显著变化。表 2. 2 给出了各种主要管路的绝对粗糙度值。

表 2. 1　不同流态的水力摩阻系数 λ

流态		划分范围	$\lambda=f(Re,\ \varepsilon)$
层流		$Re<2000$	$\lambda=\dfrac{64}{Re}$
紊流	水力光滑区	$3000<Re<Re_1=\dfrac{59.5}{e^{8/7}}$	$\dfrac{1}{\sqrt{\lambda}}=1.8\lg Re-1.53$ 当 $Re<10^5$，$\lambda=\dfrac{0.3164}{Re^{0.25}}$
	混合摩擦区	$\dfrac{59.7}{\varepsilon^{8/7}}<Re<Re_2=\dfrac{665-765\lg\varepsilon}{\varepsilon}$	$\dfrac{1}{\sqrt{\lambda}}=1.8\lg\left[\dfrac{6.8}{Re}+\left(\dfrac{\varepsilon}{7.4}\right)^{1.11}\right]$
	粗糙区	$Re>Re_2=\dfrac{665-765\lg\varepsilon}{\varepsilon}$	$\lambda=\dfrac{1}{(1.74-2\lg\varepsilon)^2}$

表 2. 2　各种主要管路的绝对粗糙度

管路种类		绝对（当量）粗糙度，mm
无缝钢管	新的，清洁的	0. 014
	使用几年以后的	0. 2
焊接钢管	新的，清洁的	0. 05
	清扫过的，轻度腐蚀的	0. 15
	中等程度锈蚀的	0. 50
	旧的腐蚀管	1. 0
	严重锈蚀或大量沉积	3. 0

② 不同流态区摩阻系数 λ 的计算。流体在管路中的流态按雷诺数来划分，在不同的流态区，水力摩阻系数与雷诺数及管壁粗糙度的关系不同，理论和实验都表明水力摩阻系数 λ 是雷诺数 Re 和管壁相对当量粗糙度 ε 的函数，即 $A=f(Re,\ \varepsilon)$。常用的公式见表 2. 1。

当雷诺数 $Re\leqslant2000$ 时，流态为层流，液流的质点作平行于管道中心轴线的运动，水力摩阻系数 λ 仅与雷诺数 Re 有关，$\lambda=f(Re)$。

当雷诺数 $2000<Re\leqslant3000$ 时，在该范围内流动状态很不稳定，称为过渡区。流态由层流向紊流突变，但其发生突变时的雷诺数值却因各种影响流动的具体因素的不同而异，如局部阻力的形状、油流温差而引起的自然对流等。通常应避免在该区域内工作，由于缺乏成熟的过渡区 λ 值的计算公式，可按紊流水力光滑区计算。

当雷诺数 $Re>3000$ 时，流态是紊流，液流的质点不但有随液流整体的向前运动，还有沿管路径向的运动。只是贴近管壁的一部分液流是层流，即所谓的层流边层。随着 Re 的增大，层流边层的厚度逐渐减薄，粗糙凸起从全部被层流边层掩盖到全部暴露于层流边层之外，管壁粗糙度 ε 对水力摩阻系数 λ 的影响逐步增大，紊流的 3 个区域（水力光滑区、混合摩擦区、粗糙区）也就逐步过渡。

水力光滑区：层流边层的厚度能够盖住管内壁全部粗糙凸起，λ 仅与 Re 有关。在该区域内常用勃拉休斯（Blasius）公式及米勒（Miller）公式，分别为：

勃拉休斯（Blasius）公式

$$\lambda = 0.3164Re^{-0.25} \tag{2.4}$$

米勒（Miller）公式

$$\frac{1}{\sqrt{\lambda}} = 1.8\lg Re - 1.53 \tag{2.5}$$

一般在 $Re<10^5$ 范围内用勃拉休斯公式，超出此范围，建议采用米勒公式。

粗糙区：随着 Re 增大，管壁粗糙凸起几乎全部露出在层流边层之外时，惯性损失占主导地位，λ 只决定于相对粗糙度 ε，该区域为粗糙区。计算此区的 λ 值常用表 2.1 中的尼古拉兹公式，即：

$$\lambda = \frac{1}{(1.74 - 2\lg\varepsilon)^2} \tag{2.6}$$

混合摩擦区：雷诺数介于光滑区与粗糙区之间时，该区的 A 值与 Re、ε 两者有关，称为混合摩擦区。此区的 λ 计算式常用伊萨耶夫公式，即：

$$\frac{1}{\sqrt{\lambda}} = 1.8\lg\left[\frac{6.8}{Re} + \left(\frac{\varepsilon}{7.4}\right)^{1.11}\right] \tag{2.7}$$

（2）列宾宗公式：

表 2.1 中各流态区的 λ 计算式可综合成式（2.8）：

$$\lambda = \frac{A}{Re^m} \tag{2.8}$$

将式（2.8）代入达西公式［式（2.2）］，得到另一个流量—压降计算式，即列宾宗公式：

$$h_1 = \beta\frac{Q^{2-m}\nu^m}{d^{5-m}}L \tag{2.9}$$

式中 h_1——管路的沿程摩阻，m（液柱）；

L——管路长度，m；

d——管内径，m；

ν——流体运动黏度，m^2/s；

Q——流体在管路中的体积流量，m^3/s。

其中，β 可表示为：

$$\beta = \frac{8A}{4^{m}\pi^{2-m}g} \tag{2.10}$$

式中 A，m 和 β 是由流态决定的系数，各流态区的 A，m 和 β 值及沿程摩阻计算式见表2.3。

表 2.3 不同流态区的 A，m 和 β 值

流态		A	m	β，s^2/m	h_1，m（液柱）
层流		64	1	$\frac{128}{\pi g}=4.15$	$h_1=4.15\frac{Q\nu}{d^4}L$
紊流	水力光滑区	0.3164	0.25	$\frac{8A}{4^m\pi^{2-m}g}=0.0246$	$h_1=0.0246\frac{Q^{1.75}\nu^{0.25}}{d^{4.75}}L$
	混合摩擦区	$10^{0.127\lg\frac{e}{d}-0.627}$	0.123	$\frac{8A}{4^m\pi^{2-m}g}=0.0802A$	$h_1=0.0802A\frac{Q^{1.877}\nu^{0.123}}{d^{4.877}}L$ $A=10^{(0.127\lg\varepsilon-0.627)}$
	粗糙区	λ	0	$\frac{8\lambda}{\pi^2 g}=0.0826\lambda$	$h_1=0.0826\lambda\frac{Q^2}{d^5}L$ $\lambda=0.11\left(\frac{e}{d}\right)^{0.25}$

（3）水力坡降管路的水力坡降就是单位长度管路的摩阻损失，可表示为：

$$i = \frac{h_1}{L} = \beta\frac{Q^{2-m}\nu^{m}}{d^{5-m}} \tag{2.11}$$

式中 L——管路长度，m；

d——管内径，m；

ν——流体运动黏度，m^2/s；

Q——流体在管路中的体积流量，m^3/s。

管路的水力坡降与管路长度无关，只随流量黏度、管径和流态而不同。

2.1.1.2 局部摩阻损失

局部摩阻损失是指油流经过管路中的弯头、三通、阀门、过滤器、管径扩大或缩小等处所引起的能量损失。

对于海底管道而言，一般经过管件和阀门较少，它们所引起的能量损失已包括在管长系数中，可忽略不计。如果计算需要，可查阅相关资料。

2.1.1.3 非牛顿流体

根据流体流变特性的不同，可将流体分为牛顿流体与非牛顿流体两大类。流体的流变特性是指在温度一定并且没有湍动的情况下，对流体所施加的剪切应力和垂直于剪切面的剪切速率之间的关系，以及流体的变形和阻力之间的相互关系，这种关系可用流变曲线或流变方程来表示。剪切应力与剪切速率呈线性关系的称为牛顿流体，否则称为非牛顿流体。

牛顿流体的流变方程为:

$$\tau = \mu \dot{\gamma} \tag{2.12}$$

其中

$$\dot{\gamma} = \frac{\mathrm{d}v}{\mathrm{d}r}$$

式中 τ——剪切应力,Pa;

$\dot{\gamma}$——剪切速率,s^{-1};

μ——流体动力黏度,Pa·s;

v——径向位置为 r 处流体的速度,m/s。

对于海底输油管道而言,其设计温度通常考虑使管道终端油温高于原油凝固点3~5℃,管中原油流变性一般呈现牛顿流体的特征,较少出现非牛顿流体流型,因此流变特性可用牛顿流体的流变方程表示。对于由于管道停输而引起管内原油温降,原油流变性呈现非牛顿流体的特性的工况计算,可参考有关书籍中有关非牛顿流体特征及流变性方程的计算方法,本章不再赘述。

2.1.1.4 水击压力计算

输油管道在输送油品的过程中各点的流速和压力随时间是变化的,但在一般情况下,它们的平均值保持不变或变化很小,可认为输油管道基本上是在稳定状态下进行的。当输油的稳定状态受到破坏,压力发生瞬变时称为管道发生水击,它的特征是流速和压力发生急剧变化。对于海底输油管道而言,以下情况有可能发生水击:机组转速变化或运行不稳、事故状态停外输泵、输量突变、下游阀门突然关闭等。

对于短管路的水击压力计算可按式(2.13):

$$\Delta H = \frac{a}{g}\Delta v = \frac{a}{g}(v_0 - v) \tag{2.13}$$

其中

$$a = \sqrt{\frac{K}{\rho\left(1 + \frac{Kd}{E\delta}C_1\right)}} \tag{2.14}$$

$$C_1 = 1 - \mu^2$$

式中 a——水击波传播速度,m/s;

ΔH——瞬时中断液流引起的压头增值,m;

g——重力加速度,m/s^2;

v_0——水击前的流速,m/s;

v——瞬时变化后的流速,m/s;

ρ——液体密度,kg/m^3;

K——液体的体积弹性系数,Pa;

E——管材弹性模量，Pa；

d——管道内径，m；

δ——管壁厚度，m；

μ——管材的泊松比；

C_1——管子的约束系数，取决于管子的约束条件，当一段固定、另一段自由伸缩时，$C_1=1-\frac{\mu}{2}$，当管子无轴向位移（埋地管道）时，$C_1=1-\mu^2$，当管子轴向可自由伸缩（如承插式接头连接）时，$C_1=1$。

对于长输管道，水击的基本原理与短管相同，但由于具体情况不同，存在下列显著差别：

（1）水击波反射的间隔时间比较长。长输管道由于距离较远，因此管道瞬时关闭时，水击波反射的间隔时间比较长。因而管道发生水击后，其沿线的压力变化比较平缓，这给管道调节提供了有利条件。另外，它会使通过调节而达到新的稳态的时间延长。

（2）摩阻的影响。长输管道与短管不同，用于克服摩阻的压力很大，在管道沿线初始水击波经过处，管道内流动并不停止，只是受到部分阻滞，因而将发生管道的充装和水击波的衰减。

① 管道的充装使阀门处压力逐渐上升。长输管道当下游阀门突然关闭时，会产生势涌水击，当该水击波向上游推进过程中会出现一个高于原先稳态坡降的压降，使波后的液体继续向下游流动但流速比稳态时减小了。同时，末端管段由于压力升高，使其管壁不断胀大，而液体又不断被压缩，不断提供着由两者共同形成的“剩余容积”，以容纳波后继续流来的液体，这种现象即为管道充装。充装使波后的压力继续升高，管道越长，充装压头越大。

② 水击波波峰的衰减。水击波在向上游推进过程中，峰面上仍有液体流动，而且随着波峰向上游推进，波后出现的剩余容积增大，峰面上的速度变化将进一步减小，因而水击波的幅值不断减小，这种现象为波峰衰减。

（3）瞬变压力的叠加。对于密闭输送系统，水击影响将波及全线，管道终端阀门关闭后，将使其上游泵站的输量急剧减少，于是进站压力迅速增高，叠加在泵压上，使出站压力进一步提高，泵进一步向下游充装，管内液压进一步提高，出现压力叠加现象。压力叠加现象对管道是十分危险的，必须采取可靠的保护措施予以控制。

密闭输送系统中通常设置压力自动调节装置和超压自动保护装置。压力自动调节装置由管道、压力变送器、调节器和调节阀等组成，可协同调节水击时泵的排出压力。同时在管道的下游通常设置压力泄放装置，如安全阀橡胶套式泄压阀、气体缓冲室等，当上游来液的压力超过设定值时，压力保护装置开启泄压，保护管道及下游工艺设备不至于因超压而破坏。

2.1.1.5 泵出口压力与轴功率计算

海上油田的原油外输通常采用离心泵增压，离心泵适合于输送不含固体颗粒无腐蚀性的石油产品。

（1）泵出口压力。

泵出口压力是指液体在泵排出点所具备的压力，泵出口压力等于泵进口压力与泵的压头之和。而泵的压头则决定于泵吸入端和分配位置的相对压力以及系统的压力损耗、静液压差等。

泵的压头可用以下公式表示：

$$H = (p_2 - p_1)\frac{10.19}{\gamma} + (Z_2 - Z_1) + H_{fs} + H_{fd} + H_{fc} \tag{2.15}$$

式中 H——泵所需压头，m；

p_1——泵吸入压力，bar；

p_2——泵出口压力，bar；

Z_1——泵静吸入压头，m；

Z_2——泵静排出压头，m；

H_{fs}——泵吸入管道摩擦损失，m；

H_{fd}——泵排出管道摩擦损失，m；

H_{fc}——设备摩擦损失，m；

γ——泵送液体的相对密度。

（2）泵净吸入压头（NPSH）。

当泵内液体压力低于或等于该温度下的饱和蒸气压时，液体会发生汽化，产生气泡。气泡随液体流到压力较高处突然破裂，产生水力冲击，给泵的部件带来了额外的负荷，导致转子叶片的腐蚀、泵的振动和性能的下降，产生气蚀现象。通常净吸入压头采用两种表达式，即有效净吸入压头（$NPSH_A$）和必要净吸入压头（$NPSH_R$）。

泵有效净吸入压头（$NPSH_A$）系指泵进口处液体超过汽化压力能量的数值。泵有效净吸入压头是系统的函数，与进口压头、摩擦压头及泵工作温度下液体的蒸汽压有关。

泵必要净吸入压头（$NPSH_R$）是泵设计的函数，对任一给定的泵它将随流量转速变化，根据计算及实验得出，这个参数由油泵厂商提供。

泵有效净吸入压头（$NPSH_A$）可按式（2.16）计算：

$$NPSH_A = (Z_s - Z_p) + (p_s + p_a - p_p - p_{fs})\frac{10.2}{\gamma} \tag{2.16}$$

式中 p_s——容器液面的吸入压力，bar；

p_a——大气压，bar；

p_p——泵送温度下液体的真实蒸气压，bar；

p_{fs}——泵吸入法兰和吸入容器之间管道及管件的摩阻，bar；

Z_s——容器的最小液面高度，m；

Z_p——泵吸入端最小液面高度，m。

（3）泵的轴功率。

轴功率：在一定流量和扬程下，原动机单位时间内给予泵轴的功，即泵的输入功率。

有效功率：单位时间内从泵中输送出去的液体在泵中获得的有效能量，即泵的输出功率。

用公式表示为：

$$P = \frac{QH\rho g}{1000\eta} = \frac{QH\rho}{102\eta} \tag{2.17}$$

式中 P——油品在输送温度下泵的轴功率，kW；

Q——油品在输送温度下泵的排量，m^3/s；

H——油品在输送温度下泵的扬程，m；

ρ——油品在输送温度下的密度，kg/m^3；

η——油品在输送温度下泵的效率。

2.1.2 热力计算

管道与周围环境之间存在热传递。热传递对不同环境中流体的流态以及周围环境都有很大影响。例如，在海上钻井过程中，通常情况下原油从油层中流出，沿着油管上升至海底的井口处，然后由海底集油管线流至钻井平台的立管。油层的温度很高，在100℃到200℃之间，由于油管与周围环境间存在热传导，管内温度逐渐降低，但相对来说这部分热传递很小，因此当原油到达海底井口处时其温度仍然较高。之后通过热传导以及自然对流和强制对流，热量会传入海水中，在原油从井口到达钻井平台的过程中其温度不断降低。因为原油黏度会随着温度降低而增加，因此在原油到达钻井平台的过程中，黏度逐渐增加，黏度的增加会影响压力梯度。

关闭油井期间，原油流动会停止，原油冷却至海水温度，而再启动时的计算黏度即原油在海水温度下的黏度。如果原油充分冷却，蜡会开始析出并在管壁上沉积。当管道内有水存在且管道内温度较低、压力较高时还会生成固体水合物。当到达平台的原油温度过高或过低时，分离器等设备可能出现工艺问题。如果平台附近的管道温度较高，则会出现大的热膨胀位移。如果管道温度较高而热膨胀却被管道与海床或锚之间的摩擦限制住，则此时会产生大的轴向压力，管道可能发生屈曲，而且温度还会影响腐蚀过程中的化学反应速率。

为避免上述问题，需要了解管道沿线的温度分布。大多数水力计算中都包含一个并行的温度计算。因为温度会影响水力计算，而水力计算也可以影响温度，所以这两个计算是耦合的。用于水力计算的程度往往包含能进行温度计算的热传递模块，热传递模型是与管道输送介质的温度相关的函数，通过该模型可以计算出管道对周围环境的传热系数。传热模型包括热传导传递（通过管壁、涂层，如果是埋地管道还有管道周围的土壤）和对流热传递（在流体和管道内壁之间的内边界上，如果是埋地管道就应该是土壤或岩石覆盖层和管道之间的边界上）。若管道被埋在岩石或砾石中，因为这类材料有很高的透水性，还会形成对流环，所以此时对流可能起主导作用。

当油品的凝固点高于管路周围的环境温度，或在环境温度下油品的黏度很高时，对油品的输送过程必须采取一定的措施。如果常温输送，则管路的压降很大，显然是很不经济的，而且在工程上也难以实现。加热输送是目前高凝、高黏原油最常用的输送方法，将油品加热后输入管道，提高输送温度以降低其黏度，减少摩阻损失。

热油输送管道不同于等温输送，其输送过程中存在着两方面的能量损失，即摩阻损失和热量损失。在设计中要充分考虑两种能量损失的相互关系及影响。对于热油管路的输送而言，散热损失往往是起决定作用的因素。由于摩擦损失的大小与油品的黏度有直接关系，而油品的黏度大小又是由其输送温度的高低决定的，因此热油输送管道一般都采取外加保温层以减低沿程热损失的方法。只有正确地确定热油管道的总传热系数才能准确地计算管道的沿程温降，从而可以减少热油管道的能耗，同时降低建设投资。

2.1.2.1　总传热系数 K 值的选取

总传热系数 K 是指当油流和周围的介质的温差为 1℃时，单位时间内通过单位传热表面所传递的热量，用以表示油流对周围介质的散热强弱。K 值的确定是计算热油管道沿线温降的关键。

热油管道的传热过程由 3 部分组成：油流至管内壁的放热；石蜡沉积层、钢管壁与防腐保温层的导热；管道最外壁与周围介质的传热。

海底热油管道的总传热系数 K 的确定分两种情况：（1）埋地不保温管道的总传热系数 K_1；（2）埋地保温管道的总传热系数 K_2。

2.1.2.1.1　埋地不保温管道的总传热系数 K_1 的确定

埋地不保温管道的总传热系数 K_1 由下式确定：

$$K_1 = \frac{1}{D\left(\frac{1}{\alpha_1 d} + \frac{1}{2\lambda_s}\ln\frac{D_1}{d} + \frac{1}{2\lambda_b}\ln\frac{D_b}{D_1} + \frac{1}{\alpha_2 D_b}\right)} \tag{2.18}$$

式中　K_1——埋地不保温管道总传热系数，W/(m²·℃)；

D——计算直径，对埋地不保温管道取防腐层外直径，m；

d——钢管内直径，m；

D_1——钢管外直径，m；

D_b——钢管外防腐层的外直径，m；

λ_s——钢管管壁导热系数，W/(m·℃)；

λ_b——钢管外防腐层的导热系数，W/(m·℃)；

α_1——油流至管壁的内部放热系数，W/(m²·℃)；

α_2——管道最外壁至土壤的外部放热系数，W/(m²·℃)。

对于大直径管道，忽略内外径的差值，式（2.18）可近似地表示为：

$$K = \frac{1}{\frac{1}{\alpha_1} + \sum\frac{\delta_i}{\lambda_i} + \frac{1}{\alpha_2}} \tag{2.19}$$

式中　δ_i——某一层的厚度，m；

λ_i——某一层的导热系数，W/(m·℃)。

（1）油流至管内壁的放热系数 α_1 的计算。

油流在管内流动时，与管壁的对流换热可用准则方程表示。

$$\alpha_1 = \frac{Nu\lambda_y}{d} \tag{2.20}$$

式中　Nu——放热系数，即努塞尔数。

脚注"y"表示各参数取自油流的平均温度。

① 在层流时，$Nu=f(Re, Pr, X)$，式中的 X 反映各种几何尺寸对换热的影响。对于 $Re<2200$，$0.48<Pr<16700$，且 $RePr \geqslant 10$ 时，有：

$$Nu = 0.17 Re_y^{0.33} Pr_y^{0.43} Gr_y^{0.1} \left(\frac{Pr_y}{Pr_{bi}}\right)^{0.25}$$

$$Pr_y = \frac{\nu_y c_y \rho_y}{\lambda_y}$$

$$Gr_y = \frac{d^3 g \beta_y (T_y - T_{bi})}{\nu_y^2}$$

式中　Nu——放热准数，即努塞尔数；

Pr——油的物理性质准数，即普朗特数；

Gr——自然对流准数，即格拉晓夫数；

λ_y——油的导热系数，W/(m·℃)；

T_y——油流平均温度，℃；

T_{bi}——管壁处平均温度，℃；

β_y——油的体积膨胀系数，℃$^{-1}$；

ν——油的运动黏度，m^2/s；

ρ——油的密度，kg/m^3；

L——管道长度，m；

c——油的比热容，kJ/(kg·℃)；

d——钢管内直径，m。

② 当 $2000<Re<10^4$，流态处于过渡状态，可参考以下公式：

$$Nu = K_0 Pr_y^{0.43} \left(\frac{Pr_y}{Pr_{bi}}\right)^{0.25} \tag{2.21}$$

式中系数 K_0 是 Re 的函数，见表 2.4。脚注"bi"表示各参数取自管壁的平均温度。

表 2.4　系数 K_0 与 Re 的关系

Re	2200	2300	2500	3000	3500	4000	5000	6000	7000	8000	9000	10000
K_0	1.9	3.2	4.0	6.8	9.5	11	16.0	19	24	27	30	33

③ 激烈的紊流情况下，$Re>10^4$，$Pr<2500$ 时，有：

$$\alpha_1 = 0.021 \frac{\lambda_y}{d_1} Re_y^{0.8} Pr_y^{0.44} \left(\frac{Pr_y}{Pr_{bi}}\right)^{0.25} \tag{2.22}$$

由于紊流状态下的 α_1 要比层流状态下大得多，两者可能相差数十倍。因此，紊流状态下的 α_1 对总传热系数的影响很小，可以忽略。而层流时的 α_1 则必须计入。

（2）管壁的导热。

管壁的导热包括钢管、绝缘层、保温层等的导热，有时还需考虑结蜡、结垢等的影响。

钢管的导热能力很强，其导热系数为 45～50W/(m・℃)，其热阻可忽略。对于有保温层的管路，保温层的热阻起决定作用。

管壁的结蜡和凝油的导热系数都比较小，随着管路运行中凝油层的增厚，其热阻的影响越来越大，由于管内壁上的凝油和结蜡层的厚度随管路的运行条件而不同，在设计时很难确定。因此，设计时通常不考虑其对热阻的影响。

（3）管外壁至周围环境的放热系数 α_2。

对于地下管道：

$$\alpha_2 = \frac{2\lambda_t}{D_w \ln\left[\frac{2h_t}{D_w} + \sqrt{\left(\frac{2h_t}{D_w}\right)^2 - 1}\right]} \tag{2.23}$$

如$\frac{h_t}{D_w} > 2$，则有：

$$\alpha_2 = \frac{2\lambda_t}{D_w \ln \frac{4h_t}{D_w}} \tag{2.24}$$

式中 λ_t——土壤的导热系数，W/(m・℃)

h_t——管道中心的埋深，m；

D_w——与土壤接触的管道外围直径，m。

计算 α_2 的关键是正确确定土壤的导热系数。土壤的导热系数决定于组成土壤的固体物质的导热系数、土壤中的颗粒大小和含水量，其中含水量的变化对土壤的导热性的影响最大。随着含水量的增加，土壤的导热系数增加，但当含水接近饱和时，导热系数的增加就很少了。

对于新管道的设计，推荐在线路勘测的同时，采用探针法测量沿线土壤的导热系数，作为计算沿线 K 值的依据。

2.1.2.1.2 埋地保温管道的总传热系数 K_2 的确定

对于埋地保温管道，其保温材料及保温质量对 K 值影响很大，保温层的热阻是起决定作用的因素。海底输油管道一般为双层管，保温层厚度通常为 30～50mm，具体的数值是根据技术及经济比较后确定。

对于埋设在海底泥下 1.5m 以下的双重保温管道，通过该管道的传热过程主要包括：

（1）管内壁与流体的对流换热；

（2）管壁的热传导；

（3）防腐层的热传导；

（4）保温层的热传导；

（5）保温层和外管内壁之间的空气层热传导；

（6）外管壁的热传导；

（7）与周围环境换热。

归纳这些换热热阻，可得总传热系数的计算公式为：

$$\frac{1}{KD}=\frac{1}{\alpha_1 d_1}+\frac{1}{2\lambda_1}\ln\frac{D_2}{d_1}+\frac{1}{2\lambda_2}\ln\frac{D_3}{D_2}+\frac{1}{2\lambda_3}\ln\frac{D_4}{D_3}+\frac{1}{2\lambda_4}\ln\frac{D_5}{D_4}+\frac{1}{2\lambda_5}\ln\frac{D_6}{D_4}+\frac{1}{\alpha_2 D_w}$$

$$=R_1+R_2+R_3+R_4+R_5+R_6+R_7 \tag{2.25}$$

式中　K——管道的总传热系数；W/(m^2·℃)；

D——管道内径和外径的平均值，m；

d_1——管道内径，m；

D_2——内层钢管外径，m；

D_3——保温层外径，m；

D_4——外层钢管内径，m；

D_5——外层钢管外径，m；

D_6——外层钢管的防腐层外径，m；

λ_1——内层钢管导热系数，W/(m·℃)；

λ_2——保温层导热系数，W/(m·℃)；

λ_3——空气夹层当量导热系数，W/(m·℃)；

λ_4——外层钢管导热系数，W/(m·℃)；

λ_5——外层钢管的防腐层导热系数，W/(m·℃)；

D_w——管道保温层外径，m；

α_1——油流至管内壁的放热系数，W/(m^2·℃)；

α_2——套管外壁与海泥的放热系数，W/(m^2·℃)；

$R_1\sim R_7$——管道由内到外的各层热阻，(m·℃)/W。

在工艺设计中，当管内流体的流态处于紊流区时，油流的对流放热系数对总传热系数的影响很小，可以忽略。由于内层钢管、外层钢管及外层钢管防腐层的导热系数很大，其值对总传热系数的影响微小，也可以忽略。如果保温层与外管壁的空隙很小，通常忽略空气层的热阻。经简化后的总传热系数计算公式为：

$$\frac{1}{KD}=\frac{1}{2\lambda_2}\ln\frac{D_3}{D_2}+\frac{1}{\alpha_2 D_w} \tag{2.26}$$

对于埋设在海底泥 1.5m 以下的双层保温管线，在粗略估算时，根据经验 K 值通常取 1～2W/(m^2·℃)。

2.1.2.1.3　不保温管道 K 值的影响因素

（1）管径越大则 K 值越小。

（2）管道埋深处的土壤含水量越大，K 值就越大。

（3）管道埋置深度越深，K 值就越小。但对于直径大于 12in 的管道，埋深大于 3～4 倍直径以上时，对 K 值的影响明显减小。

（4）气候条件影响 K 值，冻土的导热系数比不冻土大 10%～30%。

（5）管内结蜡会使 K 值变小。

（6）K 值与沿线土壤成分、相对密度及孔隙度有关。

2.1.2.2 管道的温降计算

不考虑管道中油流的摩擦热，热油输送的管道沿程轴向温降可按苏霍夫（Sukhov）温降公式计算：

$$\ln \frac{T_1 - T_0}{T_2 - T_0} = \frac{K\pi DL}{G_m c} \tag{2.27}$$

式（2.27）可表示为：

$$T_2 = T_0 + (T_1 - T_0)\exp\left(\frac{-K\pi DL}{G_m c}\right)$$

如果考虑管道在输送过程中由于沿程摩阻损失所产生的热量，热油输送的管道沿程轴向温降公式为：

$$\frac{T_1 - T_0 - b}{T_2 - T_0 - b} = e^{aL} \tag{2.28}$$

其中

$$b = \frac{ig}{ca} \tag{2.29}$$

$$a = \frac{K\pi D}{G_m c} \tag{2.30}$$

式中 T_1，T_2——管道起点、终点温度，℃；

T_0——管外环境温度（埋地管道取管道中心埋深处地温），℃；

D——管道外径，m；

L——管道长度，m；

G_m——原油质量流量，kg/s；

c——原油比热容，J/(kg·℃)；

K——管道的总传热系数；W/(m^2·K)；

i——管道的水力坡降，m/m；

g——重力加速度，m/s^2。

2.1.2.3 热油管道的摩阻计算

热油管道由于沿途散热油温逐渐降低，油流黏度处处不同。根据实测资料，热油管路的流态多数是在紊流光滑区工作黏度的变化对摩阻影响不大，工程上常采用以下两种方法进行近似计算。

2.1.2.3.1 平均油温法

计算热油管道的平均油温，并以此为依据进行水力计算。具体步骤：

（1）根据苏霍夫公式，计算出油流的起点温度 T_1 和终点温度 T_2。

（2）按式（2.31）求出管道的加权平均温度 T_p：

$$T_p = \frac{1}{3}T_1 + \frac{2}{3}T_2 \tag{2.31}$$

（3）由实测的黏温曲线查出平均温度 T 时的油流黏度 ν。

（4）按等温输油管道公式，计算摩阻损失 h：

$$h = \beta \frac{Q^{2-m}\nu^m}{D^{5-m}} l \tag{2.32}$$

2.1.2.3.2　分段计算法

为提高管道的计算精度，工程上常采用分段计算法，即将管道分为若干段，设每段为 l，按平均油温法计算每段的摩阻，然后再将各段摩阻相加得到管路总的摩阻。计算步骤同平均油温计算法。

2.1.2.4　热油管道的安全起输量

由于热油管道输送的介质为高凝高黏原油，管道输送过程中，油流不断向外散热，油品的温度不断降低，因此油品的黏度在前进中不断上升，沿程摩阻逐渐增大。根据苏霍夫温降公式：

$$T_2 = T_0 + (T_1 - T_0)e^{\frac{-K\pi DL}{G_m c}} \tag{2.33}$$

公式中的各项参数对温降影响较大的是总传热系数 K 和输量 G。当其他参数一定时，管道的终点油温随输量的变化情况反映在图 2.1 中，可以看出，在大输量下沿线的温降分布要比小输量时平缓得多，随着输量的减少，终点油温将急剧下降。当油温下降到一定数值时管道将无法正常输送，即热油管道存在最小输量。

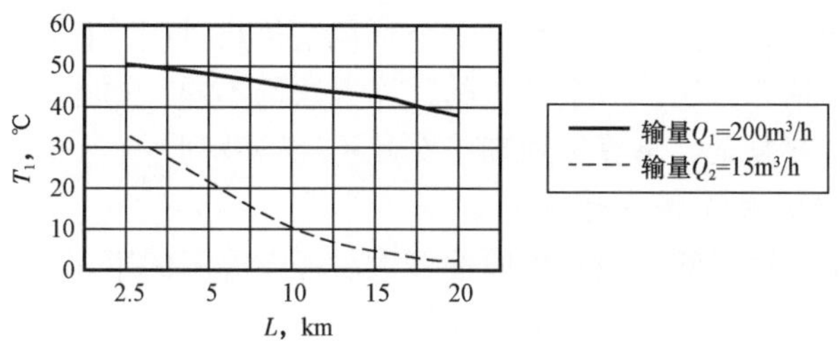

图 2.1　终点油温随输量的变化曲线

所谓安全起输量，是指在管道的总传热系数、管径以及允许的起输温度一定的条件下，在管道最大操作压力所允许的范围以及最低允许终点温度确定的情况下，热油管路所能输送的最小输量。可按式（2.34）计算：

$$G_{min} = \frac{K\pi DL}{c\ln\dfrac{T_{1max} - T_0}{T_{2min} - T_0}} \tag{2.34}$$

式中　T_{1max}——出站油温的允许最高值,℃；

T_{2min}——进站油温的允许最低值,℃。

对于输送高凝原油的管道，其允许的最低终点温度是指原油的凝固点以上 3 ~5℃；对于高黏原油，其允许的最低终点温度是指原油在该温度下输送时因低温使原油的黏度剧增，管道输送需要的输送压力超过了管道所允许的最大操作压力。

2.1.2.5 热油管道的停输降温规律及安全停输时间

海底热油管道在操作运行过程中，由于事故工况或其他原因不可避免地会出现停输的情况。停输之后管道中心流体的温度从起点到终点会持续降低，由于管内油温不断下降，油品黏度增大，含蜡原油管壁上的结蜡层增厚，都会使管道再启动时的阻力增大。因此，为确保安全经济地输油，首先要了解管路停输后的温降规律，以便确定在启动时所需的压力以及安全停输时间。

2.1.2.5.1 热油管道的停输温降规律

热油管道停输后的温降过程可分为3个阶段：

第一阶段，管道刚停输时，管内油温高于或接近析蜡温度，管壁上的结蜡层很薄，管内存油至管外大气的传热主要是对流放热，放热强度较大，而存油钢管及保温层的热容量都较小，所以温降很快。

第二阶段，随着管壁温度及油温的下降，一方面蜡不断结晶析出，管壁上的结蜡层不断加厚，使热阻增大；另一方面，由于油流黏度的增加，对流放热系数减小，二者都使散热量减小。对于含蜡原油，蜡的结晶析出又放出潜热，因而这阶段的油温降落最慢，直至整个管路横截面都布满了蜡的网络结构。这个阶段是管道停输的关键阶段。

第三阶段，管内存油已全部形成网络结构，传热方式主要是凝油的热传导，热阻较大，与外界温差减小，故其温降速度要比第一阶段慢得多。但由于在此阶段内，单位时间内继续析出的蜡结晶比第二阶段少，放出的凝结潜热少，因而其降温速度比第二阶段略快。

热油管道停输后，管路的冷却过程是一个不稳定传热过程，目前还没有成熟的计算方法，通常采用近似的估算方法，每个阶段的计算方法都不同，均在一定的假设条件下导出的近似计算公式，公式复杂，笔算很烦琐，在此不一一罗列。

2.1.2.5.2 热油管道的安全停输时间

热油管道的安全停输时间一般是指原油停输后停输温降的第一个阶段即油品温度降到凝固点时所需的时间。假设：管内存油温度均匀；管道的热阻主要是保温层热阻，取总传热系数 K 为常数；忽略油品物性随温度的变化；在短暂的停输过程中外界温度 T 不变。则热油管道的安全停输时间（τ）可按式（2.35）计算：

$$\tau = \frac{c_y \rho_y d_n}{4K} \ln \frac{T_{y0} - T_0}{T_{y1} - T_0} \tag{2.35}$$

式中 ρ_y——原油密度，kg/m^3；

c_y——原油比热容，kJ/(kg·℃)；

d_n——管内径，m。

对于海底管道，通常取允许热油到达末端的温度作为安全停输温度，计算海底管道的安全停输时间。一般取油流的末端温度为高于原油的凝固点3~5℃。

2.1.2.6 海底输油管道保温层厚度的确定

苏霍夫公式中影响热油管道温降的主要因素是总传热系数 K 值的大小。对于海底双层保温管道，其热阻主要由油流至管壁的放热热阻、钢管及保温层的热阻、外管壁至土壤的热阻组成，其中保温层的热阻占很大比率。对于某一种材料的保温层来说，保温层的厚度取值对 K 值的大小有直接影响。对于相同管径的管道能够满足所需的总传热系数 K 值要求的最小保温层厚度为该管道的经济保温层厚度。

目前海底双层保温管道保温层的厚度一般取 25 ~ 50m，在满足保温效果的前提下，考虑结构施工的需要。

2.1.3　其他计算

2.1.3.1　管道预热投产

海底管道的投产常采用热水预热的措施，即在输油前先输送一定量的热水，使整个管路预热一段时间，测量终端水温，如果达到所要求的水温即已建立所需的温度场，管道开始投油输送。

通常要求投油时终点油温略高于凝固点 3 ~5℃。

2.1.3.1.1　热水预热的方式

热水预热的方式有 3 种：正向预热，反向预热，正、反两个方向同时预热。正向预热是从管道的起点往管道中输送热水，到终点将热水放出来；反向预热与正向预热正好相反；正、反两个方向同时预热是从管道的起点往管道内输送热水，到达终点后用储罐将水储存起来并进行加热，待正向预热完后，将加热后的热水再从终点反输至起点，仍用储罐储存起来，待反向输送完后再正向输送。

对于管径小、输送距离短的平台间管道，一般采用从配备加热设备的主平台向井口平台的单向预热。对于油田外输上岸的输油管道可根据海上或陆上加热设备的配备情况，采用正向或反向预热。由于海上平台可提供的热水量有限，正、反双向预热的情况很少。

2.1.3.1.2　预热时间的确定

对于海底保温管道，冷管的预热过程即建立一定的温度场的过程，是一个使管道的散热损失不断减少的过程，即使总传热系数 K 值下降，以使管道投油时终点温度不至过低。通常是要求投油时的终点油温略高于凝点。根据实际经验，热油管道采用预热启动投产时，具有以下 3 个条件即可投油：

（1）预热介质（水）输送到管道终点的温度高于输送油品的凝点；

（2）供应的油源充足，投油时输送量不允许低于预热时的输送量或停输；

（3）保温管道的 K 不大于 1.75W/(m^2 · ℃)。

对于管道 K 值的验算，根据式（2.27）可得以下计算公式：

$$K = \frac{G_{\mathrm{m}}c}{\pi DL}\ln\frac{T_1 - T_0}{T_2 - T_0} \tag{2.36}$$

式中　T_1，T_2——管道起点温度、终点温度，℃；

T_0——管外环境温度（埋地管道取管道中心埋深处地温），℃；

D——管道外径，m；

L——管道长度，m；

G_m——原油质量流量，kg/s；

c——原油比热容，J/(kg·℃)。

管道的预热时间是由以下几个因素决定：热水的流量、入口温度、管道出口终端的温度、管道周围环境的蓄热过程（钢管、保温层、外管、保温层与外管间的空气层）等。对于海底管道的预热，热水主要来自平台的水源井或加热器加热的海水，也有可能采用合格的生产污水；热水的流量大小是由平台所提供的泵的流量决定的。

一般预热管道所需的总热量 Q 由以下几部分组成：内层钢管的蓄热量 Q_g、保温层蓄热量 Q_b、外管蓄热量 Q_w、保温层与外管间空气层的蓄热量 Q_k 和管道向周围环境的散热损失 Q_s 等，可表示为：

$$Q = Q_g + Q_b + Q_w + Q_k + Q_s \tag{2.37}$$

其中

$$Q_g = c_{pg} \cdot m_g \cdot (T_a - T_0) \tag{2.38}$$

$$Q_b = c_{pb} m_b (T_a - T_0) \tag{2.39}$$

$$Q_w = c_{pw} m_w (T_a - T_0) \tag{2.40}$$

$$Q_k = c_{pk} m_k (T_a - T_0) \tag{2.41}$$

$$Q_s = K\pi D (T_a - T_0) \tag{2.42}$$

式中 c_{pg}，c_{pb}，c_{pw}，c_{pk}——钢管、保温材料、外管、空气的比热容，kJ/(kg·℃)；

m_g，m_b，m_w，m_k——钢管、保温材料、外管、空气的质量，kg；

T_a——管道中热水的平均温度，℃；

T_0——管道周围环境的温度，通常指管道埋深处的泥温，℃；

K——管中热水至周围介质的总传热系数，W/(m^2·℃)。

预热的热水提供的热量为：

$$Q = c_{hw} m_{hw} (T_q - T_a) \tag{2.43}$$

式中 c_{hw}——水的比热容，kJ/(kg·℃)；

m_{hw}——所需热水的量，kg；

T_q——管道中热水的初始温度，℃；

T_a——管道中热水的平均温度，℃。

由式（2.35）至式（2.41）可计算出所需热水的量 m_{hw}。从而，可按式（2.44）计算出海底管道的预热时间：

$$\tau = \frac{m_{hw}}{G_{hw}} \tag{2.44}$$

式中 m_{hw}——预热热水的总量，kg；

G_{hw}——预热热水的质量流量，kg/s。

以上计算方法可用于估算管道的预热启动计算。在热水源的温度、流量和环境温度一定的条件下，采用 OLCA 等管道模拟计算软件计算可较精确地计算管道不稳定传热过程，可确定热水的预热用量及预热时间。

2.1.3.1.3　热水的供给和排除

海底管道预热的水源一般采用加热海水或者水源井的热水，也有可能采用合格生产污水，通过泵泵入海底管道，在终端测量水流温度，当达到所要求的温度时将管内存水排海。管道预热投油时，为减少油头与水的混合量，在投油时在油水交替过程中发放隔离球。在交替过程中混入的游离水，一般进入一级分离器或自由水分离器处理。

2.1.3.2　管道启动压力计算

海底热油管道刚开始停输时，沿线各点的油温是不同的，在管道的入口段，油温较高；而出口段则油温较低。管道停输若干时间后，沿线仍有一定的温度梯度。在考虑再启动情况时，可能出现两种情况：在油温较高的段落，再启动时管中心部分仍为液相；而在油温较低的段落，在整个横截面上都已形成网络结构。这两种情况的再启动压力计算方法是不同的，需按温度情况分段计算。

（1）管中心仍为液相的情况。对于大直径的管道常见这种情况，油温的降低只是在外围的环形截面上形成了网络结构，中心部分的油仍为液相。这时，管道再启动时的摩阻情况就类似于管壁结蜡很厚的管路输送温度等于中心油温的冷油。尽管是在允许的最大压力下用热油启动，开始时的排量难免较小，随着冷油的被推出和凝油层厚度的逐渐减薄，排量逐渐增大，直到接近正常输量。可以按正常输送时的摩阻计算方法，按式（2.31）和式（2.32）根据油温的不同，分段计算管道摩阻，确定再启动压力。

输量恢复过程的快慢，决定于再启动压力的大小、热油温度的高低、停输时间的长短等一系列因素。对于高含蜡原油，再启动时的冷油虽仍为液相，可能已具备非牛顿液体的特性需按非顿液体的方法计算。停输后再启动时，要在强度允许的压力范围内尽可能加大排量，提高流速，以便增加对凝油的剪切力，带走更多的凝油，使输量尽快恢复正常。

当管道输送低凝固点、高黏度的原油或重油时，虽然管内的冷油始终保持牛顿流体的特性，但由于管道停输后原油黏度急增，在管道强度的限制下，输量恢复的时间较长，可能长达半月以上。

（2）整个管路横截面都凝结的情况。当管路的整个横截面上都已布满蜡和胶的空间网络结构时，凝油具有一定的结构强度，必须当外加剪力足以破坏其结构后，才能恢复流动。

在此种情况下计算管道再启动压力，首先测得凝油的屈服强度，按式（2.45）计算：

$$\Delta p = \frac{4\sigma L}{d} \tag{2.45}$$

式中　Δp——启动压力，Pa；

σ——原油的屈服强度，Pa；

L——管段长度，m；

d——管内径，m。

屈服值的选取需根据再启动温度选取。

2.1.3.3　海底管道置换计算

当海底管道中输送的介质为高凝固点原油时，一旦管道停输，会给再启动带来一定的困难。因此在海底管道设计中应尽可能使管道的停输时间在允许的停输时间范围内，并根据情况及早采取置换等相关措施以保证管道再生产后的正常运行。

管道的停输通常包括计划停输和应急事故停输。

当因平台设备检修等原因而实施计划停输时，若停输时间不超过管道的允许停输时间，则管道内介质不必进行置换，待恢复生产后靠其自身的生产条件使管道直接投入使用；但若停输时间预计超过管道的允许停输时间时，则应尽早对管内介质进行置换作业。

当平台因不可预见的事故因素而应急停输后，若在管道允许的停输时间范围内仍不能恢复生产，必须对管道内存留介质在要求的时间内进行置换，以确保管道的安全。

管道的允许停输时间是根据管道内介质停输后的温降规律和管道内介质的凝固点高低而确定的。即管道允许的停输时间是指在管道停输时，其管道内任一点的输送介质温度不得低于其介质的凝固点温度。

管道停输温降按式（2.46）计算：

$$T_{\tau} = T_0 + (T_q - T_0)\exp\left[\frac{-1.27DK\pi\tau}{\sum c_i\rho_i(D_{oi}^2 - d_{ii}^2)}\right] \tag{2.46}$$

式中　T_{τ}——停输 τ 小时后管内介质温度，℃；

T_0——管道外围环境温度，℃；

T_q——开始停输时管内介质温度，℃；

D——管道保温层外径，m；

D_{oi}——各层管外径，m；

d_{ii}——各层管内径，m；

K——管道总传热系数，W/(m^2·℃)；

τ——停输时间，h；

c_i——管内介质、钢材及保温材料的比热容，kJ/(kg·℃)；

ρ_i——管内介质钢材及保温材料的密度，kg/m^3。

根据式（2.35）可计算出管道的允许停输时间，不仅要考虑当管道末端介质的温度降到接近原油的凝固点的时间，还要考虑管道置换过程中管内介质仍存在流动降温的过程，据此确定管道必需的合理的置换时间。如若停输时间不超过该时间，则管内介质无须置换，待恢复生产后靠平台生产设施或自身井液压力、温度直接启动管道即可。

管道置换所选择的置换介质通常根据平台生产的具体情况而定，可采用水源井的热水、中心平台的含油污水、柴油、热的海水等。置换采用的泵也有多种选择，可用注水泵或置换泵，须根据情况而定，泵的扬程及排量应能满足置换所需的压力及管道允许停输时间的要求。为保证管道在应急事故停输时（如平台停产、断电）仍能及时进行置换作业，应将置换泵与应急电源挂接。

热油顶冷油计算：热油管道启动时，进入管道的热油在沿管道向前流动过程中，首先接触低温的管壁，所以这部分油流所散失的热量要比正常运转时大得多。因此这部分油流到达终点时的温度比正常输送时的终点温度低得多，通常称冷油头。启动过程中最先进入管道的油流冷却最剧烈，当管道距离较长时，这部分油头的温度将冷到接近自然地温；当输送高凝、高黏原油时，油头可能在管内凝结使输送的摩阻急剧上升，可能超过泵和管道强度的允许范围。因此，冷管直接启动主要用于较短的管道，且管内原油输量较大。对于海底热油管道通常采用保温方式输送，其中保温层的热阻远大于启动过程中管路其他部分的热阻，同时热阻随启动时间的变化很小，并且保温层外壁管道的温度接近周围的自然地温，所以启动过程中土壤的蓄热对总传热系数的影响很小。总传热系数的变化主要发生在内部钢管管壁的升温过程，相对不保温管道，总传热系数接近稳定的时间显著缩短。

在工程计算中，为简便计算管壁温度按恒壁温法考虑。假设在热源开始作用时，管壁温度由初始温度立刻跃升到稳定状态时温度，并保持不变。通常采用以下方法计算（总传热系数按稳定传热考虑）：

（1）据苏霍夫温降公式［式（2.27）］计算得到管内冷油输送到终端的温度；

（2）据列宾宗公式［式（2.9）］，计算出管路的沿程摩阻；

（3）据泵的排量，计算出热油替换时间：

（4）输送热油泵的排压等于管道出口压力与克服沿程摩阻所需提供的压力之和。

2.1.3.4　管道壁厚计算

管道克服内应力所需要的最小壁厚为：

$$t_m = t + c \tag{2.47}$$

式中　t_m——考虑制造腐蚀、冲蚀等因素后，管道允许的最小壁厚，mm；

t——管道满足压力要求所需的最小计算壁厚，mm；

c——考虑机械制造、腐蚀和冲蚀等因素引起的管道壁厚裕量，mm。

满足内压要求的管道计算最小壁厚可按式（2.48）计算：

$$t = \frac{pD}{2SEF} \tag{2.48}$$

式中　p——管道的设计内压，MPa；

D——管道的公称外径，mm；

S——材料的最小屈服强度，MPa；

F——设计系数，取决于所适用的规范和管道所在的区域，对于海底管道，一般分两个区域，区域 1 适用于管道距离平台大于 0.5km 时 $F=0.72$，区域 2 适用于管道距离平台小于 0.5km 时 $F=0.50$；

E——焊接点系数（对无缝钢管 $E=1$）；

t——管道满足内压要求所需的最小计算壁厚，mm。

管道的壁厚计算公式只考虑了管道在内压作用下产生的环向应力，对于海底管道而言还要考虑外部环境荷载，如风、浪、流冰、潮汐等造成的应力影响，以及管道施工、安装时的外部荷载的影响，同时还要考虑管道在操作状态下，外部各种荷载及温度应力超载等内部荷载的影响，对于海底管道而言，各种外部荷载的影响往往是决定管道壁厚的主要因素。对于外部各种荷载及温度应力、超载等内部荷载对管道强度的影响在海底管道结构计算中有详细分析论述。

2.1.4 输油系统常用设施

2.1.4.1 输油泵

在管输系统中，输油泵和带动它的原动机，以及相应的连接装置或变速装置组成输油泵机组。

2.1.4.1.1 选择原则

（1）满足工艺要求，泵的排量、压力、功率及所能输送的液体与预定的输送任务相匹配。

泵站的泵机组的总排量应等于或大于设计的输油量，同时泵的排量能满足管道生产期内流量在较宽的范围内的波动，并且能保持较高的泵效。

（2）泵工作平稳可靠，振动小，吸入能力足够，密封耐久，零件坚固。

（3）易于操作维修。

（4）泵效高，能充分利用现有的动力及能源。

（5）满足防爆、抗腐蚀、适应气候变化的影响。

（6）输油泵主泵一般选离心式输油泵，因其具有转速高、体积小、重量轻、效率高、流量范围大、结构简单、性能平稳和操作维修简单等优点常用作长输管道输送。但用来输送高黏度原油时泵效受影响。图 2.2 列出了泵的适用范围及离心式输油泵输送液体的极限黏度。

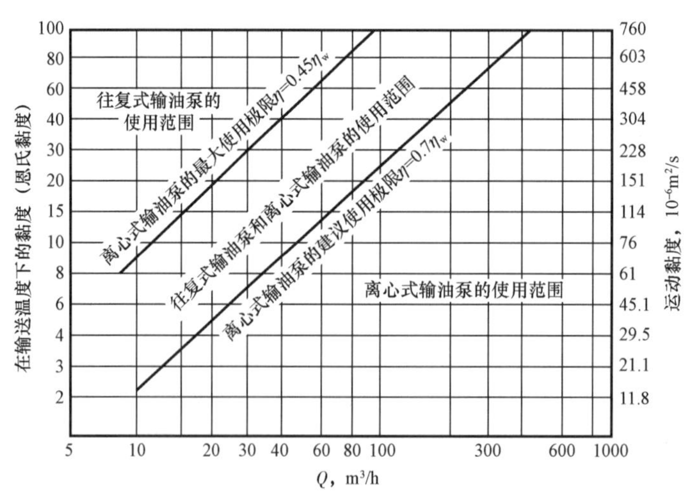

图 2.2　离心式输油泵输送液体的极限黏度

η_w—泵在输送常温清水时的效率

2.1.4.1.2　常用输油泵的特点

输油中应用较多的是往复式输油泵和离心式输油泵。

（1）往复式输油泵的特点：

① 在泵的允许强度范围内，排出液体的压头取决于管路的水力摩阻与位差，出口管路要设安全阀，以防出口管路全部关闭时造成压力超高而破坏。

② 泵的排量只与转速有关，与排出压力无关，只能用改变转速或改变旁通阀开度的方法来调节排出管路的流量。

③ 自吸能力强，启泵前不用灌泵。

④ 泵性能随黏度的变化小，适于输送高黏度液体。

⑤ 流量、压力脉动大，泵运转时振动大。

⑥ 结构复杂，零部件较多，易磨损，不便维修，体积大。

（2）离心式输油泵的特点：

① 排出压力有最大值，泵的排量随排出压力减小而增大，可通过出口调节阀调节流量。

② 流量压力平稳，工作时振动小。

③ 构造简单，便于维修。

④ 自吸能力差，开泵前需灌泵，一般要求正压进泵。

⑤ 泵的工作性能和效率受黏度影响较大。

从上述特点可知，往复式输油泵宜用于流量较小、压力较高且输送黏度较大的液体情况。离心式输油泵宜用于输送大排量低黏度的液体情况。

对于输送高黏度原油的管道，为了便于停输后再启动，在平台上往往配备螺杆泵。螺杆泵在输送高黏度油品时效率仍很高，不需辅助增压泵。压力增高，排量基本不变，适用于热油管道的停输再启动。

2.1.4.2　原动机

海上输油管道所需输油泵的驱动方式是根据整个油田的电站选型决定的。常用原动机的主要类型是电动机、往复式内燃机（天然气、柴油）、燃气轮机。对于原动机的选择取决于许多因素，被选的设备要考虑在整个生产期中是最经济的，同时须满足生产的要求。

（1）原动机的选用原则：

① 电力充足的地区应首先选用电动机。

② 在缺电情况下，当所要求的功率不大时，通常采用往复式内燃机；对于大功率及高速离心泵的情况，常用燃气轮机带动。

（2）往复式内燃机与燃气轮机的比较：

① 往复式内燃机一般用于输出功率不大的输油泵的配置，燃气轮机一般用于输出功率大且转速高的输油泵的配置。

② 功率一定时燃气轮机的质量和尺寸都小于往复式内燃机。

③ 往复式内燃机的热效率比燃气轮机高；往复式内燃机操作时产生较大的振动和噪声，燃气轮机操作较平稳，振动较小。

④ 往复式内燃机比燃气轮机需要更多的维护。

2.1.4.3 储油设施

海上油田所产原油的储存一般有两种方式：

(1) 海上储油。储油设施安装在海上，通过穿梭油轮将原油直接运给用户。

(2) 岸上储油。原油通过海底管道从海上输送到岸上的储油库，然后再用其他运输方式运给用户。

海上储运方式的选择是根据海上油田开发项目的具体情况来综合考虑的。但是不论采取哪种储存方式都必须要求储运系统与油田生产系统相配套，并且保证油田正常生产。

海上储油设施是海上油田生产重要的组成部分，目前海上油田的储油设施有浮式生产储油轮和平台储油罐。

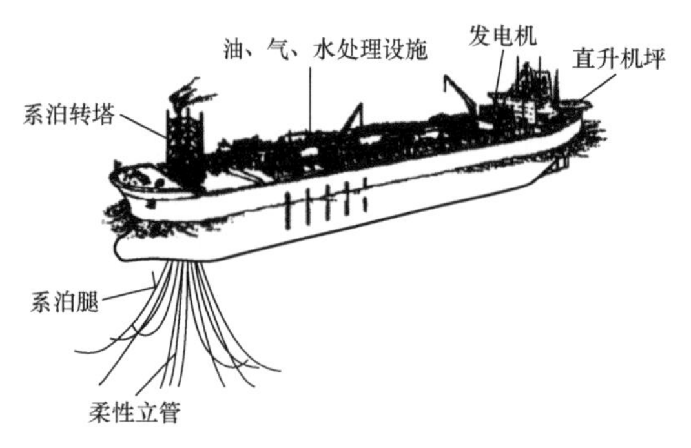

图 2.3 浮式生产储油轮

2.1.4.3.1 浮式生产储油轮

浮式生产储油轮（Floating Production Storage Offloading，FPSO）和单点系泊装置相连接形成海上输油终端，是一种具备多种功能的浮式采油生产系统，适用于远离陆地或不便于登陆的海上油田的开发，如图 2.3 所示。浮式生产储油轮机动性好，在结束一个油田的生产之后，可以迁移用于另一个油田的开发。海上储油轮的载重吨位的选择是根据油田的产油能力和穿梭油轮的数量、吨位、往返时间以及海况条件来决定的，一般按 10 天至 20 天的油田高峰产量设计。一般浮式生产储油轮的载重吨位在几万吨至几十万吨，目前中国海域的最大载重吨位为 30×10^4t。

2.1.4.3.2 平台储油罐

平台储油罐如图 2.4 所示，是在固定式钢结构物上建造的金属储油罐，一般建在浅水区。平台储油罐的结构及附件与陆上储罐基本相同，多采用立式圆筒形钢制储油罐。由于该种储油方式储存量小，造价高，限制条件多，一般很少采用。目前我国只有早期的埕北油田采用（罐区原油储量为 1200m^3）。储油罐按照建造方式分为螺栓连接储油罐和焊接储油罐。

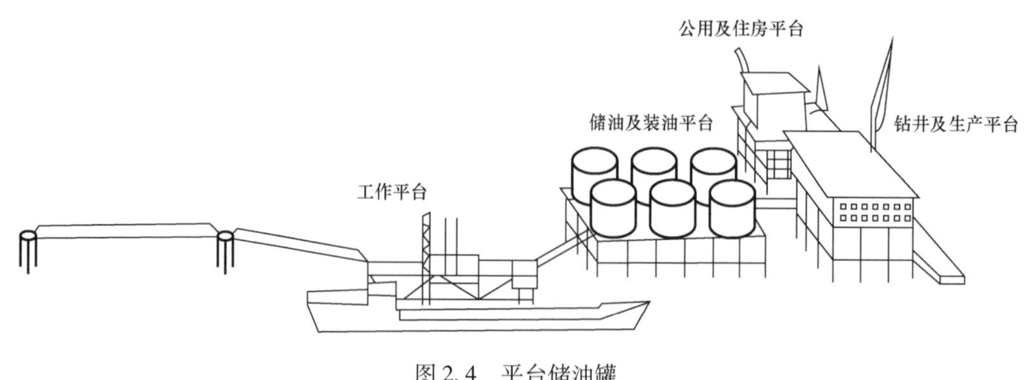

图 2.4 平台储油罐

2.1.4.4　加热设备

由于海上油田操作的特殊性以及平台空间所限，用于海上油田生产加热的设备主要有加热炉、电加热器、废热回收。

(1) 加热炉。

加热炉一般有两种形式，即直接加热炉和间接加热炉。

① 直接加热炉。即采用直接的火焰加热加热炉中的盘管，不经过中间介质的传热。直接加热炉常用于需要加热量大的场合，由于该种形式的加热炉占用较大的平台空间，一般情况不优先选用。常用的直接式加热炉是圆柱对流式。

加热炉主要由气体燃烧火嘴、辐射室和对流室组成。

燃烧火嘴是主要的换能装置，其换能效率直接影响整个加热炉的效率。按照燃料气与空气的混合方式可分为：预混合式、外混合式、半预混合式。

辐射室是加热炉的主要换能段，加热炉的大部分热量经过该段辐射给被加热流体。

对流室用以降低排出烟气的温度，减少热损失。

② 间接加热炉。间接加热炉是通过火管加热中间介质，然后通过中间介质加热盘管中的工艺流体。常用的中间介质有：水、甘醇、热油或可溶性盐等。热介质的选择主要由生产工艺所要求的温度的高低决定。间接加热炉较直接加热炉安全、可靠、操作方便。

在间接加热炉中，热量的传递是靠中间介质进行的，中间介质在火管中和所要加热的工艺流体之间的热量传递是依靠自然对流的方式进行的，这样就限制了加热炉的单位面积所传递的热量。因此，间接加热炉一般用于加热负荷较小、出口温度不高于260℃的场合。

(2) 电加热器。

对于加热负荷比较小的情况，加热炉没有优势，一般采用电加热器。其具有设备体积较小、控制简单、便于操作等特点。

电加热器是依靠改变输入加热单元的电功率来调节加热炉的加热量，具有加热迅速、控制简便的特点。

(3) 废热回收。

废热回收装置用于需要大量工艺热负荷，同时又有大量废热可以利用的地方，典型的废热来源于燃气轮机的排出气。燃气轮机一般能够将所消耗的能量的12%～20%转化为轴功率，其余部分的燃烧能量则通过排气或者辐射而损失掉。设置余热回收装置后，系统可将燃气轮机的总热效率提高到60%，从而节省了操作费用，同时废热回收装置取代加热炉，可避免火灾危害，提高平台的安全性。

2.1.4.5　清管设施

在新建的海底管道投产前，必须进行清管作业，以清理管道内的焊渣、杂质等，同时确定管道的变形度。另外，海底管道运行过程中，为提高管道的输送效率、减少管道内壁的腐蚀以及分隔不同的油品，常常需要进行清管作业。

2.1.4.5.1　清管器

(1) 种类。

清管器的种类很多，按结构形式分为以下几类：

① 机械清管器。这种清管器一般在刚性骨架的两端设置旁通孔，最前部设置拉环。其种类很多，有多节式、球面式、轮刷式及弹簧刷式等，其中应用较多的是轮刷式清管器。

② 软质清管器。常见的软质清管器有两种：一种为泡沫清管器，它是在通孔型泡沫外表涂上一层聚氨酯橡胶，外表呈螺旋型；另一种是整体为聚氨酯的空心壳体。

③ 清管球。清管球是一内部充满液体介质的胶质球壳。

（2）清管器的选用。

一般根据不同的操作目的，选择不同类型的清管器。通常分以下 3 种情况：

① 对于投产初期清管作业或者用于清除管道内的沉积物或结构物，应选择清管刷式的机械清管器，如图 2. 5 所示。

② 用于清除管道内液体或分割管道内输送流体，应选用隔离和驱替作用的清管器，如图 2. 6 所示为刮刀清管器。

图 2. 5　机械清管器

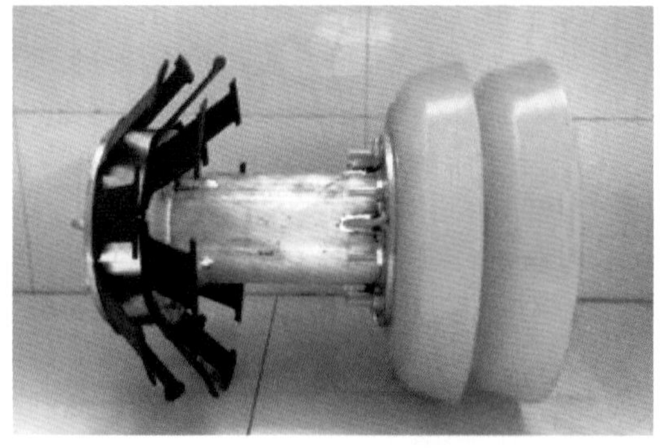

图 2. 6　刮刀清管器

③ 用于清除含硫石油和天然气、液化石油气以及其他炼制成的碳氢化合物产品，则应选用带有刮管环或锥形皮碗的清管器。

2. 1. 4. 5. 2　清管作业装置

海上平台常用的液体管道清管装置为：收发球筒、收发球阀。

（1）收发球筒。

图 2. 7 和图 2. 8 是典型的液体管道清管器发射装置和接收装置。

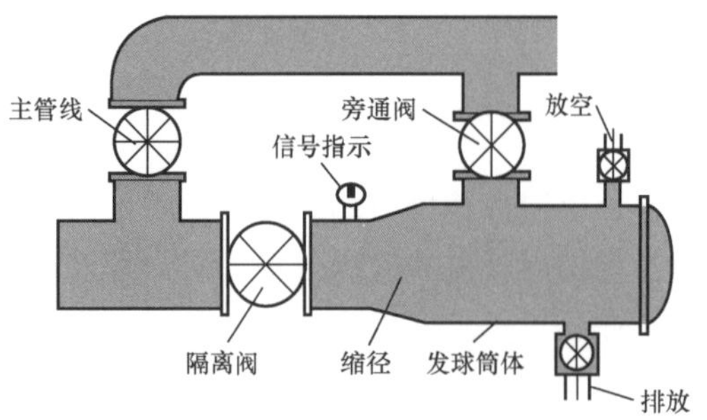

图 2. 7　典型的液体管道清管器发射装置

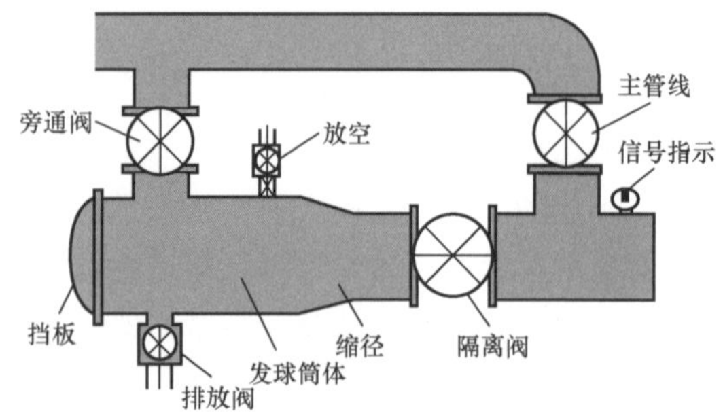

图 2. 8　典型的液体管道清管器接收装置

对于清管器的发射装置或接收装置，均由发射（或接收）部分、传送装置及信号探头装置组成。发射部分主要由发射室、挡板、放空管道（或排污管道）等组成，其中发射室的内径通常比管道大 1 ~2in，发射室的长度至少是清管球长度的 1.5 倍，发射室装有可快速打开的挡板。传送装置由变径管、旁通管和旁通阀等组成。清管器信号探头装在发射装置的下游，以确认清管器进入管道。清管器接收装置与发射装置基本相同，只是接收室较长些，约为清管器长度的 2.5 倍，同时探头装在接收室的上游。

（2）收发球阀。

图 2.9 是典型的液体管道清管发射和接收阀，通常称为 PIG 阀（Pipe Inline Gauge）。PIG 阀就是把清管球送入管道内或从管道中取出的一种装置，其形状及构造都与球阀相似。

① 构造及工作原理。PIG 阀是由普通球阀演变而来的，其构造基本与球阀相同，不同之处主要有以下两点：

a. 阀体有 3 个与外界相通的开口，其中两个与管线相连通，另一个为取放清管球所设，开口处有一个可取下的密封盖，两旁还设置了排气及排液口。

b. 阀门中心的孔径不小于所连管线内径，使清管球顺利进入阀体。

② PIG 阀收发球程序。PIG 阀的收发球流程如图 2.10 所示，它由 PIG 阀、PIG 阀进出口的截断阀，以及一条旁通管路和一个旁通阀组成。

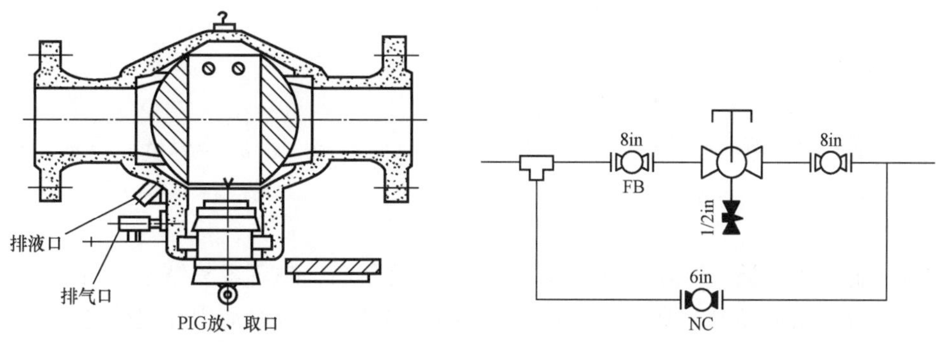

图 2.9　典型 PIG 阀　　　　图 2.10　典型 PIG 阀收发球流程

2.1.4.6　装船设施

海上终端储存的原油最终要通过油轮运走，装载原油的油轮也称穿梭油轮（Shuttle Tanker）。原油从储存的设施输往穿梭油轮的管路系统并不复杂。复杂的是穿梭油轮怎样在海上稳定系泊，以确保装油作业正常进行。在不同的海况条件下，穿梭油轮的靠泊方式也不同。按照穿梭油轮的不同靠泊方式可分为 5 种装卸油方式：靠泊平台码头提油、两船并联靠泊提油、两船串联靠泊提油、多点系泊提油、单点系泊提油。

海上靠泊平台有混凝土式或钢平台式两种结构，适用于浅水区域。随着水深及油轮吨位的增加，码头的造价显著增加。海上装油码头主要由一个工作平台、两个系船柱和两个侧锚船柱组成，通过栈桥连接。工作平台上装有两套装油臂，并配有一套液压装置来控制装油臂的动作。平台甲板下安装有排放槽和回收油泵，以收集污水并将其输送到处理平台。系船柱和锚船柱上安装有快速脱钩装置，锚船柱上装有卷扬机。

两船并联靠泊提油是指穿梭油轮与系泊的储油轮靠近，两船通过并联的形式连接输油。

两船串联靠泊提油是指穿梭油轮与系泊的储油轮通过串联的形式连接输油。

提油作业采用输油系统，在两船间转载时，须使用软管，软管的直径要根据船设备情况和装载速率来决定。软管的长度选择必须考虑到整个转载期间可能发生的两船干舷高度差的变化和前后位移，以及联结轴与法兰的工作状态。艉输系统包括液压绞车、大卷筒输油连管、输油软管、控制阀门、扫线管路、导绳等。

多点系泊是指穿梭油轮用缆绳或锚链系泊到多个专用浮筒上，每个浮筒用锚链固定到海床上。浮式储油轮通过海底管道及一部分软管与穿梭油轮的进油管汇相连。穿梭油轮装满油后，解开浮筒上的系缆离开。这种系泊方式操作复杂，有一定风险。

单点系泊是目前使用较多的海上油轮的系泊方式。通过此种方式系泊的油轮随海流或风向的变化围绕着单点系泊装置自由转动，油轮始终保持在最佳的抗风浪位置。原油外输时通过浮式储油轮上的输油软管装置与穿梭油轮上的输油管汇相连接。单点系泊具有安全、可靠、经济等优点。

海上装油系统的选择，既要考虑该区域的水深、海床地基和海况等条件，也要考虑到系泊设施的费用，是一个整体优化过程。

2.1.5 原油输送管道结蜡和沥青质

2.1.5.1 管道结蜡及解决方法

2.1.5.1.1 原油管道结蜡的原因和影响因素

经过文献调研，影响到原油结蜡的因素主要有原油成分、原油温度、原油与管壁温差、原油流速、管壁材料和原油中是否存在机械杂质等。

（1）原油成分。

原油中低分子烃类，即轻组分越多，蜡的溶解度越高，越不容易结蜡，当含蜡量相同时，重组分油的蜡结晶温度要高于轻组分油的结晶温度。并且原油中轻组分越多，含蜡量也越少。

（2）原油温度。

原油一般有一个蜡析出严重的温度区间，这个温度区间一般在析蜡点和接近凝固点附近，所有原油输送过程中的温度要远离此温度区间。

（3）原油与管壁温差。

原油与管壁温差越大，管壁结蜡量也会越大，这是因为，原油中心油流与管壁的温差越大，所形成石蜡分子的浓度梯度就越大，分子扩散作用就越强，管壁蜡沉积速度就越快。

（4）原油流速。

随着原油流速增大，管壁结蜡量减少，蜡沉积速度和结蜡速度下降，这是因为，随着流速增大，一是管壁与原油温差有所减小，二是管壁剪切应力增大，油流对管壁蜡层具有强烈的冲刷作用，使蜡层很难附着到管壁上，而当原油流动速度超过 1.5m/s 时，管内结蜡变得困难，结蜡还与原油的流动状态有关，层流时管壁结蜡比紊流时更严重。

2.1.5.1.2　原油管道结蜡解决办法

（1）防蜡剂清蜡。

防蜡剂是能够降低原油中蜡的沉积、聚集和生长速率的化学剂，即能够减慢原油结蜡速度的化学试剂。使用防蜡剂防蜡成本相对较低，而且大多数防蜡剂也起到降低凝点和降低黏度的作用，所以防蜡剂防蜡是采油中的主要手段。

（2）热洗清蜡。

① 热油处理法。热油处理是原油达到一定温度后将其注入管道中，利用高温热油将管壁积蜡熔化。这种方法一般用于热站之间距离短、沿线环境温度较高的条件下，否则热的油流在长距离管道内流动后温度会逐渐降低，无法将后半程的蜡熔化，而且油流中原本溶解的蜡沉积物可能会随着温度的降低而再次析出，使管壁蜡沉积量增加。

② 热水处理法。热水处理是将水加热到一定温度后注入管道中，利用热水将管壁上的蜡熔化，但与热油处理法相比，该法优点是操作安全，缺点是水对石蜡和沥青的溶解度小，若操作不当，从管壁上熔化下来的石蜡有可能再次沉积，造成管线和设备的堵塞。

③ 机械清蜡技术。机械清蜡技术是指用特殊的刮蜡或清蜡工具，刮掉管道中沉积的蜡，可以用手操控刮蜡片往复运动刮掉管壁的蜡，也可用电动方式控制刮蜡片刮蜡，刮蜡片有 8 字形和舌形两种，机械清蜡法成本低，操作简单，效果好，但也有一定局限性，比如油泵某些部位的蜡无法清理，并且对设备有一定损害。

2.1.5.1.3　预防结蜡和清蜡措施

管壁结蜡不仅影响管道输送的经济效益，如果结蜡层不及时清除，严重可造成凝管事故，下面提出几点有效的预防结蜡和清蜡措施：

（1）保持管内原油流速超过 1.5m/s，保持原油对蜡沉积层的冲刷强度。

（2）缩小油壁温差，一般在管道表面设置保温层，在减少沉积的同时还可防止介质腐蚀，也有降低热损失的作用。

（3）采用管材内壁涂层，降低管壁吸附性，或者采用吸附性差的材料。

（4）采用化学防蜡剂防蜡，不仅经济有效，而且大部分防蜡剂同时起到降凝降黏的作用。

（5）采用清管器清蜡，目前长输管道上广泛采用清管器清蜡，常用的有机械清管器和泡沫清管器。

2.1.5.2　原油管道沥青质

石油沥青质不是一种具有明确地质意义的物质，也不是按化学性质或结构划分的一种化合物，而是一类杂散的，无规则的有机地质大分子，一般是石油中不溶于正戊烷或正庚烷而可溶于苯或甲苯的一类特定组分。在石油开采及运输过程中，沥青质等重组分的沉淀既可以发生于分离器、油泵、管线及换热器、油管等设备中，沉淀程度轻的可使生产操作困难，严重的可使油井报废，甚至使油藏受到永久性破坏。

沥青质是复杂结构和性质的分子混合物，当油藏条件发生变化时，沥青质将以固定的形式沉积下来，换言之，沥青沉淀的形成是原油和排驱剂组成及油藏温度和压力的函数。

在溶液中，沥青质是由大分子树脂和芳香分子稳定的，考虑到石油的稳定性，三个拟组分：油、树脂、沥青质三者之间的平衡是不可缺少的。树脂部分负责保持沥青质的胶态悬浮，树脂通过极性芳香沥青质和非极性脂肪油起过渡作用使沥青质胶化，因此防止了沥青质的絮凝和物质沉积。当液体中的树脂的化学势降低到某一值，胶态沥青颗粒不再被树脂包裹而裸露于溶液中，沥青质颗粒絮凝并沉积，沉积过程如图 2.11 所示。

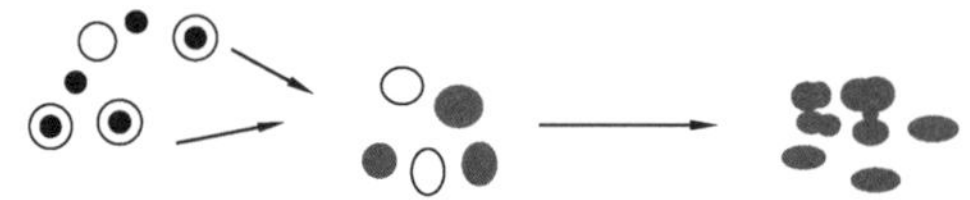

图 2.11　沥青质的沉积过程

（1）沥青质的预防。

解决沥青质沉淀问题的最好方法是采取预防措施，预测或诊断的最好工具是沥青质沉积相包络线图。

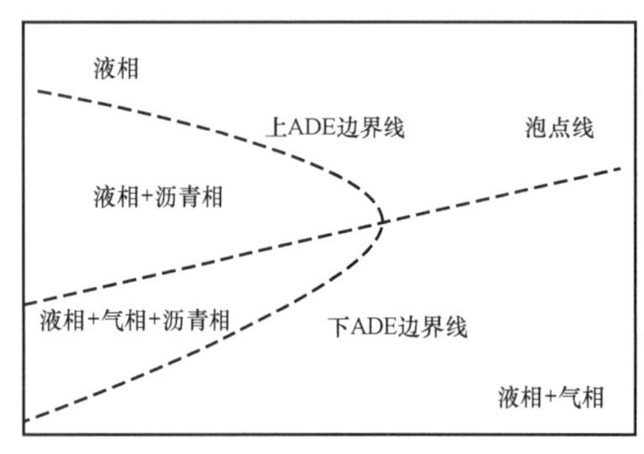

图 2.12　典型的沥青油藏流体压力—温度相图

① 沥青质沉积相包络线。

压力—温度相图表明了沥青的稳定区域和沉积区域，在压力—温度相图中，出现絮凝的所有热力学点的集中，称沥青质沉积相包络线（Asphaltane Deposition Envelope，ADE）。沥青油藏流体的压力—温度相图有 1 条泡点线、1 条上 ADE 边界线和 1 条下 ADE 边界线（图 2.12）。

对于沥青质沉积相包络线需考虑三个问题：

a. 沥青质的沉积问题是在一采期间还是二采期间发生的。确定这个问题即可通过向油品中加脂或者芳香烃的方法来移动包络线，从而避免沥青沉积。

b. 确定一条经济的压力—温度热力学产油途径，例如，在足够高的温度，ADE 的左端是否闭合，能保持一直产油，而不会引起黏度过高以及石蜡沉积等问题，同时保持油处于较冷状态以避免沥青沉积，同时，通过添加溶剂和化学剂可以防止沥青质的沉淀。

c. 沥青沉积相包络线是评价沥青沉积量及沥青沉积严重程度的一个非常有用的工具。

② 抑制剂预防。

在容易发生沥青质沉积的油井，可以采取注入化学抑制剂的方法来预防沥青质的沉积。这类抑制剂的主要作用是通过某些作用类似胶质的化学物质增加沥青质在原油中的稳定性，某些沉积抑制剂可优先吸附在岩石矿物表面，从而防止沥青质吸附、絮凝引起的润湿反转和堵塞。

（2）沥青质沉淀点的确定。

比较具有代表性的测定法有超声波法、光学法、电导率法、黏度法。超声波法的优点是对体系进行在线测量，对被测体系无破坏性；不受油品种类影响，测量性质有明确的物理意义，结果可信度高；不仅可以确定沉淀起始点，还可用于沥青质沉淀抑制剂的研究。由于不用油品物理性质相差大，透明度相差可达 8 ~ 9 个数量级，所以适用性有限，电导率法效果不明显，将包括该方法在内的几种测量方法结合进同一套实验装置，在高压下进行操作，比较了几种方法的实验结果，发现出现沥青质沉淀时电导率的变化并不明显。黏度法原油与沉淀剂按不同的浓度混合后，用玻璃毛细管黏度计测定每种样品的运动黏度，黏度曲线的转折点被定义为沥青质沉淀点。其优点是设备简单，重复性、准确性较好，不足之处是只能在常压下操作，而且工作量大。

（3）沥青质沉淀的处理措施。

到目前为止，沥青质沉积的解决措施包括以下几类：

① 油井和地面设备中机械清除法；

② 油井和地面设备中溶剂清洗法；

③ 控制生产流体的温度和压力，将沥青质沉积的可能性降到最低。

在某些情况下，也可加入能胶溶沥青质的胶溶剂，以防止沥青质沉积。

2.2 输气管道工艺

输气管道工艺主要是根据气源条件及天然气组分，确定输气方式、流程和运行方案。早期的天然气管道输送，全靠气井的自然压力，而且天然气在输送过程中不经过处理直接进入管道。现代天然气管道输送则普遍采用压缩机提供压力能，对所输送的天然气质量也有严格的要求。

2.2.1 水力计算

海底输气管道水力计算与陆地输气管道水力计算基本原理一致。

2.2.1.1 水平输气管

沿管线地形起伏的高差 $\Delta h \leqslant 200$m 时的管线输气量按下列基本公式计算：

$$q_v = 1051\left[\frac{(p_H^2 - p_K^2)d^5}{\lambda Z\gamma TL}\right]^{0.5} \tag{2.49}$$

式中 q_v——气体的流量（按工程标准状况 $p_0 = 0.101325$MPa，$T = 293$K），m^3/d；

p_H——输气管计算段的起点压力（绝），MPa；

p_K——输气管计算段的终点压力（绝），MPa；

d——输气管内径，cm；

λ——水力摩阻系数；

Z——气体的压缩系数；

γ——气体的相对密度；

T——气体的平均温度，K；

L——输气管的计算长度（计算长度应为输气管实长和局部摩阻损失当量长度之和，km。

由式（2.49）可导出管径、起点及终点压力的计算公式：

$$d = 6.19 \times 10^{-2} q_v^{0.4}\left(\frac{\lambda Z\gamma TL}{p_H^2 - p_K^2}\right)^{0.2} \tag{2.50}$$

$$p_H = \sqrt{p_K^2 + \frac{q_v^2 \lambda Z\gamma TL}{1051^2 d^5}} \tag{2.51}$$

$$p_{\mathrm{K}} = \sqrt{p_{\mathrm{H}}^2 + \frac{q_{\mathrm{v}}^2 \lambda Z \gamma T L}{1051^2 d^5}} \tag{2.52}$$

2.2.1.2 地形起伏地区输气管

当地形起伏高差超过200m以上时，应考虑高差对输气量的影响，并按下列公式计算：

$$q_{\mathrm{v}} = 1051 \left\{ \frac{\left[p_{\mathrm{H}}^2 - p_{\mathrm{K}}^2 (1 + \alpha \Delta h) \right] d^5}{\lambda Z \gamma T L \left[1 + \frac{\alpha}{2L} \sum_{i=1}^{n} (h_i + h_{i-1}) L_i \right]} \right\}^{0.5} \tag{2.53}$$

其中

$$\alpha = \frac{2g\gamma}{ZR_{\mathrm{a}}T}$$

式中 p_{H}——输气管起点压力（绝），MPa；

p_{K}——输气管终点压力（绝），MPa；

α——系数，m^{-1}；

g——重力加速度，$9.81\mathrm{m/s^2}$；

R_{a}——空气的气体常数，$\mathrm{m^2/(s^2 \cdot K)}$；

Δh——输气管终点和起点的标高差，m；

n——输气管沿线高差变化所划分的计算段数；

h_i，h_{i-1}——各计算管段终点和起点的标高，m；

L_i——各分管段长度，km。

2.2.1.3 雷诺数和水力摩阻系数计算

2.2.1.3.1 雷诺数

雷诺数（Re）可按式（3.54）计算：

$$Re = 1.777 \times 10^{-3} \frac{q_{\mathrm{v}} \gamma}{d \mu} \tag{2.54}$$

式中 q_{v}——气体流量，$\mathrm{m^3/d}$；

γ——气体相对密度；

d——输气管内径，cm；

μ—气体的动力黏度，Pa · s。

流体在管路中的流态划分为层流和紊流。紊流又分为3个区：水力光滑区、混合摩擦区、阻力平方区。输气管雷诺数高达$10^6 \sim 10^7$，长距离输气干线一般都在阻力平方区。不满负荷时在混合摩擦区。城市配气管道多在水力光滑区。

（1）$Re < 2000$，层流。

（2）$Re > 3000$，紊流。工作区可用下列两个临界雷诺数来判断：

$$Re_1 = \frac{59.7}{\left(\frac{2k}{d} \right)^{8/7}} \tag{2.55}$$

$$Re_2 = \frac{11}{\left(\frac{2k}{d}\right)^{1.5}} \tag{2.56}$$

式中 k——管内壁的绝对当量粗糙度（当量粗糙度考虑了管道形状损失的影响，一般比绝对粗糙度大 2% ~11%），mm。

当 $Re < Re_1$ 时，为水力光滑区；当 $Re_1 < Re < Re_2$ 时，为混合摩擦区；当 $Re > Re_2$ 时，为阻力平方区。

2.2.1.3.2 管内壁粗糙度

美国气体协会测定的输气管在各种状况下的绝对粗糙度，其平均值见表 2.5。

表 2.5 粗糙度测定表

表面状态	绝对粗糙度，mm
新钢管	0.013
室外暴露 6 个月	0.025 ~ 0.032
12 个月	0.033
清管器清扫	0.019
喷砂处理过的钢管	0.006
内壁涂层	0.006

2.2.1.3.3 水力摩阻系数（λ）

（1）层流区摩阻系数计算：

$$\lambda = \frac{64}{Re} \tag{2.57}$$

（2）临界区（又称临界过渡区）摩阻系数计算：

$$\lambda = 0.0025 \sqrt[3]{Re} \tag{2.58}$$

（3）紊流区，适用于紊流 3 个区（光滑区、混合摩擦区、阻力平方区）的摩阻系数计算：

$$\frac{1}{\sqrt{\lambda}} = -2.01\lg\left(\frac{k}{3.7065d} + \frac{2.52}{Re\sqrt{\lambda}}\right) \tag{2.59}$$

2.2.1.4 输气管道流量常用计算公式

2.2.1.4.1 潘汉德尔（Panhandle）公式

（1）水平输气管（$\Delta h \leqslant 200$m）气体流量计算：

$$q_v = 11522Ed^{2.53}\left(\frac{p_H^2 - p_K^2}{ZTL\gamma^{0.961}}\right)^{0.51} \tag{2.60}$$

式中 q_v——在工程标准状况下（$p_0 = 0.101325$MPa，$T = 293$K）气体流量，m^3/d；

E——输气管的效率系数，$E = 0.9 \sim 0.96$；

d——输管管内直径，cm；

p_H——输气管计算段的起点压力（绝），MPa；

p_K——输气管计算段的终点压力（绝），MPa；

Z——气体的压缩系数；

T——气体的平均温度，K；

L——输气管的计算段长度（计算段长度为输气管实长和局部摩阻损失当量长度之和，km；

γ——气体的相对密度。

（2）地形起伏地区（$\Delta h > 200$m）输气管的气体流量计算：

$$q_v = 11522Ed^{2.53}\left\{\frac{p_H^2 - p_K^2(1 + \alpha\Delta h)}{ZTL\gamma^{0.961}\left[1 + \frac{\alpha}{2L}\sum_{i=1}^{n}(h_i + h_{i-1})L_i\right]}\right\}^{0.51} \tag{2.61}$$

式中 Δh——输气管终点和起点的标高差，m；

n——输气管沿线高程变化所划分的计算段数；

h_i，h_{i-1}——各计算管段终点和起点的标高，m；

L_i——各分管段长度，km。

其余符号意义同前文。

GB 50251—2015《输气管道工程设计规范》中指出，当输气管道中气体流态处于阻力平方区时，根据目前我国制管、施工及生产管理状况，工艺计算推荐采用潘汉德尔（Panhandle）公式。公式引入一个输气效率系数（E），其定义为：

$$E = \frac{Q_\varphi}{Q} = \sqrt{\frac{\lambda}{\lambda_\varphi}} \tag{2.62}$$

式中 Q_φ——输气管道实际流量；

Q——输气管道计算流量；

λ——设计时采用的水力摩阻系数；

λ_φ——运行后输气管道实测的水力摩阻系数。

输气效率系数（E）等于输气管道实际流量与理论计算流量之比，表示管道实际运行情况偏离理想计算条件的程度。E 的大小主要与管道运行年限、管内清洁程度、管径大小和管壁粗糙度等原因有关。如气质控制严格，管内无固、液杂质聚积，内壁光滑无腐蚀时 E 值较高。当管壁粗糙度和清洁程度相同时，大口径管道的相对粗糙度较小，故 E 值较小口径管道高。根据我国制管、安装焊接技术及气质控制情况，GB 50251—2015《输气管道工程设计规范》推荐：当输气管道公称直径为 DN300mm ~ DN800mm 时，E 值为 0.8 ~ 0.9；大于 DN80mm 时，E 值为 0.91 ~ 0.94。

潘汉德尔（Panhandle）公式适用于大直径、长距离、雷诺数为 $5 \times 10^6 \sim 20 \times 10^6$、管内壁绝对粗糙度≤0.02mm 的输气管道。

2.2.1.4.2 苏联经验公式

（1）水平输气管（$\Delta h \leqslant 200$m）流量计算：

$$q_v = 6775.6\alpha\varphi E d^{2.6}\left(\frac{p_H^2 - p_K^2}{Z\gamma TL}\right)^{0.5} \tag{2.63}$$

式中　α——流态修正系数，当流态处于阻力平方区时，$\alpha=1$，如偏离阻力平方区，可按图 2.13（a）确定流态，根据管径和流量由图 2.13（b）查得流态修正系数；

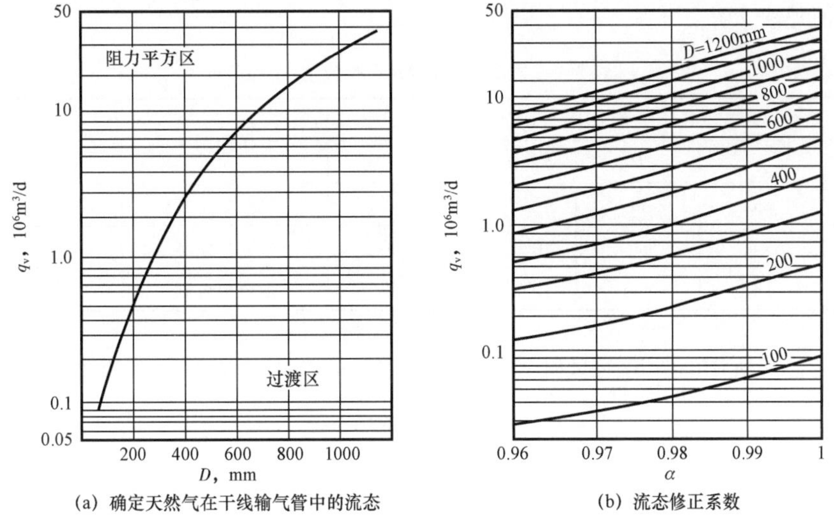

图 2.13　流态修正系数的取值

φ——管路中垫环修正系数，如垫环间距为 12m 则 $\varphi=0.975$，如垫环间距为 6m 则 $\varphi=0.95$，如无垫环则 $\varphi=1.0$；

E——输气管效率系数，无内壁涂层的新输气管道，$E=1.0$，有内壁涂层的输气管道，$E>1.0$。

其余符号意义同前文。

（2）地形起伏地区（$\Delta h>200$m）输气管流量计算：

$$q_v = 6775.6\alpha\varphi E d^{2.6}\left\{\frac{p_H^2 - p_K^2(1+\alpha\Delta h)}{ZTL\gamma\left[1+\frac{\alpha}{2L}\sum_{i=1}^{n}(h_i + h_{i-1})L_i\right]}\right\}^{0.5} \tag{2.64}$$

式中符号意义同前文。

苏联经验公式适用于高压、小口径、绝对粗糙度不大于 0.04mm 的管道。

2.2.1.4.3　威莫斯公式

威莫斯公式为：

$$Q = K\sqrt{\frac{p_H^2 - p_K^2}{ZT\lambda L\gamma}D^{16/3}} \tag{2.65}$$

其中

$$K = \frac{\pi}{4}\frac{T_b}{p_b}\sqrt{R_a}$$

相应的压力平方差公式为：

$$p_{\mathrm{H}}^{2}-p_{\mathrm{K}}^{2}=\frac{1}{K^{2}}\frac{ZT\lambda L\gamma}{D^{5}}Q^{2} \tag{2.66}$$

如果基准温度 $T=293\mathrm{K}$（20℃），基准压力 $p=101.32\mathrm{kPa}$（760mmHg），K 值对不同单位的数值见表 2.6。

表 2.6　系数 K 的数值

计算单位					单位制	K
p	L	D	Q	T		
$\mathrm{N/m^2}$	m	m	$\mathrm{m^2/s}$	K	国际单位制	0.0384
$\mathrm{kg/cm^2}$	km	mm	$10^6\mathrm{m^3/d}$	K	混合单位制	0.326×10^{-6}
$10^5\mathrm{N/m^2}$	km	mm	$10^6\mathrm{m^3/d}$	K	混合单位制	0.332×10^{-6}

威莫斯公式所用的管道绝对粗糙度 $K=0.0508\mathrm{mm}$，其水力摩阻系数为：

$$\lambda=\frac{0.04366}{\sqrt[3]{D}} \tag{2.67}$$

管道直径 D 以 cm 为单位。

威莫斯公式于 1912 年从生产实践中归纳而来。当时天然气管道的特点是管径小、输量小、天然气净化程度低，且制管技术差，管内壁绝对粗糙度可达 0.0508mm。曾长期使用在输气和集配气系统的工艺计算中，现在仍然是集配气系统的常用公式，但用来计算现代高压大口径输气管道就显得十分保守，其计算结果将比实际输量偏低 8% ~12% 。

2.2.1.5　输气管流量计算公式基本参数分析

流量计算公式基本参数 d，L，T，p_{H} 和 p_{K} 对输气管流量的影响是不相同的，以式（2.60）为基础，现简述当其中一个参数变化而其他条件不变时对管道输气量（流量）的影响。

2.2.1.5.1　管径（d）对流量（q_{v}）的影响

$$\frac{q_{\mathrm{v1}}}{q_{\mathrm{v2}}}=\left(\frac{d_1}{d_2}\right)^{2.53} \tag{2.68}$$

即输气管流量与直径的 2.53 次方成正比，如直径增大 1 倍，$d_2=2d_1$，则流量：

$$q_{\mathrm{v2}}=2^{2.53}q_{\mathrm{v1}}=5.78q_{\mathrm{v1}} \tag{2.69}$$

是原来流量的 578 倍。加大直径是增加输气管流量的主要措施。

2.2.1.5.2　管道长度（L）对流量（q_{v}）的影响

$$\frac{q_{\mathrm{v1}}}{q_{\mathrm{v2}}}=\left(\frac{L_1}{L_2}\right)^{0.51} \tag{2.70}$$

即输气管的流量与管道长度的 0.51 次方成反比，若管长缩小一半，例如在海上平台和终端间增设一座压气站，即 $L_2=\frac{1}{2}L_1$，则 $q_{v2}=1.42q_{v1}$。输气量增加 42%，但投资也将增加。

2.2.1.5.3　起点压力（p_H）和终点压力（p_K）对流量的影响

起点压力增加 Δp，有：

$$(p_H+\Delta p)^2-p_K^2=p_H^2+2p_H\Delta p+\Delta p^2-p_K^2 \tag{2.71}$$

又设终点压力减少 Δp，有：

$$p_H^2-(p_K-\Delta p)^2=p_H^2+2p_K\Delta p-\Delta p^2-p_K^2 \tag{2.72}$$

两式右端相减得：

$$2\Delta p(p_H-p_K)+2\Delta p^2>0 \tag{2.73}$$

由此可见，提高起点压力 p_H 后的压力平方差大于降低终点后的压力平方差，所以提高起点压力比降低终点压力更有利于增加输气量。

2.2.1.5.4　温度（T）对流量（q_v）的影响

$$\frac{q_{v1}}{q_{v2}}=\left(\frac{T_2}{T_1}\right)^{0.51} \tag{2.74}$$

即输气管的流量与绝对温度的 0.51 次方成反比，也就是说输气管中的气体的温度越低输气量就越大。因此冷却气体也是目前增加输气量的措施之一。但是，冷却气体对输气量的增加并不显著（除非深冷或冷至液化，并辅以高压）。例如，为使流量增加 5%，应使气体平均温度 $T_{cp1}=50℃$ 的气体冷却到什么温度？由上可知：

$$\frac{1}{1.05}=\left(\frac{273+T_{cp2}}{273+T_{cp1}}\right)^{0.51}=\left(\frac{273+T_{cp2}}{273+50}\right)^{0.51} \tag{2.75}$$

则气体平均温度 $T_{cp2}=20.5℃$。

即需要把气体从 50℃冷却到 20.5℃才能使流量增加 5%。因此，如要采取冷却气体的措施来提高输气量，必须从经济上论证是否合理可行。

若平台压气机出口天然气温度升高到高于管道防腐绝缘层所能承受的温度或导致管道温度应力过大，应在压气机出口设冷却器对气体进行冷却。

2.2.1.6　输气管沿线压力分布及计算

2.2.1.6.1　输气管的压力变化

输气管中的气流随着压力下降，体积和流量不断增加，摩阻损失随气流速度的增加而增加，因此压降也加快，所以它的水力坡降线是一条抛物线，如图 2.14 所示。如把图 2.14中的纵坐标 p 改为 p^2时，则输气管的压降曲线就成了直线，因为 p^2与 x 的关系为直线关系，如图 2.15 所示。

（1）水平输气管沿线任一点压力（p_x）计算：

$$p_x=\sqrt{p_H^2-(p_H^2-p_K^2)\frac{x}{L}} \tag{2.76}$$

式（2.76）表示了输气管中压力变化规律，靠近起点的管段压力下降比较缓慢，距起点越远，压力下降越快。在前3/4管段上，压力损失约占一半，另一半消耗在后面1/4的管段上，因此，在高压下输送气体是有利的。输气管终点压力不能降得太低，否则是不经济的。

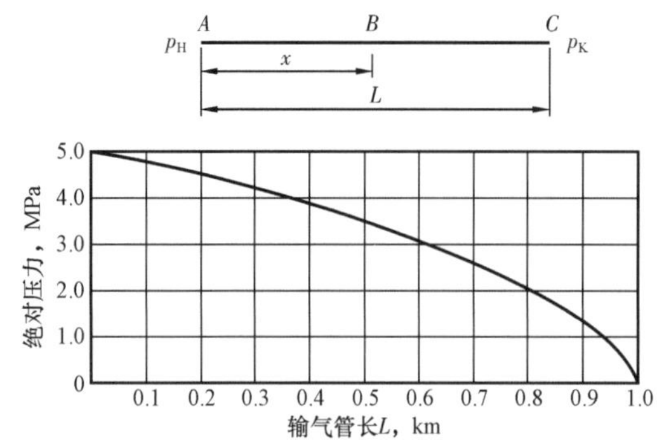

图 2.14　输气管中压力变化曲线

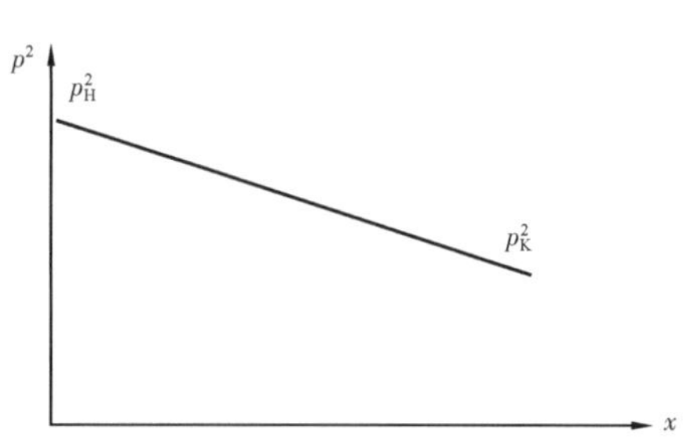

图 2.15　输气管压力平方曲线

输气管的压降曲线或压力平方直线在操作中具有重大意义。利用实测的压降曲线和理论计算的压降曲线相比较可以发现输气管的内部状态（图2.15输气管压力平方曲线，是否有脏物、凝析液等），大致确定堵塞或漏气位置。

（2）地形起伏地区输气管（图2.16）沿线任意点压力（p_x）计算：

$$p_x = \left\{\frac{p^2H(1+B) + p_K^2A - \left[p_H^2 - p_K^2(1+\alpha\Delta h)\ \frac{x}{L}\right]}{(1+\alpha\Delta h_x)+C}\right\}^{0.5} \tag{2.77}$$

其中

$$A = \frac{\alpha}{2L}\sum_{i=1}^{m_x}(h_i + h_{i-1})L_i \tag{2.78}$$

$$B = \frac{\alpha}{2L}\sum_{mx+1}^{k}(h_i + h_{i-1})L_i \tag{2.79}$$

$$C = A + B = \frac{\alpha}{2L}\sum_{i=1}^{k}(h_i + h_{i-1})L_i \tag{2.80}$$

式中　Δh_x——任意点 x 与起点的高差。

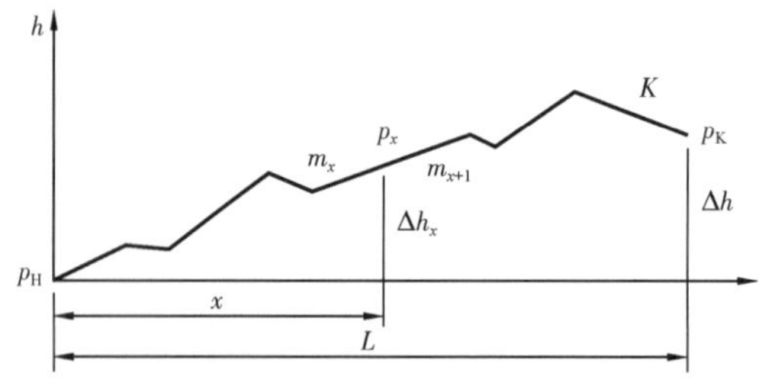

图 2.16　地形起伏地区输气管沿线压力分布情况

2.2.1.6.2 输气管的平均压力

当输气管停输时，管中高压端的气体逐渐向低压端起点压力 p_H 下降，终点压力 p_K 上升，最终达到平均压力 p_m，其值可按式（2.81）计算：

$$p_m = \frac{2}{3}\left(p_H + \frac{p_K^2}{p_H + p_K}\right) \tag{2.81}$$

由式（2.70）可以看出，输气管的平均压力大于算术平均压力：

$$p_m > \frac{p_H + p_K}{2} \tag{2.82}$$

2.2.1.6.3 输气管的压力平衡现象

当输气管停气时，高压端的气体逐渐流向低压端，起点压力 p_H 降至平均压力 p_m，而终点压力 p_K 则上升到 p_m，即发生所谓的压力平衡现象。压力平衡时间按下列公式计算。

（1）停输前管线中压力为 p_m 处，距起点的距离（x_0）计算：

$$x_0 = \left(\frac{p_H^2 - p_M^2}{p_H^2 - p_K^2}\right)L \tag{2.83}$$

（2）停输后输气压力平衡时间（t）计算：

$$t = \frac{1}{a}\ln\frac{p_H + \sqrt{p_H^2 - p_m^2}}{p_m} \tag{2.84}$$

其中

$$a = \frac{4}{L}\sqrt{\frac{dZRT_m}{\lambda x_0}} \tag{2.85}$$

式中 x_0——距起点的距离，m；

t——压力平衡时间，s；

p_H——输气管起点压力（绝），MPa；

p_K——输气管终点压力（绝），MPa；

p_m——输气管平均压力（绝），MPa；

d——管子内径，m；

λ——水力摩阻系数；

R——气体常数，$m^2/(s^2 \cdot K)$；

T_m——输气管平均温度，K；

L——输气管长度，m；

Z——气体的平均压缩系数。

2.2.1.7 输气管末段储气

陆地输气管末段通常是指最后一个压气站与城市配气站之间的管段，而对海底管道而言，当无中间增压平台时，可将起点平台至终端的管段作为输气管末段计算储气能力。在储气工况下，其起点流量保持不变，但终点气体流量时刻变化着，终点的流量就是向用户供气的流量。用气量小于起点流量，如用户无储气库，多余的气体就积存在管道内。当用气量大于管线输气量时，不足的气量就由积存在管中剩余气体补充。随着流量的变化海底管道的起终点压力也随着变化。起点的最高压力等于平台压气机出口的最高工作压力，终点的最低压力应不低于用户所要求的供气压力起点和终点压力的变化决定了输气管的储气能力。

储气工况时，输气管气体的流动属于不稳定流动（流量随时间而变），照理应采用不稳定流动方程进行计算，但是不稳定计算复杂，因此在工程计算中通常还是近似地按稳定流动的计算方法来计算。其结果比实际小10%～15%。

2.2.1.7.1　输气管末段储气能力的计算

（1）输气管的储气能力计算。

计算公式为：

$$V = V_0 \frac{p_m}{Zp_0} \cdot \frac{T_0}{T_m} = V_0 \frac{p_m}{0.101325Z} \cdot \frac{293}{T_m}$$

$$= 2891.69 \frac{V_0 p_m}{ZT_m} \tag{2.86}$$

式中　V——输气管中储气的气体量，m^3；

V_0——输气管的几何容积，m^3；

p_m——输气管平均压力（绝），MPa；

T_m——输气管气体平均温度，K；

Z——气体压缩系数。

（2）输气管末段储气计算步骤。

输气管的储气量是按平均压力计算的，因此，必须知道储气开始时管道中气体的平均压力和储气终了时的平均压力。

储气开始时，起点和终点压力都为最低值，其平均压力按式（2.87）计算：

$$p_{m\,min} = \frac{2}{3}\left(p_{H\,min} + \frac{p_{K\,min}^2}{p_{H\,min} + p_{K\,min}}\right) \tag{2.87}$$

储气结束时，起终点压力都为最高值，其平均压力按式（2.88）计算：

$$p_{m\,max} = \frac{2}{3}\left(p_{H\,max} + \frac{p_{K\,max}^2}{p_{H\,max} + p_{K\,max}}\right) \tag{2.88}$$

式中　$p_{m\,min}$——储气开始时的平均压力（绝），MPa；

$p_{m\,max}$——储气结束时的平均压力（绝），MPa；

$p_{H\,min}$——储气开始时起点压力（绝），MPa；

$p_{K\,min}$——储气开始时终点压力（绝），MPa；

$p_{H\,max}$——储气结束时起点压力（绝），MPa；

$p_{K\,max}$——储气结束时终点压力（绝），MPa。

储气开始和结束的时候，近似认为是稳定流动根据流量公式可得：

$$p_{\mathrm{H}}^2 - p_{\mathrm{K}}^2 = KLq_{\mathrm{v}}^2 \tag{2.89}$$

$$K = \frac{\lambda Z \Delta T}{C^2 d^5} \tag{2.90}$$

为便于计算，式中各参数单位采用：压力 p，Pa；长度 L，m；管径 d，m；流量 q_{v}，$\mathrm{m^3/s}$。则 $C = 0.03848$。

储气开始时，$p_{\mathrm{K\,min}}$为已知，故：

$$p_{\mathrm{H\,min}} = \sqrt{p_{\mathrm{K\,min}}^2 + KL_{\mathrm{Z}}q_{\mathrm{v}}^2} \tag{2.91}$$

储气结束时，$p_{\mathrm{H\,max}}$为已知，故：

$$p_{\mathrm{K\,max}} = \sqrt{p_{\mathrm{H\,max}}^2 + KL_{\mathrm{Z}}q_{\mathrm{v}}^2} \tag{2.92}$$

式中　L_{Z}——末段管道的长度。

根据输气管末段中储气开始和结束时的平均压力 $p_{\mathrm{m\,min}}$和 $p_{\mathrm{m\,max}}$求得开始和结束末段管道中的存气量为：

$$V_{\min} = \frac{p_{\mathrm{m\,min}} V Z_0 T_0}{p_0 Z_1 T_1} \tag{2.93}$$

$$V_{\max} = \frac{p_{\mathrm{m\,max}} V Z_0 T_0}{p_0 Z_2 T_2} \tag{2.94}$$

式中　$V_{\min}$——储气开始时末段管道中的存气量，$\mathrm{m^3}$；

$V_{\max}$——储气结束时末段管道中的存气量，$\mathrm{m^3}$；

V——末段管道的几何容积，$\mathrm{m^3}$；

Z_1，Z_2——相应为 p_{m1}和 p_{m2}时的压缩系数；

T_1，T_2——相应为储气开始和结束时末段的平均温度，K；

p_0——工程标准状态下压力，101325Pa；

T_0——工程标准状态下温度，293.15K；

Z_0——工程标准状态（$p_0 = 101325\mathrm{Pa}$，$T_0 = 293.15\mathrm{K}$）下的气体压缩系数，$Z_0 = 1$。

输气管末段的储气能力，系储气结束与储气开始时管中存气量之差，近似认为 $Z_1 \approx Z_2 \approx Z$，$T_1 \approx T_2 \approx T$。故末段管道的储气能力按式（2.95）计算：

$$V_{\mathrm{s}} = V_{\max} - V_{\min} = \frac{\pi d^2}{4} \cdot \frac{p_{\mathrm{m\,max}} - p_{\mathrm{m\,min}}}{p_0} \cdot \frac{T_0}{TZ} L_{\mathrm{z}} \tag{2.95}$$

所需末段长度按式（2.96）计算：

$$L_{\mathrm{z}} = \frac{p_{\mathrm{H\,max}}^2 - p_{\mathrm{K\,min}}^2}{2Kq_{\mathrm{v}}^2} \tag{2.96}$$

其中

$$K = \frac{\lambda Z \Delta T}{C^2 d^5}$$

所需管径按式（2.97）计算：

$$d = \left\{ \frac{V_{\mathrm{s\,max}} q_{\mathrm{v}}^{2}}{A\left[p_{\mathrm{H\,max}}^{3} + p_{\mathrm{K\,min}}^{3} - \frac{\sqrt{2}}{2} \left(p_{\mathrm{H\,max}}^{2} + p_{\mathrm{K\,min}}^{2} \right)^{1.5} \right]} \right\}^{1/7} \tag{2.97}$$

其中

$$A = \frac{\pi C^{2}}{6} \frac{T_{0}}{p_{0} T^{2} Z^{2} \lambda \gamma}$$

2.2.1.7.2 输气管末段起终点压力的确定

输气管流量公式可写为：

$$q_{\mathrm{v}} = (KL_{\mathrm{z}})^{-0.5} (p_{\mathrm{H}}^{2} - p_{\mathrm{K}}^{2})^{0.5} \tag{2.98}$$

平均压力为：

$$p_{\mathrm{m}} = \frac{2}{3}\left(p_{\mathrm{H}} + \frac{p_{\mathrm{K}}^{2}}{p_{\mathrm{H}} + p_{\mathrm{K}}} \right) = \frac{2}{3}\left(\frac{p_{\mathrm{H}}^{2} + p_{\mathrm{H}} p_{\mathrm{K}} + p_{\mathrm{K}}^{2}}{p_{\mathrm{H}} + p_{\mathrm{K}}} \right) \tag{2.99}$$

式（2.99）除以式（2.98）得：

$$\frac{3p_{\mathrm{m}}}{2q_{\mathrm{v}} \sqrt{KL_{\mathrm{z}}}} = \frac{\varepsilon^{2} + \varepsilon + 1}{(\varepsilon + 1) \sqrt{\varepsilon^{2} - 1}} = \varphi(\varepsilon) \tag{2.100}$$

其中

$$\varepsilon = \frac{p_{\mathrm{H}}}{p_{\mathrm{K}}}$$

为便于计算，根据式（2.100）作出了$\frac{3p_{\mathrm{m}}}{2q_{\mathrm{v}} \sqrt{KL_{\mathrm{z}}}}$与$\varepsilon$即$\varphi$（$\varepsilon$）与$\varepsilon$的关系数图表。计算出$\frac{3p_{\mathrm{m}}}{2q_{\mathrm{v}} \sqrt{KL_{\mathrm{z}}}}$值后，可以查出$\varepsilon$值，从而式（2.101）和式（2.102）确定输气管末段的起终点压力，以及验证事先确定的末段长度和管径是否满足需要：

$$p_{\mathrm{K}} = \sqrt{\frac{KLq_{\mathrm{v}}^{2}}{\varepsilon^{2} - 1}} \tag{2.101}$$

$$p_{\mathrm{H}} = \varepsilon p_{\mathrm{K}} = \varepsilon \sqrt{\frac{KLq_{\mathrm{v}}^{2}}{\varepsilon^{2} - 1}} \tag{2.102}$$

2.2.2 热力计算

2.2.2.1 不考虑气体的节流效应时管道沿程温度计算

输气管沿管长任意点的温度可按舒霍夫（B. T. ШОВ）公式计算。

$$T_x = T_0 + (T_1 - T_0)e^{-ax} \tag{2.103}$$

式中　T_x——距输气管起点 $x$km 处气体温度,℃;

T_0——输气管平均埋设深度的土壤温度,℃;

T_1——输气管计算段起点处的气体温度,℃;

x——输气管计算段起点至沿管线任意点的长度，km。

另

$$a = \frac{225.256 \times 10^6 KD}{q_v \gamma c_p} \tag{2.104}$$

式中　K——输气管中气体至土壤的总传热系数（应根据有关实测数据计算 K 值），W/（$m^2 \cdot K$）;

D——输气管外直径，m;

q_v——输气管气体通过量（p=0.101325MPa，T=293.15K），m^3/d;

γ——气体的相对密度;

c_p——气体的比定压热容，J/(kg·K)。

当管长为 L 时，输气管中气体的平均温度按式（2.105）计算:

$$T_m = T_0 + \frac{T_1 - T_0}{aL}(1 - e^{-aL}) \tag{2.105}$$

此时终点温度为:

$$T_2 = T_0 + \frac{T_1 - T_0}{e^{aL}} \tag{2.106}$$

式中　T_m——输气管中气体的平均温度,℃;

T_2——输气管计算段终点处气体的温度,℃;

L——输气管长度，km。

其余符号意义同前文。

2.2.2.2　考虑气体的节流效应时管道沿程温度计算

由于真实气体的节流效应输气管中气体的实际温度，比上述公式的计算结果要略低，某些地段输气管中气体的温度甚至会低于周围介质温度。当考虑气体的节流效应时，沿管长任意点的温度可按式（2.107）计算:

$$T_x = T_0 + (T_1 - T_0)e^{-ax} - \frac{\alpha \Delta p_x}{ax}(1 - e^{-ax}) \tag{2.107}$$

式中　α——焦耳—汤姆逊节流效应系数（以甲烷为主的天然气，可按表 2.7 查得，纯甲烷可按表 2.8 查得，纯乙烷可按表 2.9 查得）,℃/MPa;

Δp_x——x 长度管段压降，MPa。

其余符号意义同前文。

表 2.7　以甲烷为主的天然气焦耳—汤姆逊节流效应系数

温度 ℃	焦耳—汤姆逊节流效应系数 α,℃/MPa				
	0.098MPa	0.51MPa	2.53MPa	5.05MPa	10.1MPa
-50	6.9	6.6	5.9	5.1	4.1
-25	5.6	5.5	5.0	4.5	3.6
0	4.8	4.7	4.3	3.8	3.2
25	4.1	4.0	3.6	3.3	2.7
50	3.5	3.4	3.1	2.8	2.5
75	3.0	3.0	2.6	2.4	2.1
100	2.6	2.6	2.3	2.1	1.9

注：表中温度与压力系指管段的平均温度与平均压力。

表 2.8　纯甲烷节流效应系数

温度 ℃	焦耳—汤姆逊节流效应系数 α,℃/MPa				
	0.098MPa	0.51MPa	2.53MPa	5.05MPa	10.1MPa
-50	7.04	6.73	6.02	5.2	4.18
-25	5.71	5.61	5.10	4.59	3.67
0	4.89	4.79	4.38	3.87	3.26
25	4.18	4.08	3.67	3.37	2.75
50	3.57	3.47	3.16	2.86	2.55
75	3.07	3.06	2.65	2.45	2.14
100	2.65	2.65	2.35	2.14	1.94

表 2.9　乙烷节流效应系数

温度 ℃	焦耳—汤姆逊节流效应系数 α,℃/MPa						
	0.1MPa	0.69MPa	1.38MPa	2.07MPa	2.75MPa	3.45MPa	4.14MPa
21.1	9.6	10.5	11.6	12.9	14.2	15.5	—
37.8	8.4	9.1	10.0	10.8	11.6	12.4	13.2
54.4	7.5	8.0	8.6	9.1	9.6	10.1	10.6
71.1	6.6	7.0	7.4	7.8	8.2	8.5	8.7
87.8	5.8	6.1	6.4	6.7	6.9	7.1	7.2
104.4	5.0	5.2	5.5	5.8	6.0	6.0	6.0

2.2.2.3　埋地输气管道总传热系数 K 值的计算

管内气体与周围介质间的总传热系数可按式（2.108）计算：

$$\frac{1}{Kd}=\frac{1}{\alpha_1 d}+\sum_{i=1}^{n}\frac{\ln\frac{d_{i+1}}{d_i}}{2\lambda_i}+\frac{1}{\alpha_2 D} \tag{2.108}$$

式中　K——总传热系数，W/(m^2·K)；

α_1——管内气流至管内壁的放热系数，W/(m^2·K)；

d——管子内直径，m；

D——管道的最外直径，m；

d_i——管子、绝缘层等内径，m

d_{i+1}——管子、绝缘层等外径，m；

λ_i——管材、绝缘层等的导热系数，W/(m·K)；

α_2——管道外表面至周围介质的放热系数，W/(m^2·K)。

对于直径较大的管道，式（2.108）可简化为：

$$\frac{1}{K}=\frac{1}{\alpha_1}+\sum_{i=1}^{n}\frac{\delta_i}{\lambda_i}+\frac{1}{\alpha_2} \tag{2.109}$$

当 $Re>10^4$时，可按下列准则方程计算：

$$\alpha_1=\frac{Nu\lambda}{d} \tag{2.110}$$

$$Nu=0.021Re^{0.8}Pr^{0.43} \tag{2.111}$$

$$Pr=\frac{\mu c_p}{\lambda} \tag{2.112}$$

$$\alpha_2=\frac{2\lambda_s}{D\ln\left[\frac{2h}{D}+\sqrt{\left(\frac{2h^2}{D}\right)-1}\right]} \tag{2.113}$$

式中 δ_i——管壁、绝缘层等厚度，m；

λ——平均温度下气体的导热系数，W/(m·K)［即 J/(m·s·K)］；

α_1——内部放热系数，W/(m^2·K)；

α_2——外部放热系数，W/(m^2·K)；

Nu——努谢尔准数；

Re——雷诺数，$Re=1.777\times10^{-3}\frac{q_v\gamma}{du}$；

Pr——普朗特准数；

c_p——平均温度下气体的比定压热容，J/(kg·K)；

μ——平均温度下气体的动力黏度，Pa·s；

h——地表面至管道中心线的深度，m；

λ_s——土壤的导热系数，应按实测数据计算，W/(m·K)。

其余符号意义同前文。

天然气在管道中的流态几乎都在紊流状态，气体至管壁的内部放热系数比层流大得多，热阻 $1/\alpha_1$ 甚小，在工程设计中可忽略不计，常用式（2.114）计算 K 值：

$$\frac{1}{K}=\frac{\delta_j}{\lambda_j}+\frac{1}{\alpha_2} \tag{2.114}$$

式中 δ_j——绝缘层的厚度，m；

λ_j——绝缘层的导热系数，W/(m·K)。

其余符号意义同前文。

2.2.3 其他计算

2.2.3.1 水合物的形成条件估算及防冻剂用量计算

在一定的温度和压力条件下，天然气中某些气体组分能和液态水形成水合物。天然气水合物是白色结晶固体，外观类似松散的冰或致密的雪，密度为0.88~0.90g/cm^3。天然气水合物是一种笼形晶格包络物，即水分子氢键结合成笼形晶格，而气体分子则在范德华力作用下，被包围在晶格的笼形孔室中。近年来的研究表明，天然气水合物的结构有两种。低分子量气体（如CH_4，C_2H_6，H_2S）的水合物形成体心立方晶系结构（结构Ⅰ），较大的分子（如C_3H_8，iC_4H_{10}）的水合物形成类似金刚石的晶体结构（结构Ⅱ），在结构Ⅱ中每个被水合的气体分子被17个水分子包围和化合。

水合物形成的主要条件：

（1）气体处于水汽的过饱和状态或者有液态水存在；

（2）有足够高的压力和足够低的温度；

（3）在具备上述条件时，水合物有时还不能形成，还必须要求一些辅助条件，如压力的波动、气体因流向的突变产生的搅动晶种的存在等。

2.2.3.1.1 水合物生成条件的估算

水合物形成的临界温度，是水合物可能存在的最高温度。高于此温度，不管压力多大，也不会形成水合物。气体生成水合物的临界温度见表2.10。

表2.10 气体水合物形成的临界温度

名称	CH_4	C_2H_6	C_3H_8	iC_4H_{10}	iC_4H_{10}	CO_2	H_2S
临界温度,℃	(21.5)	14.5	5.5	2.5	1	10.0	29.0

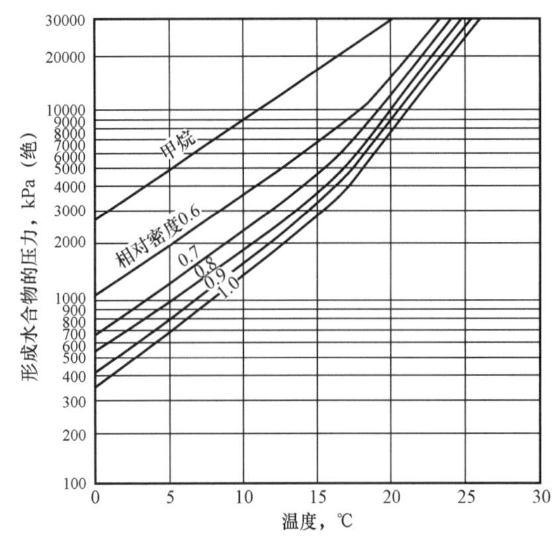

图2.17 天然气水合物形成的平衡曲线

早期研究成果认为，甲烷水合物的临界温度是21.5℃。但后来的研究证明，在33.0~76.0MPa压力下，28.8℃时甲烷水合物仍可存在。而在390.0MPa压力下，甲烷水合物形成温度可提高到47℃。

图2.17是天然气水合物的生成的平衡曲线。已知天然气相对密度，根据图2.17可以初步推算出天然气水合物形成的最低压力及最高温度条件。

水合物中的气体可视为在水合物的结晶固体中的气体溶液。因此和汽—液平衡相类似，也可从实验测定的气—固平衡常数来推算水合物的生成条件：

$$K = \frac{y}{x_s} \tag{2.115}$$

式中　K——水合物的气—固平衡常数；

y——组分在气相中的摩尔分数（以无水干气计算）；

x_s——组分在水合物固相中的摩尔分数（以无水干气计算），%。

形成水合物的初始条件应满足如下关系：

$$\sum x_{si} = \sum \frac{y_i}{K_i} = 1.0 \tag{2.116}$$

式中　x_{si}——组分在固相的浓度（摩尔分数）（以无水干气计算），%；

y_i——组分在气相中的浓度（摩尔分数）（以无水干气计算），%；

K_i——组分的水合物的气—固平衡常数。

天然气中 H_2S 含量超过 30%，则水合物形成温度和纯 H_2S 时大致相同。用这种方法推算水合物的形成条件比较精确。

2.2.3.1.2　防冻剂用量计算

广泛使用的有机天然气水合物抑制剂（简称有机防冻剂）有甲醇和甘醇类化合物。

甲醇可用于任何操作温度下的防冻。由于沸点低，故用于较低温度比较合适，在较高温度下蒸发损失过大。甲醇适于处理气量较小，含水量较低的井场节流设备或管线。一般情况下，喷注的甲醇蒸发至气相中的部分不再回收，液相水溶液经蒸馏后可循环使用，但用量较少时也不回收。甲醇具有中等程度的毒性，可通过呼吸道、食道及皮肤侵入人体。甲醇对人中毒剂量为 510mL，致死剂量为 30mL，空气中甲醇含量达到 39～65mg/m^{3}浓度时，人在 30～60min 内会出现中毒现象，因而，使用甲醇防冻剂时应注意采取安全措施。

甘醇类防冻剂（常用的主要是乙二醇和二甘醇），无毒，较甲醇沸点高，蒸发损失小，一般可回收重复使用，适用于处理气量较大的井站和管线。但是甘醇类防冻剂黏度较大，特别是有凝析油存在时，操作温度过低，给甘醇溶液与凝析油分离带来困难，增加了在凝析油中的溶解损失和携带损失。

（1）有机防冻剂液相用量的计算。

注入气管线的防冻剂，一部分与管线中的液态水混合、形成防冻剂的水溶液，另一部分挥发至气相。消耗于前一部分的防冻剂，称作防冻剂的液相用量，用 W_1 表示；消耗于后一部分的防冻剂称为防冻剂的气相蒸发量，用 W_g 表示。防冻剂的实际使用量 W_t 为二者之和，即：

$$W_t = W_1 + W_g \tag{2.117}$$

天然气水合物形成温度降主要决定于防冻剂的液相用量，进入气相的防冻剂对水合物形成条件影响较小。

对于给定的水合物形成温度降 ΔT，液相水溶液中必须具有的最低防冻剂浓度 c 可按式（2.118）（哈默斯米脱公式）计算：

$$c = \frac{(\Delta T)M}{K_i + (\Delta T)M} \times 100 \tag{2.118}$$

式中 ΔT——天然气水合物形成温度降,℃;

c——为达到一定的天然气水合物形成温度降，在水溶液中必须达到的防冻剂浓度（质量分数）;

M——防冻剂的相对分子质量;

K_i——常数（对于甲醇、乙二醇和二甘醇，$K_i=1297$，近来国外某些公司实践证明，对于乙二醇和二甘醇防冻剂，取 $K_i=2220$ 更符合实际操作数据）;

T_1——对于集气管线，T_1是在管线最高操作压力下天然气水合物形成的平衡温度，对于节流过程，则为节流阀后气体压力下的天然气形成水合物的平衡温度,℃;

T_2——对于集气管，T_2是管输气体的最低流动温度，对于节流过程，T_2为天然气节流后的温度,℃。

节流过程是等焓过程，可用相关公式计算 T_2的值；也可根据节流前和节流后天然气的压力，由图 2.18 查出节流过程的温度降，然后再计算出节流后天然气的温度 T_2。

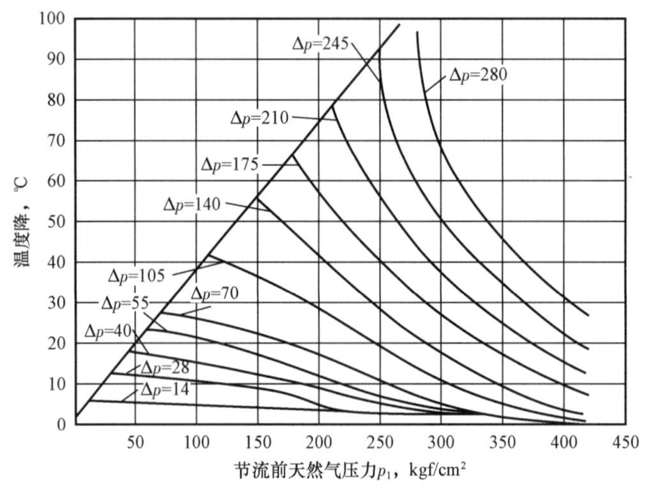

图 2.18 天然气节流过程中压力降与温度降关系图

（$\Delta p=p_1-p_2$。式中，p_1 为节流前天然气压力，kgf/cm²；p_2为节流后天然气压力，kgf/cm²）

已知水溶液中防冻剂的质量分数 W（%）后，并考虑到随防冻剂气相蒸发部分带入系统的水量时，在液相中防冻剂的用量按式（2.119）计算：

$$W_1=\frac{c}{100c_1-W}[W_W+(1-c_1)W_g] \tag{2.119}$$

式中 W_1——在液相中浓度为 c_1的防冻剂的用量，kg/d;

W_g——防冻剂气相蒸发量，按浓度为 c_1的防冻剂计，kg/d;

c_1——注入的防冻剂中，有效部分的质量分数,%;

W_w——单位时间内系统产生的液态水量，kg/d;

c——液相水溶液中具有的最低防冻液浓度（质量分数）,%。

单位时间系统产生的液态水量 W_w，包括单位时间内天然气凝析出的水量和由其他途径进入管线和设备的液态水量之和（不包括随防冻剂而注入系统的水量）。天然气凝析水量，对于集输气管线可根据集输气管起点条件和集输气管的操作条件（对于节流过程则根据节流阀前和节流阀后的条件），按饱和天然气含水公式和图表计算。

（2）防冻剂的气相蒸发量。甘醇类防冻剂气相蒸发量较小，一般估计为 $35L/10^6m^3$ 天然气，约为 $4kg/10^6m^3$ 天然气。但是应当注意，甘醇类防冻剂的操作损失主要不是气相蒸发损失，而是再生损失，以及凝析油中的溶解损失和甘醇与凝析油和水分离时因乳化而造成的携带损失等。甘醇在凝析油中的溶解损失一般为 $0.12 \sim 0.72L/m^3$ 凝析油，多数情况为 $0.25L/m^3$ 凝析油（约为 $0.28kg/m^3$ 凝析油），在含硫凝析油中甘醇防冻剂的溶解损失约为不含硫凝析油的 3 倍。

甲醇的气相蒸发量可由图 2.19 查出，根据防冻剂使用条件下的压力和温度，可查出每 10^6m^3 天然气中甲醇的蒸发量（$kg/10^6m^3$）与液相甲醇水溶液中甲醇的质量分数之比 α，每 10^6m^3 天然气的甲醇蒸发量 W'_g 按式（2.120）计算：

$$W'_g = \alpha \frac{c}{100} [kg/10^6m^3(天然气)] \quad (2.120)$$

式中，c 为液相防冻剂水溶液中甲醇的质量分数，%。

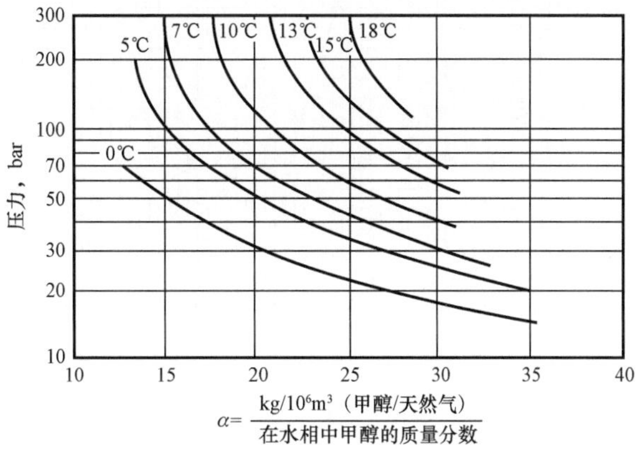

图 2.19　水溶液中甲醇的汽—液相平衡图

1bar = 10^5Pa

甲醇的气相蒸发量 W_g（换算到矿场注入系统的甲醇溶液浓度下的用量）按式（2.121）计算：

$$W_g = 0.93 \frac{\alpha c}{c_1} Q \times 10^{-8} (kg/d) \quad (2.121)$$

式中　c_1——矿场使用的甲醇溶液的质量分数，%；

Q——天然气流量，m^3/d。

α——可由图 2.19 中查出。

其余符号含义同式（2.102）至式（2.105）。

防冻剂日用量：

$$W_t = W_1 + W_g \quad (2.122)$$

（3）核对防冻剂溶液的凝固点。

各种浓度的甲醇溶液的凝固点如图 2.20 所示。甘醇类防冻虽然不会凝结为固体，但是在低温下会丧失流动性。图 2.20 是 3 种甘醇在不同浓度下的“凝固点”，由图可见，图中各曲线都有一最小值，而质量分数为 60% ~ 75% 的各种甘醇溶液具有最小的“凝固点”，因而在各种温度条件下使用都是安全的。矿场实际使用的甘醇溶液多在此浓度范围。

如果防冻剂注入的系统操作温度在 0℃以下，在注防冻剂时，不仅应根据所需的水合物形成温度降计算所需的防冻剂浓度，而且还应根据图 2.20 和图 2.21 判断在此浓度和温度下，防冻剂溶液有无“凝固”的可能性。

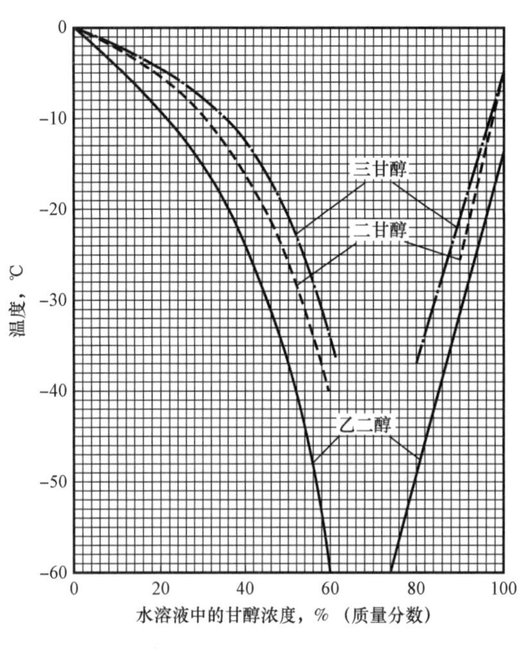

图 2.20 3 种甘醇的“凝固点”图

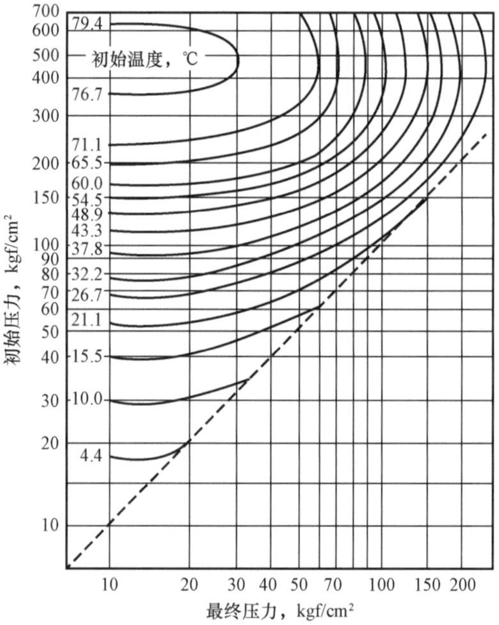

图 2.21 相对密度为 0.6 的天然气没有水化物形成的允许节流压降图

2.2.3.2 节流允许最大压降的计算

在天然气节流降压过程中，气体温度随压力降低而降低，为防止水合物生成必须控制一定的压降。不同天然气相对密度下允许的最大压降，可由图 2.22 至图 2.24 计算出来。

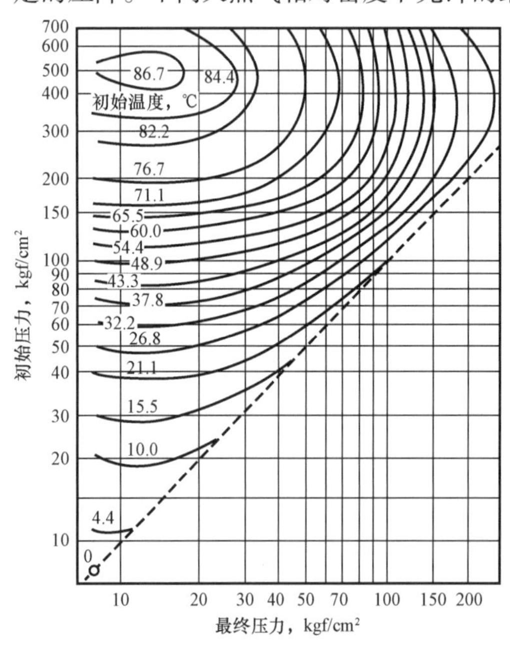

图 2.22 相对密度为 0.7 的天然气没有水化物形成的允许节流压降

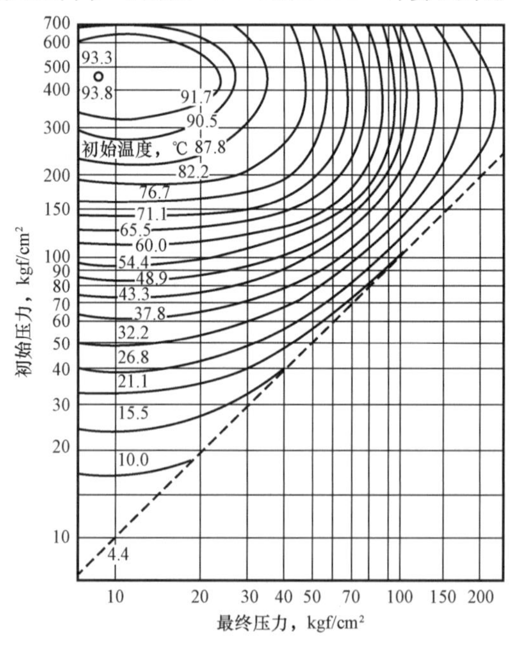

图 2.23 相对密度为 0.8 的天然气没有水化物形成的允许节流压降

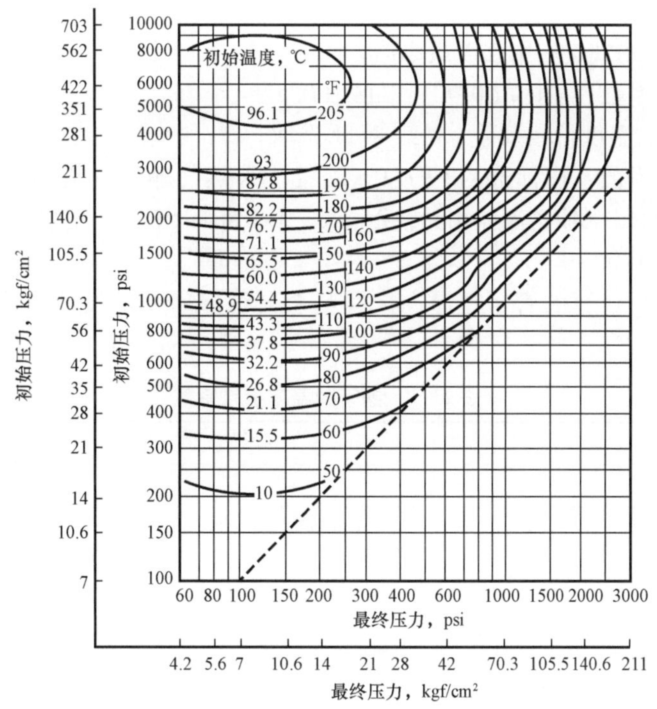

图 2.24 相对密度为 0.9 的天然气没有水化物形成的允许节流压降

2.2.3.3 管道的强度计算

一般情况下，在陆地铺设的输气管道，其管道内压力是形成管子应力的基本载荷。按管道内压力产生的环向应力确定壁厚，然后按照管道的工作和环境状况验算其他的强度和稳定条件。如果验算发现强度与稳定的条件不能满足，则需调整工作状况或改善管道的铺设条件。

对海底管道而言，因其所处的环境条件与陆管有较大差别，铺设过程中要受重力浮力和波浪力等综合因素作用。因此，管道材质和壁厚由管道结构专业根据内压应力、稳定性、铺管应力综合计算分析确定。工艺设计时，根据管道工作压力预选管道壁厚，用于工艺工况分析计算。

计算管子壁厚的公式是根据薄膜应力理论或最大强度理论，公式的形式有多种。欧美各国采用的公式形式大体相同。苏联使用的公式以断裂强度作为地下管道的极限状态，与其他公式差别较大。我国 GB 50251《输气管道工程设计规范》采用的管子壁厚计算公式与美国国家标准 ANSI B318《输气和配气管线系统》计算公式相同。

直管壁厚按式计算：

$$\delta = \frac{pD}{2\sigma_s \varphi F t} \tag{2.123}$$

式中 δ——管子计算壁厚，cm；

p——设计内压力，MPa；

D——管子外径，cm；

σ_s——管子的规定屈服强度最小值，MPa；

F——设计系数，一区取0.72，二区取0.5；

t——钢管的温度折减系数，按表2.11选取；

φ——焊缝系数，按标准GB 9711《石油、天然气输送管道用直缝电阻焊钢管》、GB 8163《输送流体用无缝钢管》、API Spec 5L《管线钢管》制造的钢管，φ值取1.0。

由式（2.123）计算的管子壁厚向上圆整至公称壁厚δ_n。设计系数已考虑了壁厚负偏差。

表2.11 钢管的温度折减系数

温度		温度折减系数t
℉	℃	
250或以下	121或以下	1.000
300	149	0.967
350	177	0.933
400	204	0.900
450	232	0.867

注：对于中间温度，折减系数用插入法求得。

2.2.4 输气管道常用设施

2.2.4.1 压缩机

压缩机站是输气管道的能量供给系统。输气管道的输送能力不仅取决于输气管道本身，同时也取决于压缩机站的工作状况，输气管道和压缩机站组成一个统一的水力系统。常用的压缩机类型可分为往复式和离心式，按级数分可分为单级和多级；按驱动形式可分为活塞式燃气发动机驱燃气轮机驱动和电动机驱动。

2.2.4.1.1 往复式压缩机

往复式压缩机的排量较小，压比高（每级压比为3∶1至4∶1）。适用于升压高输量较小的场所，如压力低输送能力在$50\times10^4\sim800\times10^4m^3/d$的管道首站地下储气库等设施。

往复式压缩机的优点：

（1）排出压力稳定，可用改变转速和气缸余隙的方式来适应压力的变化和流量的变化，调节范围广；

（2）效率高，一般可达95%；

（3）使用寿命长；

（4）制造使用的金属材质要求不高。

往复式压缩机的缺点：

（1）结构复杂，体形笨重、占地面积大；

（2）安装和基础工作量大；

（3）易损部件多，维修保养费用高。

2.2.4.1.2　离心式压缩机

离心式压缩机适用于吸气量 14 ~ 5660m^3/min（吸入状态下的体积流量）的工况，每级最高压力受出口温度的限制（205 ~ 232℃）。为了提高压比，离心式压缩机需做成多级叶轮，最多可达 6 ~ 8 级，每级压比在 1.1 ~ 1.5 之间。

离心式压缩机的优点：

（1）排量大，结构简单紧凑，摩擦部件少；

（2）工作平衡操作灵活，易于实现自控；

（3）维修工作量大大低于往复式压缩机。

离心式压缩机的缺点：

（1）效率低，一般只能达到 75% ~ 78%；

（2）低流量时可能发生喘振现象；

（3）高效工作区范围窄，相对往复式压缩机调节范围小。

2.2.4.1.3　输气管道压编机选型应考虑的原则

（1）压缩机的排量、工作压力和压比应满足生产需要，并留有一定的发展余地；

（2）工作可靠，操作灵活，调节方便，可调范围大；

（3）设备耐用，寿命长，机组单位功率造价低；

（4）能耗小，来源方便；

（5）便于维护，易于实现自动控制。

2.2.4.2　空气冷却器

在输气管道工程中，空气冷却器（简称空冷器）常被用于冷却经压缩机压缩后升温的天然气，使之达到适宜管输的温度。

空冷器主要为翅片管形式，其中翅片管又分为 L 型绕翅片管、LL 型缠绕翅片管、KLM 型翅片管和镶嵌型翅片管 4 种形式。

2.2.4.2.1　空冷器主要优缺点

优点：

（1）空气作为冷却源可免费取用，辅助费用低；

（2）厂址不受水源限制，干旱地带或枯水期也可使用；

（3）腐蚀性低，不存在结垢问题；

（4）空冷器压降小，仅为 100 ~ 200Pa；

（5）维护费用小。

缺点：

（1）空气比热小，冷却效果取决于空气的干球温度，不能将流体冷却到比干球温度低的温度；

（2）空气侧膜传热系数小，传热面积大；

（3）受气候条件影响大，较为敏感；

（4）占地面积相对较大，布置限制多；

（5）需要特殊的翅片管。

2.2.4.2.2　空冷器的设计条件及应用条件

设计气温——空冷器进口空气温度确定方法：

（1）采用干空冷时按当地最热月的最高气温的月平均值再加3～4℃。

（2）采用七八月最高气温平均值加10%。

（3）采用“保证率每年不超过5天的气温”。认为5天的时间只占全年时间的1.37%。这5天中超过设计温度的时间不过几小时，不足之量可由换热面积的余量及自动调整风量来弥补，这在经济上是合理的，工业上可保证平稳操作。

空冷器应用条件：

（1）如果热流温度需冷却到38℃以下，不宜采用空冷。

（2）需要冷却的介质温度愈高，空冷愈比水冷经济，但当热流温度高于200℃，应用采换热器。

（3）热流冷却后的温度和设计气温最佳差值为20～25℃，至少要大于15℃，否则不经济。在空气温度高，供水困难的情况下，可将冷却后的热流温度和设计气温差值降为10℃。

管内热流操作压力越高，采用空冷比采用水冷越经济。

2.2.4.3　清管器

输气管道的输送效率和使用寿命很大程度上取决于管道内壁的清洁状况。对气质和管道有害的物质——凝析油、水（游离水和饱和水蒸气）、硫分、机械杂质等，进入输气管道后引起管道内壁的腐蚀，增大管壁粗糙度，大量水和腐蚀产物的聚积还会局部堵塞或缩小管道和流通截面。

在施工过程中，大气环境也会使无涂层的管道生锈，且难免有一些焊渣、泥土、石块等有害物遗落在管道内。管线水试压后，单纯利用管线高差开口排水是很难达到排净的目的。为解决以上问题，清管是十分必要的。因此清管工艺一向是管道施工和生产管理的重要工艺措施。清管的基本目的可概括为以下3方面：

（1）保护管道，使它免遭输送介质中有害成分的腐蚀，延长使用寿命；

（2）改善管道内部的光洁度减少摩阻，提高管道的输送效率；

（3）保证输送介质的纯度。

现在，脱硫脱水等气体净化技术能够使气体达到相当纯净的程度，输气管道也提出了严格的气质要求，管道积水和内壁腐蚀问题，已经基本解决。清管技术又进入了进行管道内壁涂层和内部探测的新领域。在输气管道上清管器除了原来清除管内积水和杂物的基本作用外，又增加了许多新的用途：

（1）定径。与清管器探测定位仪器配合，查出大于设计、施工或生产规定的管径偏差。

（2）测径、测厚和检漏。与测量仪器构成一体或作为这些仪器的牵引工具，通过管道内部，检测和记录管道的情况。

（3）灌注和输送试压水。往管道灌注试压水时，为避免在管道高点留下气泡，以致打压时消耗额外的能量，影响试验压力的稳定，在水柱前面发送一个清管器就可以把管内空气排除干净。为了重复利用试压水，前一段试压完毕后可用两个清管器把水输往下一段，全部试压完毕后，还可将水送到指定的地点排放。

（4）置换管内介质。用天然气置换管内试压水或用空气置换管内天然气时，用清管器分隔两种介质，可防止形成爆炸性混合物，减少可燃气体的排放损失，提高工作效率。

（5）涂敷管道内壁缓蚀剂和环氧树脂涂层。液体缓蚀剂可用一个清管器推顶或用两个清管器夹带，在沿线运行过程中涂上管道内壁。环氧树脂的内涂施工比较复杂，其中包括：管道内壁的清洗、化学处理、环氧树脂涂敷和涂敷质量的控制与检查等内容，这些工序都是利用专门的清管器实现的。

2.2.4.3.1　清管器的分类和特性

清管器的具体形式很多，从结构特征上可分为：清管球、皮碗清管器和塑料清管器3 类。任何清管器都要求具有可靠的通过性能（通过管道弯头、三通和管道变形的能力）、足够的机械强度和良好的清管效果。下面分别对它们的结构、用途和工作特性加以介绍。

（1）清管球。

清管球由橡胶制成，中空，壁厚 30 ~ 50mm，球上有一个可以密封的注水排气孔。通过加压用的单向阀向球内注水，调节清管球直径对管道内径的过盈量，清管球的制造过盈量为 2% ~5% 。清管球的变形能力最好可在管道内作任意方向的转动，但很容易越过块状物体的障碍，通过管道变形段。

管道温度低于 0℃时，球内应灌注低凝固点液体（如甘醇），以防冻结。

清管球在管道中的运行状态，周围阻力均衡时为滑动，不均衡时为滚动，因此表面磨损均匀，磨损量小。只要注水口不漏，壁厚偏差小，它可以多次重复使用。保证注水口的制造质量是延长清管球寿命的一个关键。清管球的壁厚偏差应限制在 10% 以内。

清管球的主要用途是清除管道积液和分隔介质，清除块状物体的效果较差。它不能定向携带检测仪器，也不能作为它们的牵引工具。

（2）皮碗清管器。

皮碗清管器由一个刚性骨架和前后两节或多节皮碗构成。它在管内运行时，保持着固定的方向，所以能够携带各种检测仪器和装置。清管器的皮碗形状是决定清管器性能的一个重要因素，皮碗的形状必须与各类清管器的用途相适应。

清管器在皮碗不超过允许变形的状况下，应能够通过管道上曲率最小的弯头和最大的管道变形。为保证清管器通过大口径支管三通，前后两节皮碗的间隔应有一个最短的限度，清管器通过能力的一般技术条件有：管道弯曲的最小半径、三通与分支状况、管道的最大允许变形等。

对于椭圆度大于 5% 的管道，设计清管器时应当增大清管器皮碗的变形能力。为了通过更小曲率的弯头，清管器各节皮碗之间可用万向节连接，这种情况多见于小口径管道。

为满足上述条件，前后两节皮碗的间距 S 应不小于管道直径 D 清管器长度 L 可按皮碗节数多少和直径大小保持在 $1.1D \sim 1.5D$ 范围内，直径较小的清管器长度较大。清管器通过变形管道的能力与皮碗夹板直径有关，清管用的平面皮碗清管器的夹板直径 G 在 $0.75D \sim 0.85D$ 范围内。

皮碗截面可分为主体和唇部，主体部分起支持清管器体重和体形的作用，唇部起密封作用。

主要部分的直径可稍小于管道内径，唇部对管道内径的过盈量取2% ~5%。皮碗的唇部有自动密封作用，即在清管器前后压力差的作用下，它能向四周张紧。这种作用即使在唇部磨损，过盈量变小之后仍可保持。因此与清管球相比，皮碗在运行中的密封性更为可靠。

① 测径清管器。测径清管器采用锥形皮碗，骨架筒体和夹板直径都很小，可以通过35% ~45%的管径偏差障碍，最末一节皮碗内侧有一周均布的向后伸出的测杆，皮碗变形时这些测杆就向管道轴向摆动，摆动的位移量反映管道的变形量。测径仪连续记录各方向的半径和运行的里程，作为确定变形大小及其地点的依据。

测径清管器也可用来置换管内介质。

② 隔离清管器。隔离清管器指只装有皮碗用来清除管内积水与各种杂物或分隔介质的清管器。这种清管器的皮碗形状可按照用途选择。大直径清管器的头部最好与前夹板构成一体，使清管器前节皮碗能够在遇到障碍时起缓冲作用。

清管器前端有一个泄流孔，打开泄流孔运行的清管器，遇到阻碍时，泄流孔可以通过5% ~10%的管道流量，借以推开聚集在清管器前的障碍物把它分散到前方气流中去。这样，清管器既可依靠自身的推力又可利用气流的作用把大密度的物体送到终点。这种效果显然也有利于排除清管器的堵塞。如果管内气体流速很大，这个泄流孔还可用来调节清管器的运行速度。泄流孔没有自动调整的能力，如果污物堆积，很多清管器既不能排开，也不能越过它们，那时就可能发生阻滞，因此在利用泄流孔时，需按照对管内情况的实际估计选择泄流孔的大小。

③ 带刷清管器。带刷清管器的主要作用是清刷管壁，使之达到要求的光洁程度，提高管道的输送效率。它适用于干燥和无内涂层的管道，因为在含水管道中它的清刷效果会很快遭到新的腐蚀过程的破坏。

清管器前后两节皮碗之间，装有在圆周互相交错的不锈钢丝刷。这些钢丝刷用一根U形板簧垫固定在筒体上，它们能够在运动中始终对管壁施加一定的压力。筒体上开有若干螺栓孔，可按实际需要控制它们的开启数量，刷下的灰尘经过这些孔落进清管器内腔，有时也可使它经泄流孔分散到前面的气流中去。

④ 双向清管器。双向清管器既可前进也可倒退，在水压试验时，作为分段和输水的工具。

双向清管器的密封和支承件为圆柱形橡胶盘。橡胶盘的直径大于管道内径，靠弹性力保持清管器前后的密封，这种密封条件会很快地随磨损而丧失。所以，双向清管器皮盘的寿命比皮碗短。

（3）泡沫塑料清管器。

泡沫塑料清管器是表面涂有聚氨酯外壳的圆柱形塑料制品。它是一种经济的清管工具。与刚性清管器比较，它有很好的变形能力和弹性。在压力作用下，它可与管壁形成良好的密封，能够顺利通过各种弯头、阀门和管道变形段。它不会对管道造成损伤，尤其适用于清扫带有内壁涂层的管道。

2.2.4.3.2　清管器收发装置

(1) 收发球筒清管器收发装置设在海上平台或陆上终端。

清管器收发装置包括收发筒、工艺管线、阀门以及装卸工具和通过指示器等辅助设备。

收发筒及其快速开关盲板是收发装置的主要构成部分。筒径应比公称管径大 1 ~ 2 级。发送筒的长度应能满足发送最长清管装置的需要，一般不应小于筒径的 3 ~ 4 倍。接收筒应当更长一些，因为它还需要容纳不许进入排污管的大块清出物，和先后连续发入管道的两个或更多的清管器，其长度一般不小于筒径的 4 ~ 6 倍。排污管应接在接收筒底部，放空管应安在接收筒的顶部，两管的接口应焊装挡条以阻止大块物体进入，以免发生堵塞。清管过程中如发生这种堵塞就可能引起复杂的操作问题。

收发筒的开口端是一个牙嵌式或挡圈式快速开关盲板，快速开关盲板上应有防自松安全装置，另一端经过偏心大小头和一段直管与一个全通径阀连接，这段直管段长度应不小于一个清管器的长度，否则，一个后部密封破坏了的清管器就可能部分地停留在阀内，全通径阀必须有准确的阀位指示。

清管器收发装置的工艺流程为从主管引向收发筒的连通管起平衡导压作用，可选用较小的管径。发送装置的主管三通之后和接收筒大小头前的直管上，应设通过指示器，以确定清管器是否已经发入管道和进入接收筒。收发筒上必须安装压力表，面向盲板开关操作者的位置。有可能一次接收几个清管器的接收筒，可多开一个排污口。这样，在第一个排污口被清管器堵塞后，管道仍可以继续排污。

(2) PIG 阀。

PIG 阀是起源于海上平台的清管球收发装置，具有体积小、操作方便的特点。因其体积远小于同直径的筒型清管器收发装置，因而 PIG 阀只能收发球状清管器（详见本章第 2.1.4.5 小节清管设施）。

2.2.4.3.3　清管器的发送和接收

(1) 收发球筒操作程序。

清管前应先做好收发装置的全部检查工作。要求收发筒的快速开关盲板、阀门和清管器通过的全通孔阀开关灵活，工作可靠，严密性好，压力表示值准确，通过指示器无误。

打开发送筒前，务必检查发送阀和连通阀，使之处于完全关闭状况，再打开放空阀，令压力表指针回零。在保持放空阀全开位置的条件下，慢慢开动盲板，并注意盲板的受力情况。开动盲板时，它的正前方和转动方向不要站人，以保证安全。打开盲板后，应尽快把清管器送进筒内；清管球或清管器的第一节皮碗必须紧靠大小头，形成密封条件。清管器就位后，先关盲板，后关放空阀。

发出清管器前，先检查发送筒盲板和放空阀，确认已关闭妥当，方可打开连通阀。待发送筒与主管压力平衡后，再开发送阀，阀门开度应与阀位指示器的全开位一致。清管器的发送方法是，关闭线路主阀，在清管器前后形成压力差，直至把它推进管道。

清管器进入管道，主管三通下游的通过指示器应立即动作。判定清管器确已发出后，应尽快打开主阀，关闭发送阀恢复原来的生产流程，随后关闭连通阀打开放空阀，为发送筒卸压。

发出清管器时，不应在打开发送阀的同时关闭线路主阀。因为在这种情况下，主阀节流产生的压差就会在发送阀还未完全打开时，把清管器推向阀孔，而招致阀芯、阀的驱动装置和清管器的损坏。

清管器在管道运行期间，收发站应注意监视干线的压力和流量，如果压差增大，输入量变小，清管器未按预计时间通过或达到管道某一站场，就应该及时分析这些现象的原因，考虑需要采取的措施。在运行过程中可能发生的故障有：清管器失密（清管球破裂、漏水、被大块物体垫起、清管器皮碗损坏等情况，失密尤其容易发生在管径较大的三通处）、推力不足（清管器推动大段液体通过上坡管段时需积蓄一定的压力差来克服液柱高度的阻力）、遇卡（管道变形、三通挡条断落、管内物体堵塞）等情况。清管器失密一般不会带来很大的压力变化。而后两者则可能完全阻断管道，影响输送过程。遇到这些情况时，可根据发送站和接收站的压力—流量曲线判断清管器可能停滞地点（如携带着检测仪器，就可准确定位）以及线路地形管道状况等综合分析，做出判断。

为了排除上述故障，一般可首先采用增大压差的办法，即在可能的范围内提高上游压力和降低下游压力。必要时可考虑采取短时间关闭下游干线阀从接收站放空降压的措施。这样做会使大量气体损失，故不轻易使用。清管器失密时，如果增大压差只能使上下游压力同时升降，则最好发送第二个清管器去恢复密封。任何一种排解措施都必须符合管道和有关设备的强度，并且原则上不应影响管道的输送过程。

清管球和双向清管器，有可能时，还可以采取反向运行的方法解除故障，即造成反向压差，使清管器倒退一段或一直退回原发送站。

清管器运行到距接收站200～1000m的区间时，应向接收站发出预报，以便开始必要的接收操作。为此，可按实际需要的预报时间，在站前装设一个固定的远传通过指示器。

接收清管器的程序是：在污物进站之前，关闭接收筒的放空阀和排污阀（盲板的关闭状况应事先检查）；打开接收筒连通阀，平衡接收阀前后压力后，全开接收阀；提前关闭线路主阀，以防污物窜入下游；及时关闭连通阀，打开放空阀排气；待污物进站后迅速关闭放空阀，打开排污阀排污，直至清管器进入接收筒。清管器是否已全部通过接收阀应依据接收筒上的通过指示器或探测仪器的显示判断。之后打开连通阀平衡主阀前后压差打开主阀恢复干线输气。关闭接收阀连通阀打开排污阀或放空阀把筒内放至大气压。最后打开盲板，取出清管器，清洗接收筒，关闭盲板。

（2）PIG阀操作程序。

详见本章第2.1.4.5小节清管设施。

2.2.4.4 输气管道的干线切断阀

海底输气管道因其埋设在海床一定深度的土壤中或铺设在海床上，不会像陆地输气管道那样可能和重要设施如铁路干线城镇和工厂发生关系，即使必须穿越航道也会采取深埋的措施，同时在海底设干线切断阀可操作性也较差。因此，通常情况下，海底输气管道不考虑设干线切断阀，只在管道进出口（平台或陆上终端）设ESD阀，用于事故保护。

为了便于进行管道的检修，缩短放空时间，减少放空损失，限制管道事故危害的后果，陆地输气干线上每隔一定距离需设置管道切断阀。在某些特别重要的管段两端（铁路干线，大型河流的穿跨越）也应设置切断阀。施工期间干线切断阀可用于线路的分段试压。干线切断阀的间距通常以管线所处地区的重要性和发生事故时可能产生的灾害及后果的严重程度而定，这种间距通常为 20～30km。靠近重要交通线，城镇和工厂的地区不能超过 25km，山区和旷野可保持 20～30km。由于人口密度和国情的不同，世界各国对此间距的规定互有差异。

2.2.5　天然气流量测量

天然气流量测量的对象是一种流动的物质，流量测量与其他热工参数的测量相比，具有它特定的特点：

（1）流体的流动状态直接影响着流量测量的准确性。在应用场合中，一般流体的流动都会偏离假定的定常流条件，为保证仪表测量的准确性，仪表的结构本身应能适应流态的变化，并能消除流量测量元件上游局部阻力造成的流态扰动以及通过流动管道截面上流速不均匀分布带来的影响，如天然气矿场带有往复压缩机的脉动流量计量及含水气田开采中的流量计量。

（2）不同流体的物理和化学性质对流量测量仪表有着不同的要求，并应考虑作相应的处理。

天然气是一种地层自然产出的，以甲烷为主的混合气体，其组成千变万化。鉴于目前天然气流量计量是基于体积流量计量这一准则，因此精确地分析把握天然气的组分，掌握其物理性质，是进行精确体积变化修正的基础。

（3）天然气开采和集输过程中，介质状态和组分的变化。

（4）由于被测介质是处于流动状态，目前绝大部分的流体测量元件都是与被测流体相接触，造成了一定的能量损失。

（5）作为商品的天然气由于它的压缩性，在测量流量时，应具有规定的体积状态标准，以便统一计量的结果。我国标准规定的状态标准为 101.325kPa（一个物理大气压）和 20℃。

天然气流量检测中有 3 种测量方法可供选择：体积流量测量、质量流量测量和能量流量测量。上述 3 种测量方法可分为间接测量方式和直接测量方式。当今国外根据上述 3 种方法制造的流量仪表不下数十种之多。然而每一种方法及其仪表都有它的特定使用对象和适用范围。

2.2.5.1　体积流量测量

我国目前天然气工业中采用的最主要测量方法为体积流量测量。由于气体的可压缩性，它受温度和压力的变化影响。

（1）间接体积流量测量仪表。

这种类型的仪表是通过测量流体相关参量，通过它们之间的关系式计算出体积流量。它具有大口径、高压、大流量的特点。典型的流量仪表如：孔板流量计，具有结构简单，维护方便，寿命长，成本低廉的特点；涡轮流量计，则具有精度高、重复性好、量程宽且能作为标准仪表使用优越性；新近发展投入使用的超声波流量计，最大特点是无可转动部件、无压损，具有量程宽的特点。但这类仪表主要不足之处是：由于间接测量，影响计量精度的因素较多，且受物性影响，故需进行补偿修正；某些仪表压损较大；某些仪表（如孔板流量计）量程较窄；涡轮流量计由于转动部件，易受污染，影响使用寿命。

（2）直接式体积流量测量仪表。

这种类型的仪表如腰轮体积流量计、伺服体积流量计和湿式体积流量计等，由于是利用一个精密的标准容积对被测流体连续计量，具有准确可靠、量程比较宽、无严格直管段要求等优点。但这类仪表的不足之处是大都带有可动部件，在测小流量和低黏度流体时误差较大；易受污物影响，一般需在上游处装过滤器，因而造成附加压损；难以适应大口径高压的使用场合。

2.2.5.2　质量流量测量

在化工生产过程各种物料的混合配比的控制中，往往需要进行质量测量，以达到生产过程的自控调节。

（1）间接质量测量方法。

间接质量测量方法在工业中应用较为普遍，通常有差压计和密度计组合质量测量法，如图 2.25 所示；涡轮流量计与密度计量组合质量测量法，如图 2.26 所示；差压计和涡轮计组合质量测量法，如图 2.27 所示。

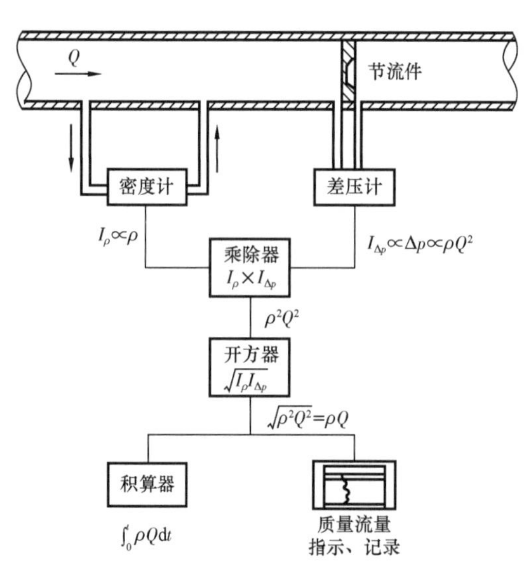

图 2.25　差压计和密度计组合的质量流量计测量方法

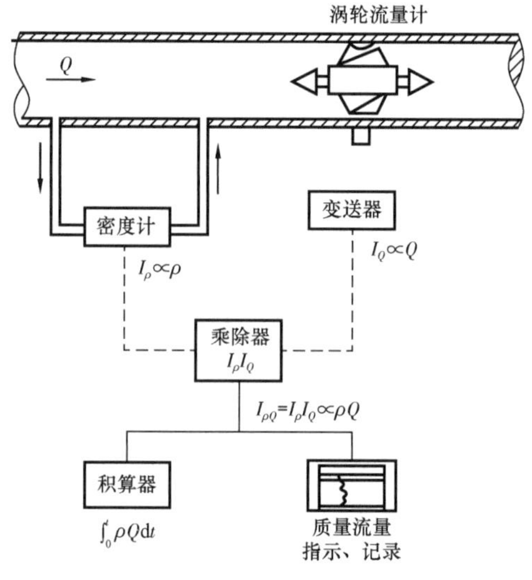

图 2.26　涡轮流量计与密度计组合的质量流量计测量方法

图 2.25 至图 2.27 中：Q 为流量，m^3/h；I 为电流，其下标 Q、M、Δp 和 ρ 分别表示流量信号、质量信号、压差信号、密度信号，mA；Δp 为压差，kPa；ρ 为密度，kg/m^3；t 为时间，s。

间接式质量流量测量的应用主要存在以下问题：由于密度计的结构及元件的特性限制，目前还没有找到一种适合于我国天然气工业使用的、高可靠性的密度计；采用温度、压力补偿式质量流量计，对于高压气体温度、压力和组分变化很大时，则不宜采用；对于瞬变流量（或脉动），它检测到的是按时间平均的密度和流速，这将会产生较大的误差。

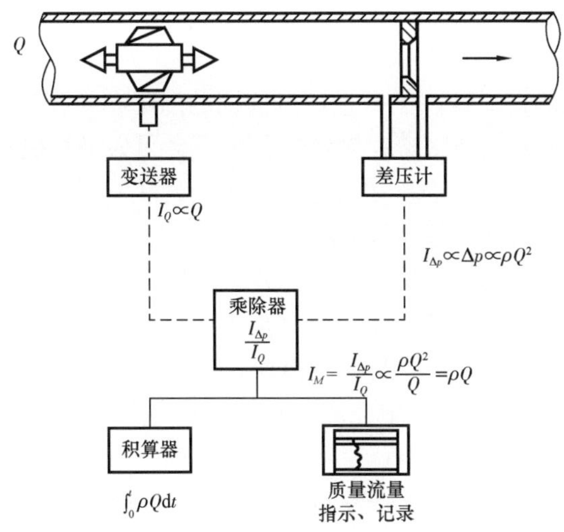

图 2.27　差压流量计和涡轮流量计组合的质量流量计测量方法

（2）直接质量流量测量仪表。

由检测元件直接反映与质量有关的流量仪表，其主要特点是质量流量的输出信号与被测介质的压力、温度等参数无关。这类流量仪表有动量式质量流量计、惯性力式质量流量计和美国 1979 年推出的根据科里奥利（Coriolis）力原理制成的质量流量计。

2.2.5.3　能量流量测量方法

能量流量计量在我国天然气工业计量中正在得到应用，它的经济性和科学性是不容忽视的。这一技术应用的关键是必须监测天然气中的组分变化，从而才有可能获得准确可靠的能量流量数值。目前国外广泛采用在线气体色谱仪，进行组分分析，计算单位体积流量的热值。对于进行热值计量来说，目前主要问题是气相在线色谱仪需依赖进口，尚缺乏应用实践的系统经验。

2.3　多相流混输工艺

2.3.1　概述

流动保障分析是一个工程分析过程，用来保证在一个工程周期内，在任何环境下都可以经济高效地将油气从储油层运输到终端（图 2.28）。通常需要流体的性质和系统的热—水力分析来制订有效控制系统中固体沉积物（如水合物、蜡、沥青质和水垢）的措施。

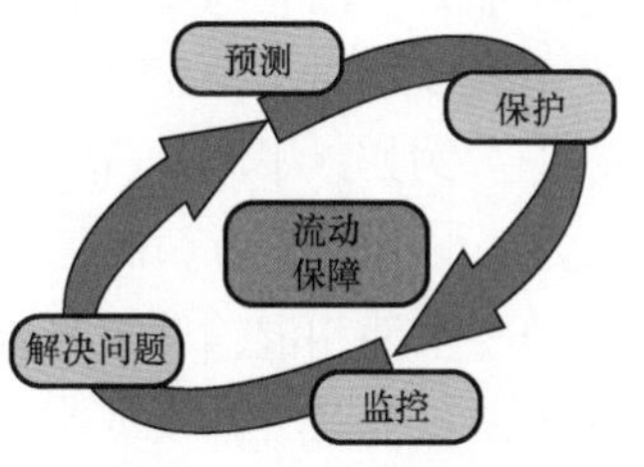

图 2.28　流动保障分析

1992 年，Deepstar 合作组织首次提出了海底管道流动保障分析的概念，其原意是“在各种环境条件与油田开发过程中，将原油经济地开采出来并输送至指定处理设施”。经过多年的研究，流动保障分析已经发展为一项通过综合研究影响油气管道流动安全各主要相关因素对所输介质流动特性的影响规律，进而提出保障和预防措施来实现油气管道的安全运行的安全措施。

流动保障分析的主要目的包括：

（1）保证原油流动的畅通性。主要指通过前期的温降和压降计算预测管道发生堵塞的可能性，并制订应对措施，保证管道在操作过程中不会因为沉积现象影响正常工作。

（2）控制原油流动的运输状态。主要指通过分析优化管道设计，降低运输过程中的能量损失，降低运输费用，提高管道经济效益。

在海底生产系统中，流动保障是一个工程分析过程，用以制订控制固体沉积物（例如水合物、石蜡和沥青质）的设计和操作指南。基于所生产的油气流的性质，侵蚀、积垢沉积和腐蚀在流动保障过程中也要给予足够的重视。流动保障分析中的主要部分应该先于或者在早期的前期工程设计（FEED）中完成。对于流动保障问题，每个工程的要求都是不同的，因此需要特定的工程保障措施。

然而，在过去的几十年中，流动保障过程本身已经标准化，与流动保障过程相关的主要问题包括：

（1）流体特性和流动性质评估；

（2）稳态的水力和热力性能分析；

（3）瞬态的水力和热力性能分析；

（4）针对流动保障问题的系统设计和操作原理。

国内由于海洋工程设计起步比较晚，技术、资金以及设计方面的不足制约了海底管道流动保障的研究进度。目前，一般都是使用国外的相关标准规范完成设计，同时也无具有自主知识产权的计算软件，因此今后还需在理论研究和软件开发上进行进一步的探究。

2.3.2 多相流混输管道特点及分类

2.3.2.1 气、液两相混输管道

气、液两相混输管道中，一种是在管道入口处流体就为气、液两相，也就是重烃（凝析油）在管道入口条件下以液相形式存在，因此，全线均为气、液两相流流动。例如：锦州 20－2 凝析气田中高点至陆上终端的 50km、12in 油气混输管道。

另一种为管道起点条件下进入管道的流体为单相气体，距起点一段距离后，由于温度降低幅度较大，天然气中的重烃析出从而形成气、液两相流动。此类输气管道中也可能存在反凝析现象。所谓反凝析现象是指当输气温度高于临界温度，但低于临界凝析温度时，随着压力的下降，天然气中的重烃反而析出的现象。这种因天然气凝析现象或反凝析现象的存在，使得天然气输送过程中单相气流动和气、液两相流动共存的管道是混输管道的一种特殊形式。因管道中有相变过程，部分管段气液共流，但由于液体所占流通面积较小，其复杂程度相对于油、气、水三相混输管道要小得多，因而影响其水力计算精度的因素相对减少。例如：平湖油气田陆上终端的 386km、14in 天然气输送管道。

2.3.2.2 油、水两相混输管道

油、水两相混输管道指油和水，或油、油水乳状液和水两相共存的管道。此类管道多存在于油田群联合开发或半海半陆式开发的海上油田。为了避免油、气、水三相混输压降大的问题，也为减少海上平台面积及利用伴生气为平台设备发电，在平台上脱除伴生气和

部分游离水，将油、油水乳状液和剩余的水通过管道输送至目标平台或陆上终端。例如：绥中 36－1 油田中心平台陆上终端 70km、20in 油水混输管道，渤西油田群中心平台陆上终端 50km、8in 油水混输管道。

2.3.2.3　油、气、水三相混输管道

一般情况下，油井或气井所产的井流物为油、气、水三相混合物。井口平台到中心平台间的集输管道、井口平台到 FPSO 的集输管道，甚至一些海上油田到陆上终端的管道都是典型的油、气、水三相混输管道。例如：歧口 17－2 至歧口 18－1 中心平台 15km、10in 油、气、水三相混输管道。

在油、气、水三相混输管道中，油、气、水在输送条件下以连续相存在于管道内。气相和油相之间存在速度差，油相和水相也可能存在速度差。由于流体物性和流动特性的差异，混输过程中常形成气—液界面液—液界面和界面间的传质、传热。

2.3.3　多相流混输计算

多相流管道压降计算公式分为均相流模型、分相流模型和流型模型。在长期的研究过程中形成了较多的压降计算公式，仅 PPEF0 软件中就含十几种之多。由于混输管道工艺计算的复杂性，多借助于软件完成计算。以下仅就均相流模型、分相流模型和流型模型各介绍一种计算方法

2.3.3.1　均相流模型

均相流模型将气液混合物看作是气、液间无滑动的均匀混合物，并符合均相流的假设条件：

（1）气液相速度相等；

（2）气液两相介质已达到热力学平衡状态；

（3）在计算摩擦阻力损失时，使用单相介质的阻力系数持均相流观点的学者认为，符合均相流假设条件的多相管道可作为单相管道进行水力计算，只是流体参数需用气液混合物的物性参数代替，其中两个重要的物性参数为混合黏度和混合密度。

2.3.3.1.1　混合物物性参数计算

（1）混合黏度计算。

对于均匀气液混合物黏度计算，不同的学者提出了不同的计算公式，但这些公式均应满足以下边界条件：

当质量含气率 $x=0$ 时，μ_m（混合黏度）$=\mu_L$（液体黏度）；

当质量含气率 $x=1$ 时，μ_m（混合黏度）$=\mu_g$（气体黏度）。

杜克勒（Duller）计算式：

$$\mu_m = \beta\mu_g + (1-\beta)\mu_L \tag{2.124}$$

其中

$$\beta = \frac{Q_g}{Q_L + Q_g} \tag{2.125}$$

式中　β——体积含气率；

Q_g——气体体积流量，m^3/s；

Q_L——液体体积流量，m^3/s。

麦克达姆（Mekdam）计算式：

$$\frac{1}{\mu_m} = \frac{x}{\mu_g} + \frac{1-x}{\mu_L} \tag{2.126}$$

其中

$$x = \frac{G_g}{G_L + G_g} \tag{2.127}$$

式中 x——质量含气率；

G_g——气体质量流量，kg/s；

G_L——液体质量流量，kg/s。

西克奇蒂（Ciecchitti）计算式：

$$\mu_m = x\mu_g + (1-x)\mu_L \tag{2.128}$$

阿黑尼厄斯（Arrhenius）计算式：

$$\mu_m = \mu_L^{H_L}\mu_g^{(1-H_L)} \tag{2.129}$$

其中

$$H_L = 1 - \varphi \tag{2.130}$$

$$\varphi = \frac{A_g}{A_L + A_g} \tag{2.131}$$

式中 H_L——截面含液率；

φ——截面含气率；

A_g——气相流通面积，m^2；

A_L——液相流通面积，m^2。

（2）混合密度计算。

流动密度 ρ_f：

$$\rho_f = \beta\rho_g + (1-\beta)\rho_L \tag{2.132}$$

式中 ρ_g——气体密度，kg/m^3；

ρ_L——液体密度，kg/m^3。

其他符号含义同前文。

流动密度用于计算气液混合物沿管道流动时的摩阻损失。

真实密度（ρ）计算：

$$\rho = \varphi\rho_g + (1-\varphi)\rho_L \tag{2.133}$$

真实密度表示长度为 ΔL 的管段气液混合物质量与体积之比，用于计算管道高程变化引起的附加压力损失。

2.3.3.1.2　均相流压降计算公式［杜克勒Ⅰ法（Duller Ⅰ法）］

杜克勒Ⅰ法假设气液两相在管道内均匀混合，符合均相流假设条件，因此可作为单相管路进行水力计算，只是计算中的各项参数均需用混合物参数，而不是单相流体物性参数。在此前提下，水平混输管道压降梯度可用达西公式计算：

$$-\frac{\mathrm{d}p}{\mathrm{d}l}=\frac{\lambda_{\mathrm{m}}}{d}\frac{v_{\mathrm{m}}^{2}}{2}\rho_{\mathrm{f}} \tag{2.134}$$

$$\Delta p=\frac{\lambda_{\mathrm{m}}}{d}\frac{v_{\mathrm{m}}^{2}}{2}\rho_{\mathrm{f}}L \tag{2.135}$$

其中

$$\lambda_{\mathrm{m}}=0.0056+\frac{0.5}{Re_{\mathrm{m}}^{0.32}} \tag{2.136}$$

$$Re_{\mathrm{m}}=\frac{dv_{\mathrm{m}}\rho_{\mathrm{f}}}{\mu_{\mathrm{m}}} \tag{2.137}$$

$$\mu_{\mathrm{m}}=\beta\mu_{\mathrm{g}}+(1-\beta)\mu_{\mathrm{L}}$$

$$\rho_{\mathrm{f}}=\beta\rho_{\mathrm{g}}+(1-\beta)\rho_{\mathrm{L}}$$

$$\beta=\frac{Q_{\mathrm{g}}}{Q_{\mathrm{L}}+Q_{\mathrm{g}}}$$

式中 $\frac{\mathrm{d}p}{\mathrm{d}l}$——管道压力梯度，Pa/m；

λ_{m}——水力摩阻系数；

Re_{m}——雷诺数；

Δp——管道压降，Pa；

v_{m}——混合流速，$v_{\mathrm{m}}=\frac{Q_{\mathrm{L}}+Q_{\mathrm{g}}}{A}$，m/s；

d——管道内径，m；

L——管道长度，m；

μ_{m}——混合黏度，Pa·s；

ρ_{f}——混合流动密度，kg/m^3；

β——体积含气率。

2.3.3.2　分相流模型

分相流模型是将两相流动看成为气液各自分开的流动，每相介质有其平均流速和独立的物性参数。为此需要分别建立每一相的流体动力特征方程式。这就需要预先确定每相所占流动截面份额，即真实含气率或每相的真实流速，以及每相介质与界面的相互作用，即介质与流道壁的摩擦阻力和两相介质间的摩擦阻力。分相流模型建立的条件是：

（1）两相介质分别有各自的按所占据截面计算截面平均流速；

（2）尽管两相之间可能有质量转移，但两相之间是处于热力学平衡状态。

杜克勒Ⅱ压降计算法：杜克勒认为，在实际管路中气液两相的流速常不相同，相间存在滑脱。只有在流速极高的情况下才可近似认为两相间无滑脱存在。因而，他利用相似理论并假定沿管长气液相间的滑动比不变，建立了相间有滑脱时管路压降梯度的计算方法。

两相管路的压降梯度$\frac{dp}{dl}$仍按式（2.138）计算，流速 v_m、黏度 μ 和雷诺数 Re_m 的计算方法同杜克勒Ⅰ法。气液两相混合物的密度 ρ_f 按式（2.139）计算：

$$-\frac{dp}{dl}=\frac{\lambda_m}{d}\frac{v_m^2}{2}\rho_f \tag{2.138}$$

$$\rho_f=\rho_L\frac{R_L^2}{H_L}+\rho_g\frac{(1-R_L)^2}{1-H_L} \tag{2.139}$$

$$Re_m=\frac{dv_m\rho_f}{\mu_m} \tag{2.140}$$

式中 H_L——截面含液率；

R_L——体积含液率。

若气液流速相同，相间无滑脱，$H_L=R_L$，式（2.139）与杜克勒Ⅰ法的密度计算式相同，则杜克勒Ⅰ法与杜克勒Ⅱ法完全相同。因而，可把杜克勒Ⅰ法看作是杜克勒Ⅱ法的一个特例。

按式（2.139）求气液混合物密度时，须知截面含液率 H_L。杜克勒利用数据库中储存的实测数据得到截面含液率、体积含液率和雷诺数之间的关系曲线如图2.29所示。

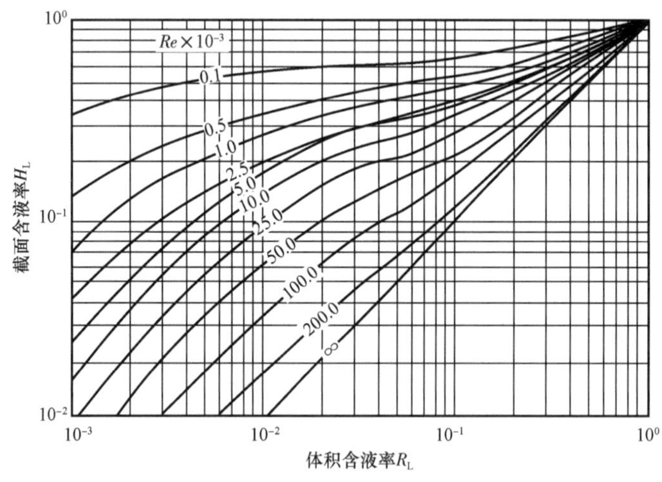

图2.29 R_L—Re—H_L关系曲线

图2.29中体积含液率 R_L 可由管路气液体积流量求得，而截面含液率 H_L 与雷诺数间呈隐函数关系，需要猜算。一般先假设截面含液率 H_L，按式（2.139）求两相混合物密度 ρ_f，进而求得雷诺数 Re 后，由图2.29查 H_L。若假设的 H_L 值与由图2.29查得的 H 值相差超过5%，需重新假设 H_L 值重复上述步骤直至两者之误差小于5%为止。

相间有滑脱的水平两相管路的水力摩阻系数（λ）由式（2.141）计算：

$$\lambda = C\left(0.0056 + \frac{0.5}{Re^{0.32}}\right) \tag{2.141}$$

式中，C 为系数，是体积含液率 R_L 的函数，由数据库实测数据归纳而得的 $C—R_L$ 关系曲线如图 2.30 所示。该曲线的表达式为：

$$C = 1 - \frac{\ln R_L}{S_0} \tag{2.142}$$

其中

$$S_0 = 1.281 - 0.478(1 - \ln R_L) + 0.444(-\ln R_L)^2 - 0.094(-\ln R_L)^3 + 0.00843(-\ln R_L)^4$$

由图 2.30 看出，$R_L = 1$ 时，即管路内只有单相流体流动时，$C = 1$。所以系数 C 可理解为管路内存在两相时其水力摩阻系数比单相液体管路增加的倍数。

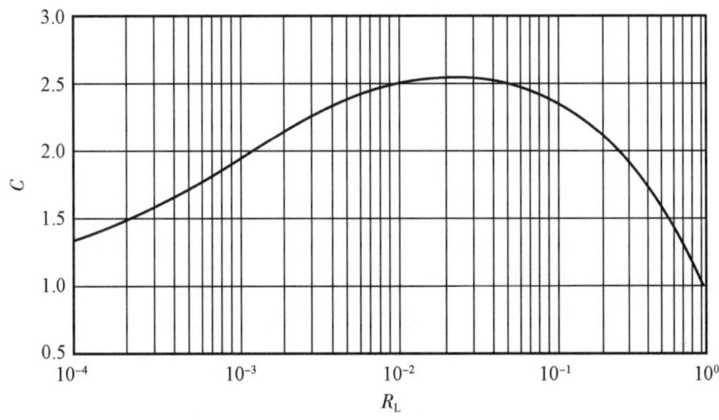

图 2.30　$C—R_L$ 关系曲线

一般认为，杜克勒Ⅱ法优于杜克勒Ⅰ法，但由于实测数据的局限性，杜克勒公式在大直径管道使用时误差大。建议杜克勒Ⅱ法的使用范围为：

（1）H_L 为 0.01～1.0，R_L 为 0.001～1.0；

（2）管径不大于 5.5in；

（3）混相雷诺数为 600～200000。

2.3.3.3　流型模型

流型模型的计算首先要确定气液两相管道的流型。流型不同，气液两相共流时能量损失的机理也不同。因此，在所有的模型中，流型模型是最准确的。它可针对不同的流动机理进行经验或理论研究，也是由于这一原因，流型模型在多相流计算模型中所占比例最大，发展最快。

流型的划分：描述气液两相流流型的方法很多，最为简单和实用的方法就是形态学方法，即按两种相的相对形态进行区分。

典型的气液两相流流型有：泡状流、团状流、段塞流、层状流、波状流、环状流。

在流型研究的过程中发现：流型分得过细，对分析气液两相流动和传热并无必要。近年来，人们开始研究流型归并：把团状流段塞流合并为间歇流把纯层状流、波状流归并为层状流。国内外的流型研究还发现：液体的流变性（包括表观黏度、有限的黏弹性）对流动形态的分界和转变影响很小。因此将气体——牛顿流体流动形态的研究成果直接应用到气体——非牛顿流体两相流动中，不会产生较大的误差。从这个意义上来说，在流型的划分和识别方面，区分液体是牛顿流体还是非牛顿流体，就没有多大的必要了，这在工程应用中是合理的近似。

流型识别或流型预测，就是在给定一组局部的流动参数下，确定两相流可能发生何种流型。这是两相流研究中最薄弱的环节之一，今后仍需做大量的工作。流型的判定对气液两相流的摩阻压降计算有很重要的作用：理论上，不同的流型有不同的流动机理，因而压降计算也不同。

流型识别方法较多，典型的有以下几种：经典的流型图法；根据流型转变机理得到转变关系式，利用现场流动参数测定具体的流型；现代流型识别法。这里主要介绍贝克法（Baker 法）。

20 世纪 50 年代中期，Baker 提出一幅通用于各种介质的水平管流型图，如图 2.31 所示。

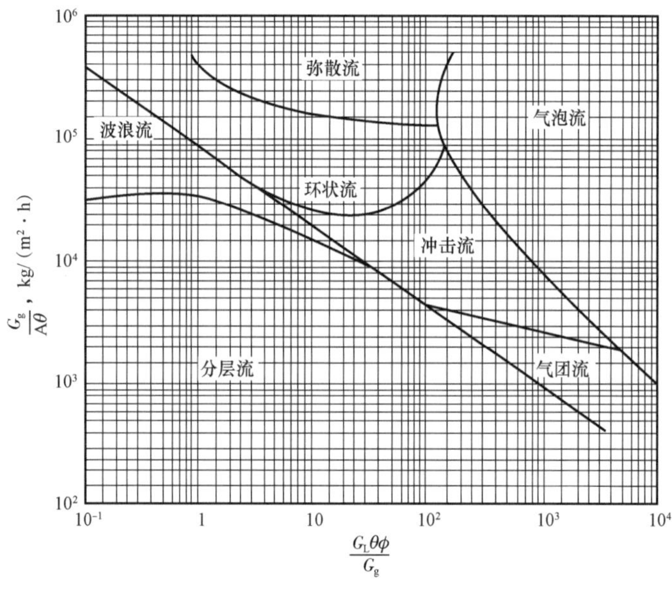

图 2.31　Baker 流型图

图 2.31 中的纵坐标以$\frac{G_g}{A\theta}$表示，横坐标以$\frac{G_L\theta\phi}{G_g}$表示。其中，$G_g$ 和 G_L 分别为气相和液相质量流量，参数 θ 和 ϕ 分别定义为：

$$\theta = \sqrt{\gamma_g \gamma_L} \tag{2.143}$$

$$\phi = \frac{\sigma_w}{\sigma_L}\left[\left(\frac{\mu_L}{\mu_w}\right)\left(\frac{\rho_w}{\rho_L}\right)^2\right]^{\frac{1}{3}} = \frac{73 \times 10^{-3}}{\sigma_L}\left[\mu_L\left(\frac{1}{\gamma_L}\right)^2\right]^{\frac{1}{3}} \tag{2.144}$$

式中　γ_g——管道条件下气体对空气的相对密度；

γ_L——管道条件下液体对水的相对密度；

ρ_L——液体密度，kg/m^3；

ρ_w——水的密度，kg/m^3；

σ_w——水的表面张力，取 73×10^{-3}N/m；

σ_L——液相的表面张力，N/m；

μ_w——水的黏度，取 1mPa · s；

μ_L——液相黏度，mPa · s；

A——管道截面积，m^2。

在压降计算时，Baker 采用 Lockhart - Martinelli 法，并根据许多研究者的试验数据及两相管道的生产数据进行分析研究，总结出各流型区分气相折算系数的经验相关式，包括气泡流、气团流、分层流、波浪流、冲击流和环状流。

由于 Baker 的试验数据大多来自 6 ~ 10in 的管道，因此 Baker 法适用于6in 以上油气混输管道。

Baker 压降计算公式：

$$\Delta p = \phi_g^2 \left(\frac{\Delta p}{L}\right)_g L = \phi_g^2 \cdot \Delta p_g \tag{2.145}$$

式中 $\left(\frac{\Delta p}{L}\right)_g$——管道内只有气相单独流动时压降梯度，Pa/m；

Δp_g——管道内只有气相单独流动时的压降，Pa；

ϕ_g——气相压降折算系数，与混输流态有关。

气泡流：

$$\phi_g^2 = 53.88 \left(\frac{\Delta p_L}{\Delta p_g}\right)^{0.75} \left(\frac{A}{G_L}\right)^{0.2} \tag{2.146}$$

气团流：

$$\phi_g^2 = 79.03 \left(\frac{\Delta p_L}{\Delta p_g}\right)^{0.855} \left(\frac{A}{G_L}\right)^{0.34} \tag{2.147}$$

分层流：

$$\phi_g^2 = 53.88 \left(\frac{\Delta p_L}{\Delta p_g}\right)^{0.75} \left(\frac{A}{G_L}\right)^{0.2} \tag{2.148}$$

冲击流：

$$\phi_g^2 = 53.88 \left(\frac{\Delta p_L}{\Delta p_g}\right)^{0.75} \left(\frac{A}{G_L}\right)^{0.2} \tag{2.149}$$

环状流：

$$\phi_g^2 = (4.8 - 12.3d)^2 \left(\frac{\Delta p_L}{\Delta p_g}\right)^{(0.343-0.826d)} \tag{2.150}$$

式中 Δp_L——管道中只有液相单独流动的压降，Pa；

A——流通面积，$A=\frac{\pi}{4}d^2$，m^2；

d——管道内径（当 $d>0.25m$ 时，取 $d=0.25m$），m；

G_L——液相质量流量，kg/s；

G_g——气相质量流量，kg/s。

波浪流压降计算采用汉廷顿（Huntington）公式：

$$\Delta p = \lambda_w \frac{v_{sg}^2 \rho_g}{2d} L \tag{2.151}$$

$$\lambda_w = 0.0175 \left(\frac{G_L \mu_L}{G_g \mu_g}\right)^{0.209} \tag{2.152}$$

式中 μ_L，μ_g——管道条件下液相和气相的动力黏度，mPa · s；

v_{sg}——气相折算速度，m/s。

2.3.3.4 油、气、水三相混输管道压降计算

油井产物大多含水，随着油田开采时间的增长，油井产物的含水率逐渐升高在集输管路中形成油、气、水三相混输。三相混输管路比两相混输更为复杂，因此更未形成准确的压降和滞液量计算数学模式。事实上，油、气、水沿管路共流的过程中，特别是经油嘴、阀门、管件时，受到剧烈扰动，混输管路的液相大都是原油乳状液，此时，常把油水当作单一的液相，以油水乳状液的物性作为混输管路液相的物性。当一部分水以游离形态存在于管道中时，压降计算时应按实验数据或原油性质确定，稳定乳状液的含水率剩余部分的水按游离水考虑。

在使用 PIPEFLO 或其他软件计算油、气、水三相混输压降时，原油黏度应以实验报告中的相应含水率的油水乳状液黏度为依据，将油水乳状液的量作为原油相的量，将剩余部分的游离水作为水相的量计算油水比，用选定的混输管道压降模型计算压降。

油水乳状液黏度的计算公式和方法很多，如理查森（Richardson）关系式、惠弗林（Woelfin）关系图等。由于这些公式和方法中的部分参数要依据实验确定，且因影响油水乳状液黏度的因素较多，迄今还未产生计算精度高、适用性广的经典公式。本节不介绍油水乳状液黏度的计算公式和方法的详细内容，读者如有兴趣可查阅相关书籍。

2.3.4 混输管道常用设施

2.3.4.1 混输泵

多相混输技术的应用使海上边际油田、沙漠油田及小储量卫星油田等的经济开发成为可能。在海洋石油的开发中，混输泵的应用就意味着可以用海底混输增压泵站代替造价昂贵的海上平台，从而在一定的水深条件下大幅度降低开发成本。按照使用场合不同，混输泵分为水上混输泵和水下混输泵；按照工作原理的不同，又可分为旋转动力式混输泵和容积式混输泵。旋转动力式混输泵包括螺旋轴流式混输泵、离心泵等，容积式混输泵包括双螺杆式混输泵、隔膜式混输泵、线性活塞泵、对转式湿式压缩机等。

2.3.4.1.1　螺旋轴流式混输泵

螺旋轴流式混输泵由法国石油研究院发明并获得专利，是著名的海神计划的研究成果，也称海神式混输泵。其基本的工作原理是：通过叶轮的旋转运动使多相混合介质获得能量。目前海神式混输泵已发展到 P00，P301 和 P302 三种型号，并在陆上和水下多相混合系统中进行了现场试验。1992 年，该泵的研制者将其水力设计技术转让给 FRAMO 和 SULZER 泵业有限公司，标志着以螺旋轴流式混输泵为核心的多相混输系统开始进入工业化应用阶段。

2.3.4.1.2　双螺杆式混输泵

德国 Bornemann 公司是最早的双螺杆式混输泵生产厂家，它所生产的双螺杆泵于 1992 年开始在国际市场销售，至今已有近 70 台双螺杆式混输泵在世界各大油田使用。双螺杆式混输泵的转子由两根互不接触的螺杆组成，通过经硬化处理的直齿圆柱同步齿轮来传递扭矩。该泵在设计上利用气体的压缩性成功地降低回流损失，提高了泵的容积效率并将轴向推力、噪声、压力脉动以及泵的振动等不利因素降低到最小范围，因此具有较好的效率和运行特性。螺旋轴流式混输泵和双螺杆式混输泵均已进入工业应用阶段，它们的性能比较见表 2.12。

表 2.12　混输泵性能参数一览表

项目	参数	双螺杆式混输泵	螺旋轴流式混输泵
技术参数	进口压力，MPa	0～4	最低为 0.4
	出口压力，MPa	0～10.5	p_{SC}（吸入压力）加 3～5
	流量，m^3/h	0～1000	100～2000
	进口含气率，%	0～100	0～100
	混输时最佳效率，%	80	50
	转速，r/min	980～1800	3000～6000
运行参数	驱动装置	常规电动机	高速变频电动机、水力透平
	干运行能力	可以短时间干运行 0～30min	可在 100% 含气率下运行 48h
	对沙的敏感程度	（1）细小颗粒可以通过； （2）采用防腐、耐磨材料	（1）开式结构，比较而言，对沙粒不敏感； （2）采用防腐、耐磨材料
优点		（1）结构与常规的双螺杆泵相近； （2）在较高含气率下运行特性较好	（1）在相同工况下较双螺杆泵重量轻、体积小； （2）较好的抗沙性能； （3）开式系统停机状态下可作为流体通道
缺点		对沙敏感，大流量时较为笨重	输送高气液比介质时，效率有待进一步提高
适合范围		中小流量、中高扬程	大中流量、中低扬程

2.3.4.1.3　线性活塞泵

线性活塞泵是由 Mobil 公司根据油井中往复活塞泵原理设计的，它由直流电动机驱动，可以调节活塞滑动冲程的行程。

2.3.4.1.4　隔膜式混输泵

隔膜式混输泵是在隔膜式压缩机的基础上改进而成型的，如图 2.32 所示。它通过附在活塞上的非金属柔性隔膜的往复运动，在吸气阀和排气阀的两侧产生压差实现多相输送。其优点是取消了活塞密封，结构简单、增压效果好、效率高，缺点是噪声大、磨损快、维修周期短。

2.3.4.1.5　射流式混输泵

射流式混输泵的基本工作原理是将石油油流中的砂浆气与油水混合物分离开来，然后用单螺杆泵输送油水，使之获得高压后，再作为射流流体与砂浆和气重新混合而进行输送，其基本结构如图2.33所示。该装置的主要优点是避开了沙粒对泵的磨蚀，泵效较高，维修使用费用较低。缺点是一般只适合输送较低含气率的井流，结构不紧凑，过流部件多，可靠性低。

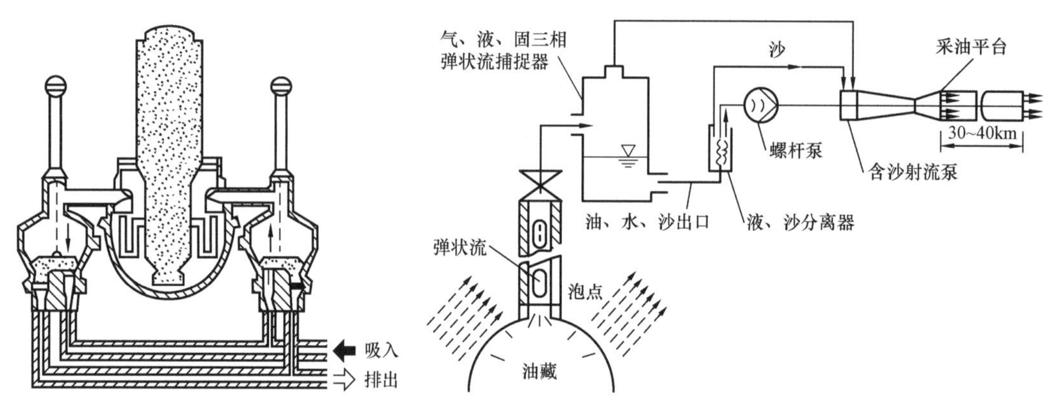

图2.32　隔膜式混输泵结构示意图　　　图2.33　射流式混输泵结构简图

2.3.4.2　段塞流捕集器

油、气混输或油、气、水三相混输是经济地开发海洋石油的重要手段，但混输管道中常常产生段塞流，特别是立管段较长的海底管道。段塞流的特点是液体段和气泡交替流动通过全管线。

液体段塞可视为一长段液体携带有很多较小的气泡。气泡段可视为一长段连续气泡，而在管线底部带有一层液膜。当液体段塞移动通过管线时，它趋向于从移动较慢的液膜中汲取一部分液体，而又从后面留下一些液体。此外，液体段塞汲取作用造成的紊流，又趋向于从前面的气泡中把小气泡带进液体段塞中来。

段塞流的特性是，当它沿管线移动时其长度趋向于增加，即较短的段塞趋向于聚合成较长的段塞。如果管线足够长，有可能使液体段塞达到几百米甚至更长。为了适应段塞流，常在管线出口装一大型分离器（一般情况下为两相分离器），通常称为段塞流捕集器（slug catcher）。因为段塞流捕集器是处理系统中的第一单元，所以它的尺寸确定得是否合适，对于平台和终端设备的正常运转是极其重要的。

段塞流捕集器形式较多，基本上分为两类：容器式和多管式。在接收气体和凝析液的终端多管式段塞流捕集器应用较广。在气体凝析液混输管道中，进入的气体比较干净而且液体产量低，但是距离长或气体流速低时经常产生单一的大的液体段塞。在正常操作和清管过程中，液体流量差别很大，所以段塞捕集器设计主要考虑的问题应是能够处理最大的段塞流量。

对于短距离海底管道或泡沫成为主要问题的油流，设在海上平台的段塞流捕集器通常采用容器式。这种段塞流捕集器的设计除了能使气相和液相完成一定的初始分离之外，还必须能处理在正常管道流动中产生的随机的液体段塞流。当段塞流捕集器装在海上平台时，立管的存在，以及低气体流速条件下的液体积聚，互相结合起来可能会造成较大体积的段塞流进入段塞流捕集器，因此，往往要采取一些措施消减段塞流的体积。

2.3.4.2.1　容器式段塞流捕集器

图 2.34 所示为一容器式段塞流捕集分离器的基本结构。这种分离器的基本功能是从液相中除去自由气体，并向其他设备提供相对平衡的液体。

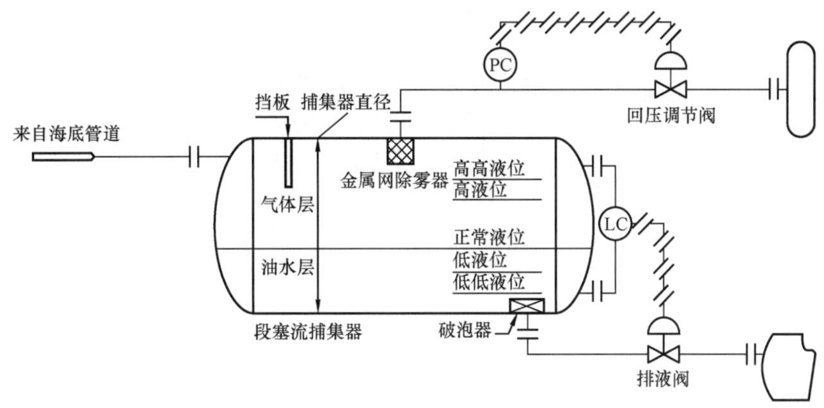

图 2.34　容器式段塞流捕集器基本结构

段塞流捕集器的作用分为两部分：分离作用；捕集和处理段塞流。

分离作用：如图 2.34 所示，当管线液体或气液混合物冲击入口挡板时，发生初始分离，挡板的作用是使进流的动量消散。液体流带着气泡落到分离器的较低部分，从该处沿流动方向以大为降低的速度流到液体排出管线。包含液体的分离器的这一部分的设计要避免形成紊流，还要有足够的时间使液体携带的气泡从液流中被释放出来。而且，一般在分离器液体出口装一涡流破碎器防止气体再度进入出口液流中。

当气流进入分离器时，它越过入口挡板进入分离器上部，流速大减。在气体移向气体排出管线时允许液滴沉降下来。必须给气体有足够的空间，以便大于某一预定尺寸的液滴有充分的时间靠重力沉降。除重力分离外，内部还常装一个叫作汲雾器（或除雾器）的构件捕集和处理段塞流作用，如图 2.34 所示。与普通分离器不同的是，段塞流捕集器的正常液位比普通分离器要低一些，而高液位和高高液位比普通分离器要高一些。高液位和正常液位之间的容积应能容纳管道中最大段塞流的体积。由于要容纳一定量的段塞流，因而在处理量相同的情况下，段塞流捕集器的尺寸要比普通分离器大。当段塞流进入捕集器时，由于进口液量比出口大，捕集器的液位将上升。如果段塞流预测较为准确，高液位和正常液位之间的容积足够大，液位将不会超过高液位，捕集器仍能正常运行。如果在停留时间内进出口液量差大于高液位和正常液位之间的容积，液位将会超过高液位，如不能及时处理，液位将超过高高液位，捕集器将关断并停止向下游供气。如关断系统故障不能及时关断，液体将进入气相出口。为防止液体进入气相出口，控制系统将会关闭气相出口，气相下游出口将会中断气体供应，直到这个长段塞逐渐从液体出口排出，液位降到高液位以下时才能恢复供气。因此，只有段塞流捕集器的容积足够大，才能防止向下游中断供气。但海上平台受面积限制，段塞流捕集器的容积不能做得很大，可能会产生断气现象。在多个井口平台联合生产的海上油气田，其中一个段塞流捕集器的短暂断气不会影响向下游终端的供气的稳定，因为其他段塞流捕集器仍在供气。几个段塞流捕集器同时中断供气的概率是极低的。

段塞流捕集器除在设计时考虑由增大容积来消除段塞流的影响，也可结合液位控制来减轻段塞流的冲击。图 2. 35 和图 2. 36 所示为段塞流捕集器液位控制的有效方法。

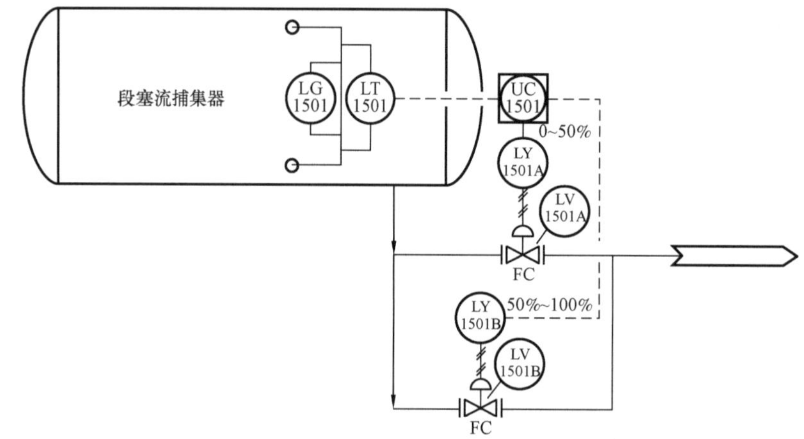

图 2. 35　容积式段塞流捕集器液位控制原理（一）

LG—液位观测仪表；LT—液位变送器；UC—多变量控制；LY—液位继电器；LV—液位控制阀；LIC—液位指示控制器；FC—流量控制

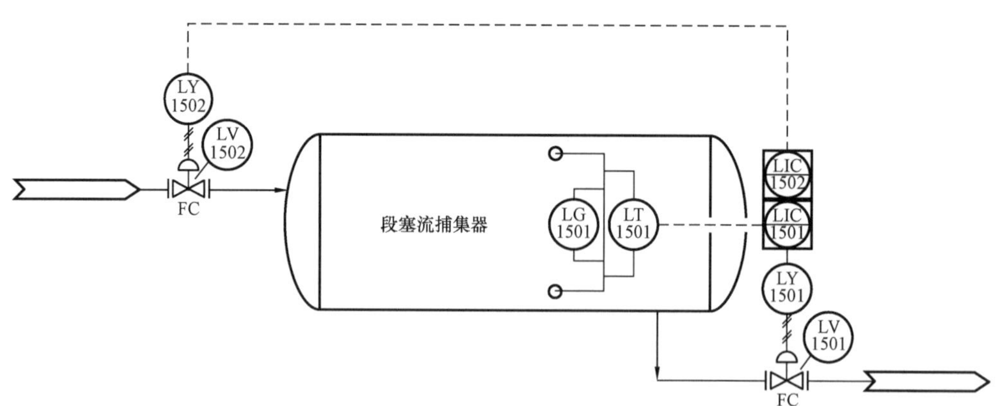

图 2. 36　容积式段塞流捕集器液位控制原理（二）

LG—液位观测仪表；LT—液位变送器；LY—液位继电器；LV—液位控制阀；LIC—液位指示控制器；FC—流量控制

（1）在捕集器液相出口管线上并联设置两个调节阀（气开式），控制信号来自同一组液位变送器和液位调节器（正作用），两个液位调节阀对应液位调节器不同范围或阶段的输出量，形成分程控制系统。当液位在低于设定值的范围波动时，液位调节器的输出控制其中一个阀门的开度，液位降低，液位调节器的输出量减小，阀门开度减小，液位升高液位调节器的输出量增大阀门开度增大，当液位达到设定值时，阀门到达一定的开度；如果液位继续升高液位调节器的输出量将继续增大，这时，另一个液位调节阀打开，随着液位的升高，阀门开度逐渐增大。由于两个阀门都在起作用，与单阀比较，调节范围大大增加，因此，可以大幅度地减少因液相段塞流的涌入而导致的捕集器液位在短时间内的急剧上升。

（2）在捕集器进口管线和液相出口管线上各设一个调节阀（气开式），每个调节阀由各自的调节器控制，调节器的输入信号来自同一个液位变送器，但两个调节器的作用恰好相反，控制液相出口调节阀的调节器为正作用调节器，当液位变送器输出信号增大时（液位升高），调节器的输出也增大，调节阀开度增大，出口流量增大；控制捕集器进口调节阀的调节器为反作用调节器，当液位变送器输出信号增大时（液位升高），调节器的输出反而减小，调节阀开度减小，进口流量减小。

2.3.4.2.2　多管式段塞流捕集器

多管式段塞流捕集器通常由多根大直径长管子组成。位于捕集器前部是分离段，用于气、液分离；后部是带有倾角的液体储存段，用于接收和储存管道来的大的液体段塞流，同时将存于捕集器液体储存段内的气体供给下游设备，以保证在最大的段塞流进入捕集器的期间能够向下游设备正常供气。这是多管式段塞流捕集器和设在海上平台的容器式段塞流捕集器的不同点，由于多管式段塞流捕集器设在陆上，所以其液体储存段有条件做得足够大，以保证向下游连续供气。

多管式段塞流捕集器的分离段按气液分离要求设计，储存段一般按最大段塞流体积的1.2 倍设计所需容积。

多管式段塞流捕集器由于储存能力强、体积大、占地多，常用于和海底管道相连的陆上天然气处理终端。图 2.37 所示为一多管式段塞流捕集器的基本结构。

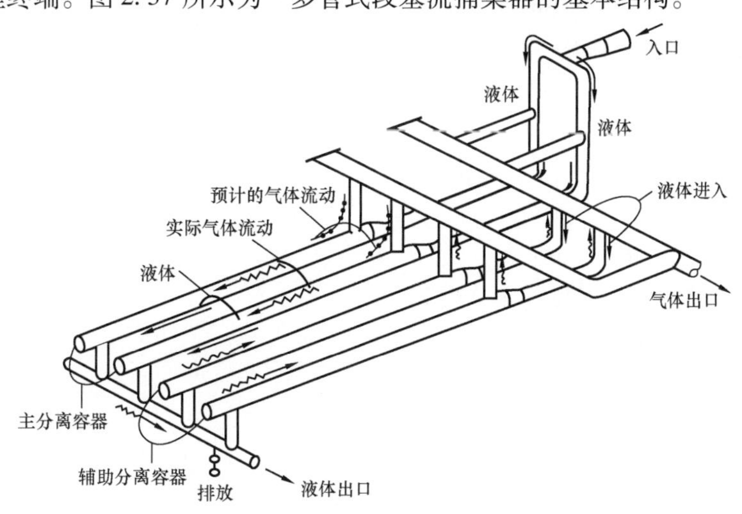

图 2.37　多管式段塞流捕集器基本结构示意图

2.4 输水管道工艺

海底输水管道主要是用于注入水的输送。当一个油田有多座井口平台而需要注水时，注入水通常是在中心平台或浮式生产储油装置上处理，达到注入水标准后，再通过海底输水管道输送到每座井口平台。当井口平台距中心平台或浮式生产储油装置较近时，可直接按注入压力的要求输水到井口平台的注水井；而当井口平台距中心平台或浮式生产储油装置较远时，为了避免输水管道承受压力太高，可按海底管道的阻损及要求的剩余压力设计管道承受的压力，将注入水先输送到井口平台，经过滤器过滤后，再用井口平台注水泵将水注入注水井。采用何种方案，应根据井口注水压力及海底管道的长度等因素，经技术、经济论证后确定方案。

2.4.1 输水管道计算

计算通常是指输水管管径沿程摩阻的计算，然后确定输水管的压力。计算应给的原始条件是输送流量输送管道的长度、注水压力温度等。

2.4.1.1 输水管管径

输水管管径可按式（2.153）计算：

$$d = \sqrt{\frac{4Q}{\pi v_e}} \tag{2.153}$$

式中 d——输水管内径，m；

Q——输水管计算流量，m^3/s；

v_e——管道经济流速，m/s。

管道经济流速根据敷管单价及动力价格，可通过计算确定，但计算麻烦，有些参数不易选取。通常取流速1.5～2.5m/s。

2.4.1.2 输水管的水头损失

2.4.1.2.1 沿程水头损失

计算公式为：

$$h_i = iL \tag{2.154}$$

式中 h_i——沿程水头损失，m；

i——单位管长水头损失（水力坡降）；

L——计算管段长度，m。

对旧钢管 i 值的计算公式为：

$v \geqslant 1.2$m/s 时

$$i = 0.00107\frac{v^2}{d^{1.3}} \tag{2.155}$$

$v < 1.2$m/s 时

$$i = 0.000912 \frac{v^2}{d^{1.3}} \left(1 + \frac{0.867}{v}\right)^{0.3} \tag{2.156}$$

式中 v——管道内水的平均流速，m/s；

d——管道内径，m。

对新钢管也按式（2.155）计算，新钢管的 i 值应比旧钢管的 i 值小。

2.4.1.2.2 局部水头损失

$$h_2 = \sum \xi \frac{v^2}{2g} \tag{2.157}$$

式中 h_2——局部水头损失，m；

ξ——局部阻力系数，可从其他的给排水设计手册中查到；

v——局部水头损失的计算流速，m/s。

2.4.1.2.3 管道起始点的压头

管道起始点的压头（总压头）应为沿程压头损失（h_i）加局部水头损失（h_2），加起点与终点的高程差（h_3），再加要求的剩余压头（h_4）。

2.4.1.2.4 局部阻力系数（ξ）

局部阻力系数（ξ）可从2000年由中国建筑工业出版社出版的《给排水设计手册》第一册第668页查到，由于受篇幅所限，在此未予列出，需要时可从上述手册查到，或从其他手册也可以查到。

2.4.1.3 水击问题讨论

2.4.1.3.1 水击产生的原因

（1）启泵、停泵，开阀或关阀改变水泵转速。尤其在迅速操作时，使水流速度发生急剧变化的情况会产生水击。

（2）事故停泵：即在运行中水泵动力突然中断停泵。

2.4.1.3.2 水击的分类

按产生水击的原因可分开阀水击、关阀水击、启泵水击、停泵水击。

2.4.1.3.3 水击破坏的主要形式

（1）水击压力过高，引起水泵、阀门和管道破坏；或水击压力过低，管道因失稳而破坏。

（2）水泵反转速过高或与水泵机组的临界转速相重合，以及突然停止反转过程或电动机再启动，从而引起电动机转子变形或断裂。

2.4.1.3.4 水击防护

（1）关阀和开阀水击。

① 防止关阀或开阀水击最有效的办法是延长关阀或开阀的时间 t_c，以避免发生直接水击。

② 对于不停泵关闭水泵出口阀门。阀前压力等于水泵出口压力，其最大值通常为水泵的关死扬程 H，与关阀时间无关，但与水泵的类型有关。对于离心泵不应在阀门全关时停泵，宜将阀门关至1%～30%时停泵为宜，这样可以降低水泵出口压力，防止水泵振动

及延长阀门的使用寿命。

（2）启泵水击。

防止启泵水击的有效办法是排除管道中的空气，使管道充满水；打开除水泵出口处阀门外的所有阀门，最后再启泵。在管道隆起处各点设置自动排气阀，或设置充水设施。

当水泵必须在空管启动时，为防止启泵水击，可分阶段开阀启泵，水泵出口阀门打开15%～30%，对管道上其余阀门应全开，待管道充满水后，再将阀门全开，或开到所需要的开度。

（3）停泵水击。

通过对停泵水击过程的计算，当水击参数超过允许值，可采取以下措施：

① 增加管道直径或管道的壁厚；

② 选用GD较大的电动机（GD^2为水泵机组的飞轮惯量，单位为$kg\cdot m^2$，一般可以取电动机GD^2的1.1～1.2倍，电动机GD^2可从样本上查得或从电动机生产厂家获得）。

③ 设置水击防护设备，如空气室、气囊式水击消除器、调压式等。

2.4.1.3.5　水击压力（即水锤压力）计算

（1）石油系统的计算公式。

对于管路的水击压力计算可按以下公式：

$$\Delta H = \frac{a}{g}(v_0 - v) \tag{2.158}$$

其中

$$a = \sqrt{\frac{K}{\rho_{液}\left(1 + \frac{Kd}{E\delta}\right)}} \tag{2.159}$$

式中　a——水击波传播速度，m/s；

ΔH——瞬时中断或变化液流引起的压头增值，m；

g——重力加速度，m/s^2；

v_0——水击前液体在管中的流速，m/s；

v——瞬时变化后的流速，m/s；

$\rho_{液}$——液体密度，kg/m^3；

K——液体的体积弹性系数，Pa；

E——管材弹性模量，Pa；

d——管道内径，m；

δ——管壁厚度，m。

（2）给排水设计中水击的计算公式与计算用图。

计算利用公式与计算图联合进行，由于水击产生的原因不同，针对不同原因产生的水击，计算公式与计算图也不相同。在海底输水管线的计算中，通常只计算管道末端关阀时产生的水击压力，计算公式及步骤如下。

第一步，计算 ρ 值：

$$\rho = \frac{av_0}{2gH_0} \tag{2.160}$$

其中

$$a = \frac{a'}{\sqrt{1 + (E_0/E)(d/\delta)C_1}} \tag{2.161}$$

式中 ρ——无量纲参数；

a——水击传播速度，m/s；

v_0——液体在管道中的初始流速，m/s；

g——重力加速度，m/s^2；

H——管道初始扬程（相当泵的出口扬程），m；

a'——声音在水中的传播速度，一般取 1435m/s；

E_0——水的弹性系数，取 2.19×10^9 Pa；

E——管壁材料的弹性系数，见表 2.13；

δ——管壁厚度，m；

d——管道内径，m；

C_1——不同管道壁厚，不同支承方式的参数 C_1 值可从已给定的条件和公式求出。

表 2.13　管壁材料的弹性系数

管道材料名称	E，Pa	E_0/E
钢管	1.96132×10^{11}	0.0105

① 对于薄壁管道（$d/\delta > 25$）。

a. 管道只在上游端固定时：

$$C_1 = 1 - \frac{\mu}{2} \tag{2.162}$$

式中 μ——管壁材料的泊松比，对钢管取 0.3。

b. 全管道固定，没有轴向运动时（如地下埋设管道）：

$$C_1 = 1 - \mu^2 \tag{2.163}$$

c. 管道采用膨胀接头连接时：

$$C_1 = 1 \tag{2.164}$$

②对于厚壁弹性管（$d/6 \leqslant 25$）。

a. 只在上游固定时：

$$C_1 = \frac{2\delta}{d}(1 + \mu) + \frac{d}{d + \delta}\left(1 - \frac{\mu}{2}\right) \tag{2.165}$$

b. 全管道固定没有轴向运动时（如地下埋设管道）：

$$C_1 = \frac{2\delta}{d}(1+\mu) + \frac{d(1-\mu^2)}{d+\delta} \tag{2.166}$$

c. 管道采用膨胀接头连接时：

$$C_1 = \frac{2\delta}{d}(1+\mu) + \frac{d}{d+\delta} \tag{2.167}$$

第二步，计算 θ 值：

$$\theta = \frac{at_c}{2L} \tag{2.168}$$

式中 θ——无量纲参数；

a——水击传播速度，m/s，可按式（2.161）计算；

t_c——关阀时间，s；

L——管道长度，m。

第三步，根据无量纲参数 ρ 及 θ 计算结果，从图 2.40 查得 R 值。

首先从图 2.38 的横坐标上找到计算出的 ρ 值，从该点作垂直线，与 θ 值代表的曲线相交，从交点作平行横坐标的直线，与纵坐标 R 相交，交点的数值为所求的 R 值。

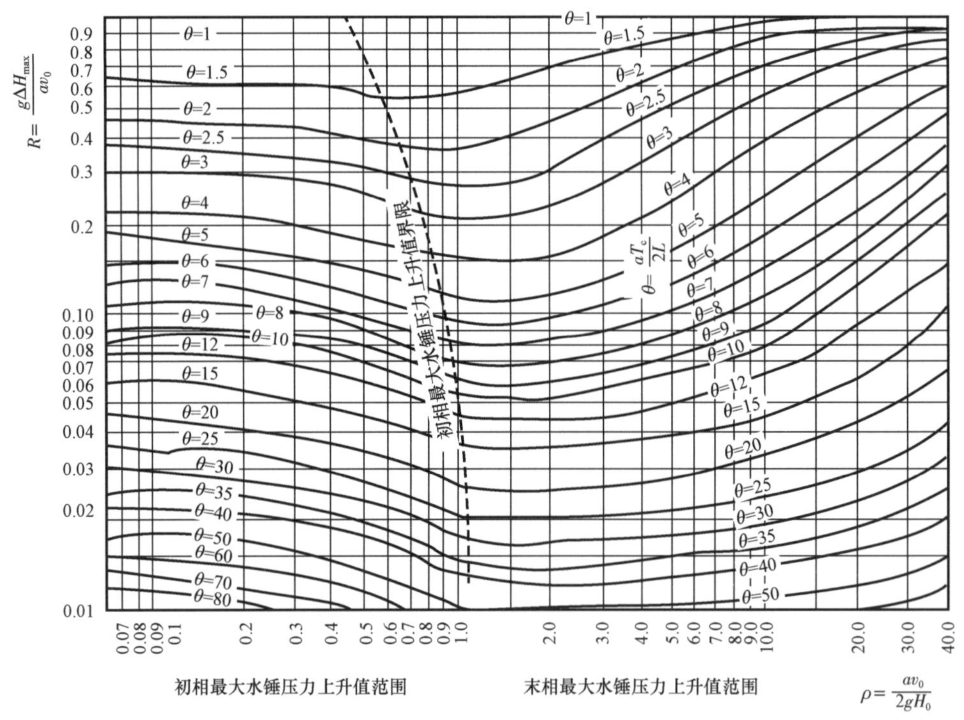

图 2.38 魁克（Quick）法水锤计算图

第四步，计算水击压力 ΔH：

$$\Delta H = Rav_0/g$$

式中　ΔH——水击压力，m；

R——从图 2.38 中查得的无量纲参数；

a——水击传播速度，m/s；

v_0——水在管道中的初始流速，m/s；

g——重力加速度，取 9.81m/s^2。

（3）中海石油研究中心的算法。

中海石油研究中心在设计时利用从国外引进的“OLGA”软件（主要用于石油行业），作输水管线的以下两种计算：

① 水力及热力计算。计算出合适的管径及管道的摩擦阻力损失，从而确定起输压力，并可计算终点的压力与温度。

② 水击计算。水击又称水锤，输水管道的水击压力按中海石油系统推荐公式，中海石油建设的平台之间的海底输水管道已有数十条，没有反馈因水击而遭到破坏的情况，说明设计计算是可行的。

2.4.2　输水管道常用设备

清管设备：海底输水管道安装完后，由于管道内可能存在一些焊渣等杂物，通常需要清除；另外，管道经过长期运行后，可能有轻微的锈蚀，而产生的锈蚀物或污垢而需要清除，在设计上应考虑清管设备。20 世纪 90 年代以前都是采用清管球发送器与接收器，这种设备体积较大，占地面积大。随着生产技术的发展，90 年代后期美国图尔萨阀门公司（TULSA VALVE INC.）生产了一种清管球发送阀与接收阀，该阀占地面积小，安装操作方便，用清管阀取代清管器，已成为趋势。

清管阀发送清管球的步骤如图 2.39 所示。

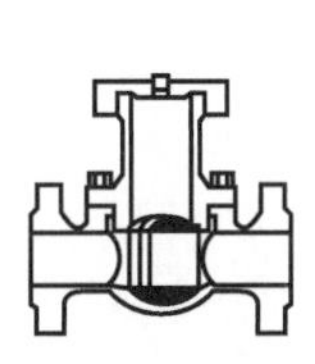

(a) 打开放空部件放空清管球室关闭放空部件

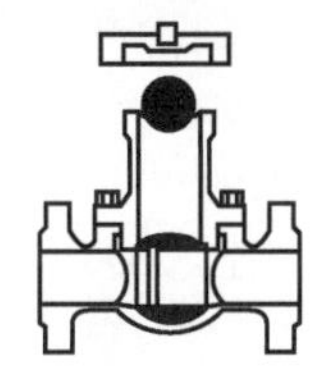

(b) 取下清管阀帽装上清管球

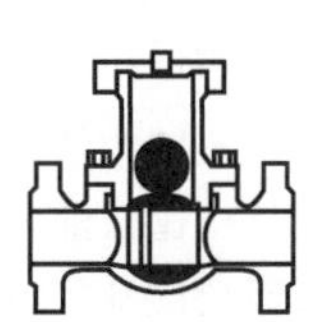

(c) 重新安上清管阀帽打开平衡阀

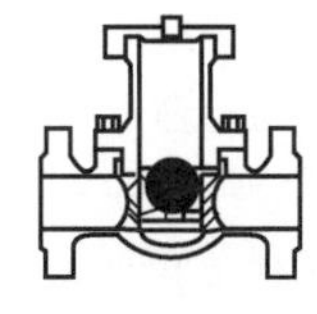

(d) 按所指明的旋转阀的球芯，将清管球降落到球室内

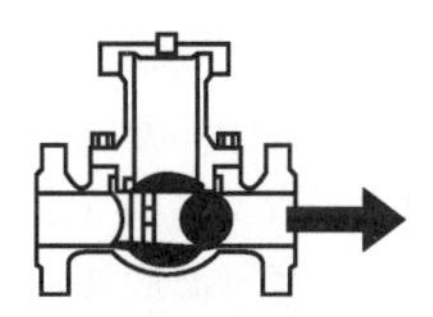

(e) 关闭平衡阀，按指明的旋转阀的球芯发射清管球

图 2.39　清管阀发球步骤

（清管阀朝上的清管球室与垂直线的最大允许倾角 20°）

清管阀接收清管球的步骤如图 2.40 所示。

清管阀能从发送阀转换成接收阀使用，转动清管球室 180°，将清管球室从朝上（发送状态）转到朝下（接收状态），反之亦然。

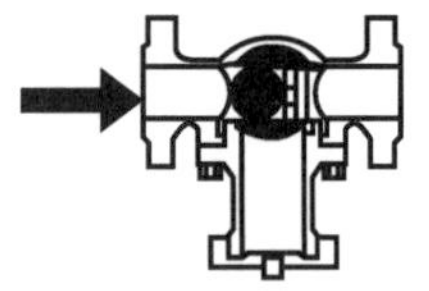
(a) 阀芯中的回收清管球板，挡住清管球，打开平衡阀

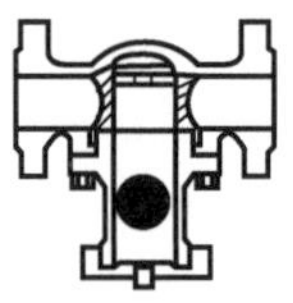
(b) 按指明的旋转阀的球芯，清管球下落到清管阀的帽上，关闭平衡阀

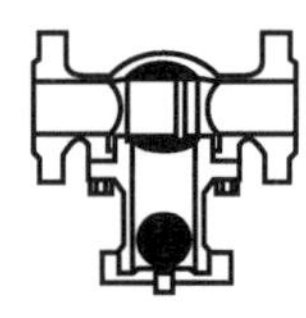
(c) 按指明的旋转阀的球芯，打开放空部件，放空清管球室，关闭放空部件

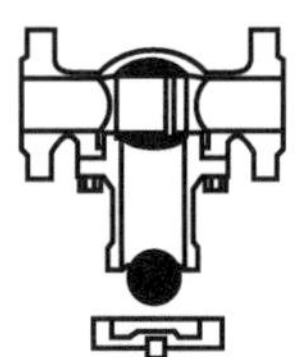
(d) 拿下清管阀帽和取出清管球

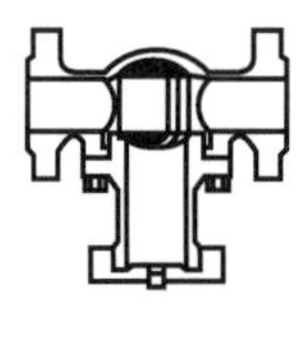
(e) 重新装上清管阀帽，准备下次接收

图 2.40　清管阀收球步骤

（收球阀垂直朝下的收球室与向下的垂直线的最大倾角 20°）

2.5　管道热绝缘设计

许多水下管道都是绝热的，隔热系数的选择很困难。泡沫聚合材料如聚氨酯泡沫体是很好的绝热体，但它们的强度来源于泡沫细胞间的薄壁，因此机械性能较弱。如果泡沫要保持其绝热性能，就必须要有足够的强度来抵抗周围环境的水压，而泡沫会立即损坏或慢慢破损。与泡沫相比，固体合成橡胶和聚合物的机械强度要高得多，但它们不是有效的绝热体，因此一种解决方法是选择折中的材料，其聚丙烯基质中有空的玻璃微球，当微球合并时材料的热传导率会降低，基质可以保证聚合物的大部分机械强度。另外一种选择是微孔材料，这类材料具有非常小的纳米微孔，甚至小于气体分子在孔隙里的平均自由程，尤其是在低压情况下它的热导率很低。

还有一种选择就是双层管方案：运输管线在另一条外层管道中，其中外层管道被称为载重架，两个管道之间的环状空间被抽空或注入某种惰性气体。该措施会减少或消除热传导以及对流传热，并且加入辐射能力弱的反射金属薄片还可以减少辐射传热。

参考文献

[1] 严大凡．输油管道设计与管理［M］．北京：石油工业出版社，1995.

[2] 姚光镇．输气管道设计与管理［M］．东营：石油大学出版社，1992.

[3] 冯叔初．油气集输与矿场加工［M］．东营：中国石油大学出版社，2006.

[4] 马良．海底油气管道工程［M］．北京：海洋出版社，1987.

[5] 赵东岩．海底油气管道工程［M］．沈阳：沈阳出版社，2007.

[6] 《海洋石油工程设计指南》编委会．海洋石油工程海底管道设计［M］．北京：石油工业出版社，2009.

第3章　海底管道路由选择

管道的路由一般可以概述为管道的起点到通往每个目的地的路径，即管道的走向位置。路由是管道施工的主要依据，也是管道设计过程中的一个重要环节，而管道路由走向位置的选择和确定通常需要通过勘察测量收集数据、假定多个方案比选分析来反复论证优化确定。

海底管道路由选择通常需要对多个可能路由方案进行技术性和经济性评估，最终选择一条最优的路线方案，最终管道路由选择通常是一个反复优化过程，其不但要进行技术经济比选，还需要与海底管道路由利益相关的若干第三方协调一致或进行政府部门报批，这一过程可能持续深入整个设计阶段。如果在选择路由时没有充分的参考资料，那么通常需要进行初步的路由区域测量（扫海）或搜集必要的资料开展桌面路由研究等方式助力路由选择。[1-2]

路由选择和路由勘察是滩海海底管道工程的重中之重，事关管道运行安全及工程整体经济性和可行性。尤其是对长距离和海底情况复杂的油气管道的路由选择和路由勘察应给予高度重视。

海底管道路由根据区域及功能划分，通常可分为登陆段、上平台/浮体段及一般线路段（图3.1和图3.2）。

图3.1　海底管道岸线登陆

图3.2　海底管道上平台示意图

对于登陆段，登陆点位置要选择在不受台风、波浪经常严重侵袭的位置，要避开强流、冲刷地段，登陆点的岸滩应尽可能是稳定不变迁的岸段；同时要选择坡度合适的岸滩，以保证管道在施工运行期的安全。

对于上平台/浮体段等铺设于海上油田内部的管道系统，与原有管道之间的水平距离应保证这类管道在铺设、安装（包括埋设）时不危及原有管道的安全，也不妨碍预定位置修井作业的正常进行，并有足够的安全距离。

对于一般线路段，管道轴线应处于海底地形平坦且稳定的地段，应避免在海床起伏较大、受风浪直接袭击的岩礁区域内定线；避开船舶抛锚区、海洋倾倒区、现有水下物体（如沉船、桩基、岩石等）、活动断层、软弱土层滑动区和沉积层的严重冲淤区。

3.1 海底管道路由选择一般性原则

路由选择应遵循以下基本原则：

（1）满足滩海海底管道的基本用途和总体布局要求。

（2）符合国家制定的海洋开发活动及其规划要求，尽量避让海洋经济开发活跃区和军事区。

（3）尽可能避开不良工程地质现象分布区。

（4）尽量避免与其他海洋开发活动交叉，如发生交叉则尽可能垂直穿越，管道交叉部位间距至少保持0.3m以上的净距。

（5）对于固定海上设施、障碍物及危险物，应保持500m以上的间距，与已建海底管道或电缆距离应不小于30m。

（6）在技术规划等方面允许的情况下，尽可能使管道顺直，减小管道长度，选择合理的施工工艺及埋设保护方案，保证工程经济性。

（7）选择在工程地质稳定，海底地形平坦的沉积区。

（8）避开地震多发带、断裂构造带、海底沉积环境不稳定及不良地质区。

（9）避开强底流区，选择弱流区。

（10）避开海底地形急剧起伏变化的地区，尽量避开岛礁、暗礁、砾石沉积区、基岩裸露区。

（11）避开易使海底电缆受到腐蚀和严重污染海域及高腐蚀化学物质的海区。

（12）避开海底自然障碍物和人工障碍物。

登陆点选择，考虑如下原则：

（1）尽量避开规划中的开发活动活跃区。

（2）尽量远离地震多发带、断裂构造带及工程地质不稳定区。

（3）避开对电缆造成腐蚀损害的化工区及严重污染区。

（4）应选择便于登陆、便于施工的地点登陆。

（5）尽量避开岩石裸露地段，选择在覆盖土层厚度1.5m以上的稳定海岸。

（6）尽量选择在便于与陆上管道连接和易于维护保养的地段。

3.2 自然环境因素

自然环境因素是路由选择设计的基本考虑，需要在管道设计前的勘测阶段调查完成，包括自然环境条件（温度、降水、湿度等）、地形（水深）地貌、海洋水文气象要素（包括潮汐、波浪、海流等）、地质条件、地质灾害、腐蚀性环境测定、地震等内容。

3.2.1 气象条件

气象资料来源主要包括路由勘察期间在船舶进行气象观测、收集路由区附近气象站资料以及路由区历年船舶测报资料。收集整理的气象资料应包括但不限于下列内容：

（1）气温，包括多年各月极端最高、最低及平均气温；

（2）雾，指多年各月平均雾日；

（3）降水，指多年各月的极端及平均降水量；

（4）湿度，包括多年各月的平均湿度。

3.2.2　地形（水深）地貌

3.2.2.1　海底地形特征及分类

海底地形与陆地一样，有山岭、高原、盆地和丘陵等形态。海底地貌按洋底起伏的形态特征，大致可分为大陆架、大陆坡和大洋底三部分。大陆架是指陆地向海洋延伸的平浅海底。大陆坡是大陆架与深海底之间较陡的陡坡。大洋底是海洋的主要部分，有海岭、海脊和海底高原等正地形；也有海沟、海槽和深海盆地等负地形，如图 3.3 所示。

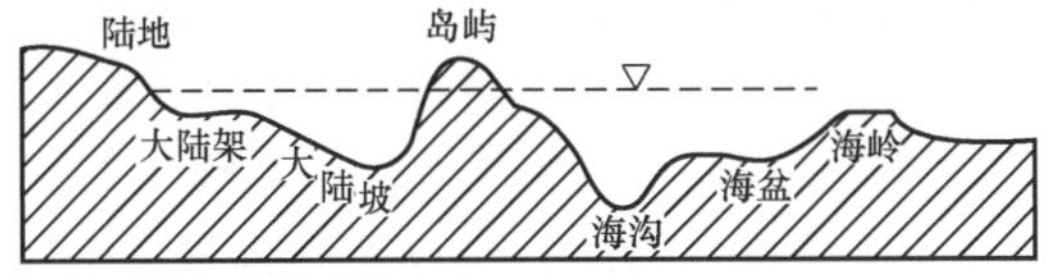

图 3.3　海底地形分类示意图

在海底管道路由选择过程中，需要考虑海底地形变化情况，相较于地形起伏变化大的区域，平缓的地形更适合管道铺设且工程费用更低。同时，管道施工设备及施工工艺选择通常取决于路由水深能够满足设备作业水深要求，因此路由选择时能否选择合适水深的路由将极大地影响管道路由施工工艺，进而影响整个工程造价。

3.2.2.2　滩海区域地形特点

滩海处于陆地与海洋的过渡带，一般属于平原淤泥质或砂质海岸类型。滩海地区与深海相比，具有水深较浅，离岸较近的特点，但由于其所处的特殊的地理位置，具有极其复杂的滩海工程环境。滩海是各种海洋要素如浪、潮、流的能量集中消耗的区域，即处于海洋高能环境区域。因此，滩海工程建设有与陆地及深海不同的特殊方式和技术方面的问题，开展滩海油气工程建设，必须首先了解滩海工程的环境特征，以保证滩海工程建设的顺利进行（图 3.4）。因此，需要通过地球物理勘察等勘测手段探明滩海地区地形地貌及路由沿线情况。

图 3.4　滩海油气工程开发

3.2.2.3　地球物理勘察

工程地球物理勘察包括地形测量、侧扫声呐探测、地层剖面探测、磁法探测等。其中，磁法探测主要用于确定路由区海底已建电缆、管道和其他磁性物体的位置和分布。

工程地球物理勘察的目的是探清路由沿线登陆点附近及海底地形地貌情况，通过分析沿程高程及水深变化、海底障碍物分布情况，避开沿线陡坡、深槽、障碍物等不适宜铺设海底管道区域，为路由选择及工程设计提供依据，同时绘制管道路由平面图和纵断图，确定管道位置及埋设深度。路由设计时，工程地球物理勘察成果通常与海图、海洋规划与开发活动等资料相结合综合考虑分析。

常用的设备包括单波束测深仪、多波束测深仪、侧扫声呐、浅地层剖面仪、磁力仪等。

3.2.2.3.1 地球物理勘查技术要求

(1) 地形测量。

海洋管道工程中海底地形水深测量主要技术要求：

① 测量范围，管道路由走廊带宽一般为1000m（管道中心线两侧500m）。

② 详细设计阶段水深和海底地貌图测图比例尺为1:2000，等深线间隔为1.0m。

③ 水深测量的基准面为理论深度基准面。

④ 测量前应进行多波束测深系统的稳定性试验和航行试验。稳定性试验应选择平坦海底区，对深度进行重复测量，深度测量误差符合规范要求；航行试验应选择有代表性的海底地形起伏变化的区域，测定系统在不同深度、不同航速下的工作状态，要求每个发射脉冲接收到的波束数应大于总波束的95%，测定从静止到最大工作航速间不同速度时换能器的动态吃水变化。

⑤ 观察系统状态显示和波束质量显示窗口，监视系统参数设置、横摇和纵倾改正、换能器艏向改正和条幅内波束完整性等。

⑥ 观察航迹显示，监视有无突跳、相邻测线的重叠宽度等。

⑦ 当波束接收数小于发射数的80%时，应降低勘察船的船速或调整测线间距。

⑧ 观察记录设备工作状态，确保测量数据的完整记录。

⑨ 测线间条幅空白区要及时补测或列入补测计划。

⑩ 班报应及时记录测线开始、结束、测线号、经纬度、异常事件等。

⑪ 根据现场调查所取得的水深数据进行潮位订正、高程订正和声速订正后，绘制以发包方要求的高程系为基准的作业区水深图，水深误差不得大于±0.3m，同时应对海区水深变化情况及发现的障碍物的位置和大小加以描述。

⑫ 水深测量的成果文件应包括水深图和水深剖面图。详细设计阶段管道路由水平比例尺为1:2000；垂直比例尺为1:200。

⑬ 使用多波束测深系统进行全覆盖水深测量，应根据水深和仪器性能，选择合理的测线间距，保证相邻测线间有不少于20%的重复覆盖。

⑭ 对登陆段进行水下地形测量，并与海中段成果合成在一起。

潮汐校正必须用现场验潮结果。

(2) 侧扫声呐探测。

采用侧扫声呐探测方法进行海底地貌和海底障碍物的探测。

结合浅地层剖面探测和海底取样成果对侧扫声呐探测资料进行解释。资料解释应包括并不限于以下内容：

① 进行海底海床面状况的判读。

② 识别海底沉积物类型，确定各类沉积物与海底裸露基岩分布范围。

③ 分析海底微地貌。

④ 海底障碍物的识别和定位。

⑤ 判读出海底海床面明显凹凸不规则地形形态，并补充到水深图中。

根据测线间距选择合理的声呐扫描量程，在路由勘察走廊带内应 100% 覆盖，相邻测线扫描应保证 100% 的重复覆盖。

拖鱼距离海底的高度控制在扫描量程的 10% ~20%，当测区水深较浅或海底起伏较大，拖鱼距离海底的高度可适当增大。

（3）浅地层剖面探测。

① 浅地层剖面探测获得海底以下 30m 深度内的地层变化情况和不良地质现象，浅地层剖面探测地层分辨率优于 0. 2m；

② 记录剖面图像应完整准确，累计漏测率不大于总长的 2%，否则应补测。

地层剖面资料解释主要包括以下内容：分析各层序的空间形态及各层序间的接触关系，确定各层序的地质特征和工程特性；识别下列不良地质现象：冲刷、浅地层、古河道、滑坡、塌陷、断层、基岩、侵蚀沟槽等，确定它们的性质，形态、大小及分布范围。

（4）海洋磁法探测。

该探测的主要目的是对该路由区域已建海底管道和海底光（电）缆的探测，并结合侧扫声呐和地层剖面探测的结果，确定已建海底管道和海底光（电）缆的埋深、水平位置等。

磁法探测的测线应与根据历史资料确定的探测目标的延伸方向垂直，每个目标的测线数不少于 3 条，间距不大于 200m，测线长度不小于 500m，相邻测线的走航探测方向应相反。

磁法用于探测海底非线性状磁性物体时，测线应在探测目标周围呈网状布置，每个目标的测线数不小于 4 条，间距和测线长度根据探测目标的大小等确定。

磁力仪探头入水后，调查船应保持稳定的低航速和航向，避免停船或倒船；探头离海底的高度应在 10m 以内，海底起伏较大的海域，探头距海底的高度可适当增大。

根据磁异常识别海底磁性物体，计算确定这些物体的性质、平面位置、形状、大小、产状、埋深，解释中应结合侧扫声呐、地层剖面探测的成果。对分析发现可疑物体，应根据需要布设补充测线。

对测得的地磁数据进行地磁正常场、日变与船磁校正，计算地磁异常；对其进行地质解释，获得路由区基岩岩性与形态、基底断裂特征、火成岩活动等地质信息。

3. 2. 2. 3. 2　地球物理勘查设备

由于海底的特殊地理环境，人们无法直接对海底地质现象和特征进行认识、分析，往往需要进行大量的多学科的综合海洋调查活动来获取海底信息，包括间接探测数据（如地球物理数据、遥感）和直接采样数据（如底质取样、钻探取样等）。海洋工程上勘测调查常用的设备有单波速、多波速测深仪、浅地层剖面探测、侧扫声呐和磁力仪等仪器设备。

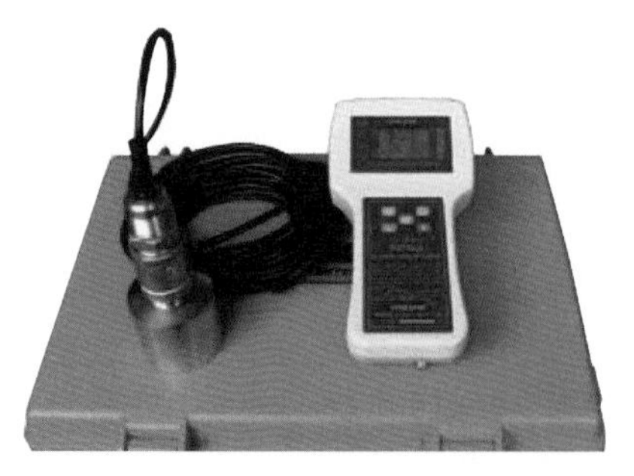

图 3.5　单波速测深仪

(1) 单波速测深仪。

单波速测深仪是深海高精度单波束水道调查用测深仪，能提供符合 IHO 规范的精确的水深数据（图 3.5）。测量数据可用于海图编制及科学研究、导航海图、底质分类研究和生物生存环境编图，无法直接提供三维海床构建的数据。由于单波速测深仪因覆盖精度低，测量效率差，目前多在浅近海域（一般水深小于 6m）和航运水道应用。

(2) 多波速测深仪。

多波速测深仪是海洋工程测绘主要应用仪器，对海底地形地貌进行多波束测量，以获取海底水深数据，为海洋地质勘查与研究提供地形地貌资料，相比单波速测深仪，覆盖率和精度大大提高，可实时输出测深数据（水深离散数据，成图数据）。水深离散数据包含全部有效的波束以 ASCII 码形式输出，一个记录代表一个波束（经度、纬度、水深值）；成图数据（包含规则网数据、不规则三角网数据）。多波束测深仪及其相关外部设备（定位仪、数字艏向测量仪、运动传感器、表层声速计、声速剖面仪等）和多波束数据后处理软硬件组成的系统，系统数据处理流程为：

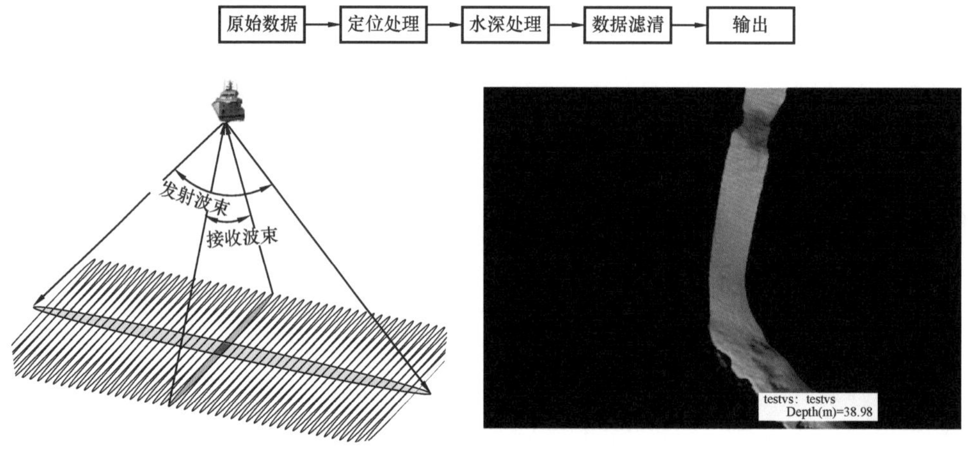

图 3.6　多波束测深系统及典型测量图

1964 年美国通用仪器公司（the General Instrument Corporation，GIC）率先推出了世界上第一代多波束测深产品——SASS（Sonar Array Sound System）系统，其巨大的科学、商业和军事价值，使得西方发达国家十分重视该技术的开发。研制生产的厂家除从 GIC 公司分裂出来的 SEABEAM 公司（后被德国的 ELAC 公司收购）外，还有挪威的 SIMRAD 公司和 ATLAS 公司、丹麦的 RESON 公司以及法国的 THOMSON 公司等，分别推出了各具代表性的测深系统。

① SeaBeam 系列多波束测深系统。

SeaBeam 系列是从美国 GIC 公司最早研制的 SASS 系统发展起来的，包含三代多个型号的多波束测深系统，适用于不同的水深环境作业。SEABEAM 公司成功地发展了多波束测深技术，开发出方位偏离指示（Bearing Deviation Indicator，BDI）的高精度边缘波束处理技术，使 SeaBeam 1185 等产品的测量覆盖范围增大，取得良好的测深效果。

SeaBeam 1180 适用于中浅水多波束测量，采用两套收发合用的 V 形阵，工作频率为 180kHz，发射的声源级高达 220dB。系统利用横向能量加权的分时发射技术，具备实时横摇姿态补偿，形成波束宽度为 1.5°的 126 个窄波束。测绘范围在 110m 海深时高达 8.5 倍海深，而在 220m 时可达 4.4 倍海深，最小测量水深为接收阵下 1m。SeaBeam 1180 系统对海底检测综合使用了幅度检测和相位检测：在垂直波束附近，使用加权时间平均算法；在边缘波束，采用相位检测法。系统允许的最高船速可达 14 ~ 16 节，系统精度符合 IHO 标准。

然而，SeaBeam 1180 系统仍有很多不足。首先，它不提供纵倾的姿态补偿，无法解决发射波束纵倾时造成的测绘不均匀；再者，发射为单波束，影响测绘速度；最后，分时发射需要 3 个测量周期才能完成整个条带的测量，不仅限制测绘速度，也会导致整个条带分辨力不均匀的现象。

② Simrad EM 系列多波束测深系统。

Simrad EM 系列是 Simrad 公司推出的多个型号的多波束测深系统，适应于不同深度水域的测量。Simrad 公司应用分裂波束相位差法的高精度估计技术，开发出 EMZOOO 系列的测深系统，其测量覆盖宽度达到水深的 7.5 倍。EMZOOO 浅水系统于 1996 年 1 月通过了加拿大水文局（Canadian Hydrographic Service）的海试验收。

Simrad EM3000 系列采用 T 形发射接收阵设置，工作频率为 300kHz；发射单波束，在艏艉方向上宽度为 1.5°，对纵倾姿态进行实时补偿；接收波束正横方向的宽度最小为 1.5°，最大波束开角可达 120°；共形成 127 个波束，测绘范围大致为 3.5 倍水深。

Simrad EM 系列测深系统采用快速傅里叶变换（Fast Fourier Transformation，FFT）波束形成算法，海底检测采用了幅度检测结合相位检测的方法。当幅度检测失败时，采用相位检测。在使用相位检测法时，用多波束相位差法得到波束控制方向的回波信号到达时间的估计值。为了保证精度，该系列系统引入了许多质量控制方法，对丢失的测量值和不符合要求而剔除的测量值采用更宽松的原则，再次测量；并对检测结果进行滤波，去除虚假的检测结果。

EM3000 也存在若干不足：首先，接收束宽分布不均匀，接收阵正横方向的接收束宽可达 1.5°，而对于边缘波束偏离垂直方向 60°时，波束宽度达到 3°，造成整个条带的分辨力不均匀；其次，发射采用横向等强度发射，对边缘波束的小信号检测可造成较严重干扰；再者，发射波束艏艉方向为单波束，影响测绘速度，横向最外侧边缘波束的传播时间约为（4.7 × 海深）（单位：ms），艏艉方向中心波束覆盖宽度为 0.0785 × 海深（单位：m），为做到全覆盖测量，船速最大不能超过 8.5kn。

③ Seabat 系列多波束测深系统。

Seabat 系列是 RESON 公司开发的多波束产品，具有灵活、便携和易于使用的特点，多用于浅水区测量。

Seabat 8101 系列的工作频率为 240kHz，发射阵为线阵，采用艏艉方向单波束发射，无任何姿态补偿，而接收采用圆弧形接收阵，最大波束开角为 150°，共形成 101 个波束，波束脚印宽度为 1.5° ×1.5°。70m 海深时可探测范围为 7.4 倍海深，150m 时可探测范围为2.7倍海深。系统主要采用常规波束形成方法，幅度检测结合相位检测进行海底检测。

Seabat 8101系列的主要不足在于：首先，系统横向为等角度分割，波束程差的不等导致了条带分辨力的不均匀；其次，发射为正横方向等强度发射，中心波束的信号经过多次反射，对边缘波束的信号检测造成较大干扰；再次，没有进行纵倾的姿态补偿，无法解决发射波束纵倾时引起的测绘不均匀的问题。

④ ATLAS Fansweep 系列多波束测深系统。

STN ATLAS ELEKTRONIK 公司的多波束测深系统有多种产品，例如 Bomasweep，Hydrosweep ND－2，Hydrosweep DS－2 和 Fansweep 20 等。其中 Fansweep 20 是该公司 20 世纪 90 年代研制的便携式浅水多波束扫描测深系统。

该系统的发射接收阵由 V 形排列的两个平面阵组成，有 100kHz 和 200kHz 两组工作频率。系统有测深和侧扫两种工作模式，每次发射后可以获得 1440 个深度值或 4096 个侧扫测量值，发射速率高达 8 次/s。最大波束开角为 161°，侧扫模式的扇区开角为 180°，最大覆盖宽度为 12 倍可调海深，精度高于 IHO SP44 的特殊要求值。

Fansweep 20 系统是一种具有相干特点的多波束声呐系统，可以形成多达 1440 个的虚拟波束。系统对海底检测以相位检测为主，侧扫模式时可以将结果以彩色条带、灰阶或等深线图等方式显示出来。

我国的海底地形测量设备起步晚，发展比较缓慢，目前国内使用的多波束测深仪基本上是从国外进口的。自主的多波束系统研制开始于 20 世纪 80 年代，主要开发过两类装船式多波束测深声呐系统：一是中国科学院与天津海军海洋测绘研究所联合研制的 861 型多波束测深声呐试验样机，工作频率为 100kHz，共形成 25 个波束，波束宽度为 2°×3°，覆盖宽度为 120°，最大探测深度 200m；二是“八五”期间哈尔滨工程大学与天津海军海洋测绘研究所联合研制的国内第一套实用性多波束条带测深系统——H/HCS－0171，工作频率 45kHz，波束数为 48 个，波束宽度为 2°×3°，测深范围为 10～1000m，覆盖宽度为 120°。2006 年，哈尔滨工程大学还研制了便携式浅水多波束测深仪，具体参数不详。目前在国家 863 计划支持下，正在由中国科学院声学所主持研制深水多波束系统，由中船重工 715 所和哈尔滨工程大学分别主持研制浅海多波束系统。总之，通过表 3.1 和表 3.2 的对比可以看出，国内的多波束测深系统产品的种类和型号远少于国外，且技术水平和制造工艺与国外产品相比仍存在着一定差距。

表 3.1　部分国外多波束测深仪产品及其主要技术指标

生产厂家	型号	频率 kHz	波束数 个	波束宽度	测深范围 m	覆盖宽度 （倍深）
SEABEAM 公司	SeaBeam 1185	180	126	1.5°×1.5°	1～300	8
	SeaBeam 1180	180	126	1.5°×1.5°	1～600	7.4
	SeaBeam 1055	50	126	1.5°×1.5°	10～1500	8
	SeaBeam 1050	50	126	1.5°×2.5°	10～3000	7.4
	SeaBeam 2120	20	149	1°×1°	30～6000	变化
	SeaBeam 2100	12	149	2°×2°	50～11000	2～7.5

续表

生产厂家	型号	频率 kHz	波束数 个	波束宽度	测深范围 m	覆盖宽度（倍深）
RESON 公司	Seabat 9001	455	60	1.5°×1.5°	1～140	2～4
	Seabat 8101	240	101	1.5°×1.5°	3.5～480	7.4
	Seabat 8111	100	101	1.5°×1.5°	3～800	3.5
	Seabat 8124	200	81	1.5°×1.5°	1～300	3.5
	Seabat 8125	455	240	0.5°×0.5°	1～120	5
	Seabat 8150	12	可变	4°×4°	20～12000	4
SIMRAD 公司	EM 3000 S	300	127	1.5°×1.5°	0.5～200	4
	EM 3000 D	300	254	1.5°×1.5°	0.5～250	10
	EM 2000	200	87	1.5°×1.5°	1～250	7.5
	EM 1002	95	111	2°×2°	2～1000	7.4
	EM 300	30	135	2°×4°	5～5000	5
	EM 120	12	191	2°×4°	20～11000	6
HOLLMING 公司	ECHOS XD	15	60	2°×2°	60～6000	2
ATLAS 公司	Hydrosweep MD－2	49.15	80	1.9°×2°	10～1000	2～8
	Hydrosweep DS－2	15.5	59 或 2×59	2.3°×2.3°或 2.3°×4.6°	10～11000	1.5～3.7
	Fansweep 20/200	200	1440	1.2°×0.12°	0.5～300	12 可调
	Fansweep 20/100	100	1440	1.2°×0.12°	1～600	12 可调
SUB METRLX 公司	Submetrix 2102	58	2000	2.0°	400	15
	Submetrix 2202	117		1.7°	200	
	Submetrix 302	234		1.0°	100	
	Submetrix 2402	468		0.9°	50	
ODOM 公司	Echoscan	200	30	2.5°×3°	2～100	2
R2SONIC 公司	SONIC 2024	200～400 20 个频率可选	256	0.5°×1.0°或 0.5°×0.5°	1～500	3.5
OMNTTEC 公司	EchoScope	150	4096	1.4°×1.4°	1～100	2

表 3.2　国内多波束测深系统产品及主要技术指标

型号	频率，kHz	波束数，个	波束宽度	测深范围，m	覆盖宽度（倍深）
H/HCS－017	45	48	2°×3°	10～1000	2～4

多波束测深仪主要技术指标：

测深精度，水深 20m 以浅不大于 0.2m，20m 以深不大于水深的 1%；

工作频率：10～220kHz；

换能器垂直指向角：3°~30°；

连续工作时间：大于24h；

适航性：船速不大于15kn，当船横摇10°和纵摇5°的情况下仪器能正常工作；

多波束仪的姿态传感器：横摇、纵倾测量准确度不低于0.05°，升沉测量不低于0.05m或实际升沉量的5%，罗经测量不低于0.1°。

记录方式：同时有模拟与数字记录。

（3）浅地层剖面仪。

浅地层剖面仪又称浅地层地震剖面仪、浅层剖面仪。是一种走航式探测水下浅部地层结构和构造的地球物理方法。其主要特点是探测记录海底浅地层组织结构，以垂直纵向剖面图形反映浅地层组织结构，而且具有良好的分辨率，能够高效率探测海域的海底浅地层组织结构。现代浅地层剖面仪对水下地层的垂直分辨率可达0.1m，穿透深度，砂质海底可达10m，泥质海底可达100多米。图3.7所示为浅地层剖面仪及典型探测剖面图。

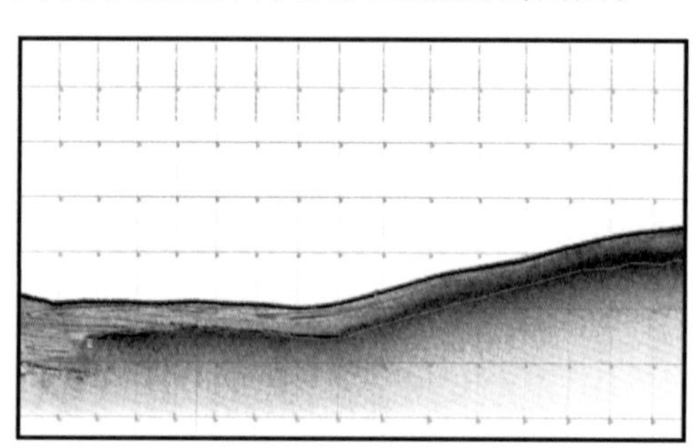

图3.7　浅地层剖面仪及典型探测剖面图

浅地层剖面仪应符合下列技术要求：

① 浅地层剖面仪的声源一般采用电声或电磁脉冲，频谱为500Hz至15kHz；

② 发射机具有足够发射功率，接收机具有足够的频带宽和时变增益调节功能，能同时进行模拟记录剖面输出和数值采集处理与存储。

（4）侧扫声呐。

侧扫声呐是利用回声测深原理探测海底地貌和水下物体的设备，又称旁侧声呐或海底地貌仪。其对海床快速大面积测量时，收集到走航两侧声脉冲数据经校正后即可得到无畸变的图像，拼接后可绘制出准确的海底地形图。从侧扫声呐的记录图像上，能直接判读出泥、沙、岩石等不同底质。

侧扫声呐系统应符合下列技术要求：

① 工作频率不低于100kHz，水平波束角不大于1°，最大单侧扫描量程不小于200m；

② 应能分辨海底$1m^3$大小的物体；

③ 具有航速校正和倾斜距校正等功能；

④ 同时有模拟与数字记录。

（5）磁力仪。

磁法探测主要用于确定路由区海底已建电缆、管道和其他磁性物体的位置和分布。选用的磁力仪应符合下列技术要求：

① 磁力仪的灵敏度应优于 0.05nT；

② 磁力仪测量动态范围应不小于 20000 ~ 100000nT。

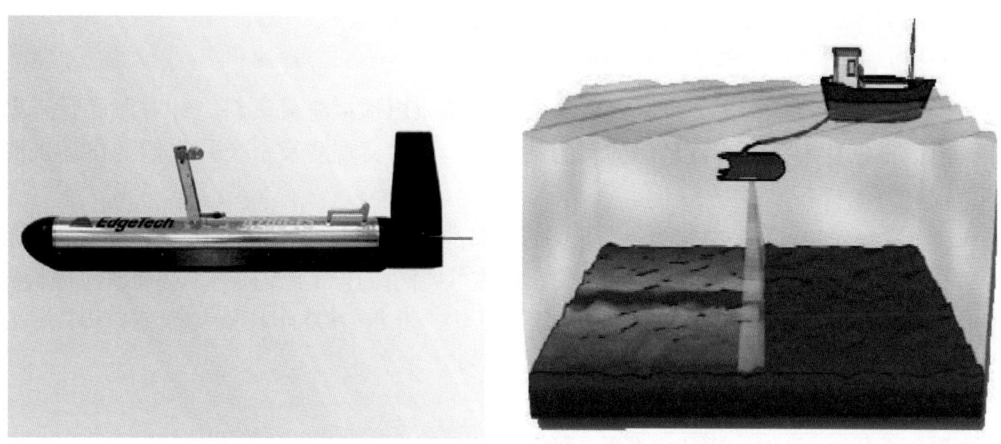

图 3.8　侧扫声呐仪及侧扫声呐探测示意图

3.2.3　海洋水文气象要素

海洋水文气象资料主要包括水文资料和气象资料。海洋水文气象资料是海底管道路由选择，结构设计及滩海海底管道施工期选择的重要依据之一。水文资料主要是收集路由区的波浪、潮汐、海流、水温及海冰等资料。这些资料可以通过收集路由附近的水文气象站资料，也可设置水文观测站进行实测获得。

3.2.3.1　风

风的气象资料来源主要包括路由勘察期间在船上进行气象观测、收集路由区附近气象站资料及路由区历年船舶测报资料等。收集整理路由区的气象要素，指出全年中较好和较差的气候窗口，为海底管道施工期选择提供依据。

对于滩海海底管道工程，需收集的风气象资料应包括多年各月风向频率，平均风速和最大风速（海面以上 10m 处）及多年各月大风日风速，通常应提供重现期 1 年、10 年、50 年和 100 年的 3s、1min、10min 和 1h 的最大风速。

3.2.3.2　潮汐与水位

对于潮汐资料收集，在近岸或岛屿区可设潮位观测站，进行 1 个月以上潮位观测，远岸区可收集历史潮位资料，或用预报潮位数据。

潮汐资料收集的目的是分析路由区的潮汐性质和各类潮水位的关系，提供基面和各潮面关系（包括 1985 国家高程基准面、当地平均海平面、理论最高潮面和理论最低潮面等的之间的位置关系）。对于海底管道勘察资料还应包括重现期极端潮位，即 50 年一遇和 100 年一遇的最高、最低潮位。

3.2.3.3　波浪

对于波浪资料收集，近岸或岛屿区可设波浪观测站，路由区可收集路由附近的水文气象站资料，以及历年船舶报资料，必要时还可根据风资料推算波浪要素。

波浪资料通常要求包括多年、各月、各向波浪出现频率、最大波高、平均波高及相应周期。对于海底管道勘察资料还应包括重现期波高及周期的计算，通常要求计算重现期为1年、10年和100年的最大波高、有效波高及相应周期。

3.2.3.4 海流

对于海流资料收集，主要是来自以往实测资料或用预报海流资料。针对海底管道勘察应在路由区根据地形条件布设足够的实测站进行全潮水文观测及一个月周期的自动观测浮标站，获取海流资料。

海流资料应包括表层、中层和底层三层的资料，分析项目主要为路山区的流况、实测最大涨落潮流速、平均大潮流速、平均小潮流速、最大可能潮流速和主流向等，必要时应进行数值模拟。海底管道路由勘察可增加重现期（1年、10年、50年、100年）最大潮流速计算。

3.2.4 工程地质条件

工程地质条件是指对工程建筑有影响的各种地质因素的总称。主要包括地层岩性、地质构造、地震、水文地质以及岩溶、滑坡、崩坍、砂土液化、地基变形等不良物理地质现象。

地质条件对海底管道工程建设及运行安全有较大影响，如海底底质及地层情况将直接影响管道埋设深度，挖沟工艺选择等。同时，由于不良地质条件会对管道运行产生不利影响，路由选择中应尽可能避绕不良地质区域。

工程建设前需对建设区域的工程地质条件进行调查研究，由于不同地区的地质参数差异性较大，地质数据的获取主要通过实地地质勘察来得到。地质勘察主要包括工程地质钻探、底质与底层水采样、原位试验、土工试验及腐蚀性环境参数测定等。

地质勘察的目的主要是通过对底层土及底层水进行采集，通过原位及实验室试验的方法，探明工程区域地质构造、地质条件、不良地质作用分布及土壤参数性质，并对工程建设的适宜性进行岩土工程分析评价。

随着海床地层深度增加，常规的物探方法已无法满足工程勘察要求。因此，通过工程钻探取样可以直观地获取海床下各层土壤的组成情况和分布情况。目前国际上多功能海洋勘察调查船能满足各种工程钻探要求。图3.9所示为“海洋石油707”号综合勘察船。

图3.9 “海洋石油707”号综合勘察船

3.2.5　地质灾害评价

滩海海底管道工程中常见的地质灾害包括：

（1）沙波沙脊区域，沙波主要在潮流作用下形成，表现形式为泥沙运移，使海底地形不断发生变化。其活动性海底地形、沙波的移动和区域性冲沟的发育将导致海底管道裸露海床发生悬跨，威胁海底管道的运行安全（图 3.10）。

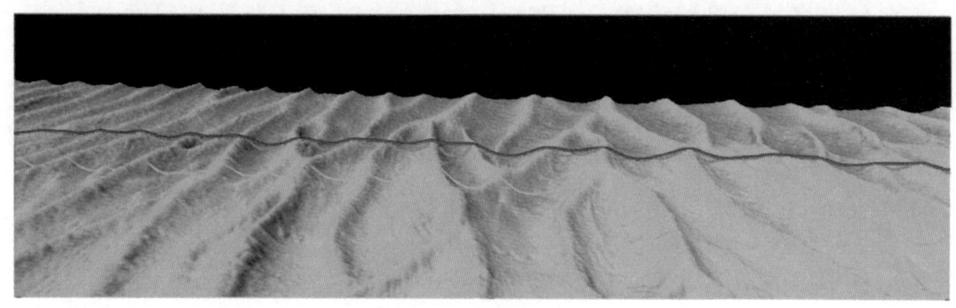

图 3.10　海底沙波区域

（2）海岸侵蚀，是指在自然力（包括风、浪、流、潮）的作用下，海洋泥沙支出大于输入，沉积物净损失的过程，即海水动力的冲击造成海岸线的后退和海滩下蚀。海岸侵蚀会造成原本埋设的管道被冲出悬跨，直接遭受海洋恶劣环境作用，发生断裂，疲劳破坏等（图 3.11）。

图 3.11　海岸侵蚀

（3）海底滑坡，是指海底未固结的松软沉积物或存在软弱结构面的岩石，在重力作用下沿斜坡发生的快速滑动的过程。地震、海底火山及人工扰动等因素可能诱发滑坡，滑坡将可能导致海底管道出现断裂等失效风险。

（4）浅层气，是指埋藏深度比较浅（一般在 1500m 以内）、储量比较小的各类天然气资源。海底浅层气一般是海床浅地层聚集的气体，有时以含气沉积物存在，有时以超常压状态的气囊出现，有时候直接向海底喷逸，是一种海洋灾害地质类型。浅层气破坏了原有的土体结构，降低了其稳定性和承载力，可能发生沉陷、侧向或旋转滑动，海底管道路由选择时应避开浅层气区域。

（5）不均匀沉降，是由于海床土层结构和土面施力情况不同，出现软硬交界情况，不同部分的沉降皆不相同，导致不平均沉降的发生。如果差异沉降过大，就会对铺设的海底管道产生额外应力；当超过一定的限度时，将会产生屈曲破坏。

（6）裸露基岩。基岩是陆地表层中的坚硬岩层。一般多被土层覆盖，埋藏深度不一。而基岩露出地表（海床）甚至海平面则为裸露基岩。裸露基岩坚硬，开挖难度大，在管道铺设前，需要预先将基岩机械清除或爆破，极大地增加了施工难度和建设成本。

勘察过程中应注意调查收集灾害地质因素资料，并开展地质灾害对区域稳定性、工程建设影响等评价。管道路由应尽可能避开地质灾害影响区，与地质灾害影响区距离较近的区域还应采取必要的管道保护措施，保障管道安装及运行安全。

3.2.6 地震安全性评价

地震是一种常见的自然灾害，其对海底管道的危害主要表现在：一方面，地震引起的滑坡、塌陷和断层等可能导致管道发生断裂和屈曲破坏；另一方面，地震可能造成砂土液化，从而使海底管道失去承载力发生上浮和下沉，发生破坏失效风险。海底管道设计过程中应考虑地震荷载对海底管道的影响，并根据选取的地震设计动参数进行核算。

同时，工程勘察中应针对地震活动开展地震安全性评价。海底管道场地地震安全性评价主要包括工程场地地震危险性概率分析、场地地震动区划和场地地震地质灾害评价。

场地概率法地震危险性分析是指在对区域（取海底管道场地外延不小于150km范围）和近场区（取海底管道场地外延不小于25km范围）进行地震活动性和地震构造环境评价、潜在震源区划分、地震动衰减关系确定的基础上，采用概率法进行地震危险性分析计算，给出海底电缆管道路由主要场点50年超越概率63%，10%和2%的基岩地震动水平向峰值加速度。

场地地震动区划应依据地震危险性概率分析结果，编制海底管道路由场地地震动区划图，包括地震动峰值加速度区划图、地震动峰值速度区划图，必要时可编制地震烈度区划图。对于海底管道工程的抗震设计，通常概率水平采用50年超越概率10%。

场地地震地质灾害评价要包括砂土液化、滑坡、塌陷和断层地表错断等评价。应根据工程场地地质条件，确定工程场地地震地质灾害类制，评价其影响程度。

3.3 社会影响因素

社会影响因素主要包括海洋规划和开发活动、船舶通航作业、海上已建管道设施、渔业及海上养殖活动、环境影响等几方面。勘察阶段应尽可能收集上述相关信息，作为海底管道路由选择及工程设计的依据。

3.3.1 海洋规划与开发活动

路由区的海洋规划和开发活动主要包括：

（1）渔业，包括路由区渔船数量、捕捞方式、捕捞作业季节、休渔区、休渔期、浅海和滩涂养殖区等。

（2）矿产资源开发，包括海洋油气田和砂矿区等的分布、资源开发规划与开采现状、海上平台和输油气管道的位置等。

（3）交通运输，包括主要航线及船只类型（所使用的锚型）、密度、航道疏浚及抛泥等。

（4）通信，海底通信电缆。

（5）电力，海底输电电缆。

（6）水利，包括海堤及围海、填海工程等。

（7）市政，如排污管道等。

（8）海洋自然保护区，如各种海洋自然保护区分布状况。

（9）海底人为废弃物，如沉船、集装箱、锚等。

（10）军事，包括各种军事用海域、军事活动区等。

（11）其他，如旅游区、倾废区、科学研究试验区等。

滩海海底管道路由选择应符合当地海洋功能区划，尽量避开已有的海洋开发活动频繁区域。对于无法避免穿越的海洋开发活动频繁区段，应采取必要的管道保护措施，并征得相关管理部门及利益方的同意。

3. 3. 2　船舶通航

对于船舶通航频繁区域（图 3. 12），对海底管道来说存在船舶锚害及落物损伤风险。故管道路由应尽量避开正常航道和海产养殖、渔业捕捞频繁区域，当确实无法避让时，力求穿越航道和海产养殖、渔业捕捞区的管道最短，管道应埋至安全深度以下，防止航线船舶或渔船抛锚、拖网渔具等直接损伤海底管道；避开将来有可能的航道开挖区域，如不可避免，则管道的埋深应满足航道开挖的要求。

船舶通航主要是收集已有或规划的航道、锚地等船舶通航频繁的区域信息，包括航道边界、通航船舶吨位、航道设计底标高、锚地范围等。当管道穿越或邻近航道、锚地等船舶通航频繁区域时，应根据具体情况进行评估，必要时进行锚害分析以及通航影响论证等专项研究，采取必要的管道保护措施，减小锚害、落物等对管道安全的影响，同时路由方案应征得海事、港口等相关管理部门及利益方的同意。设计过程中针对船舶通航影响，将进行第三方破坏风险及力学保护，详见本书第 6 章 6. 6 节。

图 3. 12　在锚地停泊的船舶

3.3.3 已建海底管道/海缆及建筑物

已建海底管道/海缆及建筑物主要包括海缆、管道、海上平台、人工岛、各类围填海工程、防波堤、跨海大桥、港区等。对于已建海底管道/海缆及建筑物，管道路由应尽可能避让，无法避免邻近或发生交越时，应进行充分评估论证，采取有效保护措施，保证新建与已建管道及建筑设施的安全，并征得相关管理部门及利益方的同意。

新铺设的管道应尽量避免与原有海底管道或电缆交叉。在不可避免的情况下，新铺设的管道与原有海底管道、电缆交叉时，管道交叉部位的间距至少应保持30cm以上的净距；管道如不能下埋时可在原有管道上用护垫覆盖，但管道上覆盖的护垫不能影响航行，且不能对原有管道产生不利影响。具体海底管道工程交越设计方案详见本书第6章6.7节。

3.3.4 渔业及海上养殖活动

渔业及海上养殖活动主要包括路由区渔船数量、捕捞方式、捕捞作业季节、休渔区、休渔期、浅海和滩涂养殖区等。

海底管道应避让渔业及海上养殖活动区域（图3.13），如不可能避免影响渔业及海上养殖活动，应报当地政府主管部门审批，做好协调及赔偿工作，将工程建设影响降到最低。

图3.13 海上养殖

3.3.5 环境影响评价

随着国家对环境保护尤其是海洋环境保护的重视，工程环境影响评价已成为工程建设必不可少的工作之一。

3.3.5.1 环境影响评价目的

主要从保护海洋环境，维护生态平衡的原则出发，根据本工程附近海域的环境特点和环境质量控制目标，对施工和运营带来的海洋环境问题进行全面科学论证。

3.3.5.2 环境影响评价内容

环境影响评价内容主要包括：

（1）全面系统进行环境现状调查与评价，掌握工程附近污染源的分布排放特征和海域环境现状，为海域环境管理和预测评价提供可靠的基础资料。

（2）利用相关数学模式，结合工程实际环境问题，利用污染物输移扩散的数学模型，预测工程施工对附近海域环境影响的程度和范围。

（3）设置海洋生态和生物资源承载力研究专题、毒理学研究专题和环境容量专题，分析受纳海域的环境可行性和生物毒性效应问题。

（4）通过对工程的海洋环境影响评价，提出合理可行的环保措施与对策，尽可能减少工程建设对环境的影响，以达到环境、经济、社会三个效益的统一。

（5）从环境保护角度出发，分析、预测工程的建设对环境敏感区的影响；评价该项目建设的可行性，为环境保护工程设计及该项目的环境管理提供依据。

3.3.5.3　海底管道工程对环境的影响

海底管道工程各阶段对环境影响，主要包括：

（1）打桩作业、管沟开挖道、管道铺设过程中，产生的悬浮物对海水水质及海洋底栖生物的影响。

（2）施工船舶排出的固体废物、污水等对环境的影响。

（3）船舶及管道泄漏风险对环境的影响等。

3.4　基于三维海床的路由选择技术

近年来，随着声呐技术、定位技术和计算机处理能力的提高，海底制图技术也有了很快的发展。这些新技术在产生大量的新型数据的同时，也对处理和管理这些海量数据提出了挑战。这些高密度的数据为三维可视化技术提供了发挥作用的良好机会，三维可视化技术为海底地貌和过程的研究提供了全新的视角。人们可以在三维可视化环境下，进行多种数据的融合和定量分析。通过彩色制图、叠加显示、纹理和光照处理，可以将多源数据集进行组合，在地质、环境、工程和渔业等研究和实际应用中发挥作用。可以相信，随着声呐技术、定位技术和计算机技术的越来越成熟，三维可视化技术将使人们了解海底世界变得更为容易[3]（图 3.14）。

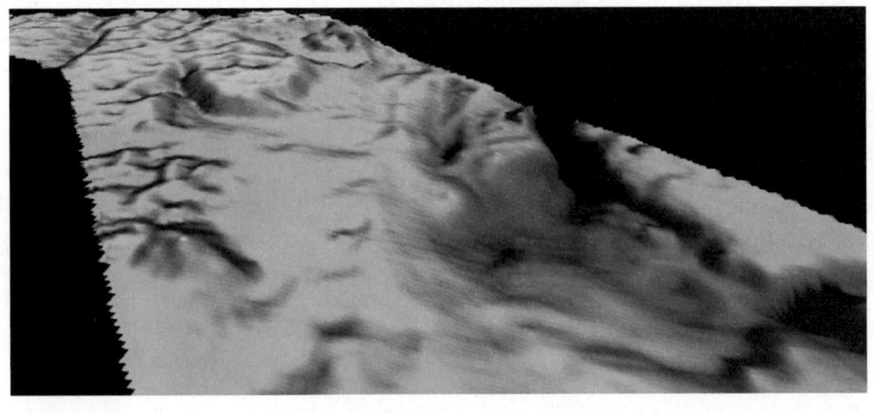

图 3.14　海床三维建模效果图

随着技术不断发展和进步，海底管道路由选择逐步开始借助电子计算机及 Fledermaus, Sage Profile 3D 和 ABAQUS 等工程商业软件，基于三维海床路由选择技术逐渐成熟并开始兴起[5]。

3.4.1 软件介绍

海洋管道三维数字化分析采用 Fledermaus 软件与 Sage Profile 3D 和 ABAQUS 软件相结合。Fledermaus 软件的优势在于实时交互，处理效率高，方便对 DTM 数据修改调整，用于桌面研究选线；同时可以进行海床数据的处理。Sage Profile 3D 软件用于不平整度分析的微调。ABAQUS 软件主要用于将 DTM 海床数据导入其中进行三维海床建模分析[4]。

3.4.1.1 Fledermaus 软件介绍

加拿大 IVS 3D 公司开发的 Fledermaus 是全球海测数据 3D 具体化的领先商业软件之一，是一套功能强大的交互式三维数值数据虚拟实境的系统。它可以帮助使用者完成包栝海洋（海岸、海底）资源调查与制图、环境影响评估、采矿、地质调查以及各种研究等工作。Fledermaus 可直接支持广泛的工业数据格式输入，可直接导入与显示数字地形图、点、线、多边形数据集合、卫星影像并进行分析。浏览器 iView4D 可以随时浏览处理过或分析后的数据结果。

实际应用中，主要是利用其三维可视化功能和复杂区域编辑模块，用于导入网格文件，对三维数据进行三维可视化显示和操作，可任意角度观察地形地貌特征，可方便进行海底地形分区、分析分布特征和识别地貌单元。

3.4.1.2 Sage Profile 3D 软件介绍

Sage Profile 3D 是由 Fugro Engineers SA/NV（FESA）开发的用于海底管道计算分析的专业软件。用户可以采用程序窗口模式对海底管道进行模拟分析，Sage Profile 3D 软件包括两个主要分析模块：界面模块和有限元模块。

界面模块在 Windows 界面下操作，用来处理有限元程序或屈曲模块等需要的输入数据，并能够很容易地以图形和表格的形式显示或打印分析结果。该模块能够同时建立和存取多个项目文件，用户可以方便地选择需要的项目文件进入程序。在该模块下，用户可以根据海底管道路由调查资料，将沿程的海底土壤轮廓模拟出来；还可在不同的程序窗口输入土壤、管道、工艺及波浪海流等设计参数，以便对管道进行有限元模拟计算，分析管道受到的荷载。

有限元模块能够进行海底管道应力的二维和三维分析，包括管道非线性弯曲、土壤非线性响应、大变形分析和屈曲分析等。荷载的主要形式有：管道自重、管道铺设张力、点荷载、分布力荷载以及管道所受内压和外压等。可在海底管道设计寿命期的不同阶段使用该模块对管道进行分析，一般情况下可按以下三个阶段进行分析：管道安装阶段、管道水压试验阶段以及管道运行阶段。

3.4.1.3 ABAQUS 软件介绍

ABAQUS 软件是美国 ABAQUS 公司的一款主要产品，该公司最初由三个博士发起，成立于 1978 年。值得一提的是，在 2005 年，ABAQUS 公司与世界知名的在产品生命周期方面拥有先进技术的达索公司进行了合并，并且开发出了新一代软件分析平台。

ABAQUS 软件的建模思想是基于特征和参数，并且与很多其他多款专业建模软件，如 AutoCAD，CATIA，Parasolid 和 Pro/E 等有着很好的兼容性。因此用户按照个人的软件熟悉程度，可以选择直接用 ABAQUS 软件提供的 ABAQUS/CAE 建模，也可以从 CAD 系统软件中导入模型或者孤立网格。

ABAQUS 软件本身具备很多海底管道分析的优越特性，具体表现在：强大的各类非线性求解能力、丰富的材料单元库、完备的各类分析功能等，能很好地满足海底管道分析中的所有要求；海底管道、滚轮和海底面的模型创建并不复杂，ABAQUS/CAE 完全具备这些模型的创建能力；由于铺管分析是一个大挠度的高度非线性接触问题，采用 ABAQUS 软件计算速度快，精度高，收敛会相对容易。

3.4.2　海床三维建模

3.4.2.1　技术原理

海床基于数字地面模型（DTM）进行三维建模。数字地面模型指的是通过数字形式对地形表面进行描述，反映地形特征的空间分布，它是由地形表面采样数据而得，并按照特定的结构进行关联的一组由平面位置和属性特征构成的点以及对地形表面进行连续表示的算法组成。其函数可描述为：

$$D_i = (X_i, Y_i, Z_i) \qquad (i = 1, 2, \cdots, n) \tag{3.1}$$

其中 X_i和 Y_i表示第 i 个采样点的横坐标与纵坐标，Z_i表示坐标（X_i，Y_i）对应的高程。

3.4.2.2　建模方法

在处理三维数字化海床的过程中，原始数据由专业调查公司完成。取得原始数据后，采用 Fledermaus 进行海床数字化建模，步骤如下：

（1）熟悉原始海床数据文件的格式。海床 DTM 数据文件格式如下：

549597	9057458	−41.7
549577	9057458	−42.2
549557	9057458	−42.8
549537	9057458	−46.9
549517	9057458	−48.5
549376	9057453	−43.7

……；

（2）使用软件生成海床时生成 DTM 的 SD 文件。

通过以上处理后，即可生成三维海床，Fledermaus 软件三维数字化海床建模如图 3.16 所示。

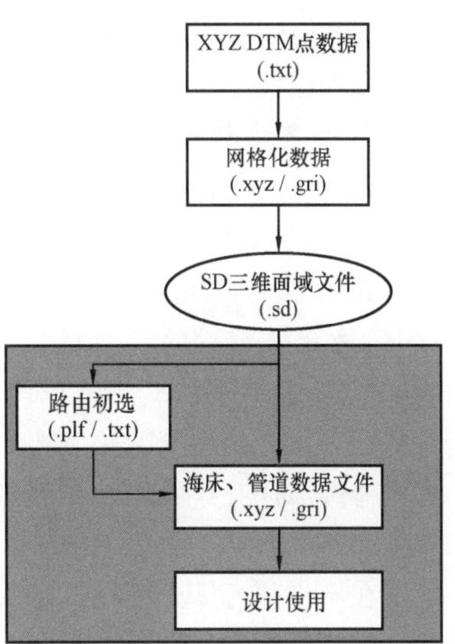

图 3.15　海床三维数字化建模流程

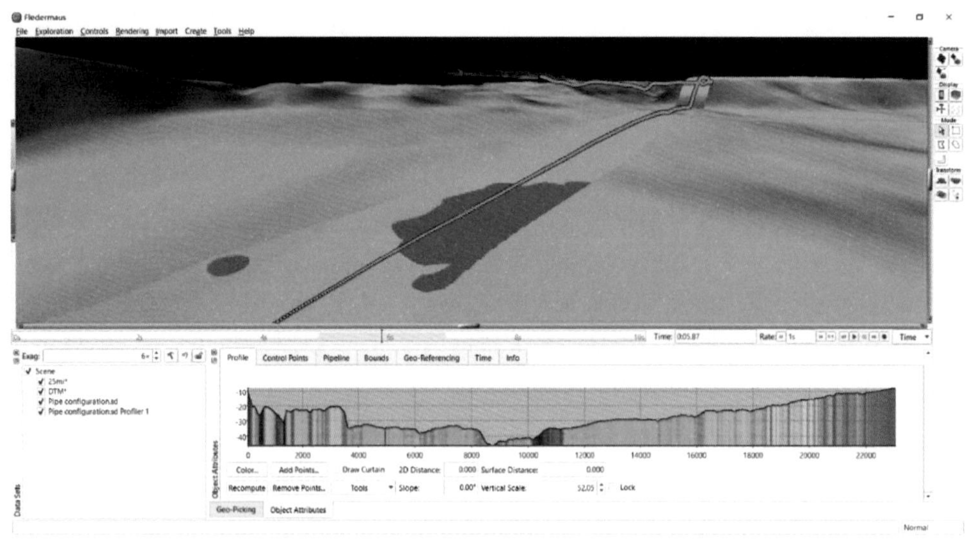

图 3.16　Fledermaus 软件三维数字化海床建模

3.4.2.3　勘测技术要求

在多波束测深中需注意以下技术要求：

（1）测量范围。管道路由走廊带宽一般为 1000m（管道中心线两侧 500m）。

（2）详细设计阶段，水深和海底地貌图测图比例尺为 1∶2000，等深线间隔为 1.0m。

（3）水深测量的基准面为理论深度基准面。

（4）根据现场调查所取得的水深数据进行潮位订正、高程订正、声速订正后绘制以发包方要求的高程系为基准的作业区水深图，水深误差不得大于 ±0.3m，同时应对海区水深变化情况及发现的障碍物的位置、大小加以描述。

（5）水深测量的成果文件应包括水深图和水深剖面图。详细设计阶段管道路由水平比例尺为 1∶2000；垂直比例尺为 1∶200。

（6）使用多波束测深系统进行全覆盖水深测量，应根据水深和仪器性能，选择合理的测线间距，保证相邻测线间有不少于 20% 的重复覆盖。

（7）对登陆段进行水下地形测量，并与海中段成果合成在一起。

（8）潮汐校正必须用现场验潮结果。

3.4.2.4　海床处理后的重新模拟

为保证管道铺设安全，需要对海床进行预处理（清除或回填）、预挖沟、后挖沟，这些措施都会导致原始海床变化。要准确模拟处理后海床，需要设计定义海床处理范围及程度，对应修改海床三维数据，重新进行海床三维建模。

（1）海床预处理。

管道在不平整海床上铺设，最直接的后果是部分管段没有海床支撑，出现悬跨。悬跨超过允许悬跨长度时，则可能导致强度破坏或疲劳失效。因此，不平整海床海底管道的设计思路是确保管道的支撑，将管道悬跨长度控制在允许范围内。消除过长悬跨有两种方式：一是预清理（Pre - sweeping）、二是加支撑（Support）。

（2）管道预挖沟。

三维建模中，管道预挖沟需要定义管沟底宽、沟深和边坡比。一般海底管道预挖沟沟底宽控制在5m，沟深由海床冲淤及第三方破坏威胁确定，边坡比由边坡稳定性决定。

（3）管道后挖沟。

海底管道海中段一般采用后挖沟的方式。三维建模中，后挖沟的定义，底宽可取管径+1m，边坡比可保守假设为1∶1。

海床数据处理后，进行海床三维重新建模，进而可以开展后续管道试压、运营等工况的数值分析。

3.4.2.5　软件数据接口

勘察单位通常以文本格式（.txt）提供DTM海床数据，Fledermaus和Sage Profile 3D软件都可以直接识别这种格式的海床数据。同时，如果需要，可先采用Fledermaus软件对海床数据进行修整，将海床数据转换为.gri或.xyz两种Sage Profile 3D软件能识别的标量数据文件。此外，若想将DTM海床数据导入通用有限元软件ABAQUS中进行三维海床建模分析，需要额外开发接口程序，将海床数据转化为符合有限元软件建模的节点格式文件。不同软件之间数据接口关系如图3.17所示。

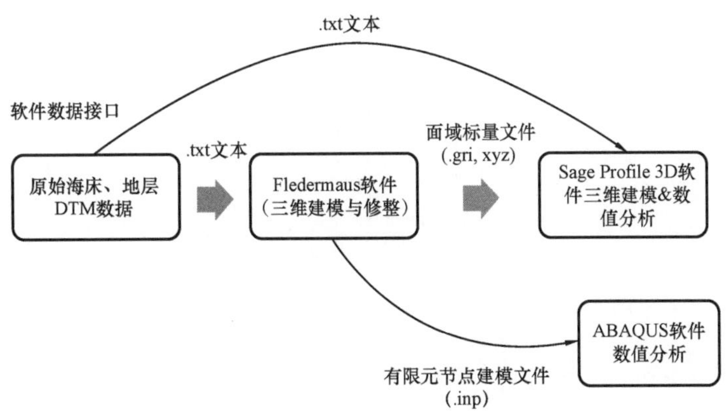

图3.17　软件数据接口关系

3.4.3　三维可视化路由选择

3.4.3.1　方法及流程

海底管道三维可视化路由选线包括：路由初选和路由分析比选。

（1）路由初选在三维可视化海床条件下，定性评估和选择管道路由（如避让障碍物、不稳定斜坡、海沟等）；路由初选——Fledermaus软件。

（2）路由分析比选，则采用数值建模分析软件，评估不同路由条件下管道悬跨、受力、位移等多因素，设计管道最安全、海床处理量最小、最经济的海底管道路由。路由分析比选——Sage Profile 3D软件（+ABAQUS）。

海底管道三维可视化路由选线设计流程如图3.18所示。

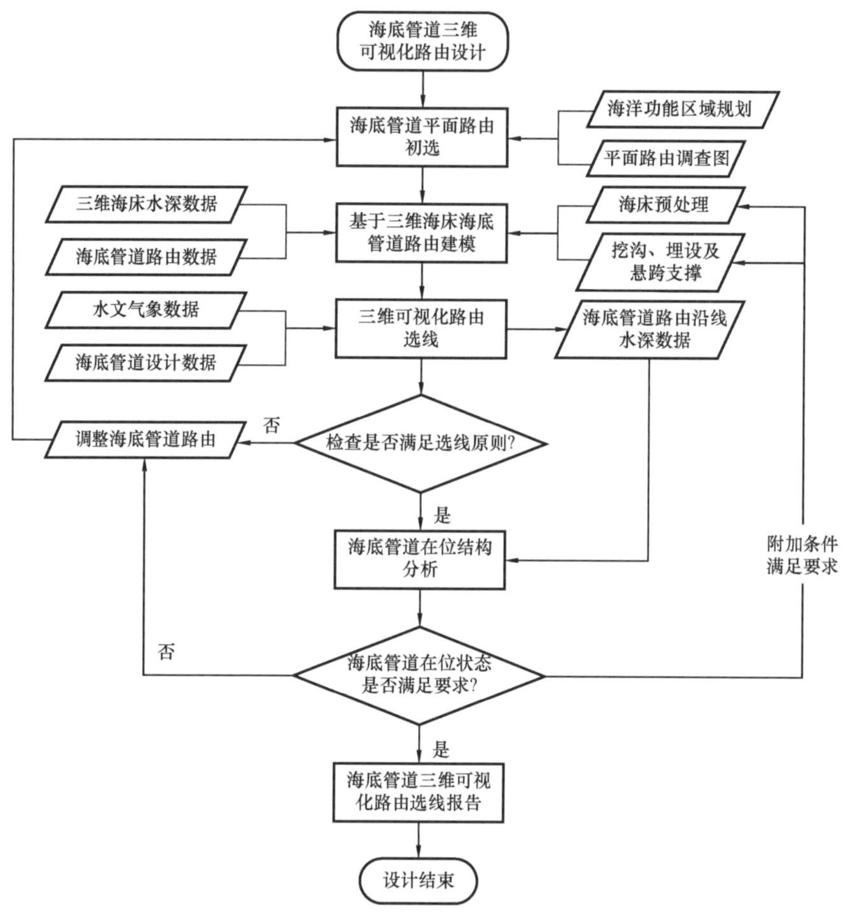

图 3.18　海底管道三维可视化路由选线设计流程图

3.4.3.2　基于 Fledermaus 的路由初选

（1）路由的定义。

采用 Fledermaus 软件的 Routerplanner 模块，可以在三维海床上定义管道路由，如图 3.19所示，并可以将路由文件（. plf）导出。

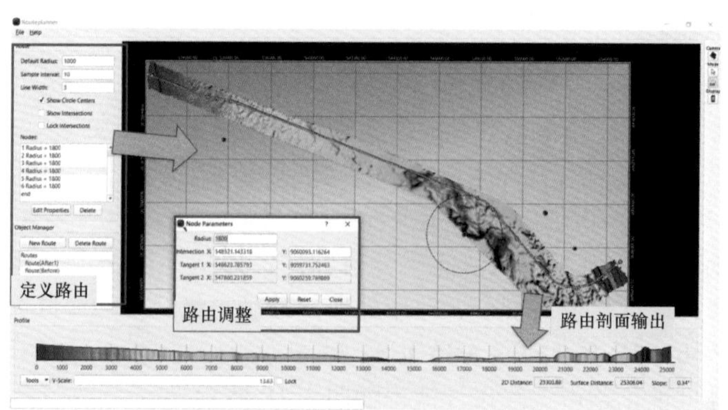

图 3.19　Fledermaus 软件路由初选与定义

（2）路由弯曲半径的确定。

路由定义中需要确定管道水平路由弯曲半径，考虑两方面的因素：

① 管道的弯曲应力准则。管道弯曲半径需满足下面公式：

$$R_1 \geqslant \frac{ED}{2\sigma_b} \tag{3.2}$$

式中　R_1——管道弯曲半径，m；

E——管材的弹性模量，MPa；

D——管道外径，m；

σ_b——许用弯曲应力，在路由设计阶段，一般保守取 10% ~20% SMYS，MPa。

② 管道的侧向平衡准则。为使管道在铺管过程中不发生管道侧向滑移出设定路由中心线，必须保证侧向力平衡，路由弯曲半径需要满足下面公式：

$$R_2 \geqslant \frac{H}{(\mu W_s + F_R)} \tag{3.3}$$

式中　R_2——管道路由弯曲半径，m；

H——铺管过程中管道触底点的铺管轴向张力，kN；

μ——管—土间的横向摩擦系数，kN；

W_s——管道的水下重量，kN；

F_R——侧向土压力，kN。

（3）路由海床剖面的导出。

输出路由定义的点坐标或文件，作为设计出图的依据。

3.4.3.3　基于 Sage Profile 3D 软件的路由比选

3.4.3.3.1　海床不平整度分析

海床不平整度分析，指通过对铺设在不平整海床上的海管进行建模，分析管道在该海床上铺设、试压和运行等系列荷载工况下的受力状态（包括应力应变、悬跨位置和长度、膨胀位移等），再依据规范要求，判断其是否满足要求。

经过分析，可以得到与管道里程 KP 对应的悬跨长度、高度、侧向位移、应力等数据，进而评判管道路由的优劣。

3.4.3.3.2　判定依据

在海底管道不平整度分析的结果中，管道部分位置可能出现局部应力无法满足规范要求，简称应力超标。应力超标说明管道如果直接铺放在海床上，则可能直接发生强度破坏或屈曲失效，因此，必须在铺设前对这些位置的路由进行处理，即通常所说的路由预处理，或可以叫作路由预平整。应力的这个临界值主要由以下的组合荷载准则决定（适用于 $15 \leqslant D/t_2 \leqslant 45$，$|S_{Sd}|/S_p < 0.4$）：

内压大于外压 $p_i \geqslant p_e$ 时

$$\left[\gamma_m \gamma_{SC} \frac{|M_{Sd}|}{\alpha_c M_p(t_2)} + \left(\frac{\gamma_m \gamma_{SC} S_{Sd}(p_i)}{\alpha_c S_p(t_2)}\right)^2\right]^2 + \left(\alpha_p \frac{p_i - p_e}{\alpha_c p_b(t_2)}\right)^2 \leqslant 1 \tag{3.4}$$

内压小于外压 $p_i < p_e$ 时

$$\left[\gamma_m\gamma_{SC}\frac{|M_{Sd}|}{\alpha_c M_p(t_2)} + \left(\frac{\gamma_m\gamma_{SC}S_{Sd}}{\alpha_c S_p(t_2)}\right)^2\right]^2 + \left(\gamma_m\gamma_{SC}\frac{p_e - p_{min}}{p_b(t_2)}\right)^2 \leqslant 1 \tag{3.5}$$

其中，S_p 和 M_p 代表管道的塑性变形能力，定义如下：

$$M_p = f_y(D - t)2t \tag{3.6}$$

$$S_p = f_y\pi(D - t)t \tag{3.7}$$

$$\alpha_c = (1 - \beta) + \beta\frac{f_u}{f_y} \tag{3.8}$$

$$\alpha_p = \begin{cases} 1 - \beta & \left(\dfrac{p_i - p_e}{p_b} < \dfrac{2}{3}\right) \\ 1 - 3\beta\left(1 - \dfrac{p_i - p_e}{p_b}\right) & \left(\dfrac{p_i - p_e}{p_b} \geqslant \dfrac{2}{3}\right) \end{cases} \tag{3.9}$$

$$\beta = \frac{60 - D/t_2}{90} \tag{3.10}$$

式中 M_{Sd}——设计弯矩，kN · m；

S_{Sd}——设计轴向力，kN；

p_i——内压，MPa；

p_e——外压，MPa；

p_b——内压压裂压力，MPa；

p_c——外压压溃压力，MPa；

p_{min}——最小内压，MPa；

γ_m——材料抗力因子；

γ_{SC}——安全等级抗力因子；

f_y——设计屈服强度，MPa；

f_u——设计拉伸强度，MPa；

D——管道外径，m；

t——管道壁厚，m；

t_2——管道特征壁厚，m；

β——无量纲系数；

α_c——流动应力参数；

α_p——用来表征 D/t_2 的影响效应的参数。

管道如果直接铺放在不经平整处理的海床上，可能使管道产生长度较大的悬跨，悬跨的形成对管道有两种不利影响：一是由于管道自重及波浪、流等此类环境荷载因素会使悬跨段管道产生过大的弯矩，可能直接造成管道的破坏；二是在海洋水动力的作用下，引起悬跨管道发生涡流激振造成疲劳损伤乃至破坏。因此结合以上两方面原因，可以分析得出管道的临界悬跨长度。部分管道可能出现的悬跨可能超出了允许悬跨长度，在这简称为“悬跨超标”。“悬跨超标”主要考虑悬跨管道涡激振动的疲劳失效，这种失效需要疲劳损伤的积累，具有时间的累积效应，在短的时间内管道不可能发生失效。如果管道的一处悬跨超标，但应力不超标，则只要管道在铺设后再进行悬跨修正即可。当然，悬跨修正距离管道铺设的时间不能太长。悬跨管道存在强度失效和疲劳失效的两种可能，因此临界悬跨长度还需满足疲劳准则要求。

管道不发生疲劳破坏的评价依据描述如下：

$$\eta T_{\text{life}} \geqslant T_{\text{exposure}} \tag{3.11}$$

式中 η——与安全等级相关的系数，根据不同规范的要求取不同的值，DNV RP F105 的推荐值；

T_{life}——悬跨的疲劳寿命，$T_{\text{life}} = \min\left(T_{\text{life}}^{\text{IL}},\ T_{\text{life}}^{\text{CF}}\right)$；

$T_{\text{life}}^{\text{IL}}$——顺流向涡激振动的疲劳寿命；

$T_{\text{life}}^{\text{CF}}$——垂流向涡激振动的疲劳寿命；

T_{exposure}——管道裸露的时间。

3.4.3.3.3 分析流程

分析建模过程中，设计人员根据海底管道实际铺设建造和运行过程来设置海底管道海床不平整度分析工况，通常情况下，应依次包括下列工况：

（1）铺设工况（Installation）；

（2）充水（Flooded）；

（3）水压实验（Hydrotest）；

（4）运行（Operation）。

工况的设置需要注意前后顺序，因为前者的部分分析结果将作为后续工况的输入条件。例如，铺设工况的铺管张紧力将成为管道轴向上永久的轴向拉力，这将直接影响到管道的悬跨长度以及悬跨管道涡激振动响应幅值。

各工况下，管道都必须满足对应的临界应力和允许悬跨长度要求。任何一种工况不能满足要求，都说明海床仍不足够平整，需要进一步调整海床的处理范围或程度。通过采取平整处理方式，以新海床的模型再次进行不平整度分析，直到海底管道各点的应力和悬跨都能满足规范要求。由此便确定了海床的合理经济的处理范围。不平整度分析的流程如图 3.20所示，叙述如下：

（1）计算管道的应力、弯矩和位移等；

（2）对应力、弯矩、悬跨和位移进行规范校核；

（3）如果某段管道无法满足规范的准则要求，则需要进行海床处理，调整海床模型，重新计算；

（4）重复以上步骤，直到管道的应力、悬跨、位移等满足规范要求，分析停止。

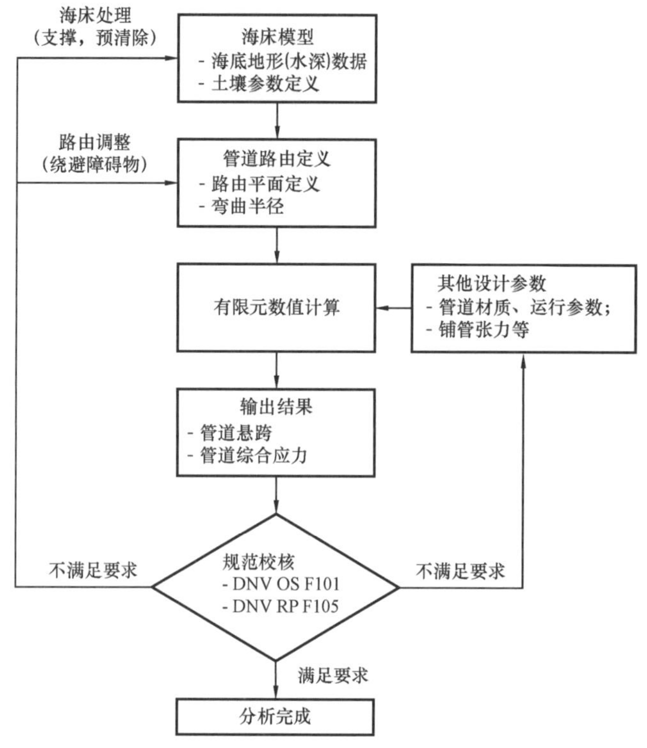

图 3.20　海底管道海床不平整度分析流程图

3.4.4　三维数值分析评估

选定了海底管道路由，需要进一步对管道在位状态进行三维数值分析评估。依托全路由高精度的三维海床数据，可以对海底管道进行整体三维有限元建模及精确的数值分析评估（图 3.21 和图 3.22）。

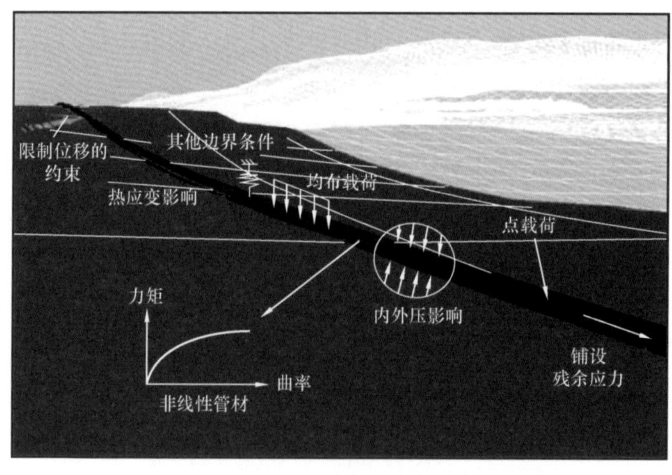

图 3.21　海底管道三维数值分析的分析模型建立

有限元分析的实施过程可分为三个阶段。前处理阶段：将整体结构或其一部分简化为理想的数学力学模型，用离散化的单元代替连续实体结构或求解区域；分析计算阶段：运用有限元法对结构离散模型进行分析计算；后处理阶段：对计算结果进行分析、整理和归纳。有限元分析的基本步骤归纳成以下几点：

（1）结构简化与离散化，并对离散结构进行单元、节点编号；

（2）整理原始数据，包括单元、节点、材料、几何特征、荷载信息等；

（3）形成各单元的单元刚度矩阵；

（4）形成结构原始刚度矩阵；

（5）形成结构荷载向量，它是节点与非节点力的总效应；

（6）引入支撑条件；

（7）解方程计算节点位移；

（8）求各单元内里和各支撑反力。

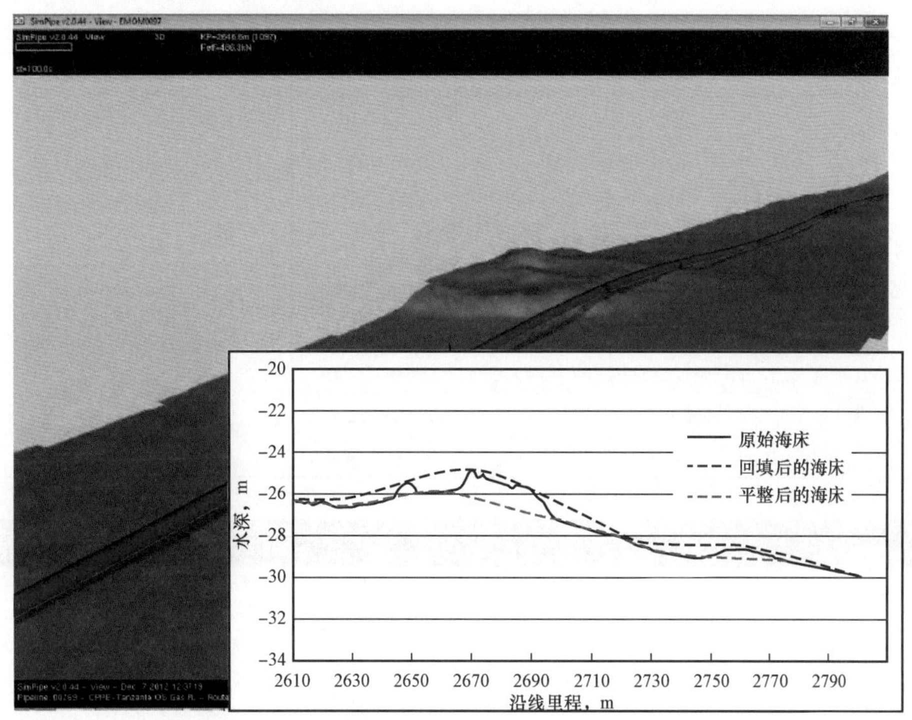

图 3.22　根据三维数值分析评估结果进行海床处理

不同结构的有限元分析具有以下区别：

（1）描述结构的单元形式不同——一种单元将对应一种单元刚度矩阵；

（2）单元的节点未知量个数不同——平面刚架单元为 3，空间刚架单元为 6 等。

依托全路由高精度的三维海床数据，可以开展以下数值分析：

（1）全路由海床不平整度分析（发生悬跨）；

（2）全路由整体在位应力评估；

（3）全路由整体膨胀分析（垂向、侧向屈曲以及轴向位移）；

（4）地震波动作用下的管道全路由整体响应分析。

当路由调整无法完全避免管道悬跨过长时，只能通过海床处理的方式实现管道铺设满足规范要求。采用处理后海床数据进行三维建模，分析校核管道在位应力状态，进行三维数值分析评估，不断调整海床处理范围，直至管道应力满足规范要求。

3.4.5 三维路由信息数字化移交

海底管道三维数字化设计，将实现管道设计的数字化移交。移交数据包内容及集成三维仿真方式见表3.3，图3.23所示为海洋管道在位状态数据包截图。

表3.3 数字化设计的数据包内容及集成三维仿真方式

专业	数据	移交格式	集成三维仿真工具
测量	DTM海床数据	. gri	Fledermaus或Sage Profile 3D
	地层数据	. gri	Fledermaus
勘察	沿线土壤物理参数	. inp/. xls	Sage Profile 3D
水文	风、浪、流	. inp/. xls	Sage Profile 3D
线路	管道路由	. plf/. flf	Fledermaus或Sage Profile 3D
	挖沟、海床处理后DTM	. gri	Sage Profile 3D
材料	管材参数	. inp/. xls	Sage Profile 3D
工艺	管径及管道工艺参数	. inp/. xls	Sage Profile 3D
防腐	管道防腐参数	. inp/. xls	Sage Profile 3D
海管结构	管道结构参数	. inp/. xls	Sage Profile 3D
	不平整度分析及结果（悬跨）	. spo/. xls	
	在位应力分析结果	. spo/. xls	
	膨胀位移	. spo/. xls	

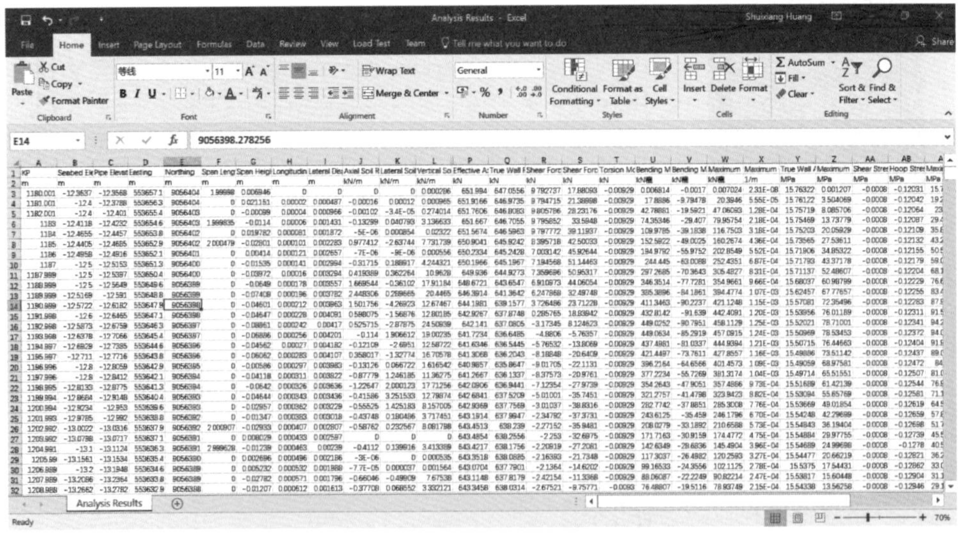

图3.23 海洋管道在位状态数据包截图

3.5　案例研究

以坦桑尼亚海底管道项目为例，坦桑尼亚海底输气管道工程的海底管道从位于达累斯萨拉姆（Dar es Salaam）东南约200km的松戈松戈（Songo Songo）岛出发，向西北方向铺设至索曼嘎（Somanga）中间分输清管站，管径为610mm（24in），材质API X65，海域管道全长约27km（包括两岸登陆部分），设计路由方案详如图3.24所示。

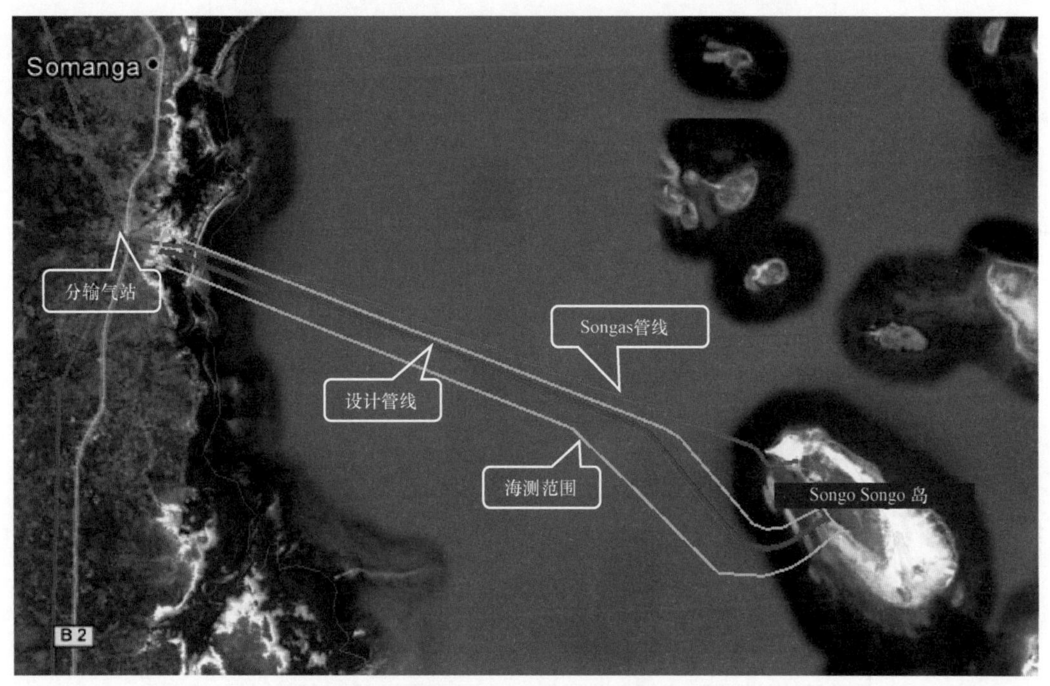

图3.24　坦桑尼亚海底天然气管道路由位置示意图

三维建模后发现，在KP6.5附近管道因局部凸起障碍物而发生悬跨，KP20.0—KP20.1和KP21.3—KP21.4也存在部分硬质障碍物如图3.25所示。首先考虑局部路由调整，绕避这些硬质障碍物。对调整后的管道路由进行再次三维建模不平整度分析，可以发现管道路由绕避了KP6.5局部凸起障碍物，避免了管道悬跨，节省了海床处理平整的费用。

KP20.0—KP20.1和KP21.3—KP21.4两处，虽然从图纸上观察，能很好地避开硬质障碍物，但通过定量的三维数值分析评估（图3.26），发现从整体上减小了悬跨的长度和数量，但并没有完全避免管道过大悬跨，因此基于分析结果对路由予以调整。

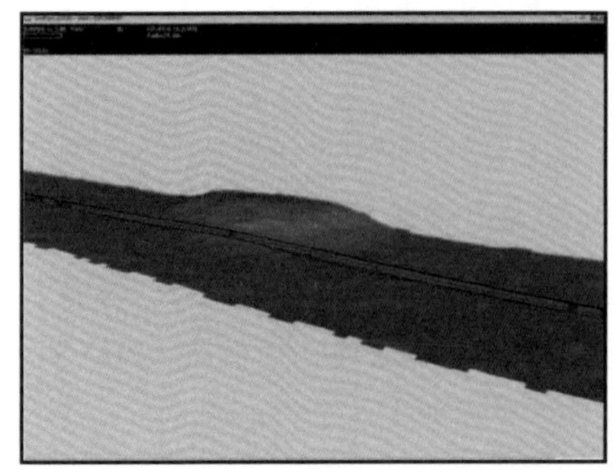

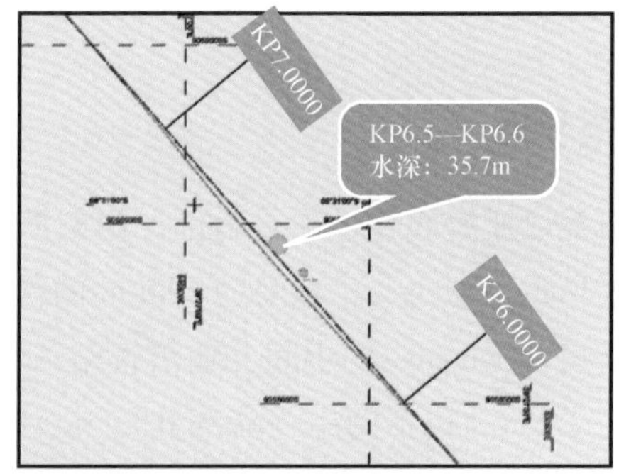

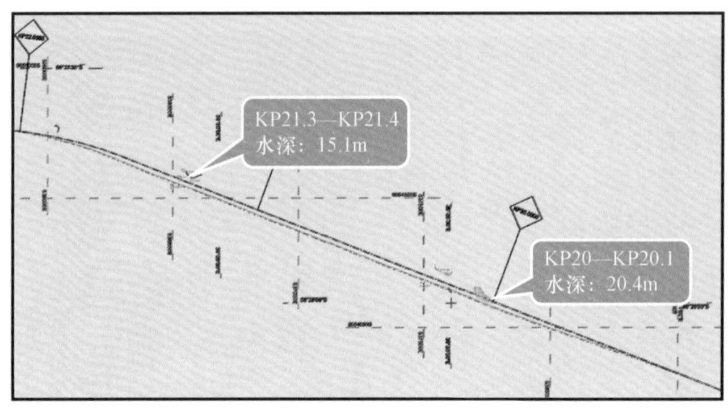

注：图中“蓝色块”为硬质障碍物；“绿线”为调整后的管道路由

图 3.25 坦桑尼亚海底管道路由调整示意图

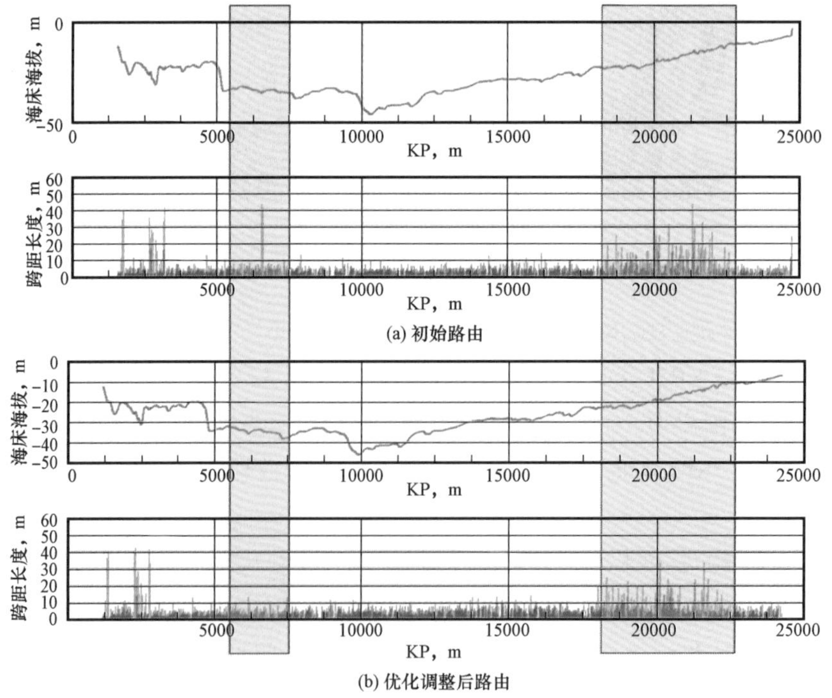

图 3.26 路由调整前后管道悬跨情况（海床不平整度分析结果——充水工况）

参 考 文 献

[1] 孙国民．复杂地质条件下海底管道路由选择技术［J］．舰船科学技术，2015（9）：82－86.

[2] 夏日长，孙国民，李旭．较深水海底管道路由研究［J］．中国造船，2012，53（S2）：8－14.

[3] 卢建青，李满娥，周建达．地理信息数据格式转换的研究与实现［J］．中国新技术新产品，2009（20）：7－8.

[4] 夏日长，杨琥，邓合霞．海底管道悬跨分析与不平整海床处理的推荐做法［C］．2008 年度海洋工程学术会议，2008：535－540.

[5] 徐慧，韩斌，李凌．海底管道路由风险定量评估方法研究及软件开发［J］．中国海上油气，2005，17（5）：6.

第 4 章　材料与焊接

4.1　管材

4.1.1　管线钢的发展及海底管道应用情况

管线钢是一种微合金控轧钢，用于制造石油、天然气输送管道及容器。因此，管线钢的发展历程实际上反映了微合金控轧技术的发展历程。控轧技术就是通过控制热轧钢材的形变温度、形变量、形变道次、轧制温度等参数来改善钢材性能的轧制工艺。早在 20 世纪 20 年代中期就有人发现，通过降低最终热加工的变形温度可使 α 晶粒细化，从而提高轧制产品的力学性能。然而由于低温轧制的轧制负荷使一般轧机难以承受，因而很长时间以来一直未在工业上得到实际应用。40 年代之前，管线用钢只是普通的碳钢。二战之后，由于钢铁冶炼技术的进步，脱氧、提高碳锰比等措施的使用，使钢的性能有了很大提高。到了 50 年代采用控轧工艺生产出的 352MPa 级别的 C－Mn 钢是世界上首次采用形变热处理工艺进行的商业生产。1960 年，美国大湖钢铁厂（Great Lakes）第一次生产含 Nb 的 X60 级热轧钢。管线钢的开发研制得到突破性进展是在 60 年代中后期，这一时期通过对钢进行控轧处理，使钢板的综合性能得到大幅度提高。西欧尤其是英国钢铁协会对在钢中加入 Nb 和 V 等元素以提高钢的强度，改善其韧性和焊接性，以及对奥氏体再结晶状态的影响展开了一系列的研究工作；苏联和美国也先后展开了钢的形变热处理工艺和理论的研究工作。这些工作都为微合金控轧理论提供了新的内容。

随着控轧工艺的发展，其内容也不断充实和发展。目前，管线钢控轧工艺分为三种类型，即再结晶型、非再结晶型和（γ 相＋α 相）两相区控轧。控轧的内容主要包括控制加热，调整形变温度、形变量、形变间歇停留时间、终轧温度以及轧后冷却等。目的就是通过控轧参数，使钢材形成具有发达亚结构的细晶组织，获得高强度、高韧性以及优良的焊接性能。

20 世纪 70 年代，微合金控轧技术得到了广泛应用。轧制工艺的优化、炼钢工艺的改进以及计算机控制技术的应用，大大提高了管线钢的综合性能，生产出了 X70 级管线钢。80 年代，管线钢控制轧制后引入加速冷却技术，能在不损害韧性的前提下进一步提高钢的强度。加速冷却可以降低（γ 相＋α 相）的转变温度，增加 α 相的形核率，同时阻止或延缓碳、氮化合物的过早析出，从而生成弥散的析出物，细化晶粒，改善钢的强韧性。常用的加速冷却方式有两种：间断式加速冷却（轧后水冷至 600～400℃ 然后空冷）和连续式加速冷却（轧后水冷至室温）。采用控轧及轧后加速冷却技术生产出了 X80 级和 X100 级的管线钢。X80 钢组织为针状铁素体加少量弥散分布的岛状组织。由于该岛状组织细小、分布均匀，所以对韧性没有不良的影响。这种类型的微合金钢，其强化方式为：固溶强化、细晶强化、错位强化、沉淀强化等。在冶金工艺中采用降低终轧温度，即可使奥氏体在形变过程中所产生的大量位错保留了下来。其结果是在最终转变产物中的位错密度大大增加，因而提高了钢的强度。采用降低热轧板卷的卷取温度，可以得到更为细小的、均匀的针状铁素体组织，使细晶强化的效果更好。此时，M 岛状组织也呈细小弥散状，对于韧性的不利作用大大减轻。X100 显微组织由粒状铁素体、贝氏体和马氏体组成，是通过化学成分设计以及采取控轧、控冷得到的。粒状贝氏体的颗粒度为 2 ~ 3μm，在粒状铁素体的晶界可以观察到细的 M – A 组元，这种细晶组织具有很好的低温韧性。

管线钢经过几十年的发展，显微组织由“铁素体 + 珠光体”、针状铁素体、超低碳贝氏体等几个阶段。同时，管线钢的性能也有了很大的提高。目前，日本、欧美等国在管线钢的研究、开发及生产上均处于领先地位，目前，X80 级管线钢已在国内陆上管道推广应用。

4.1.2 海底管道管材制造方式

4.1.2.1 海底管道钢管制造类型

根据成管工艺，用于海底管道的钢管主要有直缝埋弧焊钢管（LSAW)、螺旋缝埋弧焊钢管（SSAW)、直缝电阻焊钢管（ERW）以及无缝钢管（SMLS)）等。以下为几种钢管制造工艺的介绍。

（1）直缝埋弧焊钢管（LSAW)。

制造工艺简介：直缝埋弧焊钢管（Longitudinal Submerged Arc Welded Pipe，LSAW）采用的焊接工艺为埋弧焊技术，采用填充物焊接，颗粒保护焊剂埋弧。生产的口径可以达到 1500mm，埋弧焊直缝钢管的生产工艺有 JCOE 成型技术、卷制成型埋弧焊技术。当口径较大时可能用两块钢板进行卷制，这样会形成双焊缝的现象。生产材质：Q195A – Q345E，245R，Q345QA – D，L245 – L485，X42 – X70。现在埋弧焊已经发展成为，有双丝埋弧焊，还有多丝埋弧焊，效率更进一步提高。

优缺点：直缝埋弧焊钢管因其焊缝长度短，出现质量问题的概率小。直缝埋弧焊钢管中的 UOE 钢管成型过程和焊接过程分开进行，从而使焊缝质量可靠性强，焊后钢管通常要进行扩径，这就基本消除了管材内部的残余应力，提高了钢管的强度和韧性指标，此外钢管几何尺寸严格稳定，切割后易组装，弯制成弯管时，焊缝放在弯曲中性面上，焊缝受力小，便于加工弯头、弯管，而且防腐层质量容易保证。因此至 20 世纪 90 年初以来，UOE 钢管在国外管道建设上已被广泛采用；由于直缝埋弧焊钢管采用成张的控扎钢板制管，钢板的价格明显比螺旋缝钢管采用的钢卷板价格高，因此 UOE 钢管的价格要明显高于螺旋缝钢管。

（2）螺旋缝埋弧焊钢管（SSAW)。

制造工艺简介：螺旋缝埋弧焊钢管（Spiral Submerged Arc Welded Pipe，SSAW）是以带钢卷板为原材料，经常温挤压成型，以自动双丝双面埋弧焊工艺焊接而成的螺旋缝钢管。

优缺点：螺旋缝埋弧焊钢管具有受力条件好、止裂能力强、刚度大、价格便宜等优点，但因其焊缝较长，出现缺陷的概率要高于直缝钢管；在制作过程中，焊缝呈一条空间螺旋线，焊缝质量不如直缝钢管容易控制；国内外螺旋缝钢管一般均不扩径，从而在管材内部存在残余应力，使得钢管在使用时，易产生应力腐蚀。我国目前能够生产 φ219mm ~ φ142mm、壁厚 4 ~ 17.5mm 的系列螺旋缝埋弧焊钢管。

（3）直缝电阻焊钢管（ERW）。

制造工艺简介：直缝电阻焊钢管（Electric Resistance Welding Pipe，ERW）。电阻焊钢管分为交流焊钢管和直流焊钢管两种形式。交流焊按照频率的不同又分为低频焊、中频焊、超中频焊和高频焊。高频焊主要用于薄壁钢管或普通壁厚钢管的生产，高频焊又分为接触焊和感应焊。直流焊一般用于小口径的钢管。

优缺点：直缝电阻焊钢管由于是通过电阻焊接或电感应焊接形成的钢管，焊缝一般较窄，余高小，较螺旋缝钢管焊缝处防腐层减薄量小。在小口径管线上应用比较广泛，具有焊缝平滑、外形尺寸精度高、防腐层质量容易保证等优点。缺点是因焊接的特殊性，易产生未焊透等缺陷。国内目前生产的 ERW 直缝钢管最大口径可达 φ660mm，并且经过多年技术改造，生产质量的可靠性以及生产能力都有了很大提高，目前 ERW 直缝钢管成为油气储运领域中的产品性能先进、质量领先、较为经济的钢管，并在许多海底管道项目中得到应用。

（4）无缝钢管（SMLS）。

制造工艺简介：无缝钢管（Seamless Steel Tube，SMLS）是一种具有中空截面、周边没有接缝的圆形、方形或矩形钢材。无缝钢管是用钢锭或实心管坯经穿孔制成毛管，然后经热轧、冷轧或冷拔制成。无缝钢管具有中空截面，大量用作输送流体的管道。

优缺点：无缝钢管是通过冷拔（轧）或热扎制成的不带焊缝的钢管，冷拔（轧）管管径为 φ5mm ~ φ200mm，壁厚为 0.25 ~ 14mm。热轧管管径为 φ32mm ~ φ630mm，壁厚为 2.5 ~ 75mm。管道工程中，管径超过 φ57mm 的管道常选用热轧无缝钢管，无缝钢管与螺旋缝埋弧焊钢管和直缝电阻焊钢管比较，具有椭圆度大、壁厚偏差大、生产成本高和单根管长度短等不利点。优点是内壁光滑、承压高，外防腐层质量易于保证。

4.1.2.2 海底管道管材制造方式选择建议

海底管道的管材制造方式无特殊要求，如无缝钢管，各种保护焊的直缝钢管等均可以使用。在能满足设计和安装要求的前提下，同时要选用最经济的管材。我国已铺设的海底管道中，小口径管 50.8 ~ 254mm（2 ~ 10in）全部采用无缝钢管。中口径管 304.8 ~ 457mm（12 ~ 18in）大多采用的是电阻焊（ERW）直缝钢管，大口径管 457mm（18in）以上采用直缝焊接钢管。

针对钢管材质来说，目前海底管道上使用的钢管按材质可分为碳锰钢和耐蚀合金钢。按当前的钢管制造工艺进行制造，使用碳锰钢基本能满足海管设计要求。在输送的介质腐蚀性较严重的情况下，为保证管道运营的安全，则应选用耐蚀合金钢。

4.1.3 海底管道管材技术要求

海洋环境较陆地更为恶劣，对海底管道的施工和运营安全性的要求远高于陆上管道，与陆上管道相比，海底管道在选择管材时需要重点考虑以下因素：

（1）化学成分；

（2）强度、韧性等力学性能；

（3）焊接性能；

（4）耐蚀性能；

（5）重量及尺寸要求。

4.1.3.1　化学成分控制

海底管线管对钢的化学成分要求相当苛刻，对碳（C）、硫（S）和磷（P）等元素含量要求很高，钢管原料需采用吹氧转炉工艺冶炼并经过真空脱气和钙处理的细晶粒纯净镇静钢，热轧钢卷采用热机械控轧工艺（TMCP）生产，使碳元素含量和 S 和 P 等元素含量极低，并适当控制微量合金成分，进而能获得极好的韧性和强度。常见化学元素对钢的性能影响介绍如下。

（1）碳元素。

早期的管线钢是以抗拉强度为依据来设计的，而强度通常由含碳量获得。由于焊接作为一种主要生产工艺被引入，焊接性成为对管线钢的最基本要求。同时由于极地管道和海洋管道的发展，要求不断改善钢的低温韧性、断裂抗力，从而导致含碳量逐渐降低。实际生产中，管线钢的含碳量远低于 API 标准所要求的最大含碳量的规定，通常采用 0.1% 或更低含碳量的钢来控制，甚至保持在 0.01% ~0.04% 的超低碳水平。微合金化和控轧控冷等技术的发展，使得管线钢在含碳量降低的同时保持高的强韧性。最新冶炼技术的发展，已经为工业生产超低碳钢提供了技术与物质条件。

（2）锰（Mn）元素。

减少钢中的含碳量使屈服强度下降可以很容易地通过其他强化机制的应用予以补偿，其中最常用的是在降碳的同时，以锰代碳。目前 Mn 作为管线钢中的主要元素而被采用，这是因为锰的加入引起固溶强化。Mn 还能降低钢的 γ—α 的相变温度，而相变温度的降低对 α 相的晶粒尺寸具有细化作用，同时可改善相变后的微观组织。研究表明，添加 1.0% ~1.50% 的 Mn 使 γ—α 相变温度下降 50℃，其结果使铁素体晶粒尺寸细化，保持多边形铁素体基体。当含锰量提高至 1.50% ~2% 时，可进一步降低相变温度，甚至可以获得针状铁素体。锰在提高强度的同时，还提高钢的韧性，降低钢的韧脆转变温度。由于加大锰含量会加速控轧钢板的中心偏析，因此一般而言，根据管线钢板厚度和强度的不同要求，钢中 Mn 的添加范围一般为 1.1% ~2%。

（3）硅（Si）元素。

硅是钢中的有益元素，硅溶于铁素体后有很强的固溶强化作用，显著提高钢的强度和韧性，经常与锰元素一起提高钢的强度和韧性，但含量较高时，将使钢的塑性和韧性下降，但过低时同样对韧性不利，一般硅元素含量在 0.1% ~0.25，锰元素含量在 0.8% ~1.0% 时，冲击韧性最佳。单纯依靠锰和硅元素含量提高焊缝韧性是有限的，必须加入其他微合金化元素来改变组织，提高韧性。

（4）微合金化元素。

一般而言，在钢中质量百分比为 0.1% 左右而对钢的微观组织和性能有显著或特殊影响的合金元素，称为微合金元素。在管线钢中，主要指铌（Nb）、钒（V）、钛（Ti）等强烈碳化物形成元素。微合金元素 Nb、V 和 Ti 在管线钢中的作用与这些元素的碳化物、氮化物以及这些碳化物和氮化物的溶解和析出行为有关。微合金元素 Nb、V 和 Ti 的作用之一是阻止奥氏体晶粒的长大，在控轧再热过程中，未溶的微合金碳氮化物将通过质点钉扎晶界的作用阻止奥氏体晶粒的粗化过程。Nb 和 Ti 可明显抑制 γ 晶粒长大，V 的作用较弱。Nb、V 和 Ti 的另一作用是在轧制钢板时延迟 γ 相的再结晶。控轧过程中应变诱导沉淀析出的微合金碳、氮化物可通过质点钉扎晶界的作用而显著地阻止形变 γ 相的再结晶，从而通过由未再结晶 γ 相发生的相变而获得细小的相变组织。通过试验证明，Nb 具有明显的延迟 γ 相再结晶的作用，Ti 次之、V 只有在含量较高时才有效。

微合金元素 Nb、V 和 Ti 除了上述细化晶粒的作用外，在轧制及轧后连续冷却过程中，还可通过正确地控制微合金碳氮化物在 α 中的沉淀析出过程来达到沉淀强化的目的。

4.1.3.2 力学性能

(1) 强度要求。

随着管道输送压力和直径的明显增高，提高钢管强度，可以节约大量钢材，降低建设成本。对于相同直径的钢管，提高钢管强度，可以减少管壁厚度，进而降低钢材重量和建设成本。同时由于管道在深水中铺设，铺管船以它的最大铺设张力放置管道，使用高等级钢材更为合适，因为管道重量的减少可以有效降低铺设张力。由于管材制造技术和焊接技术的不断发展，X65 钢级已经普遍应用于海底管道建设，最高钢级已经提高到 X70。

海底管道用钢的屈服强度和抗拉强度一般为 245 ~ 555MPa 和 415 ~ 625MPa。为保证焊管成品的屈服强度达到技术标准的要求，钢板的屈服强度应留有足够的余量，以弥补包申格效应对钢管屈服强度的不利影响。为满足海底管道的施工要求，由 DNVGL - ST - F101 可知，海底管道不仅要求钢管的横向拉伸强度，还要求钢管的纵向拉伸强度：对于碳锰钢，最小纵向拉伸强度可以比横向拉伸强度低 5%。

随着海底管线用钢向高级钢的发展，屈强比成为管线钢性能的重要参量和管线钢安全性的重要特征，屈强比是管道材料的屈服强度与抗拉强度的比值。随着管线屈服强度的提高，屈强比增加，在过去 10 年内，管线钢的屈强比已从 0.80 增加至 0.90 ~ 0.93 以上。过高的屈强比限制了管线钢的极限塑性变形能力，对管道结构的安全服役造成影响。经过大量的研究证明，当管线钢管屈强比超过 0.93 时，其均匀应变率很快降低到理论值以下，说明过高的屈强比损伤了材料的均匀形变容量和材料的极限塑性变形能力。DNVGL - ST - F101 与 API 5L 对管材屈强比做出了不超过 0.93 的规定。

应该注意，各种标准和规范对管线钢屈强比的规定并没有定量的依据。屈强比是一个从属的性能指标，仅从屈强比的大小有时难以做出准确评价。通过研究证明，虽然两种材料的屈强比相同，但它们的应力—应变特征和塑性变形能力各异。从这种意义上讲，把屈强比作为钢管安全性的表征应十分谨慎。现代管线钢管虽具有高的屈强比，但仍可能具有高的塑性水平而安全运行。因此，当屈强比超标或对屈强比的大小有疑虑时，应结合材料的应力—应变曲线及其均匀伸长率 δ_u、形变硬化指数 n 和静力韧度 V_T 等进行综合评价。静力韧度也称强塑值，其大小等于材料应力—应变曲线所包围的面积，可以通过积分精确获得 V_T，也可通过简化公式 [$V_T = 0.5(R_{t0.5} + R_m)\delta$] 获得 V_T 的近似值。

(2) 韧性要求。

钢管的韧性指标与钢管的强度指标一样，都是最重要的机械物理性能指标。管道的断裂存在两种形式：脆性断裂和韧性断裂。因此，对管材的韧性要求包括两个方面：一是确保不发生脆性断裂；二是断裂后在一定管长内止裂。韧性指标一般从三个方面提出要求：

① 韧脆转变温度（Fracture Appearance Transition Temperature，FATT）指标。FATT 可分为三种：第一种以 DWTT 试验为依据，用其剪切面积（Shear Area）为 80% 或 85% 所对应温度为转变温度，这种方法应用的最多；第二种以夏比试验为依据；第三种以爆破试验为依据。提出 FATT 要求是保证管线不发生脆性断裂，通常取 FATT 值为设计的管道可能产生的最低温度再减 10℃。

世界管道史上最早也是最严重的一次脆性断裂事故发生在 1960 年，在美国 Trans - Western 管道上进行气压试验时发生的，该管线直径 30in（762mm），壁厚 0.75in（9.5mm），钢级为 X56，破坏时环向应力仅为 0.63（SMYS），脆性断裂总长 13.36km。爆破时飞出 19 块碎片，取出两块做夏比冲击试验，其剪切面积仅为 10% 和 40%。此事故以后引起全世界的关注，并促进了断裂力学及断裂动力学的发展。

1974 年冬季，我国大庆至铁岭复线嫩江穿越段在陆上进行气压试验时发生脆性断裂，该管线直径 720mm，X52 钢级试压至大约 4.5MPa 爆破，穿越段全长近 2km 全部脆断，有些碎块飞出近百米以外。经观察多数断口，其剪切面积在 5% ~15% 范围内。该管道因采用热输，故钢材定货时未提出 FATT 要求，因赶工程进度，施工队伍在未经讨论的情况下决定冬季气压试验，以致造成事故。

通过以上事故可以看出，无论对输气管道还是输油管道都必须按规定提出 FATT 要求，以避免发生脆性断裂。

② 起裂韧性指标。钢管中的缺陷长度 $2a$（或当量裂纹长度）由于疲劳裂纹扩展、腐蚀裂纹扩展等诸多原因，会逐渐增长，当 $2a$ 增长至临界裂纹长度 $2ac$ 时，则发生“质变”，由稳定裂纹增长变成失稳扩展。以上 a 代表钢管中缺陷或当量缺陷长度的一半，ac 为临界裂纹长度的一半。ac 的数值与钢管的韧性有关，冲击韧性越高，ac 值越大，所以冲击韧性也是材料对缺陷的“容忍程度”或“容忍能力”的一个指标。管道工作者要求在管道整个服役期限内（或管线整个寿命期内）$2a$ 达不到 $2ac$，这样管线就不会发生失稳扩展，而稳定扩展只要达不到失稳扩展则是无害的，而且稳定扩展也是必定会产生的。随着管线工作条件的不同，稳定扩展的速度也是不一样的，故起裂韧性指标也不尽相同。

③ 失稳扩展的止裂，需要尽一切努力使管线不发生起裂，但有时起裂是难以完全避免的，这样可退一步打算，即一旦发生起裂，由稳定扩展转变为失稳扩展时，失稳扩展必须得到止裂。由于提出了明确的 FATT 要求以及冶金工业的技术进步，除早期发生过脆性断裂扩展事故外，近几十年所发生的失稳扩展均系延性扩展。在世界管道史上第一次延性失稳扩展发生在 20 世纪 60 年代末期，管径 36in，钢级为 X65，断裂长度接近 1000ft（304.8m）。以后，直径在 12 ~36in 范围内，钢级 X60、X65 和 X70 均发生过这种破裂。

根据上述内容可知，对管材的韧性要求包括两个方面：一是确保不发生脆性断裂；二是断裂后在一定管长内止裂。对于一般管道，工作温度越低，钢管强度等级越高，管径和壁厚越大，对管材的韧性要求越高。

目前对海底管道管材韧性大小常用夏比冲击功来表示，DNV - OS - F101 规定了不同钢级所需要的夏比冲击功，同时还对纵向韧性提出了要求。针对海底输气管道，DNV -

OS－F101 还规定：当钢管外径大于 500mm、壁厚大于 8mm，屈服强度大于 360MPa 时，还需要进行落锤撕裂试验（DWTT）。

（3）硬度要求。

硬度表示材料抵抗硬物体压入其表面的能力。它是金属材料的重要性能指标之一。一般硬度越高，耐磨性越好。常用的硬度指标有布氏硬度、洛氏硬度和维氏硬度。

① 布氏硬度（HB）。

以一定的载荷（一般 3000kgf）把一定大小（直径一般为 10mm）的淬硬钢球压入材料表面，保持一段时间，去载后，负荷与其压痕面积之比值，即为布氏硬度值（HB），单位为 kgf/mm^2（N/mm^2）。

② 洛氏硬度（HR）。

当 HB＞450 或者试样过小时，不能采用布氏硬度试验而改用洛氏硬度计量。它是用一个顶角 120°的金刚石圆锥体或直径为 1.59mm、3.18mm 的钢球，在一定载荷下压入被测材料表面，由压痕的深度求出材料的硬度。根据试验材料硬度的不同，分 3 种不同的标度来表示。

a. HRA：采用 60kgf 载荷和钻石锥压入器求得的硬度，用于硬度极高的材料（如硬质合金等）。

b. HRB：采用 100kgf 载荷和直径 1.58mm 淬硬的钢球求得的硬度，用于硬度较低的材料（如退火钢、铸铁等）。

c. HRC：采用 150kgf 载荷和钻石锥压入器求得的硬度，用于硬度很高的材料（如淬火钢等）。

③ 维氏硬度（HV）。

以 120kgf 以内的载荷和顶角为 136°的金刚石方形锥压入器压入材料表面，用材料压痕凹坑的表面积除以载荷值，即为维氏硬度 HV 值（kgf/mm^2）。

实践证明，管材的强度越高，抵抗塑性变形的能力就越高，硬度值也就越高，然而提高管材的硬度，会对管材的韧性带来不利影响。

4.1.3.3 应变时效

钢材经冷加工塑性变形或达到规定的塑性应变后，在室温或较高温度下经过一段时间，其拉伸应力—应变曲线形状发生变化，例如使圆拱形的应力—应变曲线出现屈服平台，屈服强度及屈强比升高，形变强化指数下降的现象，称为应变时效。研究表明，应变时效对管线的承载能力、环焊缝匹配、压缩应变容量、低周疲劳强度等性能有影响，从而威胁到管线服役周期的安全性。管线的长期服役过程是一个自然时效的过程。热轧态的管线钢材料是处于不平衡态的，在长期的自然条件下服役时，非平衡态的组织状态倾向于碳、氮等间隙固溶物质，从而产生明显的强化作用。海底管道在极深水中铺设的时候，很容易造成管道产生过大的变形。为了防止过大的变形导致破坏，就要求管材有较好的塑性变形能力。

由于应变时效会使冲击功值和塑性下降，而使硬度和屈服强度提高，降低管道的安全性。海底管道在施工过程中（如收管、弃管等）或运营过程中，管道可能会发生纵向变形，因此选材时要充分考虑应变时效的影响，对纵向拉伸性能应该提出较严格的要求，以防止应变时效的不利影响。根据 DNVGL－ST－F101，对于碳锰钢（除了 X70 和 X70 以上的钢级），母材的纵向屈服强度最大值和最小值的差不超过 100MPa，屈强比不超过 0.90，伸长率最小为 20%。在应变时效测试之后，还需对管材进行一些力学测试，使管材的主要力学性能指标如强度、韧性、硬度等满足相应要求，以便保证管材在发生较大的塑性变形和受到应变时效的影响下，仍然具有优异的性能。

4.1.3.4　焊接性能

随着管材逐渐向高等级发展，焊接的难度也越来越大，对于可焊性的研究就显得尤为重要了。可焊性是指金属材料通过常规的焊接方法和焊接工艺而获得良好焊接接头的性能。良好的焊接接头是指不易产生焊接缺陷如裂纹、气孔、夹杂等，且焊接接头的机械性能接近母材的焊接接头。

管材具有良好的可焊性是保证管道焊接质量、管道使用寿命及可靠性的重要指标。一般是将影响可焊性的许多化学元素，诸如碳、硅、锰、铬、钼、镍等，其中以碳为主要影响因素，折合成碳当量来判断可焊性的优劣。目前有多种表示碳含量及合金元素与焊接性关系的经验公式，其中最常用的有国际焊接学会（IIW）采用的 CE（IIW）公式和日本 ITO 提出的通常称为焊接冷裂纹指数的 CE（Pcm）公式，都可称为碳当量公式。

$$CE(IIW) = w_C + w_{Mn}/6 + (w_{Cr} + w_{Mo} + w_V)/5 + (w_{Ni} + w_{Cu})/15 \tag{4.1}$$

$$CE(Pcm) = w_C + w_{Si}/30 + w_{Mn}/20 + /w_{Cu}20 + w_{Ni}/60 + w_{Cr}/20 + w_{Mo}/15 + w_V/10 + 5w_B \tag{4.2}$$

式中，w 为各元素的含量（质量分数），%。

碳当量只是个近似的概念，很多合金元素的作用也很复杂，很难用一个碳当量的公式反应各种钢材的焊接性。因此，碳当量的公式也有其适用范围，对不同的钢种应选用适用的碳当量公式来反映其焊接性。按照 API 5L 和 DNV－OS－F101 的要求，当碳含量大于 0.12%，选用式（4.1）进行计算，当碳含量小于或等于 0.12%，选用式（4.2）进行计算。

一般认为 CE（IIW）≤0.43% 或 CE（Pcm）≤0.25%，管材具有较好的焊接性能。碳含量和碳当量的降低会使强度随之降低，因此，在满足焊接性要求的前提下，还要保证管材的强度要求。

4.1.3.5　耐蚀性能

在油气开采过程中，石油和天然气中含有的 H_2S 和 CO_2 对集输管道造成腐蚀甚至严重危害的事故频频发生，腐蚀导致管壁整体或局部减薄，使得海底管道强度降低且引起管道应力集中，整体性能逐渐降低，从而影响管道的整体服役寿命。不仅给油气田开发带来了重大的经济损失，同时也造成了一定的环境污染。目前控制 H_2S 和 CO_2 腐蚀的方法主要 3 种：添加缓蚀剂、使用防腐内涂层、开发和选用新型管材。

（1）抗 H_2S 腐蚀的管材选用。

氢致开裂（HIC）和硫化氢应力腐蚀破裂（SSCC）是含 H_2S 管道腐蚀和破坏的主要形式。提高管材的抗 H_2S 腐蚀能力要从优化管道材料的化学元素匹配、改良管道材料的组织结构、改进管道材料的轧制工艺三个方面着手。

对 H_2S 腐蚀的管材选用建议如下：

① 在低温硫化氢环境中，碳素钢具有较好的抗硫化氢腐蚀性能，在选取碳素钢作为管线材料时，应注意管线钢材必须为镇静钢，并严格控制制造缺陷及焊接缺陷等。

② 在高温硫化氢环境下，尽量使用低合金钢，并保证管线低合金钢中的含镍量小于1%；在应力腐蚀开裂环境，应尽量避免使用铬钼合金钢。

③ 在复杂的酸性环境中，尽量使用不锈钢；同时，要注意钢材不能采用冷加工来强化机械性能。

相关研究表明，低 Cr 合金具有一定的抗硫化氢应力腐蚀性能，甚至与抗硫碳钢相当并且优于 13Cr 钢。低 Cr 合金钢良好的抗 SSCC 性能和可观的经济性将大大拓宽其应用范围。

（2）抗 CO_2腐蚀的管材选用。

我国含 CO_2气田很多，但抗 CO_2腐蚀的管线钢的研究开发比较薄弱。为了确保含 CO_2气田的安全开发，应针对性地对此类气田腐蚀情况进行分析，从安全性、经济性、生产制造能力以及现场施工的质量控制等多方面综合考虑，对含 CO_2气田的管材进行优选。

对于 CO_2腐蚀，耐蚀合金虽然具有优异的抗 CO_2腐蚀性能，但投资成本较高，特别是对于一些 CO_2含量不是太高的油气田，如果选用耐蚀合金则显得保守。因此开发具有一定抗 CO_2腐蚀能力的低 Cr 合金钢来代替耐蚀合金，在保证安全的情况下，能够使得投资费用相对较低，具有较好的应用前景。

重的管道可选用碳钢，再辅以缓蚀剂，能够经济、有效地达到控制腐蚀的目的。

对于 CO_2腐蚀比较严重的管道，应该考虑耐蚀合金，目前国外超级马氏体海洋用管已经开发成功，满足了海上石油天然气公司对工艺用无缝管输送管道的要求，成为海洋用钢的新材料。近年来，双相不锈钢也已经成为海上采油、采气输送工程的主要材料。

4.1.3.6 疲劳性能

海底管道长期暴露于恶劣的海洋环境中，承受着复杂的工作载荷、环境载荷及意外风险载荷（抛锚、拖网、碰撞等），故海底管道的泄漏及结构损坏等事故屡见不鲜，其中疲劳损伤是海底管道失效的主要原因之一。海底管道承受频繁的应力波动，主要来自直接的浪流的作用、管道系统的涡激振动、操作压力和温度的波动等，因此，海底管道系统必须在整个设计寿命内具备足够的抵抗疲劳损坏的能力。除受力状态以外，构件的疲劳性能与材料的强度、结构等直接相关。

4.1.3.7 尺寸公差

管材选用除了要满足上述的力学性能、焊接性能和耐蚀性能外，还需具备严格的尺寸公差，以满足海上铺管的施工要求。

实际工程中发现，在海上铺管船流水作业线的特定条件下，当海况环境比较恶劣但不威胁管道的安全时，影响铺管作业的进度主要原因之一就是管道对中和焊接，而钢管的椭圆度、厚度和平直度等尺寸公差与管道的对中和焊接有直接的关系。

海底管道的管材尺寸公差要满足 DNV－OS－F101 的要求，有些甚至比规范要求的更加严格（如对管端椭圆度和厚度的要求），即加强的尺寸公差，这样有利于提高海上施工效率，进而减少工期和降低成本。直径公差、不圆度公差和壁厚公差均根据制管形式的不同而不同，而且对管端要求更为严格，因为管端存在对口焊接的问题。

4.1.4　海底管道管材选用建议

4.1.4.1　足够的厚径比

随着海洋石油开采逐渐从近海走向深海，对海底管道的抗压溃性能的要求也就越来越高，据有关的统计资料表明，随着水深的增加，钢管的壁厚增加，钢管壁厚与钢管直径的比值 t/D 也逐渐增大，t/D 也叫管线的成型比，该值反映了钢管应变量的大小。经验表明，随 t/D 的增加，由于钢管应变量的增加，管线钢管可获得高的强度。

4.1.4.2　优异的止裂韧性

对于大壁厚输气管道，尤其是深水管道，除了夏比冲击试验（CVN）和落锤撕裂试验（DWTT），还需进行更加精准和严格的试验，即裂纹尖端张开位移试验（CTOD），以保证管材的止裂韧性。

管材的 CTOD 指标作为重要的韧性指标，是含缺陷管道进行缺陷容限分析的重要数据，管道在施工建设过程中将不可避免地存在缺陷，该指标是保证含缺陷管道在服役工况条件下不发生扩展的重要保障。

管材的 CVN 指标是韧性的另一关键指标，该指标是管道在发生启裂后是否能够自行止裂的重要保障，陆上管道的该指标国际通用的确定方法是基于 Battelle 双曲线模型的计算和修正。

随着管道输送压力的不断提高，对管线钢止裂韧性的要求也越来越高，已超越现代冶金技术的极限。为了解决这一问题，国外已研究开发了钢/玻璃纤维复合管，它既利用了钢的强度，又发挥了玻璃纤维在止裂方面的优势，可降低管道工程的材料成本、安装费用及焊接成本等，还可取代 DNVGL－ST－F101 传统的涂层。基于安全可靠性和经济性的考虑，相信该种管材将在深水管道上具有良好的应用前景。

4.1.4.3　良好的塑性变形能力

海底管道在极深水中铺设的时候，很容易造成管道产生过大的变形。为了防止过大的变形导致破坏，就要求管材有较好的塑性变形能力。在塑性变形时和变形后，管材在应变力作用下，其组织性能随时间发生变化，即发生应变时效。

由于应变时效会使冲击功和塑性下降，而使硬度和屈服强度提高，因此在做应变时效测试之前，对纵向拉伸性能应该提出较严格的要求，以防止应变时效的不利影响。根据 DNV－OS－F101 规范，对于碳锰钢，除了 X70 和 X70 以上的钢级，母材的纵向屈服强度最大值和最小值的差不超过 100MPa，屈强比不超过 0.90，伸长率最小为 20%。

在应变时效测试之后，还需对管材进行一些力学测试，使管材的主要力学性能指标如强度、韧性和硬度等满足相应要求，以便保证管材在发生较大的塑性变形和受到应变时效的影响下，仍然具有优异的性能。

4.1.5　柔性及复合管道

第一条柔性管道于第二次世界大战期间在英吉利海峡安装完成，将燃料油从英国运输到法国，支持盟国进行诺曼底登陆。这些管线以电报电缆技术为基础，由一条铅管和保护铅管的防腐胶带、铠装线和外保护套组成。现代类型的柔性管是在1970年发展起来的。

柔性管越来越多地用于小管径短距离出油管，如从井口和井口汇管到刚性出油管的跨接线、补偿器以及动态和静态立管（图4.1）。这些管线用于运输原油和天然气，重质油和水，另外也用做实验管线、压井汇管、气举管线和化学药品注入管线。在北海也用柔性管长距离运输未处理的井流，如AGIP托尼（Toni）公司和壳牌纳尔逊（Shell Nelson）公司等。

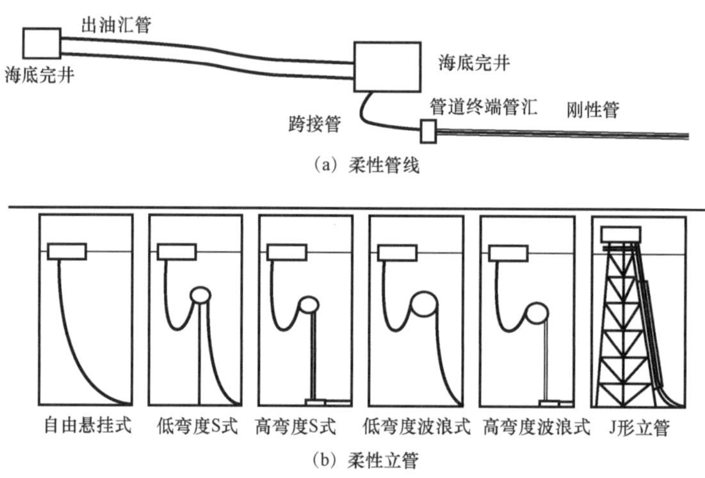

图4.1　柔性管线和柔性立管

尽管柔性管线材料费用高，约为一条同等钢管线费用的5～6倍，但这种管线铺设费用较低且铺设较快，可以用改装的驳船或钻井船安装。使用专用铺管船，管线安装速度可以达到500m/h。在边远地区，调用常规铺管船的费用在总工程造价中比例十分可观，这种情况下采用柔性管好一些。柔性管用于检测、翻新和其他服务后还可以对其进行回收。

与柔性管相关的标准不如刚性管多，可用的有：API，Veritec和IP准则。

4.1.5.1小节讨论介绍柔性管，4.1.5.2小节介绍了一种不常用的非金属混合物制造的管道。

4.1.5.1　柔性管

4.1.5.1.1　设计与制造

柔性管的设计和制造过程与钢管不同。制造商负责柔性管的设计、加工，而且通常也负责安装。

柔性管采用复合材料，由多个同轴的金属层和聚合热塑材料层按一定顺序复合而成。每一层具有特定的功能，而各层的使用取决于管子是否是黏结的。海底管道和立管是黏结的。如图4.2所示为柔性管和柔性立管的建造示意图。将管子旋转，从里到外主要层次有：骨架、内衬、承载内压和纵向应力的层以及一个外保护套。

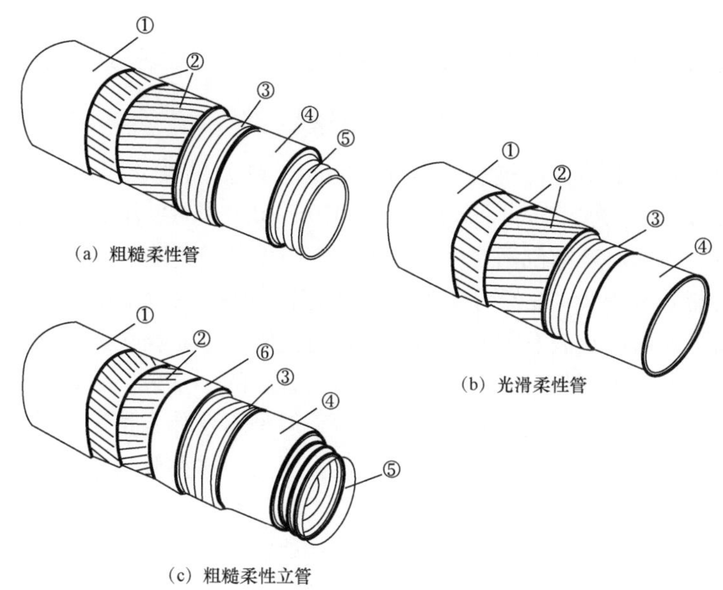

(a) 粗糙柔性管　(b) 光滑柔性管　(c) 粗糙柔性立管

图 4.2　柔性管和柔性立管的建造示意图
①外保护套；②纵向应力承载层；③环向应力承载层；
④ 热塑性管道内衬；⑤骨架；⑥第二层热塑性内衬

附加的外层可用于降低输送酸性流体时的气体渗透性，或通过改善钢圈间的运动提高柔性立管的灵活性，或从外部改善保温性。以下详细介绍各层材料。

(1) 骨架。

骨架是一条盘旋缠绕的连锁金属条，允许所运输的流体通过。骨架不是气密或密封的，但是，当它暴露在烃类流体中时，内衬会膨胀，在一定程度上密封骨架。在运行中，它也限制了内衬的热膨胀和化学膨胀。骨架的作用是防止热塑管内衬因为气体膨胀或静水压力而坍塌。在低压力工况下，它可以提高管道承压能力。

在操作压力下，烃类流体中的气体和低密度成分会渗透通过可塑性管道内衬进入金属加固物的空隙中。假设管线内的压力迅速降低，这些流体会扩张，可能导致起泡甚至塑性内衬的坍塌。管线并不一定要有骨架，通常认为当气油比（GOR）在 $300m^3/m^3$ 左右或超过 $300m^3/m^3$ 时，就需要一个骨架。骨架也允许使用某些柔软的清管器通过柔性管，清除结蜡和沉积物。安装了骨架的管道称为粗糙管，没有安装骨架的则称为光滑管。

骨架是用带钢生产的，用常温成型的方法将其做成连锁的 S 形。然后将钢带绕一个心轴缠绕形成连续的柔性管。使用的典型钢是：符合 AISI 4130 的碳钢；符合 AISI 304，304L，316，316L 的奥氏体不锈钢；以及符合 UNS S31803 的双相不锈钢。骨架与管接头要绝缘，以防止管接头处的电化学腐蚀。

因为管子是绕一根轴制造而成，一条柔性管的公称直径是实际的内径。一条直径为 6in 的柔性管子实际上内径就是 6in，而一条 6in 口径的刚性钢管线实际外径可能是 6.625in，其内径会因壁厚而减小。可以制成的柔性管管径为 1～16in。

对流体而言，骨架表面比刚性钢管粗糙，这种粗糙的表面增加了流动阻力。在与刚性钢管做比较时，通常使用一个约为4的经验系数对压力降的计算进行粗略估计。西普公司提出的关系式更为精确，它用符号将内表面粗糙度 k 与内径 D 联系在一起：

$$k/D = 0.004 \tag{4.3}$$

没有内骨架的光滑管的粗糙度 k 为0.05mm。典型的刚性管粗糙度 k 为0.015～0.02mm，因此，如果 D 为250mm，k/D 是0.00006～0.00008。压力降增加会使天然驱动油藏的产量减少，因此对产液剖面产生显著影响；但增加管道直径可以减少产量的变化。

粗糙管道（指具有内骨架的管子）可以用球形清管器、聚乙烯清管器、多数双向测量盘清管器、扫线清管器以及装有钢刷的清管器进行清管。但是，为降低风险，通常更倾向于使用聚乙烯清管器来清理柔性管线。使用短体清管器的一个风险是清管器倾斜，破坏骨架和内衬，长体清管器的使用就能降低这种风险，但是不管什么情况下，清管器供应商应该事先核实清管器在柔性管结构中使用的可靠性。当然，这种管道中使用腐蚀测量清管器是没有意义的。

在光滑管线中没有骨架。这种管线是用来输送稳定原油或用作注水管线的。使用的清管器类型必须加以限制，从而避免塑料内衬受到破坏。可以用专门的具有塑料叶片的清管器和刷子清管。以高密度聚乙烯（HDPE）和尼龙为基底的光滑管虽然对机械损伤敏感，但比钢管耐腐蚀，通常在水—沙泥浆中的损伤约为钢管的1/7。碳氟化合物材料相对柔软且易腐蚀。

（2）内衬。

内衬容纳烃类流体。内衬是用高密度聚乙烯、尼龙和氟化聚合物制成的。决定柔性管线使用年限的因素是老化，老化是管子与烃流组分发生反应导致的。服役温度是老化速率的主要影响因素，因此，聚合物的选择主要取决于服役温度。对于低温或低含水量流体，使用高密度聚乙烯（HDPE）和聚酰胺（尼龙）。这两种材料适用的温度分别为65℃和95℃左右，但是确切温度取决于制造的细节，制造商应随时确认。在温度较高（达到130℃）且含水量较高的流体中，需要一种稳定性更好的内衬，合适的材料是可挤压氟化聚合物，比如聚偏二氟乙烯（PVDF）。HDPE适用的最低温度为－50℃，尼龙和氟化聚合物的最低温度为－20℃。表4.1列出了热塑内衬材料的机械性能。

表4.1　热塑内衬材料的机械性质

材料	密度 kg/cm^3	耐热性 ℃	热导率 W/（m·℃）	抗拉强度 MPa	抗弯模数 MPa
尼龙11	1050	油100	0.33	350	300
		水65			
高密度聚乙烯	940	水65	0.41	800	700
碳氟化合物PVDF（偏聚二氟乙烯）	1600	油130	0.19	700	900
		水130			

热塑性塑料对于低分子量烃而言是可渗透的。在运行过程中，不断有气体通过内衬扩散到钢质承压层里的空隙中。扩散的速率可以用下面的关系式计算：

$$q = \frac{KS\Delta p}{t} \tag{4.4}$$

式中　q——气体渗透率，m^3/s；

K——渗透系数，$m^3/(m \cdot bar \cdot s)$；

t——护套厚度，m；

S——热塑性护套的表面积，m^2；

Δp——穿过塑料的压力差，bar。

渗透系数取决于塑性内衬材料和特定气体的性质。表 4.2 中给出了在 50℃时几种材料对于甲烷气体的渗透系数值，渗透系数随温度变化。

表 4.2　50℃时内衬材料对甲烷的渗透性

材料	渗透系数 K，$m^3/(m \cdot bar \cdot s)$
高密度聚乙烯	1.5×10^{-6}
低密度聚乙烯	5×10^{-6}
尼龙	0.45×10^{-6}
PVDF（偏聚二氟乙烯）	0.1×10^{-6}

护套中的气压增大时，会通过安装在末端连接器上的单向泄气阀排出，或者在紧急情况下，通过安装在外保护套内的安全隔板排出。设置泄气阀是为了在气体压力超过当地静水压力 3～5bar❶ 时排出气体。因为温度较低且压差较小，所以气体通过外护套的渗透性很低。安全隔板是指在外保护套上适当的位置钻出深为 16mm 的非贯穿钻孔，留下 2mm 厚的薄膜。当压差超过 10bar 的时候这个膜会打开。泄气阀的位置和安全隔板的尺寸如图 4.3所示。

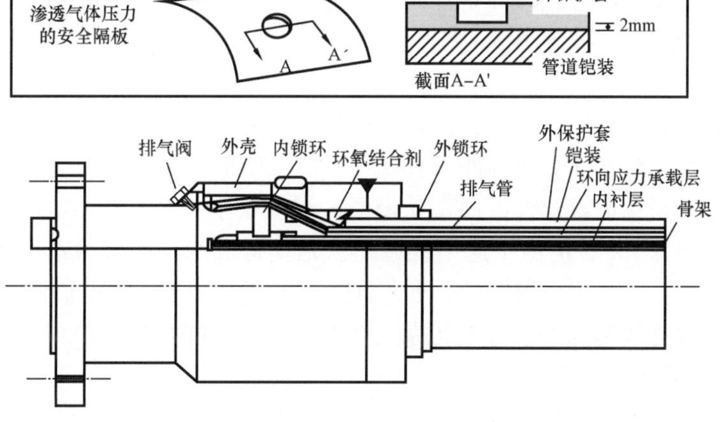

图 4.3　柔性管的护套压力释放系统示意图

❶　1bar = 10^5 Pa。

由于不同气体的渗透参数不同，且随着相对分子质量和分子尺寸的减小而增大，二氧化碳和硫化氢的渗透性低于甲烷。因此，在护套缝隙中的腐蚀性气体少量富集。在酸性服役条件下计算时，这个因素必须考虑。

当管线中的内压突然降低时，所有塑料都有起泡和爆炸性解压的风险。溶解在塑料中的气体膨胀，来不及扩散出塑料，导致内部起泡和塑料的机械破坏。尼龙和碳氟化合物的气体溶解度较低，不太可能出现这种破坏。但最好能限制材料变形速率。

（3）内部承压。

内压是由缠绕在热塑性管道内衬上的一系列同心钢丝承受的。有些早期的柔性管用纺织品加固。第一层是钢，将其挤压成横向的细长 Z 形，短距缠绕使 Z 形臂互锁，以防止横向移动。在管道安装期间，管内是空的，这一层用于抵抗外部静水压力，同时也抵抗管径收缩产生的力。在安装期间，管道从铺管船上悬吊下来时，管道延长，外部交叉绕线变紧，会发生管径收缩。箍层是用定形过的钢做成的，能使毗连线圈间互锁。

为了抵御外加载荷和冲击，并限制纵向延伸，内压承载层外至少覆盖两个铠装层。铠装线可能是圆形的或扁平的钢条，围着内部铠装层呈交叉螺旋状长距缠绕。用相反的螺旋线来平衡张力，螺旋线缠绕角度取决于管线的服役压力，范围为 15°~35°。各层如图 4.2 所示。

所用的钢厚度、管径以及设计压力决定了屈服强度。通常为了使所需的钢质量最小化，会采用高强度的高碳钢，但是对于酸性环境，钢的强度可能需要加以限制。钢的最终抗拉强度范围会在 800~1400MPa 之间。设计压力有上限，其通常范围从 20MPa（16in 口径管）到 100MPa 以上（2in 口径管）。酸性环境服役的限制会使设计压力降低约 25%~30%。

铠装线是电学连续的，并且焊接在端头配件上，以保持电学连续性，从而保证阴极保护（CP）系统在整个管线上有效。为了减少钢铠装线的腐蚀破坏，在钢层之间设有塑料内层，这对于承受循环疲劳载荷的立管而言尤为重要，所使用的热塑性塑料通常是与管道内衬所用的塑料相同。

（4）外保护套。

为了防止钢铠装发生外部腐蚀，在其上覆盖一层热熔成型的塑料保护套。由于具有好的附着性、延展性、耐磨性、电性能以及低吸水性，HDPE 成为最常用的材料。

采用阴极保护来保护管道外保护套受损的区域。对于一个 CP 系统的设计计算，通常推荐覆盖层脱落值为 1%，但由于这个区域是由钢丝构成的，暴露的钢面积等效于 3% 裸钢面积。端头配件常常是无电镀镍的，如果是这种情况，计算 CP 电流需要时必须把端头配件的总面积等效为裸钢面积。通常的做法是在端头配件的镍镀层外用环氧树脂涂层覆盖，从而减少 CP 系统的消耗。

牺牲阳极不能沿管线安装，因为在安装过程中外保护层有被阳极破坏和撕裂的风险。手镯形阳极被集中在端头配件处，链接在一起以实现电学连续。柔性管的牺牲阴极保护如图 4.4 所示。

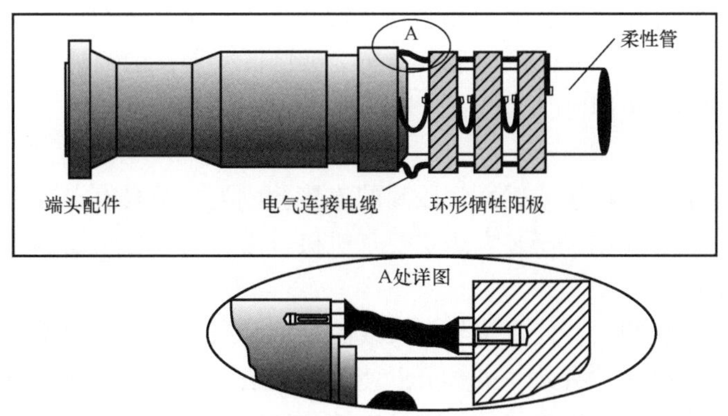

图 4.4　柔性管的牺牲阴极保护示意图

如果需要附加保温，则附加的绝缘泡沫塑料层可以预制成手镯形，通过外部缠绕，或者采用一种或多种胶带层螺旋缠绕管子的形式予以固定。保温效果取决于泡沫的密度和厚度。当保护套直径扩大 7.5% 时，管线的弯曲半径最小，随着保温层厚度的增加，弯曲半径会显著增加。可以将伴热合并到外铠装布线中，与隔热配合使用。

（5）管道长度。

整体生产管线的长度是由管径和管道重量决定的。管道被缠绕在卷筒或圆盘传送带上，而卷轴和圆盘传送带的容量是有限的。通常装配车间的起吊能力也限制了船运到现场进行敷设的卷筒尺寸和重量。一般来讲，重量是决定长度的主要因素，但对于大口径管线，限制因素可能是管道的体积。对于相同的管径和压力，柔性管通常比刚性钢质管线重。超高压管线包含更多的钢线圈，因此，需要制造成较短的管段。某生产商给出的典型伴热柔性管参数在表 4.3 中给出。对于那些受体积限制的管子，卷筒尺寸可能稍有增加。

表 4.3　典型伴热柔性管参数

内径 in	最大设计压力 bar	最大坍塌压力 bar	最大单根长度 m	空气中的空重 kg/m	水中的空重 kg/m
2	1380	500	17000	11 ~ 37	5 ~ 27
4	1170	400	12000	20 ~ 102	5.5 ~ 72
6	1010	300	6450	29 ~ 208	1.5 ~ 144
8	815	300	15000	43 ~ 263	−4 ~ 173
10	670	300	11000	62 ~ 331	−10 ~ 207
12	580	300	7000	102 ~ 401	−8 ~ 238
14	500	230	5000	133 ~ 464	−15 ~ 255
16	440	190	4600	172 ~ 528	−22 ~ 270
19	200	67	2600	240 ~ 420	−38 ~ 134

注：柔性管包装和储存会受到其质量或体积的限制。柔性管的包装方法有两种：卷轴包装和旋转货架包装。

短管段可以连接起来生产长的输油管线。目前在北海中安装的最大单根管段长度约为30km（壳牌纳尔逊公司），但已经有了一些连接后总长度更长的输油管管段（例如：壳牌Draugen公司有50km，AGIP托尼公司和Saga Snore公司各有34km）。

（6）末端连接。

柔性管与固定末端的连接或柔性管段间的连接会成为一个具有潜在劣势的区域，设计和安装连接器时一定要谨慎。安装方法主要是机械方法，用楔形装置插入终端部件中，用环氧接合剂填满缝隙。

接合器处插入一块塑料，使骨架与钢质线圈及铠装层电绝缘。钢质铠装层与末端配件电学连接，以保证阴极保护有效。虽然可以使用固定法兰，但在多数情况下，末端配件间的连接是用转动法兰进行螺栓连接的。末端连接器通常是碳锰钢（如AISI 4130），用镀层厚度为150μm的无电镀镍层防止其内外腐蚀。在无电镀镍层中加入磷，并通过热处理增加镍向基底钢内扩散，从而减轻涂层内应力，这样可以得到最佳的耐腐蚀性能和机械性能。

对于恶劣条件下的服役，上述连接可以采用内部焊接方式，并用铬镍铁合金625或其他类似的耐腐蚀合金（CRA）堆焊，另外，也可用刚性CRA连接器（如双相不锈钢）。立管的上端装设快速释放接头，这些接头靠水力激活。

如管道间的接头是在岸上制作的，在管道铺设在海底前必须经过测试。测试采用反向压力技术完成，具体方法是在预制连接点处施加外部液压。一旦全部管线铺设完成，就用常规方法进行压力测试。

立管可以承受的弯曲必须加以限制，从而避免立管吊架上柔性管与终端接头的过渡点处的管道破坏。在末端装置中附加圆锥形弯曲增强板，从而保证立管不会过度弯曲而受到过大的压力。如果安装过程中有过度弯曲管道的风险，可以对管线使用类似的增强板。

如果柔性管将掩埋于沉淀物中，且排气阀靠近螺栓，那么用于连接末端装置的螺栓需要满足一定的要求。NACE MR 0175规定，如果螺栓在封闭并含有硫化氢的空间里，则需要使用适于酸性环境的螺栓。

4.1.5.1.2 内腐蚀

管道骨架与产出流体接触，可能会发生腐蚀。骨架是用碳钢、奥氏体不锈钢和双相钢制成，也可使用特殊材料，如Inconel 625。因为骨架不是真正的结构元件，它可以允许少量腐蚀，但过度腐蚀可能会影响它的功能。局部点蚀可以接受，但沿整个管线的纵向腐蚀或连续点蚀会降低骨架抵抗坍塌的强度。

人们会认为管道骨架的腐蚀速率与相同材料制成的刚性管腐蚀速率类似，但由于粗糙度增加导致扰动增加，管道骨架的腐蚀速率相对要大一些。化学抑制剂效率也较差，因为管道骨架互锁处的缝隙使得骨架不如裸露材料的腐蚀抑制效果好。因此，通常为了使腐蚀速率与刚性管材料等效，需要增加约20%抑制剂，否则，腐蚀抑制效率会下降到70%～85%。

不锈钢是耐内腐蚀的，因此尽管这些骨架会发生局部点蚀，但材料表现出的分散式腐蚀很少或几乎没有。但是，如果流体充气，这些材料会被严重点蚀，例如，如果含有氯化物的流体充气且温度超过50℃，则材料会发生氯化物应力腐蚀开裂。由于这些原因，应对充气海水和卤水或其他含有氯化物的工作介质的引入进行控制。如果存在任何充气海水引入热管线的风险，则需要规定使用双相不锈钢骨架。骨架材料的耐腐蚀性排序为：1430 钢 < 304 型钢 < 316 型钢 < 双相钢。

塑料管内衬的降解取决于输送流体的成分和运行温度。表 4.4 中给出了不同热塑材料的热阻性能。单从温度的角度来看，材料热阻性能排序为：HDPE < 尼龙 < 碳氟化合物。但这个顺序并不是固定的，它会随特定的流体成分而改变。

表 4.4 热塑材料的热阻性能

材料	HDPE	尼龙	碳氟化合物
原油	差	好	好
酸气	差	好	好
稳定原油	中等	好	好
海水	好	好	好
甲醇	好	中等	好
酸类	好	差—中等	好

4.1.5.1.3 酸性服役

对于酸性服役，通常规定钢筋要达到 NACE MR 0175 的要求（使用 ISO 15156 规范可能更好，因为它对于非裂缝范畴的定义比 NACE 规范更为广泛）。通常认为流体中硫化氢含量的临界值为 100mg/m^3。硫化氢很容易穿过塑料内衬，进入气体扩散空间。如前述，硫化物出现在金属表面，增加了渗透进入钢中的氢气，这与刚性管线钢相同。按照 NACE MR 0175 的要求，要限制所采用的钢的抗拉强度，因此，对于一个给定的压力等级，需增加铠装的横截面积。横截面积的增加会增大管子的质量，从而减小了可以安装在一个卷筒上的单根管段长度，增加了制造费用和安装耗时。如果不增加铠装的横截面积，较低强度钢的使用会使最大设计压力减少 25% ~30%。

从腐蚀的角度来看，柔性管线发生硫化物应力开裂（SSC）的风险应该远低于同样硫化氢浓度下的刚性管线。硫化物可以穿过内衬迁移，导致硫化氢在钢筋内外聚集。铠装系统压力被限制在高出静压头 5bar 左右，这是为泄气阀设置的最大压力值；因此，系统中的硫化氢分压会比管中的硫化氢分压低。这明显降低了 SSC 风险，除非管线在深水中输送的流体疏化氢含量很高，压力很大，且内衬具有渗透性。如有可能，增设一个防止渗透的装置比使用符合 NACE MR 0175 的较低强度钢更节约成本。

4.1.5.1.4 外部腐蚀

一旦外护套穿孔，承压铠装内的钢很容易被腐蚀。正常条件下，外护套保持完整，铠装线圈是干的，不会发生腐蚀。如果海水进入，通过管道内衬渗透出来的酸性气体会与水和残留氧气结合，形成潜在的腐蚀条件。沿管线远离保护层破损处的方向，腐蚀特性变化很快。在缺陷处，因为能够得到氧气，会形成一个活跃区域，但这个区域的阴极保护系统是有效的。在离破损区域较远的地方，腐蚀发生率与海水中酸性气体浓度有关，而阴极保护电流无法到达这个区域。

腐蚀的范围和持续时间取决于外护套受到的破坏等级。小面积的破坏应该可以自动密封，因为阴极保护电流会导致产生石灰质沉淀，石灰质沉淀与腐蚀产物会一起堵住较小保护层缺陷。较大面积的破坏不可能自愈，而会继续腐蚀。腐蚀速率取决于管线的特定运行条件和服役环境，考虑到较大的暴露面积会允许较高密度的阴极保护电流进入，腐蚀应该不会很严重。阴极保护检查可以识别出大面积的保护层破坏。

CP 可以加强外护套所提供的保护。目前已有的标准和操作规程并未给出柔性管外护套破坏的预期量。某供应商选用的保护层破坏量为 1%，等效于裸钢的 3%。以此为基础进行 CP 设计。其他 CP 设计值，通常对暴露条件和掩埋条件下的刚性管线分别取 80～120mA/m^2和 25～50mA/m^2。电流密度需根据输油管线操作温度调整。牺牲阳极安装在管道末端的端部接头上。

4.1.5.1.5 柔性管的失效模式

管道的常规失效模式有：

（1）黏合组件脱胶。

（2）内件的侵蚀和磨损。

（3）腐蚀和疲劳失效。

可能的失效模式可以根据管道的预期服役情况确定，而脱胶可能发生在任何服役条件下。现有的检测技术很难对脱胶进行评估。一旦管道开始服役，检测将变得困难。因此，人们一直努力选择合适的管道，保证其在预期的条件下达到预期的效果，尽可能使管道投入使用后没有缺陷。很多监管部门要求每 6 年对柔性管进行一次水压试验以证明其可用性。

柔性立管可能发生疲劳。运动导致各钢层间的磨损和钢质线圈的局部磨损。磨损点的应力增大降低了这些变薄区域的耐疲劳性能。钢质铠装层间的润滑以及热塑性材料防磨层的引入可以减少磨损。立管的使用年限通常不超过 15 年，用到 15 年后会拆下立管进行检验，如有必要则进行更换。

4.1.5.1.6 柔性管的检测

常规检测技术是针对刚性管道研发的，很难沿用到复合材料检测中，因此柔性管服役期间的检测受到限制。不能使用装有检测设备的清管器，因为柔性管的多层构造使得超声波检测不能给出准确的信息。替代方法是将检测设备安装在管线中，这样管道中的情况就能从检测设备的数据推测出来。应尽可能将检测设备安装在工程研究中认定的关键区域，但有些检测设备可以改装。上述仪表给出的是间接数据，包括：

（1）压降或流量监控器。

（2）称重传感器。

（3）压力传感器。

（4）倾角仪。

（5）末端部件的无损检测器。

传统的检测技术经过改造，可以用于服役前和服役中的柔性管检测，包括：

（1）外观检查。

（2）静水压力测试。

（3）用软清管器确认管道中有无阻塞物。

（4）连接装置的无损检测。

（5）结构性载荷影响的模拟。

以下几项技术能否应用于复合材料检测还在评估中：

（1）热红外成像。

（2）建造过程中的实时射线检查。

（3）超声波检测。

（4）放射性同位素检漏。

（5）放射性同位素泄漏探测。

（6）全息成像和激光成像。

（7）阻抗测量。

（8）光纤传感器金属丝。

骨架的腐蚀可以根据管线的易接近部分的常规腐蚀监测信息来推测，比如在井口或接收平台上。外部破损可以通过使用常规 CP 监测技术进行评估。

4.1.5.2　复合管道

目前，已经可以使用复合材料制造整个管道，如用玻璃纤维、碳化纤维或氮化硅强化的环氧基树脂。这种方式可以在利用纤维高强度特性的同时避免腐蚀。

这种类型的材料广泛应用在汽车和航空航天行业，以及要求高强度重量比的特殊应用中。但是，无论海上还是陆地石油管道行业，几乎都没有采用复合材料，个别使用复合材料也主要集中在海水注入系统。在阿尔及利亚建造了一条直径 28in 的纤维加强环氧树脂原油管道，用来代替一条由于腐蚀已经失效的钢管道，普遍认为其运行情况令人满意。阿曼石油开发公司（PDO）已经在阿曼境内建造了一条直径 18in，长 30km 的玻璃加强环氧树脂管道，用于运输含水量较高的原油。大管径的玻璃纤维加强环氧树脂管可用作出口和入口管，但需在压力和环境温度适中的条件下运行。

复合材料不受宠的原因与生产成本和有限的生产能力有关。对于给定的压力和管径，生产一条复合管线的成本比生产一条等效钢质管线的成本要高，但如果能开拓更广阔的复合材料市场，成本可能会下降。

复合管间的接头很重要。接头可以用胶合的或压制的套管制成各种形状，但每种方法都有不足之处，而且检查过程受到限制。目前，已证实对接和焊接方法最为可靠，但是比可换接头的机械强度低。

人们更希望将复合材料的耐腐蚀性与钢的强度和经济性结合。一种方法是将一个塑料内衬膨胀到一条预先焊接好的钢管内；另一种方法是将高强度的钢带缠绕在一条聚合物或复合材料管子上。在沙特阿拉伯和阿拉伯联合酋长国广泛应用的一种陆上生产输水管道的方法，可能适用于海底管道，即在无缝钢管内加玻璃加强环氧树脂内衬。接头处是靠水力将管道末端压入专用配件中，配件中有内部非金属垫圈并用环氧树脂作为润滑剂。管道末端屈曲，而较重的配件保持弹性。对于高压运行环境，上述方法比单纯使用复合材料更具有吸引力。但是，多数人不认为在中低压配气管网中聚乙烯材料会很快代替铸铁，这可能有些过度悲观。

4.2 管件

海底管道常用管件包括弯头、阀门、法兰、三通等。

4.2.1 弯头

为满足线路走向的设计要求，海底管道通常需要转弯来改变方向。管道转弯有水平和竖直两种转向方式，主要通过加装弯头或弯管等方法来实现。

对于低强度管道需要的弯头，虽然制作简单，壁厚质量可靠，能较好地满足管道的受力要求和管道工程建设的需要，但在实际使用中，弯头与直管段对口连接时，其对口间隙、错边量难以达到设计施工的要求，需要进行难度较大的现场处理，影响焊接质量。

对于大口径、高强度管道钢所需要的弯头，我国目前尚不能生产，弯头只能用于中、小口径低强度的管道中。随着管道技术的发展，20 世纪 70 年代以后控轧高强钢热煨弯管在日本开始得到广泛应用，90 年代以后，国内引进了热煨弯管机及其生产工艺，并通过在陕京输气管道工程中的成功应用，证明热煨弯管可以取代弯头，普遍用于以后各类管道工程的建设中。

热煨弯管是在工厂用热煨弯管机弯制成型的，热煨弯管机的主要工艺配置有中频加热线圈、推进装置、夹头、冷却装置、摇臂、变速箱、控制盘和变压器等，其工作原理是在利用中频加热线圈将钢管加热的同时，向前推动推进装置，摇臂牵引钢管转动，冷却装置采用水冷或风冷方法来降低钢管的温度，使热煨弯管定型。该加工方法主要通过调整热煨弯管机的加热温度、推进速度和冷却速度来控制其质量。

由于热煨弯管为高温弯制（目前国内热煨弯管加热温度为 800 ~ 1000℃），弯管推力较小，弯制不同管径的钢管只需更换夹头和加热线圈。弯制过程中对加热温度及推进速度的控制，只需调节控制盘上的电压、电流和推进速度便可，整个热煨弯管弯制过程的操作非常便利，生产效率较高，不同管径和壁厚的钢管在弯管机允许的范围内可任意调节，与冷弯弯管相比，热煨弯管有以下几方面的优势。

（1）热煨弯管质量较好，管口的圆度、整体平面度和弯曲角度较好，弯曲段内侧光滑，尤其是弯曲段内无波浪形褶皱。

（2）热煨弯管留有近 600mm 长的直管段，利于开坡口、对口的连接和整形。

（3）热煨弯管经外观检测、射线探伤检查合格后还进行了必要的热处理，有效地消除了热煨弯制过程中产生的残余应力，保证了弯管的受力性能与设计值的一致性。

（4）热煨弯管选用的直管强度通常比设计要求的弯管强度高 50 ~ 70MPa，有效地避免了包辛格效应的影响。

（5）热煨弯管采用的直管壁厚大于设计的弯管壁厚，使得弯管生产的减薄率控制在规定值 10% 以下（通常控制在 8% 以下），有效地保证了弯管质量符合设计要求。

（6）热煨弯管适应性强，弯管角度大，在 0° ~ 90°范围内可任意进行热煨弯制。

（7）热煨弯管生产效率较高，其弯制速度达到（1° ~ 2°）/min 以上，与冷弯弯管弯制速度（0.2° ~ 0.5°）/min 相比，提高近 4 倍。

在实际应用中，为保证热煨弯管质量达到最优，还须做好以下几方面的工作：

（1）不同管径、不同壁厚的钢管在煨管生产前应进行工艺评定，确定出最佳的煨制温度、推进速度和冷却速度，并严格按照工艺评定的最佳要求进行生产和监督。

（2）严格按照钢管运输要求进行吊装和运输。

4.2.2　阀门

阀门是介质流通系统或压力系统中的一种设施，它用于调节介质的流量或压力，其功能包括切断或接通介质、控制流量、改变介质流向、防止介质回流、控制压力或泄放压力。

4.2.2.1　海上常用阀门

（1）球阀。

球阀的阀瓣为一中间有通道的球体，球体环绕自己的轴心作 90°旋转以达到启闭，与球体相匹配的阀座为圆形，故在圆周上的密封压力是相同的，具有快速启闭的特点。一般用于需要快速启闭或要求阻力小的工况，主要用于烃类、水、空气等介质。

球阀有两种，即浮球式球阀和耳轴式球阀。浮球式球阀在高压或者大管径条件下会产生高操作力矩，但是密封性好一些；而耳轴式球阀转动比较容易，但是密封性相对来说不太好。因此要综合考虑，权衡利弊，选择合适的类型。

球阀不适用于节流，因为当阀部分打开时，其密封表面会暴露在处理流体中而受到损坏。

当操作温度为 −29 ~ 82℃（−20 ~ 180℉）时，大部分手动（开启和关闭）球阀适应于烃及公用系统的作业中；在 82℃（180℉）以上温度使用球阀时，要仔细考虑软密封材料的温度限制。

对于关键性的作业，应考虑购买装有球座和阀杆润滑配件的球阀，因为润滑可以防止轻微渗漏，减小操作力矩，如果需要阀具有关断和泄放两个功能，则应提供独立于润滑配件的球体泄放孔。

（2）闸阀。

闸阀的启闭件是阀板，阀板的运动方向与流体流动方向垂直。闸阀的通道通常是全径通道，压降很小。大部分闸阀采用强制密封，即阀门关闭时，要依靠外力强行将阀板压向阀座，以保证密封面的密封性。

闸阀广泛地用于各种介质的启闭，在所有的温度范围内适应于大多数的开关作业。无振动烃类以及公用设施中使用闸阀。闸阀具有没有 90°旋转、动作方便的操作特点。

对于公称直径大于或等于 2in 的手动操作闸阀，应配备弹性闸板或膨胀闸板。

不推荐使用无保护的明杆闸阀。因为海上环境会腐蚀暴露的阀杆及螺纹，使操作困难而且易损害阀杆密封。

带有反向作用板的闸阀适应于自动关断系统操作。对于这些阀门可用简单的推拉操作器，因此避免了通常球阀和旋塞阀所要求的复杂的操纵杆凸轮。闸阀上所有的带有动力操作器的可动部分可以封闭起来，消除了由于油漆和腐蚀产物造成的污染。

当闸阀部分开启时，在阀板背面会产生涡流，易引起阀板的侵蚀和振动，也易损坏阀座的密封面，因此，闸阀不能用于节流，尤其是对于含砂的流体。

闸阀一般作为关断用。

（3）旋塞阀。

旋塞阀是一种比较简单的阀门，其关闭件呈柱塞状，通过 90°旋转使旋塞上的接口与阀体上的接口相合或分开。旋塞的形状可以是圆柱形或圆锥形。该种阀门具有流体直流通过阻力降小和启闭方便、迅速等特点。

旋塞阀和球阀的使用范围一样，而且使用温度限制也相似。具有90°旋转操作的旋塞阀有润滑和非润滑两种设计。润滑型的旋塞阀必须定期加油润滑，使其密封性良好，而且易于操作，加油的次数取决于使用条件。其润滑功能可防止阀门卡阻。在非润滑设计中，旋塞阀的密封是用特氟隆、尼龙和其他软材料完成的。这种设计不需要经常维护润滑，但是当其长时间设置在一个位置以后，再旋转就较为困难。基于这些特点，要根据具体的使用环境（条件）选择阀门。

旋塞阀一般用作关断及分流。

（4）蝶阀。

蝶阀的启闭件是一个圆盘形的阀板，在阀体内绕自身的轴线旋转，从而启闭或调节阀门开度。蝶阀全开或全闭通常是阀板旋转90°，蝶阀的阀杆和阀板本身没有自锁能力；为了使阀板定位，在用于阀门开闭的手轮、蜗轮蜗杆或执行机构上需加有定位装置，使阀板在任何开度均可定住，还能改善蝶阀的操作特性。

普通的蝶阀适用于粗略的节流和那些不要求密封关断的作业。普通的蝶阀（非高性能）要做到无泄漏密封是比较困难的，它们不适合用作容器、罐等的重要关断阀。在需要严格密封的场合应使用高性能的蝶阀或限用于低压差、低温［51℃（123.8℉）］场合。因为只需小的力矩就能使蝶阀振动开启，所以手柄应配备锁定装置。

（5）截止阀。

截止阀的启闭件是塞形阀瓣，密封面呈平面或锥面；截止阀的阀座垂直于流体流向，阀瓣随流体的中心线做直线运动。流体经过阀门时有方向的改变，因而阻力较大；由于流体流经阀座时，座上易沉降固体而影响密封性，所以一般不用于带悬浮固体的流体。

根据阀瓣的特性，通过阀座的流量变化与阀瓣行程成正比关系，这种比例关系非常适用于对流量的调节，因此，截止阀主要用于流量控制（如控制阀的旁通管路）。

角阀、针形阀是截止阀的变形产品。针形阀常常用作仪表和压力表的关断阀，用于仪表中空气、天然气和液压流体的小流量节流，还用于减小仪表管道的压力波动。针形阀的通道很小，容易堵塞，在使用时要考虑这一点。

（6）止回阀。

止回阀靠介质流动的力量自行开启或关闭，以防止介质倒流，常用于需要防止流体逆向流动的场所。止回阀常安装在泵和压缩机的出口，以使多个泵或压缩机并联时，防止备用泵或压缩机的反转；止回阀还用在为管道的压力可能超过主系统压力的辅助系统提供补给的管路上。

止回阀的结构主要有旋启式、升降式和蝶式3种。旋启式有单瓣式、双瓣式、多瓣式和分离圆盘式等；升降式有球式、活塞式等结构；蝶式为直通式。

旋启式止回阀具有脏物和黏性物质不妨碍其转动的特点，阻力降小于升降式，但密封性能不如升降式，适应于低流速和非波动情况，不宜用于脉动流。旋启式止回阀一般安装在水平管道上；若应用在竖直管道上（流动方向向上），阀内有一个停止块来防止阀瓣超过上死点而打开。旋启式止回阀不能用于流动方向向下的竖直管道上。若用于低波动、低流速的场合，旋启式止回阀将发生振动而且最终将损害其密封表面。为了延长使用寿命，阀瓣上可以加一层钨铬钴合金。为了减少阀座的泄漏，应使用弹性密封。应优先选用可拆卸的阀座，因为它们容易维修，而且便于更换阀中的密封件。旋启式止回阀应选用螺栓连接的阀盖，以便检查和修理阀瓣和阀座。在许多情况下，管道上可修理的高压旋启式止回阀的最小尺寸可以是 2½in 或 3in。

薄型设计的旋启式止回阀（节省空间）适应于安装在 2 个法兰之间。这种类型的止回阀正常时不全开，并且修理时需要从管道上拆卸下来。

分离圆盘式旋启式止回阀是旋启式止回阀设计上的一种变化形式，执行关闭的弹簧可能由于冲蚀或腐蚀而很快被破坏。

升降式止回阀阀瓣垂直于阀座，密封性比旋启式好，阻力比旋启式大，只能应用于小口径、高压管道上处理清洁的流体。升降式止回阀能够用于水平管道或竖直的管道上，但不能与旋启式止回阀互换。因为升降式止回阀通常靠重力来操作，因此它们可能受到石蜡或者碎片影响而产生堵塞。

球形止回阀与升降式止回阀非常类似。由于球是由液体浮力举升，所以这种类型的止回阀并没有旋启式止回阀那种阀瓣关闭撞击的倾向。因此，在不大于 2in 的管道中，对于频繁地改变流向的清洁流体是比较适用的。

活塞式止回阀推荐用在流量波动的管道中，如往复式的压缩机和泵的出口管道。它们不适合用在流体含沙或杂质的管道上。活塞式止回阀装配有一块孔板来控制活塞的活动，用于液体的孔板要比用于气体的孔板大得多。为气体管道设计的活塞式止回阀不能用于液体作业，除非更换活塞中的孔板。

4.2.2.2　阀门的选择

阀门选用一般要考虑以下几点：

（1）阀门功能。

选用阀门时首先应考虑的是阀门的功能，如阀门是用于切断还是用于调节流量。若只是切断用，除考虑是否关得很严，一点也不许泄漏外，还需考虑有无快速切断的要求。每种阀门都有其适用的场合和特性，要根据功能选用合适的阀门。

阀门用于控制介质的切断或流动。不同结构的阀门对介质切断和控制的性能是不同的。当阀门用于切断时，常选用流动阻力较小、流道为直通的阀门；当阀门用于控制流量时，往往选用易于调节流量的阀门，介质流经这种阀门时的压降会比较大。

（2）输送流体的性质。

阀门是用于控制流体的，而流体的性质各种各样，如液体、气体、蒸气、浆液、悬浮液、黏稠液等，有的流体还带有固体颗粒、粉尘及化学物质等。因此，在选用阀门时，先要了解流体的性质，如流体中是否含有固体悬浮物，液态流动时是否可能产生气体，在哪里汽化，气态流动时是否会液化，在哪里液化，流体的腐蚀性如何等。考虑流体的腐蚀性时要注意几种物质的混合物，其腐蚀性与单一组成时往往是完全不同的。

（3）常用阀门类型的选择。

阀门类型的选择一般应根据介质的性质、操作条件及其对阀门的要求等因素确定。表 4.5列出了各类阀门的适用范围，可作为阀门类型选择的参考。

表4.5　阀门类型选用表

介质状态	介质性质	阀功能	阀门形式	说明
液体	无腐蚀性介质（油、水等）	开/关	闸阀	
			球阀	
			旋塞阀	
			隔膜阀	用于油品输送时，不可用天然橡胶
			蝶阀	用于水输送
		调节	截止阀	
			蝶阀	用于水输送
			旋塞阀	
			隔膜阀	用于油品输送时，不可用天然橡胶
			针形阀	只用于小流量
	腐蚀性介质（酸、碱等）	开/关	闸阀	抗腐蚀（明杆带支架，波旋纹管密封）
			球阀	抗腐蚀（衬里）
			旋止阀	抗腐蚀（润滑，衬里）
			隔膜阀	抗腐蚀（衬里）
			蝶阀	抗腐蚀（衬里）
		调节	截止阀	抗腐蚀（明杆带支架，隔膜或波纹管密封）
			蝶阀	抗腐蚀（衬里）
			旋塞阀	抗腐蚀（衬里）
			隔膜阀	抗腐蚀（衬里）
气体	无腐蚀性介质	开/关	闸阀	
			球阀	
			截止阀	选用合适的阀芯
			旋塞阀	不适用蒸汽
			隔膜阀	不适用蒸汽
		调节	截止阀	
			闸阀	单阀座
			隔膜阀	不适用蒸汽
			针形阀	只用于小流量
	腐蚀性介质（酸性气体等）	开/关	球阀	抗腐蚀
			旋塞阀	抗腐蚀
			隔膜阀	抗腐蚀
		调节	截止阀	抗腐蚀（明杆带支架）
			针形阀	抗腐蚀，只用于小流量
			隔膜阀	抗腐蚀（衬里）

注：由于介质的性质有很大变化，故阀门材料必须随着介质的变化而选用合适的材料。

（4）阀门尺寸。

除了上述阀门的功能、材料、形式和后文要讲到的温压等级外，阀门尺寸的正确选定也是阀门选择中的重要一环。决定阀门尺寸最简单的是阀门和管线同口径，但这样做会导致项目建设的投资控制不合理。由于阀门价格约占全部配管材料费用的一半，而阀门口径大一号，价格会升高很多，故正确地选用阀门口径是设计中重要的一环。阀门选用过小会造成介质流动不够通畅，但过大也会造成不必要的投资浪费、阀门安装困难和小流量调节困难。要根据流体的性质、流量和允许压降来决定阀门的尺寸。根据流体的流量和允许的压力损失来决定阀门的尺寸，并不是要人们选择阀门时重新校核管线尺寸合适与否，而是考虑这一口径阀门的阻力对管系是否合适。但是，装在储罐管口或容器管口直接与管口相接的阀一般应与管口同尺寸。

（5）流动阻力。

介质在管线内流动时，有一定的压力损失，其中有相当一部分是由阀门所造成的。有些阀门结构的阻力大，而有些则较小，选用时要适当考虑。流体流经不同结构的阀门时其阻力不同，通过比较相同口径阀门的流通能力 K_v 值，可知不同结构的阀门的阻力大小。

（6）温度和压力。

可根据阀门的工作压力和温度按温压表来选用阀门的温压等级。但要注意，有些阀门不是完全符合某个压力等级，虽称是某个压力等级，使用压力符合温压等级，但是由于密封材料的选用，使用温度应有限制。例如软密封的 300 号蝶阀或球阀，其允许工作压力可按 300 号温压等级选用，但受阀座软密封材料四氟乙烯的影响，其使用温度应低于 200℃。

（7）阀门的材质。

当阀门的温压等级和流体特性决定后，下面就该选择合适的材质。阀门的不同部位如阀体、阀盖、阀瓣、阀座等可能由几种不同的材质制成；一般阀体和阀的主要部件（通常指阀杆、阀瓣、阀座）是用不同材料制造的，以达到经济、耐用的最佳效果。

（8）阀门的操作和动作特性。

由于阀门的使用场合、口径、压力不同，其操作方法也会有些变化。小口径阀门常用手轮或手柄操作；随着阀门口径的增大、阀门形式的改变及使用温度和压力升高，需要用齿轮传动装置来开启阀门。有时由于阀门安装位置的要求，操作人员不便直接操作，需要链轮、延伸杆或齿轮连杆等来启闭阀门；有时还需要配用气动/液动/电动或电磁等动力执行机构，进行远距离操作或利用受控制信号进行遥控。

（9）阀门的使用寿命和检修。

有的阀门不易损坏，有的阀门很容易损坏；有的阀门便于在现场检修，有的阀门不易或无法修理。这些在选用阀门时要根据阀门的应用工况和选用阀门的特性作具体考虑。

（10）其他有关阀门选用的注意事项。

由于阀门的结构、性能、材料千变万化，各有各的使用场合，最好的途径就是参照可靠的阀门制造厂的样本选用阀门，样本中通常会说明阀门的结构、材料、通用场合和功能。但是阀门的结构和材料是否与阀门使用的介质和场合相匹配，这是买方的责任。进行阀门选择就必须熟悉现有阀门型号及其变化，还要熟悉现有的阀门标准。如果在开始选择时，根据阀门的用途选用的阀门价格太高，则需要考虑选用其他合适的型号，有时往往需要进行折中。

管道施工安装后必须按规程清洗内部，否则容易在开车时造成阀座的密封损坏；特别是软密封的蝶阀、旋塞阀和球阀阀座，在开车时往往会发现由于管道内异物的碰撞而损坏阀的密封。

4.2.2.3 阀门的连接形式

常用的阀门与管道连接形式有3种，即螺纹连接、法兰连接和焊接连接；另外，蝶阀还有对夹式连接和支耳式连接。

（1）螺纹连接。

在小口径阀上螺纹连接是常见的，它比法兰连接要经济得多。螺纹连接常用锥形的管螺纹，以保证阀门和管道连接处的密封性。管螺纹连接一般用于公称直径小于2in的阀门，且不适用于高温阀门。为了减少连接处的泄漏，有的海上平台装置在使用小口径阀螺纹连接之后，再使用密封焊。

（2）法兰连接。

法兰连接的阀门易于从管道上拆卸，适用于各种温度（－273～815℃）；由于法兰连接是由若干个螺栓来紧定的，而单个螺栓所需的紧定力矩要比用螺纹连接时的紧定力矩小，故可适用于各种压力和尺寸的阀门。

（3）焊接连接。

焊接连接阀门的优点是阀门连接处不漏，安全可靠，安装费用低廉，适用于各种温度压力的管道；但阀门焊接后难以拆下，也不适用于难以焊接的材料；一般用于使用条件比较苛刻、温度较高的场所。阀门焊接的形式有对焊和承插焊两种。承插焊阀门是在阀体上开一个比阀门连接的管道外径稍大的孔，被连接的管道插入该孔焊死。承插焊阀门一般用于公称直径小于2in的管道。由于承插焊在插口与管道间形成缝隙，因而有可能使缝隙受到某些介质的腐蚀；同时，管道振动会使连接处疲劳。因此，承插焊的使用受到规范的某些限制。对焊适用于各种形式的阀门，一般用于公称直径大于或等于2in的阀门。

（4）对夹式连接。

对夹式连接是把阀门夹在两法兰之间，利用两侧管道法兰将阀门夹住。对夹式阀门体积小、质量轻，适用于低压常温下中小口径的蝶阀。

（5）支耳式连接。

由于蝶阀阀体的长度很短，法兰连接时整个阀门和法兰成为个大铁块，故把蝶阀螺栓孔间的材料切去形成支耳，做成支耳式。支耳式蝶阀的支耳有两种结构：一种是支耳内带螺纹，法兰螺栓由两端拧入支耳内；另一种支耳内无螺纹，螺栓直接穿过支耳与螺母相连。

4.2.2.4 阀门的材料

（1）非腐蚀性场所作业。

对于无腐蚀性的场所作业，使用符合API 600，API 6A，API 6D或者ASME B16.5要求的碳钢作为阀体时，其强度、韧性和耐火性满足要求。

因为铸铁和可锻铸铁阀体抗冲击性能低，它们不能用于有烃和乙二醇的场所。非金属阀门不适用于有烃的场所，因为遇火可能会被烧坏，但它们适应于仪表或控制系统。铸铁、可锻铸铁和青铜阀体可用于有水的场所。

用于烃类作业的1/2in 或更小的针形阀应该用奥氏体不锈钢，如 A316 或 A316L。因为它们抗腐蚀而且易于操作。

在阀门中使用的弹性密封材料包括丁腈橡胶、氯丁橡胶、涤纶、氟化橡胶、特氟隆、尼龙和聚四氟乙烯（PTFE）。弹性密封材料应该仔细选择，以适应处理流体和温度。

（2）腐蚀性场所作业。

① 对于腐蚀性场所作业，一般使用经过抗腐蚀性内部处理的碳钢阀体。通常 A410 不锈钢用作内部衬里，奥氏体不锈钢如 A316 或级别更高的合金也可作内部衬里。

② 对于压力小于或等于 1400kPa（200psi 或更低）的海水场所，蝶阀用可锻铸铁作阀体，用铜架合金作阀板，用 A316 不锈钢作阀杆和用丁腈橡胶密封能满足要求。在这样的场所中使用的闸阀，其阀体应是铁，而阀内部为青铜（IBBM）。对于压力大于 1400kPa（200psi 以上）的海水场所，使用带铜铝合金内件的钢闸阀比较好。

③ 有氯化物应力破坏的作业。当选择阀内件材料的时候，应考虑到氯化物应力的破坏。含有水及氯化物的工艺流体，特别是有氧存在和温度超过 60℃（140℉）时，可能使敏感性材料产生裂纹。高合金钢和不锈钢如 AISI 300 系列的奥氏体不锈钢、沉淀硬化不锈钢和 A286（ASME A453660 级）不应采用，除非已经充分证明其适用于所推荐的环境，同时还应考虑氯化物可能集中在系统局部区域的可能性。

④ 有硫化物应力破坏的作业。阀体和阀内件的材料应依据 NACE MR－01－75 选择或选择在应用的环境中具有抗硫化物应力破坏的材料。

（3）API 阀门主要零件材料。

API 阀门主要零件材料见表 4.6 至表 4.8。

表 4.6　API 铸钢阀门主要零件材料（一）

主要零件	A	B	C	D	E
阀体	A216－WCB	A351－CF8	A351－CF8M	A351－CF3M	A217－WC6.9
阀杆	A276－420	A182－F304	A182－F316	A182－F316L	A182－F316
密封面	Cr13/钴基	A182－F304	A182－F316	A182－F316L	钴基

注：A，B，C，D 和 E 为材质代号，选用时需要注明。

表 4.7　API 锻钢阀门主要零件材料（二）

主要零件	A	B	C	D	E
阀体	A105	A182－F304	A182－F316	A182－F316L	A182－F316（高温钢）
阀杆	A276－420	A182－F304	A182－F316	A182－F316L	A182－F316
密封面	Cr13/钴基	A182－F304	A182－F316	A182－F316L	钴基

注：材质代号 A、B、C、D 和 E 表示各类阀门的零件材料代号，选用时需要注明。

表 4.8 API 铸钢阀门主要零件材料（三）

材质代号		A	B	C	D（锻钢）
主要零件材质	阀体	A352 - LCB	A352 - LC3	A351 - CFB/FBM	A182 - F304/F316
	阀杆	A182 - F304/F316			
	密封面	钴基（Cr13/钴基）			
	填料	根据温度和介质选用			
	垫片	根据温度和介质选用			
适用温度,℃		-46	-101	-196	-196

注：A，B，C 和 D 分别为材质代号，选用时需要注明。

4.2.2.5 阀门型号的表示

海上平台生产设施使用的阀门型号有多种表示方法，主要包括阀门压力等级、类型、连接方式、阀门结构和阀体材料等信息。其中一种表示方式如图 4.5 所示。

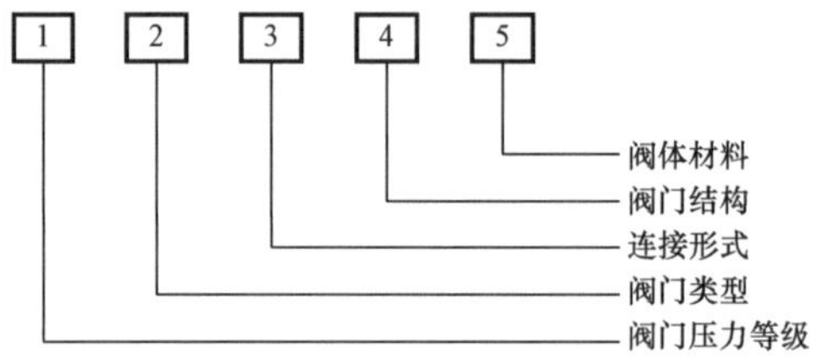

图 4.5 阀门型号表示方式

（1）压力等级。阀门压力等级及代号见表 4.9。

表 4.9 阀门压力等级及代号

公称压力等级	ASME 150lbf	ASME 300lbf	ASME 600lbf	ASME 900lbf	ASME 1500lbf	ASME 2500lbf	ASME 5000lbf
代号	A	B	D	E	F	G	K

（2）阀门类型。阀门类型及代号见表 4.10。

表 4.10 阀门类型及代号

阀门类型	闸阀	球阀	截止阀	止回阀	针形阀	蝶阀
代号	1	2	4	5	6	7

（3）阀门的端面连接形式。

阀门的端面连接形式及代号见表 4.11。

表 4.11 阀门的端面连接形式及代号

端面连接形式	螺纹	凸面法兰	平面法兰	金属环垫（RTJ）	对焊	承插焊	支耳式	承插焊 X 螺纹
代号	S	R	F	J	W	Z	L	X

（4）阀门的结构形式。

阀门的结构形式及代号见表 4.12。

表 4.12　阀门的结构形式及代号

结构形式	代号	结构形式	代号
缩径式球阀	R	加长阀体	E
直通式球阀	F	升降式止回阀	L
中心对置蝶阀	G	活塞式止回阀	P
不同连接形式	O	旋启式止回阀	S
高性能蝶阀	H		

（5）阀体材料。

阀体材料及代号见表 4.13。

表 4.13　阀体材料及代号

阀体材料	青铜或黄铜	碳钢	铜镍合金	双相不锈钢	不锈钢	球墨铸铁	塑料
代号	B	C	N	D	S	Di	P

阀门型号表示实例如图 4.6 所示。

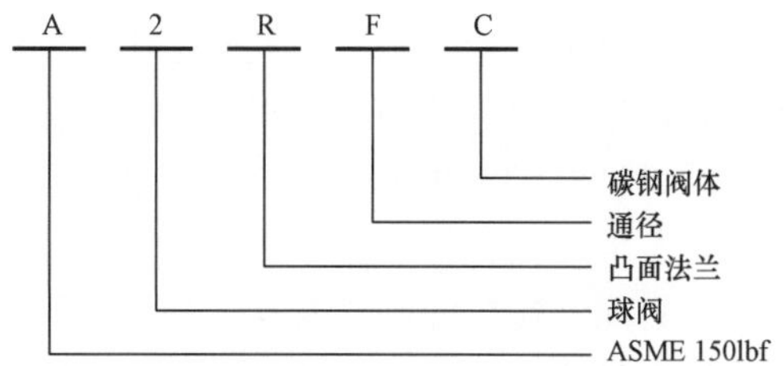

图 4.6　阀门型号表示实例

4.2.3　法兰及紧固件

法兰是管道系统使用最广泛的一种可拆连接件，用于管子与管件、阀门、设备的连接。法兰及其紧固件包括法兰本身及起紧固密封作用的螺栓螺母和垫片。由这 3 部分组成的可拆连接件整体是管道的重要环节。法兰连接密封不好很容易造成向外泄漏，而泄漏的原因除施工因素外，正确选用法兰及其紧固件也是关键。

4.2.3.1　法兰和法兰盖

法兰的种类虽多，但可以按法兰与管子的连接方式、法兰密封面的形状和温压等级进行分类。

（1）按法兰与管子的连接方式分类。

管道法兰按与管子的连接方式可分成以下 5 种基本类型：螺纹法兰、平焊法兰、对焊法兰、承插焊法兰和松套法兰。

螺纹法兰的特点是管子与法兰之间用螺纹连接，在法兰内孔加工螺纹，将带螺纹的管子旋合进去，不必焊接。因而具有方便安装、方便检修的特点。螺纹法兰除管子与法兰用螺纹连接外，其他均与平焊法兰一样，这种螺纹法兰公称压力较低，一般用在镀锌钢管等不易焊接的场合。温度反复波动或高于260℃和低于－45℃的管道不宜使用。此外，在任何可能发生裂隙腐蚀、严重侵蚀或有循环荷载的管道上，应避免使用螺纹法兰。

平焊法兰是将管子插入法兰内孔中进行正面和背面焊接，具有容易对中、价格便宜等特点。但平焊法兰的强度约为相应对焊法兰的2/3，疲劳寿命约为相应对焊法兰的1/3。因此，这种法兰只适用于压力等级较低、压力与温度波动、振动及振荡均不严重的管路。海上平台一般用于公用系统管路。

承插焊法兰与带颈平焊法兰相似，只是将管子插入法兰的承插孔中进行焊接，一般只在法兰背面有一条焊缝。这种法兰公称压力等级范围较大，口径较小，一般用于小口径管道（公称直径小于2in）。ASME B16.5推荐承插焊法兰用于具有热循环或较大温度梯度条件下的高温（≥260℃）或低温（≤－45℃）管道上。在可能产生裂隙腐蚀或严重侵蚀的管道上不应使用这种法兰。为避免承插口中法兰与管子的间隙中产生腐蚀，也可在里面再焊上道，这种内外两面焊的法兰及其强度与平焊法兰相同，抗疲劳性则比平焊法兰好。

对焊法兰是将法兰焊颈端与管子焊接端加工成一定形式的焊接坡口后直接焊接，施工比较方便。由于法兰与管子焊接处有一段圆滑过渡的高颈，法兰颈部厚度逐渐过渡到管壁厚度，降低了结构的不连续性，法兰强度高，承载条件好，适用于法兰压力、温度波动幅度大或高温、高压和低温管道，海上平台工艺管道大多采用这种法兰。

常见的松套法兰一般与翻边短节组合使用，即将法兰圈松套在翻边短节外，管子与翻边短节对焊连接，法兰密封面（凹凸面、榫槽面除外）加工在翻边短节上。此外，还有平焊环和对焊环板式松套法兰。平焊环为将管子插入平焊环内焊住；对焊环为管子与对焊环对接焊住。环上可加工各种密封面，法兰圈则松套在管外，这种焊环式松套法兰在石化管道上很少使用。松套法兰的优点是法兰本身可旋转，易于对准螺栓孔，安装方便，适用于需要频繁进行拆卸清洗和拆卸的管道上。另外，由于法兰本身不与介质相接触，只要求翻边短节或焊环与管材一致，法兰本体的材质完全可与管材不同，因而尤其适用于腐蚀性介质管道上，可以节省不锈钢、有色金属等贵重耐腐蚀材料。海上平台一般不采用此种法兰。

法兰盖又称盲法兰。设备、机泵上不需接出管道的管嘴，一般用法兰盖封死，而在管道上主要用于管道端部作封头用。为了与法兰匹配，基本上有一种法兰就有相应的一种法兰盖。

（2）按法兰密封面的形状分类。

法兰密封面有全平面（FF）、凸面（RF）、凹凸面（L、M、F和S、M、F）、榫槽面（L、T、G和S、T、G）以及环连接面（RTG）等几种，如图4.7所示。

全平面密封面法兰主要用于铸铁设备和阀门的配对法兰，这种法兰的法兰面上没有突出部分，为一大平面，公称压力较低，所使用垫片宽度应与法兰面一致。海上平台一般用于公称压力小于ASME 150lbf的水、空气管道。

凸面法兰在海上平台管道中应用最为广泛，这种法兰的法兰面上有突出的密封面，不同的温压等级，法兰面上的凸台高度是不同的。海上平台所用的法兰与公称压力有关，公称压力小于或等于 ASME 300lbf 的凸面高度一律为 1.6mm，公称压力大于或等于 ASME 400lbf 则为 6.4mm，与公称直径无关。凸面上加工有螺旋或同心圆槽沟，称为齿形槽或水线。凸面法兰的垫片外径正好与螺栓孔圆周相当，可以使垫片位置固定在法兰面中央，齿形槽的边缘可使垫片变形并压住垫片。

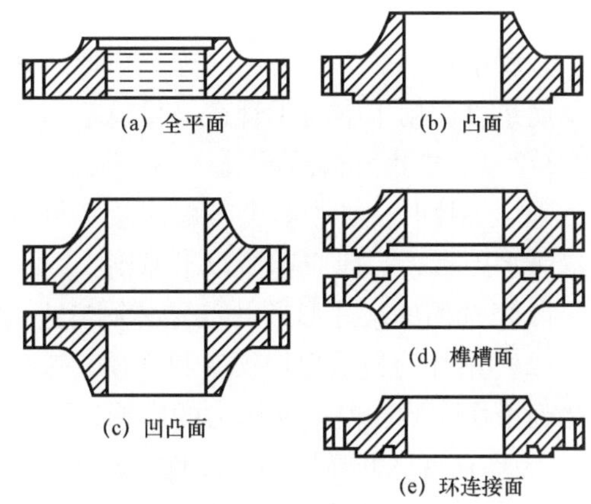

图 4.7　法兰密封面形式

凹凸面密封面由一凹一凸两个不同的密封面组成。这种密封面减少了垫片被吹出的可能性，但不能保证垫片不被挤入管中。

榫槽面和环连接面的密封性能更优于凹凸面。垫片在槽内受两侧金属的限制，不会被吹出，也不会被挤入管内。榫槽面法兰用于平垫片，环连接面则用八角形或椭圆截面金属环垫。环连接面密封性能好，通常用于 ASME 900lbf 或更高压力级别工况，也可用于 ASME 600lbf 管道系统有振动的工况。在特殊温度和危险作业时应考虑使用环连接密封面法兰，当使用该种法兰时，因为拆卸垫片所需，对管道布置应设计留有一定的弹性。

海上平台工艺管道均采用 ASME B16.5 标准对焊凸面（RF）或环连接密封面（RTJ）法兰，ASME 法兰的制造材料一般遵守 ASME 标准。

（3）按温压等级分类。

管道法兰均按公称压力选用。法兰的温压等级表示法兰公称压力与在不同温度下允许使用的最高工作压力的关系。根据法兰材质和管道工艺条件，由压力、温度关系确定管道公称压力，选用相应的管件。

4.2.3.2　垫片

泄漏是管道法兰的主要失效形式，与密封结构形式、被连接件的刚度、密封件的性能、操作和安装等许多因素有关。垫片是法兰连接的主要密封件，因而正确选用垫片也是保证法兰连接不泄漏的关键。

4.2.3.2.1　常用垫片的种类

管道法兰用垫片有非金属垫片、半金属垫片和金属垫片。非金属垫片完全由非金属材料制作而成，一般以石制橡胶和聚四氟乙烯等为主。半金属垫片由金属材料和非金属材料共同组合而成，金属垫片则全部由金属材料制作而成。

海上平台管道法兰最广泛使用的非金属垫片为橡胶石棉垫片。这种垫片大多用于工作压力和工作温度均较低的公用工程管道上。

半金属垫片中被大量采用的为缠绕垫。这种垫片适用的压力、温度范围较广，大多用在中高压场合，基本上已取代以前使用过的金属包垫片。柔性石墨复合垫片是今年推出的一种半金属垫片，它可作为石棉橡胶垫与缠绕垫之间的一种过渡。波齿复合垫片作为一种金属—膨胀石墨复合垫片，这种半金属垫片已在石化、电力等部门推广应用。

金属垫片中被大量采用的为八角形或椭圆形环垫，主要用于高压高温管道。波形、齿形金属垫以往用于中高压管道，目前基本上可用缠绕垫、复合垫取代。

4.2.3.2.2 垫片的选择原则

选用垫片时，必须综合考虑法兰密封面的形式、工作介质、操作条件和垫片本身的性能等诸多因素，一般应遵循以下原则：

(1) 选用的垫片形式。首先必须与法兰密封面的形式相匹配。

(2) 垫片的材质根据被密封介质、工作温度和工作压力确定。垫片与介质相接触，直接受到工作介质、温度和压力的影响，因而必须用能满足以下要求的材料制作：

① 具有良好的弹性和复原性，较少出现应力松弛现象。

② 有适当的柔软性，能与密封面很好地吻合，有较大的抗裂强度，压缩变形适当。

③ 有良好的物理性能，不因低温硬化脆变，不因高温软化塑流，也不会因与介质接触而产生膨胀和收缩。

④ 材料本身能耐工作介质的腐蚀，不污染工作介质和不腐蚀法兰密封面。

⑤ 有良好的加工性，制作容易且成本低廉，易于在市场上购买。

(3) 垫片类型。通常在高温高压工况下多采用金属垫片；常压、低压、中温工况下多采用非金属垫片；介于两者之间用半金属垫片。

(4) 垫片厚度。当密封面加工良好，压力不太高时，宜选用薄垫片；在压力较高时，对应于螺栓的伸长，薄垫片的回弹太小，不能达到必要的复原量而易产生泄漏，因而压力较高时，应选用较厚的垫片。

(5) 垫片宽度。垫片宽度太窄不能起到密封作用，太宽则必须相应地增大预紧力。预紧力不够时会影响密封效果，且太宽必将增加生产成本。

(6) 在满足使用要求的前提下，应尽量归并材料品种，切忌不必要的多样化。

事实上各种垫片已有各自的系列尺寸和材质，只需根据工作介质和操作条件正确选用与法兰密封面相匹配的垫片。

4.2.3.2.3 常用垫片

(1) 缠绕式垫片。

缠绕式垫片是一种金属与非金属的组合垫片。垫片主体由 V 形或 M 形金属带填加不同非金属填料用缠绕机螺旋绕制而成。这种垫片兼有金属的优良回弹能力、耐热性和非金属材料的柔软性，并具有多道密封作用。海上平台广泛应用的缠绕式垫片为 A304 不锈钢金属带填加石棉。

缠绕式垫片分为基本型、带外环型、带内环型和带内外环型 4 种。垫片厚度大多为 4.5mm。通常凸面法兰选用带外环型缠绕式垫片，压力较高时选用带内外环型缠绕式垫片。

(2) 金属环垫。

八角形或椭圆形截面的金属环垫主要用于高温、高压管道上。由于金属环垫与法兰环槽基本是线接触，密封性能好，可重复使用。

海上平台采用的金属环垫应根据 API Spec 6A 制造。API 环形垫片的材料有软铁、低碳钢、A304 或 A316 不锈钢。除非购买者有具体规定，通常金属环垫由镀镉的软铁或者低碳钢制造。对于 ASME 和 API 6B 型 RTJ 法兰，要求用 API R 型或 RX 型垫片。R 型环形接口垫片制成八角形截面或者椭圆形截面。RX 型环形接口垫片是压力自封式的且有一个改进的八角形截面。R 型和 RX 型垫片可以互换。但是 RX 型垫片的厚度较大，连接时，两个法兰之间的距离大，需要较长的法兰螺栓。

用软铁制成的 R 型环形接口垫片应该使用在 ASME 600lbf 和 900lbf 的压力等级中。对于用低碳钢制造的 X 型环形接口垫片在高压时密封性好，它适用于 ASME 1500lbf 或更高以及 API 2000lbf、3000lbf 和 5000lbf 的工况中。

4.2.4　其他

4.2.4.1　螺栓和螺母

螺栓和螺母的作用是把两个构件连接在一起，是机械、设备经常使用的一种可拆卸零部件。

螺栓有两种，即六角头螺栓（单头螺栓）和螺柱（双头螺栓）。对于海上平台采用的螺栓螺母应该符合 ASME B1.1 的要求，材质应符合 ASME 的要求。螺栓和螺母应防腐蚀，目前使用的主要方法有镀镉、热浸镀锌和树脂涂层。

4.2.4.2　常用法兰和螺栓系列

常用法兰和螺栓系列参数可参见 ASME B16.5 和 ASME B16.47。

4.3　焊接与检验

在 4.1 节中已经介绍了按照 API 5L 和 ISO 3138 标准通过某种形式的焊接将钢板或带钢制成圆筒生产单根管段的方法。本节中将简略介绍用到的焊接过程。用手动、半自动或全自动熔焊方式将各管段连接在一起，铺设海底管道。针对这些焊接工艺最主要的规范是 API 1104 和 BS 4515。4.3.5 小节将介绍一些研发中的新焊接工艺。

焊接方法的选择是由承包商的能力、管径和壁厚决定的，在一定程度上，也受到管道装配位置的影响。在陆上装配并采用卷筒式或管束方式安装的管道以及小管径 S 形安装的管道绝大部分需手动焊接。但是，对于在海上装配并采用 S 形铺设的较大管径管道来说，采用半自动或全自动焊接方式焊接更经济，这主要和租用铺管船的费用相关。在管道铺设过程中，焊接是关键性步骤，它决定管道装配的工期长短。因此，对于工程造价影响很大。

管道承包商一直在研究更快的焊接方法，从而加快铺管过程，减少租用铺管船的时间。焊接工艺已经有了相当大的进步。最初在北海安装一条 32in 的管道需要两条铺管船工作两个铺管季，而 15 年后，铺设一条 36in 管道只需一条铺管船工作一个铺管季。但是，传统焊接速度不太可能再有大幅的提高。焊接速度提高主要通过引进新的焊接工艺来实现，比如闪光焊，这种焊接工艺是在乌克兰研发的，广泛用于苏联的陆上管道，还有单极焊、电子束焊、等离子弧焊和摩擦焊接。用于深水管道铺设的 J 形铺设方式需要有更快的焊接工艺与之匹配。在 J 形铺设中，只有一个焊接站；尽管使用多段连接管（不超过 6 管段），单个焊接站仍是制约因素。

4.3.1 焊接工艺

4.3.1.1 简介

焊接通过使材料聚结将金属联结在一起，具体方法是将金属加热到合适温度，有时配合压力或加入填充材料。聚并是指被焊接金属的晶粒结构混合。焊接过程有3个临界参数：

（1）热量输入。熔化金属和焊料所必需的能量（W/m^2）。

（2）热量输入速率。输入能量的速率控制着焊接的速率［$W/(m^2 \cdot s)$］。

（3）隔绝空气。隔绝空气是为了防止熔融金属氧化，氧化会导致焊接质量下降。

熔化金属的热量可以用激光或氧炔焰提供，也可用电加热法提供。目前，用激光焊接厚壁管道材料是不可行的，但是从长远来看，未来可能实现联合使用激光加热与加压来连接管子。乙炔气体焊接不能用于管道焊接，但可以用于切割。目前等离子弧切割应用比较广泛。电加热法是用电阻加热或通过在焊接枪和管子之间产生电弧来提供热量。电阻焊（ERW）和闪光对接焊是电阻加热的应用。

生产焊接管道需要快速的焊接，有两种工艺：埋弧焊和电阻焊[1]。用埋弧焊方法焊接的管子通常有两个焊道，一条为内部焊道，另一条为外部焊道。电阻焊是一种单焊道方法，用于口径适中的管子的生产。目前，环形焊缝是通过一系列的弧焊过程完成的，通常需要4~7个焊道，其中的弧是高温等离子放电。具有下垂特性的直流（DC）焊接机被用于手工电弧焊，使用纤维素材料包覆的电极，采用的电压为80~100V，而气体保护金属极弧焊和钨极惰性气体（TIG）保护焊通常采用脉冲交流电（AC）。

焊接技术采用首字母缩写作为工艺的简写。在管道安装过程中常遇到的术语有：

SAW—埋弧焊，被用于U-O-E工艺成形管的纵向焊接，也用于两段连接或三段连接管道（24~36m长）的焊接。通过一个或多个裸露的金属线电极和管子之间闪击的一个或多个电弧将金属熔融，使管壁连接在一起。一团颗粒状易熔材料散布到焊接区域的深层，起到保护电弧和熔融金属的作用。该工艺如图4.8所示。

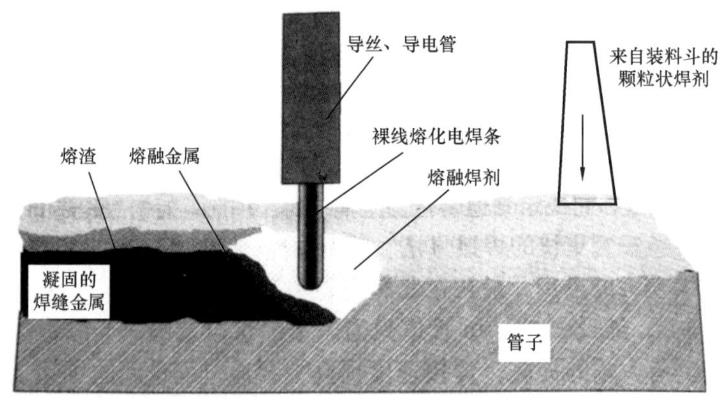

图4.8 埋弧焊工艺示意图

SMAW—焊条电弧焊，是常用的人工电弧焊工艺，该过程中所需的热量是由熔化电焊条和管子间的电弧闪击提供的。电极或焊条上覆盖碱性药皮或纤维素涂料，它们燃烧释放出的二氧化碳可以保护熔融的焊接金属。该工艺如图 4.9 所示。纤维素涂层是有机纤维混合物，对温度变化敏感，温度变化会改变它们的水分含量。这种电极保存在密封罐中，罐子经过烘烤以确保干燥。电极在罐中保持温热，已经冷却的电极不允许再次进行烘烤。

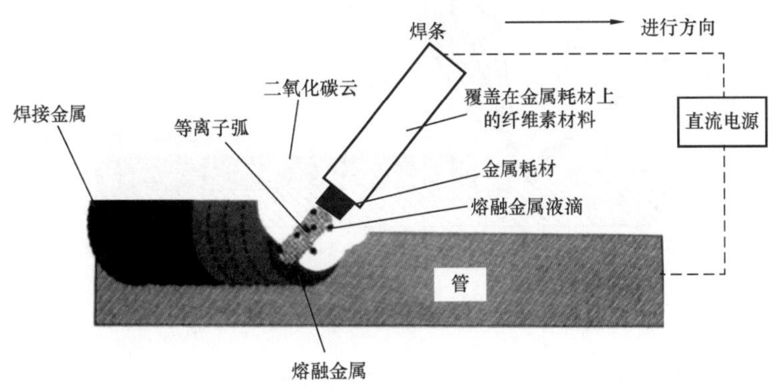

图 4.9　人工金属弧焊工艺示意图

GMAW—气体保护金属极弧焊，是通过裸露金属焊丝和工件间的电弧闪击加热完成焊接的。通过焊头连续填充焊丝。通过焊头中围绕焊丝的环引入气体，为熔融的金属提供保护。如果气体是惰性的，这个过程可以称为金属惰性气体电弧焊（MIG）；而如果气体是活性的，这个过程就称为金属活性气体电弧焊（MAG）。对于管道焊接，通常使用氩气和二氧化碳的混合气体。此工艺如图 4.10 所示。现代自动系统使用双（串联）焊头。

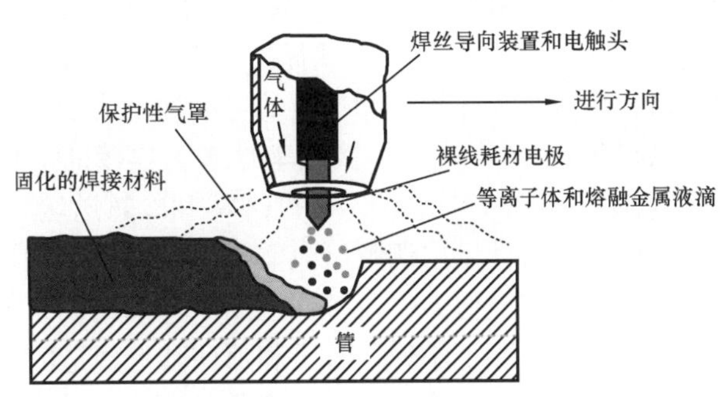

图 4.10　气体保护金属极弧焊

GTAW—气体保护钨极弧焊，也就是钨极惰性气体（TIG）保护焊。该工艺是在惰性气体的保护下，非消耗性的钨电极和工件间产生电弧，而填充金属以焊丝的形式填充到焊池中。惰性或活性气体通过环绕在焊头钨电极上的导管进入工作区域保护熔融的金属。过去，氦气被用作保护气体，因此这种工艺被称为氦弧焊。GTAW 用于焊接根部焊道，也用于像双相不锈钢这样的耐腐蚀合金（CRA）的焊接，用氩气作保护气。TIG 焊接速度慢，因为热输入速率受到限制。用热焊丝填充到焊池中，会使焊接速度提高 20% 左右，但是它不适合海上焊接。这个过程如图 4.11 所示。

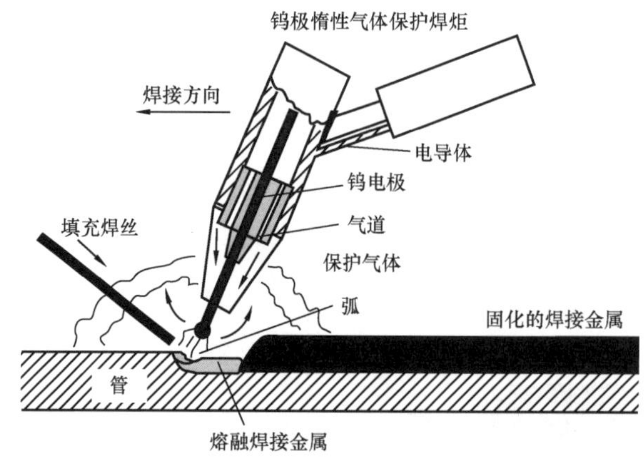

图 4.11　钨极惰性气体焊工艺示意图

4.3.1.2　人工、半自动和自动焊接

如果一个焊接过程完全用手工完成，则这个焊接过程是人工焊接。对于管径较小的管子，使用电焊条的手工电弧焊（SMAW）是最常用的管道装配技术。这种形式的焊接需要的技术水平高，因为电焊条开始时较长，结束时较短，而且焊接必须从俯焊（1G）平滑地经过立焊（3G）变为平焊（5G）。形状复杂性导致焊工需要不断地判断和重调。焊条的实际尺寸是有限的，这也可能导致频繁地更换焊条。而频繁更换焊条可能导致焊接缺陷。焊接过程中需要多次停止和开始，增加了完成焊接所用的时间。一般 500mm 的长度需要花费约 4min 的时间。

半自动焊接方式是 GMAW 或 GTAW。填充金属通过机器自动喂入焊缝，这样焊工就能集中精力控制电弧或电火花。焊头与焊接区域保持不变的距离，焊缝的长度不受限制。由于没有中途停止和开始，焊缝中存在焊口和焊渣的可能性就比较小。通常，500mm 长的焊缝采用半自动焊接可以在 2min 内完成，焊接速率是人工焊接的 2 倍。半自动焊接方法包括 GMAW、药心焊丝电弧焊（FCAW）、SAW、GTAW 和冷热送丝。

自动焊接工艺不需要焊工经常性做出调整。只需要偶尔重调，定期对焊机进行设置以完成焊接。机械化焊接与自动焊接类似，但设备在应用中受到的约束较少。多数电脑控制的机械焊接操作台都是自动化的。除了小管径管道和那些陆上建造的管道（水泥加重管道和卷筒铺管船方式铺设的管道）外，离岸管道生产多数使用半自动和自动焊接工艺，以使成本和安装时间最小化。

图 4.12 所示为半自动焊和自动焊的焊接系统示意图。

半自动焊工艺和自动焊工艺对比如下所示：

（1）焊接材料。

半自动焊工艺用焊接材料主要包括根焊材料和填充与盖面焊材料。根焊材料根据根焊工艺的不同，一般有纤维素焊条、低氢焊条、实心焊丝和金属粉芯焊丝，填充盖面焊材料为自保护药芯焊丝。自动焊工艺可用的焊接材料有实心焊丝、金属粉芯焊丝和气保护药芯焊丝，目前我国管道建设应用的主要为实心焊丝。半自动焊工艺常用焊接材料见表 4.14。自动焊工艺常用焊接材料见表 4.15。

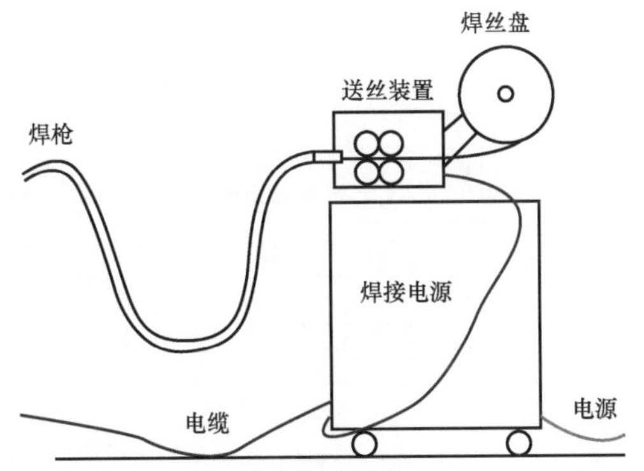

(a) 半自动焊系统

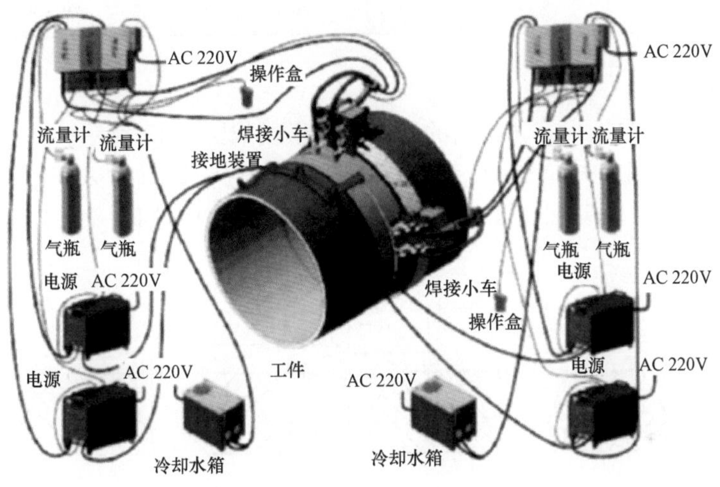

(b) 双焊炬自动焊系统

图 4.12　半自动焊和自动焊的焊接系统示意图

表 4.14　半自动焊工艺常用焊接材料

钢级	根焊		填充、盖面焊	
	焊接工艺	焊接材料型号	焊接工艺	焊接材料型号
X70 以下	纤维素焊条根焊	AWS A5.1 E6010	半自动焊	AWS A5.29 E71T8
	钨极氩弧焊根焊	AWS A5.18 ER70S－G		
X70	纤维素焊条根焊	AWS A5.1 E6010	半自动焊	AWS A5.29 E71T8 AWS A5.29 E81T8
	钨极氩弧焊根焊	AWS A5.18 ER70S－G		
	STT 根焊	AWS A5.18 ER70S－G		
	RMD 根焊	AWS A5.18 E80C－Ni1		
X80	低氢焊条根焊	AWS A5.1 E7016	半自动焊	AWS A5.29 E81T8
	钨极氩弧焊根焊	AWS A5.18 ER70S－G		
	STT 根焊	AWS A5.18 ER70S－G		
	RMD 根焊	AWS A5.18 E80C－Ni1		

表 4.15　自动焊工艺常用焊接材料

钢级	根焊		填充、盖面焊	
	焊接工艺	焊接材料型号	焊接工艺	焊接材料型号
X70	内焊机或外焊机	AWS A5.18 ER70S – G	实心焊丝自动焊	AWS A5.28 ER80S – G
			金属粉芯焊丝自动焊	AWS A5.28 E80C – Ni1
			气保护药芯焊丝自动焊	AWS A5.29 E81T1 AWS A5.29 E91T1
X80	内焊机或外焊机	AWS A5.18 ER70S – G	实心焊丝自动焊	AWS A5.28 ER80S – G
			金属粉芯焊丝自动焊	AWS A5.28 E90C – Ni1
			气保护药芯焊丝自动焊	AWS A5.29 E91T1 AWS A5.29 E101T1

（2）焊接工艺。

① 焊接坡口。半自动焊工艺常用的焊接坡口形式如图 4.13 所示。一般情况下，壁厚不大于 15mm 时采用图 4.13（a）所示坡口，壁厚不大于 22mm 时采用图 4.13（b）所示坡口，壁厚大于 22mm 时采用图 4.13（c）所示坡口。这些坡口一般是在制管厂预制加工的。

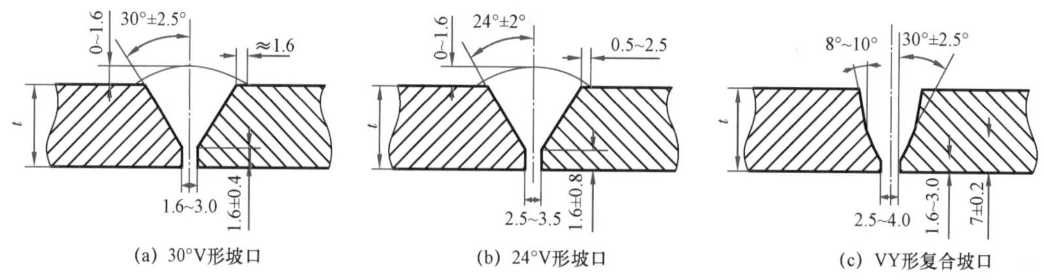

图 4.13　半自动焊工艺常用的焊接坡口形式

其中，图 4.13（a）所示坡口是 API 1104 的标准坡口，也是我国管道焊接施工中使用的传统坡口形式。图 4.13（b）所示坡口是在图 4.13（a）所示坡口的基础上变形得到的，有利于减少焊接材料的填充量，应用于 20mm 左右壁厚的管道焊接可大大降低劳动强度。图 4.13（c）所示坡口的下坡口角度大，对口间隙小，有利于根部的焊接操作和背面成形，通过 30°和 10°的组合使得体积更小，可进一步减少焊接材料填充量。通常情况下，采用图 4.13（b）所示坡口和图 4.13（c）所示坡口有利于降低现场焊接劳动强度，但若图 4.13（b）所示坡口和图 4.13（c）所示坡口应用于壁厚较薄的管道上，由于坡口体积较小，使得母材熔合比增大，母材的合金成分将对焊缝金属的强度和韧性造成较大的影响。另外，半自动焊时坡口角度若过于狭小，将使焊接操作的难度加大，会增加夹渣和层间未熔合、坡口边缘未熔合产生的概率。

自动焊工艺常用的焊接坡口形式如图 4.14 所示。内焊机根焊时采用图 4.14（a）所示坡口，外焊机根焊时多采用图 4.14（b）所示坡口，带铜衬垫的内对口器单面焊双面成形时采用图 4.14（c）所示坡口。这些坡口均应采用坡口机在施工现场进行加工。

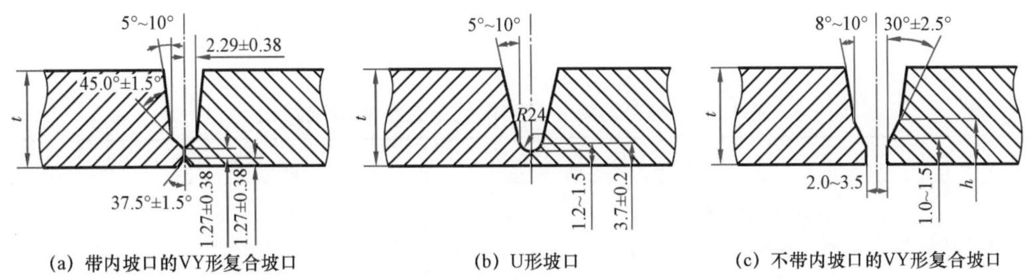

(a) 带内坡口的VY形复合坡口　　(b) U形坡口　　(c) 不带内坡口的VY形复合坡口

图 4. 14　自动焊工艺常用的焊接坡口形式

图4. 14（a）所示坡口和图4. 14（c）所示坡口的关键尺寸在于钝边尺寸、VY 形拐点高度、V 形坡口宽度及 Y 形坡口宽度。一般情况下，图 4. 14（a）所示坡口的 Y 形坡口宽度不大于 8mm，图 4. 14（c）所示坡口的表面宽度不大于 12mm，同时为避免焊接过程中因焊丝弯曲贴到坡口边缘而断弧，Y 形坡口角度一般不小于 5°。图 4. 14（b）所示坡口的关键尺寸在于钝边尺寸和坡口表面宽度。一般情况下，图 4. 14（b）所示坡口的表面宽度不大于 12mm。

② 管口组对。半自动焊工艺的管口组对多采用内对口器，地形较差的地段采用外对口器。半自动焊工艺由于是手工操作，实际应用中对各种工况条件的适应性很强，如坡口钝边、组对间隙，甚至坡口角度、错边量等，都可以在规定的范围内有所变化，通过实际焊接过程中操作手法的调整，这些变化不会对焊接质量造成影响。

自动焊工艺的管口组对主要采用内焊机。自动焊工艺由于是机械化操作，且受实心焊丝气保焊熔深较浅等特性的限制，对管口组对质量的要求颇为严格。首先，每道焊口的坡口形状必须完全一致，存在单侧 0. 2mm 的偏差就会造成坡口壁或 VY 拐点处的连续未熔合。其次是错边量必须尽可能地小且均匀一致，否则也会直接影响焊接合格率。这一方面对钢管的管口椭圆度、管周长一致性等提出更高的要求，另一方面也要求坡口机具有优良的性能，能够保证焊接坡口的一致性。现场施工过程中，往往由于更换了坡口机、更换了坡口机的刀杆，变化了坡口机的操作人员，甚至是变化了焊接地点而造成连续的不合格，究其原因，大多是由于焊接坡口的形状、尺寸发生了微小的改变。自动焊工艺中，有一种是焊接材料采用气保护药芯焊丝的，这种工艺由于熔深较大，对管口组对的要求较为宽松，存在单侧约 0. 5mm 偏差时也不会产生未熔合，可大大提高焊接合格率，降低自动焊操作难度。这种工艺在欧美国家应用较多，有的工程甚至采用这种工艺进行连头焊接，在我国尚未大范围推广使用。

自动焊工艺的管口组对也有采用带铜衬垫的内对口器的，利用强迫成形的方法完成根焊道的单面焊双面成形。这种方法目前在海洋管道建设中应用广泛，但陆地管道有所不同。中国和法国的陆地管道建设中不允许使用，其他国家的使用率约为 20%。欧美国家的管道技术人员对使用铜衬垫内对口器进行管口组对的争议较大，一种观点认为该方法完全能够达到管道焊接的质量要求；另一种观点则认为该方法会由于组对过程中的管理不到位而造成焊缝内表面渗铜和形状凸起，并引发热裂纹。

③ 焊接施工。半自动焊和自动焊的工艺适用情况见表 4. 16。

由于轨道的刚性和平直度，以及轨道安装的精确程度直接影响焊炬在坡口内的对准程度，因此自动焊轨道质量和安装精度是除坡口加工外影响自动焊焊接质量的另一重大因素。

表 4.16 半自动焊和自动焊的工艺适用情况对比

对比项目	自保护药芯焊丝半自动焊	熔化极气保护自动焊
适用管径范围	不小于 323.9mm； 管径较小时，因操作角度连续变化而使焊接难度增加	不小于 813mm； 管径较小时，内焊机制造难度大，外焊机摆不开
适用壁厚范围	大于 6.0mm； 壁厚较小时，易发生烧穿	双焊炬一般不大于 21.0mm；单焊炬一般不大于 26.0mm；壁厚较大时，单焊道难以一次成型
适用的焊接环境	风速不大于 8m/s 的自然环境	防风棚内
影响焊接质量的关键因素	焊接工艺参数设置； 焊工操作水平焊接材料； 操作性能	焊接工艺参数设置； 坡口加工精度及一致性； 轨道的刚性及平直度、安装精度； 不同生产批次焊材的一致性
影响工效的关键因素	征地、天气等	设备故障、征地、天气等
焊接热输入量 kJ/mm	1.5 ~ 2.5	0.5 ~ 1.0
焊接操作方式	摆动	直拉
焊接速度	纤维素焊条根焊 8 ~ 10cm/min； 低氢焊条根焊 6 ~ 8cm/min； STT 或 RMD 根焊 15 ~ 20cm/min； 自保药芯焊丝半自动 20 ~ 25cm/min	内焊机根焊 100s； 外焊机根焊 70cm/min； 外焊机其余焊层 30 ~ 40cm/min
焊接方向	纤维素焊条根焊下向； 低氢焊条根焊上向； STT 或 RMD 根焊下向； 自保药芯焊丝半自动下向	内焊机根焊下向； 实心焊丝自动焊下向； 金属粉芯焊丝自动焊下向； 气保药芯焊丝自动焊下向或上向
主要焊接缺陷类型	夹渣	未熔合、气孔
焊缝金属性能	X70 以下钢管为高强匹配； X70 及以上钢管为等强或稍低强匹配； 夏比冲击韧性离散； 硬度较低	高强匹配； 夏比冲击韧性好； 硬度较高
焊接一次合格率	90% 以上	85% 以上

不同生产批次、不同丝盘焊材的产品质量稳定性，如拔丝应力、焊丝挺度、绕盘质量、镀铜厚度、焊丝与导电嘴的磨损程度等，都将直接影响送丝过程的平稳和焊接电弧的稳定性，从而影响自动焊的焊接质量。早期的自动焊施工中，曾采用过国产的实心焊丝，常常因更换焊丝而需要对焊接参数进行较大的调整，主要原因就是不同批次、甚至不同丝盘的焊材一致性较差。

自动焊施工时，影响施工进度的主要原因是内焊机故障。一般情况下，每个自动焊机组应备用一台内焊机和两台外焊机，用作设备维护和检修时的替代。但由于内焊机价格昂贵，大多数自动焊机组都没有备用的内焊机，所以内焊机一旦发生故障，就只能停工等待。

（3）结论。

① 半自动焊工艺对施工环境、地形条件、气候条件及管口组对差异等各方面的适应性更强，可在大部分管道施工现场得到应用；自动焊工艺则对地形条件和管口组对精度等要求严格，大多应用在地势平坦、开阔的施工场。

② 半自动焊工艺对焊工操作技能的要求较高，焊接缺陷的产生原因中人为因素较大；自动焊工艺则对焊工操作技能要求较低，焊接缺陷的产生原因中设备因素较大。自动焊工艺更有利于焊接质量的控制与管理。

③ 半自动焊工艺的设备一次性投资小，焊接效率较低；自动焊工艺的设备一次性投资大，焊接效率高。半自动焊工艺和自动焊工艺的综合经济效益相当。

④ 半自动焊工艺的一次焊接合格率高，主要缺陷为危险性较低的面型缺陷，但其焊缝金属综合性能随着钢管强度等级的提高有所下降，在高钢级管道中应用的局限性越来越大；自动焊工艺的一次焊接合格率较高，主要缺陷为危险性较大的线型缺陷，焊缝金属综合性能更高，在高钢级管道中的应用前景好。

目前，影响我国自动焊焊接质量和焊接效率的主要因素包括焊接坡口加工精度（尺寸精度、管端平直度）、轨道安装精度、内焊机故障率和机组人员协同工作能力。为更好地发挥自动焊工艺在管道建设中的优势，上述几方面需要持续改进。

4.3.1.3　焊接作业准备

（1）管子准备。

中小口径管是放在管架中运到铺管船上的，大口径管可以分成单独的管段分别装载。焊接前，须对管子进行检查，以保证加重层基本完整。混凝土加重层不能在海上维修，加重层严重损失的管子应弃用。输气管需要事先内部喷砂处理达到 Sa 2.5 等级，从而移除轧屑，而且每条管子的末端都要盖上塑料罩，以防止水汽和碎片的进入。需要重视的是，一旦罩子移除，所有吸湿袋（应该附在密封盖上）都需取出。在铺管船上，管子需要用气喷净法确保不留下任何残余灰尘。在焊接即将开始之前，需要对管子末端进行处理。打磨和刮削可以修补较小的坡口损坏，但是对于其他情况则需要对整个坡口进行加工或切一个新的坡口。

（2）焊接坡口。

要进行焊接的管子必须事先在每条管子的末端切出坡口。为大部分管子预制的经典坡口是约 30°的平角切，留 1.5 ~ 2mm 余量，用于制作根部焊道。为了保证第一次焊接能完全融化管子内端，坡口是必需的。

30°角是在早期确定的，那时所有焊接都是用焊条完成的，也就是电弧焊方法（SMAW）。典型的电焊条很厚，这意味着为了允许焊条伸进接头处，并允许保护气体烟雾逸出，需要提供一个大空间。焊接完后需用焊接金属填满大坡口，这会花费时间。只要管壁厚度允许，稍微减小坡口角度是有益的。由于出现了 GMAW，它用连续细金属线作为焊条，同时厚管中使用大坡口的需求减少，于是有人设计了角度较小的坡口。图 4.15 和图 4.16中给出了几个坡口实例。但是，小坡口确实增加了侧壁穿透不足的风险，如果设定的金属线穿透不足，自动焊接会遇到一个特定的问题。为了避免这个问题，可以采用氩气和二氧化碳混合气体。加入约 5% 二氧化碳增强了等离子弧的侧向传播，因此增加了侧壁的穿透性。热量输入速率也需要小心控制。

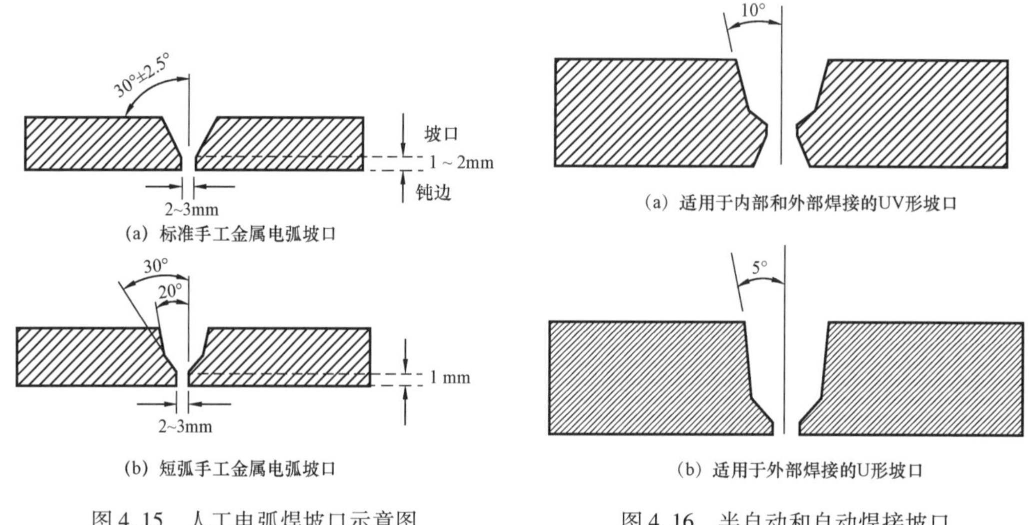

图 4.15　人工电弧焊坡口示意图　　图 4.16　半自动和自动焊接坡口

如果根部焊道要从管子内部焊接（这是大口径管道的常用做法），那么坡口一定会更复杂，因为内外两边都要切坡口。在任何情况下，焊缝间隙必须精确设定，以保证根部完全焊透。

在将管子移进焊接作业线前，每个管子接头的每个切过坡口的末端处约 40mm 范围内都需要进行彻底清洁并检查。任何出现叠层结构的管子都需切短，重新切坡口，并重新进行检查。通常，为了避免浪费时间，并重新进行检查。通常，为了避免浪费时间，在 25～40mm 范围内进行叠层结构超声波检测。通常也会对管子进行磁粒子检查，以确保新坡口上的所有叠层结构都被清除。叠层结构会导致多孔性，这会使焊缝变弱，导致高破裂风险，但在 X 光检测中查不出来。

（3）焊前对管。

管段被拉到一起，并用机械或液压夹具对准。对于直径不小于 16in 的管子，夹具通常插在管子内部。通常当根部焊道由内部焊头完成时，必须使用内部夹具。用缆绳拉着内部夹具穿过不断增长的管道。对管需精确完成，以确保内表面尽可能平滑。通常偏差应小于 1.5mm，内部夹具通常都是使用水冷铜垫环或陶瓷垫环，安装在焊缝根部间隙后面，从而防止根部焊道焊接点向管内过度突出。

（4）预热。

焊接区域可能需要预热。海上管道在焊接前一般需要预热到 80℃（无论预热需求怎样）以保证管子干燥，降低产生氢气导致冷断裂的风险。水分解产生的氢气易溶于熔融钢和奥氏体钢，而难溶于铁素体钢。如果在面心立方体（FCC）结构向体心立方体（BCC）

结构转化前，溶解的氢气没有足够的时间从钢中扩散出来，当钢转化成铁素体结构时会发生破裂。

厚壁管中，根部焊道焊接冷却很快，且依碳当量不同，可能导致在焊缝和热影响区形成马氏体材料。马氏体材料对氢致开裂很敏感。预热管子保证了焊缝缓慢降温，使得热焊道有足够时间覆盖在根部焊道（或称直焊道）上，这给氢气扩散提供了更长的时间。图 4.17 给出了预热的粗略指导。所需的预热等级取决于碳当量，温度在 150～200℃范围内。厚管道上的窄坡口相当于少量焊接金属位于一个大散热器中，所以预热变得更加关键，以确保焊件被连续焊道恰当地回火。X65 等级的管子通常需要预热，而在酸性环境下服役的管子则需要特别注意。

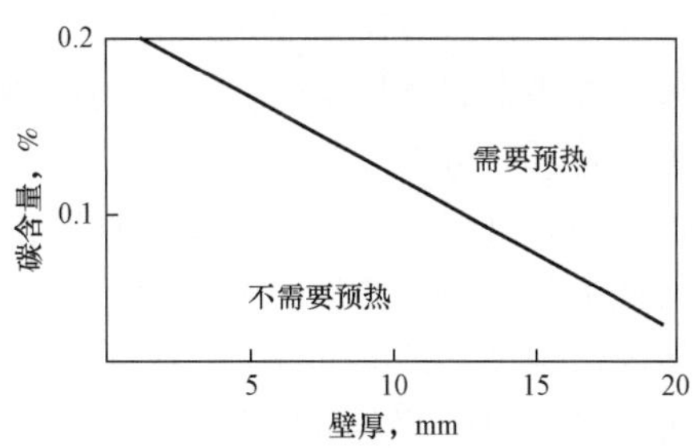

图 4.17　纤维素电焊条的预热需要

4.3.1.4　焊接次序

（1）根部焊道。

根部焊道是第一道也是最关键的焊道。由于该焊道被焊成一条直线，不使用摆动焊法，有时将根部焊道成为直焊道。环形焊缝焊接如图 4.18 所示。

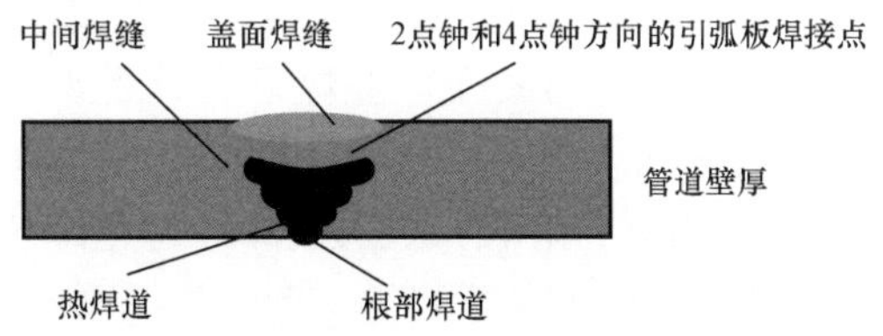

图 4.18　环形焊缝焊接示意图

S 形铺管船的焊接操作如图 4.19 所示。按照惯例，根部焊道焊接是从管子顶部 12 点钟位置开始，沿直线向下移动到管子底部 6 点钟位置，两台焊机分别在管子的两侧工作。这是俯焊，也是最快的方法。焊接厚壁管时，必须从下到上用仰焊方式焊接。仰焊稍慢，但会降低氢致开裂的风险。

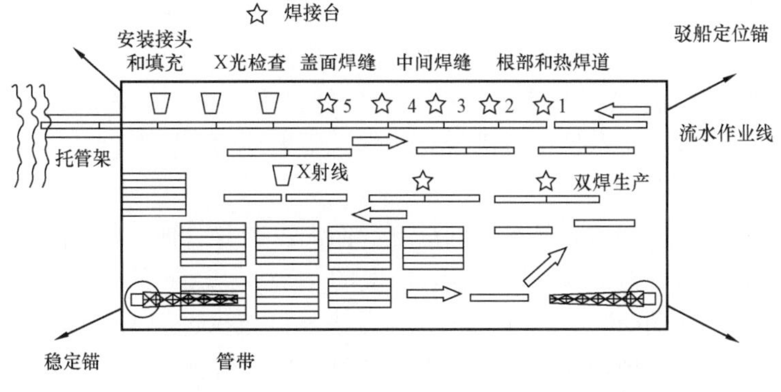

图 4.19　S 形铺管船焊接操作实例示意图

对于管径超过8in的管子，需多台焊机同时开始和结束焊接，以保持焊接应力平衡。对于管径很大的管子，最多可能需要4个焊接位置，这既是出于速度的考虑，也是为了应力平衡。焊接过程中，至关重要的是要完全熔化管子接头的内表面，不留未熔区域，不允许过多焊接金属突出于管内（成为冰刺）。这些金属突起会导致腐蚀和损坏清管器。对于大管径管子，可以从管子内部焊接根部焊道以避免冰刺的产生。但是，这种工艺需要复杂的设备，只有对大管径的长距离管道才划算。另一种常用的能确保不产生冰刺的方法是在管子接头处表面附垫板，垫板通常装在夹具上。严格控制垫板或垫环的水冷，以避免焊接金属的污染和（或）过度冷却。在根部焊道形成的过程中，需要确保管子不受拉力，因为这可能导致焊缝发生机械性损伤，一旦受拉则必须切下已焊接管段，重切坡口，重做根部焊道。

根部焊道通常采用半自动焊接，当从管子内部焊接根部焊道时，也可以使用全自动设备。根部焊道（或线装焊道）完成以后，内部夹具松开，并随着管子的增长，沿管子移动到下一个接头处。

（2）热焊道。

为了避免根部焊道和HAZ受氢气作用发生低温开裂的风险，需尽快在根部焊道上覆盖另一道焊缝。热焊道使第一次的焊道稍微熔化并对HAZ进行热处理。一般情况下，如果使用纤维素焊条，为了保证氢气有效转移，根部焊道的温度不允许降到100℃ ±25℃以下。随着管道强度增加，焊层间温度需要提高，因此对于X65或以上等级钢的焊接，需要的温度约为150℃ ±25℃。热焊道通常需要在根部焊道完成后4 ~5min内完成。为避免温度降到最低焊层间温度以下，最长允许延迟时间大约是10min。在冷却过程中，必须将根部焊道清理露出金属裸面，清除侧面的熔渣。如果根部焊道允许冷却，那它的强度可能比焊完的接头高130MPa。如果管道出现不受控制的移动，焊缝可能开裂。

应该消除热焊道根部焊道中的小瑕疵。输入热焊道的热量必须足够熔融根部焊道，并防止咬边（就是根部焊道两侧的外边缘凹陷）。热焊道也会熔融所有由于焊缝根部快速凝固而被留在焊道中的焊渣。焊接完成时，除去热焊道上的熔渣，将热焊道清理露出金属裸面，然后进行下一步的焊接。

（3）填充焊道。

填充焊道不如根部焊道和热焊道重要，使用的是能够快速产生大量焊缝金属的半自动或全自动焊机。填充焊道时需要轻微摆动——使熔融的填充金属左右活动。摆动有助于确保坡口壁完全熔融。现代的自动和半自动焊机能够模拟这个动作。在每条焊道之间，焊缝必须被仔细地清理成金属裸面。焊接过程会使焊件厚度有变化，因此在焊接盖面焊道之前，可能需要在2点钟和4点钟位置进行立填焊，用来平均管壁厚度。

（4）面/盖焊道。

面焊道，或者叫盖面焊道，是最后的焊缝。面焊道遍及管面，填补剩余的凹槽，留下比管面高1 ~1.5mm的焊缝，以及管子外表面上的一个1 ~2mm的焊瘤。如果使用人工弧焊，典型的焊条尺寸是5mm。使用稍低的电流强度，以减少过度加热焊接点或过度摆动导致的多孔性。还需要谨慎地确保面焊道的焊瘤与母管完全熔合。

4.3.1.5　钢管的可焊性

可焊性是指一种金属可以按照标准要求焊接的难易程度。可焊性差表示可以采用的工艺有限，需要相当好的焊接技能。可焊性好意味着可以采用很多种不同的工艺，只需要中等水平的控制和技能。通常碳钢可焊性好，不锈钢具有中等可焊性。

对于钢而言，碳含量很大程度上决定了可焊性。为了定义可焊性，钢中的其他影响因素被转化成碳当量，而它们的总和被用作钢可焊性的参考。有几个公式可以用来计算钢的碳当量，但对于管道安装，最常用的是 API 5L 标准中给出的国际公式：

$$CE_{IIR} = w_C + \frac{w_{Mn}}{6} + \frac{w_{Cr} + w_{Mo} + w_V}{5} + \frac{w_{Ni} + w_{Cu}}{15} \tag{4.5}$$

式中　w_C——碳的质量分数；

w_{Mn}——锰的质量分数；

w_{Cr}——铬的质量分数；

w_{Mo}——钼的质量分数；

w_V——钒的质量分数；

w_{Cu}——铜的质量分数；

w_{Ni}——镍的质量分数。

对于管道钢，通常规定最大碳当量为 0.32 ~ 0.39。对于锻件和法兰，碳当量可以稍高，约为 0.45。现代管钢很容易达到这些值。随着钢等级的提高，碳含量通常要降低。因此，X65 以及其以上等级的钢会具有低碳当量，碳含量低于 0.1%，此时用国际公式定义高等级钢的可焊性就显得区分度不够了。

第二常用的公式是裂缝尺寸系数 P_{CM}，它的计算方法如下：

$$P_{CM} = w_C + \frac{w_V}{10} + \frac{w_{Mo}}{15} + \frac{w_{Mn} + w_{Cu} + w_{Cr}}{20} + \frac{w_{Si}}{30} + \frac{w_{Ni}}{60} + 5w_B \tag{4.6}$$

式中　w_{Si}——硅的质量分数；

w_B——硼的质量分数。

其余符号意义与前面的公式相同。

P_{CM}值通常规定为最大值 0.18 ~ 0.2。P_{CM}公式越来越多地用于现代低合金钢，这些钢的碳含量低于 0.1%，而国际公式适用于比较接近 API 5L 标准，碳含量为 0.15% ~ 0.2% 的钢。

4.3.2　焊缝

4.3.2.1　焊缝组成

焊缝是管子上潜在的弱点。稍大的厚度和加强的合金组成能够弥补焊缝的较低强度。由于盖焊过程附加的金属，焊缝通常是比管子厚 1 ~ 2mm。焊缝材料组成需小心选择，以确保焊缝具有足够的强度。低强度匹配是指焊缝金属的强度低于管材金属的强度。这种情况需要避免，因为外加张力在较脆弱的材料处集中，此处比较容易出现缺陷。超强度匹配是指焊缝金属的强度比管材金属高，保证了外加张力发生在母管上，母管作为一种锻造材料，含有的生产缺陷比较小。

通常，焊缝强度比母管稍高，但应避免过高的强度。对于卷管，需要特别注意焊接强度，因为焊缝处强度过剩可能导致卷管过程中椭圆化时热影响区（HAZ）的开裂。选择好的焊接工艺——焊材、预热、热量输入和焊接速率——要保证焊接冶金能够提供需要的强度，并且 HAZ 不受到不利影响。因此，需要按照规定的焊接标准完成各项焊接程序。同时还需确保焊工能够胜任所选择的焊接程序。

相对于母管，焊缝的面积很小。如果焊缝本身或与焊缝相连的区域比母体金属活性高（更易腐蚀的），那焊缝和活性较低的母管间可能发生电化学腐蚀；由于不利的阳极与阴极面积比，腐蚀速率会很大。为了避免这种情况，通常选择组分加强的焊缝材料，以确保焊缝比母管活性低。这通常是通过增加焊缝处的合金（例如镍和铜）含量来实现的。

4.3.2.2 焊接强化机理

在钢基中加入合金元素能够增加焊缝强度。合金元素原子与铁原子大小不同，它们通过填补晶格中的空隙（间隙元素），或者如果合金元素原子比较大，通过造成晶格变形（替代元素），防止原子在晶格中的滑动。间隙合金和替代合金都是通过降低延展性来增加钢强度的。

转化产物的形成也可提高焊缝和 HAZ 材料的强度。铁素体相（含有少量溶解碳的纯铁）和渗碳体相（铁—碳化合物）的比例与形式对焊缝的强度有显著的影响。精细的温度调整和热处理能够使两相在材料中平衡分布。

温度也改变金属晶粒的尺寸。但是，这是一个单向过程，在这个过程中，要将大的晶粒变小，必须进行重结晶工艺，也就是将钢加热到转化为奥氏体的温度范围以上。焊接中，HAZ 中材料的晶粒尺寸会受到影响。因为焊缝是由熔融钢形成的，它会有一个树枝状结构，但这可以通过焊接后的回火作用修正。

另一个补充增强方法是添加微合金元素，添加比例为 0.1% ~0.2%，微合金元素在焊缝金属熔融时溶解到焊缝中，但随着温度降低析出。微合金元素聚集在晶粒边缘，增加晶粒间的摩擦力，通过将晶粒固定在一起减少晶粒滑动和金属的延展性。这种析出强化通常是通过添加少量的钛、铌和钒实现的。

4.3.2.3 热影响区

在焊接过程中，母管发生熔融。在焊缝处，金属温度约为 1550℃，而约 300mm 远处的母板接近环境温度。温度梯度使焊缝和母管之间产生许多不同的冶金特征，随后转变为不同的机械性能。在焊缝的两边各有一个区域被称为热影响区。这个区域的大小取决于管子的厚度、管子的预热量以及焊缝金属的铺放速度，这与焊接的热量输入有关。紧邻焊缝区域的一部分管壁被加热到奥氏体温度范围，然后迅速降温，这导致钢的晶粒细化。这些重结晶的晶粒是等轴的。重复的填充焊道会提高晶粒温度，导致晶粒生长。但临近这个区域，接下来的温度剧增不足以导致晶粒生长，会留下一个细晶粒区域。紧邻细晶粒区域的部分，温度太低不能发生重结晶，但足以使得晶粒生长及应力释放。在 HAZ 区以外，锻造母管的狭长晶粒被保留。这些晶粒尺寸变化改变了钢中 HAZ 区的机械性能、强度和韧性。焊接程序应该保证这些性能仍然能满足服役要求，而焊接规范必须包含适当的测试程序以确保这一点。

由于 HAZ 中金属结构的变化，这个区域的金属可能很容易发生腐蚀。尽管焊接材料与母板组成相似，但电化学研究显示 HAZ 和母管可能存在电势差，会形成一个原电池。在焊接材料中添加 0.6% 的镍和 0.4% 的铜，或者 1% 的镍，或者 1% 的铬，可能是减少此问题的合适方法，但并非适用于所有情况。值得注意的是，焊缝中含有 1% 镍的材料对酸性服役也适用；因为 NACE MR 0175 中对于镍含量限制的规定是针对锻造材料的。

对于注水系统，焊接材料含有 1% 的镍或 0.6% 的镍和 0.4% 的铜可能会降低 HAZ 被腐蚀的风险，但这些加强的焊接材料可能无法防止温度超过 70℃ 的甜性生产系统中的腐蚀。实践中观察到，将根部熔深最小化到 0.5mm，并将焊缝中硅含量降低到 0.35% 可以降低 HAZ 被腐蚀的风险。

4.3.2.4　焊缝缺陷

(1) 检验。

采用 X 光检验整个焊缝，以确保符合工艺标准或者满足要求。超声波检测也可用作初步检验或作为支撑技术。

(2) 多孔性。

留在铸造金属中的气体或尘土可能导致焊缝具有多孔性。多孔性会降低焊件的抗疲劳强度。很多气体易溶于液态金属，但难溶于固态金属。气体在焊缝中形成离散的或聚集的小孔或空泡。单个小孔通常不太严重，但还要看小孔的尺寸和位置。盖面焊道的多孔性是由过度或不受控制的摆动，或过高的电流强度导致的焊件过度加热，或纤维素焊条药皮中水含量过高引起的。内部多孔性通常是氧化过程延迟引起的，而这是由于前一道焊缝清洁不彻底。多孔性约导致 50% 的焊接维修。工程评估研究显示，可被接受的安全多孔性水平比规范中规定的要高，但每条管道都需要单独评估。

氮气可能导致多孔性。但是氮气在不锈钢中的溶解度很高，从而不会在这种材料中导致多孔性。它可以增加一些不锈钢的强度，因此有意地将氮气混入保护气体中，添加到双相不锈钢焊缝里。

氧气是必须避免的致污物。氧气本身不能导致多孔性，但是它与硅和锰反应，产生杂质。在一些焊接程序中，如果用氩做保护气体，可添加少量的氧气（约 1%）使电弧更为稳定。对于管道焊接，会用二氧化碳代替氧气。如果气流不足或有强风时，过多的氧气可能被吸入保护气体中。

对于陆上管道焊接，药心焊丝，也叫自保护焊丝可能被用于改装过的 GMAW 设备，从而克服过多的空气流动。产生的气体被吸入熔融的焊接金属中，导致气体覆盖层在金属表面而不是在金属上方形成。铺管船上焊接台是封闭的，不需要使用较为昂贵的药心焊丝。

二氧化碳是一种便宜的保护气体，但在管道焊接中不能单独使用，因为像氧气一样，二氧化碳与合金元素在钢中会发生反应。但是，它相对不易起反应。通常将 5% ~8% 的二氧化碳与氩气混合。二氧化碳使电弧稳定并能提高电弧的穿透性。

(3) 冷裂缝。

焊接规程不允许任何裂缝或裂缝状缺陷。氢气是钢冷裂缝的主要诱因。冷裂缝通常发生在根部焊道和热影响区内，这些区域内发生了晶粒扩张。氢气易溶于熔融的钢和奥氏体，但微溶于铁素体，见表4.17和表4.18。如果焊缝迅速降温，在钢从FCC（奥氏体）转变为BCC（铁素体）之前，氢气来不及从钢中逸出（表4.19）。被困住的氢气导致铁素体中出现裂缝。为了减少氢致开裂的风险，焊条应保持干燥，管子需要预热以确保表面（预热到约80℃）没有水分，并且应避免为了润滑而向GMAW设备中的填充焊丝喷洒轻质油或硅化合物。

表4.17 大气压力下氢气在铁中的溶解度

铁状态	温度，℃	氢气溶解度，$cm^3/100g$（铁）
纯铁BCC（体心立方体）	20	≪3
纯铁BCC（体心立方体）	900	约3
奥氏体FCC（面心立方体）	920	约5
固态铁	1535	约13
熔融态铁	1535	约27

表4.18 氢气在铁、钢和不锈钢中的扩散系数

合金	晶格	25℃时的扩散系数
纯铁	BCC	1.6×10^{-5}
纯铁	FCC	5.4×10^{-10}
钢	BCC＋渗碳体	3×10^{-7}
含27%铬的铁素体钢	BCC	6.7×10^{-8}
18Cr－9Ni奥氏体钢	FCC	3.5×10^{-12}

表4.19 氢气扩散率

温度，℃	扩散率，$10^{-6}cm^2/s$	渗透率，cm^3/h
20	15	—
100	35	0.00026
200	67	0.0045
300	100	0.029
400	138	0.11
600	204	0.59
800	269	1.00

碱性低氢焊条是纤维素焊条外的另一种选择。碱性药皮主要是黏结着的碳酸钙。碱性焊条更适用于厚壁管，因为它们的平衡含水率较低。所有有药皮的焊条在使用之前必须加热（烘烤）并在保温桶中保温。

有些裂缝的产生是由于焊缝固定前管子的移动以及（或者）根部焊道和热焊道之间过多的时间延迟。在高压力区域，变脆的金属会开裂。在HAZ中晶粒变大或出现脆性的马氏体和（或）贝氏体会导致裂缝出现。在管子外表面的裂缝不是突发的，可以用X光检测。如果管道要用于酸性服役，焊缝中或与焊缝紧邻处一定要避免出现硬质材料。焊接必须符合 NACE MR 0175 的规定。

有一个问题是，裂缝可能并不会在焊接后马上出现，而是慢慢扩展。开裂的时间与焊缝中的氢气量和残余应力水平有关。如果预计可能有问题出现，焊接程序可能需要做焊后热处理，从而将氢气烘烤出去。高温可增加氢气的扩散性，使得氢气从材料中逸出。

典型的烘烤温度是 175 ~205℃，有时也采用更高的温度，达到 300℃。氢气扩散的一个副作用是熔结环氧粉末（FBE）涂层的氢鼓泡，该涂层是在对管子感应加热到约 260℃后现场涂抹在安装接头上的。虽然不美观，但这些鼓泡是无关紧要的；它引起的缺陷区域很小，阴极保护系统能为这个区域提供足够的保护。

（4）热开裂。

如果管材金属硫含量较高，可能发生热开裂，或硫致开裂。这种形式的开裂仅限于低强度等级的无缝钢管和一些锻件。硫化铁熔点很低，在液态焊接金属凝固的过程中，硫化铁聚集在焊缝中心——焊缝的这个区域最后凝固。硫化铁是较弱的材料，随着焊缝冷却收缩，硫化铁在残余应力下开裂。减少硫和磷含量以及增加锰含量能防止热开裂。

（5）夹渣。

夹渣（或称熔渣）是由不良焊接过程产生的，通常是电流强度低或焊接前及焊接中清洁不彻底造成的。窄坡口中更容易有夹渣。窄坡口也会增加侧壁熔化不足的可能性，需要通过提高电流强度来补偿，同时还应注意移除坡口面上的氧化物。如果管子没有进行清洁，可能会将大的轧屑加入焊缝中。需要特别注意内部有轧屑的管子，因为液压夹具可能将轧屑推到管子接头的 6 点钟位置。

（6）其他缺陷。

其他焊接问题是由于焊接参数控制不足导致的。这些缺陷包括：

① 侧壁熔融不足，这是由热量输入不足或混合气体比例错误导致的，可能与窄坡口有关；

② 填角焊缝间的冷搭接，由热量输入不足导致；

③ 根部熔融不足，原因是电弧位置不对，或填充金属丝使用不当，或者管子中有剩磁；

④ 焊蚕形成不完全，这是由于根部间隙太小，或者如果持续出现该情况，则是由钢中铝含量不当引起的；

⑤ 根部焊道下陷，原因是根部间隙过大，但电流强度过大也会有类似的效果；

⑥ 根部穿透不彻底，原因是接头没有对准，或者预制的坡口不对，也有可能是混合气体使用不当；

⑦ 翻转或重叠，原因是错误的电弧电流导致盖面焊缝的过度堆焊；

⑧ 根部焊道和面焊道咬边，这是由混合气体比例错误，电流强度过高，或者摆动模式错误造成的；

⑨ 过度加强，这是由于焊条操作错误导致的，可以通过磨削来补救，这种方法适合陆上管道的建造，不适用于 S 形铺管安装过程；

⑩ 打火痕迹，这是由于焊缝挤压焊缝，导致硬点形成，硬点应予以避免，因为通过磨削移除硬点势必导致管壁区域过薄；

⑪ 火口裂纹（也叫焊口裂纹），原因是起终点区域的焊缝清理不彻底，或者电弧切断过快；

⑫ 层状撕裂，由管中的原有断层缺陷导致，可以在焊接前检测坡口区域的裂纹和叠层结构来避免此问题。

4.3.2.5 焊缝腐蚀

早在1910年人们从破冰船上就已认识到焊缝会发生优先腐蚀。焊接过程会产生一系列变化，影响焊接件，如容器、管道及其他构件的腐蚀特性。而通常在焊接过程中经常出现的问题是：金属成分和冶金结构上的改变、残存应力和焊接缺陷。在许多情况下，会涉及几个因素，而且几个因素结合起来会有一个叠加作用。通俗地说，焊缝金属和焊接过程中产生的热影响区由于熔化过程而导致焊缝切面上金属成分和显微结构的微小差别，引起这些不同区域之间电化学电位的不同，带来了惰性最小的元素的优先溶解作用，也就是常说的电池作用腐蚀。

（1）焊缝优先腐蚀。

在注水管道和一些原油管道中已经出现选择性焊缝腐蚀。可能是焊缝本身被腐蚀，也可能是HAZ被腐蚀。相关的可变条件主要有：

① 焊接金属的耐腐蚀性；

② HAZ组成和微观结构；

③ 发生硬转化的微观结构；

④ 碱性涂层焊接材料的应用；

⑤ 低电弧能量水平。

焊接程序本身看起来没有对此产生明显的影响。人们发现焊后热处理可以减少HAZ裂缝，因此回火焊珠焊接会有帮助。腐蚀范围随着二氧化碳分压的变大而变大，但似乎对流速不敏感。可以使用腐蚀抑制剂，但应该谨慎核查腐蚀抑制剂对焊件的影响。

腐蚀抑制剂的有效范围较小，因此，可能无法像对母板一样总是有效地保护HAZ中的材料。如果要应用一种新的焊接程序，或者某个管材或焊接程序的组合，较为稳妥的做法是先测试是否会发生这种形式的腐蚀。有两种测试程序：一种测试程序是将分割成焊缝、HAZ和母管的焊件浸入一种实验溶液，通过电子测试设备重新连接，并测量这些元件间的电压和电流；另一种测试程序是将整个焊件浸入实验溶液，测量出不同焊接区域间的电压和电流信息。

（2）下游焊缝腐蚀。

当水从原油中分离出来时，水会在下游突出的根部焊缝处存留并引起腐蚀。如制造偏差高达±15%，导致管子不匹配时，也能引起类似的问题。在甜性系统中，一旦腐蚀开始，会向下游蔓延，因为下游边缘处的湍流条件阻止了碳酸盐钝化膜的形成。这种腐蚀不是焊缝优先腐蚀，但最初的表现是相同的。

微生物腐蚀也与突起的焊缝有关。菌落可能利用了焊缝的庇护和焊缝处存留的水。

（3）不完全穿透。

根部焊道填充不完全会留下缝隙，这可能增加焊缝腐蚀风险，也是导致应力增大的原因。但不完全穿透可以用X射线检测到。在某些情况下，焊缝的一半以上都发生腐蚀，通常母体金属不受影响。ASME B31G 分析中不涉及这种破坏形式，因为焊缝处的腐蚀会导致刃形缺陷。需用断裂力学技术分析这种缺陷，或者通过水压试验提前对管子进行检验。

4.3.3　焊接材料

4.3.3.1　焊接材料组成和涂层

焊接金属本身是铸件，因此，可能比相同材料的锻造管材强度低。为了克服这一点，必须利用较高的合金含量来得到较高的强度。典型的根部焊道焊接材料是：0.1% C，0.15% Si 和 0.5% Mn。焊件的屈服强度为 380～450MPa，抗拉强度为 450～520MPa。后续焊道会使用碳含量较高的焊接材料进行焊接，典型的是：0.1%～0.15% C，0.1%～0.15% Si，0.4%～1% Mn，以及约 0.5% Mo，使屈服强度达到 415～480MPa，抗拉强度达到 520～550MPa。对于需要很好的耐冲击性能的情况，典型组成是 0.15%～1% Ni。有时为了减少优先的焊缝腐蚀而加入铜，但关于这种加铜的焊缝是否可用，业界还有争议。

手工金属电弧焊接材料涂有纤维素、酸性或碱性涂层。纤维素涂层焊条比较便宜，广泛用于 API 5L 标准 X70 以下等级管子上的环形焊缝。纤维素药皮产生大量的二氧化碳气体，允许的焊条直径大，因此，可以采用较高的电流强度，用俯焊形式快速焊接。纤维素焊条焊出的焊缝抗冲击性能好，在 -40℃时一般为 40J。但是，这种焊缝可能含有高浓度的氢气，这在酸性服役管道和（或）厚壁管中是不允许的。

因为涂料中氢含量低于 5mL/100g，具有碱性涂层的焊接材料焊出的焊缝含氢量低，而且这种焊缝的机械性能也很好。因此，碱性涂层焊条用于厚壁管和高强度管道钢，例如 API 5L 中的 X80 钢以及其他需要较高抗冲击强度的情况。一般来说，碱性涂层焊条焊出的焊缝韧性（夏比冲击能）是纤维素涂层焊条所焊出焊缝的 2 倍。碱性药皮比较贵，常常会使用一组混合焊接材料，根部焊道和热焊道使用纤维素涂层焊条，而剩下的焊道用碱性焊条。

4.3.3.2　双相不锈钢

双相不锈钢是一种可焊的不锈钢，具有良好的耐腐蚀性（这是奥氏体不锈钢的典型特征），并且对氯化物应力腐蚀开裂、缝隙腐蚀和点蚀的抵抗力也有改善。双相不锈钢的混合结构是由于镍含量不足以使钢完全成为奥氏体，从而形成的铁素体和奥氏体相的致密混合物。这种结构是经过精细选择合金组成并严格控制热处埋过程得到的。当铁素体和奥氏体相平衡为 50∶50 时，出现最佳的耐腐蚀和机械性能。通常对管子进行冷加工，或者固溶退火处理。制成的双相管长度取决于可以操作的钢坯尺寸；因此，厚壁管只能做成短管段（一般是 6m）。在加涂层前要将管子连接成标准长度，然后在装船离岸前进行双缝焊接。

双相不锈钢的焊接比碳钢的焊接复杂。焊接过程不能过多地改变母板中的相平衡，因为这样可能导致焊缝比母板材料活性高，这种情况下焊缝会发生优先腐蚀。同时应该限制热量输入，以避免 σ 相和 χ 相的形成，因为 σ 相和 χ 相是坚硬的金属间化合物，会显著降低钢的韧性。为了保证铁素体—双相保持平衡，需要低热量输入速率，因此焊接过程相对较慢，一般约为碳钢焊接速率的 30%。低热量输入速率最初是用钨极电弧焊实现的，但随着技术的发展，已经可以使用其他形式的焊接技术完成部分焊接过程了。

考虑到这些实际情况，双相不锈钢管道在陆上制造，然后用管束或卷筒铺管船方式安装，这种方式比海上S形铺设方式建造经济性好。对于海上建造，通常在岸上将管子双缝连接，以减少海上焊接作业。

耐腐蚀性受到熔渣或氧化物杂质或表面多孔性的影响显著。必须彻底排除氧气，因为毗邻焊缝形成的氧化膜可能在后期服役中导致点蚀。为了避免氧化膜的形成，管孔内用氩气净化。将可移动的塞子塞入管道焊缝两端，从而减少氩气的用量，并加快脱氧过程。氩气中含有少量的氮，可以保证焊缝摄取一些氮气，从而提高焊件的强度和焊件的耐点蚀性（PRE_N）。焊缝周围的母板会在焊接飞溅下发生腐蚀。TIG 工艺产生的焊接飞溅很少，甚至不产生焊接飞溅。

双相不锈钢的耐腐蚀性受到表面条件的显著影响。表面上存在铁和一些铁盐会引发点蚀，而且可能不会钝化。铁很容易通过钢器械和工具进入较柔软的不锈钢表面。铁颗粒随后腐蚀形成凹坑。铁盐会氧化成为铁离子，并导致类似的问题。管子表面清洁，切坡口和埋焊缝清理过程中一定要避免铁污染。应谨慎选择刷子和磨轮。所有钢材吊运装置也必须涂胶，以避免铁污染。

4.3.3.3 复合材料

内部复合材料管道的衬里只有2～3mm厚，因此管子的安装很关键。为了尽量减少安装问题，复合材料管的失圆度和管径误差都需要尽量减小，多数复合材料管生产商对管子末端应用一些膨胀或压缩的方法来保证它们的误差较小。较小的误差有助于减少焊接时间。因此，评估管子生产商的竞标时，应综合考虑较高的管子标准带来的附加费用和因焊接速率提高而得到的补偿。

复合材料管中的高合金衬里必须用能保持衬里耐腐蚀性能的焊接材料来焊接。考虑到后续焊道可能使碳钢焊缝中的合金浓度减小，焊接材料的合金含量通常比衬里高。首先，衬里的焊接通常采用内部焊接（如果管径够大）或从外部单焊道完成。热焊道可能是一个重复焊缝或纯铁焊道，用于防止根部焊道的稀释。后续的焊道一般采用碳钢焊接材料。对于某些内衬钢组合，比如825型和625型，可能用高合金焊接材料完成整个焊缝。

有些承包商更倾向于尽量减少焊接材料的种类数（从而避免失误），即在常规钢焊接之后用高合金焊接材料焊条双焊道。也有证据显示纯铁焊道可能导致内部裂缝。

在绝大多数情况下，CRA 衬里都采用 TIG 方式焊接来减少焊接飞溅，飞溅下面容易导致点蚀和缝隙腐蚀。塞班公司最近研发了一种 GMAW 程序，针对316型和合金825型衬里，使用一个带有陶瓷槽的内部夹具防止焊接飞溅落到衬里上。GMAW 程序的速度接近 TIG 焊接的2倍。

在着手碳钢焊接前，必须用射线对包覆层的焊接进行检测。附加的检测步骤降低了管子建造的总体速度。焊接速率相对较慢，与刚性双相不锈钢速度差不多，约为碳钢焊接速度的30%。

4.3.4 焊接检验

在管道建设过程中，管道的焊缝质量优劣直接影响着管道的健康及寿命。通过研究国内外压力管道的失效事故可以知道，压力管道失效源多数位于钢管对接焊缝处。国内外管道研究专家也指明，管道焊接质量不达标是导致大多数压力管道失效事故的重要原因。因此，必须对焊接质量严格加以控制。钢管焊接无损检验就是保证焊接质量最好的一道关卡。钢管焊接无损检验方法包括射线探伤、超声波检测、磁粒子检测、染料渗透检测（DPI）及涡流检测。[2]

4.3.4.1 射线探伤

管道是压力容器，所有高压油或气管道焊缝通常都需要进行 100% 的射线探伤检验。检验阶段在焊接阶段之后，但在最后安装张紧器之前，以保证有足够的时间和空间补焊。射线探伤技术需要高能量射线，该射线是由一个高压电源产生的或由一个放射性同位素提供。这种高能量射线能够穿过钢，其投射百分率取决于钢的厚度和密度以及射线的能量水平，称为辐射硬度。将一胶片放置在管子的另一边来检测射线的传播。对于管道焊缝检测，要选择辐射硬度和曝光时间，从而得到管子和焊缝间的最大反差。

放射源可能置于管子的一边，而胶片在另一边。射线需要两次穿过管壁才能到达胶片。这被称为双壁透射。通常，对于大口径管道和海底管道，放射源被放在管子内部中心，胶片包在焊缝外围。大口径管道需要较长的胶片。因为能量等级可以调整，电力生成的 X 射线适用于任何可能的场合，从而在胶片上能清楚地辨认出缺陷。而放射性核源伽马射线检查方法适用于边远地区和小管径管道。

在这两种情况下，得到的都是永久性记录。该过程很快，而且该方法的辨识度很高。X 射线反映的金属内部缺陷位置不一定很清楚，可能需要通过后续的超声波检查来发现。有些缺陷无法检测到，比如钢中的纵向叠层结构。射线对人体健康有损害，因此在采用射线照相术的场所要特别小心。因为处理过程中胶片还未干时就要进行解释，对于胶片的评估也是紧张而令人疲惫的，尤其当铺设速度很快时。新的实时射线检测系统可供使用，该系统将 X 光呈现在显示器上。硬拷贝保存在录像带上。这种方法具有明显的吸引力，因为图像是数字化的，可以使用电脑评估作为常规检查的辅助手段。

4.3.4.2 超声波检测

射线检测技术不能给出焊缝缺陷的完整三维位置信息，只能给出二维位置。超声波检测用于检测金属中缺陷的空间方位信息。这个技术是向钢中发出高频声波（频率为 1 ~ 6MHz）脉冲。声波遇到密度不同的区域，比如管子内表面或内部缺陷，会被反射回来。在阴极射线管中检查信号和返回的声波脉冲。通过围绕可疑缺陷移动探针，缺陷的范围和方位以及它在焊缝中的相对位置都可以被检测出来。

该技术使用方便，对表面缺陷敏感，但它比射线检测慢，且只有紧挨探针的缺陷能够被检测出来。管子表面条件一定要好，需要一种耦合剂将声波从管子传输到探针处再传回来。涂层和焊缝轮廓可能造成对声波信号的干扰。

现已开发出许多高级技术，其中多数是半自动或全自动的。比如，渡越时间测试（TOET）是一种超声波检测技术，它使用单独的发射端和接收端。两接收端绕着管子做机械运动，各在焊缝的一边，声波信号以固定的角度从发射端到达接收端。金属中的缺陷会导致一个声波的衍射图样，该图样由微机进行分析。声波图样被转换成阴影图样，在该图样中可以辨认出焊缝中的所有缺陷。这项技术速度很快，每分钟可以扫描约 lm 长的焊缝，如果需要也可以生成图像的硬拷贝。

荷兰法则 NEN 3650 要求 GMAW 焊出的焊缝需要用超声波测试法进行检测。API 1104 和 BS 4515 没有这样的要求。对于管壁厚度超过 25mm 的管子 DNV 2000 要求进行射线检测的同时还需辅以超声波测试。

4.3.4.3 磁粒子检测

磁粒子检测（MPI）用于检测肉眼不可见尺寸的表面意外缺陷。一般来说，这些可能是管子坡口上的裂缝、搭接和叠层结构。这种技术是用一个高强度磁场在管子表面感应产生磁性。可以用电探头或永久磁铁感生该磁场。检查区域涂有含铁磁颗粒的液体，铁磁颗粒在磁流中受干扰的区域排列成行，通常是在金属表面的间断点处，与磁流成一定的角度。铁磁颗粒聚集凸显出原本肉眼不可见的缺陷。另一种方法是将干的铁粒子缓缓吹过金属表面。这种技术需要干净的金属表面，而且必须变换磁流的方向，因为与磁流方向一致的裂缝和缺陷检测不出来。

MPI 是一项慢速技术，只在有限的面积上或在需检查的项目比较多时使用。典型应用是锻件和铸件焊接成管道用管前的预查，以及焊接前的坡口检查。这项技术只能用于磁性材料。测试之后可能需要退磁处理，因为磁性可能导致焊接电弧偏离漂移。

4.3.4.4 染料渗透检测（DPI）

染料渗透试验（DPI）用于裂缝检测，与 MPI 类似，但它可用于磁性和非磁性材料。用有色的或荧光的染料描绘表面的意外缺陷。待检测的表面经过清理并涂上一种高渗透性显示剂液体。给液体一定的时间通过毛细管作用渗透到表面缺陷中。预定时间过后，重新清理表面，将一种显影剂涂到表面上。显影剂是一种细粉笔灰，其行为类似吸墨纸，将显示剂液体从裂缝和表面缺陷中吸出。如果使用荧光显示剂，则用紫外线检测染料。裂缝、多孔性、熔融不足和搭接都能够检测。该技术便携性好，可以用于任何表面，价格低廉但速度较慢。在该检测中表面清洁度非常重要，而且所有表面涂层都要去除。

4.3.4.5 涡流检测

在金属表面激发一个振荡磁场，测量生成的电流强度。表面突发缺陷很容易通过电流的变化检查出来。这种技术也能用于检查热处理变化和合金组成，但管道检测中很少用到。涡流检测的灵敏度与 DPI 和 MPI 类似，但速度更快。管子的简单几何形状允许使用自动化的涡流检测，为了实现这种技术在管道检测中的应用，人们正在对其进行进一步的研究。它也可能成为一种适用于复合管的检测技术。

4.3.5 其他焊接技术

4.3.5.1 海底管道焊接概念技术

为了进一步提高海底管道的焊接效率，科研人员提出了一些新的焊接方法：

（1）摩擦焊接；

（2）闪光焊；

（3）单极焊；

（4）磁动电弧闪光焊；

（5）爆炸焊接；

（6）保护性活性气体锻焊；

（7）深穿透焊接。

在摩擦焊接中，一个组件高速旋转，然后逐步挤压到固定组件上。摩擦产生的能量熔化接触面，然后挤压形成焊缝。已有 3 种摩擦焊接类型经过研究可应用于实践。最简单的做法是将整个管子接头旋转，但这需要相当多的能量输入来使沉重的管子能转动。另一个更具有吸引力的做法是在管道和一个固定管接头之间插入一个旋转的小管段。加速时，挤压管接头，从而将小管段焊接到管道上。该方法需要输入的能量少很多，但每加一个接头就产生两条焊缝；因此，需要做两次检查。第三种方法是用一个特制的小环，处理方式与第二种方法一样。由于接头较轻，所以输入的能量低，而且两道焊缝的检查可以一次完成。

管道的闪光焊是 20 世纪 50 年代在苏联研发的，已经在那里得到广泛应用。约 30000km 的油气管道是用这种技术焊接的，管径范围为 4 ~ 20in。在美国，麦克德莫特（McDermott）已经将这种工艺进一步发展以应用至 S 形铺管船上的海上焊接中，但仍未应用于实践，在某种程度上是由于该行业的极端保守主义。管子末端切平，管子内表面也需清理干净。将内部管头插入并与管子清洁部分接触，当新的管接头压到管道上时，向管子输入高功率电流。管子表面上的凸起首先熔化，然后继续升高电流直至整个管壁的温度达到熔点，此时施加压力，将这一新接头与管子锻压在一起。加热过程中两工件间不断发生爆炸、喷溅，并形成许多小电弧，所以称为“闪光”。可以通过撇去焊缝内外表面上的浮渣来消除闪光。

单极焊与闪光焊类似，但它的高电流是通过对一个大转子进行磁制动引发电流脉冲而获得的。将转子转速提高到一个特定值，同时准备好要焊接的管子。管子表面的处理与闪光焊类似。准备好后，给转子加一个磁场，反电动势约 2MW，将其指向管端，在 3s 内产生一个焊缝。经过联邦矿业管理局（MMS）项目的鉴定，该方法可能节约 20% 左右的安装时间和成本。

在磁动电弧闪光（MIAB）焊接中，管子建造方式与常规焊接类似。这是一个无耗材的焊接程序，焊接间隙极小。在焊缝表面产生一个电弧，然后用一个脉冲磁场驱动电弧绕管一周。

爆炸焊接方法理论上极具吸引力，因为它采用冷加工法，能耗低，但焊缝区域可能发生加工硬化。已经有两种工艺通过评估：第一种是将新接头末端做成钟形，罩在管道的标准末端上。在待焊区域内外分别放置炸药，然后点燃。爆炸将两个面压在一起，最后的焊缝具有爆炸接合板材中常见的波浪形分界面。第二种是将一个合适的环内部涂上炸药，放置在需要焊接的区域内部。管外放一个外部铁砧来控制爆炸。点燃炸药，爆炸使环变形靠向铁砧，形成一个常规类型的爆炸焊缝。因为使用了爆炸环，所以此工艺可以用于焊接 CRA 衬里管材。

保护性活性气体锻焊，是将管子表面进行处理，在内外表面形成凹槽，管子密封，并用氢气清洗从而除去氧气。用感应法加热焊接区域，然后将两个管子末端压在一起锻造出焊缝。凹槽的作用是容纳锻造焊缝过程中可能导致的膨胀。

深穿透焊接使用的是激光或者电子束。超高能电子束形成一个狭窄的栓孔，里面充满蒸汽，然后绕管子移动，穿透管壁形成一条单焊缝。二氧化碳激光器可以产生足够的能量，用于焊接厚度达到25mm的管壁，但由于波长的限制需要用镜子控制光束。Y－Ag微光波长允许通过光纤电缆控制光束。电子束焊可以在真空中焊接40mm厚的管壁，但随着真空度的降低，能焊接的厚度也减小。电子束焊接和GTAW所需要的总能量差不多，但是GTAW工作电压约为12V，电流为250A，而电子束焊接工作电压为30kV，电流为0.2A。相对于常规焊接，深穿透焊接产生的焊缝很细。电子束焊接速率比GTAW高，约为其速率的12倍，达到6mm/s。

预测哪种供选择的焊接程序会成为公认的海底管道技术的一部分还为时尚早。投资和之前的工作记录可能无法作为指向标。例如，美国麦克德莫特公司已经为闪光焊工艺投入了大量资金，并且该工艺已经在陆地管道中成功应用了很长时间，但这个公司仍无法说服海底管道经营者采用闪光焊工艺。摩擦焊接颇具吸引力，已用于小管径非石油管道系统和天然气工业管道系统。单极焊曾是一项接合行业研究的主题，它提供了一种适宜的高功率电源。激光和电子束焊接更适用于专业焊件，而且工业跟踪记录良好。爆炸接合可能是最有吸引力的方法。

4.3.5.2　水下焊接

在管道建设中，有时可能需要在水下进行焊接，从而连接管道的不同部分，将管道连接到平台立管上，或者将一个T形接头或Y形接头加到现有管道上。

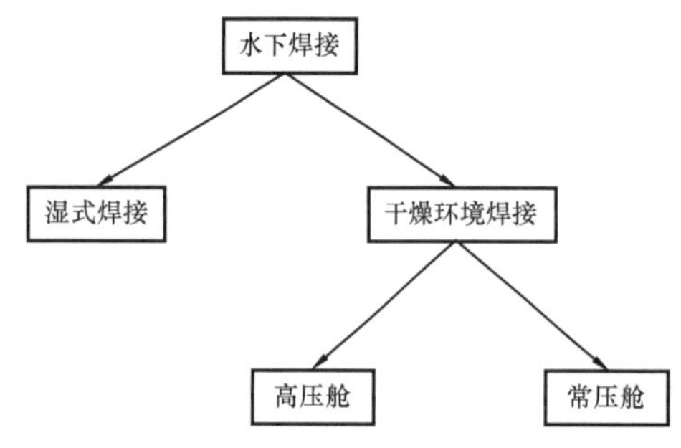

图4.20　水下焊接方法分类

工程师可用的水下连接方法是机械式连接器和焊接。由于超过潜水员可接近深度的深水连接的需要，刺激了远程操作连接系统的广泛发展；它们操作可靠并且得到了广泛应用。图4.20描述了水下焊接方法的分类。[3-4]

湿式焊接适合由潜水员在水中进行，实际上焊缝是在水下形成的，但这个术语有时也用于表示在工作区上方放置的充满空气或天然气的箱子中的焊接[5]。这个技术通常只适合相对较浅的水。湿式焊接是由接受过焊工培训的潜水员实施的，因为接近工作地点和返回水面减压都是正常的潜水作业。需警惕该技术的安全隐患，因为潜水员可能受到漏电导致的杂散电流的威胁。湿式焊接的焊缝质量相对水上焊接明显下降。潮湿的环境增加了进融入焊缝的氢气量，而且快速的冷却导致形成不利的金相。湿式焊接适合临时焊接或补焊，也适合焊接不需要与母板具有相等强度和韧度的焊缝。

高压焊接是在干燥的大气中进行的，但工作压力与焊缝深处的静水压头相等。压缩空气潜水只适合等价于8atm（绝）❶（70m深）的深度，因为在较高分压下氧气的毒性增加。超过8atm，需采用氦氧环境。由于安全性原因，在石油工业实践中，压缩空气系统压力通常只有4bar（30m）。高压焊接几乎都是由受过焊工训练的潜水员实施的，因为多数高压焊接是依靠饱和潜水技术完成的。焊缝是在干燥室中焊接的，主要的安全问题是潜水焊工

❶ $1atm = 1.01325 \times 10^5 Pa$。

所呼吸的气体的毒性。清理干燥室危险烟气的费用很高。另一种方法是焊工在焊接操作过程中戴上呼吸面罩。

常压焊接是在压力为 1atm 的干燥空气中进行的。焊工可以在一个简单的环境中工作，用专门的常压设备转移到管内。焊接工序与堆焊相同，可以焊出高品质焊缝，在质量上与铺管船上制作的焊缝相同。

4.3.5.1 小节中描述的其他非常规焊接技术都可能经过改良，用于水下操作。目前唯一已经可以用于水下的非常规技术是爆炸焊接。在其他非常规技术被陆地管道市场接受前，人们不太可能为水下应用而开发这些技术，毕竟陆地应用比水下应用市场要大。

（1）湿式焊接。

在 100 多年前，英国海军人员尝试了湿式焊接。新型焊条是 20 世纪 40 年代荷兰研发的。应用最广泛的湿式焊接法是 AWS D3.6。对于管道的安装和维修，湿式焊接被用于表面上的小修补和临时修补，或者用于对焊缝质量要求不高的情况下，比如，牺牲阳极的改装，其中主要的要求是保证电气连接。为了减少焊件中的积水和氢气充入，焊条上涂或喷上一层特殊的焊剂。湿式焊接的主要不利条件如下：

① 电弧可见度降低，这使得一些焊接工序变得很困难；

② 焊件中的高度多孔性；

③ 工件熔化不足；

④ 高淬火率，导致焊缝中氢含量高，金属特性差，尤其是韧性降低。

当焊条和工件浸在水中完成湿式焊接时，发出电弧，产生的热量引起一团蒸汽云，将焊缝和水分开。焊接速度较为适中，为 3 ~ 4mm/s。蒸汽主要是焊条涂料和水分解产生的气体混合物。由于高能量的输入，其产生的气泡防护罩是相对稳定的。GMAW 工艺不如使用有涂料的焊条效果好，因为气体干扰水蒸气形成气泡。水汽化产生的气泡是稳定的，直到它增大到一个临界尺寸，达到该尺寸后旧气泡脱离，新气泡形成。典型的气泡直径为 1 ~ 2cm，而气体产生速率为 40 ~ 100cm^3/s，这与所使用的焊条类型有关。气泡是由 60%~80% 的氢气、10% ~25% 的一氧化碳和约 5% 的二氧化碳组成的。气泡中也含有一些氮气和来自涂料的矿物蒸汽。

与干式焊缝相比，湿式焊缝表现出较高的硬度，硬度随钢等级升高而增加。硬度也增加了裂纹敏感性，尤其在碳含量增加时。因此，这种焊接方式仅适用于中等强度的钢材，更适合用于低碳钢。

（2）高压焊接。

高压焊接是在一个压力与当地静水压力相等的干室中完成的。有时它被称为舱内焊接。当在适当的水深处维修管道时，焊接舱可能是一个简单的开底箱，通过焊接舱加压来压低待焊接区域下面的水。这种方式用于维修和焊接管子。目前，高压焊接的最大深度约为 500m（50bar）。焊接通常是由接受过焊工培训的潜水员完成的，他们必须获得在适当深度进行焊接的资格。

在高压下，稳定电弧的长度减少很多，一般在常压下 10 ~ 15mm 的电弧，在 30bar 时缩短为 3 ~ 5mm。必须调整焊接电压和焊机特性从而补偿电弧的缩短。焊缝的几何形状也有变化，压力为 5bar 时受影响最大。电弧温度的提高改变了焊接金属的流动性和表面张力，因此大焊条实际上是没用的。因此，与水上焊接相比，高压焊接必须用小焊条完成，形成很多条小焊缝。

对于超过 4bar 的压力，焊接环境中是氦气和氧气的混合物。通常气体混合物含有 3% 的氧气，其分压约为 0.5bar。氦气虽然是惰性气体，但其热导率约是空气的 6 倍。在 500 ~ 800℃的温度范围内，氦气中的冷却速率约比大气中快 20%。因此，焊缝降温迅速，必须对焊接区域持续加热，以防止热应力问题和裂缝。

已经证明 GTAW 工艺是有问题的，因为氩气在高压下具有麻醉性。该过程速度慢而且对磁流敏感。因为需要维修的管道很可能已经经过磁通清管器的检查，所以这个问题很严重。在长管道中还可能产生大地电流，这与太阳黑子的运动有关，太阳黑子运动导致管道的磁化。但是，经过了足够的退磁处理后，GTAW 已经被用于根部焊道和热焊道的焊接。很多项目已经采用 SMAW，使用碱性焊条和药心焊丝。

随着压力增大，吸收的氢气增多；同时温降变得更快，焊缝中保留的氢气越来越多，临界开裂应力降低。焊缝的碳和氧含量随压力增加，压力增加 5 倍，气体含量约增加 2 倍。锰、镍和钼含量随压力增加而减少，而硅含量似乎没有变化。压力的总体效果是降低焊缝和 HAZ 的冲击韧性。需要用专门的焊接耗材来补偿冲击韧性，但有些韧性损失是不可避免的。焊条上的碳酸盐涂层导致碳溶解度增加，因此碳含量增大：

$$CaCO_3 = CaO + CO + \frac{1}{2}O_2 \tag{4.7}$$

$$CO = C_{Fe} + O_{Fe} \tag{4.8}$$

$$CO + \frac{1}{2}O_2 = CO_2 \tag{4.9}$$

$$H_2O = 2H^+_{Fe} + O_{Fe} \tag{4.10}$$

式中，带下角Fe的为溶解在焊件和 HAZ 中的元素。

GMAW 也做了相应改进，主要是为了避免预热的需要，并减少被吸收的氢气浓度。焊件的韧性与 SMAW 相比有所提高，因为该过程不会产生碳。而且据称 GMAW 的校准和安装也比 SMAW 严格。所以，GMAW 被用于要求更严格而且工作压力比 SMAW 高的工作。但是，焊接设备需要改进很多以得到必要的焊接特性。

（3）常压焊接。

深层常压焊接需要高度精密的设备和将潜水员从水面送到常压室的能力。这项技术允许焊工在正常环境中工作，避免了再次训练潜水员的需要。一个主要的优势是焊工可以全年工作，而高压焊接中饱和潜水潜水员每年只能进行 5 ~6 次饱和潜水。

常压焊接的明显优势是焊缝质量好，这种焊缝质量应与水上焊接相同。只有它适用于高强度钢（X65 级以上的）和深海作业。现有系统可以在 1500m 深处进行焊接。考虑到成本，应该注意，焊接虽然重要，但只是总工程中的一小部分。要连接的管子必须用封堵型清管器密封（而且可能进行二次密封以保证可靠性），切割成一定长度，清理，预制坡口，管子校准，然后在焊接前进行预热。焊接完后，必须检查焊缝，然后加涂层。

系统中最关键的是管子周围的密封，从而确保可靠地维持常压环境。密封可能是临时的或永久的，都是有一定限制条件的。有些管道预先设计了固定的密封系统，预先安装在 Y 形和 T 形接头上，从而减少安置工作仓的准备时间。在其他情况下，工作室被当作一次性项目，焊接完成后就留在海底。

（4）爆炸焊接。

爆炸焊接过程与复合容器、复合管建造中将 CRA 材料和碳钢黏合在一起的过程类似（图 4.21）。需焊接的管段之间必须有一个缝隙，从而使材料充分加速，使冲击速度超过临界碰撞速度。但需要防止冲击速度过高，因为它可能导致撕裂和损坏。焊缝质量取决于碰撞速度 v_0，这与需要加速的金属重量和隙距有关。为了制造一条好的焊缝，对钢而言，碰撞压力应为 60000～80000bar。爆炸率、爆炸速度应该足够小，以确保焊接速度在次音速范围内；为保证这一点，需要使用专门的炸药。隙距中需保证没有水或其他液体，否则会降低临界速度。用铁砧给管子加劲，从而使振动传播的影响不超过材料的极限抗拉强度。

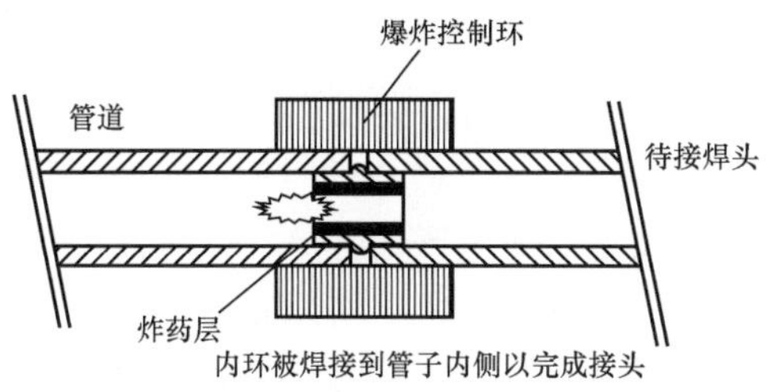

图 4.21　通过焊接环爆炸完成的环形焊接

延展性材料最好用这种方法焊接。钢等级越高，延展性越差。但是，通常任何等级的低碳钢都具有足够的延展性。焊接区域周围的刚硬度有所增加，通常增加约 40VHN（维氏硬度值）。不锈钢增加得更多，通常为 80VHN。目前，爆炸焊接接头的长期疲劳行为和耐腐蚀性还是未知的。

参 考 文 献

［1］中国机械工程学会焊接学会．焊接手册（第 1 卷）［M］．2 版．北京：机械工业出版社，2001.

［2］张振永，郭彬，樊明锋．长输管道的无损探伤及相关标准［J］．焊管，2005，28（6）：73－77.

［3］刘占户．水下管道焊接技术的研究现状及发展趋势［J］．电焊机，2006，36（7）：1－3.

［4］约翰 H 尼克松．水下焊接修复技术［M］．房晓明，周灿丰，焦向东，译．北京：石油工业出版社，2005.

［5］英国焊接协会．近海设施的水下焊接［M］．北京：中国建筑工业出版社，1981.

第5章　腐 蚀 控 制

5.1　腐蚀机理

金属表面由于外界介质的化学或电化学作用而造成的变质及损坏的现象或过程称为腐蚀。按照腐蚀的反应机理，金属腐蚀可分为化学腐蚀、电化学腐蚀等。

化学腐蚀是指，介质中被还原物质的粒子在与金属表面碰撞时取得金属原子的价电子而被还原，与失去价电子的被氧化的金属“就地”形成腐蚀产物覆盖在金属表面上的腐蚀过程。

电化学腐蚀是指，金属与溶液接触时，会发生原电池反应，金属表面与离子导电的介质（电解质）因发生电化学作用而发生的破坏的过程，腐蚀过程中有电流产生。

金属电化学腐蚀是金属腐蚀的最常见形式之一。

本节从腐蚀基础理论出发，分析了电化学腐蚀原理。从腐蚀电池尺寸大小角度，把腐蚀电池分为宏观腐蚀电池和微观腐蚀电池，并对宏观腐蚀电池的分类以及微观腐蚀电池的成因进行介绍。最后介绍了腐蚀电池的极化特性以及影响因素，并指出腐蚀电流随着极化的增大而减小。

5.1.1　电化学腐蚀原理

电化学腐蚀现象的实质，就是浸在电解质溶液中的金属表面上形成了以金属为阳极的腐蚀电池。

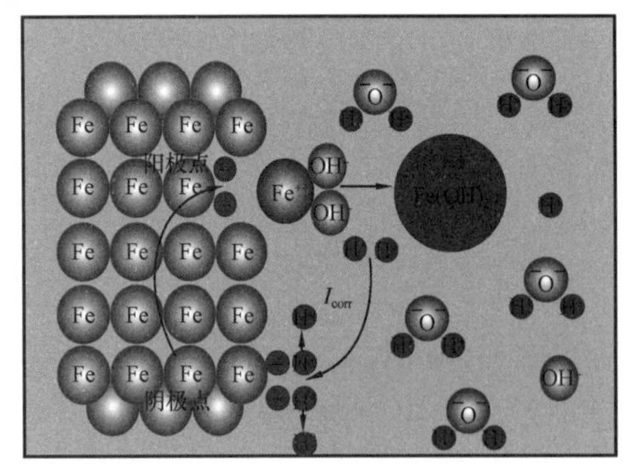

图5.1　铁腐蚀原理图

如图5.1所示，阳极点（anode）发生腐蚀，铁原子失去电子生成 Fe^{2+}，并与溶液中的氢氧根离子（OH^-）反应生成氢氧化亚铁（$Fe(OH)_2$）；电子由阳极点流向阴极点（cathodic），并与氢离子（H^+）反应生成氢原子。按照国际惯例，腐蚀电池中正电荷流动的方向为腐蚀电流（I_{corr}）的方向。

由于金属是电子的良导体，如果介质是离子导体的话，金属被氧化与介质中被还原的物质获得电子这两个过程可以同时在金属表面的不同部位进行，该化学过程称为阳极反应与阴极反应，如图5.2所示。

阳极反应：金属被氧化成为正价离子进入介质或成为难溶化合物（一般是金属的氧化物或含水氧化物或金属盐）留在金属表面。这个过程是一个电极反应过程，叫作阳极反应过程，该过程发生在阳极点。

阴极反应：被氧化的金属所失去的电子通过作为电子良导体的金属材料本身流向金属表面的另一部位，在那里由介质中被还原的物质所接受，使它的价态降低，这是阴极反应过程，该过程发生在阴极点。

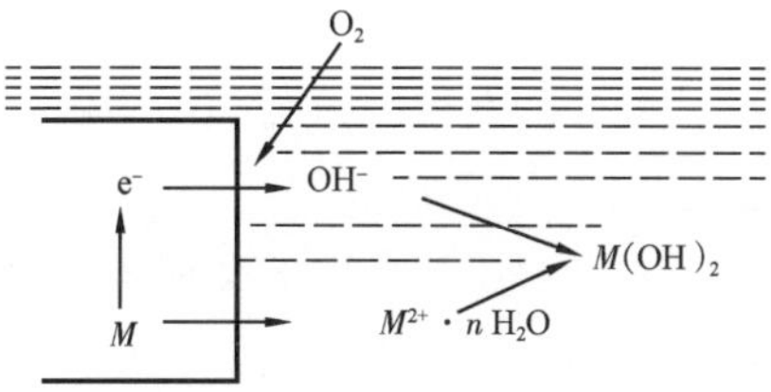

图 5.2 腐蚀电池工作过程示意图

5.1.2 腐蚀电池分类

根据构成腐蚀电池的电极尺寸大小可将腐蚀电池分为两大类：宏观腐蚀电池和微观腐蚀电池。

5.1.2.1 宏观腐蚀电池

这类腐蚀电池的阴极区和阳极区往往保持长时间的稳定，因而导致明显的局部腐蚀。宏观腐蚀电池电极尺寸相对较大，一般包括电偶电池和浓差电池（盐浓差电池、氧浓差电池、温差电池）。

5.1.2.1.1 电偶电池

不同的金属在同一电解液中相接触，即构成电偶电池（Galvanic Cell）。实际上，金属结构中常出现不同金属相接触的情况，在电解液存在的情况下可形成宏观腐蚀电池。这时，可观察到电位较负的金属（阳极）腐蚀加快，而电位较正的金属（阴极）腐蚀减慢，甚至得到完全保护。构成这种腐蚀电池的两种金属电极电位相差越大，可能引起的腐蚀越严重。这种腐蚀破坏称为电偶腐蚀（Galvanic Corrosion）或双金属腐蚀（Bimetallic Corrosion）。例如，铝制容器用铜铆钉铆接，如图 5.3 所示，当铆接处位于电解液中，由于铝的电位比铜的电位负，便形成了腐蚀电池。最终铆钉周围的铝为阳极，遭到腐蚀，而铜铆钉为阴极，受到保护。

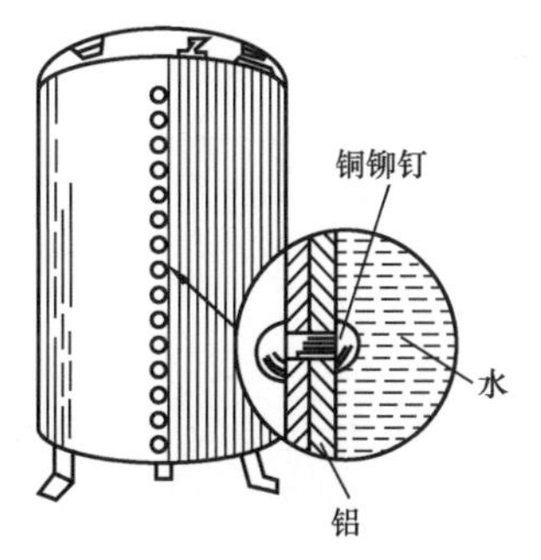

图 5.3 铜铆钉铆接的铝制容器构件——电偶电池

5.1.2.1.2 浓差电池

同一种金属浸入不同浓度的电解液中，或者虽在同一电解液中但局部浓度不同，都可形成浓差腐蚀电池。浓差腐蚀电池可分为金属离子浓差电池（Metal Ion Concentration Cell）和差异充气电池（Differential Aeration Cell）或氧浓差电池（Oxygen Concentration Cell）。

根据能斯特方程可知，金属的电位与金属离子的浓度有关。当金属与含不同浓度的该金属离子的溶液接触时，浓度低处，金属的电位较负；浓度高处，金属的电位较正，从而形成金属离子浓差电池。浓度低处的金属为阳极，遭到腐蚀，直到各处浓度相等，金属各处电位相同时，腐蚀才停止。

实践中，最有意义的浓差电池是差异充气电池或氧浓差电池。它是普遍存在而危害严重的腐蚀电池。这种电池是由于金属与含氧量不同的介质接触形成的。这是引起水线腐蚀（Waterline Attack）、缝隙腐蚀（Crevice Corrosion）、沉积物腐蚀（Deposit Corrosion）的主要原因。这些情况下，氧不易到达处，氧含量低，金属的电位比氧含量高处的电位低，因而为阳极，遭到腐蚀。如图5.4所示，管道穿越黏土区和砂土区，黏土处比砂土处的含氧量低，该处的金属管道为阳极而遭到腐蚀。

5.1.2.1.3 温差电池

浸入电解质溶液中的金属各部分，由于温度不同，可形成温差电池。这常发生在热交换器、锅炉等设备中。例如，在检查碳钢制成的换热器时，可发现其高温端比低温端腐蚀严重。这是因为高温部位的碳钢电极电位比低温部位的低，而成为腐蚀电池的阳极。由两个部位间的温度差异引起的电偶腐蚀叫热偶腐蚀（Thermogalvanic Corrosion）。如图5.5所示，靠近换热站处的管体温度较高，远离换热站的管体温度较低，高温区的管道为可能的阳极区，低温区的管道为可能的阴极区。

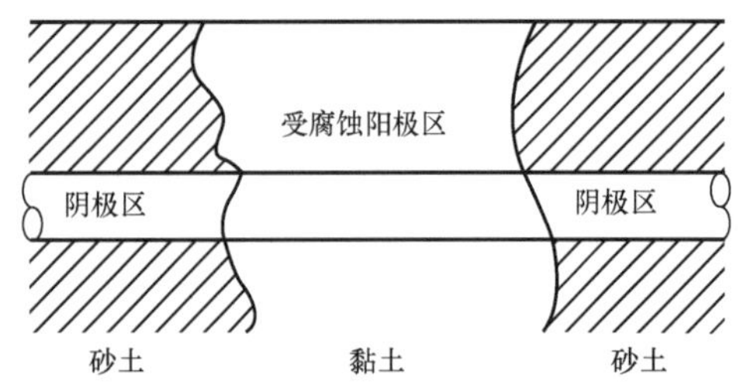

图5.4　管道穿越黏土区和砂土区——浓差电池

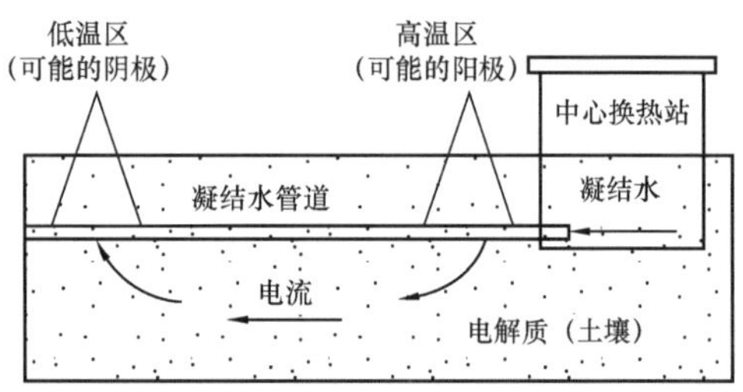

图5.5　管道沿线温度不同——温差电池

5.1.2.2 微观腐蚀电池

微观腐蚀电池是用肉眼难以辨别出电极的极性，但确实存在氧化还原反应过程的原电池。微观腐蚀电池是因为金属表面电化学的不均匀引起的，不均匀的原因是多方面的。

一般工业纯的金属中常含有杂质，如碳钢中有Fe_3C，锌中含有铁等。当这类金属与电解质溶液接触时，金属中的杂质则以微电极的形式与基体金属构成了许多短路的微电池。倘若杂质为微阴极，则会加速基体金属的腐蚀；反之，若杂质作为微阳极，则基体金属就会减缓腐蚀而受到保护，如图5.6所示。

（1）金属组织不均匀。

金属和合金的晶粒与晶间的电位不同，晶间是缺陷、杂质、合金元素富集的地方，导致它比晶内更为活泼，具有更负的电极电位。这样晶间成为阳极，晶内成为阴极，构成微观腐蚀电池，并发生沿晶腐蚀，如图5.7所示。

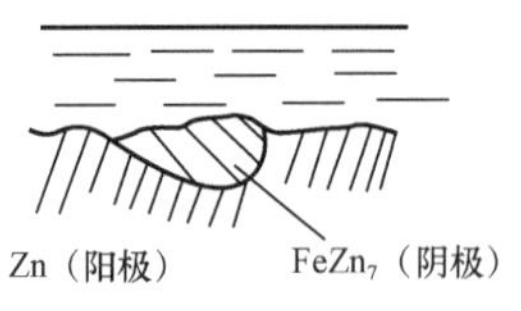

图5.6　Zn与杂质形成的原电池

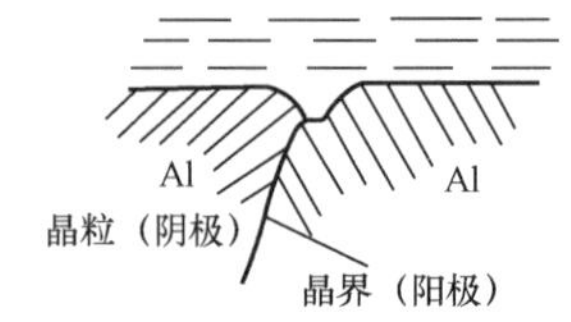

图5.7　晶粒与晶界形成的原电池

（2）物理状态不均匀。

金属在加工过程或使用过程中往往产生部分变形或受力不均匀，以及在热加工冷却过程中引起的热应力和相变产生的组织应力等。变形和应力大的部位，其负电性增强，常称为微观电池的阳极而受到腐蚀，如图 5.8 所示。

（3）金属表面膜的不完整。

金属的表面一般都存在一层初生膜，如果这种膜不完整、有孔隙或破损，则孔隙或破损处的金属相对于表面膜来说，电位更负，称为微观腐蚀的阳极。这是导致小孔腐蚀和应力腐蚀的主要原因，如图 5.9 所示。

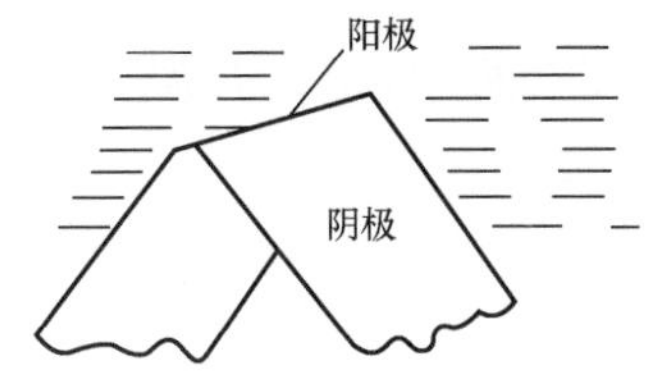

图 5.8 金属变形不均匀形成的原电池

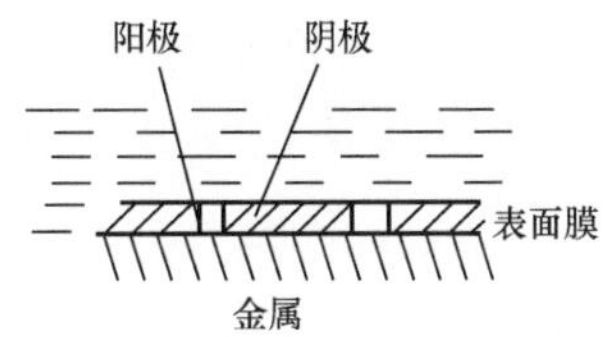

图 5.9 金属表面膜有空隙时形成的原电池

5.1.3 腐蚀电池极化特性

腐蚀原电池在电路接通以后，由于电流流过电极表面，电极电位偏离初始电位的现象称为极化。极化过程包括阳极极化和阴极极化，阳极极化是指当电流通过，阳极电位正方向变化的现象；阴极极化是指当电流通过，阴极电位向负方向变化的现象。腐蚀电池的极化特性是影响腐蚀电池的主要因素。

我们来考察一个简化的腐蚀电池，在一个反应表面只有阴极和阳极，如图 5.10 所示。在刚进入电解质时，电池的驱动电压（E_{cell}）是阴极和阳极开路电位之差（$E_{c,oc}-E_{a,oc}$），这时，一个完整的腐蚀电池形成了。电荷开始在电解质中从阳极到阴极流动。随着电荷开始移动，反应表面开始极化。这种极化导致了跨越反应界面的反向电动势，因而降低了有效驱动电压。驱动电压的减小导致了电流强度减弱，最后达到某个稳定状态。阳极和阴极上发生的变化通过极化稳定下来，达到一个特定的、可维持的反应速率。

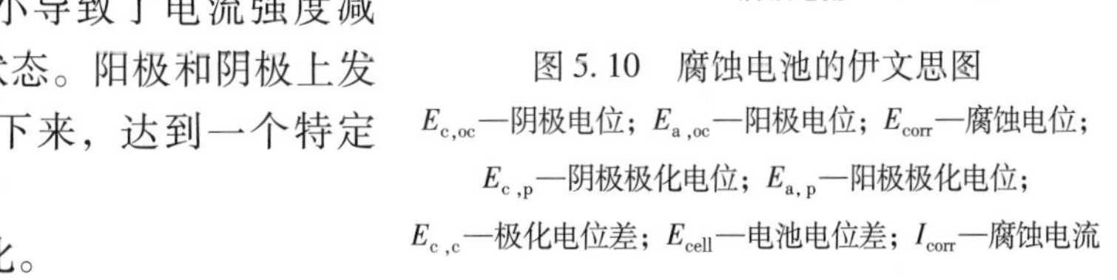

图 5.10 腐蚀电池的伊文思图

$E_{c,oc}$—阴极电位；$E_{a,oc}$—阳极电位；E_{corr}—腐蚀电位；$E_{c,p}$—阴极极化电位；$E_{a,p}$—阳极极化电位；$E_{c,c}$—极化电位差；E_{cell}—电池电位差；I_{corr}—腐蚀电流

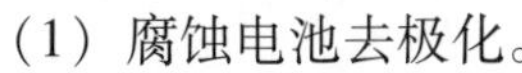

（1）腐蚀电池去极化。

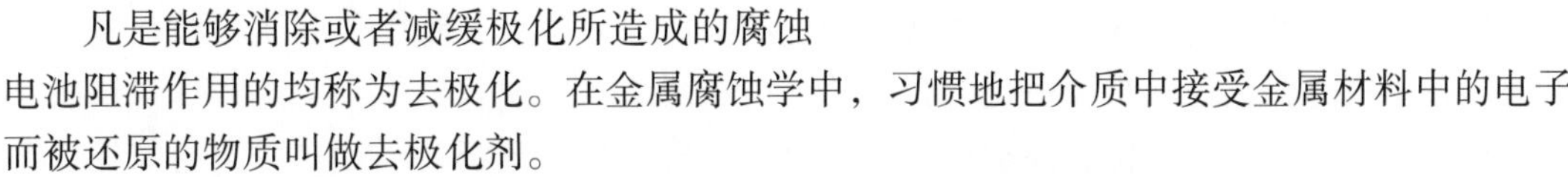

凡是能够消除或者减缓极化所造成的腐蚀电池阻滞作用的均称为去极化。在金属腐蚀学中，习惯地把介质中接受金属材料中的电子而被还原的物质叫做去极化剂。

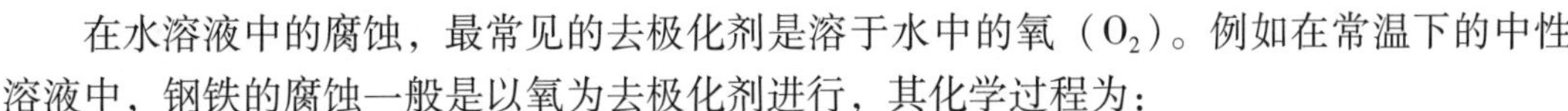

在水溶液中的腐蚀，最常见的去极化剂是溶于水中的氧（O_2）。例如在常温下的中性溶液中，钢铁的腐蚀一般是以氧为去极化剂进行，其化学过程为：

阳极

$$Fe \longrightarrow Fe^{2+} + 2e$$

阴极

$$O_2 + 2H_2O + 4e \longrightarrow 4OH^-$$

钢铁在大气中生锈，就是一个以 O_2 为去极化剂的电化学腐蚀过程，直接与金属表面接触的离子导体介质是凝聚在金属表面上的水膜，而最后形成的铁锈是成分很复杂的铁的含水氧化物。

在水溶液中电化学腐蚀过程的另一个重要的去极化剂是 H^+。在常温下，对铁而言，在酸性溶液中可以以 H^+ 为去极化剂而腐蚀，其过程是：

阳极

$$Fe \longrightarrow Fe^{2+} + 2e$$

阴极

$$2H^+ + 2e \longrightarrow H_2 \uparrow$$

除了氧离子和氢离子这两种主要的去极化剂外，在水溶液中往往还有其他因素引起腐蚀电池去极化，例如，升高温度，增加搅动。去极化作用使电池两电极间电位差增大、电流强度增大，从而加速了腐蚀速率极化，如图 5. 11 所示。

（2）腐蚀电池极化增大。

如果在阳极、阴极界面处的反应状态引起电荷转移速率降低，那么这将导致极化增大，因为这需要更多的电能来转移电荷。图 5. 12 说明了阳极和阴极两者的极化都增大。

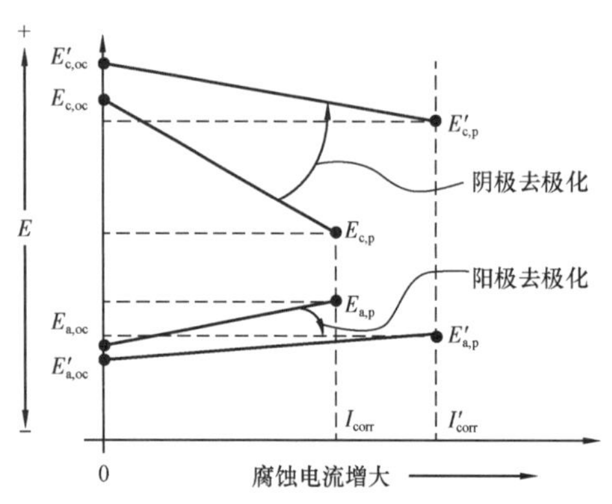

图 5. 11 腐蚀电池去极化图
带“′”的为极化或去极化

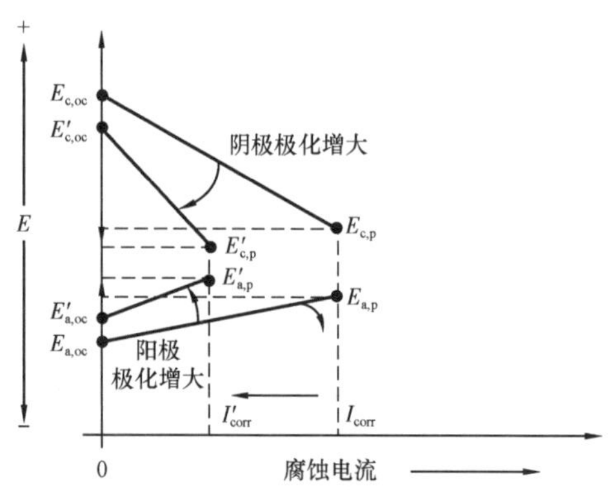

图 5. 12 腐蚀电池极化增大图

阳极和阴极两者的极化都增大导致腐蚀电流降低，使阴极开路电位和阴极极化电位负移，以及阳极开路电位和阳极极化电位正移。

反应物贫乏、温度更低、搅动更少以及反应产物的积聚都将会引起这种复合作用，由此导致腐蚀减轻。

5. 2 海洋腐蚀环境

海洋约占地球面积的十分之七，海水含有各种盐分，是自然界中数量最大、而且腐蚀性非常强的天然电解质。大多数常用的金属结构材料会受到海水或海洋大气的腐蚀，并且材料的耐蚀性能随着暴露条件的不同发生很大的变化。

本节把海洋腐蚀环境分为 5 个区带，并对每个区带的腐蚀特点进行分析。同时从电化学角度出发，对影响海洋腐蚀的重要因素，包括盐度、pH 值、溶解氧、附着生物等进行分析，最后总结了海洋环境下的常见金属腐蚀类型。

5.2.1 海洋腐蚀环境分区

通常将海洋腐蚀环境分为 5 个区带：海洋大气区、海洋飞溅区、海洋潮差区、海洋全浸区以及海底泥土区，各区带腐蚀环境特点及钢材在海洋腐蚀环境不同区带的腐蚀程度如图 5.13 所示。

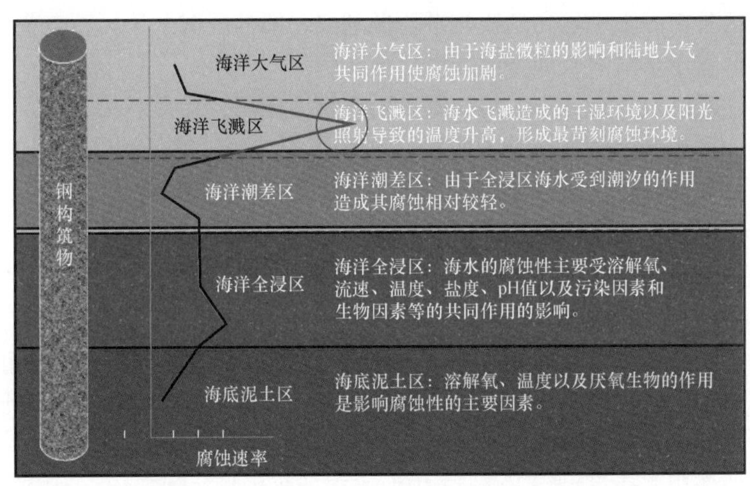

图 5.13 钢在海洋腐蚀环境不同区带的腐蚀

5.2.1.1 海洋大气区

在海洋用金属材料设施中，常年不接触海水的部分称为海洋大气的腐蚀环境。被风携带并沉降在暴露的金属表面上的海盐粒子具有很强的吸湿性，并溶于水膜形成强腐蚀性介质，加速腐蚀过程。一般情况下，随着与海洋距离的增加而迅速减弱，腐蚀速率较低。

大气区与陆地相比，由于在金属表面存在着盐分，使得该部位的腐蚀要比在内陆大得多。在海洋大气区，海盐的沉积与风浪的条件、距离海面的高度和在空气中暴露时间的长短有关；另外，像氯化钙和氯化镁等海盐物是吸湿性的，容易在表面形成液膜，形成腐蚀环境。

影响海洋大气腐蚀速率的另一个因素是降雨量，大量的雨水会冲刷掉金属表面所沉积的盐分，从而减轻了金属腐蚀。另外从现场观察的情况来看，与朝向阳面相比，金属结构物处于阴面的材料腐蚀会更严重一些。这是由于金属结构物阴面的表面温度虽然低，但表面尘埃和空气中的海盐不会及时被冲掉，湿润程度较高，腐蚀较严重。

5.2.1.2 海洋飞溅区

在海洋环境中，海水的飞溅能够喷洒到结构物表面，但在海水涨潮时不能被海水所浸没的部分一般称为海洋飞溅区。其特点是潮湿、表面充分充气、海水飞溅、干湿交替、日照和无海生物污损。

在飞溅区，海水的冲击加剧了材料的破坏，对许多金属材料，特别是对钢铁来说，飞溅区是所有海洋环境中腐蚀最为严重的部位。海水中的气泡对金属表面的保护膜及涂层来说具有较大的破坏性，漆膜在飞溅区通常要老化得更快。

研究表明，在飞溅区的干湿交替过程中，钢的腐蚀电流比在海水中的腐蚀电流大。在海水中钢的阴极反应是溶解氧的还原反应，而在飞溅区中的钢由于锈层自身氧化剂的作用而使腐蚀电流变大。也就是说，处于飞溅区的钢在经过干燥过程以后，表面锈层在湿润过程中作为一种强氧化剂在起作用，而在干燥过程中，由于空气氧化，锈层中的 Fe^{2+} 又被氧化为 Fe^{3+}，上述过程的反复进行，从而加速了钢铁的腐蚀。

5.2.1.3 海洋潮差区

海水潮差区是指海水平均高潮线与平均低潮线之间的区域。该区特点是涨潮时被水浸没，退潮时又暴露于空气中，即干湿周期性地变化。

海洋潮差区对潮湿、充分充气的金属表面有腐蚀作用，除微观腐蚀外，还受到氧浓差电池作用，潮汐区部分因供氧充分为阴极，受到保护，而紧靠低潮线以下的全浸区部分，因供氧相对不足成为阳极，腐蚀加速。

5.2.1.4 海水全浸区

海水全浸区顾名思义是指常年被海水所浸泡的区带，受到溶解氧、流速、温度、盐度、pH 值、生物因素的影响。

氯离子的存在是各种金属在海洋环境中遭受着严重腐蚀的主要原因。由于氯离子较多，使得铁等各种金属难以钝化，即使像不锈钢这种高合金成分的材料由于钝化膜的稳定性变差，极易发生点蚀和缝隙腐蚀。

由于波浪的作用，使得水深 300m 之内海水中的含氧量达到饱和。一般说来，在 1L 海水中的含氧量约为 8mL。由于海水中氧的含氧高和 pH 值几乎为中性，使得金属在海水中的腐蚀主要由氧的还原所产生的阴极反应所控制。

金属在海水中的腐蚀行为按其腐蚀速率受控制的情况分为：受阴极反应控制和受致密附着的钝化膜控制两大类。钢的腐蚀是受阴极反应控制的最好例子，锌和镁的腐蚀也属于这种类型。

生物污损，特别是贝壳类生物的污损会减轻钢的腐蚀，这是由于它降低了海水的流速，并阻碍了氧的扩散。此外，阴极区还会生成一种碳酸钙型的矿物质膜，起着与污损生物类似的保护作用。

随着海水深度的增加，氧的供给就会减少，这种情况对腐蚀程度有影响。水温有随深度增加而下降的趋势，特别是离表层 30m 左右的海水中。因此，与温度较高、充分充气的表面海水相比，深处海水的腐蚀性比表层海水低。

5.2.1.5 海底泥土区

海水全浸区以下部分为海泥区，主要由海底沉积物构成，受到细菌（如硫酸盐还原菌）、溶解氧和温度等因素的影响。海底沉积物的物理性质、化学性质和生物性质随海域和海水深度不同而异，因此海底泥土区环境状况是很复杂的。

与陆地土壤不同，海底泥土区含盐度高，电阻率低，海底泥浆是一种良好的电解质，对金属的腐蚀性要比陆地土壤高。由于海底泥土中氯离子含量高且供氧量不足，一般性的金属构筑物钝化膜是不稳定的。

无论与陆地土壤相比，还是与全浸海水相比，海底泥土的氧浓度都是相当低的，因此钢在海底泥土区的腐蚀速率低于海水全浸区。

海底沉积物中通常含有细菌，主要是厌氧的硫酸盐还原菌，它会在缺氧的条件下生长繁殖。海水的静压力会提高细菌的活性。这种硫酸盐还原菌会使钢和铸铁等金属产生腐蚀，其腐蚀速率要比无菌时高得多。

5.2.2　海洋腐蚀影响因素

海水作为强腐蚀性电解质的最显著特点，是它含有很多自由离子，即含盐量很高。此外，气温、水温、降水、潮汐、海浪、潮流、盐度、pH 值、溶解氧、附着生物、流速等因素也都与腐蚀有着密切关系。同时，海洋环境对材料的破坏不仅是其中某个因子的单独作用，而是几种因子以至于整个腐蚀环境相互作用的结果。

5.2.2.1　海水电化学腐蚀过程

海水是一种含有多种盐类的电解质溶液，并溶解一定的氧气，这就决定了大多数金属在海水中腐蚀的电化学特征。因此，电化学腐蚀的基本规律适用于海水腐蚀。然而海水有其自身的特点，因此海水腐蚀的电化学过程也必然具有相应的特性。

5.2.2.2　阳极极化阻滞小

海水中的氯离子等卤素离子能阻碍和破坏金属的钝化，海水腐蚀的阳极过程较易进行。海水中的氯离子含量很高，氯离子的破坏作用有：

（1）破坏氧化膜。氯离子对氧化膜的渗透破坏作用以及对胶状保护膜的破坏作用；

（2）吸附作用。氯离子比某些钝化剂更容易吸附。

（3）电场效应。氯离子在金属表面或薄的钝化膜上吸附，形成强电场，使金属离子易于溶出。

（4）形成络合物。氯离子和金属可生成氯的络合物，加速金属溶解。

以上这些作用都能减少阳极极化阻滞，造成海水对金属的高腐蚀性。

5.2.2.3　氧作为去极化剂

在海水的 pH 值条件下，除 Mg 以外的绝大多数金属在海水中的腐蚀是依靠氧去极化反应进行的。尽管表层海水被氧所饱和，但氧通过扩散层到达金属表面的速度却是有限的，它通常小于氧还原的阴极反应速度。在静止状态或海水以不大的速度运动时，阴极过程一般被氧到达金属表面的速度控制。所以一切有利于供氧的条件，如海浪、飞溅、增加流速，都会促进氧的阴极去极化反应，加速金属的腐蚀。

5.2.2.4　电阻性阻滞小

异种金属的接触能造成显著的腐蚀效应。海水中含有多种盐类，具有良好的导电性，与大气及土壤腐蚀相比，在海水中不同种类金属接触所构成的宏观腐蚀电池，其作用将更强烈，影响范围更远。

5.2.2.5　盐类及浓度

一般情况下，海洋中总盐度和各种盐的相对比例并无明显改变，在公海的表层海水中，其盐度范围为3.20%～3.75%，这对一般金属的腐蚀无明显的差异。但海水的盐度波动却直接影响到海水的比电导率，比电导率又是影响金属腐蚀速率的一个重要因素，同时因海水中含有大量的氯离子，破坏金属的钝化，所以很多金属在海水中遭到严重腐蚀。

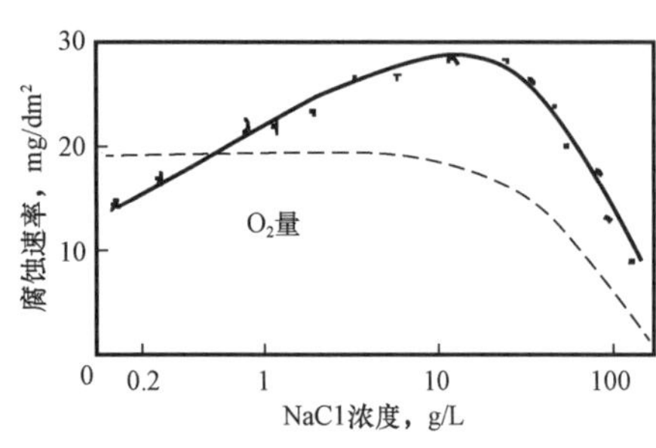

图5.14　钢的腐蚀速率与NaCl含量的关系

海水中的含盐量直接影响到水的电导率和含氧量，海水中盐类以氯离子为主，一方面，盐浓度的增加使得海水导电性增加，使海水腐蚀性很强；另一方面，盐浓度增大使溶解氧浓度下降，超过一定值时金属腐蚀速率下降，如图5.14所示。

5.2.2.6　pH值及碳酸盐饱和度

海水pH值在一般在7.2～8.6之间，为弱碱性，对腐蚀影响不大。海水深度增加，pH值逐渐降低。海水pH值远没有含氧量对腐蚀速率的影响大。海水pH值主要影响钙质水垢沉积，从而影响到海水的腐蚀性。尽管海水pH值随海水深度的增加而减小，但由于表层海水含氧量高，所以表层海水对钢的腐蚀更大。

在海水pH值条件下，当碳酸盐达到饱和时，易沉积在金属表面形成保护层。若未饱和，则不会形成保护层，使腐蚀速率增加。

5.2.2.7　含氧量

海水腐蚀是以阴极氧去极化控制为主的腐蚀过程。海水中的含氧量是影响海水腐蚀性的重要因素。

海水表面始终与大气接触，而且接触面积非常大，海水还不断受到波浪的搅拌作用并有剧烈的自然对流，所以海水中含氧量较高。可以认为，海水的表层已被氧饱和。随海水盐度增加或温度升高，海水中氧的溶解度降低。自海平面至海平面以下80m，含氧量逐渐减少，并达到最低值。从海平面以下80m至海平面以下100m，溶解氧量又开始上升，并接近海水表层的氧浓度。这是深海海水温度较低、压力较高的缘故。

对碳钢、低合金钢和铸铁等材料，含氧量增加，则阴极过程加速，使金属腐蚀速率增加。但对依靠表面钝化膜提高耐蚀性的金属，如铝和不锈钢等，含氧量增加有利于钝化膜的形成和修补，使钝化膜的稳定性提高，点蚀和缝隙腐浊的倾向减小。

5.2.2.8　温度

海水温度也影响金属结构物的腐蚀速率，海水的温度随着时间、空间上的差异会在一个比较大的范围变化。温度对海水腐蚀的影响是复杂的，从动力学方面考虑，温度升高，会加速金属的腐蚀。海水温度每升高10℃，化学反应速度提高大约14%，海水中的金属腐蚀速率将增大1倍。另外，海水温度升高，海水中氧的溶解度降低。温度每升高10℃，氧的溶解度约降低20%，可使金属腐蚀速率减小。同时促进保护性碳酸盐的生成，这又会减缓钢在海水中的腐蚀。但在正常海水含氧量下，温度是影响腐蚀的主要因素。这是因为含氧量足够高时，控制阴极反应速度的是氧的扩散速度，而不是含氧量。对于在海水中钝化的金属，温度升高，钝化膜稳定性下降，点蚀、应力腐蚀和缝隙腐蚀的敏感性增加。

5.2.2.9 流速

很多金属发生腐蚀时与海水流速有着较大关系。海水腐蚀是借助氧去极化而进行的阴极控制过程，并且主要受氧的扩散速度的控制，海水流速和波浪由于改变了供氧条件，必然对腐蚀产生重要影响。另外，海水对金属表面有冲蚀作用，当流速超过某一临界流速时，金属表面的腐蚀产物膜被冲刷掉，金属表面同时受到磨损，这种腐蚀与磨损联合作用，使钢的腐蚀速率急剧增加。

浸泡在海水中的钢桩，其各部位的腐蚀速率是不同的。水线附近，特别是水面以上 0.3 ~ 1.0m 的地方，由于受到海浪的冲击，供氧特别充分而腐蚀产物被带走，因此该处的腐蚀速率要比全浸部位大 3 ~ 4 倍。

5.2.3 海洋环境的金属腐蚀类型

大多数常用的金属结构材料在海水中会遭受腐蚀，腐蚀类型主要有均匀腐蚀、点蚀、缝隙腐蚀、湍流腐蚀、空泡腐蚀、电偶腐蚀、腐蚀疲劳等。

5.2.3.1 均匀腐蚀

均匀腐蚀是指在金属表面上以几乎相同的速率所进行的腐蚀，这与在金属表面上所产生的任意形态的全面腐蚀不同。例如，全面点蚀是指在金属表面上所生成的腐蚀孔密度非常高的状态，它的产生条件与均匀腐蚀不同。均匀腐蚀一般属于微观电池腐蚀。均匀腐蚀一般是发生在阳极区和阴极区难以区分的地方。

在中性 pH 值区间内，裸钢的均匀腐蚀速率在 0.2mm/a 左右，当在金属表面形成保护性膜，可以使钢铁的腐蚀速率降低。

5.2.3.2 点蚀

由于海水中氯离子含量较高，使得铁等各种金属难以钝化，钝化膜稳定性变差，极易发生点蚀。金属表面局部区域内出现向深处发展的腐蚀小孔称为点蚀，表面的其余部分则往往无任何明显的腐蚀。蚀孔一旦形成，具有“深挖”的动力，即向深处自动加速进行的作用，因此点蚀具有极大的隐患性及破坏性，点蚀断面形貌如图 5.16 所示。

图 5.15 均匀腐蚀形貌

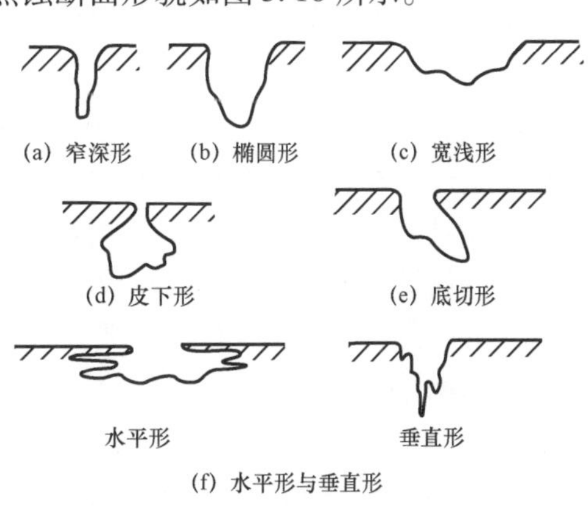

图 5.16 点蚀断面形貌

不同的海洋环境区域，引起点蚀的原因随之变化。暴露在海洋大气中的金属上的点蚀，可能是由于表面盐分引起的。表面状态或冶金因素，如夹杂物、保护膜的破裂、偏析和表面缺陷也能引起点蚀。点蚀容易发生在表面生成钝化膜的材料，或表面镀有阴极性镀层的金属。

在全浸条件下，产生点蚀的环境因素通常是处于停滞状态的海水，点蚀类似于缝隙腐蚀，对点蚀敏感的金属通常对缝隙腐蚀也是敏感的。

5.2.3.3 缝隙腐蚀

金属部件在电解质溶液中，由于金属与金属或金属与非金属之间形成特别小的缝隙，其宽度足以使缝隙内介质进入缝隙而又处于滞流状态引起缝内金属的加速腐蚀，这种局部腐蚀称为缝隙腐蚀（图5.17）。

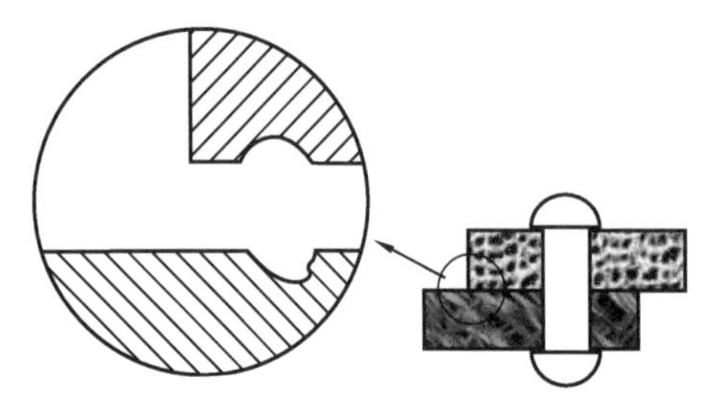

图5.17　缝隙腐蚀

缝隙腐蚀发生的原理为：在缝隙内滞留的海水中修复或维持钝化膜需消耗氧的速度大于新鲜氧从外面扩散进去的速度时，则在缝隙下面就有发生快速腐蚀的趋势。腐蚀的驱动力来自氧浓差电池，缝隙外侧同含氧海水接触的表面起阴极作用。根据电化学原理，阴极电流必须同阳极电流相等。一般情况下，因为缝隙下阳极的面积很小，故局部腐蚀电流密度或局部侵蚀速度较大。这种电流一旦形成便很难加以抑制。

缝隙腐蚀的特征如下：

（1）缝隙腐蚀可以发生在所有的金属与合金上，特别容易发生在因钝化而耐蚀的金属与合金上；

（2）任何侵蚀性介质都可以引发缝隙腐蚀，特别是含有氯离子的溶液最容易引起缝隙腐蚀；

（3）与点蚀相比，对于同一种合金，缝隙腐蚀更容易发生，因为缝隙腐蚀的临界腐蚀电位要低于点蚀的临界腐蚀电位。

凡属需要充足的氧气不断弥合氧化膜的破裂从而来维持钝态的材料，在海水中都有对缝隙腐蚀敏感的倾向。以充气的含活性阴离子的中性介质最容易引起金属的缝隙腐蚀。

缝隙腐蚀通常在海水全浸区或者在飞溅区最严重。海洋大气中也发现有缝隙腐蚀。当有盐分沉积且湿度或水分大时，在金属表面会生成一层导电的薄膜。缝隙外的这层连续的盐水膜对于腐蚀电池的形成起着重要作用。

缝隙有些是由于结构设计不合理造成的，也可能是因海洋污损生物栖居在表面所致。

5.2.3.4 湍流腐蚀

在设备和部件的某些特定部位，介质流速急剧增大形成湍流。由湍流导致的磨蚀称为湍流腐蚀，如图5.18所示。当速度超过某一临界点时，便会发生快速的侵蚀。在湍流情况下，常有空气泡卷入海水中，夹带气泡的高速流动海水冲击金属表面时，保护膜可能被破坏，且金属可能受到局部腐蚀。金属表面的沉积物可促进局部湍流腐蚀。

当海水中有悬浮物时，则磨蚀和腐蚀所产生的交互作用，比磨蚀与腐蚀单独作用的总和还严重得多。

有时湍流腐蚀损坏和空泡腐蚀损坏很难分清，在某些情况下，这两种损坏方式都起作用，该类腐蚀具有明显的冲击流痕。冲击腐蚀基本上属于湍流腐蚀，冲击腐蚀也是高速流体的机械破坏与电化学腐蚀两种作用对金属共同破坏的结果。

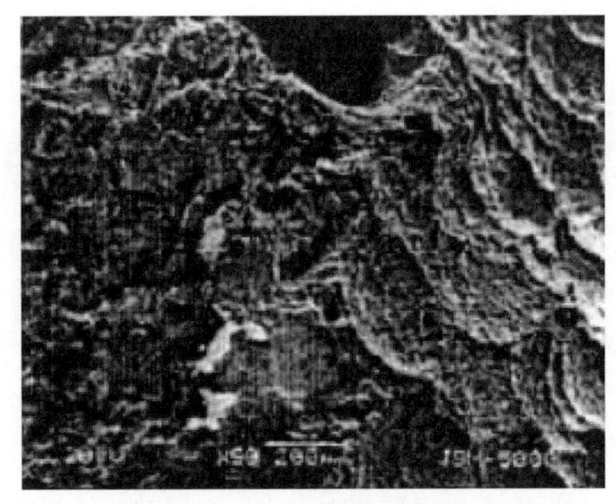

图 5.18　湍流腐蚀

5.2.3.5　空泡腐蚀

流体金属构件作高速相对运动，在金属表面局部地区产生涡流，伴随有气泡在金属表面迅速生成和破灭，呈现与点蚀类似的破坏特征，这种条件下发生的磨蚀称为空泡腐蚀。空泡腐蚀是电化学腐蚀和气泡破灭的冲击波对金属联合作用所产生的，空泡腐蚀形成过程如图 5.19 所示。

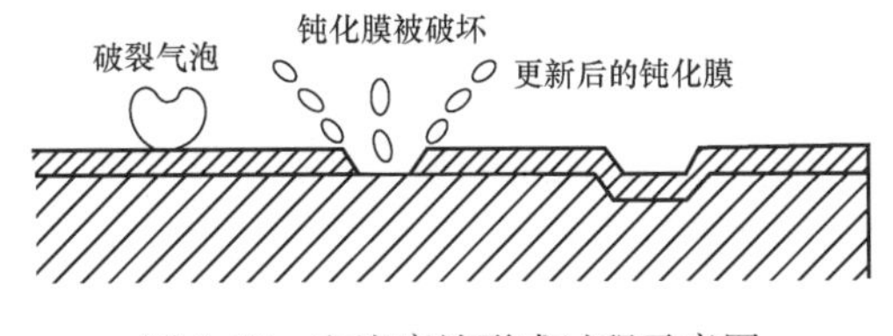

图 5.19　空泡腐蚀形成过程示意图

在海水温度下，如果周围的压力低于海水的蒸汽压，海水就会沸腾，产生蒸汽泡。这些蒸汽泡破裂，反复冲击金属表面，使其受到局部破坏。金属碎片掉落后，新的活化金属便暴露在腐蚀性的海水中，所以海水中的空泡腐蚀造成的金属损失既有机械损伤又有海水腐蚀。该类腐蚀多呈蜂窝状形态。

5.2.3.6　电偶腐蚀

海水是一种强电解质，电阻率较小。海水中不仅有微观腐蚀电池的作用，还有宏观腐蚀电池的作用。当两种不同金属相连接并暴露在海洋环境中时，通常会产生严重的电偶腐蚀。在相连接的电偶中，一种金属为阳极，另一种金属为阴极。电偶腐蚀的程度主要取决于两种金属在海水中的电位序的相对差别及相对面积比。通常两种金属的电位差越大，则电偶中的阳极金属腐蚀越快。但是极化作用往往会改变这种行为。对于像碳钢这样的金属（其腐蚀速率通常受总的阴极面积控制），阴极与阳极面积之比是很重要的，如图 5.20 所示。小阳极同大阴极相连并浸泡在海水中，腐蚀速率会大大增加。反之，小阴极同大阳极相连，则对腐蚀速率仅有轻微的影响。

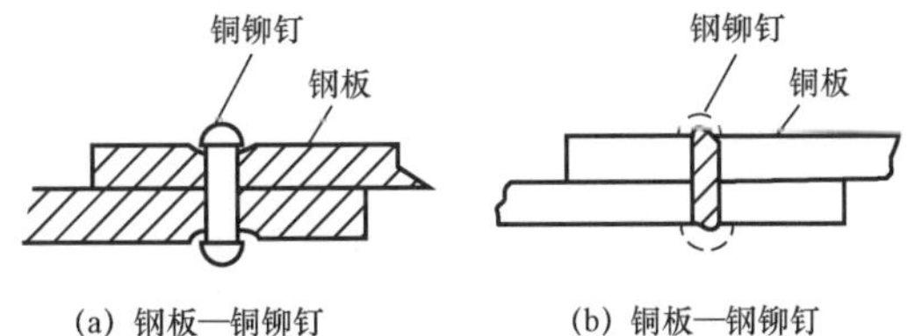

图 5.20　阴极与阳极面积比不同对电偶腐蚀的影响

5.2.3.7　腐蚀疲劳

金属材料在循环应力或脉动应力和腐蚀介质的联合作用下，所引起的腐蚀称为腐蚀疲劳。

海洋环境十分恶劣，海洋工程结构除腐蚀外还要承受海浪、风暴、地震等力学因素的作用，因此材料和构件的腐蚀疲劳是影响海洋工程结构安全的重要因素之一。

金属结构受到环境腐蚀和循环载荷的同时作用所引起的损伤，往往比它们单独作用所引起的损伤相加要严重得多，例如在海水环境中进行疲劳试验的碳钢试件的寿命，比先浸泡在海水中一定时间后再进行疲劳试验的寿命短得多。可见腐蚀加了疲劳损伤，疲劳载荷又加速了腐蚀进程。严格地说，除了在真空或惰性气体的环境中以外，包括空气在内的各种气体环境或液体环境中的疲劳都属于腐蚀疲劳。金属结构在海水中的疲劳破坏是一种典型的腐蚀疲劳破坏，其破坏机理和空气中的疲劳破坏机理是明显不同的，当然寿命也就不会一样。

5.3 外腐蚀与防护

本节首先对管道的涂层防护机制及失效机制进行分析，并论述了影响涂层性能的各个因素，例如氯离子、溶解氧等。针对海洋管道，提出了防腐层的一般性能要求，并根据工程经验，推荐了常用的海洋管道防腐层类型，最后对它们各自的结构特点、失效原因进行分析。

5.3.1 概述

长期以来，人们一直在探索各种防止海洋腐蚀的手段，总的来说，主要有以下几种：

（1）合理选材。根据使用环境的不同选择适宜的材料，可以避免或者有效减少发生腐蚀的机会，例如选择耐海水腐蚀的合金材料，但从经济角度来说，对高耐蚀材料的追求会增加成本。

（2）电化学保护技术。主要是外加电流阴极保护技术、牺牲阳极阴极保护技术，这种技术已经广泛使用。

（3）缓蚀剂技术。在相对封闭的环境中，为了缓解材料的腐蚀，可以采用适宜的缓蚀剂。但在开放环境中应用缓蚀剂技术显然不合适。

（4）金属涂镀层保护技术。金属涂镀层制备技术主要有热喷涂、热浸镀、化学镀、金属衬里或包覆等。

（5）有机涂层防护技术。主要有防腐蚀涂料、防污损涂料等。

面对海洋管线所处的恶劣环境，必须对管道进行必要的防护，管线的使用寿命很大程度上与防腐养护的程度有关。目前对于采用钢铁结构制造的大型海上构筑物来说，采用的防腐蚀设计一般为水上区域涂装有机涂料，水下区域采用有机涂料外加电化学阴极保护技术，这种防腐蚀设计应用已经相当成熟。

5.3.2 防腐蚀涂层机理

5.3.2.1 涂层的防护机制

金属在一定的环境介质中经过反应恢复到它的化合物状态，这个过程可用一个总反应过程表示：

$$\text{金属材料}+\text{腐蚀介质}\longrightarrow\text{腐蚀产物}$$

此反应包括三个基本过程：

（1）通过对流和扩散作用使腐蚀介质向界面移动；

（2）在相界面上进行反应；

（3）腐蚀产物从相界迁移到介质中去或在金属表面上形成覆盖膜。

涂层对于金属材料的防护机制是通过抑制腐蚀反应过程中的某一个或几个基本过程实现的。一般来讲，涂层对金属的腐蚀防护作用表现为两个方面：其一是屏蔽作用，阻挡腐蚀介质渗透到金属表面，从而避免界面区金属发生阳极溶解；其二是活性防蚀作用，包括阴极保护作用、钝化作用和碱性防蚀作用等方面，一种优良的涂装防护体系往往兼有以上功能。

5.3.2.2 涂层的失效机制

在海洋环境下的涂层/金属体系腐蚀失效过程的共同特征是发生电化学腐蚀。由于涂层具有半透明特性，海水携带 O_2 及其他侵蚀性粒子能够通过涂层微孔和涂层缺陷进入涂层内部，进而达到涂层/基体金属界面，并在界面处的局部区域发生腐蚀反应。由于基本金属腐蚀反应的发生和发展，阳离子不断地向阴极区迁移，使腐蚀产物在阴极区生成并累积，导致涂层附着力降低，使涂层与金属发生剥离，最终导致涂层失效。

5.3.3 海洋环境对涂层破坏的主要因素

天然海水一般情况下为弱碱性，且 pH 值较为稳定，原因是海水中含有具有缓冲作用的可溶性盐。海水温度会随着气候昼夜的变换、海水深度以及所在地域的不同发生变化。含氧量是海水的一个重要物理性质，它与金属腐蚀反应的发生具有直接关系，由于受到温度、海水流速以及光照等因素的影响，海水中的氧含量会出现较大的波动。同时，海水中含有丰富的无机盐类和有机物质，这些物质附着在金属表面可以有效地抑制金属腐蚀；另外，海水中生活着大量的动物、植物和微生物，这些生物的栖居行为也对金属的腐蚀产生多方面的影响。

5.3.3.1 海生物附着污损

海生物附着对保护涂层特别是有机涂层的耐海水腐蚀性能有很大影响。一般认为，某些海生物生长时能穿透油漆保护层或其他保护层，直接破坏保护涂层。某些海生物对保护层的附着甚至大于涂层对金属的附着力，在机械载荷如波浪冲击的作用下，海生物层与保护涂层一起剥落，导致保护层的机械破损，引起金属局部腐蚀。

附着力强的海生物如藤壶、牡蛎对涂层的机械剥离破坏，因涂料性能不同而有差异。对于氯化橡胶、氯磺化聚乙烯类涂料，海生物附着剥离后对面漆有破坏。高性能涂层由于涂层抗拉强度高、附着力强，能有效地抗海生物附着的机械破坏。而一些涂层本身机械强度和结合力较低，因此抗机械损伤的能力差。海洋生物附着污损如图 5.21 所示。

图 5.21 海洋生物附着污损

5.3.3.2 氯离子

海水具有高腐蚀性的一个重要原因是海水中含有大量的氯离子。氯离子半径小，活性大，使许多金属的钝化膜遭受破坏，而产生不致密性。

通过对氯离子在涂膜中渗透过程的研究，在有涂膜的情况下，水与氧能在较短时期渗透到金属表面引起早期腐蚀，而裸金属在腐蚀初期氯离子就起作用。

氯离子的存在对有机涂层的破坏不像对金属腐蚀那样大，但由于海水渗透过涂层膜，对基底金属腐蚀影响较大，基底金属的腐蚀使涂膜丧失结合力，产生起泡。

5.3.3.3 溶解氧

海水中溶解氧量增大，使氧在涂膜中的渗透量也会相应增加，因此加速涂层下金属的腐蚀。对于溶解氧在涂层/金属基体界面区发生反应而破坏涂层与金属间结合力的机理，存在以下观点：

（1）涂层聚合物中的某些极性基团与氧还原生成的 OH^- 发生反应，降低了涂层与金属间的结合力，导致涂层从基体剥离；

（2）在涂层/金属界面区，金属腐蚀产物的阳离子与氧还原生成的 OH^- 结合生成腐蚀产物，腐蚀产物的不断累积导致涂层从基体剥离；

（3）阴极还原反应生成的具有氧化活性的中间产物能够破坏涂层和基体的结合键，导致涂层发生剥离；

（4）涂层/金属界面形成的高 pH 值水溶液使涂层发生位移而产生剥离。

5.3.3.4 温度变化

海水温度变化对于涂层防护性能的影响是非常明显的。由于涂层和基底金属的热膨胀系数不同，导致涂层/金属界面区存在巨大压力，其中的影响也包括由于涂层微孔和涂层缺陷的扩大而导致了水和其他侵蚀性粒子不断向界面区渗透，降低了涂层与金属间的结合力。温度变化导致的涂层/金属界面区存在的压力变化是引起长期服役涂层提前失效的主要原因。温度变化对海生物生长繁殖以及在涂层上附着的影响，也对保护层的防护性能产生或好或坏的影响。

5.3.3.5 海水流动

海水流动使海水中含氧量增加，流动海水可降低金属腐蚀的表面扩散层厚度，而加速腐蚀。这种作用对于金属喷涂层是相同的，但在流速不高的情况下，对涂层的腐蚀影响不明显。

5.3.4 防腐涂层类型及要求

5.3.4.1 海洋管道防腐层的一般要求

高质量的外防腐层是海洋管道寿命保证的重要措施，其一般应具备下列特性：

（1）有良好的绝缘性。高的涂层电阻能保证管道防腐层泄漏电阻大，使阴极保护电流分布更均匀，管道沿线得到更充分的阴极保护。

（2）化学稳定性好，耐化学和微生物腐蚀。海洋环境下微生物多，细菌多，有的细菌或微生物能对管道防腐层进行降解，使防腐层的有效厚度降低。

（3）较低的吸水率。海洋环境下防腐层的吸水渗透包括阴极保护电位梯度下的电渗透、毛细现象引起的扩散和渗透，其结果是涂层与基面剥离或分层。

（4）抗阴极剥离。在管道施加阴极保护时，当管道的保护电位达到析氢电位时，涂层与钢管界面有氢气形成，氢气鼓泡使涂层和管道剥离。

（5）良好的黏附性。涂层必须与钢管表面有良好的粘结力，以抵抗管道安装时承受的剪切力。剪切力可从混凝土配重层通过涂层传递到管道本身，使管道移动就位，因此要求涂层有足够的粘结剪切强度。另外，涂层与配重混凝土层之间，必须要有足够的粘结阻力，以防止混凝土在安装或运行时滑移。

（6）易于现场补口、补伤。海洋管道一般采用铺管船施工，铺管船施工具有工期紧凑，施工质量要求高的特点，因此与主管匹配的现场接头防腐层应便于施工且质量可靠。

除以上几点外，海洋管道防腐层还要求具有抗冲击性及抗弯曲性优良，耐温，耐老化，涂料来源广泛等特点。

5.3.4.2　海洋管道防腐层的常用类型

海洋管道沿线腐蚀环境恶劣，因此对管线外防腐层的要求很高。基于以上防腐层性能要求，适用的海洋管线外防腐涂层主要有熔结环氧粉末涂层（FBE）、三层 PE 防腐层等结构。

（1）FBE 涂层。

环氧粉末和钢表面可以产生牢固的化学键结合，环氧粉末在高温钢管表面熔融、固化形成的防腐层对钢铁表面具有极强的黏结力，形成了以黏结力为性能支点的薄膜防腐层——熔结环氧粉末防腐层。

熔结环氧防腐层（FBE）具有优异的黏结力、防腐层坚牢、耐腐蚀和耐溶剂性，防腐层损伤修复较容易，抗土壤应力；阴极保护配套性好，对保护电流几乎无任何屏蔽作用。但是，FBE 防腐层吸水率较大，耐湿热性能有限，不适用于输送介质温度过高的水下管道，抗冲击损伤能力也比较有限。

FBE 防腐层应用于管道工业的历史已经近 40 年了，使用 30 多年后防腐层仍然有效，管道用 FBE 防腐层如图 5.22 所示。虽然有报道指出，长期运行后的防腐层，有的出现失效，防腐层内部产生气疹，失去和钢管的黏结，防腐层下产生阴极保护碱性沉积物，但管线由于有效的阴极保护而免受腐蚀危害。据此，可称 FBE 防腐层是“失效—安全”防腐层，而其他常见管道防腐层多数都会因为防腐层失效而导致腐蚀危害。FBE 防腐层的性能指标可参照表 5.1。

图 5.22　管道用 FBE 防腐层

（2）三层 PE 防腐层。

聚乙烯三层结构防护层又称三层 PE，是近些年从国外引进的先进的防腐技术。它的全称为熔结环氧/挤塑聚乙烯结构防护层，结构由以下三层组成：底层为熔结环氧；中间层为胶黏剂；面层为挤塑聚乙烯。三层 PE 防腐结构如图 5.23 所示。

表 5.1　FBE 防腐层的主要性能指标

序号	检测项目	技术指标	执行标准
1	外观	平整、色泽均匀、无气泡、开裂及缩孔，允许有轻度橘皮状花纹	目测
2	阴极剥离（65℃，28d），mm	≤15	SY/T 0315—2013 附录 C
3	阴极剥离（65℃，48h），mm	≤6.5	SY/T 0315—2013 附录 C
4	断面孔隙率，级	1～4	SY/T 0315—2013 附录 D
5	黏结面孔隙率，级	1～4	SY/T 0315—2013 附录 D
6	抗 3°弯曲	无裂纹	SY/T 0315—2013 附录 E
7	抗 1.5J 冲击（－30℃）	无针孔	SY/T 0315—2013 附录 F
8	24h 附着力，级	1～3	SY/T 0315—2013 附录 G
9	弯曲后涂层 28d 耐阴极剥离	无裂纹	SY/T 031—2013 附录 H
10	体积电阻率，Ω·m	$\geqslant 1.0 \times 10^{13}$	GB/T 31838.2—2019
11	耐化学腐蚀	合格	SY/T 0315—2013 附录 I
12	落砂耐磨，L/μm	≥3	SY/T 0315—2013 附录 J

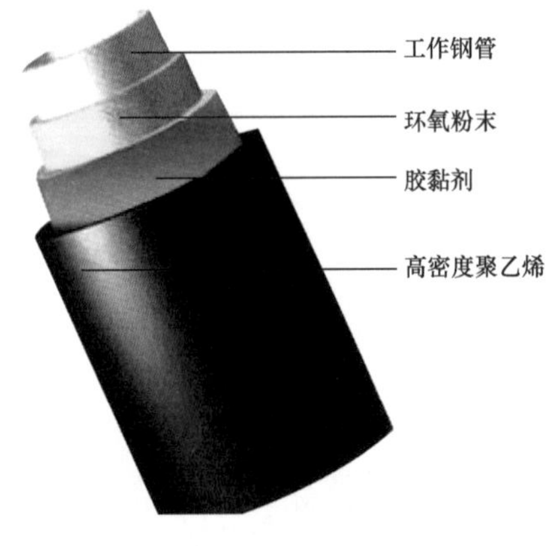

图 5.23　三层 PE 防腐结构

在三层结构中，环氧底漆的主要作用是：形成连续的涂膜，与钢管表面直接黏结，具有很好的耐化学腐蚀性和抗阴极剥离性能；与中间层胶黏剂的活性基团反应形成化学粘结，保证整体防腐层在较高温度下具有良好的黏结性。

中间层通常为共聚物黏结剂，其主要成分是聚烯烃，目前广泛采用的是乙烯基共聚物胶黏剂。共聚物胶黏剂的极性部分官能团与环氧底漆的环氧基团可以反应生成氢键或化学键，使中间层与底层形成良好的黏结；而非极性的乙烯部分与面层聚乙烯具有很好的亲和作用，所以中间层与面层也具有很好的黏结性能。

聚乙烯面层的主要作用是起机械保护与防腐作用，与传统的二层结构聚乙烯防腐层具有同样的作用。

三层 PE 防腐层最常见的失效形式是应力开裂失效。螺旋钢管或直缝焊管有一道或多道成型焊缝，在三层 PE 防腐层加工过程中，由于焊缝余高的存在，使得焊缝处的防腐层比其他部位偏薄。在防腐层冷却成型过程中，由于厚度差异产生了冷却收缩残余应力。因此，三层 PE 防腐层预制时，要求焊管的焊缝余高低，并平滑过渡。三层 PE 防腐层的主要性能指标见表 5.2。

表 5.2　三层 PE 防腐层的主要性能指标

序号	项目		性能指标	试验方法
1	剥离强度，N/cm	20℃±5℃	≥100（内聚破坏）	GB/T 23257—2017 附录 J
		60℃±5℃	≥70（内聚破坏）	
2	阴极剥离（65℃，48h），mm		≤5	GB/T 23257—2017 附录 D
3	阴极剥离（50℃或 70℃，30d），mm		≤15	GB/T 23257—2017 附录 D
4	环氧粉末固化度 （玻璃化温度变化值 $\lvert \Delta T_g \rvert$),℃		≤5	GB/T 23257—2017 附录 B
5	冲击强度，J/mm		≥8	GB/T 23257—2017 附录 K
6	抗弯曲（-30℃，2.5°）		聚乙烯无开裂	GB/T 23257—2017 附录 E
7	耐热水浸泡（80℃，48h）		翘边深度平均≤ 2mm 且最大≤3mm	GB/T 23257—2017 附录 M

（3）现场接头补口防腐。

海洋管道防腐层补口质量的好坏直接影响着管道的服役寿命，一般情况下，管体的防腐层在工厂预制，防腐质量能够得到保障。钢管之间的现场接头补口防腐需在铺管船上完成，其防腐质量受施工机械水平，操作人员素质，环境条件的制约。

根据现场接头补口材料应与管体防腐层匹配的原则，对于三层 PE 防腐层或 FBE 防腐层，可选用的补口材料有烯烃热收缩材料，液体环氧/聚氨酯材料等。其中聚乙烯热收缩带的性能指标见表 5.3。

表 5.3　热收缩带安装后的主要性能指标[3]

序号	项目		性能指标	试验方法
1	抗冲击强度，J		≥15	GB/T 23257—2019 附录 L
2	阴极剥离（最高使用温度，30d）mm		≤20	GB/T 23257—2019 附录 D
3	耐热水浸泡（最高使用温度，30d） 剥离强度保持率（对底漆钢、对管体涂层），%		≥75	GB/T 23257—2019 附录 P、附录 K
4	耐热水浸泡（最高使用温度，120d）		无鼓泡、无剥离， 膜下无水	GB/T 23257—2019 附录 P
5	剥离强度（对管体），N/cm	23℃	≥50（内聚破坏）	GB/T 23257—2019 附录 K
		最高运行温度	≥3（内聚破坏）	GB/T 23257—2019 附录 K
6	剥离强度（对搭接部位 聚乙烯层），N/cm	23℃	≥50（内聚破坏）	GB/T 23257—2019 附录 K
		最高运行温度	≥3（内聚破坏）	GB/T 23257—2019 附录 K
7	耐热老化（最够运行温度+20℃，100d） 剥离强度保持率（P_{100}/P_{70} 对底漆钢、 对管体涂层），%		≥75	GB/T 23257—2019 附录 Q

近些年来，通过对西气东输管道等国内重点管线的 PE 热收缩带补口材料进行开挖抽检，发现局部开挖点有防腐层失效现象，常见的失效形式有：

（1）密封失效，热收缩带与管体防腐层剥离，如图5.24所示；

（2）环氧底漆涂装失效，环氧底漆和热收缩带整体与钢表面脱开，如图5.25所示；

（3）热收缩带破损严重，热收缩带折皱，穿透，如图5.26所示。

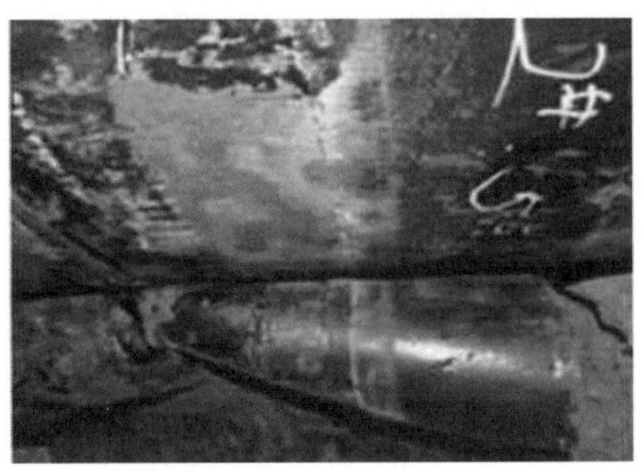

图5.24 热收缩带与管体防腐层剥离

图5.25 环氧底漆涂装失效

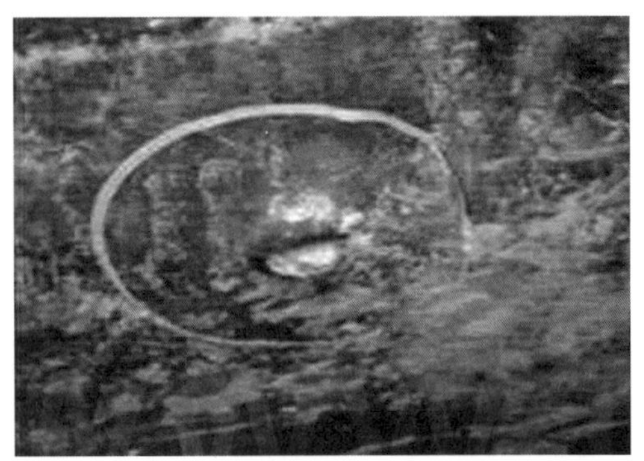

图5.26 热收缩带穿透性损伤

通过分析发现，热收缩带失效的主要原因有：

（1）补口安装时钢表面处理不符合要求，表面盐分含量高；

（2）环氧底漆湿膜安装时涂装质量差，无法进行电火花检漏；

（3）管体火焰预热时产生氧化皮，预热温度不够，热收缩带的胶层未充分熔融。

基于以上原因，目前海洋管道项目推行了环氧底漆采用干膜安装，并进行电火花检漏，以保证环氧底漆安装质量。同时推广了中频加热技术，使管体预热温度高，管体表面无氧化皮产生，保证了热熔胶充分熔融。

5.4 阴极保护

本节首先介绍了管道阴极保护的类型，针对海洋管道的牺牲阳极阴极保护，对影响阴极保护效果的管道涂层破损率、牺牲阳极电化学特性以及管道埋设方式等因素进行了论述。对管道阴极保护所需要的牺牲阳极数量按中期、末期以及单支牺牲阳极保护长度分别计算，并提出海洋管道的镯式牺牲阳极设计间距一般不大于300m。最后以某个海洋管道工程为例，进行牺牲阳极阴极保护核算。

5.4.1　概述

良好的管道涂层防护与有效的阴极保护是确保海洋管道寿命的有效手段，阴极保护技术，即将处于电解质溶液（如海水等）中的金属结构阴极极化，电极电位变负，使金属的溶解速度降低，甚至阴极极化到免蚀区使金属完全不腐蚀，如图 5.27 所示，从而使其得到保护的防腐蚀技术。该技术最早在船舶保护上得以应用，发展至今，已被广泛应用于各领域，成为重要的防腐蚀技术之一。

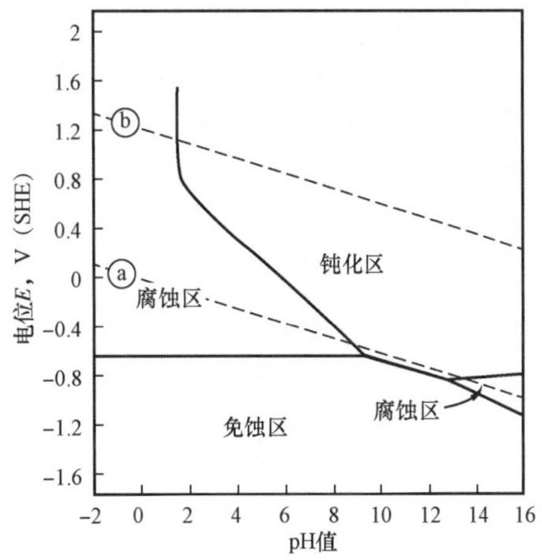

图 5.27　电位—pH 值图

目前阴极保护技术主要分为牺牲阳极法和外加电流阴极保护法。

每种金属处于电解质溶液中，都有一个电极电位，当电连接的两种不同金属（如铁和铝）处于同一电解质溶液（如海水）中，由于其电极电位值不同，就构成了腐蚀原电池，电位较负的金属（如铝）成为阳极，而电位相对较正的金属如铁成为阴极。由于阳极金属的溶解而使作为阴极的金属得到保护的技术，就是通常所说的牺牲阳极阴极保护。

除了用电位较负的金属或合金（牺牲阳极）保护电位较正的金属外，还有一种方法是强制外加电流的阴极保护技术，即对保护体外加阴极电流，使其阴极极化，当阴极极化至被保护体的阳极反应平衡电位时，其阳极反应基本停止，从而达到保护的目的。

5.4.1.1　牺牲阳极保护

牺牲阳极阴极保护中，被保护金属体为阴极，牺牲阳极的电位往往负于被保护金属体的电位，在保护电池中是阳极，被腐蚀消耗，故此称之为“牺牲”阳极。如图 5.28 所示。

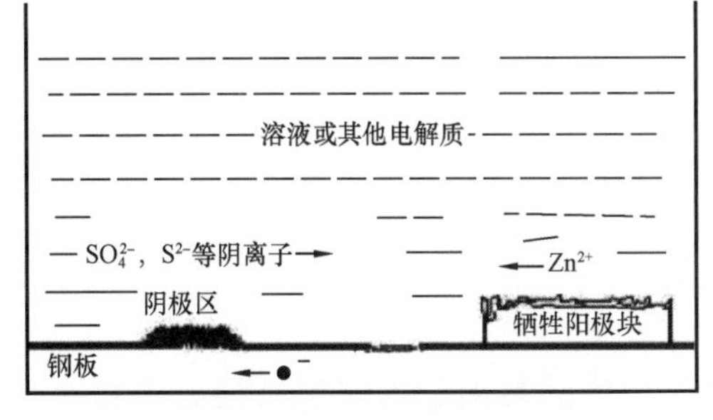

图 5.28　牺牲阳极阴极保护典型图

通常用作牺牲阳极的材料有镁合金、锌合金、铝合金等。镁阳极适用于淡水和土壤电阻率较高的土壤中，锌阳极大多用于土壤电阻率较低的土壤和海水中，铝阳极主要应用在海水、海泥以及原油储罐污水介质中。

在腐蚀介质中，当牺牲阳极与被保护体形成电性连接后，靠阳极自身的溶解提供阴极保护电流，牺牲阳极保护法一般由活性牺牲阳极、金属结构物组成，其主要特点有：

（1）不需要外部电源，容易安装，适用范围广；

（2）运行期间，维护工作简单，提供均匀的电流分配；

（3）由于输出电流小，对外界杂散电流干扰较小，发生阴极剥离的可能性小；

（4）牺牲阳极应具有足够负的电位，且很稳定，阳极极化率小，溶解均匀，产物可自动脱落，腐蚀产物无毒，不污染环境；

（5）牺牲阳极应有较高的电流效率，电化学当量高。

5.4.1.2 外加电流保护

外加电流阴极保护系统是将外部直流电源的负极接被保护金属结构，正极与安装在金属结构外部并与其绝缘的辅助阳极相连接。电路接通后，电流从辅助阳极经电解质溶液（如海水）至金属结构形成回路，金属结构阴极极化而得到保护。如图5.29所示。

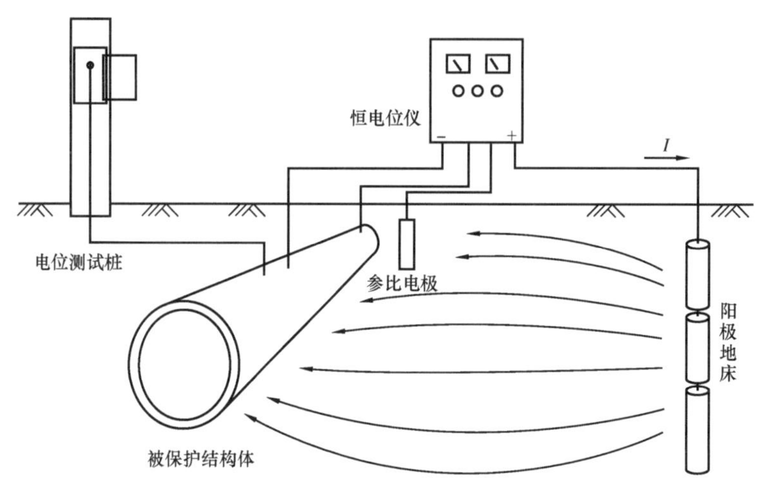

图5.29 外加电流阴极保护原理图

外加电流保护系统一般由直流电源、辅助阳极、金属结构物和参比电极等4部分组成，其特点为：

（1）可随外界条件（如海水区域，流速，温度等）引起的变化自动调节电流，使被保护部分的电位控制在最佳保护电位范围内；

（2）使用寿命、保护周期长，采用不溶性高效辅助阳极；

（3）辅助阳极排流量大，作用半径大，可以保护结构复杂、面积较大的设备及港工建筑与地下管道等。

当然，强制电流保护法也有它的局限性，例如：

（1）需要外部电源；

（2）与牺牲阳极相比，需要更高的检测和维护费用；

（3）具有引发杂散电流干扰的高风险；

（4）可导致过保护，引发：

① 涂层的损伤。在阴极保护过程中，在被保护体的表面会形成氢氧根离子和氢气。这些产物可导致非金属涂层的剥离，产生这种现象的机制包括发生在涂层/金属界面处的化学溶解作用和电化学还原作用，还包括氢在界面处聚集所产生的压力，这种涂层破坏过程被称为“阴极剥离”。

② 氢脆。在阴极保护中，当金属结构物（阴极部位）的极化电位过负，会有氢原子产生，如果其中的氢没能及时释放出来，向金属中缺陷附近扩散，到室温时原子氢在缺陷

处结合成氢分子并不断聚集，从而产生巨大的内压力，使金属发生裂纹。

5.4.2　海洋管线的阴极保护设计

海水具有强烈的腐蚀性，对海上平台导管架、海底管线及港口码头设施等构成严重威胁。海洋管道的阴极保护，一般分为保护初期和末期两个阶段，保护初期需要的保护电流大，随着被保护体的极化，在保护体表面会形成阴极保护膜（即钙镁沉积层），它会有效地隔离侵蚀性离子与被保护体，从而减小所需要的阴极保护电流密度，钙镁沉积层完全形成后进入保护中期，所需保护电流减小。

研究表明，初期采用较大的保护电流密度可形成致密的阴极产物膜，可有效地降低中末期所需的阴极保护电流。根据有关数据，如果初期阴极保护电流密度太大，在金属附近 pH 值会快速升高，同时阴极产物膜也快速形成。

海底管道不同于陆上管道，海底管道的阴极保护具有管道沿线电位不可测试的特点，同时海洋环境要远比陆地环境严酷，因此，选择阴极保护系统时要充分考虑到可靠性、耐久性等特点。

根据工程经验，鉴于海洋环境下不能对采用外加电流阴极保护系统的沿线管道电位进行测试，管道存在过保护或欠保护的风险，因此，外加电流系统应用较少，牺牲阳极系统已成为海洋管道工程较成熟且可靠的阴极保护方式。

5.4.2.1　管道保护电位

阴极保护的有效性可以通过证明结构物未发生腐蚀的方法来确定。有许多这样的方法，包括对结构物表面腐蚀状况的物理检查，评价环境条件和腐蚀控制运行参数或腐蚀泄漏次数的减少等。在涉及管线钢的大多数情况下，定期地和频繁地检查表面以考证有没有发生腐蚀是不切实际的。

一个替代的阴极保护判据，其目的是提供一个基准点，以判定管道是否被充分保护。管道的保护电位，即极化电位，是判定管道是否达到保护的判定标准之一。采用牺牲阳极保护后，管道的极化电位（相对于 SSC 参比电极）应达到表 5.4 的值。

表 5.4　推荐的管道极化电位

碳钢材料	最小负电位，V	最大负电位①，V
有氧条件下	−0.8V	−1.10V
无氧条件下	−0.9V	−1.10V

①当采用牺牲阳极对高强钢材质的管道进行阴极保护时，管道的最大负电位应限制在不致引起析氢反应的电位范围内。

5.4.2.2　牺牲阳极电化学特性

牺牲阳极应能提供足够的阴极保护电流，并且具有较高的电化学效率及电化学当量，同时还应具有稳定的电位，在使用期间不发生钝化，牺牲阳极表面的腐蚀产物以脱落，且对环境无污染。

纯铝不能作为牺牲阳极，因为其表面形成稳定的氧化膜使其电化学电位正移到很高的电位，也就是钝化。在铝阳极中加入了镉、铟、汞或锡元素以保持阳极的活性，防止其发

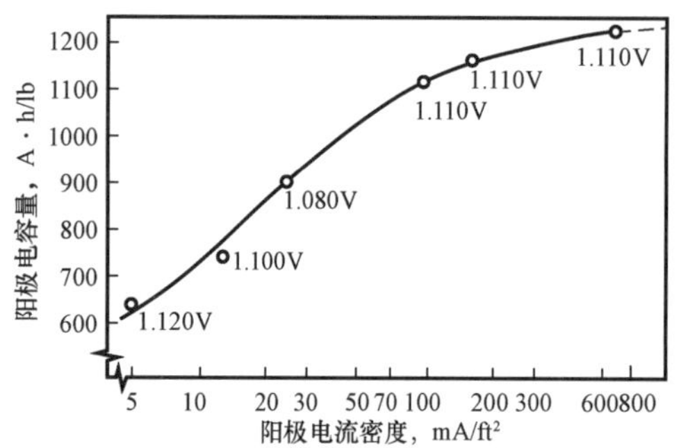

图 5.30　阳极电容量与阳极电流密度的关系

生钝化。同时铝阳极一般应用在含有氯离子的电解质中，氯离子能穿透腐蚀产物膜，使阳极保持活性。随着氯离子含量降低，阳极的电容量降低，阳极电位变得更正，同时，铝阳极电容量随着电流密度降低而降低，如图 5.30 所示。

对于海水与海泥而言，海水的电阻率较海泥的电阻率低，在此环境中，铝阳极的发生电流密度大，因此海水中的铝阳极电容量也较大。

铝合金牺牲阳极的电化学特性见表 5.5。

表 5.5　铝合金牺牲阳极的电化学特性

阳极类型	浸入海水中		浸入海泥中	
	电位（SSC）mV	电容量 A · h/kg	电位（SSC）mV	电容量 A · h/kg
铝阳极	-1050	2500	-1000	2000
	-1050	2000	-1000	850
	-1000	900	-1000	400

5.4.2.3　管道阴极保护电流密度

管道的保护电流密度也取决于管道的铺设状况，即埋设与不埋设，以及管道输送的温度。

在埋设环境下，海泥的电阻率要比海水的电阻率高，结构物上腐蚀电池极化大，腐蚀电流小，相应地所需保护电流密度也较小。当管道输送介质温度较高时，从电化学角度来讲，温度升高有利于结构物上腐蚀电池的去极化，造成腐蚀电流增加，进而管道保护电流密度增大。

不同施工条件及输送温度下的所需保护电流密度参考值见表 5.6。

表 5.6　管道保护电流密度

施工条件	介质不同输送温度下推荐的设计中期保护电流密度，A/m^2				
	≤25℃	25～50℃	50～80℃	80～120℃	>120℃
非埋设—海水中	0.050	0.060	0.075	0.100	0.130
埋设—海泥中	0.020	0.030	0.040	0.060	0.080

注：表中给出了推荐的中期保护电流密度的最小值，电流密度与管道埋设/非埋设有关，但是和埋设深度无关。“埋设”可以理解为挖沟铺设或自然回淤，当管道处在非常松软的泥土上时，也可按埋设考虑，但是，当处于半埋设状态时，应按非埋设考虑，对于未涂覆防腐层的管道，推荐的电流密度为 $0.1A/m^2$（非埋设管道）和 $0.05A/m^2$（埋设管道），同时，该状况下，电流密度和温度及埋深没有关系。

5.4.2.4　管道防腐层状况

海洋管线的阴极保护电流量随着保护涂层的退化而增加，因而在管道整个寿命周期内牺牲阳极能提供足够的阴极保护电流量显得非常重要。涂层破损率是在役涂层状况的重要指标，其取决于涂层类型、使用年限、施工条件等，涂层破损率一般分为中期和末期，可由如下公式计算：

中期的涂层破损率

$$f_{cm} = f_i + (0.5\Delta f \times t_{dl}) \tag{5.1}$$

末期的涂层破损率

$$f_{cf} = f_i + (\Delta f \times t_{dl}) \tag{5.2}$$

式中　f_i——管道初期的涂层破损率，即管道开始投运时的涂层破损率；

f_{cm}——管道中期的涂层破损率，即管道投运一定时间后的涂层破损率；

f_{cf}——管道末期的涂层破损率，即管道寿命末期的涂层破损率；

Δf——管道涂层破损率年增长系数；

t_{dl}——管道服役年限。

备注：管道的设计寿命应由业主方确定，该设计寿命应涵盖管道安装的周期。

管道涂层破损率的详细参数可参照表 5.7。

表 5.7　管道涂层破损率

管道涂层类型	最高适用温度，℃	a	b
玻璃纤维增强沥青瓷漆 + 混凝土配重层	70	0.010	0.0003
环氧粉末 FBE + 混凝土配重层	90	0.030	0.0003
环氧粉末 FBE	90	0.030	0.0010
复合涂层（三层 PE，带底漆） + 混凝土配重层	80	0.001	0.00003
复合涂层（三层 PE，带底漆）	80	0.001	0.00003
复合涂层（三层 PP，带底漆） + 混凝土配重层	110	0.001	0.00003
复合涂层（三层 PP，带底漆）	110	0.001	0.00003
聚丙烯保温管道，带底漆	140	0.0003	0.00001
聚氨酯保温管道，带底漆	70	0.010	0.003
氯丁橡胶	90	0.010	0.001

注：表中数值仅代表涂层由于自然恶化造成的涂层破损，但其他的因素可能需要考虑：(1) 如果现场接头补口防腐没有正确地涂装，该部位的中期和末期的涂层破损率可能分别为 25% 和 40%。考虑到现场接头补口面积和管道主体防腐层表面积之比，额外增加的中期和末期涂层破损率约为 0.625% 和 1%。现场的接头参数 a 和 b 可参考 DNVGL - RP - F102。(2) 当铺管船施工作业时，额外增加的涂层破损率 1% 可能需要考虑。(3) 第三方破坏，例如渔船拖网作业操作和抛锚。这通常导致管道局部区域的涂层损坏，因第三方损害而增加的涂层破损率需要根据实际的情况进行评估。

5.4.2.5　管道保护电流

管道的保护电流 I_c 计算：

$$I_c = A_c f_c i_c \tag{5.3}$$

其中

$$A_c = \pi DL \tag{5.4}$$

式中　A_c——管道表面积，m^2；

i_c——裸钢在相应环境下的保护电流密度，A/m^2；

f_c——涂层破损率；

D——管道直径，m；

L——管道长度，m。

备注：从以上公式可以看出，影响管道阴极保护电流量大小的因素是管道的涂层破损，例如，涂层针孔、开裂等，但主要来源于现场接头补口防腐的质量。阴极保护电流量和管道的析氢水平，介质中溶解氧的含量有关，而海水的流速也影响了溶解氧的含量，与海水压力和海水温度关系不大。

5.4.2.6　满足管道中期所需的阳极数量

1）管道中期所需阳极材料净重

$$M = (I_{cm} t_f \times 8760)/(u\varepsilon) \tag{5.5}$$

式中　M——中期所需阳极材料净重，kg；

I_{cm}——中期保护电流，A；

t_f——设计寿命，a；

u——阳极利用率；

ε——阳极电容量，A·h/kg。

2）满足中期保护电流的阳极数量

满足中期保护电流的阳极数量由式（5.6）给出：

$$N_{mean} = M/W_{anode} \tag{5.6}$$

式中　N_{mean}——满足中期保护电流的阳极数量；

W_{anode}——阳极单重，kg。

5.4.2.7　满足末期保护电流的阳极数量

（1）末期保护电流。

末期保护电流 I_{cf} 计算：

$$I_{cf} = A_c f_{cf} i_{cm} \tag{5.7}$$

式中　I_{cf}——末期保护电流，A；

A_c——管道表面积，m^2；

i_{cm}——平均保护电流密度，A/m^2；

f_{cf}——末期涂层破损率。

（2）末期阳极输出电流。

末期阳极输出电流 I_{af} 为：

$$I_{af} = (E_c^o - E_a^o)/R_{af} \tag{5.8}$$

式中　I_{af}——末期阳极输出电流，A；

E_c^o——管道设计保护电位，V；

E_a^o——牺牲阳极设计闭路电位，V；

R_{af}——末期接水阳极电阻，Ω。

（3）末期阳极接水电阻。

末期阳极接水电阻：

$$R_{af} = 0.315 \frac{\rho}{\sqrt{A_f}} \tag{5.9}$$

式中　R_{af}——末期阳极接水电阻，Ω；

ρ——环境电阻率，Ω · m；

A_f——末期阳极表面积，m^2。

（4）末期阳极表面积。

末期阳极表面积 A_f 由式（5.10）计算：

$$A_f = \pi[D_{i,a} + 2t_a(1-u)]L_a - 2L_a \frac{D_{i,a} + 2t_a(1-u)}{2}\left\{2\sin^{-1}\left[\frac{g}{D_{i,a} + 2t_a(1-u)}\right]\frac{\pi}{180}\right\} \tag{5.10}$$

式中　A_f——末期阳极表面积，m^2；

$D_{i,a}$——阳极内径，m；

t_a——阳极厚度，m；

g——手镯型阳极开口宽度，m；

L_a——阳极长度，m；

u——阳极利用率。

（5）满足末期保护电流的阳极数量。

管道的寿命末期所需阳极数量可由式（5.11）计算：

$$N_{final} = \frac{I_{cf}}{I_{af}} \tag{5.11}$$

式中　I_{cf}——末期保护电流，A；

I_{af}——末期阳极输出电流，A。

5.4.2.8　满足阳极最大保护长度的阳极数量

（1）阳极的最大保护长度。

根据工程经验及 ISO 15589－2 标准，海洋管道的镯式牺牲阳极设计间距一般不大于

300m，单个阳极对管道的最大保护长度可根据 DNV RP F103 进行计算，公式为：

$$L = \frac{d(D-d)}{\rho_{me} D f'_{cf} i_{cm}} \left\{ -\frac{2R_{af} I_{cf(tot)}}{L_{tot}} + \sqrt{\frac{4R_{af}^2 I_{cf(tot)}^2}{L_{tot}^2} + \frac{2\rho_{me} i_{cm} f_{cf} D}{d(D-d)} \times (E_c^{\circ} - E_a^{\circ})} \right\} \quad (5.12)$$

式中 L——单个阳极的保护长度，此处已考虑阳极掉落的情况，若能够确保阳极块不会掉落，保护长度可以为 $2L$，m；

d——管道壁厚，m；

D——管道外径，m；

ρ_{me}——管道电阻率，Ω·m；

$I_{cf(tot)}$——管道所需总电流量，A；

L_{tot}——管道总长度，m；

f_{cf}——末期涂层破损率。

（2）根据单个阳极保护长度所需阳极数量。

$$N_L = L_{tot}/L \quad (5.13)$$

式中 N_L——满足最大保护长度的阳极数量。

5.4.2.9 最终确认的阳极间距

阳极间距不能大于阳极的最大保护长度，同时，阳极数量必须分别满足中期和末期保护电流的需要。即阳极间距 S_M 需满足：

$$S_M \leqslant L_{total}/\max(N_{mean}, N_{final}, N_L) \quad (5.14)$$

式中 N_{mean}——满足中期保护电流的阳极数量；

N_{final}——满足末期保护电流的阳极数量；

N_L——满足最大保护长度的阳极数量。

5.4.2.10 最终的阳极尺寸

根据阳极净重可计算阳极尺寸，阳极长度 L_a 与阳极质量、厚度和直径有关，可由式（5.15）计算：

$$L_a = \frac{W_{anode}}{D_a\left[\pi(D_{i,a} t_a + t_a^2) - 2g t_a \cos\left(\sin^{-1}\frac{g/2}{D_{i,a}/2}\right)\right]} \quad (5.15)$$

式中 W_{anode}——单个阳极质量，kg；

D_a——阳极密度，kg/m^3；

$D_{i,a}$——阳极内径，m；

t_a——阳极厚度，m；

g——手镯型阳极开口宽度，m。

5.4.2.11 典型工程算例

本报告以某工程项目36in 海洋输气管道为例进行阴极保护分析计算，该海底管道采用预挖沟埋设的方式，并采用钢管外涂防腐层和混凝土配重层的结构形式，设计寿命为 30

年，设计压力为 10MPa，设计温度为 30℃，管道长度 9.1km，管道材质为 API 5L PSL2 X65，其中管道壁厚 25.4mm，防腐层为 3LPE 结构，厚度为 2.8mm，采用铝合金牺牲阳极进行保护。

表 5.8 为该项目海底管道工程阴极保护计算的数据输入及输出。

表 5.8 海底管道牺牲阳极阴极保护计算

数据输入		数据输出	
管道长度 L_{tot}，m	9100	钢筋、钢板质量，kg	20.01
管道外径 D，m	0.914	保护面积 A_c，m^2	26129.1
管道壁厚 d，m	0.0254	中期保护电流 I_{cm}，A	11.13
管道材料电阻率 ρ_{Me}，Ω·m	0.0000002	末期保护电流 I_{cf}，A	13.06
环境电阻率 ρ，Ω·m	0.6	满足中期电流所需阳极总净重 M，kg	2031.4
设计寿命 t_f，a	30	单个阳极净重 M_a，kg	184.3
阳极利用率 u	0.8	单个阳极毛重 G_a，kg	204.4
阳极电容量 ε，A·h/kg	1800	末期阳极表面积 A_f，m^2	1.16
中期涂层破损率 f_{cm}	0.018	末期阳极电阻 R_{af}，Ω	0.18
末期涂层破损率 f_{cf}	0.024	末期阳极输出电流 I_{af}，A	0.57
平均保护电流密度 i_{cm}，A/m^2	0.02	末期单个阳极保护管道长度 L，m	206.3
保护电位 E_c°，V	-0.9	满足平均保护电流的阳极数量 N_{mean}	12
阳极闭路电位 E_a°，V	-1	满足末期保护电流的阳极数量 N_{final}	23
阳极长度 L_a，m	0.4	满足最大保护长度的阳极数量 N_L	46
阳极密度 D_a，kg/m^3	2730	最终计算所需阳极数量	46
阳极内径 $D_{i,a}$，m	0.93	实际所需阳极数量（保守值）	68
阳极厚度 t_a，m	0.06	实际阳极间距，m	134.112
开口宽度 g，m	0.1	实际所需阳极总净重，kg	12533
钢筋直径 D，mm	6	实际所需阳极总毛重，kg	13899
钢筋数量	8	 阳极实物图	
钢筋长度，mm	370		
钢板厚度，mm	5		
钢板宽度，mm	80		
钢板数量	4		
钢板长度，mm	1541		
单根管长，m	12.192		

第 6 章　海底管道结构设计

6.1　结构设计方法

6.1.1　标准与规范

海底管道的设计方法需要根据海底管道项目的业主和所在国权威机构的要求选用海底管道标准与规范。目前，国际上广泛认可的海底管道设计规范包括：

（1）DNVGL－ST－F101（2017）；

（2）ASME B31.8；

（3）ASME B31.4；

（4）BS 8010 Part3；

（5）ISO 13623。

目前，国际上大量的海底管道根据上述标准与规范成功进行设计。

最近，欧洲标准委员会（CEN）通过了稍作修订的 ISO 13623，将其作为 EN 14161，并且英国标准协会是 CEN 的成员，这意味着 BS 8010 将被撤销。

ASME B31.8、ASME B31.4 和 BS 8010 Part3 与 ISO 13623 均属于许用应力设计法（ASD）类标准规范。DNVGL－ST－F101 采用荷载抗力系数设计法（LRFD）作为海底管道结构设计准则。

传统的海底管道壁厚设计采用许用应力设计方法（ASD）时，采用的载荷系数通常为 0.5 与 0.72。在海底管道壁厚设计时，许用应力设计方法（ASD）与荷载抗力系数设计方法（LRFD）的计算公式是一致的。

6.1.2　许用应力设计方法

许用应力设计方法通常以承受工作条件下的内压所需的管道承载能力为基础，相关的荷载、荷载效应和材料性能被看作是确定性的量，并以环向应力和等效应力两个指标作为判据来考察管道是否屈服。虽然考虑到管道在制造和运行中的不确定性因素而规定了最小安全系数，但也存在一定的缺陷。从可靠性的角度看，传统安全系数偏大偏小的可能性都存在。另外，管道的设计安全系数应与管道的制造质量和几何尺寸的要求相联系。与早期制造的管道质量水平相比，目前的工业技术已使管道质量得到较大的提高。这些事实已使人们普遍意识到传统的确定性设计方法已经不适合当前管道发展的需要。

6.1.3　荷载抗力系数设计方法

DNVGL－ST－F101 中的荷载抗力系数设计法（LRFD）是特定结构限制的设计基础，

其将设计中的不确定性因素融入分项安全系数法之中。这些不确定项的归类为部分荷载或材料系数。分项安全系数与特征荷载和抗力效应相关。荷载抗力系数设计法（LRFD）的基本原理是为了核对特征系数设计载荷（L_d）是否超过系数设计阻力效应（R_d）。

$$L_d \leqslant R_d \tag{6.1}$$

式中　L_d——系数设计载荷；

R_d——系数设计阻力。

$$L_{Sd} = L_F \gamma_F \gamma_c + L_E \gamma_E + L_I \gamma_F \gamma_c + L_A \gamma_A \gamma_c \tag{6.2}$$

$$M_{Sd} = M_F \gamma_F \gamma_c + M_E \gamma_E + M_I \gamma_F \gamma_c + M_A \gamma_A \gamma_c \tag{6.3}$$

$$\varepsilon_{Sd} = \varepsilon_F \gamma_F \gamma_c + \varepsilon_E \gamma_E + \varepsilon_I \gamma_F \gamma_c + \varepsilon_A \gamma_A \gamma_c \tag{6.4}$$

$$S_{Sd} = S_F \gamma_F \gamma_c + S_E \gamma_E + S_I \gamma_F \gamma_c + S_A \gamma_A \gamma_c \tag{6.5}$$

$$R_{Rd} = \frac{R_c(f_c\ t_c, f_0)}{\gamma_m \cdot \gamma_{SC}} \tag{6.6}$$

式中　L_F，M_F，ε_F，S_F——功能荷载；

L_E，M_E，ε_E，S_E——环境荷载；

L_I，M_I，ε_I，S_I——干涉荷载；

L_A，M_A，ε_A，S_A——偶然荷载；

γ_F，γ_E，γ_A，γ_c——载荷效应系数，参见 DNVGL－ST－F101 第 4 部分的表 4.4 与表 4.5，采用风险和可靠性方法进行确定，进而达到目标可靠性水平；

γ_m，γ_{SC}——材料抗力系数和安全等级抗力系数，参见 DNVGL－ST－F101 的第 5 部分的表 5.1 和表 5.2。

下面将详细介绍荷载抗力系数设计法（LRFD）采用的限制准则。传统的不同限制准则为：

（1）适用性限制准则（SLS）。与灾害性失效无关，但会降低管道的运行能力或功用性。若超过极限状态，管道将不能满足其功能要求，如部分阻断流体流动或阻止清管器沿着管道运动。

① 整体屈曲，即隆起屈曲或侧向屈曲；

② 正常使用下的椭圆度。

（2）极限状态限制准则（ULS）。与单一载荷应用或过载情况有关。若超过极限状态，管道可能会损失结构完整性。

① 由于内部压力、纵向力和弯曲而出现爆破现象；

② 由于压力、纵向力和弯曲而出现局部屈曲或压溃。

（3）偶然状态限制准则（ALS）。若超出该准则，则意味着因偶然载荷而损失结构完整性。

由于非正常行为而出现累积塑性应变。

（4）疲劳限制准则（FLS）。该准则考虑的是累积周期性载荷效应。

① 由于周期性全寿命加载而出现低循环疲劳；

② 由于涡激振动而出现的悬跨管道高循环疲劳；

③ 断裂。

6.1.3.1 适用性限制准则（SLS）

海底管道应保证满足其在安装及运行阶段的相关要求。适用性限制准则需要考虑保证管道持续运行的载荷工况，具体载荷工况为：

（1）波浪与海流引起的变形与运动——水动力稳定性；

（2）温度与压力变化引起的轴向变形——管道膨胀；

（3）由于温度与压力引起的膨胀受到限制引起的侧向变形——垂向屈曲或侧向屈曲；

（4）由于蜡沉积等引起的管道堵塞。

适用性限制准则不适用于永久的局部破坏或永久不可接受的变形。此时，极限限制准则将被采用。

6.1.3.2 极限限制准则（ULS）

根据极限限制准则（ULS），海底管道需要满足安全性，需要避免下列失效：

（1）塑性变形——屈服；

（2）局部失稳——屈曲；

（3）裂缝失稳——爆破；

（4）重复载荷——疲劳。

而且，海底管道需要保证对偶然载荷具有一定的安全性。

6.1.3.3 偶然状态限制准则（ALS）

（1）累积塑性应变。

如果超过屈服极限，钢管将累积塑性应变。累积的塑性应变可能会降低管材的延展性和韧性。因而海底管道应进行特殊的应变失效处理和韧性测试。累积的塑性应变被定义为塑性应变增量之和，不考虑符号和方向问题。必须从材料应力—应变曲线偏离了线性关系的那一点开始计算塑性应变增量，而累积塑性应变的计算则必须自制造时间起至生命周期结束止。对累积塑性应变进行限制，可确保管材性能符合标准。这尤其与断裂韧性相关。累积塑性应变也可以增加材料的硬度，因而可提升其针对 H_2S 环境下应力腐蚀开裂的敏感性。应力腐蚀开裂也与材料中的应力水平相关。如果超过材料的屈服极限，应力水平必定会很高。管道的塑性变形也将在材料中产生高残余应力，这可能会促使出现应力腐蚀开裂。

累积塑性应变的总体要求是其应基于管材的应变时效和韧性测试。鉴于材料之故，最大至2%的固定/塑性应变是容许的，无须任何测试。累积塑性应变一般应用于确定卷管的效果，此时需要为一个卷管/非卷管周期内的多个周期考虑到周期性的弯曲塑性应变。如果管道的累积塑性应变必须超过2%，材料应进行应变时效测试。

为了达到额外的安全裕度，在屈服应力与最大拉伸应力之间设定一个特殊比值是可取的。对这一比值的要求参见 DNVGL－ST－F101 的1300，此时确定的屈服应力不超过 C－Mn 钢最大应力的90%，13Cr 钢的85%。累积塑性应变将加大材料的屈服应力，同时也使屈服应力与最大应力之比变大。

（2）应变集中。

受纵向塑性应变作用的管道可能会在临近环焊缝的区域内产生塑性应变集中。这种应变集中可能会出现在焊缝金属中，例如所选用的焊材的强度低于管道的强度，或者是相对于焊材的金属强度而言管道的金属强度不稳定，都会使一小部分的环焊缝或大部分环焊缝的屈服强度低于临近的管道强度。这种现象也会发生在热影响区的临近区域，使得某些管材出现相对软化现象。

下列因素可能导致环焊缝出现应变集中的现象：

① 焊缝顶部的形状；

② 焊缝根部的形状；

③ 经过焊缝处的管壁中心未对齐；

④ 经过焊缝处的厚度不一；

⑤ 管道的椭圆度；

⑥ 焊缝内和周边的强度不一。

可采用 Neuber 法，根据弹性应力集中来确定应变集中。在该方法中，塑性应力与应变集中系数之积等于弹性应力集中系数的平方。如果应力增加较少，即几乎没有应变硬化；塑性应变集中系数则是弹性应力集中系数的平方。

椭圆度和厚度差异会使焊缝“高低不平”，成为环焊缝上局部弹性应变的主要几何应变集中点。高低不平则以焊缝两侧之间的厚度中心位置的偏心距进行测定。在评估容许应变时，无论是张力还是压缩力，均须考虑到管道壁厚变化和材料等级变化时以及附件过渡部位、涂层厚度过渡部位和横向加载的局部区域上所出现的应变集中现象。

用于海底作业的离岸管道上的混凝土配重层，在现场焊接接缝处无法保持连续。由于管道自身的刚度要低于带配重涂层的管道，可能会导致弯曲加载集中与现场焊接接缝的周边。如果载荷在位作用时间多余几分钟，而且管道与配重层之间的防腐涂层会出现蠕变，那么对这一刚度变化的范围可能就需要考虑到其随时间发生变化的情形。有必要就混凝土配重层对现场焊接接缝处的应变集中所产生的影响进行评估。应力集中系数为 1.2 的假定是合理的。之所以选择这一数值，主要是因为容许应变与源自断裂标准的 0.4% 相等。

DNVGL－ST－F101 对此提出了要求，即管材如果被应用于累积塑性应变≥2% 的情形，则需要满足附加的质量要求。

（3）偶然载荷。

非正常和非计划情况下的载荷，若年度出现概率小于 10^{-2}，则被归类为偶然载荷，参见 DNVGL－ST－F101。典型的偶然载荷可能由以下方面所致：

① 波浪与海流的极限载荷；

② 船舶冲击或其他漂移物（碰撞、搁浅、沉没、冰山）；

③ 坠落物体；

④ 海床移动和（或）泥流；

⑤ 爆炸；

⑥ 火灾与热流；

⑦ 运行故障；

⑧ 走锚。

偶然载荷大小与频率可通过风险分析进行定义。针对偶然载荷的设计可通过对结构上的载荷所产生的影响进行直接计算来实施，或以间接方式通过设计允许发生意外的结构来进行。

DNVGL－ST－F101 给出建议，关于偶然载荷的简化设计核查参见表 6.1 中合适的分项安全系数。

表 6.1　简化设计核查对比偶然载荷

出现概率	安全等级		
	低	中等	高
$>10^{-2}$	偶然载荷可视为类似于环境载荷并可类似于 ULS 设计核查进行评估		
$10^{-3}\sim10^{-2}$	有待于根据具体情况进行评估		
$10^{-4}\sim10^{-3}$	$\gamma_c=1.0$	$\gamma_c=1.0$	$\gamma_c=1.0$
$10^{-5}\sim10^{-4}$		$\gamma_c=0.9$	$\gamma_c=0.9$
$10^{-6}\sim10^{-5}$	偶然载荷或事件可忽略不计		$\gamma_c=0.8$
$>10^{-6}$			

注：当失效模式为爆破时，出现的概率应当低 1～2 个数量级。

6.1.3.4　疲劳限制准则（FLS）

当确定应力范围的长期分布情况时，应考虑到整个生命周期内施加在管道和立管上的所有应力变化情况，其幅值和相应的循环次数足够大时会导致出现疲劳效应。管道和立管上应力波动的典型原因如下：运行期间压力和温度的波动；波浪的直接作用；管道系统因涡激振动而出现振动；支撑结构移动。

（1）棘轮效应。

棘轮效应指承受高压高温的管道在经受周期性载荷的作用下所发生的塑性变形能量。当应变差值在累积时，曾有塑性应变记录的管段，包括拉伸和压缩塑性应变在内，可能会受到棘轮效应失效的影响。海底管道设计时需考虑棘轮效应对椭圆度、局部屈曲和断裂的影响。承受塑性变形循环作用的海底管道应避免出现棘轮效应失效。海底管道需要满足初始循环期间累积应变的极限值，并须在后续循环加载时呈弹性状态。

海底管道设计时需要考虑两种类型的棘轮效应，其接受准则如下：

① 环向应变时的棘轮效应（海底管道呈径向扩大）是在高温高压下运行的管道发生的应变反转的结果。累积环向应变极限为 0.5%。

② 因周期性弯曲和外部压力作用而形成弯曲或成椭圆形时的棘轮效应。累积成椭圆形的量不得超过相当于受单调荷载或正常使用下局部屈曲的临界值。在校核局部屈曲和椭圆度时，必须考虑到累积成椭圆形的程度。

BS 8010 对棘轮效应的简化标准核查在于，等效塑性应变不得超过基于弹性的塑性材料的 0.1%，并假定零应变的参照点是水力试验后的完工状态。在违反简化标准核查的情况下，可采用有限元分析法，以确定棘轮效应是否就是关键的失效模型，并对棘轮效应所致的变形量进行量化。

一个完整的位移可控循环，其在管道的纵向上引起张力和压缩塑性应变，当与内部或外部压力组合时就会导致出现棘轮效应。在此，棘轮效应将作用于周向应变，在内部压力的作用下倾向于扩大管子，而在外部应力的作用下则使管道收缩。扩大纵向应变范围或压差，将使棘轮效应应变加大。

棘轮效应不仅仅会出现在周向方向上。例如，经过 Hassan，Kyriakides，Xia 和 Ellyin 的试验，当纵向加载的所有部分或某一显著部分呈载荷可控时，轴向方向上可承受棘轮效应扩张或收缩。出现周期性塑性期间的另一种累积逐周期应变，对于张力塑性来说，需与循环中受压缩时的起皱或屈曲相结合。

起皱或屈曲使得后续纵向力出现应力集中现象，并使环向应变发生局部变化。棘轮效应的关键部位倾向于出现在局部支撑处，诸如悬跨段末端、人工支撑处以及邻近下沉土体或海床处。

（2）整体屈曲和轴向移动。

当管道承受到处于整体轴向挤压下的载荷控制与位移控制之间的载荷时，其设计应做到限制整体屈曲应变的出现并结合失效模式（包括整体屈曲、断裂、延性失效）和周期性失效模式（如疲劳和管道轴向移动）来考虑整体屈曲。管道轴向移动类似于棘轮效应，即一段较短的管道因海床斜坡、SCR 载荷或瞬间温度变化而在受到周期性荷载的作用下发生轴向移动，但塑性变形则不一定发生。有关海底管道整体屈曲和轴向移动的详细内容，参见本章 6.5 节。

6.1.4　基于可靠性原理的设计方法

用于输送油气的海底管道系统的壁厚是影响油气田开发成本的一个主要因素。壁厚根据管道在安装和运行条件下必须承受的载荷进行确定。在浅水区，管道设计通常取决于内部压力，但是在深水区，外部静水压力的影响更大。除波浪与海流、非平整海床、拖网板等外部载荷，还需考虑管道的拖拉和膨胀。但是，设计参数和壁厚仍存在不确定性，在设计过程中必须加以考虑。必须根据主观判断评估管道的可靠性以节省成本，不宜过分保守。

原则上，基于可靠性的海底管道设计涉及以下几个方面：

（1）识别指定设计样例的失效模式；

（2）定义设计格式和极限状态函数（LSF）；

（3）度量所有随机变量的不确定性；

（4）计算失效概率；

（5）确定目标可靠性水平；

（6）标定设计安全系数；

（7）评估设计结果。

6.1.4.1　失效概率

极限状态函数（LSF）通常用 $g(\mathbf{Z})$ 表示，式中 $\mathbf{Z}$ 为所有不确定变量的向量。当 $g(\mathbf{Z}) \leqslant 0$ 时，失效发生。对于给定的极限状态函数 $g(\mathbf{Z})$，失效概率 P_f 定义如下：

$$P_f(t) = P[g(\mathbf{Z}) \leqslant 0] \tag{6.7}$$

失效概率的计算结果也可用可靠性（安全性）指数 β 表示，该指数仅通过式（6.8）与失效概率相关：

$$\beta(t) = -\Phi^{-1}(P_f(t)) = \Phi^{-1}(-P_f(t)) \tag{6.8}$$

式中 Φ（·）为一个标准的正态分布函数。

可以通过常用的解析法或仿真法对式（6.8）进行求解。

6.1.4.2　不确定性度量

考虑到设计格式中的不确定性，每个随机变量 X_i 均可定为：

$$X_i = B_x X_c \tag{6.9}$$

式中，X_c 为 X_i 的特性值，B_x 为反映 X_i 不确定性的归一化变量。

（1）分布函数的选择。

分布函数的确定在很大程度上取决于随机变量的物理特性。此外还与公认的描述和随机试验相关。如果有多个分布可用，则需要通过在概率纸上绘制数据图及比较统计试验等进行确定，在缺少详细信息的情况下通常采用正态或对数正态分布。例如，阻力变量通常采用正态分布进行建模，载荷变量则采用对数正态分布。损坏（如初始裂纹）发生概率采用泊松分布进行描述。指数分布则用来对检测特定损伤的能力进行建模。

（2）确定统计数值。

用来描述一个随机变量的统计值为平均值和偏离系数（COV）。这些统计值通常应从经认可的数据源中获得。可基于矩量法、最小二乘拟合法、最大似然估计法等进行回归分析。

6.1.4.3　标定安全系数

结构可靠性方法的其中一个重要应用为标定设计格式中的安全系数，以便达成一致的安全级别。确定安全系数时应确保所标定的各种条件下的失效概率 $P_{f,i}$ 尽可能接近目标可靠性水平 P_f^T：

$$\sum (P_{f,i} P_D - P_f^T)^2 = \min \tag{6.10}$$

式中　$P_{f,i}$——损伤事件 i 的失效概率；

P_D——损伤事件 i 一年内发生的概率。

执行结构可靠性分析时，应根据给定的基准时间期限和基准管道长度选择目标可靠性水平。该选择应基于失效后果、管道的位置和容积、相关规则及检查和检修口等。设计时必须满足目标可靠性水平，以确保维持一定的安全水平。

目标可靠性水平可由经营者根据政府要求、设计理念和经济风险态度予以指定。受损管道的目标可靠性水平应与无损管道相同。依据现有规格及规范中的隐含安全水平对目标可靠性水平进行评估。建议按照以下安全等级对目标可靠性水平进行评估：

低安全等级，失效意味着无人身伤害风险、轻微的环境破坏和经济后果。

常规安全等级，临时性条件分类，失效意味着人身伤害风险、严重的环境和经济后果。

高安全等级，运行条件分类，失效意味着人身伤害风险、严重的环境和经济后果。

Sotberg 等[1]专家建议将目标可靠性水平用于基于极限状态的海底管道设计，详细情况见表 6.2。

表 6.2　目标可靠性水平

极限状态	管道一年周期内发生一次失效的概率		
	低安全等级	常规安全等级	高安全等级
SLS	$10^{-2} \sim 10^{-1}$	$10^{-3} \sim 10^{-2}$	$10^{-3} \sim 10^{-2}$
ULS	$10^{-3} \sim 10^{-2}$	$10^{-4} \sim 10^{-3}$	$10^{-5} \sim 10^{-4}$
FLS	10^{-3}	10^{-4}	10^{-5}
ALS	10^{-4}	10^{-5}	10^{-6}

6.2　强度

6.2.1　管道内部承压

管道作为承压的“容器”，需要具备足够的承压能力来输送油气介质，如图 6.1 所示。承压能力的强弱主要由壁厚和钢材等级决定，判定依据是：内压引起的管道环向应力σ_h不能超出规范规定的许用应力值［σ］。

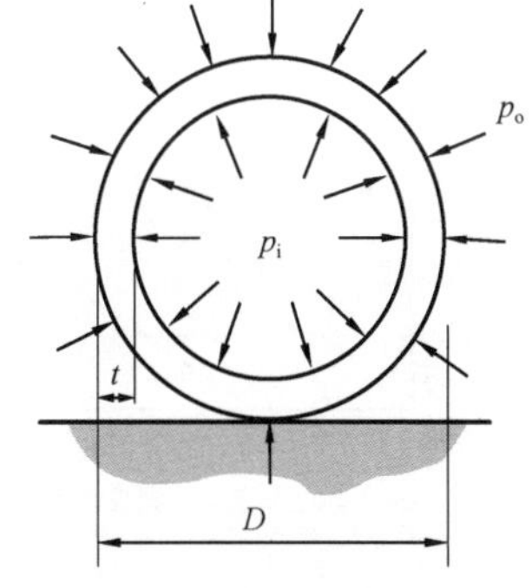

图 6.1　管道承压示意图

环向应力的计算公式为：

$$\sigma_h = \frac{(p_i - p_o)D}{2t} \leqslant [\sigma] \tag{6.11}$$

式中　p_i——管道内压，MPa；

p_o——管道外压，MPa；

D——管道外径，mm；

t——管道壁厚，mm。

不同的海底管道系统规范对内压压裂的准则要求上公式存在差异，但原理一致。在此以 DNV，ABS 和 ASME 规范为例作简要阐明。

（1）DNV 规范要求。

DNV 规范规定，管道承压需要满足以下准则：

$$p_{li} - p_e \leqslant \min\left(\frac{p_b(t_1)}{\gamma_m \cdot \gamma_{SC}}; \frac{p_{li}}{\alpha_{spt}} - p_e; \frac{p_h}{\alpha_{mpt} \cdot \alpha_U}\right) \tag{6.12}$$

$$p_{lt} - p_e \leqslant \min\left(\frac{p_b(t_1)}{\gamma_m \cdot \gamma_{SC}}; p_h\right) \tag{6.13}$$

式中　p_{li}——管道局部偶然压力，MPa；

p_{lt}——管道局部水压试验压力，MPa；

p_e——外部水压，MPa；

p_h——工厂试验压力，MPa；

γ_m，γ_{SC}——材料抗力因子和安全等级因子；

α_{spt}，α_{mpt}——水压试验因子和工厂试验因子；

α_U——材料强度因子；

p_b——管道内部承压抗力，MPa。

管道内部承压抗力由式（6.14）计算得到：

$$p_b(t) = \frac{2t}{D-t} f_{cb} \frac{2}{\sqrt{3}} \tag{6.14}$$

其中

$$f_{cb} = \min\left[f_y; \frac{f_u}{1.15}\right] \tag{6.15}$$

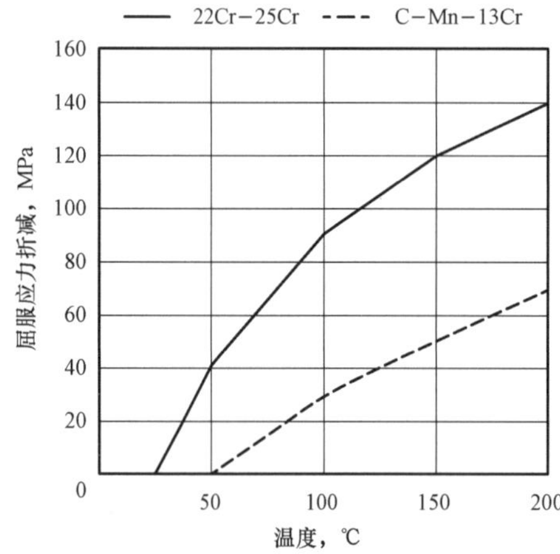

图 6.2　温度对管材强度的折减

式中，f_y和f_u分别为材料特征屈服强度和特征拉伸强度，考虑了温度对材料强度的影响，由式（6.16）和式（6.17）计算得到：

$$f_y = (\text{SMYS} - f_{y,temp})\alpha_U \tag{6.16}$$

$$f_u = (\text{SMTS} - f_{y,temp})\alpha_U \tag{6.17}$$

式中　SMYS，SMTS——管材的最小屈服强度和最小拉伸强度，MPa；

$f_{y,temp}$——温度对材料强度的折减，见图 6.2，MPa。

（2）ASME 规范。

ASME 规范对承压的要求：

$$p = \frac{2St}{D} FET \tag{6.18}$$

式中　D——管道的公称直径，mm；

E——纵向连头因子；

F——管段的设计因子；

p——管道的设计压力，MPa；

S——钢材的最小屈服强度，MPa；

T——温度影响因子；

t——管道壁厚，mm。

（3）ABS 规范。

ABS 海底管道规范对承压的准则为：

$$(p_i - p_e)\frac{D-t}{2t} \leqslant \eta_s \min[1.00 \cdot \text{SMYS}, 0.87 \cdot \text{SMTS}] \tag{6.19}$$

式中　p_i，p_e——管道的内压和外压，MPa；

D，t——管道公称外径和最小壁厚，mm；

SMYS，SMTS——管材指定的最小屈服应力和最小拉伸强度，MPa；

η_s——规范规定的利用因子。

6.2.2　外压压溃及屈曲扩展

6.2.2.1　外压压溃

管道在外部水压的作用下，存在局部压溃的失效风险，尤其是深水管道，如图 6.3 所示。Timoshenko[2] 对含有缺陷管道受均布外压下管的屈曲进行了理论推导。

管在均布外压力作用下的损坏与管的各种缺陷有很大的关系，所以在设计公式中需要计入缺陷存在。管道最通常的缺陷是原始椭圆率，可由原始径向挠度w_i来表示。公式推导中设定挠度由下面的方程表示：

$$w_i = w_1 \cos 2\theta \tag{6.20}$$

式中，w_1为对于圆的最大原始径向偏离，而 θ 为如图 6.4 所示的中心角。

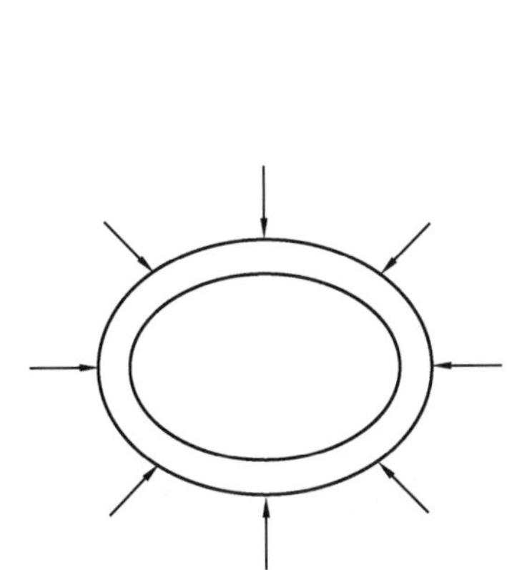

图 6.3　外压压溃示意图

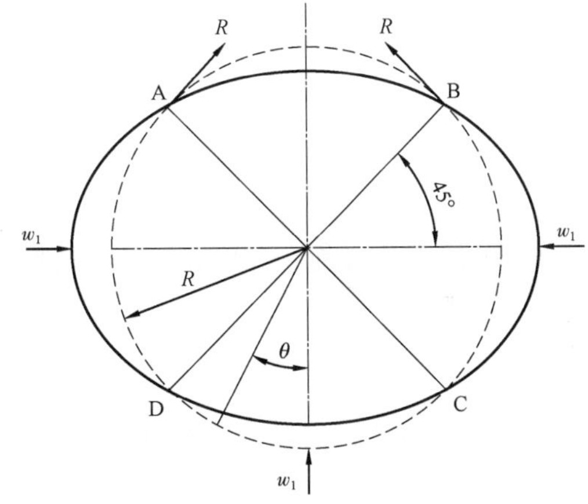

图 6.4　外压压溃公式推导中管道椭圆度缺陷的定义

在均布外压 q 的作用之下，管道将又要扁平一些。相应的径向位移记为 w，与管道横截面上单位长度的弯矩 M 关系如下：

$$\frac{d^2 w}{d\theta^2} + w = -\frac{12(1-\nu^2)MR^2}{Et^3} \tag{6.21}$$

式中　ν——管材的泊松比；

R——管道的半径；

E——管材的弹性模量；

t——管道的壁厚。

横截面上的弯矩可由式（6.22）得到：

$$M = qR(w + w_1 \cos 2\theta) \tag{6.22}$$

式（6.21）和式（6.22），符合 A，B，C 和 D 四个点的连续条件，求解得到：

$$w = \frac{w_1 q}{q_{cr} - q}\cos 2\theta \tag{6.23}$$

式中，q_{cr}为压力的临界值，有：

$$q_{cr} = \frac{E}{4(1 - \nu^2)}\left(\frac{t}{R}\right)^3 \tag{6.24}$$

可以看出，在 A，B，C 和 D 四个点 w 及 $\mathrm{d}^2 w/\mathrm{d}\theta^2$ 为零。因此，正如以上所设的，在这些点的弯矩为零，最大弯矩在 $\theta = 0$ 及 $\theta = \pi$ 的截面，在该截面的弯矩为：

$$M_{max} = qR\left(w_1 + \frac{w_1 q}{q_{cr} - q}\right) = qR\frac{w_1}{1 - q/q_{cr}} \tag{6.25}$$

从式（7.25）中可以看出，对于小的比值 q/q_{cr}，由压力 q 引起的管道的椭圆率的改变可以略去，而最大弯矩可由压力 qR 乘以原始挠度w_1而得。当比值 q/q_{cr}不小时，应考虑到管道的原始椭圆率的改变，且必须用式（6.15）来计算 M_{max}。

将由压力 qR 所产生的应力及 M_{max}所产生的最大压应力相加而得最大的压应力。于是得到：

$$\sigma_{max} = \frac{qR}{t} + \frac{6qR}{t^2}\frac{w_1}{1 - q/q_{cr}} \tag{6.26}$$

设这方程可足够准确地一直用到材料的屈服点应力，可以得到以下方程：

$$\sigma_{Y.P.} = \frac{q_{Y.P.}R}{t} + 6\,q_{Y.P.}\frac{R^2}{t^2}\frac{w_1}{R}\frac{1}{1 - q_{Y.P.}/q_{cr}} \tag{6.27}$$

由式（6.27）可计算当最外缘纤维开始屈服时的均布压力$\sigma_{Y.P.}$的值。计算$\sigma_{Y.P.}$的方程为：

$$q_{Y.P.}^2 - \left[\frac{\sigma_{Y.P.}}{m} + (1 + 6mn)\,q_{cr}\right]q_{Y.P.} + \frac{\sigma_{Y.P.}}{m}q_{cr} = 0 \tag{6.28}$$

式中，$m = R/t$，$n = w_1/R$。

（1）DNV 规范要求。

DNV 规范规定，海底管道沿线的外压 p_e必须满足以下要求：

$$p_e - p_{min} \leqslant \frac{p_c(t_1)}{\gamma_m \cdot \gamma_{SC}} \tag{6.29}$$

式中，p_{min}为管道能维持的最小内部压力。p_c为管道的特征压溃压力，由式（6.30）计算得到：

$$(p_c(t) - p_{el}(t))\cdot(p_c(t)^2 - p_p(t)^2) = p_c(t)\cdot p_{el}(t)\cdot p_p(t)\cdot f_o\cdot\frac{D}{t} \tag{6.30}$$

其中

$$p_{el}(t) = \frac{2E\left(\frac{t}{D}\right)^2}{1-\nu^2} \tag{6.31}$$

$$p_p(t) = f_y \cdot \alpha_{fab} \cdot \frac{2t}{D} \tag{6.32}$$

f_o为管道椭圆度，有：

$$f_o = \frac{D_{max} - D_{min}}{D}$$

（2）ABS 规范。

ABS 对海底管道沿线的外压 p_e要求如下：

$$p_e - p_i \leqslant \eta_R \cdot p_c \tag{6.33}$$

式中，管道的特征压溃压力 p_c与式（6.30）中一致；η_R为规范规定的使用系数。

6.2.2.2　屈曲扩展

管道发生局部屈曲之后，可能会发生屈曲扩展，对管道造成极大的损失。DNVGL - ST - F101 规定，在外压超过下面给出的准则情况下，则宜安装止屈器，其间距依据失效后果严重程度决定。屈曲扩展准则表达式为：

$$p_e < \frac{p_{pr}}{\gamma_m \cdot \gamma_{SC}} \tag{6.34}$$

其中

$$p_{pr} = 35 f_y \alpha_{fab} \left(\frac{t_2}{D}\right)^{2.5} \tag{6.35}$$

需注意，式（6.35）的使用条件为 $15 < D/t_2 < 45$；α_{fab}为管道制造因子，其取值见 DNVGL - ST - F101。

压溃压力 p_c是管道产生屈曲的所必需的条件；初始压力 p_{init}是从给定屈曲开始到屈曲扩展所必需的。这个压力与初始屈曲的尺寸大小有关。屈曲扩展压力 p_{pr}是持续屈曲阶段所必需的。只有当压力比扩展压力小时，屈曲扩展才会停止。三种压力之间的关系为：

$$p_c > p_{init} > p_{pr}$$

6.2.3　组合荷载及局部屈曲

在许多情况下，海底管道不可能只受到一种荷载的作用，而是多种类型荷载的组合作用。不同海底管道规范对组合荷载工况都给出了准则条件，以 DNVGL - ST - F101 为例，海底管道在弯矩、有效轴向力和内外部压力的联合作用工况下，需要满足以下荷载控制条件（适用于 $15 \leqslant D/t_2 \leqslant 45$，$|S_{sd}|/S_p < 0.4$）：

内压大于外压 $p_i \geqslant p_e$时

$$\left[\gamma_m \gamma_{SC} \frac{|M_{Sd}|}{\alpha_c M_p(t_2)} + \left(\frac{\gamma_m \gamma_{SC} \cdot S_{Sd}(p_i)}{\alpha_c \cdot S_p(t_2)}\right)^2\right]^2 + \left(\alpha_p \frac{p_i - p_e}{\alpha_c \cdot p_b(t_2)}\right)^2 \leqslant 1 \tag{6.36}$$

内压小于外压 $p_i \geqslant p_e$ 时

$$\left[\gamma_m \gamma_{SC} \frac{|M_{Sd}|}{\alpha_c M_p(t_2)} + \left(\frac{\gamma_m \gamma_{SC} \cdot S_{Sd}(p_i)}{\alpha_c \cdot S_p(t_2)}\right)^2\right]^2 + \left(\gamma_m \cdot \gamma_{SC} \frac{p_e - p_{min}}{p_b(t_2)}\right)^2 \leqslant 1 \tag{6.37}$$

式中 M_{Sd}——设计弯矩，N·m；

S_{Sd}——设计轴向力，MPa；

p_i——内压，MPa；

p_e——外压，MPa；

p_b——内压压裂压力，MPa；

p_c——外压压溃压力，MPa；

p_{min}——最小内压，MPa。

S_p 和 M_p 代表管道的塑性变形能力，定义如下：

$$M_p = f_y (D - t)^2 t \tag{6.38}$$

$$S_p = f_y \pi (D - t) t \tag{6.39}$$

$$\alpha_c = (1 - \beta) + \beta \frac{f_u}{f_y} \tag{6.40}$$

$$\alpha_p = \begin{cases} 1 - \beta & \dfrac{p_i - p_e}{p_b} < \dfrac{2}{3} \\ 1 - 3\beta\left(1 - \dfrac{p_i - p_e}{p_b}\right) & \dfrac{p_i - p_e}{p_b} \geqslant \dfrac{2}{3} \end{cases} \tag{6.41}$$

$$\beta = \frac{60 - D/t_2}{90} \tag{6.42}$$

式中 α_c——流动应力参数；

α_p——表征 D/t_2 的影响效应的参数。

6.2.4 管道疲劳

疲劳是一种渐进性的局部结构破损问题，其原因在于结构承受周期性载荷时裂纹形成并呈后续扩展态势。大多数结构性缺陷均起因于疲劳。一般针对疲劳的评估与设计主要有两种方法：（1）应力对比缺陷循环次数法，基于 Miner 准则说明应力范围与持续时间之间的关系；（2）断裂力学法，基于 Paris 法则来评估疲劳裂纹的扩展速度。

S—N 曲线的依据为 S—N 数据，该数据通过焊接疲劳试验以及线性破损假定所获得。如果经由 S—N 曲线所估算的疲劳寿命小于部件所需的生命周期，而此时的缺陷可能导致严重的后果，则需要采用断裂力学法。通过断裂力学裂纹扩展分析计算得到的设计疲劳寿命，应当至少是海底管道所有部件的生命周期的 10 倍。用于断裂分析的初始缺陷尺寸应为管道焊接无损检测中所规定的最大可接受缺陷。

6.2.4.1　*S—N* 曲线

S—N 曲线指应力范围对比发生失效所需要的循环加载次数，图 6.5 为 DNVGL－RP－C203 提供的典型 *S—N* 曲线。给定循环次数时失效发生的应力幅值是疲劳强度。*N* 是材料在疲劳寿命期间特定应力范围内发生失效所需的循环次数。

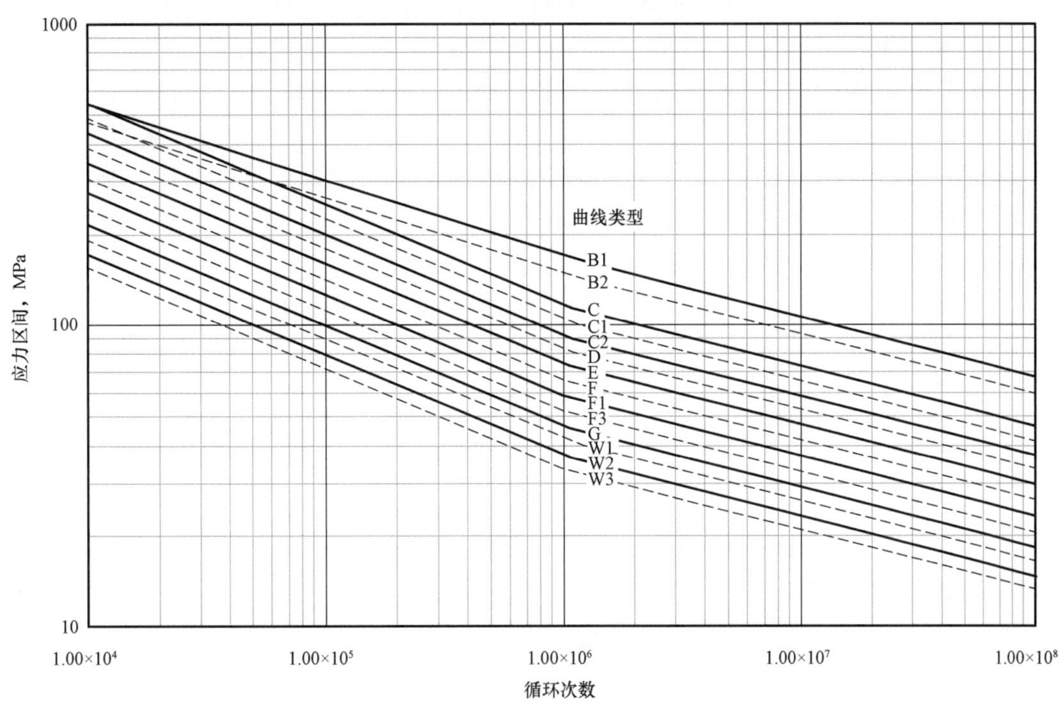

图 6.5　典型的 *S—N* 曲线

6.2.4.2　Miner 准则

1945 年，Miner 研发了一种被称为 Palmgren－Miner 准则的方法，其首先由 Palmgren 于 1924 年提出。Palmgren－Miner 准则也被称 Palmgren－Miner 线性损伤假定。当应力图所示意的长期应力范围分布时，疲劳损失则可以基于累积损伤法则进行计算，其假定当 Miner 数达到一致时出现疲劳缺陷。

$$D_{\mathrm{fat}} = \sum \frac{n_i}{N_i} \tag{6.43}$$

式中　D_{fat}——累积疲劳损伤；

N_i——*S—N* 曲线所定义的在第 i 应力范围发生失效所需的循环次数；

n_i——在应力范围 i 内的应力循环次数。

尽管 Miner 准则是许多情况下的常用近似法，但其有两个局限性：

（1）没有识别出疲劳的概率特性，同时无法简单地将准则所预测的寿命与概率分布特征结合；

（2）在某些情况下，存在高应力下的低应力循环所导致的疲劳损伤要比准则预测的损伤多。

采用 Miner 准则进行疲劳评估时，可采用以下步骤：

（1）将复杂加载简化为一系列简单的周期性载荷；

（2）创建周期性应力范围的应力图；

（3）对于每一个应力水平，根据 *S—N* 曲线计算相应的累积损伤；

（4）采用 Miner 准则，将每个应力水平对应的疲劳损伤进行叠加组合。

疲劳分析的程序均基于这样的假设，即仅需要考虑到确定耐疲劳度时周期性主应力的范围。

S—N 曲线法的关键因素在于选择合适的 *S—N* 曲线，计算焊缝处的应力集中系数（SCF）以及将修正系数用于修正厚度影响。

6.2.4.3 海洋管道疲劳设计标准

海底管道的两个典型的疲劳设计标准为 BS 7608：2014 和 DNVGL – RP – C203（2016）。ASME B31.4 和 B31.8 设计标准要求把疲劳分析作为设计问题对待，但两者均未提出合适的分析方法。API RP 1111 建议根据 BS 7608 建议的 *S—N* 曲线进行设计。DNVGL – ST – F101 对于海底管道的疲劳设计则推荐参照 DNVGL – RP – C203。

针对北海结构物，DNVGL – RP – C203 给出了下述有关管道环形焊缝疲劳设计的分类。

（1）C 类：后续研磨平的双侧焊缝，证明可免于出现明显的焊接缺陷；

（2）D 类：平焊双侧焊缝，埋弧焊除外；

（3）E 类：埋弧焊和经由任何工艺完成的定位焊缝；

（4）F 类：保留垫板上完成单侧焊缝；

（5）F1 类：无垫板完成的单侧焊缝，涉及接合部错位和焊根有缺陷等情形。

从 C 类至 F 类，在相同的应力范围内疲劳寿命呈单调减少（图 6.6）。环形焊缝是承受疲劳加载的管道需主要考虑之处。内外两侧表面上的焊趾部位是最易于形成疲劳裂纹的地方。出于经济和实际操作原因，海底管道通常在铺管船上采用单侧环形焊缝焊接。因此，此类焊缝焊根的疲劳是关键。

对于管道内表面焊根处的应力集中点，采用不含应力集中系数（SCF）的 F1 类 *S—N* 曲线；而对于管道外表面焊缝顶部的应力集中点，则采用含有应力集中系数的 D 类 *S—N* 曲线（表 6.3）。DNVGL – RP – C203 标准含有在空气中和海水中设置阴极保护的 *S—N* 曲线。同时，该标准中也提供了自然腐蚀（无防腐措施）的 *S—N* 曲线。

选出 *S—N* 曲线的标准通常会给定公式，用以计算焊缝处管道错位所致的应力集中系数。应力范围应乘上一个适当的应力集中系数。对于酸腐蚀情况，应力范围应当在管道错位时乘上应力集中系数，而在酸腐蚀时则应乘上折减系数。应力集中系数可在选定 *S—N* 曲线后，根据 DNVGL – RP – C203 推荐的公式进行计算。

$$\mathrm{SCF} = 1 + \frac{3\,\delta_{\mathrm{m}}}{t}\,\mathrm{e}^{-\sqrt{t/D}} \tag{6.44}$$

$$\mathrm{SCF}_{\mathrm{Root}} = 1 + \frac{3\,\delta_{\mathrm{m}}\,L_{\mathrm{Root}}}{t\,L_{\mathrm{Cap}}}\,\mathrm{e}^{-\sqrt{t/D}} = 1 + (\mathrm{SCF}_{\mathrm{Cap}} - 1)\,\frac{L_{\mathrm{Root}}}{L_{\mathrm{Cap}}} \tag{6.45}$$

$$\delta_{\mathrm{m}} = \sqrt{\delta_{\mathrm{Thickness}}^{2} + \delta_{\mathrm{Out\ of\ roughness}}^{2}} \tag{6.46}$$

$$\delta_{\mathrm{Thickness}} = \frac{t_{\max} - t_{\min}}{2} \tag{6.47}$$

$$\delta_{\mathrm{Out\ of\ roughness}} = \begin{cases} D_{\max} - D_{\min} & (6.48\mathrm{a}) \\ (D_{\max} - D_{\min})/2 & (6.48\mathrm{b}) \\ (D_{\max} - D_{\min})/4 & (6.48\mathrm{c}) \end{cases}$$

式中　SCF——焊缝应力集中系数；

SCF_{Root}——焊缝焊脚处的应力集中系数；

SCF_{Cap}——焊缝焊帽处的应力集中系数，可通过式（6.45）计算获得；

D——管道直径，mm；

t——管道壁厚，mm；

t_{max}——最大管道壁厚，mm；

t_{min}——最小管道壁厚，mm；

L_{Cap}——焊缝焊盖宽度，mm；

L_{Root}——焊缝焊脚宽度，mm；

$\delta_{Thickness}$——管道壁厚偏差，mm；

δ_{m}——管道偏心度，mm；

$\delta_{Out\ of\ roughness}$——管道不圆度，当管道未进行对中处理时选用式（6.48a），当管线建造过程中进行对中处理时选用式（6.48b），当管线建造期间进行对中处理并旋转以实现良好正对中效果时选用式（6.48c），%。

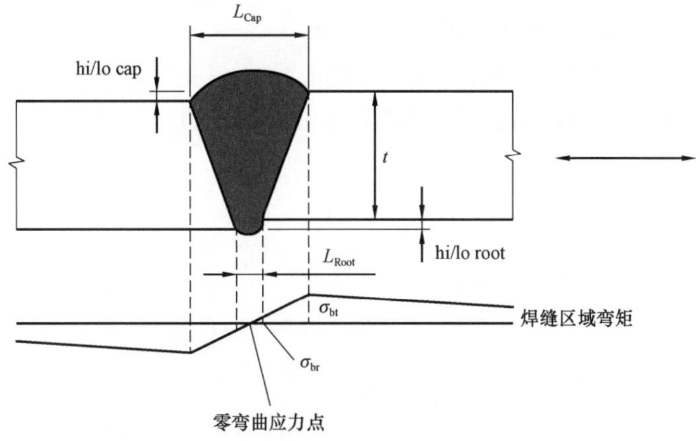

图 6.6　海底管道单侧焊缝应力分布

L_{Cap}—焊缝焊盖宽度；L_{Root}—焊缝焊脚宽度；σ_{bt}—由于焊脚处轴向不对中引起的局部弯曲应力；σ_{br}—焊缝向焊脚处母材过渡区域内的管壁弯曲应力，计算公式见 DNVGL－RP－C203（2.10.2）（2.10.3）；hi/lo root，hi/lo cap—表述焊根和焊盖的几何量

表 6.3 管道焊缝分类

描述		公差要求	S—N 曲线	厚度指数 k	SCF
焊缝	几何形状和焊点				
单侧焊缝	热点		D 类曲线	0.15	式（6.44）
单侧焊缝	热点	$\delta_m \leqslant 1.0\text{mm}$	E 类曲线	0.00	式（6.45）
		$1.0\text{mm} < \delta_m \leqslant 2.0\text{mm}$	F 类曲线	0.00	
		$2.0\text{mm} < \delta_m \leqslant 3.0\text{mm}$	F1 类曲线	0.00	
双侧焊缝	热点		D 类曲线	0.15	式（6.44）
研磨齐平双侧焊焊缝			C 类曲线	0.00	管道外侧采用式（6.44），管道内侧采用式（6.45）

6.2.5 管道椭圆化

管道末端的失圆度（OOR）被确定为最大管径与最小管径之差（相同横截面面积），并根据式（7.49）进行定义：

$$\text{OOR} = D_{max} - D_{min} \tag{6.49}$$

式中 D_{max}——测得的最大管道内径或外径，mm；

D_{min}——测得的最小管道内径或外径，mm。

DNVGL－ST－F101 所定义的管道椭圆度 f_0 由式（6.50）表述：

$$f_0 = \frac{D_{max} - D_{min}}{D_{nom}} \tag{6.50}$$

式中 D_{nom}——管道名义直径，mm。

API RP 1111 中定义的椭圆度 δ 由式（6.51）表述：

$$\delta = \frac{D_{max} - D_{min}}{D_{max} + D_{min}} \tag{6.51}$$

管道的几何形状相同时，DNVGL－ST－F101 中所定义的管道椭圆度 f_0 是 API RP 1111 中所定义的椭圆度 δ 的 2 倍。

在管道承受反向弯曲的地方，管道的椭圆度可能会增大，必须考虑其对后续应变的影响。对于典型的管道，下述组合情况将对椭圆度产生影响：

（1）在管道承受反向非弹性弯曲的地方，椭圆度在施工过程中可能会加大。

（2）如果允许以整体屈曲来降低温度和压力所致的压缩力，那么因侧向屈曲而出现的周期性弯曲可能是运行期间停输的后果。

点载荷所致的椭圆度应予以核查。在悬跨段跨肩部和人工支撑处，可能会出现临界点载荷。整个生命周期内的累积椭圆度f_0不得超过3%。

6.2.6　管道凹陷

DNVGL－ST－F101 给出了在冲击作用下可接受的管道最大允许凹陷尺寸。管道最大允许永久塑性凹陷深度与管径比值的准则为：

$$\frac{H_p}{D} \leqslant 0.05\eta \tag{6.52}$$

式中　H_p——管道永久塑性凹陷深度，mm；

D——管径，mm；

η——利用系数。

表6.4列出了在冲击载荷作用下的利用系数取值。

表6.4　冲击载荷作用下的利用系数

冲击频率，$(km \cdot a)^{-1}$	利用系数 η
>100	0
1～100	0.3
10^{-4}～1	0.7

6.3　稳定性

铺放在海床上的海底管道，需要确保足够的稳定性，以抵抗受到波浪海流的作用。海底管道稳定性包括横向稳定性和垂向稳定性两方面。横向稳定性指管道在波流荷载作用下，管道发生侧向滑移失稳的情况；垂向稳定性指管道在自重、土体抗力、升力和浮力联合作用下发生上浮或下沉的可能性。

6.3.1　管土相互作用

6.3.1.1　海底管道沉陷深度

海底管道管土相互作用的关键参数与管道垂向、轴向及侧向运动引起的海床土体抗力相关。对于裸露的海底管道，管土相互作用参数可以等效为摩擦系数。

对于裸露状态下的海底管道，管道在海床上的沉陷是评估管道轴向与侧向沉陷能力的重要参数，主要针对管道沉陷的两个基本模型进行分析：

（1）由于海底管道自重引起的沉陷深度。适用于海底管道的连续条形基础的极限承载力理论。

（2）由于海底管道铺设就位引起的附加沉陷深度。在考虑了动态与附加载荷效应及海床重塑土后，能获得比准静态垂向载荷（基于经典承载力理论）下更大的沉陷深度。

海底管道沉陷深度为管道下方未扰动的海床的反向沉陷深度，如图6.7所示。

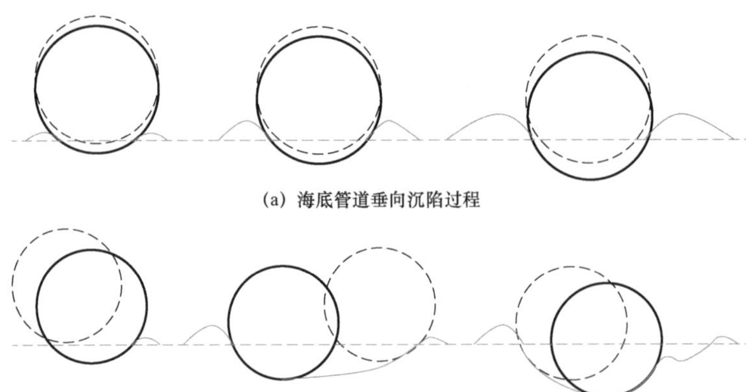
(a) 海底管道垂向沉陷过程

(b) 海底管道横向与垂向运动联合作用下的沉陷过程

图 6.7　海底管道沉陷示意图

6.3.1.1.1　砂质海床管道沉陷

当海床土壤为砂质时，可基于 DNVGL－RP－F109 对海底管道在砂质海床上的初始沉陷深度进行计算：

$$\frac{z}{D} = 0.037\,\kappa_s^{-0.67} \tag{6.53}$$

$$\kappa_s = \frac{\gamma' D^2}{F_c} \tag{6.54}$$

$$F_c = w_s - F_z \tag{6.55}$$

$$F_z = \frac{1}{2}\rho_w D\,C_z\,(u + v)^2 \tag{6.56}$$

式中　z——海底管道初始沉陷深度，m；

D——海底管道外部直径，m；

γ'——土体水下单位重量，kN/m³；

w_s——海底管道水下重量，kN/m；

F_z——垂向水动力载荷（升力），N/m；

ρ_w——海水密度，kg/m³；

C_z——升力系数；

u——最大的波浪引起的海水流速，m/s；

v——海流流速，m/s。

6.3.1.1.2　黏性土质海床管道沉陷

当海床为黏性土质时，可基于 DNVGL－RP－F109 对海底管道在黏性土质海床上的初始沉陷深度进行计算：

$$\frac{z}{D} = 0.0071\left(\frac{G_c^{0.3}}{\kappa_c}\right)^{3.2} + 0.062\left(\frac{G_c^{0.3}}{\kappa_c}\right)^{0.7} \tag{6.57}$$

$$G_c = \frac{S_u}{D\gamma_s} \tag{6.58}$$

$$\kappa_c = \frac{S_u D}{F_c} \tag{6.59}$$

$$F_c = w_s - F_z \tag{6.60}$$

式中 z——海底管道沉陷深度，m；

D——海底管道外部直径，m；

S_u——黏土的不排水承载力，kPa；

γ_s——土体单位干重量，kN/m^3；

w_s——管道水下重量，kN/m。

$$F_z = \frac{1}{2}\rho_w D C_z (u+v)^2 \tag{6.61}$$

式中 F_z——垂向水动力载荷（升力），N/m；

ρ_w——海水密度，kg/m^3；

C_z——升力系数；

u——最大的波浪引起的海水流速，m/s；

v——海流流速，m/s。

6.3.1.1.3 静态铺设系数

相对静态铺设系数（k_{lay}）应用于增大垂向管土作用力，可采用式（6.62）进行估算：

$$k_{lay} = 0.6 + 0.4\left(\frac{\mathrm{EI}\,k_{lay}\,W_i}{z_{ini}\,T_0^2}\right)^{0.25} \geqslant 1 \tag{6.62}$$

式中 k_{lay}——海底管道铺设系数，$k_{lay}=Q_v/W_i$，其中，Q_v 为垂向载荷；

EI——海底管道抗弯刚度，kN/m^2；

W_i——铺设期间海底管道的水下重量，kN/m；

z_{ini}——海底管道铺设后初始沉陷深度，m；

T_0——海底管道铺设期间，海底管道触地点有效铺设张紧力的水平载荷。

海底管道沉陷深度的初始值假定为$k_{lay,1}$，$k_{lay,2}$通过插值$k_{lay,1}$获得。

$$k_{lay,1} = Q_v/W_i \tag{6.63}$$

$$k_{lay,2} = 0.6 + 0.4\left(\frac{\mathrm{EI}\cdot k_{lay,1}\,W_i}{z_{ini}\,T_0^2}\right)^{0.25} \tag{6.64}$$

当$k_{lay,1}=k_{lay,2}$时，可获得沉陷深度与铺设系数。图 6.8 所示为静态铺设系数与沉陷深度关系示

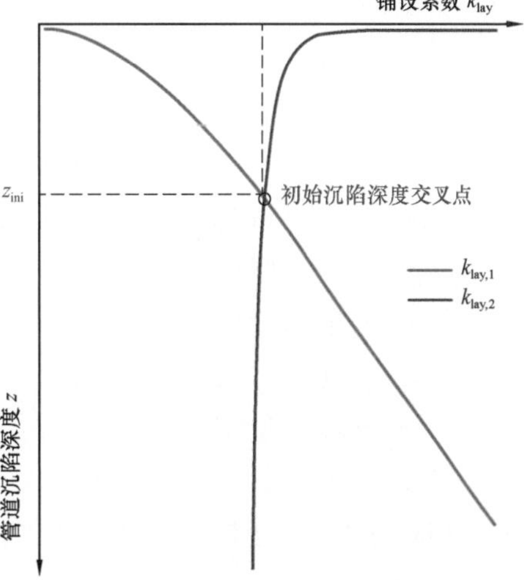

图 6.8 静态铺设系数与沉陷深度关系示意图

意图。

6.3.1.1.4　与沉陷深度相关的垂向载荷

海床为不排水条件时，与海底管道沉陷深度（z）相对应的垂向载荷（Q_v）可通过式（6.65）进行计算：

$$Q_v = \left\{\min\left[6\left(\frac{z}{D}\right)^{0.25}; 3.4\left(\frac{10z}{D}\right)^{0.5}\right] + 1.5\frac{\gamma' A_{bm}}{D S_u}\right\} D S_u \tag{6.65}$$

式中　Q_v——垂向载荷，kN/m；

S_u——位于海底管道底部的海床土体的不排水抗剪强度，kPa；

D——海底管道外部直径（包括混凝土配重层等），m；

z——海底管道沉陷深度，m；

γ'——土体水下单位重量，kN/m^3；

A_{bm}——海底管道沉陷区域截面面积，m^2。

海床为排水条件时，与海底管道沉陷深度（z）相对应的垂向载荷可通过式（6.66）进行计算：

$$Q_v = 0.5\gamma' N_\gamma B^2 + z_0 \gamma' N_q d_q B \tag{6.66}$$

其中

$$N_q = e^{\pi \cdot \tan\varphi} \tan^2\left(45 + \frac{\varphi}{2}\right) \tag{6.67}$$

$$N_\gamma = \begin{cases} 1.5(N_q - 1)\tan\varphi \\ 2(N_q + 1)\tan\varphi \end{cases} \tag{6.68}$$

$$d_q = 1 + 1.2\frac{z_0}{B}\tan\varphi\,(1 - \sin\varphi)^2 \tag{6.69}$$

式中　γ'——土体水下单位重量，kN/m^3；

N_q——土体抗剪切承载系数1；

N_γ——土体抗剪切承载系数2；

φ——土体摩擦角，(°)；

B——管土接触宽度，m；

d_q——沉陷深度影响系数；

z——海底管道底部沉陷深度，m；

z_0——沉陷深度z处的相对深度，m。

相对深度z_0与土体的摩擦角相关，可通过式（6.70）和式（6.71）进行计算：

$$z_0 = 0 \qquad 当\ z < \frac{D}{2}\left[1 - \cos\left(\frac{\pi}{4} + \frac{\varphi}{2}\right)\right] \tag{6.70}$$

$$z_0 = z - \frac{D}{2} + \left[\frac{\frac{D}{2}}{\sin\left(\frac{\pi}{4} + \frac{\varphi}{2}\right)} - \frac{B}{2}\right] \cdot \tan\left(\frac{\pi}{4} + \frac{\varphi}{2}\right) \qquad 当 z > \frac{D}{2}\left[1 - \cos\left(\frac{\pi}{4} + \frac{\varphi}{2}\right)\right] \tag{6.71}$$

海底管道沉陷区域截面面积A_{bm}可通过式（6.72）和式（6.73）计算获得：

$$A_{bm} = \left(\arcsin \frac{B}{D}\right)\frac{D^2}{4} - B\frac{D}{4}\cos\left(\arcsin \frac{B}{D}\right) \qquad 当 z < \frac{D}{2} \tag{6.72}$$

$$A_{bm} = \pi\frac{D^2}{8} + D\left(z - \frac{D}{2}\right) \qquad 当 z \geqslant \frac{D}{2} \tag{6.73}$$

与沉陷深度 z 相关的接触宽度 B，可通过式（6.74）和式（6.75）进行计算：

$$B = 2\sqrt{Dz - z^2} \qquad 当 z < \frac{D}{2} \tag{6.74}$$

$$B = D \qquad 当 z \geqslant \frac{D}{2} \tag{6.75}$$

式中　D——海底管道外部直径（包括混凝土配重层等），m；

z——海底管道沉陷深度，m。

图 6.9 和图 6.10 所示为黏性土质海床和砂质海床海底管道沉陷深度与管土接触宽度之间的关系。

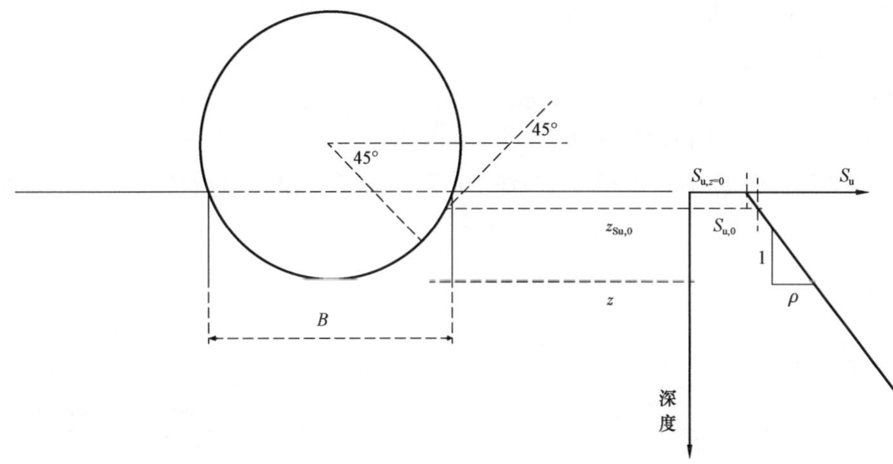

图 6.9　海底管道沉陷深度 z 与管土接触宽度 B 之间的关系（黏性土质海床）

$S_{u,z=0}$—海床处土体不排水剪切强度；$S_{u,0}$—水深参考点的土体不排水剪切强度；$z_{Su,0}$—黏土的参考点水深；ρ—土体不排水剪切强度随深度的变化率

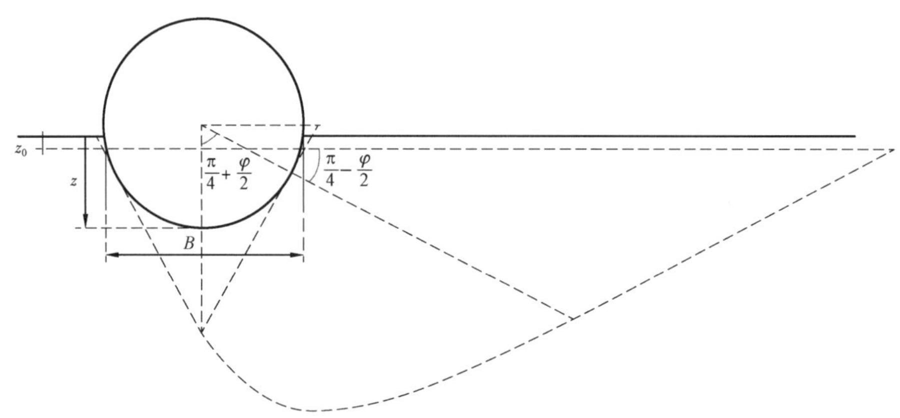

图 6.10 海底管道沉陷深度 z 与管土接触宽度 B 之间的关系（砂质海床）

6.3.1.2 裸露海底管道的海床土体轴向抗力

6.3.1.2.1 砂质海床土体轴向抗力

砂质海床土体的轴向抗力，即海底管道水下重量对砂质海床土体抗剪承载力的影响程度。对于就位的海底管道，排水轴向摩擦力可根据式（6.76）进行计算：

$$R_{peak}/R_{res} = W\mu \tag{6.76}$$

其中

$$\mu = \tan\varphi \tag{6.77}$$

式中 R_{peak}——砂质海床土体峰值轴向抗力，kN/m；

R_{res}——砂质海床土体残余轴向抗力，kN/m；

μ——轴向摩擦系数；

W——海底管道水下重量，kN/m；

φ——砂质海床土体内摩擦角，(°)。

海底管道轴向抗力与轴向位移的双线性达到 2 ~ 5mm 的最大弹性位移（表 6.5，图 6.11）。

表 6.5 海底管道轴向动态位移

轴向模型	不确定工况	参数	典型值
双线型	低估值（LE）	X_{mob}	1.25mm 与 0.002D 的最小值
	中估值（BE）		5mm 与 0.01D 的最小值
	高估值（HE）		250mm 与 0.5D 的最大值
三线型	低估值（LE）	X_{brk}	1.25mm 与 0.002D 的最小值
	中估值（BE）		5mm 与 0.01D 的最小值
	高估值（HE）		50mm 与 0.1D 的最大值
	低估值（LE）	X_{res}	7.5mm 与 0.015D 的最小值
	中估值（BE）		30mm 与 0.06D 的最小值
	高估值（HE）		250mm 与 0.5D 的最大值

注：X_{mob}—轴向位移；X_{brk} 或 X_{peak}—达到临界轴向抗力所需的位移；X_{res}—产生残余轴向抗力所需的位移。

6.3.1.2.2　黏性土质海床土体轴向抗力

对于黏性土质海床土体的传统轴向摩擦模型，即黏性土质海床土体抗剪切强度与管道和黏性土接触面积的公式。如果管道沉陷深度超过管道直径的一半，接触面积通常假定为管道外部圆弧的一半。

黏性土质海床土体传统的轴向抗力（R_{Axial}）公式为：

$$R_{\text{Axial}} = S_u A_c \tag{6.78}$$

式中　S_u——黏性土质海床土体不排水抗剪切强度，kPa；

A_c——海底管道与黏性土质海床土体接触面积，m^2。

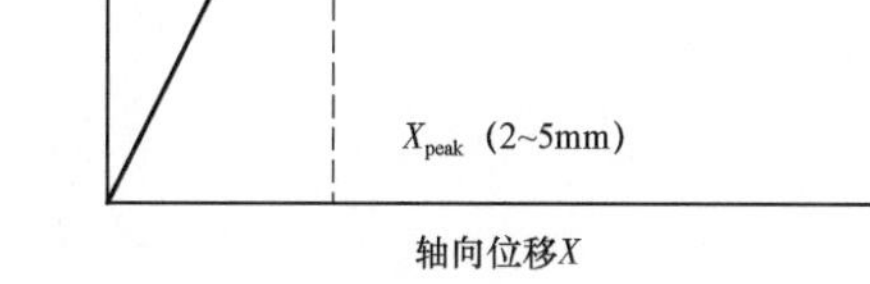

图 6.11　管土接触轴向相互关系示意图

上述公式可展开，获得以下公式：

$$R_{\text{Axial}} = \begin{cases} S_u D\alpha\cos\left(1 - \dfrac{2z}{D}\right) & z \leqslant \dfrac{D}{2} \\ \pi S_u \dfrac{D}{2}\alpha & z > \dfrac{D}{2} \end{cases} \tag{6.79}$$

$$\alpha = \frac{f_{\text{coat,u}}}{S_t} \tag{6.80}$$

式中　z——海底管道沉陷深度，m；

α——黏性土的黏性系数；

$f_{\text{coat,u}}$——黏性土质海床土体不排水条件下的涂层的功效系数；

S_t——黏土敏感性参数。

6.3.1.3　裸露海底管道的海床土体侧向抗力

根据 DNVGL－RP－F114，海床土体侧向抗力由两部分组成，即库仑摩擦力和由管道侧向移动引起的抗力。

$$R_{\text{Peak}} = \mu W + F_R \tag{6.81}$$

$$\mu = \tan\varphi \tag{6.82}$$

式中　μ——轴向摩擦系数，对于砂质海床土体可通过公式进行计算，对于黏性土质海床土体可取为 0.2；

W——海底管道水下重量，kN/m；

F_R——与海底管道沉陷深度相关的抗力，kN/m。

6.3.1.3.1　砂质海床土体的侧向抗力

根据 DNVGL－RP－F114，砂质海床土体的侧向抗力可根据式（6.83）进行计算：

$$\begin{cases} \dfrac{F_R}{F_c} = (5.0\kappa_s - 0.15\kappa_s^2)\left(\dfrac{z}{D}\right)^{1.25} & \kappa_s \leqslant 20 \\ \dfrac{F_R}{F_c} = \kappa_s\left(\dfrac{z}{D}\right)^{1.25} & \kappa_s > 20 \end{cases} \tag{6.83}$$

其中

$$\kappa_s = \frac{\gamma'_s D^2}{F_c} \tag{6.84}$$

$$F_c = W_s - F_z \tag{6.85}$$

式中 F_R——与海底管道沉陷深度相关的抗力，kN/m；

F_z——垂向水动力载荷（升力），kN/m；

W_s——海底管道水下单位重量，kN/m；

γ'_s——土体水下单位重量，kN/m；

D——海底管道外部直径，m；

z——海底管道沉陷深度，m。

6.3.1.3.2 黏性土质海床土体的侧向抗力

根据DNVGL - RP - F114，黏性土质海床土体的侧向抗力可根据式（6.86）进行计算：

$$\frac{F_R}{F_c} = \frac{4.1\kappa_c}{G_c 0.39}\left(\frac{z}{D}\right)^{1.31} \tag{6.86}$$

其中

$$G_c = \frac{S_u}{D\gamma_s} \tag{6.87}$$

$$\kappa_c = \frac{S_u D}{F_c} \tag{6.88}$$

式中 F_R——与海底管道沉陷深度相关的抗力，kN/m；

γ_s——土体单位干重量，kN/m；

S_u——黏性土不排水抗剪切强度，kPa；

D——海底管道外部直径，m；

z——海底管道沉陷深度，m；

G_c——升力系数。

6.3.1.4 裸露海底管道的静态土体刚度

6.3.1.4.1 土体垂向刚度

土体静态垂向刚度$K_{V,s}$可通过式（6.89）计算：

$$K_{V,s} = \frac{Q_V}{Z + \delta_f} \tag{6.89}$$

式中　Q_V——单位长度管道土体静态垂向抗力，kN/m；

z——管道垂向沉陷深度，m；

δ_f——对于沉陷深度处的失效模型距离，通常取为管土接触宽度 B 的 10%，m。

6.3.1.4.2　土体侧向刚度

土体静态侧向刚度$K_{L,s}$可通过式（6.90）计算：

$$K_{L,s} = \frac{R_{Peak}}{y_{peak}} \tag{6.90}$$

式中　R_{Peak}——土壤侧向抗力，kN/m；

y_{peak}——海底管道侧向位移，m。

6.3.1.5　埋设海底管道的轴向管土作用

对于埋设海底管道，管道周边土体的轴向抗力主要分为两种失效模型：深失效模型与浅失效模型（图 6.12）。两种不同失效模型的差异主要为：

（1）深失效模型，当管道上方回填土厚度足够，其抗剪强度能够抵抗管道上方回填土的运动时，失效面为沿管道轴向的滑移面；

（2）浅失效模型，当管道上方回填土厚度不足，其抗剪强度不能抵抗管道上方回填土的运动时，失效面为管道上方的滑移面。

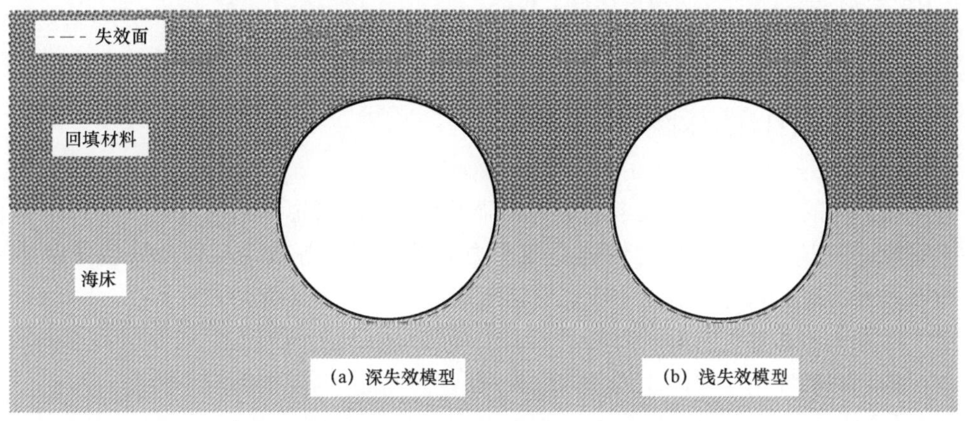

图 6.12　埋设海底管道的轴向失效模型示意图

6.3.1.5.1　砂质海床土体轴向抗力

两种失效模型能用于砂质海床土体的轴向摩擦力。深失效模型公式将管道圆周处的接触应力分为两个不同部分，即回填土部分与海床部分。浅失效模型公式将上部回填土层圆周处的抗体替代为管道上方回填土的垂向抗剪抗力。最终的砂质海床土体轴向抗力取为两种失效模型中的最小抗力。

深失效模型：

$$F_{A,deep,d}=\mu_{seabed}\left[\pi\cdot\frac{\gamma'_{fill}\cdot D}{4}\left(H+\frac{D}{2}\right)(1+K_{0,fill})+\frac{\gamma'_{seabed}\cdot D^2}{3}\left(1+\frac{K_{0,seabed}}{2}\right)+V-\frac{(\gamma'_{fill}-\gamma'_{seabed})\pi D^2}{8}\right]+\mu_{fill}\left[\pi\frac{\gamma'_{fill}D}{4}\left(H+\frac{D}{2}\right)(1+K_{0,fill})-\frac{\gamma'_{fill}\cdot D^2}{3}\left(1+\frac{K_{0,fill}}{2}\right)\right] \tag{6.91}$$

浅失效模型：

$$F_{A,shollow,d}=\mu_{seabed}\left[\pi\frac{\gamma'_{fill}\cdot D}{4}\left(H+\frac{D}{2}\right)(1+K_{0,fill})+\frac{\gamma'_{seabed}\cdot D^2}{3}\left(1+\frac{K_{0,seabed}}{2}\right)+V-\frac{(\gamma'_{fill}-\gamma'_{seabed})\pi D^2}{8}\right]+\gamma'_{fill}K_{0,fill}\left(H+\frac{D}{2}\right)\tan\varphi_{fill} \tag{6.92}$$

式中 μ_{seabed}——海底管道与海床土体之间的摩擦系数；

μ_{fill}——海底管道与回填材料之间的摩擦系数；

γ'_{seabed}——海床土体的水下单位重量，kN/m^3；

γ'_{fill}——回填材料的水下单位重量，kN/m^3；

$K_{0,seabed}$——海床土体的侧向压力系数；

$K_{0,fill}$——回填材料的侧向压力系数；

H——海底管道上方回填层厚度，m；

D——海底管道外部直径（包括涂层），m；

V——海底管道水下重量，kN/m；

φ_{fill}——回填材料的摩擦角，(°)。

6.3.1.5.2 黏性土土体轴向抗力

黏性土土体的抵抗力一般仅考虑短期载荷工况。海底管道周边黏性土的不排水抗剪抗力主要与管道下方重塑黏性土土体的有效应力有关，其可等效为裸露海底管道的轴向摩擦。埋设海底管道的重量应该用于海底管道底部黏性土土体的重塑强度。

对于回填土为黏性土，位于海底管道上半部的回填土土体的抗剪强度需要考虑回填土的重量。最终的黏性土质海床土体轴向抗力取为两种失效模型中的最小抗力。

深失效模型：

$$F_{A,deep,u}=\alpha\bar{S}_u\pi D \tag{6.93}$$

浅失效模型：

$$F_{A,shallow,u}=\alpha\bar{S}_{u,bottom}\pi\frac{D}{2}+2\bar{S}_{u,backfill}\left(H+\frac{D}{2}\right) \tag{6.94}$$

其中

$$\alpha=\frac{f_{coat,u}}{S_t} \tag{6.95}$$

式中 $\bar{S}_u$——海底管道周围重塑土土体抗剪强度平均值，kPa；

$\overline{S}_{u,bottom}$——海底管道下部重塑土土体的抗剪强度平均值，kPa；

$\overline{S}_{u,backfill}$——海底管道上方回填土的垂向失效面重塑土土体抗剪强度平均值；

H——海底管道上方回填土的厚度；

D——海底管道外部直径（包括涂层）；

α——土体的黏附系数；

$f_{coat,u}$——不排水条件下涂层的有效系数；

S_t——黏性土敏感参数。

6.3.1.6　埋设海底管道的土壤抬升抗力

6.3.1.6.1　砂质土土体抬升抗力

图6.13所示为埋设海底管道回填土垂向滑移模型。假定垂向滑移面的总抗力（$F_{uplift,d}$）由海底管道上方的土体重力与抗剪切抗力共同组成，可由式（6.96）进行计算：

$$F_{uplift,d} = \gamma' HD + \gamma' D^2\left(\frac{1}{2} - \frac{\pi}{8}\right) + K\tan\varphi\, \gamma' \left(H + \frac{D}{2}\right)^2 \tag{6.96}$$

式中　$F_{uplift,d}$——垂向滑移面的总抗力，kN；

H——海底管道上方回填土的厚度，m；

γ'——砂质土土体水下重量，kN/m^3；

K——侧向土土体压力系数；

φ——回填土土体的内摩擦角，（°）；

D——海底管道外部直径（包括涂层），m。

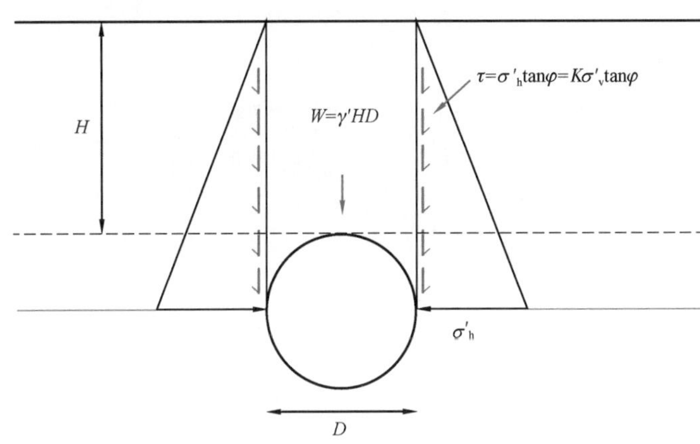

图6.13　埋设海底管道回填土垂向滑移模型

上述公式可以变为：

$$F_{uplift,d} = \gamma' HD + \gamma' D^2\left(\frac{1}{2} - \frac{\pi}{8}\right) + f\gamma' \left(H + \frac{D}{2}\right)^2 \tag{6.97}$$

式中　f——海底管道抬升抗力系数；

H——海底管道回填土的厚度，m；

γ'——回填土土体的水下重量，kN/m^3；

D——海底管道外部直径（包括涂层），m。

上述公式需要给定一个合理的抬升抗力系数。抬升抗力系数可通过式（6.98）进行计算：

$$f_{LE} = \begin{cases} 0.1 & \varphi \leqslant 30 \\ 0.1 + \dfrac{\varphi - 30}{30} & 30 < \varphi \leqslant 45 \\ 0.6 & \varphi > 45 \end{cases} \tag{6.98}$$

式中　φ——土体摩擦角，(°)。

6.3.1.6.2　黏性土土体抬升抗力

对于黏性土土体的抬升抗力主要存在两种不同的失效模型：

（1）局部土体失效模型，位于管道上方的土在管道周围及下方产生扰动；

（2）整体土体失效模型，位于管道上方的土与管道工程抬升。

局部土体失效模型可以简化为管道埋设深度处土体的抗剪强度，整体土体失效模型可以简化为管道上方土体重量与抗剪抗力的组合载荷（图6.14）。

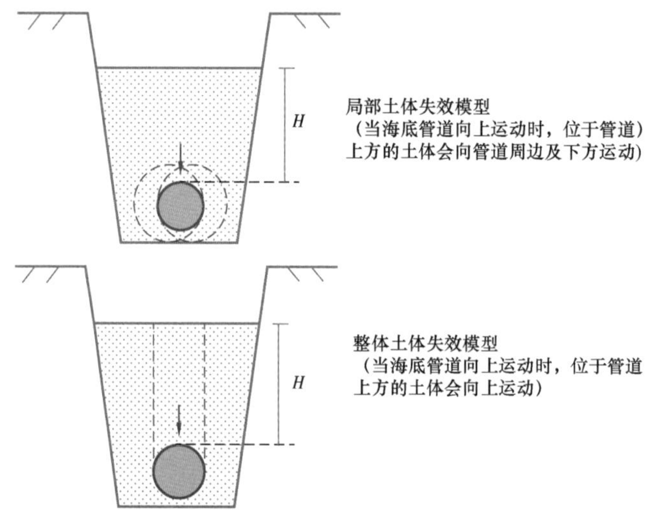

图6.14　黏性土土体抬升抗力的垂向失效模型

（1）局部失效模型。

$$F_{uplift,local,u} = N_c \bar{S}_u D - \gamma' A_p \tag{6.99}$$

式中　N_c——抗剪强度系数，取5.14；

γ'——黏性土土体水下重量，kN/m^3；

$\bar{S}_u$——黏性土土体平均抗剪强度，kPa；

A_p——海底管道横截面面积，m^2；

D——海底管道外部直径（包括涂层），m。

（2）整体失效模型。

整体失效模型假定位于管道上方的土体与管道整体抬升，形成两个垂向失效面。总的土体抗力可以等效为砂质土土体抗力模型。然而，土体抗剪抗力主要由假定失效面处的不排水抗剪强度决定：

$$F_{\text{uplift,global,u}} = \gamma' HD + \gamma' D^2\left(\frac{1}{2} - \frac{\pi}{8}\right) + 2\,\bar{S}_u\left(H + \frac{D}{2}\right) \tag{6.100}$$

式中　γ'——黏性土土体水下重量，kN/m³；

$\bar{S}_u$——黏性土土体平均抗剪强度，kPa；

D——海底管道外部直径（包括涂层），m；

H——海底管道上方回填土厚度，m。

6.3.2　管道垂向稳定性

管道的垂向稳定性问题主要解决两个问题：一是保证管道不会产生沉降；二是保证管道不会由于液化土浮力产生上浮。

一般来说，管道下沉主要出现在极软的淤泥上。淤泥中管道的沉降是因为地基土产生极限剪切破坏而产生的，管道开始与淤泥土接触会产生一个初始陷深，然后管道在自重和其他附加荷载（如管道中的介质重量，水动力等）作用下下沉直至接触面上的最大接触应力等于地基土的极限承载力。计算管道的垂向稳性需要知道管道的陷深，如果管道的自由陷深大于管道半径，则管道有可能会失效。陷深的计算主要基于两个力学方程的平衡，即管道垂向力与地基承载力。海底管道垂向沉降分析模型如图 6.15 所示。

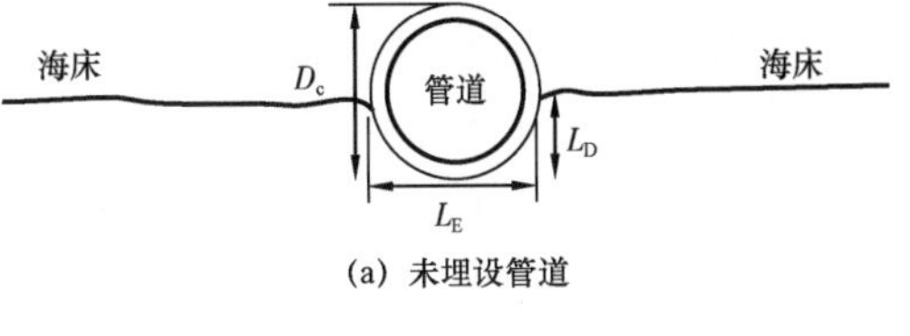

(a) 未埋设管道

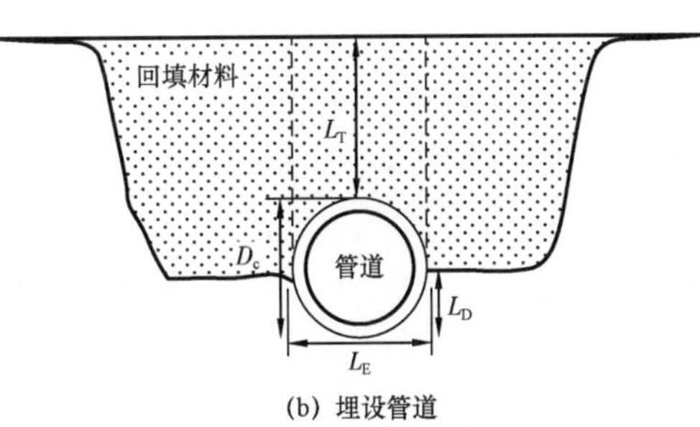

(b) 埋设管道

图 6.15　海底管道垂向沉降分析模型

土体的极限承载能力由式（6.101）决定：

$$q_{\text{ult}} = C N_c + q_e N_q + \frac{1}{2}\gamma' L_e N_r \tag{6.101}$$

式中　q_{ult}——土体的极限承载能力，kPa；

C——土体的内聚力，kPa；

q_e——等效压力，对未埋设管道：$q_e = \gamma' L_D$，对埋设管道：$q_e = \gamma'(L_D + L_T + D_c)$，kPa；

γ'——土体的单位水下容重，kN/m；

L_D——土体下陷深度，m；

L_T——管顶埋深，m；

D_c——管道外径，m；

L_E——管道在海床上的有效宽度，m；

N_c——承载能力因子（内聚力）；

N_q——承载能力因子（固结能力）；

N_r——承载能力因子（内摩擦）。

当海底管道提供的荷载力与土体的极限承载能力相互平衡时，即可计算得到海底管道的沉降量。海底管道的荷载力（q_{load}）可用式（6.102）进行计算：

$$q_{load} = \begin{cases} \dfrac{W_{sub}}{L_e} & \text{未埋设管道} \\ \dfrac{W_{sub} + W_{tsoil}}{L_e} & \text{埋设管道} \end{cases} \tag{6.102}$$

式中 W_{sub}——管道水下重量，kN/m；

W_{tsoil}——管道顶部土壤压力，$W_{tsoil} = [D_t(D_t/2 + L_B) - \pi/8 \cdot D_t^2]\gamma'$，kN/m；

D_t——海底管道的总外径（包括涂层厚度），m。

当管道在水力喷射后留在管沟时，最初回填到管沟的土壤可能会变成液化土。另外，地震也可能导致土壤液化。液化土具有较高的相对密度，如果管道相对密度小于液化土相对密度，管道就会上浮。可使用式（6.103）计算液化土的密度（ρ_{ls}）：

$$\rho_{ls} = \rho_w \frac{\gamma_s + e_{crit}}{1 + e_{crit}} \tag{6.103}$$

式中 ρ_w——水的密度；

γ_s——土壤颗粒的相对密度；

e_{crit}——土壤的临界孔隙比。

土壤液化后，相对于水的相对密度 γ_{ls} 为：

$$\gamma_{ls} = \frac{\gamma_s + e_{crit}}{1 + e_{crit}} \tag{6.104}$$

为使管道不发生上浮，要求液化土的相对密度大于管道的相对密度。

6.3.3 管道横向稳定性

分析管道横向稳定性，需要建立起管道的受力分析模型，如图 6.16 所示。管道受到的荷载包括管道水下重量 W_{sub}、波流环境荷载（包括拖曳力 F_D、惯性力 F_M 和升力 F_L）以及土壤阻力三部分。

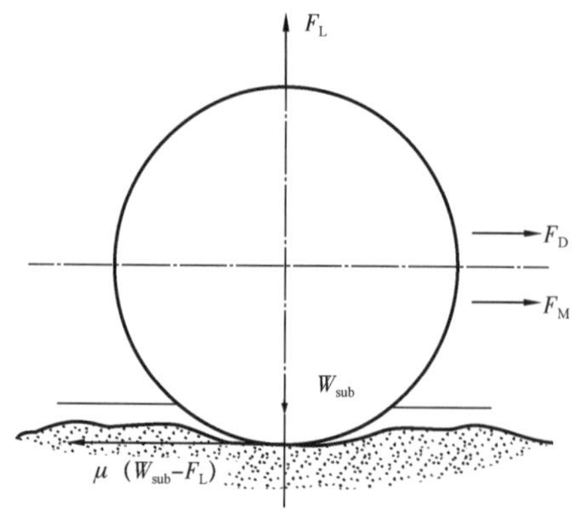

图 6.16 管道受力分析模型示意图

波流环境荷载，主要根据莫里森公式给出：

$$F_D = \frac{1}{2}\rho C_D D u^2 \tag{6.105}$$

$$F_L = \frac{1}{2}\rho C_L D u^2 \tag{6.106}$$

$$F_M = C_M \rho \frac{\pi D^2}{4} \dot{u} \tag{6.107}$$

式中　C_D，C_L，C_M——管道的拖曳力系数、升力系数和惯性力系数；

ρ——流体的密度；

D——管道的外径（包括涂层）；

u，$\dot{u}$——流体相对于管道的流速和加速度。

土壤阻力，简单考虑，为管－土之间的摩擦力。摩擦系数为 μ，则土体阻力大小为 μ（$W_{sub} - F_L$）。管道要保持绝对稳定，则需要满足：

$$\mu(W_{sub} - F_L) \geq F_D + F_M \tag{6.108}$$

6.3.4　管道稳定性分析软件介绍

6.3.4.1　PRCI[3]

PRCI 的海底管道在位稳定性分析软件是海底管道在位稳定性分析及设计的一系列工具软件（图 6.17）。PRCI 海底管道稳定性分析软件各组件可为工程设计人员提供合理的混凝土配重层及参数设计方法。该软件提供了不同等级的分析工具，从用户简化的静态分析到更详细的时域动态模拟。Level 1 和 Level 2，ASM 模块的运算时间较少。Level 3 的运行时间较长，同时需要较大的存储空间。

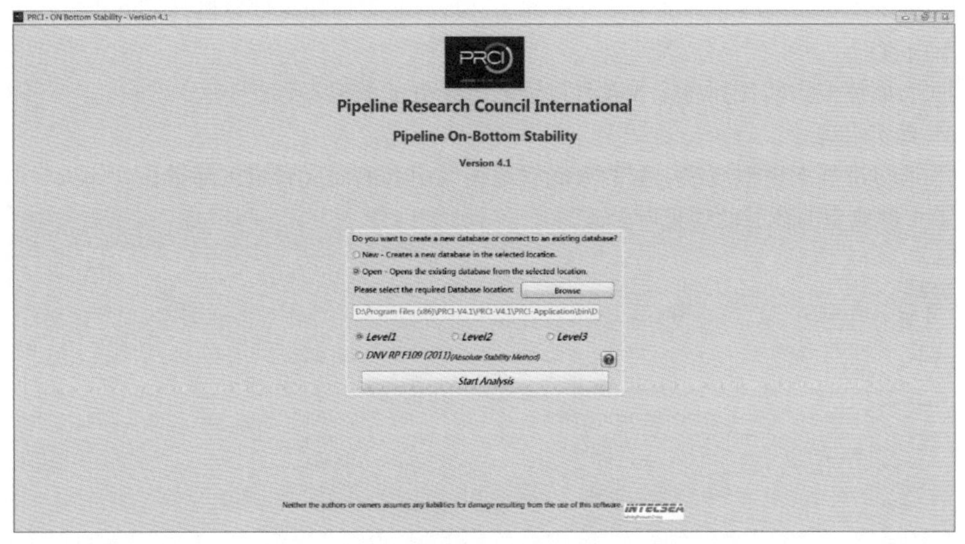

图 6.17　PRCI 管道在位稳定性分析软件界面

（1）Level 1 模块。

Level 1 模块为工程设计人员提供了最简单、最快速的设计软件（图 6.18），采用传统的分析方法进行简化静态分析，主要包括下列参数：

① 正则 Airy 波模型；

② 土壤摩擦阻力；

③ 莫里森水动力公式。

通过分析，Level 1 可计算出海底管道的在位稳定性安全系数。

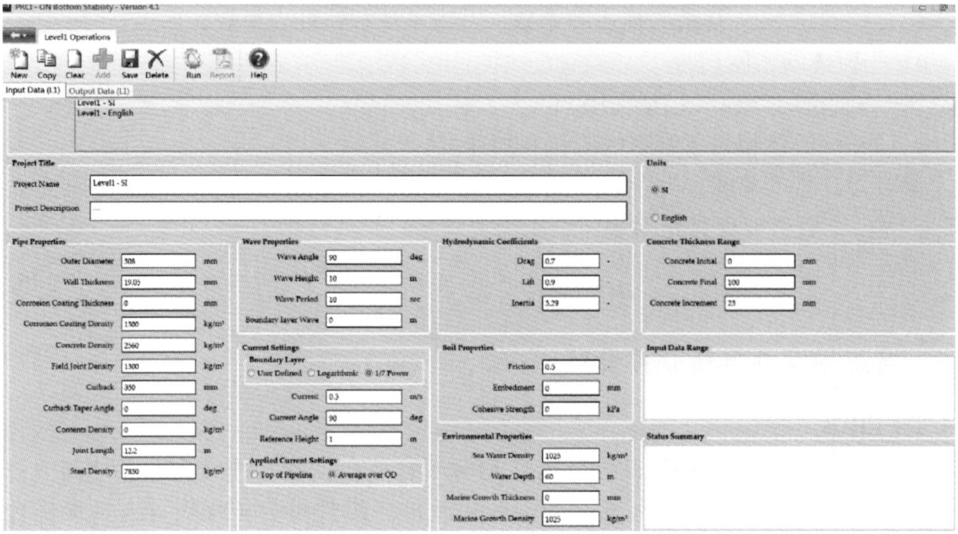

图 6.18　PRCI Level 1 模块软件界面

（2）Level 2 模块。

Level 2 模块采用准静态稳定性分析方法进行海底管道稳定性分析（图 6.19），主要包括以下内容：

① 表面波浪谱转化到海床或者直接输入海床处的波浪参数；

② 真实水动力；

③ 通过准静态模拟波浪引起的海底管道振动引起的海底管道沉降量；

④ 4 种典型的荷载的傅里叶公式。

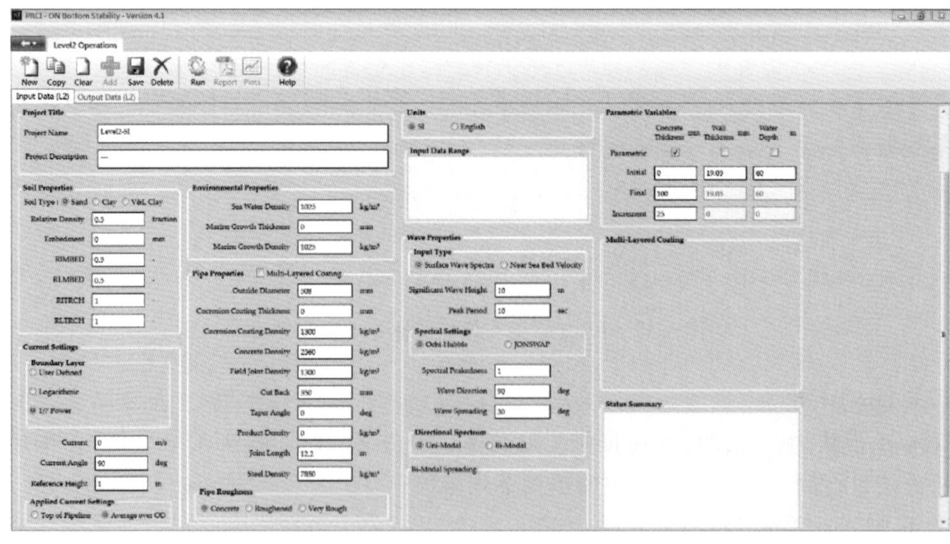

图 6.19　PRCI Level 2 模块软件界面

（3）Level 3 模块。

Level 3 模块的分析方法更加全面（图 6.20），包含了完整的时域动态模拟程序，其中包括随机的波浪，基于大量模型试验结果的傅里叶分解的水动力，以及包含侧向土压力抗力与土体摩擦阻力的土壤模型。此外，Level 3 模块还集成了统计分析工具和后处理借口。

Level 3 模块的时域动态模拟包含下列内容：

① 三维随机海洋（艾里波序列）波浪运动学；

② 基于模型试验的傅里叶力学公式，以及作用于管道上的基于波浪时域动态的一系列波浪力；

③ 基于 PRCI 的 RP－175－420 的海底管道受外力作用时的时域动态分析及土体模型。

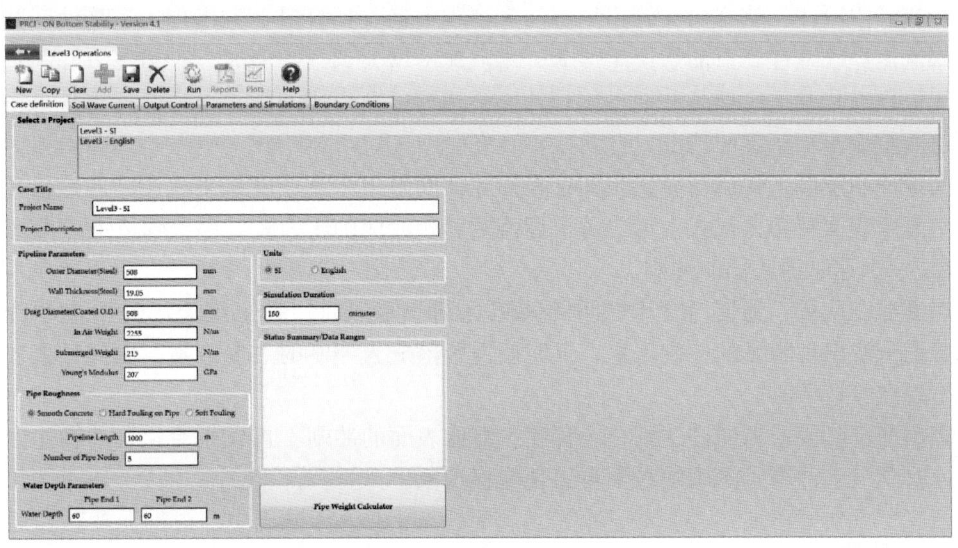

图 6.20　PRCI Level 3 模块软件界面

6.3.4.2　StableLine

StableLine 是一个 Microsoft Excel Basic（VBA）软件。因此，它基于 Microsoft Excel，用户界面与典型的 Excel 电子表格相同，直接输入单元格、按钮和下拉菜单。

该软件将输入与输出设计在主工作表上。用户可以从工作表中查看所有必要的信息，而不需要在两者之间进行导航窗口。StableLine 软件包含 4 种工作表格：

（1）主工作表，包含所有输入与输出信息及结果数据；

（2）绘图表格，包含图形表示的结构和其他有用的结果；

（3）报告表格，包含结果和有用的中间计算结果，可用于打印和使用作为报告中的附录表；

（4）参数运行表格，用于对几个在位稳定性工况开展模拟计算（这些工作表示在主工作表上的参数运行按钮第一次被按下时创建的）。

6.3.5 海底管道冲刷机理与防冲刷设计

6.3.5.1 海底管道冲刷机理

海底管道冲刷一般根据来流是否携带泥沙分为动床冲刷和清水冲刷，当水流速度小于床面泥沙启动流速时，只有管道附近由于流速局部增大而产生冲刷，此时为清水冲刷；当流速增大达到海床表面泥沙启动流速时，整个海床都会发生冲刷，并且海床表面冲刷产生的泥沙会填补管道下方的冲刷坑，此时为动床冲刷。对于有初始嵌入深度的管道而言，其冲刷悬空分为 4 个阶段：管道悬空阶段、间隙冲刷阶段、尾迹冲刷阶段、平衡冲刷阶段。

管道悬空阶段：从开始在管道周围海床出现失稳点到管道下方出现一道连通间隙的时段。水流流经管道在管道前后产生旋涡，水流速度增大到某一值时，管道下方和附近会出现海床失稳点，管道底部某些地方出现冲刷破坏而逐渐形成间隙，导致管道出现悬空。对于管道间隙比不小于零的情况，此阶段不存在。

间隙冲刷阶段：管道与海床之间存在间隙，间隙中水流速度是来流速度的数倍，导致间隙中海床表面剪切力很大，加之管道迎流侧和顺流侧的压力差，导致管道下方出现“管涌现象”，加速管道底部的冲刷。

尾迹冲刷阶段：管道与海床之间的间隙达到一定值时，管道尾迹出现明显的旋涡脱落，管道下游出现明显的冲刷现象，此时旋涡脱落成为冲刷的主要因素，因此最大冲刷坑深度出现在管道下游。

平衡冲刷阶段：当冲刷达到一定程度，海床表面的冲刷不再发生变化，冲刷达到稳定状态，对于清水冲刷，海床沙粒不再出现输移现象。

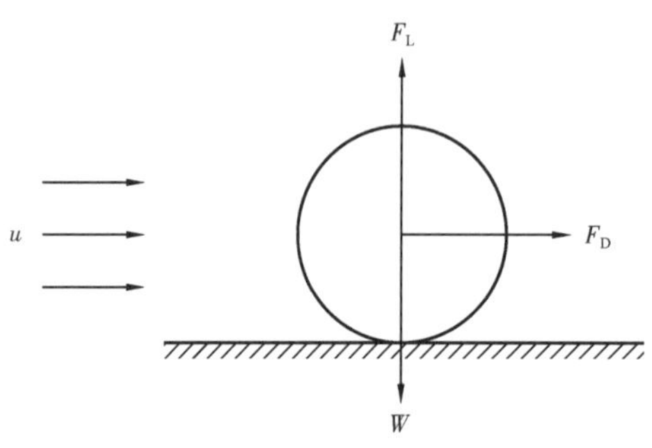

图 6.21 泥沙颗粒受力分析示意图

在海床冲刷中，根据泥沙颗粒运动形式的不同，将泥沙颗粒分为推移质和悬移质。推移质是指在水流作用下，海床表面以滑动、滚动或跳跃式运动的泥沙颗粒；悬移质是指悬浮在流体中随流体一起前进的泥沙颗粒。

水流流经泥沙，泥沙颗粒会受到拖曳力和升力，同时还承受自身的重力，将泥沙颗粒视为球形，对其进行受力分析如图 6.21所示。

F_L为升力，有：

$$F_L = C_L \frac{\pi D^2}{4} \frac{\rho u^2}{2} \tag{6.109}$$

F_D为拖曳力，有：

$$F_D = C_D \frac{\pi D^2}{4} \frac{\rho u^2}{2} \tag{6.110}$$

W 为泥沙颗粒自身的重力：

$$W = \frac{1}{6}(\gamma_s - \gamma)\pi D^3 \tag{6.111}$$

u 为颗粒雷诺数的函数：

$$\frac{u}{u_*} = f_2\left(\frac{uD}{\nu}\right) \tag{6.112}$$

式中 C_L——升力系数；

D——粒径直径；

u——泥沙颗粒附近的流速；

u_*——摩阻流速；

C_D——拖曳力系数；

γ_s——泥沙颗粒的相对密度；

γ——水的相对密度；

ν——黏性系数。

当水流速度较小时，泥沙颗粒所受的拖曳力较小，颗粒静止不动。随着流速增大，颗粒所受拖曳力与升力的合力与泥沙颗粒所受的重力和摩擦力达到平衡状态，此时为泥沙启动的临界状态，对应的流速为启动流速，对应的拖曳力为启动拖曳力；流速继续增加，泥沙颗粒由静止开始运动。

当泥沙处于启动的临界状态时，$F_D = k(W - F_L)$，其中 k 为摩擦系数。代入式（6.109）至式（6.111）得：

$$k(\gamma_s - \gamma)\frac{\pi D^3}{6} = (C_D + kC_L)\frac{\pi D^2}{4}\frac{\rho}{2}u_*^2\left[f_2\left(\frac{u_* D}{\nu}\right)\right]^2 \tag{6.113}$$

$$u_* = \sqrt{\frac{\tau_c}{\rho}} \tag{6.114}$$

式中 τ_c——壁面切应力。

$$k(\gamma_s - \gamma)\frac{D}{6} = \frac{\tau_c}{8}(C_D + kC_L)\left[f_2\left(\frac{u_* D}{\nu}\right)\right]^2 \tag{6.115}$$

定义希尔兹数（Shields 数）（θ）为：

$$\theta = \frac{\tau_c}{(\gamma_s - \gamma)D} \tag{6.116}$$

总结式（6.115）得到临界希尔兹数（θ_{cr}）为颗粒雷诺数的函数：

$$\theta_{cr} = \frac{4k}{3(C_D + kC_L)\left[f_2\left(\frac{uD}{\nu}\right)\right]^2} \tag{6.117}$$

当泥沙颗粒的希尔兹数大于其临界希尔兹数时，泥沙颗粒开始运动。

6.3.5.2 海底管道防冲刷设计

（1）Spoiler 技术。

在海底管道的防冲刷保护方面，管道防护的措施主要包括：合理选择路由、合理的埋设深度设计以及水工保护工程设计。

20 世纪 80 年代以来，如何利用海底管道周围的冲刷进行自动掩埋的实验研究和理论分析工作在国外得到深入开展，出现了采用阻流板（或者称阻流器，Spoiler）实现不冲挖沟槽的海底管道自埋技术[4]。其技术核心是：在管道上一块接一块地固定安装类似于“鳍”的阻流板（图 6.22）。该阻流板在海床周围产生涡流，利用该涡流冲刷管道底部的海床，从而形成冲刷坑，同时管道自重和“鳍”产生的动力和方向控制力将管道逐步压向海床内，直至埋设到管径的 1～1.5 倍的深度（图 6.23）。海床若有变化，管道上的“鳍”继续发挥作用，自动调节埋设深度。使用该技术的费用不仅比传统的埋设施工低，而且在运行阶段，避免了由于海床变化而造成管道悬空带来的安全风险，同时减少了悬空管道的抢修工作。目前，该技术已经在杭州湾油气管道等工程中得到应用。

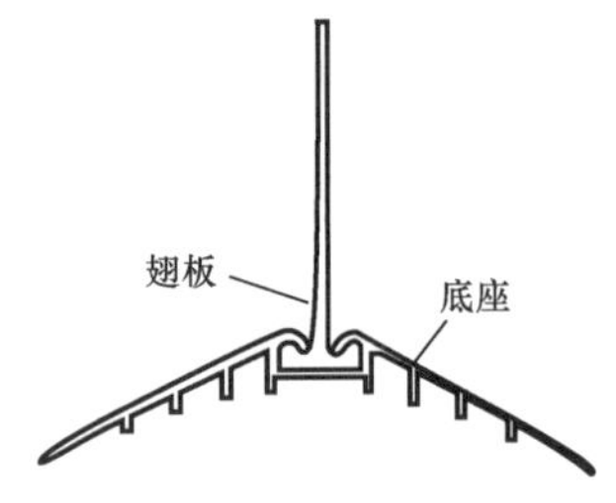

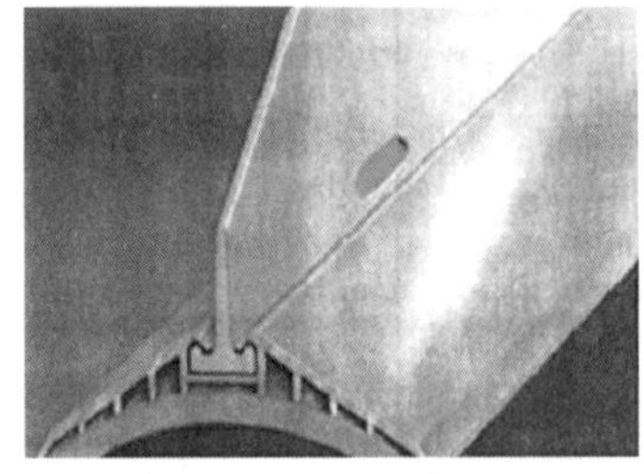

图 6.22　阻流板结构示意图

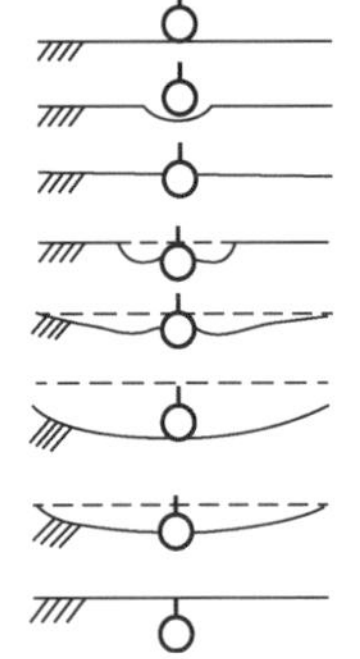

图 6.23　管道自埋过程示意图

然而，这种靠“鳍”周围的水流产生涡流冲刷自埋的速度随涡流强度减少而减小，一旦水流流向与“鳍”叶片方向平行时，涡流消失，“鳍”的自埋作用完全消失；另外，当海床的泥沙特性沿管道不均匀时，涡流冲刷的速度不同，有可能造成管道局部悬空。在海洋水动力的不断变化，如果海底水流方向偏转复杂或海床的泥沙特性沿管道路由非均匀性，当管道较长时，阻流板技术可能无法保障工程要求。

（2）刚性保护技术。

冲刷是因为当地的水流强度太大，水流带来的泥沙通量小于水流当地的冲刷外移通量，因此，要减小冲刷强度就必须减小水流强度，或者增大当地海床的抗冲刷强度。通过增大当地海床的抗冲刷强度来减小冲刷强度，以达到抗冲刷的目的，可以称之为刚性保护方法。

在刚性保护方法方面，传统的管道防护的水工保护工程，如过水堤、丁坝、顺坝、截水墙等，通常会较大范围地破坏或阻断水流，以期达到导沙、固沙促淤积作用，而抛石

（rock dumping）、沙袋填充（sand bagging）或沉床（solid mattress）等护管的方法，都是往往需要不停地进行维护。对于海底悬空管道进行治理，主要有抛砂袋结合混凝土块覆盖、水下短桩支撑和挠性软管跨接等方法。

（3）柔性保护技术。

通过减少水流强度来减少冲刷强度，以达到促淤减冲防冲的目的，可以归纳为柔性保护方法。自 Crowhurst（1983）提出利用软垫保护海底管道的方法以来，一些国外管道保护公司使用人工水草、人工网垫等措施，以达到泥沙回淤、抗冲刷的功效。海底抗冲刷系统公司（Seabed Scour Control Systems Limited）推出的防冲刷产品，通过在海底管道周围铺设漂浮的人工水草垫，增大水流的阻力，减少当地水流流速，从而达到防止管道冲刷的效果。Tensar Earth Technologies 公司也开发出另外一种名为海洋软垫专利产品，并已得到一些应用。管道保护国际公司开发的海底管道保护的抗冲刷垫的四周由水泥块组成，中间为一抗冲刷的软网。

此外，英国的 SeaMark Systems 公司也推出一种填充式、用人造纤维编织的用于管道保护的袋，使用时用沥青碎石料填充人造纤维编织的袋，使用时将其铺盖在需要保护的管道上，以阻隔水流对海床的冲刷。

图 6.24 所示为仿生水草原理示意图。

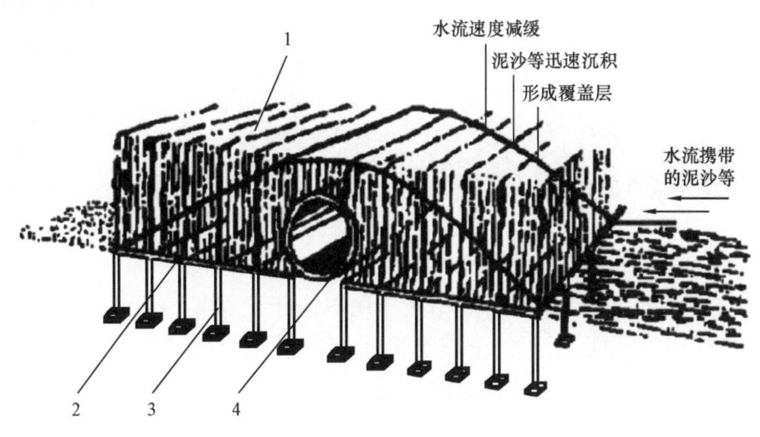

图 6.24　仿生水草原理示意图

1—聚酯线；2—聚酯连接绳；3—锚固桩；4—管道

发挥促淤作用的主要是布设在管道两侧的“人工草”。如果将“人工草”密集布设于管道上方，不仅不能保护底床，反而会加剧底床冲刷，这是由于管道上方的“人工草”加强了管道前后涡流的强度。所以在实际施工过程中，要注意尽量增加管道前后“人工草”的密度，减少管道上方的“人工草”。

这种方法的优点是：一次性投资，可以一劳永逸地解决冲刷问题，“人工草”不需维修；安装后能够迅速阻止冲刷；能够逐渐形成永久性纤维加强层；不影响周围水域中动植物的生长；在深水及浅水水域都可获得良好使用效果；沉积的泥沙等物质可以吸收能量，使水下管道免受外力冲击损伤。但此方法的一次性投资较高，治理费用在 4 万元/m。

6.4 自由悬跨

6.4.1 自由悬跨基本原理

6.4.1.1 概述

海底管道在海床上的形态取决于海床地形、土壤类型、残余铺设张力、管道刚度及管道水下重量。管道自由悬跨段是指海床上未受到支撑的管段。如果海床地形高低不平，那么海底管道将易形成自由悬跨。海底管道自由悬跨的形成可能是因安装期间海床的不规则性或者运行期间海床冲刷和管道水平位移等引起。海底管道自由悬跨的形式可分为单跨与多跨等形式，多跨形式相邻跨段之间可能会产生相互作用（图6.25）。

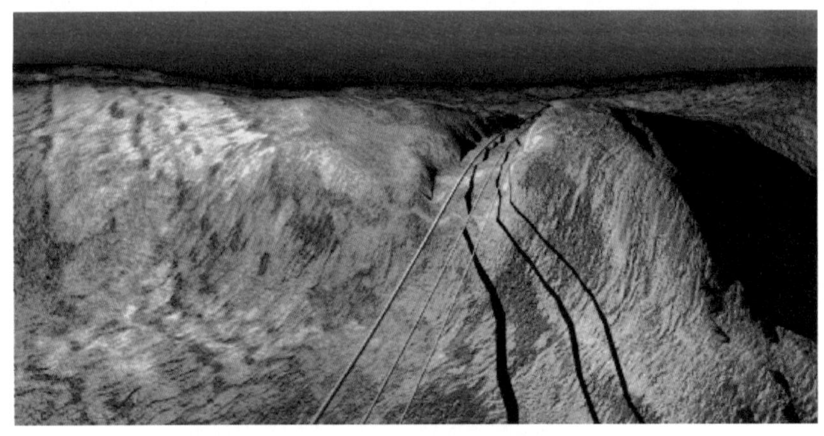

图6.25 海底管道自由悬跨

多跨类型的自由悬跨各跨段之间的相互作用取决于土壤特性和两个相邻跨段的相对长度。DNVGL－RP－F105 根据不同的土壤类型对海底管道悬跨进行了分类。在4种土壤类型中，相邻跨段的相对跨段长度与相对跨肩长度之间的关系如图6.26所示。

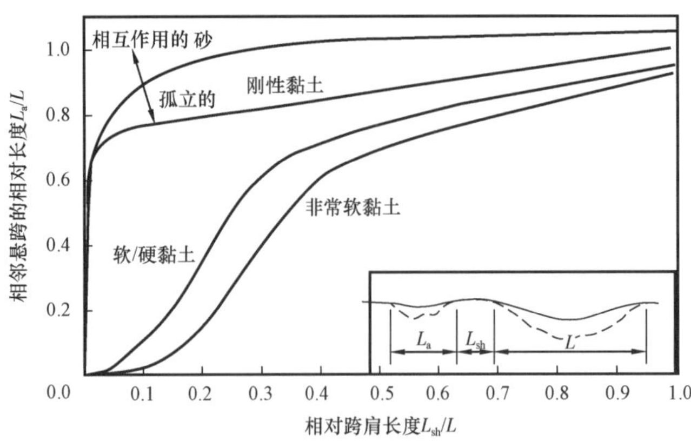

图6.26 海底管道悬跨类型分类

海底管道在安装期间悬跨形成时的残余张力与管道水下重量密切相关。残余张力较大时易形成多跨形式的悬跨，而且悬跨的跨长较大。水下重量较中的海底管道形成的悬跨较少且跨长较小。

海底管道自由悬跨会对管道的安全运行和完整性产生影响。通常在安装之前，通过前期的水文数据及地质勘测结果，预测海底管道可接受的最大自由悬跨长度。海底管道自由悬跨需要校核悬跨引起的管道静应力、涡激振动引起的振动和疲劳损伤，以及悬跨段的杆屈曲等：

（1）悬跨跨长较大导致管道应力超过屈服应力，导致管道产生屈服断裂；

（2）直接波浪作用，导致海底管道悬跨段产生涡激振动引起疲劳损伤；

（3）海底管道悬跨段在自身重量、海流与波浪载荷、涡激振动以及拖网干扰等引起的局部弯曲导致的局部屈曲等。

对于海底管道自由悬跨段，一般应针对下列 3 种工况计算最大允许悬跨长度：

（1）安装工况——空管；

（2）注水与水力试验工况——充水；

（3）运行工况——运行期间介质。

上述工况条件下海底管道均需考虑下列载荷：

（1）海底管道的水下重量；

（2）海底管道的有效重量；

（3）外部和内部压力；

（4）温度；

（5）残余铺设应力；

（6）未埋地与埋地管道的土壤/管道之间的相互作用；

（7）海流与波浪载荷。

6.4.1.2　自由悬跨形成机理

海底管道自由悬跨形成的原因不同，形成的管道悬跨的类型也可能不同。根据不同原因，可将海底管道自由悬跨分为以下 4 种形式：

（1）海床不规则导致海底管道形成自由悬跨。

海底管道在铺设过程中，由于海床通常为不规则形态，海底管道直接铺设在未进行预处理的凹凸不平的海床上，已形成自由悬跨。这种原因起因的悬跨，其形式与跨长取决于海床的形态、土壤类型、残余铺设应力、管道刚度及其水下重量等。

（2）残余铺设应力或热应力形成的管道悬跨。

海底管道残余铺设应力较大时，易引起管道内部应力、应变的再分配和传递，易导致某些局部产生屈曲变形，形成管跨。另外，由于热膨胀及管道内部压力变化等，引起管道在水平面内产生运动，当该运动受到限制时，便可能产生屈曲，进而形成悬跨。

（3）海床冲刷引起管道悬跨。

对于埋设于海床下的海底管道，当海流流速大于海床土壤的启动流速时，海床土壤颗粒会被海流从一个位置带至另一个位置，产生冲刷现象。冲刷现象比较严重的区域，易导致海底管道裸露于海床面，形成大小不一的海底管道悬跨。由于海流和波浪运动的不确定性，裸露于海床上的海底管道存在冲刷的风险，导致悬跨进一步增大，同时也可能存在回淤现象。

（4）其他类型的悬跨。

在深海或铺设在岩石类海床上的海底管道，常采用固定支撑的方法，形成典型的固定支撑复合型悬跨。

6.4.1.3　海底管道悬跨涡激振动形成机理

当流体接近位于圆柱前缘时，流体因受阻滞而压力增加。这一增高的压力围绕圆柱体表面的边界层沿两侧向下游方向发展，当雷诺数 Re 较高时，这一压力并不足以使边界层扩展到圆柱体背后一面，而是在柱体断面宽度最大点附近产生分离，分离点即沿柱体表面速度由正到负的转变点或零速度点。在分离点以后沿柱体表面将发生倒流，边界层在分离点脱离柱体表面，并形成向下游延展的自由剪切层，两侧的剪切层之间即为尾流区。在剪切层范围内，由于接近自由流区的外侧部分，流速大于内侧部分，所以流体便有发生旋转并分散成若干个旋涡的趋势，在柱体后面的旋涡系列称为“涡街”（图6.27）。

图6.27　圆柱体旋涡脱落示意图

A—尾流区；B—剪切层；C—分离点

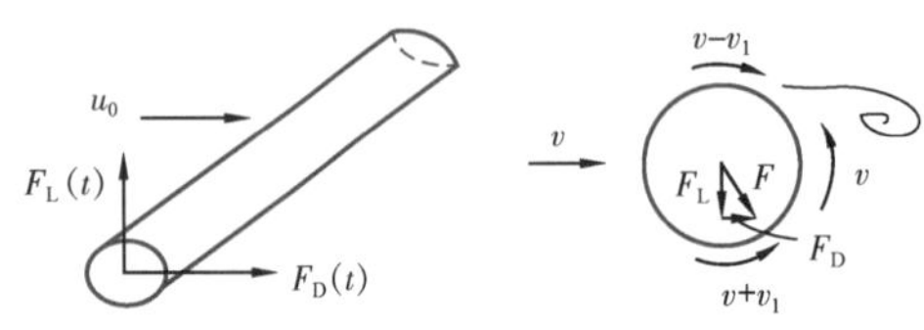

图6.28　流体对圆柱体的作用示意图

旋涡是在柱体左右两侧交替地、周期性地发生的。当在一侧的分离点初发生旋涡时，在柱体表面引起方向与旋涡旋转方向相反的环向流速 v_1，如图6.28所示，u_o 为来流流速，此时旋涡一侧沿柱体表面流速 $v-v_1$ 小于原有流速 v，而对面一侧的表面流速 $v+v_1$，则大于原有流速 v，从而形成与来流垂直方向作用在柱体表面上的压力差，也就是升力 F_L。当一个旋涡向下游泄放即自柱体脱落并向下游移动时，它对柱体的影响及相应的升力 F_L 也随之减小，直到消失，而下一个旋涡又从对面一侧发生，并产生同前一个相反方向的升力。因此，每一对旋涡具有互相反向的升力，并共同构成一个垂直于流向的交变周期力，与此同时，旋涡的产生和泄放，还会对柱体产生顺流方向的曳力 F_D。凡也是周期性的力，它并不改变方向，只是周期性的增减而已：其周期为升力 F_L 的一半，即每一个单一的旋涡的产生和泄放，便构成曳力 F_D 的一个周期。由于同升力 F_L 相比，曳力 F_D 在数量上很小（约比升力小一个数量级），所以它对结构的影响通常比升力小。

旋涡发放尾流区的形状受雷诺数的影响很大，旋涡尾流随 Re 变化的规律见表6.6。当 Re 很低时，流体并不脱离圆柱体；当 $5\sim15\leqslant Re<40$ 时，紧贴圆柱体背后就形成一对稳定的小旋涡；当 Re 继续提高时，旋涡就拉长，并交替地脱离圆柱体，形成一个周期性的尾

流和交替错开排列的涡街；当 $Re<150$ 时，涡街一直是层状的；$Re>150$ 时，涡街开始向湍流状态过渡；当 $Re=300$ 时，涡街就全部变成湍流了。由于当 Re 约为 3×10^5时，圆柱体表面的剪切层突然变成湍流状态，因此当把 $300\leqslant Re<3\times10^5$时，称为亚临界范围。在亚临界 Re 范围内，旋涡以一个非常明确的频率周期性地泄放。当 $3\times10^5\leqslant Re<3\times10^6$时，称为过渡状态，这时，流体开始脱离圆柱体的表面，旋涡泄放变得凌乱（泄放频率形成很宽的频带），而曳力急剧下降。Re 进一步提高时，即在超临界 Re 数范围内，涡街可重新建立起来。

表 6.6　旋涡脱落与 Re 的关系

流体绕流圆柱形态	雷诺数范围	现象描述
	$Re<5$	无分离现象发生
	$5\sim15\leqslant Re<40$	柱后出现一对固定的小旋涡
	$40\leqslant Re<150$	周期性交替泄放的层流旋涡
	$300\leqslant Re<3\times10^5$	周期性交替泄放的紊流旋涡。完全紊流可延续至 $50D$ 以外，称为次临界阶段
	$3\times10^5\leqslant Re<3.5\times10^6$	过渡段，分离点后移，旋涡泄放不具有周期性（宽带发放频率），曳力显著降低
	$Re\geqslant3.5\times10^6$	超临界阶段，重新恢复周期性的紊流旋涡泄放

涡激振动的最主要特点就是发生频率的锁定现象。大量实验结果表明，对于弹性支撑的刚性圆柱体，当旋涡脱落频率接近结构的某一固有频率时，结构振动将迫使旋涡脱落频率在一个较大的流速范围内固定在结构的固有频率 f_n 附近，而不再符合 Strouhal 关系。这时旋涡的脱落和结构振动频率与 f_n 相近。

在锁定区流速范围内，旋涡强度增大，尾流沿圆柱体轴向的相关程度增加，升力明显增大，结构的振动幅值突然提高。

旋涡脱落频率接近结构的固有频率而使结构发生较大的振动，这就是物理学上的共振现象。这种现象在固有旋涡脱落频率 f_s 的很大范围内发生，且圆柱体的振动与旋涡脱落频率一起锁定在结构固有频率 f_n 附近。这种现象的结果造成了流体与结构之间的非线性动力相互作用。

如果结构以旋涡脱落频率或与它相近的频率，并垂直于自由流的方向振动，那么这种振动就能够：

（1）提高旋涡的强度；

（2）提高尾流在结构支撑跨距方向的相关程度；

（3）迫使旋涡脱落频率改变到结构振动频率，如果振动频率是脱落频率的倍数或约数，那么这种连锁响应也能够产生；

（4）提高曳力。

所有这4种因素的组合作用，使振动物体后面的脱落的旋涡变得更强和更规则，因而使作用在物体上的脉动力增加，物体的振幅增大。

6.4.2 海床不平整度分析

海床不平整度分析，指通过对铺设在不平整海床上的海管进行建模，分析管道在该海床上铺设、试压、运行等系列荷载工况下的受力状态（包括应力与应变、悬跨位置和长度、膨胀位移等），再依据规范要求，判断其是否满足要求。

经过分析，可以得到与管道里程KP对应的悬跨长度、高度、侧向位移和应力等数据，图6.29所示为海底管道海床不平整度输出结果的示意图。

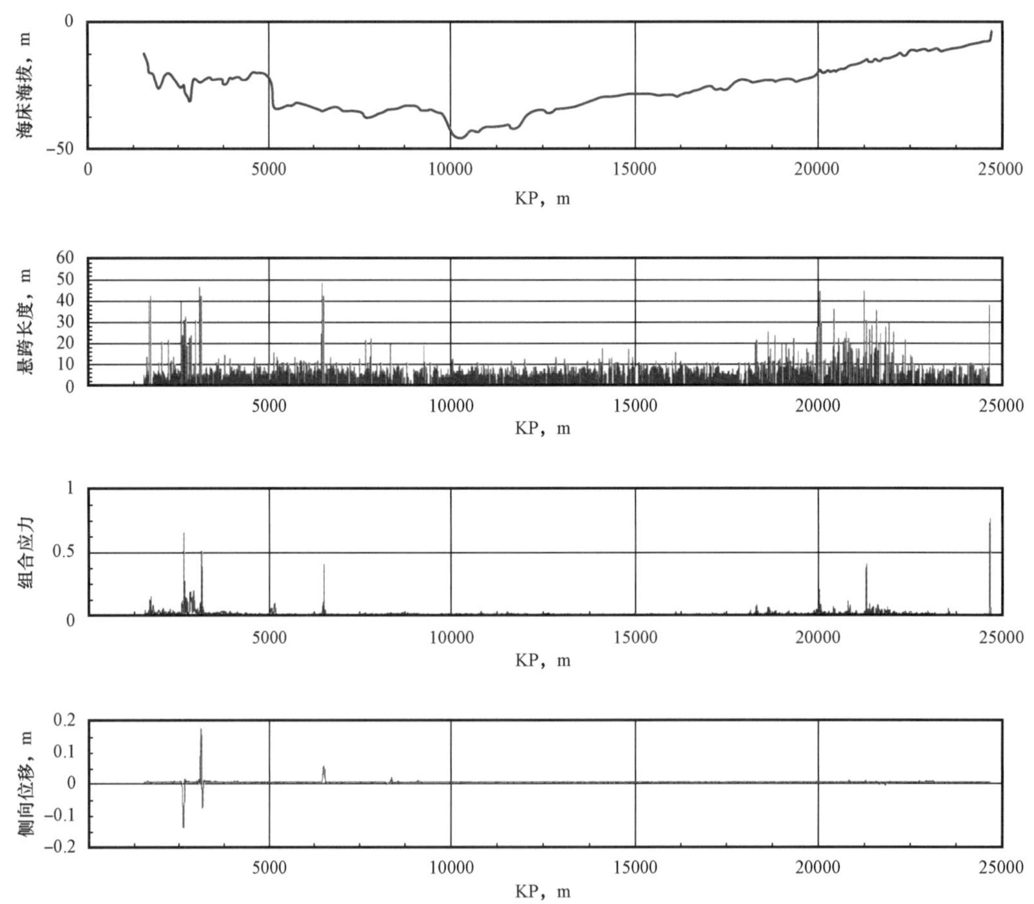

图6.29　海底管道海床不平整度输出结果示意图

6.4.2.1　判定依据

在海底管道不平整度分析的结果中，管道部分位置可能出现局部应力无法满足规范要求，简称“应力超标”。“应力超标”，说明管道如果直接铺放在海床上，则可能直接发生强度破坏或屈曲失效，因此，必须在铺设前对这些位置的路由进行处理，即通常所说的路由预处理，或可以叫做路由预平整。应力的这个临界值主要由组合荷载准则决定。

管道如果直接铺放在不经预平整处理的海床上，可能使管道产生长度较大的悬跨，悬跨的形成对管道有两种不利影响：一是由于管道自重及波浪、流此类环境荷载等因素会使悬跨段管道产生过大的弯矩，可能直接造成管道的破坏；二是在海洋水动力的作用下，引起悬跨管道发生涡流激振造成疲劳损伤乃至破坏。因此结合以上两方面原因，可以分析得出管道的临界悬跨长度。部分管道可能出现的悬跨可能超出了最大允许悬跨长度，简称“悬跨超标”。“悬跨超标”主要考虑悬跨管道涡激振动的疲劳失效，这种失效需要疲劳损伤的积累，具有时间的累积效应，在短的时间内管道不可能发生失效。如果管道的一处悬跨超标，但应力不超标，则只要管道在铺设后再进行悬跨修正即可。当然，悬跨修正距离管道铺设的时间不能太长。悬跨管道存在强度失效和疲劳失效的两种可能，因此临界悬跨长度需同时满足组合载荷准则和疲劳准则要求，取两者中的最小值。

6.4.2.2　分析流程

分析建模过程中，设计人员根据海底管道实际铺设建造和运行过程来设置海底管道海床不平整度分析工况，通常情况下，应依次包括下列工况：

（1）铺设工况（Installation）；

（2）充水（Flooded）；

（3）水压实验（Hydrotest）；

（4）运行（Operation）。

工况的设置需要注意前后顺序，因为前者的部分分析结果将作为后续工况的输入条件。例如，铺设工况的铺管张紧力将成为管道轴向上永久的轴向拉力，这将直接影响到管道的悬跨长度以及悬跨管道涡激振动响应幅值。

各工况下，管道都必须满足对应的临界应力和允许悬跨长度要求。任何一种工况不能满足要求，都说明海床仍不足够平整，需要进一步调整海床的处理范围或程度。通过采取平整处理方式，以新海床的模型再次进行不平整度分析，直到海底管道各点的应力和悬跨都能满足规范要求。由此便确定了海床的合理经济的处理范围。不平整度分析的流程如图 6.30 所示，叙述如下：

（1）计算管道的应力、弯矩和位移等；

（2）对应力、弯矩、悬跨和位移进行规范校核；

（3）如果某段管道无法满足规范的准则要求，则需要进行海床处理，调整海床模型，重新计算；

（4）重复以上步骤，直到管道的应力、悬跨、位移等满足规范要求，分析停止。

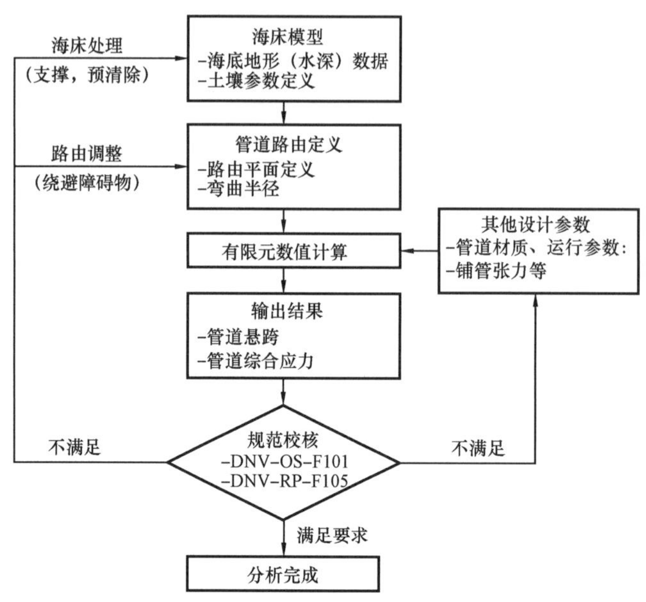

图 6.30　海底管道海床不平整度分析流程图

6.4.2.3　分析结果

下面以一算例的计算结果为例。图 6.31 是海床处理前后管道轴向应力和弯矩变化比较，图 6.32 是管道在海床处理前后管道侧向位移的变化情况。

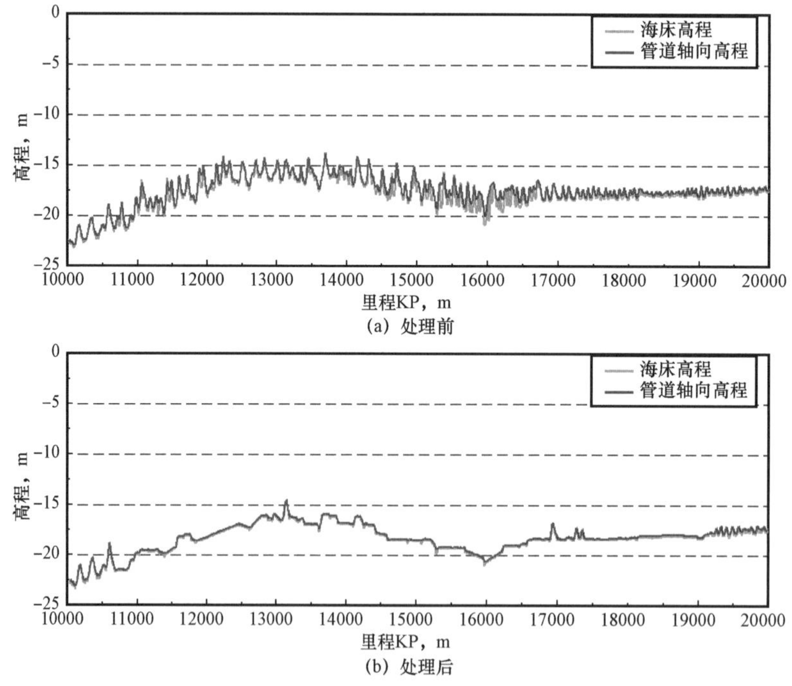

图 6.31　海床处理前后的海床与管道剖面线

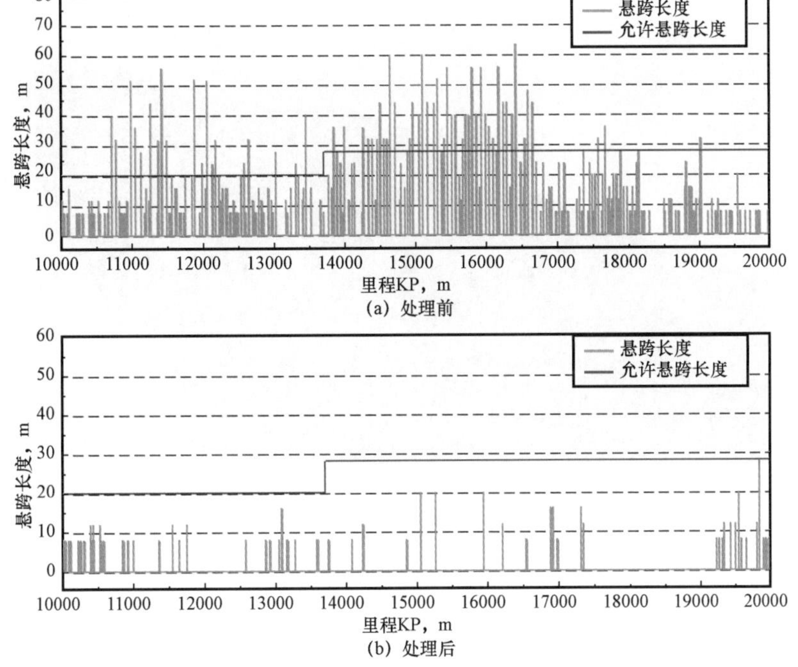

图 6.32　海床处理前后的管道侧向位移比较

基于不平整度分析结果，就可以确定管道的布置曲线，进而合理经济地确定海床的预处理方式。如图 6.33 所示，从不平整度分析软件中，可以直观地观察到管道出现悬空的位置及路由地形情况，进而确定经济合理的路由方案。

需要注意，海床不平整度分析得到的管道响应情况与实际情况并不能完全一致。原因有以下几个方面：

（1）管道设计路由与实际铺设的路由存在偏差；

（2）实际安装过程中的铺管张力并不一定与分析中假定的铺管张力一致；

（3）海床处理的实际效果；

（4）局部土壤的变化。

因此，建议在管道铺设完成后，对某些重要区域，采用实际的数据，再次进行分析评估。

在设计运用过程中需注意以下原则：

（1）根据模拟中的海床地形，把预清除范围尽可能减少，这样才能减少施工中的挖泥量；

（2）在修整的同时，注意避免产生由于修整引起的额外悬跨（超过临界值）；

（3）尽量减小修正部分的坡度，已保证海床的稳定性；

（4）在三维模拟中，特别考虑管道横向的海床清除范围；

（5）了解管道铺设精度，合理定义挖沟宽度。

(a) 海床不平整度分析三维图

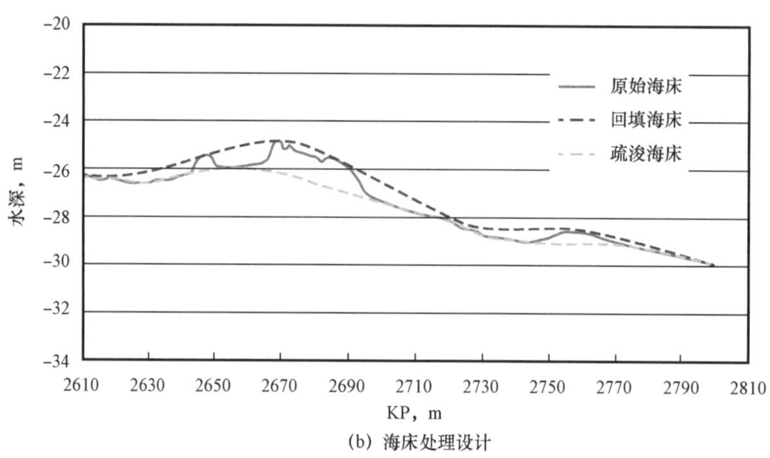

(b) 海床处理设计

图 6.33 海床不平整度分析与海床处理设计

6.4.3 悬跨疲劳校核

管道铺放在不平整海床上时，可能出现没有支撑而导致悬跨。海流流经悬跨的管道时，管道后方会产生涡流，引起管道周期性振动，这种现象称为涡激振动（Vortex Induced Vibration，VIV）。实际海洋环境中，长期工作的深水悬跨管道可能遭遇来自不同方向和大小的海流作用，海流的速度变化将导致悬跨管道 VIV 响应频率和振幅变化，从而直接影响到悬跨 VIV 疲劳寿命。

6.4.3.1 疲劳评估准则

管道不发生疲劳破坏的评价依据描述如下：

$$\eta T_{\text{life}} \geqslant T_{\text{exposure}} \tag{6.118}$$

$$T_{\text{life}} = \min(T_{\text{life}}^{\text{IL}}, T_{\text{life}}^{\text{CF}})$$

式中　η——与安全等级相关的安全系数，根据不同规范的要求取不同的值，DNVGL－RP－F105的推荐值见表6.7；

T_{life}——悬跨的疲劳寿命；

T_{life}^{IL}——顺流向涡激振动的疲劳寿命；

T_{life}^{CF}——垂流向涡激振动的疲劳寿命；

$T_{exposure}$——管道裸露的时间。

若不能满足此准则的要求，则必须采取相应防护和补救措施。

表 6.7　悬跨管道疲劳寿命安全系数

安全系数	不同安全等级下取值		
	低	中	高
η	1.0	0.5	0.25

6.4.3.2　海底管道固有频率

固有频率确定了系统对时间关联性激振力的响应。管道悬跨段对旋涡脱落的响应系由涡旋脱落频率与出油管系统的固有频率是否接近决定的。

当涡旋脱落频率f_V与固有频率f_n相比为很小时，涡旋脱落的影响也很小，管道挠度与静态运动所致的挠度差别不明显。然而，当频率比f_V/f_n接近1时，所产生的强迫振动幅度快速加大，达到最大值，即为共振。这些由涡激振动引起的管道显著偏转可能会导致管道失效，原因在于发生了屈服、屈曲、混凝土剥落或其组合现象。

DNVGL－RP－F105 给出了固有频率经验公式：

$$f_n = C_1\sqrt{1+\mathrm{CSF}}\sqrt{\frac{\mathrm{EI}}{m_e L_{eff}^4}\left[1 + C_2\frac{S_0}{P_{cr}} + C_3\left(\frac{\delta}{D}\right)^2\right]} \tag{6.119}$$

$$\mathrm{CSF} = k_c\left(\frac{\mathrm{EI}_{conc}}{\mathrm{EI}_{steel}}\right)^{0.75} \tag{6.120}$$

$$P_{cr} = (1+\mathrm{CSF})\frac{C_2\pi^2\mathrm{EI}}{L_{eff}^2} \tag{6.121}$$

式中　CSF——混凝土刚度增强系数；

EI——抗弯刚度，$\mathrm{N\cdot m^2}$；

L_{eff}——有效跨长，m；

C_1，C_2，C_3——边界条件系数，取值见表6.8；

S_0——初始载荷，N；

P_{cr}——临界屈曲载荷，N；

δ——静态挠度，mm；

D——管道外径，mm；

k_c——混凝土刚度经验常数；

E——弹性模量，Pa；

I_{conc}——混凝土惯性矩，m^4；

I_{steel}——钢惯性矩，m^4。

表 6.8 固有频率公式的边界条件系数

边界条件	C_1	C_2	C_3
两端铰支	1.57	1.0	0.8
两端固定	3.56	0.25	0.2
海床上的单跨段	3.56	0.25	0.4

影响固有频率的重要参数如下：

（1）轴向力；

（2）土壤条件和管道在土壤中的埋设深度；

（3）海床几何形状；

（4）静态和动态非线性影响；

（5）多跨段——间隔长度。

DNVGL－RP－F105 的筛查标准类似于起始标准，但安全系数有待与筛查标准结合使用并允许在极端环境条件下出现一些振动。

流向的筛查标准要求流向的固有频率$f_{n,IL}$必须满足：

$$\frac{f_{n,IL}}{\gamma_{IL}} > \frac{u_{c,100year}}{v_{R,onset}^{IL} D}\left(1 - \frac{L/D}{250}\right)\frac{1}{\alpha} \qquad (6.122)$$

式中 $u_{c,100year}$——管道水平处的百年重现期海流流速，m/s；

$v_{R,onset}$——流向涡激振动的起始值，m/s；

D——管道外径，m；

L——悬跨长度，m；

α——百年重现期海流流速与$u_{w,1year}+u_{c,100year}$之比；

$u_{w,1year}$——一年重现期波浪速度，m/s；

γ_{IL}——流向安全系数。

垂向筛查标准要求垂向固有频率$f_{n,CF}$必须满足：

$$\frac{f_{n,CF}}{\gamma_{CF}} > \frac{u_{c,100year} + u_{w,1year}}{v_{R,onset}^{CF} D} \qquad (6.123)$$

式中 $v_{R,onset}^{CF}$——垂向涡激振动的启动值，m/s；

γ_{CF}——垂向安全系数。

如果违背了上述的流向或垂向标准，则需要进行全流向或垂向涡激振动疲劳分析。

6.4.3.3 波浪和海流荷载

复杂的海洋环境条件可以看作由多个短期海况的序列所组成的，每一个海况由表征波浪特性的参数来表示，即（H_s，T_p，θ），其中H_s为有效波高，T_p为谱峰周期，θ为流动角度。在深水环境中，波浪对海底管道的影响可以忽略不计，只需要考虑海流对管道的影响。

根据流速的大量测量和统计资料，DNVGL－RP－F105 推荐作用与悬跨管道的海流流速 u_c和有效波高 H_s的长期分布可看作符合三参数 Weibull 分布，相应的概率分布函数 F_x（x 取 u_c或 H_s）以及概率密度函数f_x可以表示为：

$$F_x(x) = 1 - \exp\left[-\left(\frac{x-\gamma}{\alpha}\right)^{\beta}\right] \tag{6.124}$$

$$f_x(x) = \frac{\mathrm{d}F_x(x)}{\mathrm{d}x} = \frac{\beta}{\alpha}\left(\frac{x-\gamma}{\alpha}\right)^{\beta-1}\exp\left[-\left(\frac{x-\gamma}{\alpha}\right)^{\beta}\right] \tag{6.125}$$

式中　α——尺度参数；

β——形状参数；

γ——位置参数。

当$\beta=2$ 时，即为 Rayleigh 分布，$\beta=1$ 时即为指数分布。

在实际设计过程中，可根据 1 年一遇、10 年一遇和 100 年一遇的最大流速或波高来确定β 和γ，从而确定波浪和海流的长期 Weibull 分布。

6.4.3.4　疲劳损伤线性累积理论

线性累积损伤理论是工程上广泛采用的一种疲劳寿命计算方法。它的基本假设是：结构在多级恒幅交变应力作用下总的疲劳损伤度 D_{fat}，是各应力范围水平下的损伤度 D_i 之和。某一应力幅值范围水平下的损伤度 D_i 等于该应力幅值范围的实际循环次数 n_i 与结构在该应力幅值范围单一作用下达到破坏所需的循环次数 N_i 之比。假设应力幅值范围水平共有 K 级，则：

$$D_{fat} = \sum_{i=1}^{k}\frac{n_i}{N_i} \tag{6.126}$$

式中　D_{fat}——累积损伤度；

n_i——应力幅值范围S_i的实际循环次数；

N_i——结构在应力幅值范围为S_i的恒福交变应力作用下达到破坏所需的循环次数。

线性累积理论认为，当累积损伤度$D_{fat}=1$ 时，结构即发生疲劳破坏。值得注意的是，疲劳损伤线性累积理论没有考虑在一个复杂的载荷条件下各级载荷之间的迟滞效应，它是以各级载荷循环作用的次数的多少来计算其损伤的大小，同时认为各级载荷循环造成的损伤可以线性叠加。

有了疲劳损伤的公式，再加上所需的 S—N 曲线，就可以进行疲劳寿命的估算了。DNVGL－RP－F105 中建议采用的 S—N 典型曲线如图 6.34 所示。

在应力幅值范围 S 作用下结构达到破坏所需的应力循环次数 N 为：

$$N = \begin{cases} \bar{\alpha}_1 S^{-m_1} & S > S_{SW} \\ \bar{\alpha}_2 S^{-m_2} & S \leqslant S_{SW} \end{cases} \tag{6.127}$$

其中

$$S_{SW} = 10^{\left(\frac{\lg\bar{\alpha}_1 - \lg N_{SW}}{m_1}\right)}$$

式中 $\overline{\alpha}_1$，$\overline{\alpha}_2$，m_1，m_2——S—N 曲线的参数；

S_{SW}——S—N 曲线交叉点处的应力幅值范围；

N_{SW}——交叉点处循环次数。

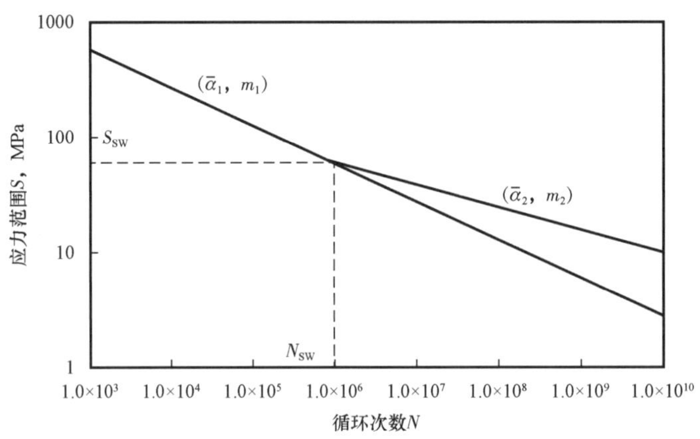

图 6.34 S—N 曲线

6.4.4 悬跨静态分析

6.4.4.1 自由悬跨最大允许长度

为避免谐振的出现，通过涡激振动计算（VIV）比较涡流频率和管道的自振频率可以确定管道自由悬跨允许的最大长度。如果管道铺设后进行埋设，则不用考虑操作期的自由悬跨，除非管道基础由于某种原因有被掏空的可能。

工程设计中考虑到悬跨长度对管道弯曲变形以及管道固有频率的影响，对悬跨问题的评估采取以下方式：

（1）直接计算静态情况下管道的临界跨长；

（2）从避免涡激振动的角度直接计算管道的临界跨长；

（3）利用线性累积损伤理论详细计算疲劳寿命，间接地对管道悬跨长度进行校核（当海底管道悬跨长度大于计算临界跨长时，常采用此种方法进行校核）。

6.4.4.1.1 直接计算海底管道自由悬跨的临界长度

在众多海底管道临界跨长计算方法中，美国内政部矿产管理局（United States Department of the Interior Minerals Management Service，MMS）1997 年提出的 CAM 方法是具有代表性的方法之一[7]。该方法从管道所处位置海流速度情况以及形成管道悬跨的原因出发，将管道悬跨临界长度计算分成静态与动态两类。

从静态角度出发计算海底管道悬跨临界跨长的方法采用了 Mouselli[8] 经过大量实际工程的实验得到的海床凹陷及海底障碍物导致管道悬跨长度与管道内静弯曲应力之间的函数关系，从管道最大静弯曲合应力不超过材料许用应力的角度出发确定临界长度。该计算适用于因海床凹陷及海底障碍物导致的管道悬跨，并可忽略不计海流速度较小工况的悬跨。在使用中不考虑悬跨的边界约束情况。

海床凹陷导致管道悬跨的临界跨长，计算公式为：

$$L = \left[0.112 + 10.98\left(\frac{\sigma_m}{\sigma_c}\right) - 16.71\left(\frac{\sigma_m}{\sigma_c}\right)^2 + 10.11\left(\frac{\sigma_m}{\sigma_c}\right)^3\right]L_c \qquad 0 \leqslant \frac{\sigma_m}{\sigma_c} \leqslant 0.835 \tag{6.128}$$

海底障碍物导致管道悬跨的临界跨长，计算公式为：

$$\frac{100\delta}{L_c} = 0.02323 + 1.251\left(\frac{\sigma_m}{\sigma_c}\right) + 52.18\left(\frac{\sigma_m}{\sigma_c}\right)^2 - 16.02\left(\frac{\sigma_m}{\sigma_c}\right)^3 \qquad 0 \leqslant \frac{\sigma_m}{\sigma_c} \leqslant 0.405 \tag{6.129}$$

其中

$$L_c = (EI/W)^{1/3}$$

$$\sigma_m = 0.8\,S_y$$

$$\sigma_c = EI/L_c$$

$$W = \frac{\pi}{4}\left[(D_D^2 - D_i^2)\rho_{OS} + (D_{DOF}^2 - D_D^2)\rho_{OC} + D_i^2\rho_{OCN} - D_{DOF}^2\rho_{OW}\right]$$

式中 L——静态分析临界悬跨长度，m；

δ——管道允许的最大升高，m；

E——钢管的弹性模量；

I——钢管惯性矩，m^4；

W——单位长度管道质量，kg/m；

ρ_{OS}，ρ_{OC}，ρ_{OCN}，ρ_{OW}——管道质量密度、涂层的密度、管道输送油气的密度、海水密度，kg/m^3；

D_D，D_i，D_{DOF}——管道外径、管道内径、包括涂层厚度的管道外径，m；

S_y——管材最小屈服应力，MPa；

β——表征轴向力大小的参数，当 β 在 0 与 10 之间时，可采用线性插值方法确定。

计算中，首先通过式（6.129）得到管道允许的最大升高 δ，然后按表 6.9 计算悬跨的临界跨长。

表 6.9　海底管道悬跨的临界跨长计算

轴向力参数	管道允许的最大升高	管道悬跨的临界跨长
$\beta = \frac{T}{WL_c} = 0$	$0 \leqslant \frac{100\delta}{L_c} \leqslant 1$	$L = 5.667\left(\frac{100\delta}{L_c}\right) - 7.600\left(\frac{100\delta}{L_c}\right)^2 + 3.733\left(\frac{100\delta}{L_c}\right)^3$
	$1 \leqslant \frac{100\delta}{L_c} \leqslant 7$	$L = 1.409 + 0.4239\left(\frac{100\delta}{L_c}\right) - 3.437 \times 10^{-2}\left(\frac{100\delta}{L_c}\right)^2 + 1.042 \times 10^{-3}\left(\frac{100\delta}{L_c}\right)^3$

续表

轴向力参数	管道允许的最大升高	管道悬跨的临界跨长
$\beta=\frac{T}{WL_c}=10$	$0\leqslant\frac{100\delta}{L_c}\leqslant1$	$L=5.150\left(\frac{100\delta}{L_c}\right)-5.100\left(\frac{100\delta}{L_c}\right)^2+2.000\left(\frac{100\delta}{L_c}\right)^3$
	$1\leqslant\frac{100\delta}{L_c}\leqslant7$	$L=1.609+0.4239\left(\frac{100\delta}{L_c}\right)-3.437\times10^{-2}\left(\frac{100\delta}{L_c}\right)^2+1.042\times10^{-3}\left(\frac{100\delta}{L_c}\right)^3$

6.4.4.1.2 从避免发生涡激振动角度出发确定海底管道悬跨的临界跨长

美国 MMS 的 CAM 方法以避免管道可能发生横向涡激振动原则，提出了以 DNV 1981 年及 1997 年指导性文件为依据的海底管道临界跨长确定性和可靠性的计算方法。

（1）第 1 种确定性悬跨管道临界跨长计算方法。

根据 DNV 1981 年和 1991 年指导性文件，横向涡激振动多发生在简化速度 v_r 位于 3.0 ~5.0 区域内。临界跨长计算公式为：

$$v_r=\frac{u}{f_n D}>3.0\sim5.0 \qquad 及 \qquad f_n\geqslant(0.7)^{-1}f_s \tag{6.130}$$

其中

$$f_n=\frac{C}{L^2}\cdot\sqrt{\frac{EI}{M}}$$

式中 u——垂直于管道的流速，m/s；

D——管道外径，m；

f_n——利用单跨梁理论估算的管道固有频率；

L——悬跨管道跨长，m；

M——力矩，N·m；

C——系数，当悬跨边界约束为铰支或刚性固定约束时，C 值分别为 1.54 或 3.50；

f_s——涡放频率。

（2）第 2 种管道悬跨可靠性临界跨长计算方法。

根据 DNV 1997 年版管道悬跨评估指导性文件，在计算中考虑管道的安全等级以及周期变换、管道固有频率、最大流速的不确定性影响，以分项安全系数的方式进行修正。计算管道悬跨的可靠性临界跨长公式为：

$$f_n\geqslant\frac{u}{v_{R,onset}D}\gamma_T\psi_D\psi_R\psi_U \tag{6.131}$$

即

$$\frac{C}{L^2}\sqrt{\frac{EI}{M}}=\frac{u}{v_{R,onset}D}\gamma_T\psi_D\psi_R\psi_U$$

式中　γ_T，ψ_D，ψ_R，ψ_U——相对管道的安全等级、周期变化、管道固有频率、最大流速的不确定性的分项安全系数，该安全系数可以从指导性文件中获得；

$v_{R,onset}$——流向涡激振动的起始值。

（3）H. S. Chori 管道悬跨临界长度计算方法。[8]

该方法的计算原则仍是避免发生涡激振动。计算中 H. S. Choi 依据 DNV 规范（1981），找到发生单向及交替涡放的简化速度以及横向涡激振动的最大幅值。在计算悬跨固有频率时采用复杂弯曲梁微分方程及能量法，克服了 CAM 方法中悬跨边界条件过于简单的不足。考虑管道轴向力作用下的挠曲线方程为：

$F_x=0$

$$y = C_1 x^3 + C_2 x^2 + C_3 x + C_4 + \frac{m(x)\,x^4}{24EI} \tag{6.132}$$

$F_x<0$ 或 $F_x>0$

$$y = C_1 \sin\lambda x + C_2 \cos\lambda x + C_3 x + C_4 + \frac{m(x)\,x^2}{2F_x} \tag{6.133}$$

其中

$$\lambda = \sqrt{|F_x|/EI}$$

并利用能考量法得到管道固有频率：

$$\omega_n^2 = \frac{g\sum_{i=1}^{n} m_i y_i}{\sum_{i=1}^{n} m_i y_i^2}$$

式中　$m(x)$——单位长度质量；

C_1，C_2，C_3，C_4——与边界条件相关的参数，可根据悬跨边界条件确定。

从上述计算管道悬跨临界跨长公式看，边界约束状况对计算结果影响较大。在实际计算中，没有详细土壤及边界约束数据时，多采用铰支座约束或选择介于铰支与固定约束之间的固定系数。

6.4.4.2　解析分析

海底管道自由悬跨段的静态分析指采用简化的线性弹性分析法，并将压力、温度和弯曲所致的最大等效应力限制在管道的最小屈服强度（SMYS）的一定比例之内。

将海底管道上的载荷考虑为均布载荷 q，则悬跨长度 L 内产生的最大弯矩 M_{max} 可通过下列公式计算：

对于两端铰支边界条件

$$M_{max} = \frac{qL^2}{8} \tag{6.134}$$

对于两端固定边界条件

$$M_{max} = \frac{qL^2}{12} \tag{6.135}$$

对于一端铰支一端固定边界条件

$$M_{max} = \frac{qL^2}{10} \tag{6.136}$$

两端铰支情形低估了真实悬跨支撑的刚度，而两端固定模型则高估了多数悬跨的稳定性。一般情况下，采用一端固定而另一端铰支的悬跨支撑形式，选取具有代表性的中间值。

同时，静态弯矩（M_{static}）也可以根据 DNVGL－RP－F105 中的公式进行估算：

$$M_{static} = C_5 \frac{qL_{eff}^2}{\left(1 + \frac{S_{eff}}{P_{cr}}\right)} \tag{6.137}$$

$$\frac{L_{eff}}{L} = \begin{cases} \frac{4.73}{-0.066\beta^2 + 1.02\beta + 0.63} & \beta \geqslant 2.7 \\ \frac{4.73}{0.036\beta^2 + 0.61\beta + 1.0} & \beta < 2.7 \end{cases} \tag{6.138}$$

$$\beta = \lg \frac{KL^4}{(1 + \mathrm{CSF})EI} \tag{6.139}$$

式中 C_5——边界条件系数，当悬跨两端为铰支边界条件时为 1/8，当悬跨两端为固定边界条件时为 1/12，对于海床上的单跨段悬跨中点位置 C_5 取为 1/24，跨肩位置 C_5 取为$\frac{1}{18\ (L_{eff}/L)^2 - 6}$；

L_{eff}——有效跨距长度，可通过静态土壤刚度进行计算；

P_{cr}——临界屈曲载荷，当有效轴向力处于压缩状态时，S_{eff}/P_{cr} 项为负值；

K——相对土壤刚度；

CSF——海底管道应力集中系数；

S_{eff}——有效轴力，N；

L——自由悬跨长度，m。

最大弯曲应力 σ_b 为：

$$\sigma_b = \frac{M_{max}D}{2I} \tag{6.140}$$

式中 M_{max}——最大弯矩，N·m；

I——管道惯性矩，mm^4；

D——管道外径，m。

轴向约束末端条件下的纵向总应力 σ_L 如下：

$$\sigma_L = \sigma_T + \sigma_p \pm \sigma_b \tag{6.141}$$

$$\sigma_T = -E\alpha\Delta T \tag{6.142}$$

$$\sigma_p = \nu\sigma_h \tag{6.143}$$

式中　σ_L——纵向总应力，MPa；

σ_T——管道热应力，MPa；

E——弹性模量，MPa；

σ_p——泊松应力，MPa；

σ_h——环向应力，MPa；

α——热膨胀系数，$℃^{-1}$；

ΔT——管道温差，K；

ν——泊松比。

环向应力和纵向应力所致的 von Mises 复合应力（σ_{eq}）为：

$$\sigma_{eq} = \sqrt{\sigma_L^2 + \sigma_h^2 - \sigma_L\sigma_h + 3\tau^2} \tag{6.144}$$

式中　τ——剪切应力，一般的海底管道悬跨段取值为 0。

6.4.4.3　最大极限状态校核

海底管道悬跨段因自身重量和水动力载荷的作用将提升管道的应力水平。弯曲应力应考虑上述载荷引起的管道轴向和环向复合应力。此类载荷和运行载荷所致的复合应力应当根据相关设计标准中所给定的容许应力水平进行核查。

不同设计规范中管道的利用系数见表 6.10。

表 6.10　海底管道不同设计标准的利用系数

设计标准	利用系数			
	等效拉伸应力	von Mises 应力		
		安装	功能性	功能性和环境性
DNVGL - ST - F101	—	0.72/0.96	0.72	0.96
BS 8010	—	1.0	0.96	0.96
ASME B31.4	—		0.72	
ASME B31.8	0.9	—	—	—
API RP 1111	0.9	—		

采用 DNVGL - ST - F105 时，应力核查由针对局部屈曲的最大极限状态核查所取代。DNVGL - RP - F105 给出了最大极限状态（ULS）标准，正如 DNVGL - ST - F101 所规定的一样。运行时悬跨段的临界最大极限状态为局部屈曲。局部屈曲预示着横截面有近似变形，DNVGL - ST - F101 则要求针对系统压溃、组合式加载和扩展屈曲进行校核。

6.5 管道膨胀及屈曲

6.5.1 管道膨胀分析基本原理

6.5.1.1 管道热膨胀

水压试验和运行阶段，如果海底管道的内部压力和温度较高，海底管道会在压力和温度的作用下发生纵向膨胀。海底管道发生膨胀时，管道都受到海床摩擦力的约束。对于两端未约束的管道，管端的有效轴向力为零，并因海床的摩擦力约束而逐渐增加。当膨胀力与海床土壤阻力达到力平衡时膨胀就会停止，管道膨胀停止处称为虚拟固定点，管道的膨胀就发生在虚拟固定点和管道端部之间。

海底管道的热膨胀和周期性热载荷会使海底管道出现轴向移动、隆起屈曲和侧向屈曲。因而海底管道的热膨胀是海底管道系统设计和运行的重要问题。海底管道的热膨胀取决于管道沿程的温度和压力曲线、管道的水下重量以及管道轴向摩擦力。当存在整体屈曲时，通常使用轴向管土摩擦系数的下限计算最大管道段膨胀，而使用轴向管土摩擦系数的上限计算管道的最大轴向应力。计算热膨胀时还应考虑管道沿程回填导致轴向阻力增加情况。

热膨胀分析通常涉及以下问题：

（1）管土相互作用；

（2）接头设计；

（3）侧向和隆起屈曲（或整体屈曲）评估；

（4）轴向移动和疲劳分析；

（5）悬跨评估；

（6）管道交叉的设计及其他问题。

6.5.1.2 管道应变

压力载荷产生的纵向应变由两个分量组成：端帽效应应变由端帽纵向压力差导致，而泊松效应应变则由环向和径向应力分量导致。对于完整的单根管道，端帽效应所致的纵向应变是一个常数，可通过下述公式得到：

$$\varepsilon_{end} = \frac{p_i A_i - p_e A_e}{EA_s} \tag{6.145}$$

$$A_i = \pi (D - 2t)^2/4 \tag{6.146}$$

$$A_e = \pi D^2/4 \tag{6.147}$$

$$A_s = A_e - A_i \tag{6.148}$$

式中 ε_{end}——端帽效应导致的纵向应变；

p_i——管道的内部压力，MPa；

p_e——管道的外部压力，MPa；

A_i——管道的内圆面积，m^2；

A_e——管道的外圆面积，m^2；

A_s——管道横截面面积，m^2；

D——管道外径，m；

t——管道壁厚，m。

泊松效应导致的纵向应变可由下式计算得到：

$$\varepsilon_{\text{Poisson}} = -\frac{\nu}{E}(\sigma_h + \sigma_r) = -\frac{2\nu}{E}\left(\frac{p_i A_i - p_e A_e}{A_s}\right) \tag{6.149}$$

式中　$\varepsilon_{\text{Poisson}}$——泊松效应应变；

ν——泊松比；

E——弹性模量，MPa；

σ_h，σ_r——环向、径向应力，MPa。

端帽效应导致的纵向应变与环向与径向应变的泊松效应所致的纵向应变的方向是相反的。压力载荷产生的总纵向应变包含了加帽端效应和泊松比效应，可由下式表达：

$$\varepsilon = \varepsilon_{\text{end}} + \varepsilon_{\text{Poisson}}$$

6.5.2　管道整体屈曲分析

当结构所受的荷载达到某一值时，若增加一微小的增量，则结构的平衡位形将发生很大的改变，这种情况叫结构的失稳或屈曲，相应的荷载称为屈曲荷载或临界荷载。一般说来，结构失稳后的承载能力有时可增加，有时则减小，这跟荷载种类、结构的几何特征等因素有关。海底管道在内压和高温的作用下产生较大轴力，当轴力达到临界值时，管道将偏离原来的平衡位形即发生屈曲，此过程可释放一定的轴力，引起管道在位的不稳定性，改变了原来的设计条件，可能产生屈曲性破坏。将管道作为整体构件以欧拉压杆理论为指导对海管整体屈曲进行的研究是目前大多采用的研究方式，研究成果尽管保守但对现实的工程有实际的指导意义。理想体系的欧拉压杆为分支点失稳，平衡路径如图 6.35 所示。

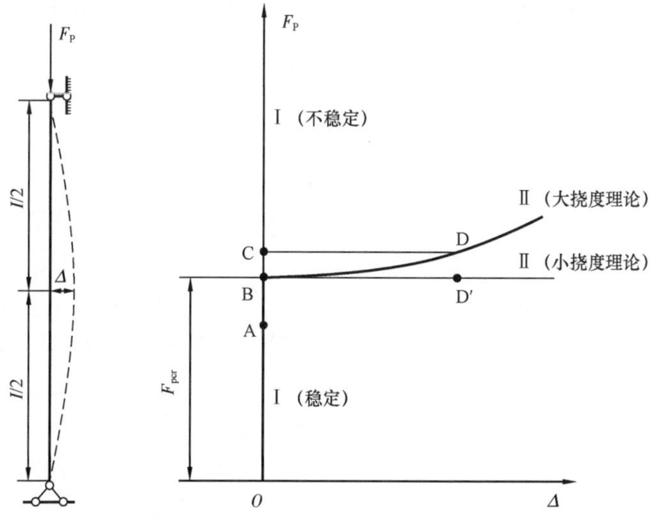

图 6.35　完善体系压杆平衡路径图

当荷载值小于临界荷载值 F_{pcr}时，压杆受压但此时不会变形，处于直线形式的平衡状态（原始平衡状态），如图 6. 35 中在原始平衡路径上，A 点所对应的平衡状态时稳定的，原始平衡形式也是唯一的平衡形式。当荷载值大于临界值 F_{pcr}时，压杆既可以处于直线式的平衡，也可以处于弯曲形式的平衡状态。

图 6. 35 中平衡路径为 BC 表示原始平衡路径，根据大挠度理论可用曲线 BD 表示第二平衡路径。如果采用小挠度理论则曲线 BD 可退化为水平直线 BD′。两条平衡路径和的交点 B 为分支点。分支点 B 将原始平衡路径分成两段，前段 OB 上的点属于稳定平衡，后段 BC 上的点属于不稳定平衡。也就是说，在分支点 B 处，原始平衡路径和新平衡路径同时并存，出现平衡形式的二重性，原始平衡路径由稳定平衡变为不稳定平衡，出现稳定的转变，此即为分支点失稳。分支点对应的荷载为临界荷载，对应的平衡状态称为临界状态。

压杆的非完善体系为分支点失稳，平衡路径可简单表示如图 6. 36 所示。

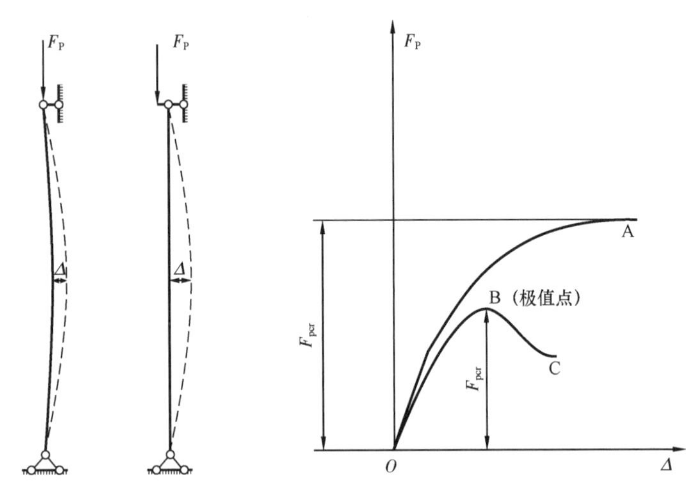

图 6. 36　非完善体系压杆平衡路径图

对于非完善体系，图 6. 36 中具有初始曲率和承受偏心荷载的压杆，按照小挠度理论，非完善体系压杆的平衡路径曲线为 OA 所示。按照大挠度理论，非完善体系压杆的平衡曲线为 OBC 所示。B 点为极值点，对应的荷载为临界荷载。极值点以前的曲线段 OB，其平衡状态是稳定的；极值点以后的曲线段 BC，其相应的平衡状态是不稳定的。

相对于海管屈曲的研究，Choi[9] 的经典论文中得出图 6. 37 所示的图线。

海底管道在制造或者铺设时，由于制造缺陷或者是土体不平而造成的初始变形即为管道的初始缺陷。由图 6. 37 可得，将管道屈曲类比于压杆稳定，实线表示完善体系或者理想状态（无初始缺陷）的管道屈曲波长和最大屈曲幅值随温度的变化。温度升高海底管道轴向力增大，当温度低于 B 点所对应的温度时，处于压杆稳定的第一阶段，虽然轴力增大但是平衡位形不会发生改变。温度的增大，轴力随着增大，当大到临界轴力时，平衡位形就突然到达 B 点的状态，可以把 B 点叫作海底管道临界平衡位点，随之而来的分叉现象即为分支点失稳现象。随着温度升高，当位形向增大屈曲幅度方向发展时，出现 BC 段所示的发展趋势，反之出 AB 段的发展曲线，此过程中海底管道失稳会出现二次平衡状态。图 6. 37 中虚线为不同初始缺陷的情况下，海底管道随温度的屈曲波长和最大屈曲幅值的变化曲线。有初始缺陷时，管道屈曲可以类比为极值点失稳现象。可以看出缺陷值越大，管道屈曲失稳临界值就越小，管道就越容易发生屈曲现象。

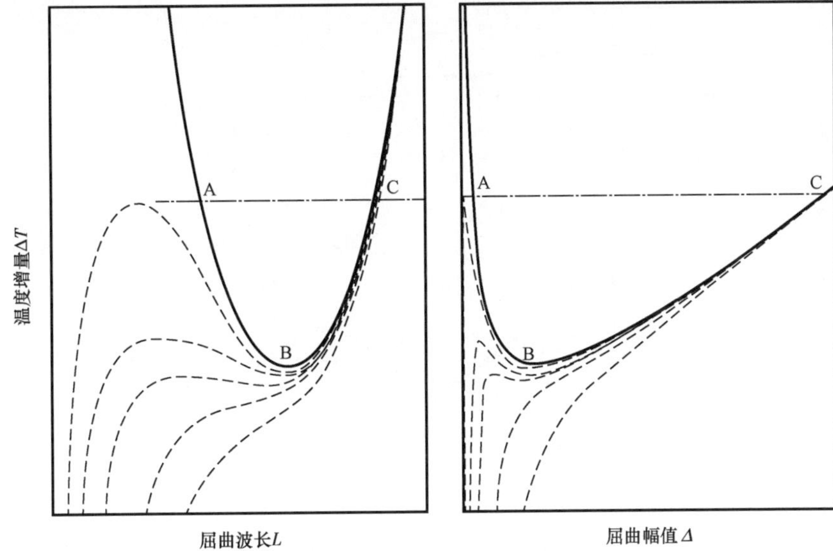

图 6.37　理想管道与有缺陷管道屈曲平衡路径图

海底管道发生整体屈曲的驱动力是管道轴向的压力，而轴向上的压力由温差和内外压差决定。

假定管道横截面积为 A，杨氏模量为 E，线性热胀系数为 α，轴力为 P_T，温差为 ΔT，管道完全约束情况下，温差引起的管道轴向力为：

$$P_{\mathrm{T}} = EA\alpha\Delta T \tag{6.150}$$

在内外压差 Δp 作用下管道产生的轴向应变为：

$$\varepsilon = \frac{1}{E}\left(\frac{\Delta pr}{2t} - \nu\frac{\Delta pr}{t}\right) \tag{6.151}$$

式中　ν——泊松比；

t——管道厚度；

r——管道半径。

如果管道轴向应变受到限制，那么管道就会产生轴向力，就有可能引起管道的屈曲。压力差引起的管道轴力 P_p 可以表示为：

$$P_{\mathrm{p}} = EA\varepsilon = \frac{A\Delta pr}{t}(0.5 - \nu) \tag{6.152}$$

管道屈曲通常为垂向屈曲和侧向屈曲，垂向屈曲也叫隆起屈曲。埋设的管道倾向于发生垂向屈曲；裸置在海床上的管道更容易向侧面发生屈曲。

6.5.3　管道侧向屈曲分析

如果有效压缩轴向力足够大，细长结构物就会发生欧拉屈曲（整体屈曲）。如果管道铺设在海床上而未开沟或埋设，海底管道容易产生侧向屈曲。Hobbs 的早期研究考虑了管道侧向屈曲问题并进行了理论分析。Hobbs 进行了实验并通过实验发现管道变形有许多不同的屈曲模态，常见的模态如图 6.38 所示。

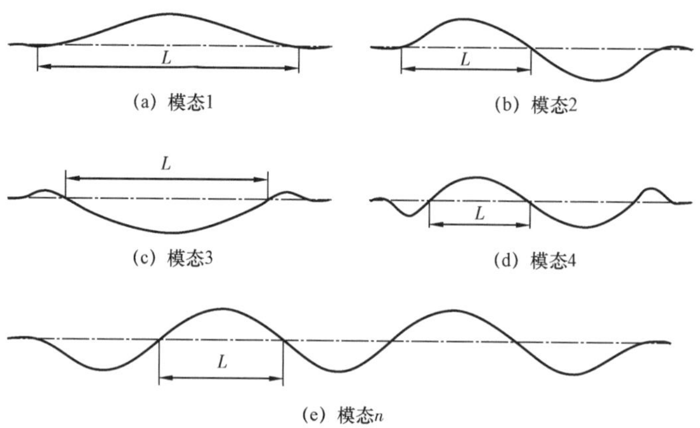

图 6.38　海底管道侧向屈曲模态图

水平模态 1 通常为侧向屈曲最初发展形态，并且模态 3 是发展的最后模态，模态 2 和模态 4 是一种反对称形态。这些模态实际形成是在相对引起模态 3 来讲较小一些的轴向力和初始缺陷条件共同影响之下的。

6.5.3.1　Hobbs 法[10]

对于模态正弦曲线形式，选取半波长 L，得出各个模态参数见表 6.11，其各模态分析结果的一般形式如下：

$$P_{\mathrm{buck}} = k_1 \frac{EI}{L(z)^2} \tag{6.153}$$

$$P_0 = P_{\mathrm{buck}} + k_3 \mu_{\mathrm{a}} WL(z)\left[\left(1.0 + k_2 \frac{AE\mu_1^2 WL(z)^5}{\mu_{\mathrm{a}}(EI)^2}\right)^{1/2} - 1.0\right] \tag{6.154}$$

无限侧向屈曲波长的模态下的初始轴向力（P_0）为：

$$P_0 = P_{\mathrm{buck}} + 4.705 \times 10^{-5} AE\left(\frac{\mu_1 W}{EI}\right)^2 L(z)^6 \tag{6.155}$$

相对最初轴向的屈曲最大幅值为：

$$P_0 = P_{\mathrm{buck}} + 4.705 \times 10^{-5} AE\left(\frac{\mu_1 W}{EI}\right)^2 L(z)^6 \tag{6.156}$$

相对最初轴向的屈曲最大幅值（$\hat{y}$）为：

$$\hat{y} = k_4 \frac{\mu_1 W}{EI} L(z)^4 \tag{6.157}$$

最大屈曲弯矩（$\hat{M}$）：

$$\hat{M} = k_5 \mu_1 WL(z)^2 \tag{6.158}$$

式中　P_{buck}——发生侧向屈曲的管道轴力；

z——管道位置，m；

L（z）——屈曲长度，m；

μ_1——海床的侧向摩擦系数；

μ_a——海床的轴向摩擦系数；

W——海底管道的单位水下重量，N/m；

A——海底管道管道横截面积，m^2；

E——管道杨氏模量，Pa；

k_n（$n=1$，2，…，5）——屈曲常数，参见表 6.11。

表 6.11　侧向屈曲相关系数表

模态	系数				
	k_1	k_2	k_3	k_4	k_5
1	80.76	6.391×10^{-5}	0.5	2.407×10^{-3}	0.06938
2	$4\pi^2$	1.734×10^{-4}	1.0	5.532×10^{-3}	0.1088
3	34.06	1.668×10^{-4}	1.294	1.032×10^{-2}	0.1434
4	28.20	2.144×10^{-4}	1.608	1.047×10^{-2}	0.1483
∞	$2\pi^2$	4.7050×10^{-5}		4.4495×10^{-3}	0.05066

如果管道出现屈曲，随着屈曲的发生有效力会随之变化，屈曲中的作用力将减小。发生屈曲的管道的最大长度等于管道未受约束膨胀长度。但是屈曲的管道中的轴向力（P）不为零。管道从无屈曲状态到发生屈曲管道长度的增加量 Δl 可由式（6.159）确定：

$$\Delta l = \frac{(P_{buck} - P)L}{AE} \tag{6.159}$$

屈曲发生时，随着作用力从初始值 P_0 减小至 P，相邻滑动管道（L_s）的膨胀量（Δl_s）可表达为：

$$\Delta l_s = \frac{(P_{buck} - P)\,L_s}{AE} \tag{6.160}$$

$$L_s = \frac{P_{buck} - P}{\mu_a W} \tag{6.161}$$

屈曲导致的总膨胀量（ΔL）为：

$$\Delta L = \Delta l + \Delta l_s = \frac{(P_{buck} - P)}{AE}\left[L + \frac{(P_{buck} - P)}{\mu W}\right] \tag{6.162}$$

6.5.3.2　侧向屈曲的极限状态设计

对于海底管道，侧向屈曲不是一种失效模式，如果管道在后屈曲中保持完整性，则其发生侧向屈曲是可以接受的。但对于发生侧向屈曲后的海底管道，可能存在以下失效模式：

（1）局部屈曲；

（2）椭圆变形；

（3）疲劳和断裂；

（4）管道轴向位移。

针对发生屈曲后的海底管道，DNVGL－ST－F101 和 Safebuck 使用了不同的极限状态设计准则[11]。对处于后屈曲状态的海底管道，DNVGL－ST－F101 使用载荷可控局部屈曲准则，而 Safebuck 则使用位移可控准则。当海底管道受到管土作用对所承载的压力和温度进行响应时，不能认为管道状态为完全位移可控，使用位移可控状态需得到响应预防措施的支持。同样，由于屈曲状态下承载力降低，也不能认为管道状态为完全载荷可控。管道的屈曲特征难以预测，但管道设计必须确保其在各种状态下都能保持安全并且不发生失效，因而对于整体屈曲控制应解决以下问题：

（1）应力和应变与屈曲在管道上的位置相关，取决于屈曲间距及运行温度和压力；

（2）整体屈曲的位置取决于管道的局部失直度；

（3）土壤阻力难以精确预测，解决其不确定性问题应使用侧向和轴向的土壤阻力极限；

（4）采用可靠性技术来理解整体屈曲的不确定性。

侧向屈曲可能会导致管道失效，解决方法为：（1）安装中间膨胀四通以减小轴向力，以防止屈曲发生；（2）在直管道上安装屈曲“启动设备”，通过控制特定位置的屈曲以减小轴向力。间隔合适的屈曲启动设备可确保屈曲位置只发生在有限的热传导，使屈曲处的载荷处于可接受的水平。

6.5.3.3 限制侧向屈曲

海底管道可通过减小屈曲驱动力及增加屈曲承载力来减小或限制侧向屈曲。一方面，可以使用高等级钢材以减小壁厚或降低运行压力都是能够减小管道有效轴向压缩力的方法；另一方面，增加屈曲承载力可通过增加土壤阻力、轴向约束、抗弯能力或减小失直度来实现。工程实践中采用锚固法兰及机械回填、抛石或沉排等局部约束来增加屈曲承载力。许多深水项目使用了产生屈曲的工程方法以促使侧向屈曲可靠形成并控制屈曲间距和运行载荷，包括：蛇形铺设管道以形成侧向缺陷；使用支墩以产生垂直加厚段；使用分布式浮力节以形成水下重量较小的垂直缺陷。

（1）蛇形铺设法。

蛇形铺设法将海底管道以蛇形铺设在海床上，管道呈现 Z 形，可控制侧向屈曲只发生在弯曲段。蛇形铺设的关键参数是屈曲产生的位置的节距、曲率半径以及侧向幅度。减小各蛇形弯曲处的半径或增加其侧向幅度可提高屈曲形成的可靠性。

屈曲产生位置的节距取决于计算得到的最小容许距离，最小容许距离基于管道的温度曲线，可将产生的热传导限制在可以接受的水平。典型的节距长度为 1～2km，而典型的弯曲半径约为 1km。当管道在预定位置以计划曲线铺设于相对平坦的海床上时，蛇形铺设是一种经济的屈曲限制方法。在水深较浅或中等情况下铺设长管时，经常采用蛇形铺设法。

蛇形铺设法可以简单地控制屈曲产生而无须在水下安装限制侧向屈曲的设备，安装费用较小。由于侧向缺陷，蛇形曲线弯曲段的临界屈曲（屈曲产生）载荷通常要小于直线段的临界屈曲载荷。

（2）支墩法。

支墩通常为有/无简单支撑底座的大直径管道，以垂直于管道路径方向预先铺设在海床上，可支撑海底管道并将其抬离海床。支墩在管道沿程不连续位置处产生垂直失直度（OOS）和初始垂直移动，当管道的有效轴向压缩力足够高时可导致出现整体侧向屈曲。

垂直支墩能产生确定的失直度并减小临界屈曲作用力和管土相互作用的不确定性。尽管管道触底处支墩两侧的土体隆起可对管道侧向移动产生一定阻力，但在设计产生屈曲的位置，管/支墩相互接触可减小管道的侧向阻力。管道侧向阻力的减小有助于管道更容易产生整体屈曲并降低侧向土壤阻力的不确定性。

BP Greater Plutonio 项目的单支墩 12in 原油管道的测量位置（图 6.39），显示了管道的铺设时的位置和后屈曲位置。左侧的阴影为在运行中形成完全侧向屈曲之前进行水压测试时管道的最初移动位置。

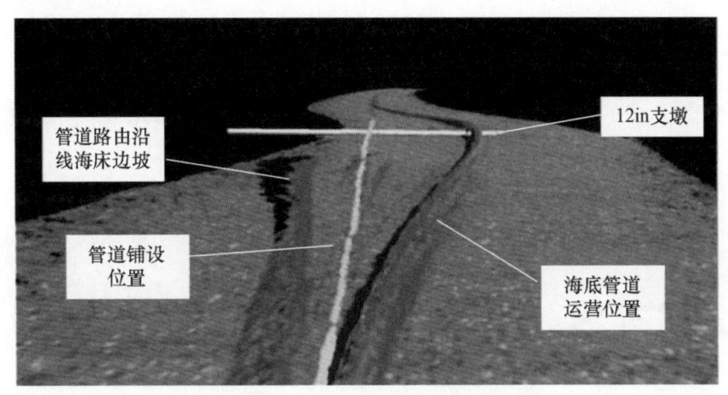

图 6.39　单支墩海底管道侧向屈曲

在海底管道铺设前，必须注意支墩安装位置的精确性。通常需要采用有限元分析来确定后屈曲位移、弯矩和应变情况。

（3）分布式浮力法。

分布式浮力法在管道沿程的特定位置处增加分布式浮力模块作为屈曲启动设备和应力缓和设备。

增加单位长度的浮力可以采用增加保温层厚度或将具有计算密度的浮力模块连接在管道接头上，以确保正常运行过程中海底管道借助浮力节使气单位长度浮力接近中性浮力。分布式浮力节的长度 L_b 是控制侧向屈曲的关键参数。局部浮力不仅能产生有助于屈曲形成的较小垂直失直度，而且还能显著减小侧向土壤阻力。尽管在浮力节端部产生的局部浮力/海床反作用力较大，会增加局部侧向阻力。

6.5.4　管道垂向屈曲

如果管道在运行状态下无法自由膨胀，受到约束的轴向变形就会在管道中产生轴向压缩力。一般情况下管道不是完全平直，会存在一些失直度（OOS），而将管道铺设在大块石上或不规则海床将导致缺陷出现。当埋地管道的侧向约束力大于阻碍上拔运动的垂直约束力时，管道将向上移动并发生明显垂直位移，垂直约束力由管道沉没重量、抗弯刚度以及覆土阻力产生。这种现象为垂向屈曲。垂向屈曲使管道向上移动并可能导致不可接受的局部塑性变形、压溃或易受渔具及其他第三方活动的损伤。

防止垂向屈曲的最常用方法是增加挖沟埋设管道的有效向下载荷，自然或人工回填管沟可提供防止垂向屈曲的约束力并增加管道的保温性。

工程设计中可采用两种方法限制垂向屈曲：

（1）Ⅰ级方法，基于 MathCAD 或者 Excel 工作表开发的解析模型，常用于初步设计；

（2）Ⅱ级方法，采用通用有限元软件（例如 ABAQUS）开发的有限元模型，用于对Ⅰ级方法中的解析分析或细部设计中的一些重要方面进行验证。

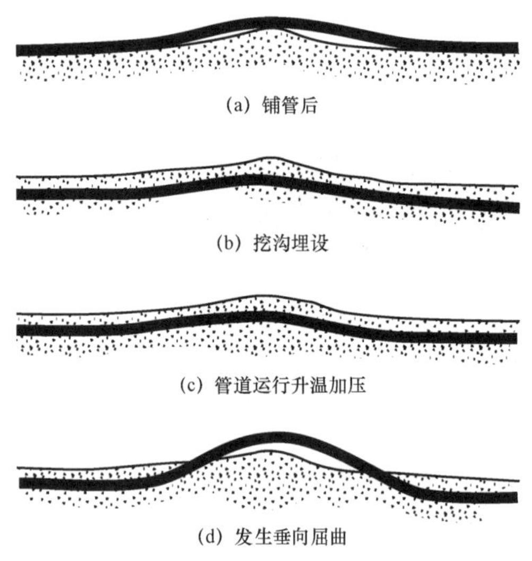

图 6.40　管道发生垂向屈曲的过程示意图

6.5.4.1　垂向屈曲的 Hobbs 解析方法[11]

在运行温度和压力作用下，开沟埋设于不平整海床上的管道有效轴向压缩力增加，导致产生垂向屈曲。垂向屈曲现象与以下因素有关：

（1）管道的几何形状、重量和材料特性；

（2）运行温度和压力；

（3）海床轮廓和环境特征；

（4）覆层/泥土特性。

海底管道发生垂向屈曲的过程示意图如图 6.40 所示。

Hobbs 不考虑管道的初始缺陷，假定管道平直地放置在海底面上，建立如图 6.41 所示的受力分析模型。

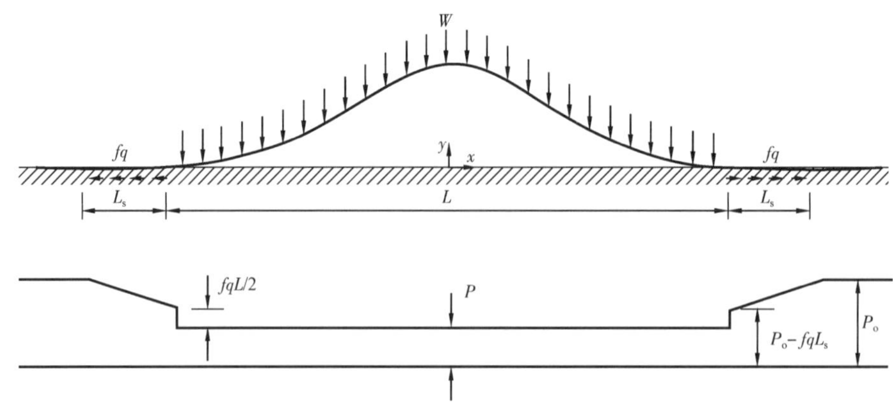

图 6.41　海底管道垂向屈曲及轴力分布图

模型假定管道为长的梁柱结构，将管道自重作为均布荷载施加在上面，假定管道脱离地面的起始处不存在弯矩，根据压杆稳定的研究方式建立微分方程：

$$y^{n}+n^{2}y+\frac{m}{8}(4x^{2}-L^{2})=0 \tag{6.163}$$

其中

$$m=q/EI,n^{2}=P/EI$$

式中　y^n——管道偏离位移对横坐标轴 x 的二阶导数；

q——单位长度管道的自重；

F——管道轴向压力；

L——屈曲波长。

通过微分方程及一系列解答得到，屈曲轴向力（P）为：

$$P=80.76\frac{EI}{L^{2}} \tag{6.164}$$

管道在屈曲发生的过程中，初始轴力 F_0 得到一定的释放，屈曲时轴向力变为 F。考虑小滑移时，初始轴向力 F_0 为：

$$F_{0}=P+\frac{qL}{EI}[1.597\times10^{-5}EAfqL^{5}-0.25(fEI)^{2}]^{\frac{1}{2}} \tag{6.165}$$

其中 f 为管道与地基土的摩擦系数。

屈曲管道的最大位移：

$$\hat{y}'=8.657\times10^{-3}\frac{qL^{3}}{EI} \tag{6.166}$$

可以根据 $\hat{y}'$ 检验所做的小坡角假定，通常小坡角时 $\hat{y}'\leqslant0.1$。

当将小滑移 L_s 忽略为零时，可得更加简洁的解析式：

$$P_{0}=80.76\frac{EI}{L^{2}}+1.597\times10^{-5}\frac{q^{2}AEL^{6}}{(EI)^{2}} \tag{6.167}$$

6.5.4.2　蠕变垂向屈曲的解析法

Pederson 和 Jensen[13] 对管沟中的管道发生上拔的垂向屈曲蠕变过程进行了线性分析。假定：

（1）管道的缺陷为塑性变形结合地基缺陷；

（2）地基的刚度无限大；

（3）上拔段管道的垂向土压为常数；

（4）管道为完全弹性体。

因此整个上拔段管道的载荷为 q，单位长度管道轴向摩擦产生的摩擦力为 q_λ。

图 6.42 所示为在垂向载荷作用下产生垂向缺陷的管道轮廓。其中，水平距离为 X，从管道的左触底点开始测量。管道高度为 w，从海床向上测量。垂直缺陷高度为 δ_f，悬跨段管道自重 q_f，管道悬跨总长度为 $2L_0$。由于对称性，只对一半系统进行分析。

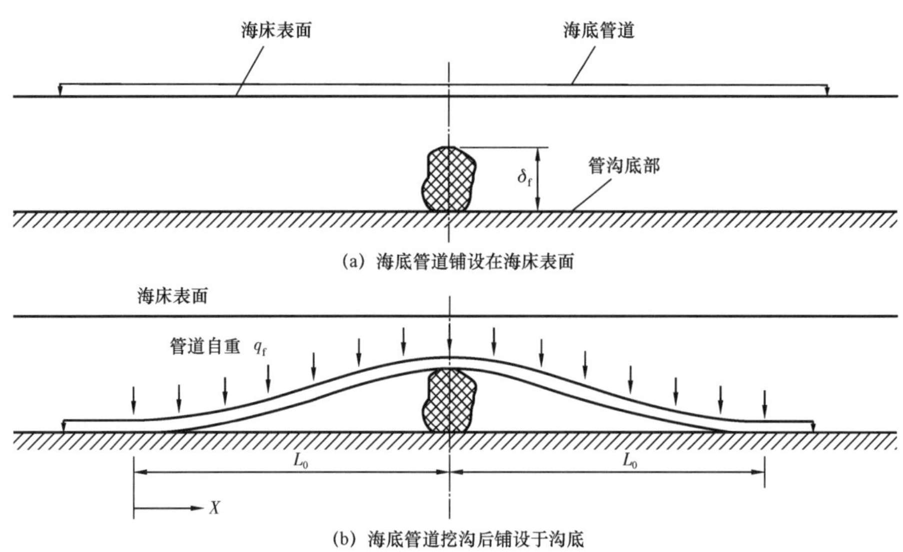

图 6.42　在垂向载荷作用下产生垂向缺陷的管道

海床地基缺陷造成的管道悬跨高度可以表示为：

$$w_f(X) = \begin{cases} \dfrac{q_f}{72EI} X^3 (4L_0 - 3X) & 0 \leqslant X \leqslant L_0 \\ 0 & X < 0 \end{cases} \tag{6.168}$$

一半系统管道长度 L_0 可以表示为：

$$L_0 = 2.913 \sqrt[4]{\delta_f \frac{EI}{q_f}} \tag{6.169}$$

如图 6.43 所示，管道下方的土壤会发生迁移，因此在管道投产运行前就会达到式（6.169）描述的刚性地基支撑状态。

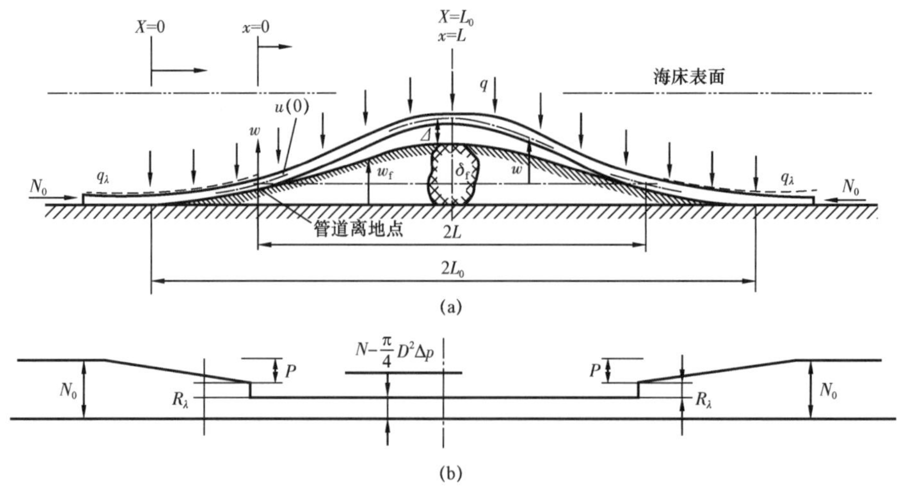

图 6.43　上拔管道（a）和轴向压缩力的变化（b）

除了海床地基缺陷引起的悬跨外，还可能出现管道中心线偏移的情况（如管道发生塑性变形），即使此时管道并没有受到外力。此时的管道形态函数为 $w_p(X)$，其峰值即中间点高度为 δ_p，悬跨段管道自重 q_p。

对于 x—w 坐标系中发生上拔的缺陷管道，根据弹性梁理论得出的模型表达式为：

$$EI\frac{d^4(w-w_p)}{dx^4}+N\frac{d^2w}{dx^2}+q=0 \qquad (0\leqslant x\leqslant L) \tag{6.170}$$

$2L$ 为上拔段长度，N 为有效轴向压应力（压应力与内压分力的合力）。式（6.170）可以写作：

$$w''''+k^2w''=-\alpha \tag{6.171}$$

$$k^2=\frac{N}{EI} \tag{6.172}$$

$$\alpha=\frac{q+q_p}{EI} \tag{6.173}$$

$$q_p=\frac{72EI}{L_0^4}\delta_p \tag{6.174}$$

式（6.171）的边界条件为：

$$w(0)=0 \tag{6.175}$$

$$w'(0)=\begin{cases}\dfrac{q_f}{6EI}(L_0-L)^2L & L<L_0\\ 0 & L\geqslant L_0\end{cases} \tag{6.176}$$

$$w''(0)=\begin{cases}\dfrac{q_f}{6EI}(L_0-L)(3L-L_0) & L<L_0\\ 0 & L\geqslant L_0\end{cases} \tag{6.177}$$

$$w''(0)=\begin{cases}\dfrac{q_f}{6EI}(L_0-L)(3L-L_0) & L<L_0\\ 0 & L\geqslant L_0\end{cases} \tag{6.178}$$

$$w'(L)=0 \tag{6.179}$$

$$w'''(L)=-\frac{2q_pL_0}{3EI} \tag{6.180}$$

求解式（6.180）可得到管道挠度计算公式：

$$w(x)=A\cos kx+B\sin kx+\frac{1}{k^2}\left(-\frac{1}{2}\alpha x^2+\beta x+\frac{\alpha}{k^2}+\gamma\right) \tag{6.181}$$

其中

$$\beta = \frac{q_p(3L - 2L_0) + 3qL}{3EI} \tag{6.182}$$

$$\gamma = \begin{cases} \frac{q_f}{6EI}(L_0 - L)(3L - L_0) & L \leqslant L_0 \\ 0 & L > L_0 \end{cases} \tag{6.183}$$

$$A = -\left(\frac{\alpha}{k^4} + \frac{\gamma}{k^2}\right) \tag{6.184}$$

$$B = -\frac{\beta}{k^3} + \frac{\gamma}{k} \tag{6.185}$$

$$k = \begin{cases} \frac{q_f}{6EI}(L_0 - L)^2 L & L \leqslant L_0 \\ 0 & L > L_0 \end{cases} \tag{6.186}$$

表示轴向力 N 与上拔段管道长度关系的未知量 kL 可以通过边界条件式（6.186）等求解，得到：

$$\left(\frac{\alpha}{k^3} + \frac{\gamma}{k}\right)\sin kL - \left(\frac{\beta}{k^2} - \gamma\right)\cos kL + \frac{1}{k^3}(-\alpha L + \beta) = 0 \tag{6.187}$$

下一步就是对比上拔段轴向力 N 与悬跨段以外管道轴向力 N_0 的关系。

完全约束轴向应力为：

$$N_0 = \bar{\alpha} E A_s \Delta T - \nu \frac{\pi}{2} D^2 \Delta p \tag{6.188}$$

式中 $\bar{\alpha}$——管道热膨胀系数，℃$^{-1}$；

E——弹性模量，MPa；

A_s——管道截面积，m^2；

ΔT——温度变化量，℃；

ν——泊松比；

D——管道直径，m；

Δp——管道内外压差，MPa。

为实现悬跨段以外管道轴向力 N_0 与上拔段有效轴向力［$N-(\pi/4)D^2\Delta p$］的平衡，需要考虑管道的轴向位移及其引起的摩擦力。管道离地点处上拔段的轴向位移量为：

$$u(0) = \int_0^L \left\{\frac{1}{2}\left[\left(\frac{\partial w}{\partial x}\right)^2 - \left(\frac{\partial w_f}{\partial x}\right)^2\right] - \frac{N_0 - N + \frac{\pi}{4}D^2\Delta p}{EA_s}\right\} dx \tag{6.189}$$

同样地，悬跨段以外管道的拉出量为：

$$u(0) = \frac{1}{2}\left(N_0 - N + \frac{\pi}{4}D^2\Delta p\right)^2 \frac{1}{q_\lambda E A_s} \tag{6.190}$$

式中　R——管道离地点的垂向反作用力，$R = qL$。

联立式（6.189）与式（6.190），得到：

$$N_0 = N - \frac{\pi}{4}D^2\Delta p + \sqrt{q_\lambda E A_s \int_0^L [(w')^2 - (w_f')^2]\mathrm{d}x - (q_\lambda L)^2} \tag{6.191}$$

6.5.4.3　限制垂向屈曲

海底管道最经济的做法是建设期间不采取任何措施预防垂向屈曲，在管道投入运营后对出现隆起的所有海底管道采取处理措施。如果管道中产生的塑性应变可以接受并且没有损失任何完整性，那么管道可以继续运营。如果海底管道隆起并抬离海床形成弯曲，则应通过精确抛石对弯曲段进行保护。通过额外增加上拔阻力来限制埋地海底管道垂向屈曲的最常用方法是抛石覆盖。但是连续抛石的成本相对比较高昂，因此很多其他改善垂向屈曲的措施被提出。

（1）减小驱动力。

垂向屈曲的驱动力是管道中温度和压力产生的有效轴向压缩力，可通过下列方法减小驱动力：

① 改变运行参数。降低运行温度和压力，如不进行外部保温以降低温度或者在运行温度和压力下无流动保障要求，可采取措施降低设计压力。

② 减小壁厚。有效轴向力公式中的温度项与壁厚 t 成正比，这表明尽量减小壁厚是有好处的。基于成本原因，减小壁厚是设计的一个主要问题。一种解决方法是将钢材等级提高为 X80，成本略微增加或不增加。

③ 增加残余张力。管道铺放时的张力是施加于管道表面的铺管船张力的水平分量。可增加此张力，但有一些实际限制，包括：可能损坏外部涂层；可能对船只的系泊系统或动力定位系统造成限制，并且船只与触底点距离较长。

④ 增加柔性。通过允许膨胀移动，有效轴向压缩力的值可缩小至其完全约束值以下。实现方法有：使用膨胀弯管和管段膨胀环、以蛇形或 Z 字形铺管、弯曲铺管，或者如果侧向屈曲易于限制的话，可允许管道发生侧向屈曲。

（2）抛石或覆盖混凝土连锁排。

管道屈曲发生在管道轮廓的较高位置。因而在较高位置处固定管道的方法是在其上放置额外重量，例如块石或混凝土连锁排。如果无法有效确定关键缺陷，一个实用但昂贵的方法是在整根管道上抛石。

（3）管束。

大多数管束都包覆在一根输送管内，并在管端由锚固件进行连接。如果在运行状态下内部管道和输送管都能自由纵向膨胀，内部管道要比输送管膨胀更多。由于锚固件在管端防止相对移动，当输送管进入拉伸状态时内部管道处于压缩状态。管束整体发生纵向膨胀，但其膨胀受海床摩擦的阻碍。管束中的合力是压缩力，但因为输送管提供了较大的抗挠刚度，所以屈曲通常不会发生。对于包覆在输送管内的管束一般不会挖沟埋设，因而其更容易向两侧而不是向上发生屈曲。

（4）路径选择和海床预处理。

沿不平整海床铺设海底管道要比沿平坦海床铺设海底管道更容易发生垂向屈曲，通过优化海底管道路由能够在一定程度上解决海底管道垂向屈曲的问题。

通过对海床进行预处理，可有效减小悬跨段长度。同时，在对海底管道进行后挖沟过程中使海底管道路由线型变得平缓可有效减小其发生垂向屈曲的可能性。

6.5.5 膨胀弯设计

海底管道在管道登陆平台、立管桩及单点系泊系统海底管汇连接处等位置极易发生较大的相对位移，使得海底管道的不同位置（固定在其上的部分与埋设在海底泥面以下的部分）之间发生相对位移，从而在过渡海底管道段中产生远大于其他管道段的应力，这种过渡管段也是整条海底管道中最可能遭到破坏的地方之一。在过渡管段设置膨胀弯能有效降低管道的最大应力，进而达到保护海底管道的目的。

6.5.5.1 海底管道膨胀弯形式

目前国内常见的海底管道膨胀弯有以下几种：

（1）C 形膨胀弯。

C 形膨胀弯由两片旋转法兰、两个弯头和若干海管组成，分为三段，如图 6.44 所示。

C 形式的膨胀弯可考虑提前在陆地进行部分预制：将立管端法兰、直管段、弯头 1 和部分两弯头间直管段按照设计方案预制成第一部分，将平管端法兰和弯头 2 各焊接部分直管段，其余焊口等海上测量、计算分析后再预制，这样可节省大量海上作业时间，并大大节省施工成本。

（2）Z 形膨胀弯。

Z 形膨胀弯由两片旋转法兰、两个弯头和若干海底管道组成，可分为三段，如图 6.45 所示。

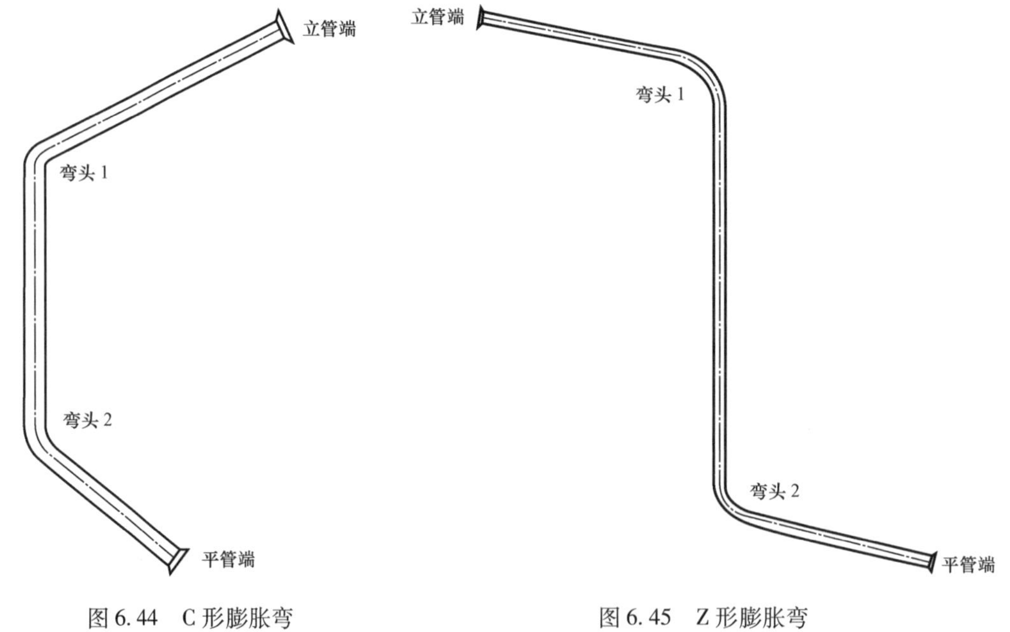

图 6.44　C 形膨胀弯　　图 6.45　Z 形膨胀弯

该形式的膨胀弯可考虑提前在陆地进行部分预制：将立管端法兰、直管段、弯头 1 和部分两弯头间直管段按照设计方案预制成第一部分，将平管端法兰和弯头 2 各焊接部分直管段，其余焊口等海上测量和计算分析后再预制。

（3）勺子形膨胀弯。

勺子形膨胀弯由两片旋转法兰、三个弯头和若干海底管道组成，分为三段，如图 6.46 所示。

该形式的膨胀弯可考虑提前在陆地进行部分预制：将立管端法兰、直管段、弯头 1 和部分两弯头间直管段按照设计方案预制成第一部分，将平管端法兰弯头 2 和弯头 3 各焊接部分直管段，其余焊口等海上测量、计算分析后再预制。

以上列举了三种比较常见形式的膨胀弯，具体采用何种形式，还要具体问题具体分析。

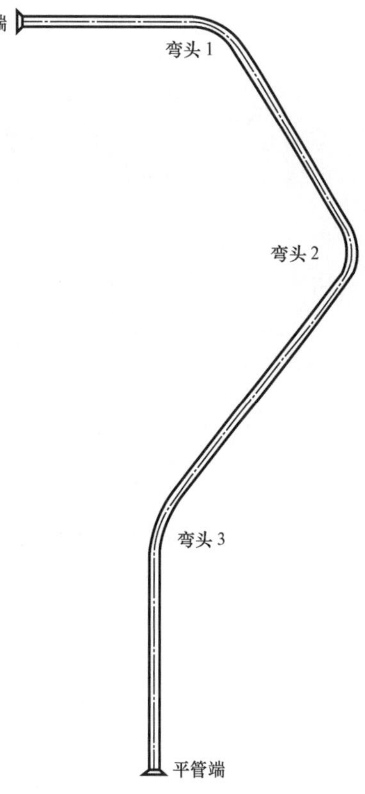

图 6.46　勺子形膨胀弯

6.5.5.2　膨胀弯数值分析

（1）不设置膨胀弯时的海底管道应力计算。

当不设置膨胀弯时，海底管道两端点均简化为固定端，从而得到温度和压力沿管道轴向各处引起的应力均相等，计算采用的公式为：

$$\sigma_L = \nu \sigma_y - E\alpha\Delta T \tag{6.192}$$

$$\sigma_y = \frac{pD}{2t_{min}} \tag{6.193}$$

式中　σ_L——管道的轴向应力（拉应力为正），MPa；

ν——泊松比；

σ_y——环向应力，MPa；

E——弹性模量，MPa；

α——钢材线膨胀系数；

ΔT——温度变化，K；

p——设计压力，MPa；

D——钢管的公称外径，m；

t_{min}——钢管的最小壁厚，m。

计算管道端部位移 ΔL 引起的管端最大轴向应力时，可进行如下假定：

① 管道端部位移为 ΔL；

② 管道端部最大应变为ε_{max}；

③ 管道单位长度上的摩擦力为 F_f；

④ 管道端部发生支座位移后受影响的管道长度为 L_{er}。

将应变在受影响的管道长度上积分得：

$$\Delta L = \frac{1}{2} L_{er} \times \varepsilon_{max} \tag{6.194}$$

由应力平衡关系得：

$$L_{er} F_f = E\varepsilon_{max} A_s \tag{6.195}$$

由式（6.194）与（6.195）得：

$$L_{er} = \sqrt{\frac{2EA_s\Delta L}{F_f}} \tag{6.196}$$

$$\varepsilon_{max} = \sqrt{\frac{2EF_f\Delta L}{A_s}} \tag{6.197}$$

由管道应力与应变关系可知管道端部最大应力为：

$$\sigma'_{max} = E\varepsilon_{max} = \sqrt{\frac{2EF_f\Delta L}{A_s}} \tag{6.198}$$

海底管道单位长度上所受的摩擦力计算公式为：

$$F_f = \mu\left(\gamma' hD_t - \frac{1}{2} \times \frac{\pi}{4}\gamma' D_t^2\right) + \mu\left(\gamma' hD_t + \frac{1}{2} \times \frac{\pi}{4}\gamma' D_t^2 + W_{sub} - \frac{\pi}{4}\gamma' D_t^2\right) \tag{6.199}$$

上述公式等号右侧前半部分为单位长度海底管道上表面所受摩擦力，后半部分为单位长度海底管道下表面所受的摩擦力，简化后得：

$$F_f = \mu\left(2\gamma' hD_t + W_{sub} - \frac{\pi}{4}\gamma' D_t^2\right) \tag{6.200}$$

$$W_{sub} = (m_{steel} + m_{weight\ coating} + m_{corr} + m_{in}) \times 9.80 - F_b \tag{6.201}$$

式中 W_{sub}——管道水下重量；

μ——管道与土壤之间的摩擦系数；

γ'——海底土壤的天然密度；

h——管道中心线到海底泥面的距离；

D_t——管道的总外径；

A_s——管道钢管截面面积；

m_{steel}——钢管单位长度质量；

$m_{weight\ coating}$——海底管道单位长度配重层的质量；

m_{corr}——钢管单位长度防腐层质量；

m_{in}——钢管单位长度内介质的质量；

F_b——管道所受的浮力。

（2）设置膨胀弯时管道应力计算。

温度与压力引起的管道端部最大轴向应力计算时，假定管道端部不受约束，仅在土壤作用下膨胀时，在温度与压力作用下的管道端部位移为 ΔL，相应的受影响管道长度为 L_{PT}；设置膨胀弯后，在膨胀弯约束下管道的实际管道端部位移为 ΔL_1，在膨胀弯及温度与压力共同作用下，原自由膨胀管道管端位移的减小量为 ΔL_2，受影响的管道长度为 L_{er}，则有：

$$\Delta L_1 + \Delta L_2 = \Delta L \tag{6.202}$$

由弹性力学知识可知：

$$\Delta L_1 = \frac{\sigma_{xl} A_s L^3}{3EI} \tag{6.203}$$

$$\Delta L_2 = \frac{1}{2} \varepsilon_{xl} L_{er} \tag{6.204}$$

$$\varepsilon_{xl} = \frac{\sigma_{xl}}{E} \tag{6.205}$$

式中 ε_{xl}——设置膨胀弯后的管道端部最大应变；

σ_{xl}——设置膨胀弯后的管道端部最大轴向应力。

由应力平衡关系可知：

$$L_{er} F_f = \sigma_{xl} A_s \tag{6.206}$$

$$\Delta L_2 = \frac{\sigma_{xl}^2 A_s}{2EF_f} \tag{6.207}$$

当管道端部不受约束，仅在土壤作用下膨胀时，管道端部位移计算公式为：

$$\Delta L = \frac{1}{2} L_{PT}(\varepsilon_p + \varepsilon_T) \tag{6.208}$$

由 B 点在管道轴线方向的应力平衡关系可知：

$$L_{PT} F_f - E(\varepsilon_p + \varepsilon_T) A_s \tag{6.209}$$

由弹性力学知识可知：

$$\varepsilon_p = \frac{\nu \sigma_y}{E} \tag{6.210}$$

$$\varepsilon_T = \alpha \Delta T \tag{6.211}$$

式中 ε_p——管道端部自由时内压引起的最大管道端部应变；

ε_T——管道端部自由时温度引起的最大管道端部应变。

整理得：

$$\Delta L = \frac{(-\nu\sigma_y + E\alpha\Delta T)^2 A_s}{2EF_f} \tag{6.212}$$

整理得：

$$\frac{\sigma_{x1}^2 A_s}{2E F_f} + \frac{\sigma_{x1} A_s L^3}{3EI} - \frac{(-\nu\sigma_y + E\alpha\Delta T)^2 A_s}{2EF_f} = 0 \tag{6.213}$$

式（6.213）为设置膨胀弯后，温度及内压作用下的管道端部轴向应力的计算公式。

计算管道端部位移引起的管道端部最大轴向应力时，假设管道支座位移（平台晃动幅值）为 ΔL，此时管道受影响长度为 L_{er}，管道沿轴线方向相对位移为 ΔL_1，管道端部膨胀位移为 ΔL_2，则：

$$\Delta L_1 + \Delta L_2 = \Delta L \tag{6.214}$$

假设沿管道轴向方向的最大应力为σ_{x2}，根据弹性力学知识可知：

$$L_{er} F_f = \sigma_{x2} A_s \tag{6.215}$$

$$\Delta L_2 = \frac{1}{2} \varepsilon_{x2} L_{er} \tag{6.216}$$

$$\varepsilon_{x1} = \frac{\sigma_{x2}}{E} \tag{6.217}$$

由式（2.214）至式（6.216）可得：

$$\Delta L_2 = \frac{\sigma_{x2}^2 A_s}{2EF_f} \tag{6.218}$$

最终整理得到：

$$\frac{A_s}{2EF_f} \sigma_{x2}^2 + \frac{A_s L^3}{3EI} \sigma_{x2} - \Delta L = 0 \tag{6.219}$$

式（6.219）即为设置膨胀弯后支座位移引起的海底管道轴向应力计算公式。

6.6 第三方破坏风险及力学保护

美国 MMS[7] 对墨西哥湾 1967—1987 年海底管道失效事故统计表明，20 年共发生海底管道失效事故 690 例。Amold 对美国密西西比河三角洲 1956—1965 年海底管道失效事故进行了统计，发现海床运动和波流冲刷是海底管道失效的主要原因，它们所引起的海底管道失效占总失效的 36.2%。腐蚀和第三方破坏是海底管道失效的次要原因。第三方破坏包括锚和其他不明物体造成的海底管道破坏，它们分别占总失效的 29.2% 和 26.6%。Demars 等对美国地质调查局（U. S. Geological Survey，USGC）记录的 1967—1975 年墨西哥湾海底管道事故进行分析，发现腐蚀、波流冲刷、第三方活动和海床运动是引起海底管道失效的主要原因。可以看出，第三方活动对海底管道造成的破坏虽然不是致使海底管道失效的主要原因，但是对管道的失效会产生严重影响。

6.6.1 第三方活动分析

第三方破坏是指由于第三方的海上活动导致海底管道发生的破坏。当海底管道位于渔业活动区、航道区或海上工程施工范围区内时若埋设不深或由于波流冲刷而裸露出海底时很容易受到渔网拖挂、航锚和船上落物撞击作用。另外，位于海上工程施工范围内的管道以及平台附近的管道部分受施工和平台上落物撞击作用的危险性也比较大。这些作用都将使管道受到一定程度的损伤，严重时会造成管道断裂。此外，地震对海底管道的影响也很严重，在海上，地震会引发海啸。地震发生时海底管道的地基土壤及覆盖层土壤均要发生变形，因而使海底管道遭受破坏。

6.6.1.1　渔业活动

渔业活动是海洋活动中不可避免的一种活动，如果海底管道穿越渔业繁忙区域，那么在海底管道沿线附近捕鱼、撒网和收网等渔业活动都可能对海底管道产生很大的威胁。

拖网船是对海底管道的最大危险之一，拖网板、拖网梁、捞网、编网和铰链等捕鱼设备的损害影响可以分为缠绕、冲撞、拖拽过程。冲撞主要是破坏管道的防护层。

（1）撒网。

撒网对海底管道的破坏与抛锚有一些类似。在海底管道沿线附近撒网有可能会缠绕到管道；另外，如果海底管道埋深不足，撒网时渔网上的铰链撞击管道同样会使之破坏。

（2）收网。

如果在撒网时已经对海底管道产生了一定的破坏，那么收网时的拖拽力过大就会对管道产生更大的破坏。严重时会导致管道泄漏。

6.6.1.2　锚撞击

锚撞击是指海上船舶抛锚活动时锚撞击到海底管道上所引起的损伤。抛锚活动包括抛锚、收锚、拖锚。在港口和海湾等保护区内风、波浪、潮流等环境的影响相对小一些，于是锚撞击造成对近岸海底管道的影响就成为管道失效的主要原因。锚撞击对海底管道造成的损伤主要表现为：管道外部混凝土配重层损坏；管道局部因撞击而被压扁；管道受撞击局部破损开裂；撞击超过管道允许强度而断裂。

（1）抛锚。

抛锚是海底管道事故的重要原因。这主要是由于船锚会在无意活动中抛跨海底管道。在一些紧急情况下也会出现临时抛锚。抛锚对海管的危害主要取决于锚的尺寸、锚的重量、锚入土深度、管道掩埋和保护状况。抛锚对海底管道的危害分为水泥保护层的破坏、凹痕、刺破和撕裂等几种情况。

（2）拖锚。

拖锚就是在船舶抛锚之后锚在水底被拖动了一段距离。一般来说拖锚的距离在 50 ~ 100m 之间，具体长度还要看船只和锚的大小以及船只拖锚时的速度。如果在锚拖动的路径上有海底管道，那么管道的外壁会受到破坏，一种情况是管道局部会被扣住并且凹陷，或者由于弯曲而内部超压（当锚的力量足够使管道发生侧向移动时）；另一种情况是被拖的锚可能先勾在管道上，当收锚时破坏管道。

（3）收锚。

抛锚时锚爪力大于管道承载力或者是管道由于海流的冲刷致使管道埋深不足使得锚勾到管道上，收锚时就会对管道造成破坏，严重时会导致管道泄漏，造成海洋污染和经济损失。

6.6.1.3 航运活动

（1）沉船。

在海底管道路由区域（即海底管道所处的一定范围的地理位置，具体指管线左右两侧一定区域）内，船舶若出现事故下沉，会使管道承受过大的载荷而发生破坏。

（2）搁浅。

船舶搁浅是一种很常见的航运风险，通常发生于靠近主航道的浅水区域。如果海底管道路由区域发生船舶搁浅，同样会使管道承受较大的载荷而导致管道破损。

（3）航道作业。

在海底管道路由区域内有船舶航行也会造成管道破坏。造成管道破坏的原因主要有锚撞击、沉船或搁浅、管道与未交叉航道的最小水平距离小、管道与航道交叉位置处的管道埋深小以及船舶通过管道路由区域的频率高。

6.6.1.4 坠物

在海底管道沿线附近过往的船只或者作业船只掉下的落物同样会造成海底管线的破损。例如对海底电缆的维护、建设新的海底管线、修建新的海港的有关船只都会有落物的可能，而且落物的种类主要是建筑管材、各种容器以及建设维护设备。如果海底管道埋深不足、承载能力不够，或者管道本身就存在缺陷，那么坠落物体就会造成管道的破坏，严重时会导致管道泄漏，造成严重的经济后果。

6.6.1.5 地震

虽然地震发生的概率比较低，但是一旦发生地震也会造成海底管道破坏。海底管道震害的实际结果表明，管道的破坏主要源于地震时的地表变形和地面运动。前者包括断层错动、土壤液化、河岸滑坡等，在发生地表变形处管道震害率明显升高。后者主要指地震波在土壤中的传播过程，后者主要指地震波在土壤中的传播过程。

在地震作用下海底管道的破坏形式主要有三种基本类型：

（1）管道接口破坏；

（2）管体的纵向或环向裂缝通过断层的管体或小口径管锈蚀严重管从而导致管体折断；

（3）在三通、弯头、阀门以及管道地下构筑物连接处的破坏。

6.6.2 定量风险评价

海底管道定量风险分析目的有两个：第一，识别出导致海底管道失效的事件；第二，评估导致海底管道失效的事件的概率，并给出相应的风险等级。第一个目的是对海底管道的定性评估，第二个是定量评估。

定性分析的目的在于探测可能导致触发事件（海底管道失效）的所有起因和条件，并确定可能的定量风险分析的基础。定量分析的目的在于确定发生触发事件（海底管道失效）的概率条件。目前，可采用的分析工具主要有以下几种：

（1）故障树分析；

（2）事件树分析；

（3）综合模型；

（4）蒙特卡罗仿真；

（5）设备失效率数据库。

6.6.2.1　故障树及事件树分析方法

（1）故障树分析方法[14]。

故障树是表示事件与条件之间逻辑连接的示意图。如果应发生触发事件则必须标示其中。一个系统的故障树可被视为用于表示该系统会如何失效的模型或者表示该系统处在非预计条件下的模型。定性分析则以图示方式系统描述了系统中所定义的非预计事件的所有可能组合。如果将可用数据用作不同失效起因的概率，则可进行定量分析。定量分析可给出非预计事件发生之间的时间估算值和事件概率。

故障树分析需要经过三个阶段：

① 故障树的构建。识别出可能会导致出现失效或发生时间的失效和环境组合。

② 故障树的评估。识别出将分别导致系统失效或发生事件的特别起因系列。

③ 故障树的量化。根据上述定义的起因系列评估整体失效概率。

（2）事件树分析方法。

事件树是一种用于描述可能事件链的可视化模型，可根据危险境况发展而成。需为此定义顶事件，并对关联的发生概率进行估算。事件的可能结果经由一系列问题予以确定，而每一个问题均需回答是或否。这些问题通常对应于系统内的安全栅，如“隔离无效”，该方法所反映的是设计者的思路。相关事件需就每一个问题进行划分，每个分支点就是一个概率。结束事件（终端事件）可根据其后果进行归类，以呈现风险图。

6.6.2.2　海底管道失效风险

风险分析的目的在于：

（1）识别和评估在可能性和后果方面所涉及的所有合理的预计危险，其与管道设计、施工和安装的健康、安全和环境有关；

（2）确保遵守适当的国际、国内和组织性接受准则。

海底管道失效可能主要引起以下风险：

（1）个体风险。海底管道失效事故可能导致一定的人身伤亡事故。个体风险的接受准则为死亡事故率。死亡事故率接受准则被定义为每 10^8 个工作小时 10 起死亡事故。运营阶段的最大死亡事故率（每 10^8 个工作小时的死亡事故率）应小于 10 起，安装施工阶段内的最大死亡事故率应小于 20 起。

（2）社会风险。海底管道失效事故可能会导致管道路由周边渔业活动或航运活动等受到影响。在进行海底管道风险评估时需要考虑一定的社会风险。

（3）环境风险。海底管道失效事故可能导致管道路由海域环境污染，带来一定的经济与政治风险。是否接受与施工和运营相关的环境风险一般根据运营商的标准，而标准的确立应以经济和政治上的考量为基准（表 6.12）。

（4）财务风险。

在安装期间所发生的任何海底管道失效事故均会导致管道的损伤及延误施工，带来一定的成本的增加，如人员伤亡成本、维修成本及工程延期导致的成本。

同时，在运营期间，海底管道失效事故可能导致海底管道增加额外的维护成本，以及引起的社会赔偿及环境修复成本。

表 6.12 环境风险的接受准则

类别	恢复期，a	运营阶段年度概率	安装阶段每次作业的概率
1	<1	$<1\times10^{-2}$	$<1\times10^{-3}$
2	<3	$<2.5\times10^{-3}$	$<2.5\times10^{-4}$
3	<10	$<1\times10^{-3}$	$<1\times10^{-4}$
4	>10	$<5\times10^{-4}$	$<5\times10^{-5}$

6.6.2.3 基于PARLOC数据库确定失效事件概率

（1）英国 PARLOC 数据库的数据来源。

英国 PARLOC 数据库汇编了来自英国海上作业者协会（UKOOA）、英国石油学会（IP）与英国健康与安全管理局（HSE）的关于北海海底管道泄漏的数据。该数据库包含了两个数据库：管道数据库和事件数据库。

所谓管道数据库，就是由某一区域内所有不同类型和用途的管道详细信息组成的数据总和。这里管道定义为，沿着立管，从智能清管器发球筒处的相关阀门开始，包括在主要流线上管道及所有配件在内，还包括分支流线管道的第一个阀门及从第一个阀门到主流线间的支线管道部分。如果管道没有智能清管载入装备，那么水面上第一个阀门就是管道终点。

所谓事件数据库，就是由被报告的或已记录的，某一区域内所有不同类型和用途的管道事件信息的总和。

在英国 PARLOC 数据库 2001 年版中，统计了至 2000 年底的 1567 条管道的相关信息。管道包括钢质（steel）管道和柔性（flexible）管道，总长 24837km，运行经验 328858km · a（图 6.47）。

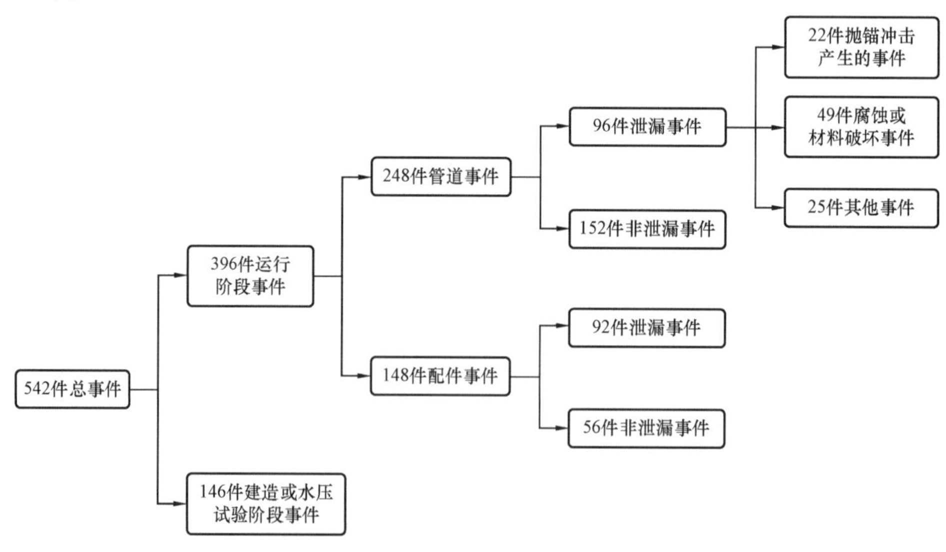

图 6.47 英国 PARLOC（2001 年版）海底管道数据库

统计管道运行阶段的 396 个事故中，248 件是由于管道失效造成，另外 148 件是由于管道配件的失效造成。这些管道事故发生在管道的不同分段区间，分别由不同失效原因造成，具体统计结果见表 6. 13 与表 6. 14。

表 6. 13 钢质管道（Steel Pipeline）运行期间的事故因素统计结果

事件原因		合计	立管	平台安全区	中段	井区	上岸区	其他
抛锚	船舶	18	0	11	6	—	1	
	钻机或建造	11	0	8	3			
	其他	11	1	0	10			
	小计	40	1	19	19	0	1	
冲击	船撞立管	8	8	0	—	—	—	
	网拖	27	0	1	23	3	—	
	坠物	2	1	1	—	—	—	
	沉船	1	0	0	1	—	—	
	建造	2	1	1	—	—	—	
	其他	16	2	4	9	—	—	1
	小计	56	12	7	33	3	—	1
腐蚀	内部	24	3	8	8	4	—	1
	外部	22	19	1	2	—	—	
	其他	6	3	1	2	—	—	
	小计	52	25	10	12	4	—	1
结构	膨胀	6	5	1	—	—	—	
	钳失效	1	1	0	—	—	—	
	屈曲	5	0	1	4	—	—	
	小计	12	6	2	4	—	—	
材料	焊缝缺陷	8	4	2	1	—	—	1
	钢材缺陷	10	5	2	2	1	—	
	小计	18	9	4	3	1		1
自然灾害	振动	10	1	2	5	—	2	
	风暴	1	0	0	—	—	1	
	冲刷	1	0	1	—	—	—	
	沉降	1	1	0	—	—	—	
	小计	13	2	3	5	0	3	
燃烧爆炸	小计	0	0	0	—	—	—	
建造	小计	2	0	0	1	1		
维护	小计	1	1	0	—	—	—	
人因	小计	2	2	0	—	—	—	

续表

事件原因		合计	立管	平台安全区	中段	井区	上岸区	其他
误操作	小计	1	0	0	1			
其他	小计	12	2	2	6	1	—	1
合计		209	60	47	84	10	4	4

表 6.13 中管道的分段区域定义如下：

① 立管区——管道自平台上的第一个阀门或智能清管器载入口始至管道接触海底部分止。

② 安全区——平台 500m 范围内海底管道部分。

③ 中段——平台 500m 范围外部分。

④ 海岸区——海岸部分（水深在 300m 以下），常埋在地下。

⑤ 陆上部分——截止于管道上岸部分第一个阀门。

⑥ 井区——油井 500m 半径范围内管道部分。

表 6.14 柔性管道（Flexible Pipeline）运行期间的事故因素统计结果

事故原因		合计	立管	安全区	中段	井区	海岸区	其他
抛锚	钻机或建造	1	—	—	1		—	—
	其他	1	—	—	0	1	—	—
	小计	2	—	—	1	1	—	—
冲击	拖网	6	—	—	3	3	—	—
	坠物	1	—	—	—	1	—	
	其他	2	—	—	2	0	—	—
	小计	9	—	—	5	4	—	—
结构	小计	2	—	—	1	1	—	—
材料	小计	12	2	2	5	3	—	—
建造	小计	2	—	—	—	2	—	—
维修	小计	1	—	—	1		—	—
其他	小计	11	3	—	2	1	—	5
合计		39	5	2	15	12	0	5

（2）基于 PARLOC 数据库确定失效事件概率。

根据 PARLOC 数据库，有 6 种因素对管道泄漏事故率的影响最大：

① 失效原因；

② 管道区段（立管、平台安全区或中段）；

③ 管道材质（钢质或柔性）；

④ 管道长度；

⑤ 管道直径；

⑥ 管道输送物质内型（石油、天然气或其他）。

在这 6 种管道失效因素中，前两种因素起决定性作用，而其他因素则较为次要。PARLOC 数据库按上述因素将管道进行了分类，并统计了管道运行经验和不同管道分段失效事件数，这样就可以得到各种类型的管道因不同因素导致的事故频率，我们认为这个事故频率值就代表管道的失效概率。

6.6.2.4　坠落物风险概率

假定坠落到海面上的物体下落到海床的一定面积内，其从坠落点开始呈一圆锥形。该面积由角度为 α 的圆锥形所确定。表 6.15 为坠落物偏移角度表。

表 6.15　坠落物偏移角度

序号	描述	重量，tf	偏移角度 α，(°)
1	平整/长条形	<2	15
2		2～8	9
3		>8	5
4	箱形/圆形	<2	10
5		2～8	5
6		>8	3
7	箱形/圆形	≫8	2

假定物体击中圆锥形内某一点的概率遵从正态分布，可描述为距离圆锥形中心线距离为 x 的函数：

$$p(x) = \frac{1}{\delta\sqrt{2\pi}}\mathrm{e}^{-\frac{1}{2}\left(\frac{x}{\delta}\right)^2} \tag{6.220}$$

式中　$p(x)$——击中距圆锥中心线距离为 x 的某一点的概率；

x——自圆锥形中心线的距离；

δ——坠落物侧向偏移量（图 6.48）。

坠落物从垂直线到距离 r 的海床落点的概率：

$$P(x \leqslant r) = \int_{-r}^{r} p(x)\mathrm{d}x \tag{6.221}$$

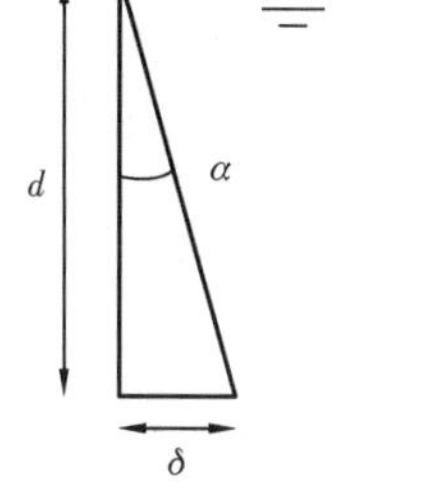

图 6.48　坠落物侧向偏移量

位于内圆（半径为 r_i）与外圆（半径为 r_o）之间区域的落物撞击概率：

$$P_{hit,r} = P(r_i < x \leqslant r_o) = P(x \leqslant r_o) - P(x \leqslant r_i) \tag{6.222}$$

落物击中海底管道的概率：

$$P_{hit,sl,r} = P_{hit,r}\frac{L_{sl}\cdot(D + B/2 + B/2)}{A_r} \tag{6.223}$$

式中　$P_{hit,sl,r}$——落物对位于圆环（半径 r）的海底管道的撞击概率；

$P_{hit,r}$——落物对位于圆环（半径 r）内的海底管道的撞击概率；

L_{sl}——海底管道在圆环（半径 r）内的长度，m；

D——海底管道直径，m；

B——坠落物的宽度，m；

A_r——圆环（半径 r）内的面积，m^2。

图 6.49 所示为坠落物撞击圆环内海底管道的概率示意图，图 6.50 所示为坠落物撞击区域示意图。

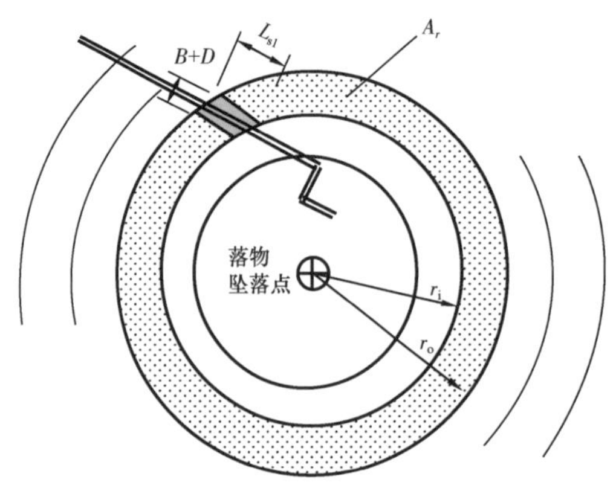

图 6.49　坠落物撞击圆环内海底管道的概率示意图

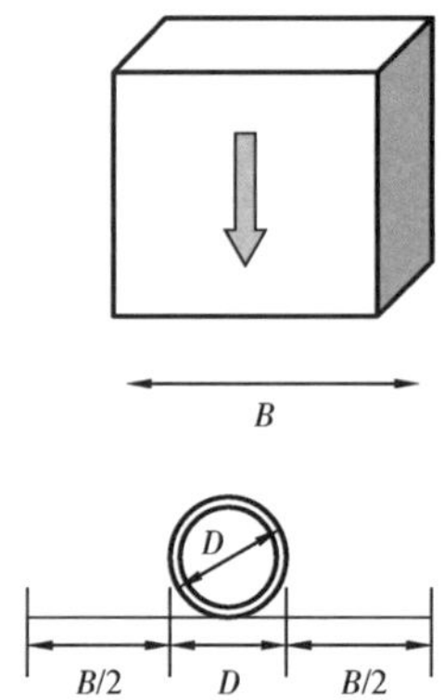

图 6.50　坠落物撞击区域示意图

6.6.2.5　失效概率与风险等级

风险能表达为失效概率和失效后果的函数。可对概率和失效后果进行定性度量或定量度量。风险水平可通过风险矩阵表达，风险矩阵的纵轴为失效概率，横轴为失效后果。

DNVGL－RP－F107 给出了海底管道、柔性管道与立管及脐带缆的安全风险概率及风险详细描述，具体情况见表 6.16 至表 6.19。

表 6.16　海底管道抗撞击能力及安全风险概率

凹陷与管道直径的比值,%	损伤描述	风险概率					
		D1	D2	D3	D3－R0	D3－R1	D3－R2
<5	微小损伤	1.0	0	0	1.0	0	0
5～10	较大损伤 预计存在泄漏风险	0.1	0.8	0.1	0.8	0.1	0.1
10～15	较大损伤 预计存在渗漏和破裂风险	0	0.75	0.25	0.75	0.2	0.05
15～20	较大损伤 预计存在渗漏和破裂风险	0	0.25	0.75	0.25	0.5	0.25
>20	管道破裂	0	0.1	0.9	0.1	0.2	0.7

注：D3－R0，D3－R1 与 D3－R2 表示为 D3 风险下，不同泄漏情况的概率，即 R0，R1 与 R2 三者之和为 1。

表 6.17　柔性管道与立管抗撞击能力及安全风险概率

撞击能量 kJ	损伤描述	风险概率					
		D1	D2	D3	D3 - R0	D3 - R1	D3 - R2
<2.5	轻微损伤，不会引起海水进入	1.0	0	0	1.0	0	0
2.5 ~ 10	需要修复的损伤存在泄漏风险	0	0.5	0.5	0.5	0.5	0
10 ~ 20	需要修复的损伤泄漏或者破裂	0	0.25	0.75	0.25	0.25	0.5
>20	破裂	0	0	1.0	0.1	0.2	0.7

注：D3 - R0，D3 - R1 与 D3 - R2 表示为 D3 风险下，不同泄漏情况的概率，即 R0，R1 与 R2 三者之和为 D3 的概率。

表 6.18　脐带缆抗撞击能力及安全风险概率

撞击能量 kJ	损伤描述	风险概率		
		D1	D2	D3
<2.5	轻微损伤，不会引起海水进入	1.0	0	0
2.5 ~ 5	需要修复的损伤存在失去功能的风险	0	0.50	0.50
5 ~ 10	需要修复的损伤存在失去功能的风险	0	0.25	0.75
>10	失去功能	0	0	1.0

表 6.19　风险详细描述

序号	风险标记	损伤描述	详细描述
1	D1	微小损伤	管道损伤不需要进行维修，不会导致任何液体泄漏
2	D2	中等损伤	管道损伤需要维修，但是不会导致液体泄漏。管道凹陷大于管道直径的5%以上，通常需要进行维修。海水进入柔性管道与脐带缆坑导致腐蚀事故
3	D3	较大损伤	管道损伤导致原油或水的泄漏。如果管道管壁发生破裂，需要立即停止管道运营，并对管道进行维修。管道损伤部分需要进行立即移除并更换
4	D3 - R0	较大损伤无泄漏	管道损伤较大，但未导致泄漏。需要立即停止管道运营，并对管道进行维修。管道损伤部分需要进行立即移除并更换
5	D3 - R1	较大损伤较少泄漏	管道损伤导致原油或水的泄漏。如果管道管壁发生破裂，需要立即停止管道运营，并对管道进行维修。管道损伤部分需要进行立即移除并更换
6	D3 - R2	较大损伤较大泄漏	管道损伤导致原油或水的泄漏。如果管道管壁发生破裂，需要立即停止管道运营，并对管道进行维修。管道损伤部分需要进行立即移除并更换

6.6.3 海底管道力学保护设计

6.6.3.1 海底管道最小埋设厚度

通常情况下，锚落入海床中时，初始时为垂直贯入，当达到最大落锚深度后，随着船舶的惯性行进，锚在土壤中也要进行水平行进。锚在海床中的合成运动轨迹一般为抛物线，在锚运动到海床表面水平位置时，锚达到最大抓力。

为了避免锚在拖曳过程中对管道造成损伤，应依据锚在达到海床水平位置时，锚爪在堆石层里的贯入深度来确定所需要的堆石层最小厚度（图6.50），计算公式如下：

$$T_{d} = \max(H,Z) + CL + D_{t} \tag{6.224}$$

其中

$$H = D_{A}\sin\theta_{A} - 0.5J$$

式中 T_{d}——堆石层的最小厚度，m；

H——锚爪贯入覆盖层的深度，m；

D_{A}——锚爪长度，m；

θ_{A}——锚爪和锚柄之间的最大夹角，一般可取45°，(°)；

J——锚柄宽度，m；

Z——由于锚的直接冲击引起的穿透堆石层的深度，m；

CL——锚爪与管道应保持的最小间隙，设定为0.3m；

D_{t}——包括涂层在内的管道总外径，m。

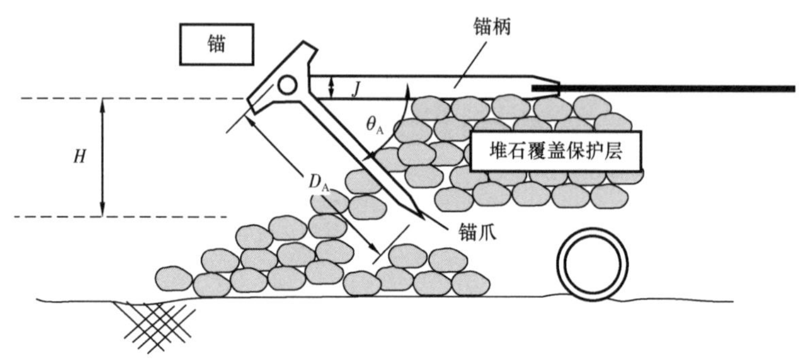

图6.51 堆石层最小厚度计算示意图

6.6.3.2 锚拖曳分析

当船舶主动或被动抛锚时，落锚首先要在海床上贯穿一定的垂直距离，贯穿深度取决于锚的重量和形状、水深及土壤的特性。伴随着船舶的惯性漂移，锚链逐渐绷紧并牵引锚轴，直到锚轴锁住为止。随后，锚开始倾倒，从而又解锁。当锚倾倒一定程度，锚爪的顶端将达到静止状态。锚链对锚轴的牵引致使锚爪穿透土壤，直到锚柄再次锁住。随后，真正的拖锚过程开始。在拖锚阶段，锚不受自己的支配，抓力的大小取决于被拖曳的土壤的抗剪强度。

锚的拖曳现象的发生是由于沿着锚与土壤间剪切面产生剪切失效的结果。这种剪切模式能够通过使用 Rankine 和 Coulomb 的“被动土压力理论”来定义。考虑到土壤的塑性平衡状态和被动 Rankine 状态，滑动表面将会抬升一个角度，且和水平面成（$45° - \varphi/2$），其中 φ 是被锚拖曳过的土壤的内摩擦角。当锚嵌入土壤并且牵引力大于土壤的被动阻力时，失效模式将沿着作用表面进行塑性流动。

随着锚临近海床表面，锚柄和锚爪开始露出海床，从而使锚趋于水平的力矩逐渐增大，阻力降低。从这一点开始，锚将会在一个圆形的轨迹滑动或者剪切。在锚运动到海床表面水平位置的过程中，锚柄和锚爪之间的夹角逐渐减小。然后锚爪逐渐嵌入土壤，直到锚部分或全部嵌入海床，此时锚达到最大抓力。

当牵引力超过最大抓力的时候，一些锚将在土壤里进行水平拖曳，另一些锚将旋转、自由和再次嵌入等，反复重复上述的过程。

另外，用于堆石保护的工程回填将影响锚的拖曳行为。

为了确定锚的贯穿深度，应首先得到土壤的阻力、贯入锚的速度和土壤的动力特性。土壤动力抗剪强度可通过应变率和黏土的不排水抗剪强度来获得。对于非黏性土壤，抗剪强度基于有效应力概念来考虑。

在贯穿过程中的主动力情况如图 6.52 所示，包括：贯入锚的重量和任何被应用的驱动力。阻力包括作用在锚前端面和侧面的底部和侧向土壤支撑力，以及拖曳力。向上的净阻力使贯入锚做减速运动，直到最终停止。

随着锚的陷深增加，所受到的法向承载力和侧向阻力会逐渐增大，当增大到一定程度时，锚就会停止不动，此时的深度就是锚的最大陷深。

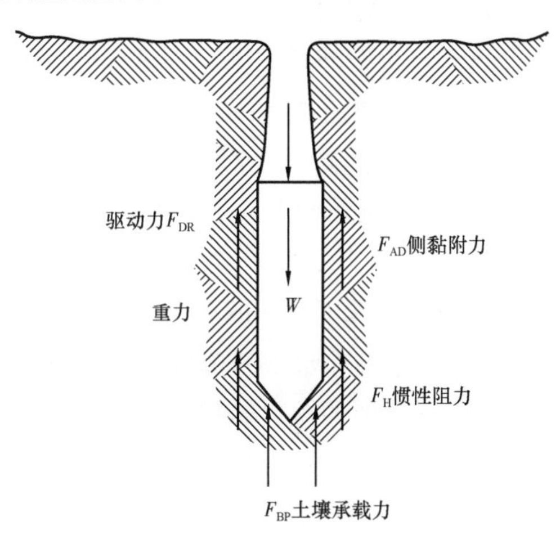

图 6.52　锚在海底土壤中的受力情况

锚贯穿到海床土壤里的动力行为可以通过如下的牛顿第二定律表达：

$$m^* \frac{dv}{dt} = W - F(v,t) \qquad 或 \qquad m^* v \frac{dv}{dy} = W - F(v,y) \tag{6.225}$$

$$F(v,y) = F_{BP} + F_{AD} + F_H$$

$$F_{BP} = S_u N_c A_F(黏性土) \qquad 或 \qquad F_{BP} = p_0 N_q A_F + 0.5\gamma N_\gamma A_F C(非黏性土)$$

$$F_{AD} = S_u \cdot \frac{\delta}{S_t} \cdot A_s$$

$$F_H = 1/2\rho C_D A_F v^2$$

式中　m^*——锚在土壤中的有效质量，kg；

W——锚的浮重，等于锚的重力减去浮力，N；

y——锚在土壤中的贯入深度，m；

v——锚的速度，m/s；

t——锚在土壤中的运行时间，s；

$F(v, y)$——土壤阻力，N；

F_{BP}——土壤底部承载力，N；

F_{AD}——侧黏阻力，N；

F_H——惯性阻力，N；

S_u——土壤的不排水抗剪强度，N/m^2；

N_c——内聚力系数；

N_γ——土壤单位重量系数；

N_q——超载系数；

δ——土壤侧向承载力系数；

S_t——土壤的灵敏度，不排水抗剪强度和重塑土抗剪强度的比；

A_F——锚的前端面面积，m^2；

A_s——锚的侧面面积，m^2；

ρ——土壤的密度；

C_D——阻力系数；

p_0——在深度为 y 的有效上覆土层压力，N/m^2；

γ——土壤在水下的单位重量，N/m^3；

C——锚面的短边的长度，m。

$$f = K_q q_0 \tan\alpha (\mathrm{N/m^2}) \tag{6.226}$$

其中

$$K_q = (1 + \sin\varphi)/(1 - \sin\varphi)$$

式中 α——土壤和锚之间的摩擦角，(°)；

K_q——被动土压力系数；

q_0——平均有效覆盖，N/m^2；

φ——土壤的内摩擦角，(°)。

通过解上面的微分方程，可以获得锚在海底的贯穿深度。

在计算土壤阻力的时候，黏土和沙土的计算公式是不同的，下面分别针对黏土和非黏性土的土壤阻力进行讨论。

(1) 黏性土。

在实际贯穿过程中，土壤的剪切阻力一般比按照土壤静态强度预测的剪切阻力大，这是因为受了应变率的影响。将这种影响定义为动态强度与静态强度的比值，用 S_e 表示。根据实验结果，S_e 可以用如下的解析式表达：

$$\frac{1}{S_e}=\left[1+\frac{1}{\left(\frac{C_e\bar{v}}{S_u l}+C_o\right)^{\frac{1}{2}}}\right]\frac{1}{S_e^*} \tag{6.227}$$

式中　S_e——应变率影响系数；

S_e^*——S_e在高速时对应的最大值；

$\bar{v}$——平均有效速度，m/s；

l——剪切区域的有效长度，等于贯穿体的长度，m；

C_e，C_o——常数。

黏性土的土壤阻力表达式：

$$F(v,y)=S_u S_e\left(N_c A_F+\frac{\delta}{S_t}A_s\right)+\frac{1}{2}\rho C_D A_F v^2 \tag{6.228}$$

（2）非黏性土。

非黏性土的土壤阻力表达式：

$$F(v,y)=(P_0 N_q A_F+0.5\gamma N_\gamma A_F C)+K_p q_0\tan(\alpha)A_s+\frac{1}{2}\rho C_D A_F v^2 \tag{6.229}$$

当土壤和锚之间的摩擦角 $\alpha=0$ 时，有：

$$F(v,y)=(P_0 N_q A_F+0.5\gamma N_\gamma A_F C)+\frac{1}{2}\rho C_D A_F v^2 \tag{6.230}$$

由于直接求解上述微分方程非常困难，故采用数值方法进行求解。将微分方程改写为增量表达式：

$$v_{i+1}=v_{i-1}+\frac{W-F(v_i,y_i)}{m^* v_i}(y_{i+1}-y_{i-1}) \tag{6.231}$$

式（6.231）中除了 v_{i+1}外，其他的都可以认为是已知的。$(y_{i+1}-y_{i-1})$ 一般选取为预测贯穿深度的 1/10 或更小。计算步长取得越小，计算结果的精度就越高。

v_0是锚降落到海床表面时的速度，用如下微分方程计算：

$$mv\frac{\mathrm{d}v}{\mathrm{d}z}=W-F_D \tag{6.232}$$

式中　m——锚的质量，kg；

W——锚的浮重，等于锚的重力减去浮力，N；

F_D——海水对锚的阻力，N。

将一些参数代入上述微分方程得到如下表达式：

$$U\rho_s v\frac{\mathrm{d}v}{\mathrm{d}z}=Ug(\rho_s-\rho_w)-\frac{1}{2}C_D\rho_w A_F v^2 \tag{6.233}$$

式中　U——锚的体积，m^3；

ρ_s——锚的密度，kg/m^3；

ρ_w——海水的密度，kg/m^3；

Z——锚落入水中的深度，m；

C_D——阻力系数；

A_F——锚的前端面面积，m^2；

v——锚落入水中深度为 z 时的速度，m/s。

求解上面的微分方程，可以得到锚落入水中深度为 z 时的速度：

$$v = \left\{\left[2gH - \frac{2Ug(\rho_s - \rho_w)}{C_D \rho_w A_F}\right]\exp\left(\frac{-C_D \rho_w A_F z}{U\rho_s}\right) + \frac{2Ug(\rho_s - \rho_w)}{C_D \rho_w A_F}\right\}^{\frac{1}{2}} \tag{6.234}$$

式中　g——重力加速度，m/s^2；

H——锚自由下落时处于海面以上的高度，m。

利用如上的公式将水深代入，可求解出锚降落到海床表面时的速度 v_0。

6.6.3.3　锚的拖曳长度计算

根据锚在土壤中被拖曳时的运动轨迹，可定量求出锚的拖曳长度（L），计算公式为：

$$L = \frac{P - E'}{\tan\left(45° - \frac{\varphi}{2}\right)} + \frac{D}{\sin\left(45° - \frac{\varphi}{2}\right)} + \sqrt{\frac{CD}{1 - \cos\left(45° - \frac{\varphi}{2}\right)} - 0.25C^2} + A + 0.5C \tag{6.235}$$

式中　P——锚的贯穿深度，m；

E'——锚柄轴以下的深度，m；

φ——土壤的内摩擦角，(°)；

D——锚爪的高度，m；

C——锚的宽度，m；

A——锚柄的长度，m。

6.6.3.4　块石层对锚的冲击能量的吸收能力

一个较重锚直接撞击到一个没有任何保护的管道上会对管道造成较严重的损伤。块石覆盖作为一种保护方法，可以有效减少由于锚的直接冲击对管道造成的损伤。当落锚的有效冲击能量和保护层所吸收的能量相等，可以得到块石层的吸收能量，然后检验块石层的厚度，确保块石层的厚度大于计算得到的锚能够穿透块石层的深度。

落物的有效冲击能量定义如下：

$$E_E = E_T + E_A = \frac{1}{2}(m + m_a)v_T^2 \tag{6.236}$$

其中

$$m_a = \rho_w C_a V$$

式中　E_E——落物的有效冲击能量，kJ；

E_T——落锚的终端速度对应的动能，kJ；

E_A——水动力增加质量对应的能量，kJ；

m——落锚的质量，kg；

m_a——附连水质量，kg；

ρ_w——海水的密度，一般取 1025kg/m^3；

C_a——附加质量系数；

V——落锚的体积，m^3；

v_T——落锚的终端速度，m/s。

块石保护层可以有效降低由于锚直接冲击对管道造成的损伤。根据 DNVGL - RP - F107，坠落物体贯穿块石层的能量吸收计算方法为：

$$E_p = 0.5\gamma' D N_\gamma A_p z + \gamma' z^2 N_q A_p \tag{6.237}$$

式中 E_p——块石层吸收的能量，kJ；

γ'——回填材料的有效单位重量，kN/m^3；

D——落物的直径，m；

A_p——落物的撞击面积，m^2；

z——贯穿深度，m；

N_q——回填材料承载力系数；

N_γ——回填材料承载力系数。

依据规范 DNVGL - RP - F107，当回填层为砂时，对坠落物的冲击阻力是块石回填层冲击阻力的 2% ~10%。

6.6.3.5 混凝土配重层抵抗落锚的冲击能力

落锚从距海面一定高度下落，降落过程中所产生的动能将被海底管道上部的回填层、混凝土配重层、防腐层和钢管管体吸收（图 6.53）。混凝土配重层的吸收能量按式（6.238）计算：

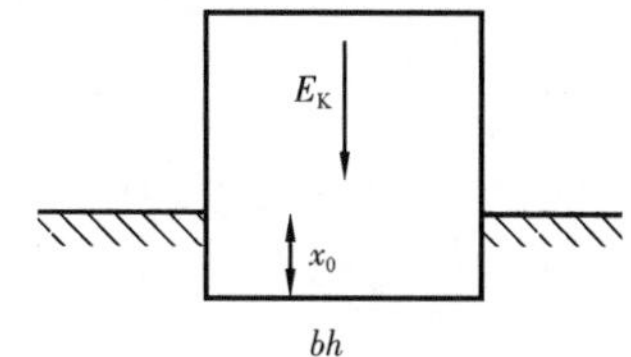

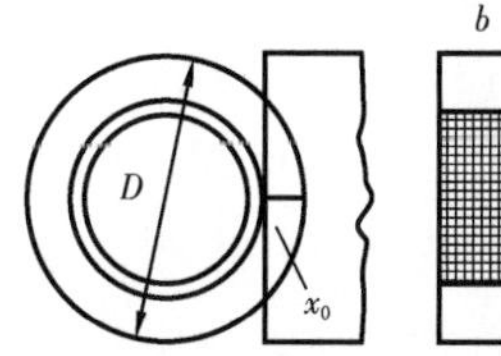

图 6.53 落物对混凝土配重层的冲击示意图

$$E_K = \begin{cases} Ybhx_0 \\ Yb\dfrac{4}{3}\sqrt{D x_0^3} \end{cases} \tag{6.238}$$

其中

$$Y = ff_{cu}$$

式中 E_K——吸收的能量，kJ；

Y——挤压强度，MPa；

f——强度因子，一般可取 3 ~5；

f_{cu}——混凝土强度，一般可取 35 ~45MPa，MPa；

b——物体的宽度，m；

h——物体的高度，m；

x_0——穿透深度，m；

D——管道直径，m。

基于能量守恒原理，可以使 $E_K = E_E$，进而求出穿透深度 x_0。

6.6.3.6 防腐涂层对锚冲击能量的吸收能力

根据 DNVGL－RP－F107，聚合体涂层对落物冲击能量的吸收能力见表 6.20。

表 6.20 聚合体涂层对落物冲击能量的吸收能力

涂层类型		吸收能量，kJ
防腐涂层（厚度 3～6mm）		0
稍厚的多层涂层（典型的有变壁厚的绝缘保温层）	6～15mm	约 5
	15～40mm	约 10
	>40mm	约 15
机械保护系统		5～10

6.6.3.7 钢管对锚冲击能量的吸收能力

若管道其上无回填层或混凝土配重层，则落锚的冲击能量全由钢管吸收（图 6.54）。根据 DNVGL－RP－F107，钢管吸收落锚的冲击能量按式（6.239）计算：

$$E = 16\left(\frac{2\pi}{9}\right)^{\frac{1}{2}} m_p \left(\frac{D}{t}\right)^{\frac{1}{2}} D \left(\frac{\delta}{D}\right)^{\frac{3}{2}} \tag{6.239}$$

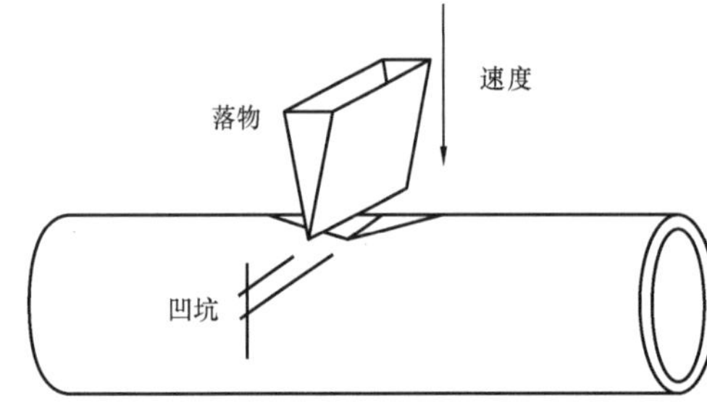

图 6.54 落物对钢管的冲击示意图

其中

$$m_p = 1/4\, \sigma_y\, t^2$$

式中 m_p——钢管壁的塑性抗弯能力，N；

δ——凹坑深，m；

t——钢管壁厚，m；

σ_y——钢管屈服强度，Pa；

D——钢管外径，m。

6.6.3.8 船舶在管道顶部的搁浅

相关统计资料表明，当潮位差为 +1.0m 的时候，搁浅船舶将会对管道施加 1.0tf/m² 的垂向扰动载荷。应用 Clarke 方程进行弯曲应力计算，弯曲应力计算不考虑温度影响，并且假设施加的是静载荷。

$$\sigma_B = \frac{K_b}{2} \frac{\omega REt}{(Et^3 + 24K_\theta pR^3)} \tag{6.240}$$

式中 σ_B——最大弯曲应力，MPa；

K_b——弯曲参数；

ω——总的外部垂直载荷，tf/m^2；

E——管道的弹性模量，MPa；

t——管道壁厚，m；

K_θ——偏移参数；

p——管道内压，MPa；

R——管道外部半径，m。

弯曲应力计算完成后，依次计算管道的环向应力σ_h，轴向应力σ_L（考虑温度影响和泊松效应），进而求出等效应力σ_{eq}，具体公式为：

$$\sigma_h = \frac{pD}{2t} \tag{6.241}$$

$$\sigma_L = E\alpha(T_d - T_i) - \nu\sigma_h \pm \sigma_B \tag{6.242}$$

$$\sigma_{eq} = \sqrt{\sigma_h^2 + \sigma_L^2 \pm \sigma_h\sigma_L} \tag{6.243}$$

式中　p——内压，MPa；

D——管道直径，m；

E——弹性模量，MPa；

α——热膨胀系数,℃$^{-1}$；

T_d——设计温度,℃；

T_i—安装温度,℃；

ν——泊松比；

±——“+”代表压应力，“-”代表拉应力。

管道的许用应力计算：

$$[\sigma] = \eta\sigma_F \tag{6.244}$$

式中　η——许用系数；

σ_F——管道的屈服应力，MPa。

将求出的最大等效应力σ_{eq}和管道的许用应力［σ］比较，如果前者小于后者，则管道是安全的。

6.6.3.9　渔网拖曳与撞击分析

第三方行为对海底管道的破坏主要是由渔船与船舶引起的。目前，根据 DNVGL-RP-F111 中的相关规定，评估渔网拖曳与撞击对海底管道破坏。

6.6.3.9.1　渔网碰撞分析

渔网碰撞分析过程中需要考虑的因素主要有：海床土壤；水深；悬跨高度；材料强度系数。

（1）拖网网板。

渔网与海底管道撞击能量可采用下列简化计算方法进行计算：

$$E_s = R_{fs} \cdot \frac{1}{2} m_t (C_h \cdot v)^2 \tag{6.245}$$

式中　E_s——钢结构吸收的碰撞能量，kJ；

R_{fs}——与钢材重量相关的碰撞能量折减系数；

m_t——渔网装置钢材重量，kgf；

C_h——碰撞速度下的悬跨高度影响系数；

v——有效碰撞速度，m/s。

考虑了水动力附加质量的撞击能量。垂直方向是水动力附加质量主要的作用方向。下面为与水动力附加质量相关的碰撞力计算公式：

$$F_b = C_h v \sqrt{m_a k_b} \tag{6.246}$$

式中 F_b——水动力附加质量引起的碰撞力，N；

m_a——水动力附加质量，kg；

k_b——弯曲强度，10^6N/m。

特征材料强度按式（6.247）进行计算：

$$f_y = (\mathrm{SMYS} - f_{y,temp})\alpha_U \tag{6.247}$$

式中 SMYS——名义最小屈服强度，MPa；

$f_{y,temp}$——稳度折减后的屈服应力，MPa；

α_U——材料强度系数。

水动力附加质量引起的碰撞能量计算：

$$E_a = R_{fa}\frac{2(F_b)^3}{75 f_y t^3} \leqslant \frac{1}{2} m_a (C_h v)^2 \tag{6.248}$$

式中 E_a——水动力附加质量引起的碰撞能量，J；

R_{fa}——钢结构吸收碰撞能量的折减系数；

F_b——水动力附加质量引起的碰撞力，N；

f_y——材料特征强度，MPa；

t——钢管壁厚，mm；

m_a——水动力附加质量，kg；

C_h——与碰撞速度相对的悬跨高度影响系数；

v——有效的碰撞速度，m/s。

吸收能量计算：

$$E_{loc} = \max\begin{pmatrix} E_s \\ E_a \end{pmatrix} \tag{6.249}$$

式中 E_{loc}——吸收能量，kJ；

E_s——钢结构吸收的碰撞能量，kJ；

E_a——水动力附加质量吸收的碰撞能量，kJ。

（2）拖网桁杆。

吸收的能量计算：

$$E_{loc} = \frac{1}{2} R_{fs} C_b (m_a + m_t) v^2 \tag{6.250}$$

式中　R_{fs}——与钢结构质量相关的碰撞能量折减系数；

C_b——碰撞期间有效的 Beam trawl 质量系数；

m_a——水动力附加质量，kg；

m_t——渔网的钢结构质量，kg；

v——有效碰撞速度，m/s。

（3）配重块。

吸收能量计算：

$$E_{loc} = \frac{1}{2} R_{fs} (m_a + m_t) v^2 \tag{6.251}$$

式中　R_{fs}——与钢结构质量相关的碰撞能量折减系数；

m_a——水动力附加质量，kg；

m_t——渔网的钢结构质量，kg；

v——有效碰撞速度，m/s。

（4）海底管道管壁凹陷。

$$F_{sh} = \left(\frac{75}{2} E_{loc} f_y^2 t^3\right)^{1/3} \tag{6.252}$$

式中　F_{sh}——管道壁经历的最大碰撞力，N；

E_{loc}——吸收能量，J；

f_y——特征材料强度，MPa；

t——管道壁厚，mm。

假定永久塑性深度计算公式为：

$$H_{p,c} = \left(\frac{F_{sh}}{5 f_y t^{3/2}}\right)^2 - \left(\frac{F_{sh} \sqrt{0.005D}}{5 f_y t^{3/2}}\right) \tag{6.253}$$

式中　$H_{p,c}$——永久塑性深度，m；

F_{sh}——管道壁经历的最大碰撞力，N；

f_y——特征材料强度，MPa；

D——管道直径，mm；

t——管道壁厚，mm。

6.6.3.9.2　渔网拖曳分析

渔网梁刚度计算公式为：

$$k_w = \frac{3.5 \times 10^7}{L_w} \tag{6.254}$$

式中　k_w——渔网梁刚度，N/m；

L_w——渔网梁长度，m。

（1）拖网网板。

多功能矩形拖网板拖曳力系数：

$$C_f = 8.0(1 - e^{-0.8\overline{H}}) \tag{6.255}$$

V形拖网板拖曳力系数：

$$C_f = 5.8(1 - e^{-1.1\overline{H}}) \tag{6.256}$$

式中 C_f——拖曳力系数；

$\overline{H}$——无量纲高度。

$$\overline{H} = \frac{H_{sp} + \dfrac{OD}{2} + 0.2}{B} \tag{6.257}$$

式中 H_{sp}——悬跨高度，m；

B——渔网高度的一半，m；

OD——管道外部直径，mm。

管道上的最大拖曳力（水平方向）为：

$$F_p = C_f v (m_t k_w)^{1/2} \tag{6.258}$$

式中 F_p——最大水平管道拖曳力，N；

C_f——拖曳力系数；

m_t——渔网钢结构（拖网板或拖网桁杆）质量，kg；

k_w——渔网结构刚度，N/m；

v——拖网速度，m/s。

管道上的最大拖曳力（竖直方向，向下为正）计算公式为：

多功能矩形拖网板

$$F_z = F_p(0.2 + 0.8e^{-2.5\overline{H}}) \tag{6.259}$$

V形拖网板

$$F_z = 0.5F_p \tag{6.260}$$

式中 F_z——最大管道拖曳力（竖直方向），N；

F_p——管道上的最大水平拖曳力（水平方向上的），N；

$\overline{H}$——无量纲高度。

（2）拖网桁杆。

拖曳力系数：

$$C_f = \begin{cases} 5.0 & OD/H_a < 2 \\ 8.0 - 1.5OD/H_a & 2 < OD/H_a < 3 \\ 3.5 & OD/H_a > 3 \end{cases} \tag{6.261}$$

式中　C_f——拖曳力系数；

H_a——渔网梁接触点高度，没有详细资料情况下按 0.2m 考虑，m。

作用于管道上的最大水平拖曳力，计算公式为：

$$F_p = C_f v\left[(m_t + m_a)k_w\right]^{1/2} \tag{6.262}$$

式中　F_p——管道最大水平拖曳力，N；

C_f——拖曳力系数；

m_t——渔网钢结构质量，kg；

m_a——水动力附加质量，kg；

k_w——渔网梁刚度系数，N/m；

v——拖网速度，m/s。

（3）配重块。

最大水平拖曳力为：

$$F_p = 3.9 m_t g(1 - e^{-1.6h'})\left(\frac{OD}{L_{clump}}\right)^{-0.65} \tag{6.263}$$

其中

$$h' = (H_{sp} + OD)/L_{clump}$$

式中　F_p——管道最大水平拖曳力，N；

OD——外径，mm；

H_{sp}——悬跨高度，m；

m_t—渔网钢结构质量，kg；

g——重力加速度，m/s^2；

h'——无量纲弯矩臂；

L_{clump}——配重块中心与接触点的距离，mm。

最大竖向力如图 6.55 所示。

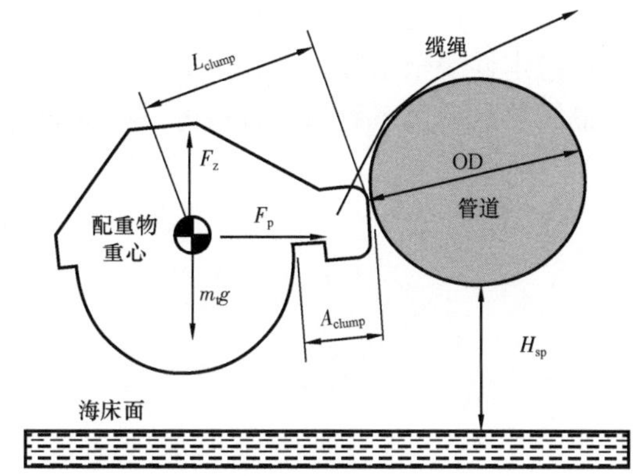

图 6.55　作用在管道上的力的方向

向上时，有：

$$F_z = 0.3 F_p - 0.4 m_t g \tag{6.264}$$

向下时，有：

$$F_z = 0.1 F_p - 1.1 m_t g \tag{6.265}$$

式中　F_p——管道最大水平拖曳力，N；

m_t——渔网钢结构质量，kg；

g——重力加速度，m/s^2。

持续时间：

对于拖网网板和拖网桁杆

$$T_p = C_f C_T \left(\frac{m_t}{k_w}\right)^{\frac{1}{2}} + \frac{\delta_p}{v} \tag{6.266}$$

对于配重块

$$T_p = F_p/(k_w \cdot v) + \delta_p/v \tag{6.267}$$

式中 T_p——持续时间，s；

C_f——拖曳力系数；

C_T——持续时间系数，网板拖网取 2，桁杆拖网取 1.5；

δ_p——管道上接触点的位移，m；

F_p——管道最大水平拖曳力，N；

m_t——渔网钢结构质量，kg；

k_w——渔网梁刚度，N/m；

v——拖网速度，m/s；

g——重力加速度，m/s^2。

6.6.4 挖沟回填设计

6.6.4.1 管沟边坡稳定性计算

（1）简易公式估算法。

挖沟边坡稳定性，主要是通过计算挖沟边坡稳定性安全系数来验证。通常情况下，挖沟边坡稳定性安全系数在 1.25 ~1.5 范围内。

最简单的安全系数估算方法可采用下面的简易公式进行计算：

$$FS = \frac{6c}{\gamma_{sub} H} \tag{6.268}$$

式中 FS——稳定性安全系数；

c——土壤单位黏聚力，kPa；

γ_{sub}——土壤单位浮重，kN/m^3；

H——挖沟边坡高度，m。

此公式针对黏土以及软黏土，并且假设挖沟的边坡稳定性的破坏形式为圆弧剪切破坏（图 6.56）。

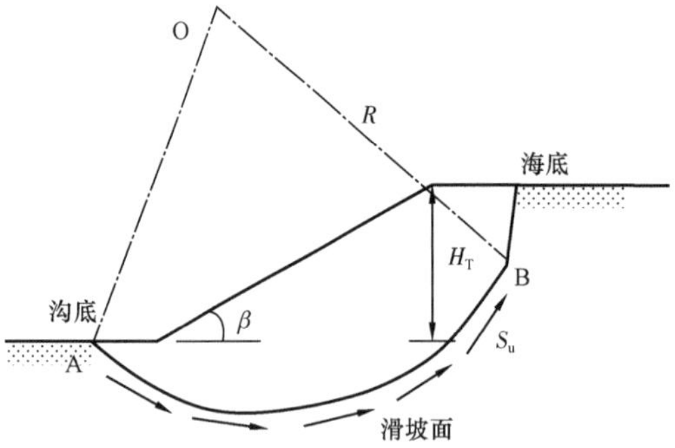

图 6.56 挖沟边坡圆弧剪切破坏示意图

（2）Talor 稳定性图表法。

稳定性图表法有很多种，本书主要介绍 Talor 稳定性图表法（1948），其为全世界的第一个图表法。其他的图表法，如 Janbo 稳定性图表法（1968）等，除假设条件与 Talor 图表法有些差别外，其原理以及推导过程与 Talor 稳定性图表法的过程基本一样。图表法有以下三个基本假设：

① 二维力学平衡假设；

② 圆弧剪切破坏；

③ 斜坡相邻区域为均值同性土壤。

Talor 稳定性图表法的基本公式为：

$$FS = \frac{c}{N_s \gamma_{sub} H} \tag{6.269}$$

式中 FS——稳定性安全系数；

c——土壤单位黏聚力，kPa；

N_s——稳定性系数，由图 6.57 与图 6.58 获得；

γ_{sub}——土壤单位浮重，kN/m^3；

H——挖沟边坡高度，m。

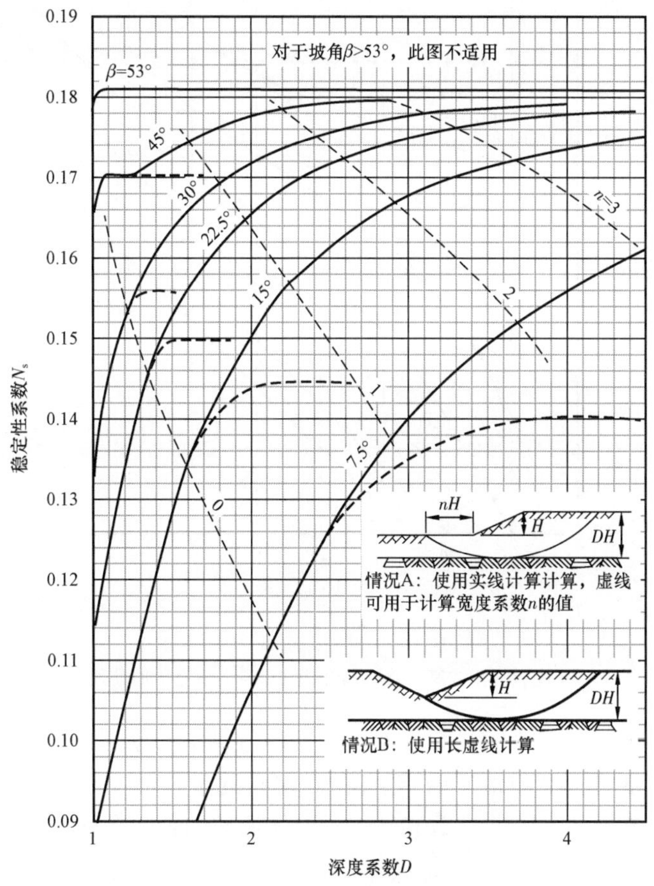

图 6.57　Talor 稳定性图表法

坡角 β 小于 54°或者内摩擦角为 0°时使用

6.6.4.2　块石回填设计

采用抛石来对沟中的管道进行回填保护时，需要考虑砾石的重量可以满足其自身在波浪与水流作用下的稳定性。许多学者都对砾石在波浪与水流作用下的稳定重量展开了研究，如较著名的有伊兹巴什（Isbash）公式、美国海岸防护手册公式[18]以及交通规范方法等。

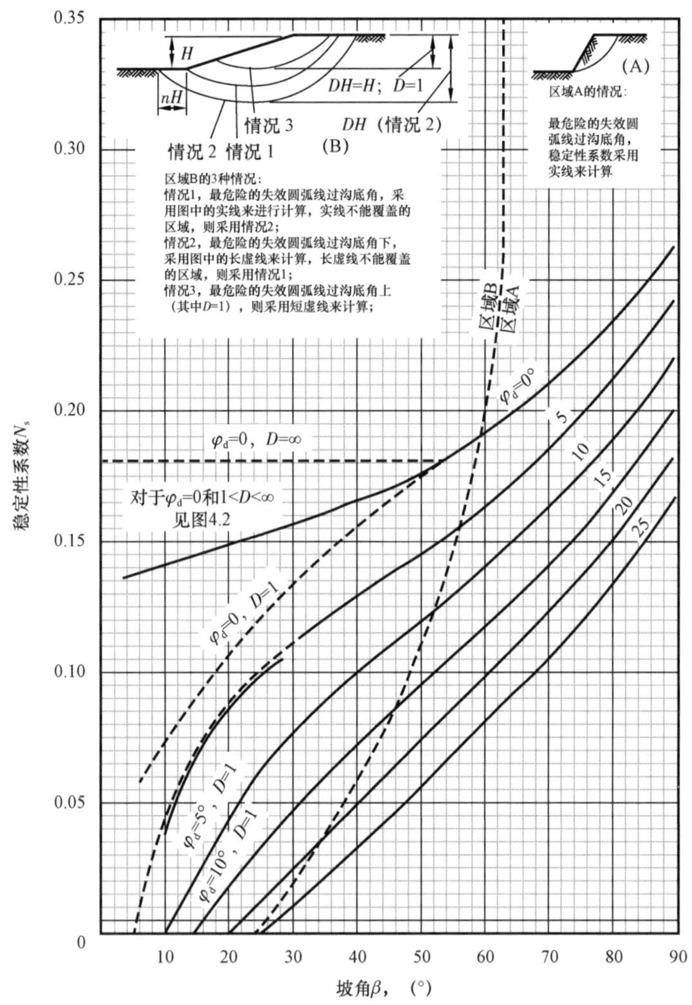

图 6.58 Talor 稳定性图表法

坡角 β 大于或等于 54°或者内摩擦角 φ_d 不为 0°时使用

顶层的回填材料，所需要的护面块石的质量应该能够承受诱导滑动或者翻滚/旋转的环境力（主要为海底流速和波浪的诱导速度）。块石的重量需要根据一些因素确定，比如裸露岩石或者埋置岩石的 Isbash 常数和斜坡对流体流速的影响等因素。

$$W_D = \left(\frac{\pi}{48\,g^3}\right)\left(\frac{v^6\,\gamma_r}{y^6}\right)\left(\frac{\gamma_w}{\gamma_r - \gamma_w}\right)^3\left(1 - \frac{\sin^2\theta_B}{\sin^2\phi_r}\right)^{-\frac{3}{2}} \tag{6.270}$$

式中 W_D——单个石块的质量，kg；

v——流速和波浪诱导速度的合成速度，m/s；

g——重力加速度，一般选取 9.81m/s^2；

γ_w——海水密度，一般选取 1025kg/m^3；

γ_r——块石的密度，一般选取 2600kg/m^3；

θ_B——边坡角度（相对于水平方向），（°）；

φ_r——石块的响应角；

y——Isbash 常数，石块未嵌入海底泥面取 0.86，嵌入取 1.20。

等效岩石最小直径 D_{50min} 对应于用下面的方程式进行定义：

$$D_{50min} = \left(\frac{6}{\pi}\right)^{\frac{1}{3}} \left(\frac{W_D}{\gamma_r}\right)^{\frac{1}{3}} \tag{6.271}$$

式中　D_{50min}——在级配曲线上小于该粒径的石块质量累计百分数为堆石层总质量的 50% 时，所对应的石块最小直径，m；

W_D——单个石块的质量，kg；

γ_r——块石的密度，kg/m³。

块石层的石块等级分布曲线应满足如下要求：

$$D_{50max} = (1.5)^{1/3} D_{50min} \tag{6.272}$$

$$D_{15min} = (0.31)^{1/3} D_{50min} \tag{6.273}$$

$$D_{15max} = (0.75)^{1/3} D_{50min} \tag{6.274}$$

$$D_{100min} = (2)^{1/3} D_{50min} \tag{6.275}$$

$$D_{100max} = (5)^{1/3} D_{50min} \tag{6.276}$$

式中　D_{50min}——在级配曲线上小于该粒径的石块质量累计百分数为堆石层总质量的 50% 时，所对应的石块最小直径，m；

D_{50max}——在级配曲线上小于该粒径的石块质量累计百分数为堆石层总质量的 50% 时，所对应的石块最大直径，m；

D_{15min}——在级配曲线上小于该粒径的石块质量累计百分数为堆石层总质量的 15% 时，所对应的石块最小直径，m；

D_{15max}——在级配曲线上小于该粒径的石块质量累计百分数为堆石层总质量的 15% 时，所对应的石块最大直径，m；

D_{100min}——在级配曲线上小于该粒径的石块质量累计百分数为堆石层总质量的 100% 时，所对应的石块最小直径，m；

D_{100max}——在级配曲线上小于该粒径的石块质量累计百分数为堆石层总质量的 100% 时，所对应的石块最大直径，m。

块石层的最小厚度采用如下推荐的公式计算：

$$r = 3.2 D_{50min} \left(\frac{\pi}{6}\right)^{1/3} \quad 或 \quad r = 0.5\text{m}(最小) \tag{6.277}$$

式中　r——块石层的最小厚度，m。

回填块石粒径级配曲线如图 6.59 所示。

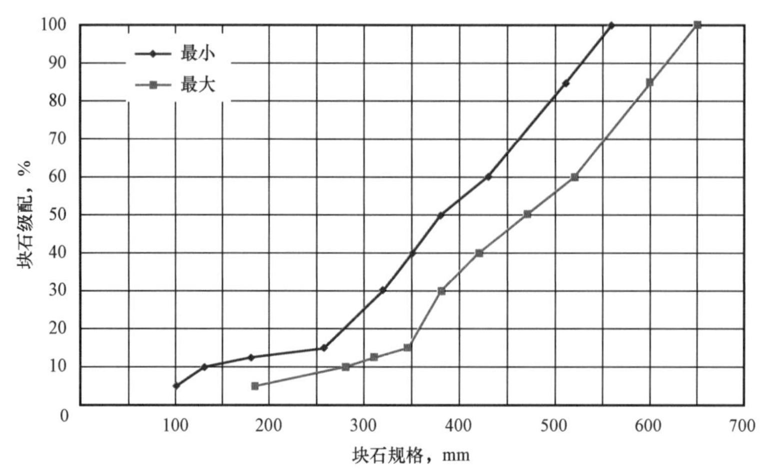

图 6.59　回填块石粒径级配曲线

6.7　海底管道穿越及跨越

在海底管道路由设计中，应尽量绕过障碍物，避免与障碍物发生交越或跨越，因为海底管道穿越障碍物必将增加设计难度与工程费用。但当新建海底管道路由与障碍物不能避免产生交越时，应遵循一定的原则进行设计。

目前，海底管道路由交越设计中需要特殊考虑的因素包括航道、已建海底管道、已建海底光电缆与地震断层等。其中，已建海底管道与已建海底光电缆为人工障碍物，在考虑新建海底管道安全的同时，还需要考虑已建海底管道与光电缆的安全。海底管道穿跨越障碍物时，需要遵循以下几条原则：

（1）新建海底管道与航道及地震断裂带交越时，交越角度尽量保持垂直，或不小于45°；

（2）新建海底管道与已建海底管道或光电缆交越时，新建海底管道与已建海底管道或光电缆的垂直间距、交越角度需要满足规范要求。一般情况下，新建海底管道与已建海底管道或光电缆的垂直间距不小于0.3m。

（3）新建海底管道交跨越段的整体屈曲需要满足规范要求。

（4）新建海底管道局部屈曲校核需要满足规范要求。

6.7.1　航道穿越

根据 JTS 180－3—2018 的相关要求，海底管道在穿越航道的位置应与航道的自然条件和远期开发规划相适应，与港口的现状及港口的总体规划远期发展的港区布置相协调，同时宜选在海床与河床较稳定、航道冲淤强度可预测的位置，且避开港口作业区及锚地。

海底管道穿越航道时的埋设深度和宽度应满足未来可能使用该航道的船舶通航要求，并能适应航槽可能的变迁（图 6.60 和图 6.61）。在考虑航道疏浚超深、冲刷和天然水深等要素基础上，海底管道的安全富裕深度不应小于2m；危险品管道安全富裕深度不应小于3m，必要时经专题论证确定；同时，安全富裕深度不应小于锚击深度，锚击深度应通过专题研究论证确定。

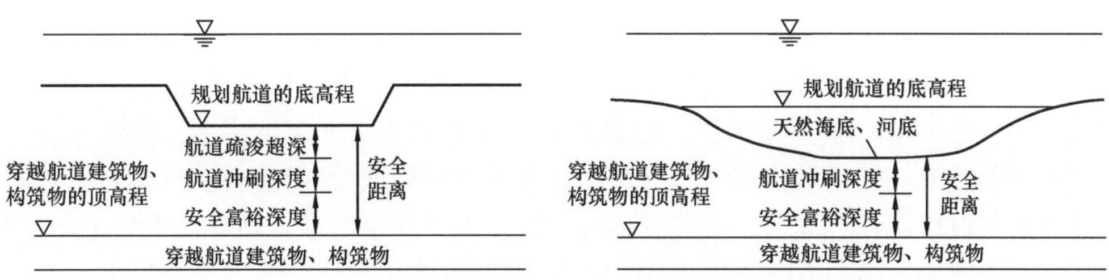

图 6.60　穿越航道建筑物、构筑物埋设安全距离示意图

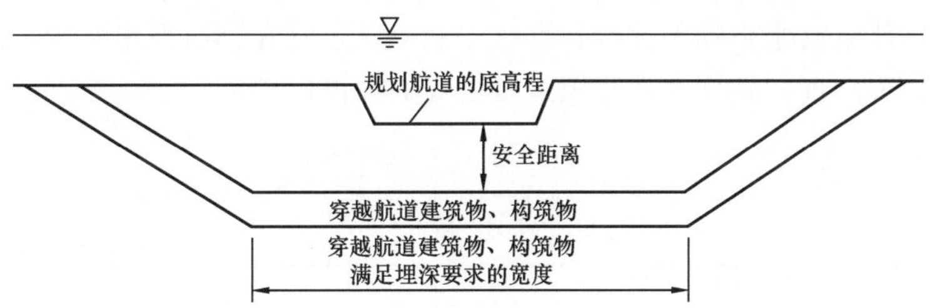

图 6.61　穿越航道建筑物、构筑满足埋设安全距离要求的宽度示意图

海底管道穿越轴线不变的限制性航道，其穿越宽度可取规划航道宽度的 1.2～1.4 倍。

在海床或河床稳定、航道轴线基本不变的水域，其宽度不应小于规划航道通航宽度的 2～3 倍，或不小于自然河宽。

6.7.2　已建管道穿越

6.7.2.1　已建海底管道穿越方式

目前，海底管道穿越已建海底管道主要分为以下几种方式：高位铺设跨越、低位跨越、桥式跨越、组合式跨越以及支架式跨越。

（1）高位铺设跨越。

高位铺设跨越，即已建海底管道埋设于海床以下，新建海底管道可直接铺设在海床上，除了跨越点附近的海底管道是铺设在海床上的，其他部分最终仍然需要埋设到海床以下 1～1.5m（图 6.62）。新建海底管道需要一段足够长的过渡段保证新建海底管道能够自然平缓地跨越已建海底管道。同时，海底管道的应力需要符合规范要求。DNVGL－ST－F101 中规定：两条存在交越关系的海底管道之间需要满足至少 0.3m 的安全距离。因此，若新建海底管道跨越已建海底管道，则通常在已建海底管道上方海床铺设 0.3m 厚的混凝土连锁排。这种跨越方式主要适用于海床表面为非硬质海床的海底管道跨越。

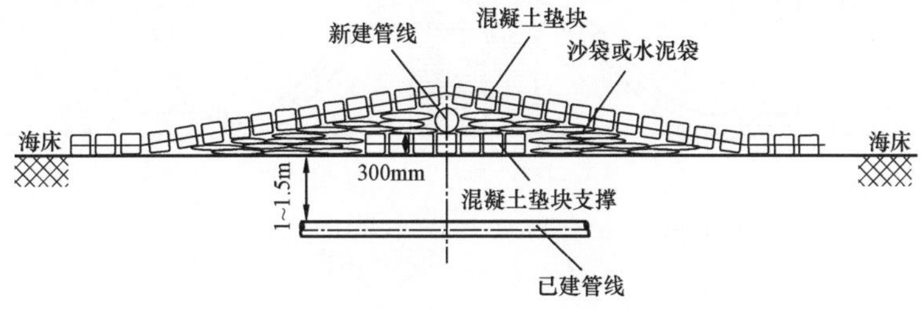

图 6.62　海底管道高位铺设跨越示意图

（2）低位跨越。

低位跨越，即位于海床表面的已建海底管道需要降低一定高度，以保证新建海底管道的埋设需求（图 6.63）。一般来说，已建海底管道在跨越点处需要提供足够长度的过渡段，以满足新建海底管道铺设需求，过渡段长度需要根据埋设深度而定，一般埋设深度越深，需要的过渡段越长，同时，海底管道应力需要满足规范要求。新建海底管道与已建海底管道之间需要满足 DNVGL－ST－F101 中的要求，保持最小 0.3m 的安全间距。

该种穿越形式主要适用于海床的土质为软质沙土或黏土，能够利用特殊设备对已建海底管道附近的海床进行水力喷射挖沟；有利于避免新建海底管道高出海床过高，影响海域中船舶航行；同时，能对新建海底管道进行很好的埋设保护。

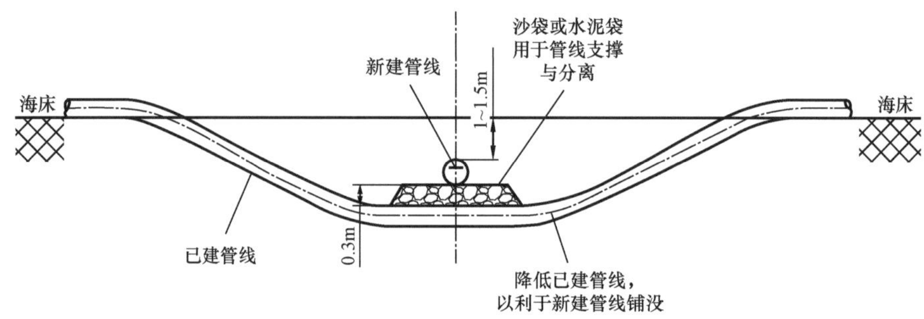

图 6.63　海底管道低位跨越示意图

（3）桥式跨越。

桥式跨越，即新建海底管道在跨越点两侧利用预制的膨胀弯来进行跨越，利用带有 5*D* 弯管预制的法兰膨胀弯连接已建海底管道两侧铺设就位的新建海底管道（图 6.64）。桥式跨越一般利用混凝土连锁排或沙袋来支撑管道，以保障管道之间 0.3m 的安全距离。一般情况下，一根用于跨越的预制膨胀弯能够跨越一条或多条已建海底管道。该种跨越方式适用于在平台附近存在诸多放置在海床上的已建海底管道和膨胀弯，不能降低已建海底管道而又不得不进行跨越的情况。

原因包括以下几点：① 要保证膨胀弯能够自由移动不受限制，膨胀弯不能被埋设，必须保障裸露在海床上；② 必须保障用于降低管道位置的挖沟设备所在工程船舶距平台大于一定距离；③ 由于距离立管太近，跨越点附近膨胀弯的长度无法满足管道跨越所需的过渡段的长度要求，且管道所受应力会超过规范要求。

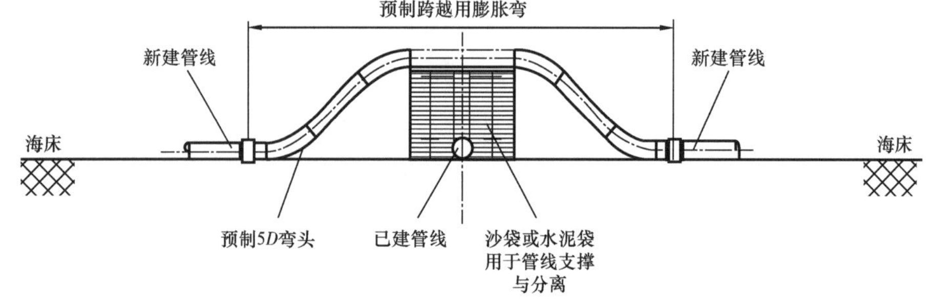

图 6.64　海底管道桥式跨越示意图

（4）组合式跨越。

组合式跨越，即新建海底管道的一侧为预制的膨胀弯，另一侧将新建海底管道铺设在预制的斜面上，从而跨越已建海底管道（图 6.65）。新建海底管道在设计斜面上部的水平部分需要留有足够长度的距离，以便架设的海底管道端部在自重作用下能够保持水平，且便于与预制膨胀弯进行连接。

这种跨越方法适用于向远离平台方向铺设，且跨越一个平台附近的已建海底管道。

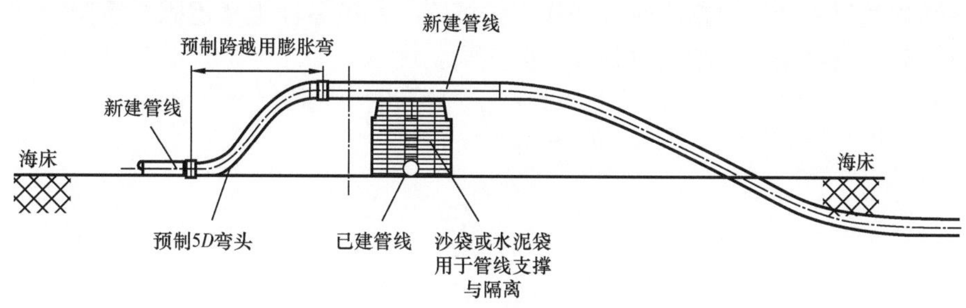

图 6.65　海底管道组合式跨越示意图

（5）支架式跨越。

支架式跨越，即新建海底管道铺设在预先安装好的支架上，支架的位置需要经过计算具体确定，以保障新建海底管道在支架之间的应力与应变满足规范要求（图 6.66）。新建海底管道在支架上部的水平段应具有足够的长度，同时海底管道在触地点至水平段之间应平缓过渡。同时，新建海底管道支架还应考虑其沉降效应等。

这种跨越方法适用于已建海底管道裸露于海床表面，同时不能进行后挖沟沉管作业，且支架式跨越不影响通航，无第三方破坏风险的海域。

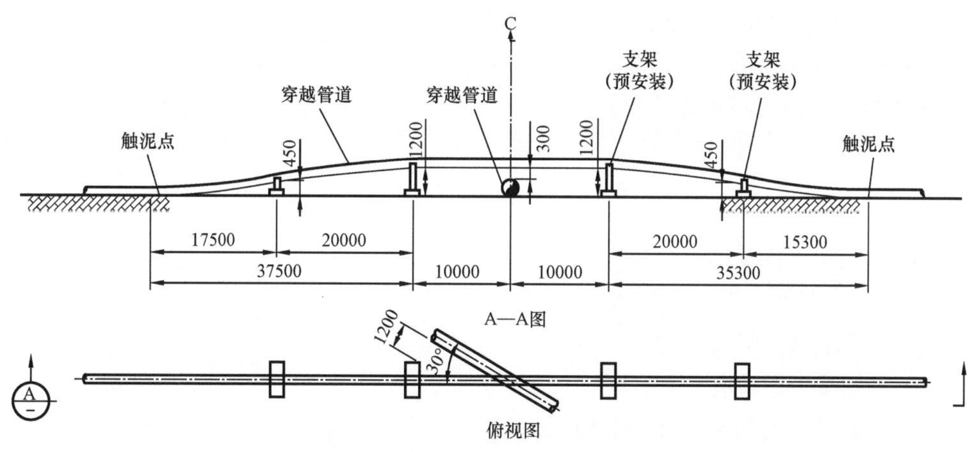

图 6.66　海底管道支架式跨越示意图

6.7.2.2　已建海底管道穿越分析

已建海底管道穿越设计时，需要对新建海底管道按照规范要求校核其应力、应变与弯矩等在位状态。当穿越方式采用低位跨越形式，如需要对已建海底管道进行后挖沟沉管作业，则还需对已建海底管道在沉管过程及最终就位状态进行校核，以保障已建海底管道的安全；当采用桥式跨越、组合式跨越与支架式跨越，则需要校核新建海底管道悬跨状态，保障其满足自由悬跨长度要求；当采用支架式跨越，除上述校核内容，还需要对支架的稳定性进行校核。下面主要对支架式跨越支撑结构的设计给出校核方法。

支架式跨越的支撑结构的设计计算主要是为了保障其具有可靠的沉降及承载力。

（1）支撑结构沉降校核。

支撑结构的沉降计算包括瞬时沉降和固结沉降，一般黏性土考虑固结沉降，沙土则只考虑瞬时沉降。支撑结构的瞬时沉降计算公式为：

$$\Delta h_0 = I_p \frac{qB(1-\nu^2)}{E} \tag{6.278}$$

$$q = \frac{Q}{BL} \tag{6.279}$$

$$I_p = \frac{1}{\pi}\left[m_1 \cdot \ln\left(\frac{1+\sqrt{m_1^2+1}}{m_1}\right) + \ln(m_1 + \sqrt{m_1^2+1})\right] \tag{6.280}$$

式中 Δh_0——瞬时沉降量，m；

I_p——黏土的塑性指数；

q——地基承载力，Pa；

B——支撑结构底部宽度，m；

ν——土壤泊松比；

E——土壤的杨氏弹性模量，Pa；

Q——全部垂向荷载，包括管道的垂向荷载与支撑结构重量，kgf；

L——支撑结构底部长度，m；

m_1——支撑的长宽比。

支撑结构的固结沉降量计算公式为：

$$\Delta h = \frac{hC_c}{1+e_0}\lg\left(\frac{p_0+\Delta p}{p_0}\right) \tag{6.281}$$

式中 Δh——支撑结构长期沉降量，m；

h——支撑结构地基土层厚度，m；

C_c——黏性土的压缩系数；

e_0——初步的土壤孔隙比；

p_0——初始的有效垂向压力，kPa；

Δp——附加有效垂向压力，kPa。

（2）支撑结构的地基承载力计算。

支撑结构的地基承载力用于校核支撑结构的承载能力，支撑的承载能力用如下公式计算（最小安全系数为2.0）：

$$q\mathrm{SF} \leqslant Q_{\mathrm{ult}} \tag{6.282}$$

$$Q_{ult} = C_s N_c d_c + \gamma d_m N_q S_q d_q + 0.5\gamma B N_\gamma S_\gamma d_\gamma \tag{6.283}$$

$$N_c = (N_q - 1)\cot\varphi \tag{6.284}$$

$$N_q = e^{\pi\tan(\varphi)}\left[\tan\left(45 + \frac{\varphi}{2}\right)\right]^2 \tag{6.285}$$

$$N_\gamma = 2(N_q + 1)\cot\varphi \tag{6.286}$$

$$S_c = 1 + 0.2 K_p (B/L) \tag{6.287}$$

$$K_p = \tan(45 + \varphi/2)^2 \tag{6.288}$$

$$S_q = \begin{cases} 1 + 0.1q\sqrt{K_p}\dfrac{d}{B} & \varphi \geqslant 10° \\ 1 & \varphi = 0° \end{cases} \tag{6.289}$$

$$S_\gamma = S_q \tag{6.290}$$

$$d_c = 1 + 0.2\sqrt{K_p}\frac{d}{B} \tag{6.291}$$

$$d_q = \begin{cases} 1 + 0.1\sqrt{K_p}\dfrac{d}{B} & \varphi \geqslant 10° \\ 1 & \varphi = 0° \end{cases} \tag{6.292}$$

$$d_\gamma = d_q \tag{6.293}$$

式中 q——土壤承载力，Pa；

SF——安全系数；

Q_{ult}——土壤的极限承载力，通过霍夫方程式计算，Pa；

C_s——土壤内聚力，Pa；

N_c——内聚力系数；

γ——水下土壤单位重量，kgf/m^3；

N_q——超载系数；

N_γ——土壤单位重量系数；

φ——土壤摩擦角，(°)；

S_c，S_q，S_γ——形状因数；

d_c，d_q，d_γ——水深系数；

d_m——基础水深，m。

6.7.3 已建光电缆穿越

（1）已建海底光电缆底部穿越。

该方案通过利用高压水力喷射冲沟，将交越位置的已建海底电缆冲出，并利用浮袋使海底电缆上升一定高度。新建海底管道利用绳索牵引，从海底电缆底部穿越，铺设至沟槽底部。海底管道铺设完成后，将海底电缆下放至海床上，并进行回填保护。为保障新建海底管道与海缆之间的安全间距，可在新建海底管道上方铺设沙袋或混凝土连锁排，或者在海底电缆上增加塑料套管。

该种方法适用于新建海底管道不能从已建海底光电缆上方铺设的情况，其有利于海底光电缆的维修，但海底管道铺设存在一定风险。图 6.67 所示为海底电缆与海底管道交越工程实例。

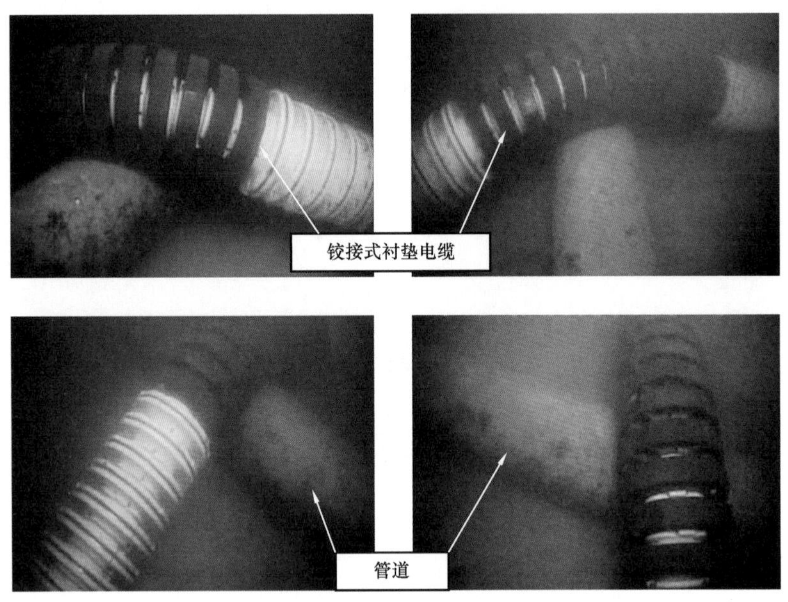

图 6.67　海底电缆与海底管道交越工程实例

（2）已建海底光电缆上部穿越。

该方案通过利用高压水力喷射冲沟，将交越位置的已建海底电缆冲出，并利用沙袋及混凝土连锁排进行覆盖保护，将新建海底管道铺设在混凝土连锁排上。如果海底管道上方机械回填层不能满足保护要求，则需要覆盖混凝土连锁排进行保护。

该方法适用于新建海底管道可从已建海底光电缆上方铺设的情况，其海底管道铺设较简单，不存在安全风险，但不利于海底光电缆的维修。

（3）支撑式跨越。

若海底光电缆裸露于海床上或埋设深度较浅时，可采用支撑式跨越方式进行海底管道铺设。在交越位置两侧预先放置支撑结构，新建海底管道铺设在支撑结构上，保障海底管道与海底光电缆之间 0.3m 的安全间距。支撑结构可选择混凝土连锁排、沙袋与支架等。支撑结构的布置间距需要满足海底管道自由悬跨长度的要求，并需要考虑支撑结构沉降的影响。

6.7.4　地震断层穿越

海底管道的地震破坏主要由断层相对运动、地震波的传播、地层液化等因素引起。除接头外，就管道本身来讲其破坏可分为两种，即：

（1）一种是强度破坏，如管道在土壤侧向滑移的情况下，发生的局部屈曲，如

图 6.68 所示；

（2）一种是失稳破坏，如管道在土壤液化时的上浮或者下沉。

针对这两种破坏形式，海底管道抗震的研究的也主要集中于两个方面，即地震反应分析和稳定性研究。

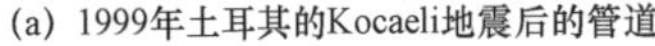

(a) 1999年土耳其的Kocaeli地震后的管道

(b) 1999年我国台湾的CHICHI地震后的管道

图 6.68　地震对管道的破坏实例

地震对海底管道的危害主要表现为：

（1）地震错动与侧向滑移导致的管道大变形，特别是对于穿越断层带的海底管道；

（2）土壤液化导致的管道下沉或者上浮；

（3）由地震波导致的管道应力破坏。

现代海底输油管道基本都是由塑性钢材制造，而且管段由合焊对接焊缝连接，加上相对于陆地管道一般埋设都比较浅，因而，地震波对海底管道造成破坏相对比较少。而对地下管道的破坏或严重变形更多的是地震断裂带运动造成的。

地震断裂带对海底管道的影响也可以分为埋设和未埋设两种形式来分析，实际上裸露管道经常都被浅埋，且在这种前提下所得到的应力通常虽保守一些，但比较符合工程上的要求，所以，可以把其作为埋设管道来分析，只是约束相对较小。这样，对地震断裂带的应力计算就可以简化为埋设一种形式了。

在地震发生期间和震后都会出现永久地面位移，它们来源于剪切破坏和体积变化所造成的不可逆变形，并随着地震动或在地震动后有所增长（表 6.21）。永久地面位移往往超过地震波的峰值地面位移，可用来说明地下管道最大地震变形的条件。

表 6.21　地震中地面永久变形类型

类型	描述
断层运动	地壳相邻部分的位移，集中在较窄断层区的运动。主要类型：（1）走滑断层；（2）逆断层；（3）正断层
液化	饱和无黏性土变成液化状态，剪切强度显著降低所产生的位移。 液化引起的运动包括：（1）横向扩展；（2）降低承载力；（3）流动破坏；（4）沉陷；（5）浮力效应

续表

类型	描述
滑坡	地震动惯性力引起地面块体移动，位移形式有多种。主要类型有：（1）岩石崩裂；（2）土的浅层滑移或滑坡；（3）岩土的深层平移和转动
压实	干的或部分饱和无黏性土因地震动产生的体积缩小
构造性升降	与构造活动性有关的区域性尺寸变化，一般遍布较大面积

6.7.4.1 海底管道抗震设计理论分析方法

埋地管道地震反应研究主要分为两个方面：地震波动作用和永久地面变形作用，永久地面变形主要是断层错动的影响。所以，埋地管道地震反应计算的理论方法也从这两个方面展开。

首先是断层作用下的理论解析计算，该部分主要方法有 Newmark - Hall 法、Kennedy 法和王汝梁法。

（1）Newmark - Hall 法[19]。

Newmark 和 Hall 于 1975 年首次提出应用静态土压力和静态摩擦力的小位移模型分析断层错动对地下管道影响的理论方法。通过研究得出结论：管道的大部分位移和变形发生在断层两侧很短的范围内；管土之间摩擦角越小，抗震能力越高；管壁较厚的管道具有较好的抗震性能；管道的埋置深度应较浅。同时，该方法认为，管道横截面以轴向拉应变为主，管道与断层交角在 0°～90°范围内越大越好，考虑到断层的不确定性，应以 80°为最佳。该方法已经被我国及美国输油（气）管道抗震规范所采用。

但由于该方法认为断层位移完全由管道的纵向变形吸收，忽略管道的弯曲变形和管土之间的相互作用，使得其只适用于断层与管道交角较小或断层位错较大的情况。

（2）Kennedy 法[20]。

Kennedy 和 Chow 等考虑横向管土相互作用，改进了 Newmark 和 Hall 的方法。基于单一曲率模型，将管道看成只有拉伸刚度而无弯曲刚度的悬索，应用大位移理论计算管道的弯曲应变，结果较前者更为合理。

然而，该方法忽略了管道的弯曲刚度以及弯曲变形对轴向刚度的影响，过高地估计了土体侧向阻抗对弯曲应变产生的效应，在弯曲变形与轴向变形之比较小时可给出满意的结果，但在弯曲变形较大时则过于保守。

（3）王汝梁法（梁理论方法）[21]。

Wang 和 Yeh 把变形后的管道简化为给定变形的单一曲率弯曲大变形梁和弹性地基梁，考虑了管道的抗弯刚度和管土相互作用，采用管道钢三折线模型，得到管道的应力分布、伸长量以及弯矩与曲率半径的关系，并进一步分析了断层位移、穿越角、管土摩擦作用、管道埋深以及管径对管道轴力与弯矩的影响，最后建议采用大穿越角、小埋深、小直径以及小管土摩擦角为好。

该方法虽改进了 Kennedy 等的研究，但仍存在下列不足：忽略了轴力对管道弯曲刚度的不良影响和单一曲率大变形梁和弹性地基梁之间的剪力连续条件；管道潜在破坏的位置也不是位于断层两侧大变形段的两端，而实际上应该位于大变形段内，靠近断层与管道的交叉点；依据断层位移来计算管道弯矩抗力，而断层位移与管道的变形存在一定差距，应直接采用管道应变或变形计算管道弯矩抗力。

其次是地震波动作用下的理论解析计算，主要有共同变位法和反应位移法。

（1）共同变位法。

1967 年，Newmark 提出共同变位法，此方法忽略惯性力的作用，假设地震波作用于管道时管土共同变位，即管线的运动与周围土体的运动相等，管线与土体等应变。由于地震波影响下管道自身的动力放大作用非常微小，因此这一假定合理。该方法假定地震波为沿管线方向传播的地震波，且忽略衰减影响，传播过程中波形不变。

（2）反应位移法（位移传递系数法）。

1975 年，Kuribayashi 考虑管土之间的相互作用，通过土弹簧系数加以反应，提出了地震系数法，也就是之后的反应位移法。1979 年，Shinozuka 提出了管土相互作用的土弹簧模型，土体的波动位移通过土弹簧传给管线。此模型假定管线周围部分土体形成土层，这一土层与管线之间不发生相对滑移，但该土层内部发生相对滑移，构成剪切滑动带。用线性弹簧来描述此剪切滑动带，就构成了土弹簧模型的基本表达式。

6.7.4.2　国内外埋地管道抗震设计规范

结构抗震理论的不断发展对于保障国民经济与保护人民的生命财产安全是有着非常实际的意义。对比国内外规范有助于了解我国抗震规范和欧美规范中的不同，可以加强对我国抗震规范的深入了解。美国和日本的规范经 30 年的发展已经具有世界影响力，对于我国抗震规范的发展与研究有着重要的参考价值，为我国规范以后的发展提出可行性的建议。本书主要以中国、美国和日本三国的埋地管道抗震设计规范为主，完成总结和比较。

（1）中国《输油（气）钢质管道抗震设计规范》（SY/T 0450—2004）。

该规范在埋地管道地震波动效应分析中使用的方法是 Newmark 法，即共同变位法。这一点上，与美国规范相似，此方法未考虑管土之间的滑动，认为土与管道一起变形。本规范并没有建议关于埋地管道在地震波动作用下的数值仿真方法。在断层作用下，该规范只推荐了解析方法——Newmark - Hall 法，而判别管道失效的准则是以管道变形是否超过允许变形为准。在规范中提出了一些针对性的抗震措施。

（2）中国《油气输送管道线路工程抗震技术规范》（GB 50470—2017）。

该规范给出管道在地震波动效应分析中的方法也是 Newmark 法，未提及有限元方法。在断层作用分析中推荐了解析方法——Newmark - Hall 法和有限元方法两种方法。与 SY/T 0450—2004 规范不同的是，管道失效准则是以管道变形的 2 倍是否超过允许变形为准。在规范中提出了一些针对性的抗震措施。

（3）中国《室外给水排水和燃气热力工程抗震设计规范》（GB 50032—2003）。

该规范规定给排水、燃气管道的地震波动效应分析方法是位移传递系数法，该种方法认为土与管道之间存在相对滑动，与日本规范思想一致，未提出有限元方法。在本规范中对断层作用下的管道反应分析没有提及。在规范中给出了一些针对性的抗震措施。

（4）美国生命线大联盟（ALA）《Guidelines for the Design of Buried Steel Pipe》（2001）。

该规范对于地震波动效应的分析使用的是 Newmark 法，并未提出有限元方法。在断层作用分析中只推荐了有限元方法而未建议理论解析方法。规范中并未给出相应的抗震措施。

（5）美国 PRCI《Guidelines for the Seismic Design and Assessment of Natural Gas and Liquid Hydrocarbon Pipelines》（2004）。

该规范中对地震波动效应分析提出相应的理论解法——Newmark 法和数值仿真解法，Newmark 法中 Rayleigh 波系数取 1.0，剪切波系数取 2.0。对于断层作用分析主要推荐了有限元方法，没有提出解析解的方法。提出了一些抗震措施。

（6）美国 ASCE《Guidelines for the Seismic Design of Oil and Gas Pipeline Systems》（1984）。

该规范中对于地震波动效应分析不仅提出了解析解法——Newmark 法，还给出了相对应的有限元方法。在断层作用分析中提出了两种经典的解析方法，即 Newmark - Hall 法和 Kennedy 法，除此之外也提出了有限元方法。在规范中提出了许多针对性的抗震措施，对埋地管线抗震施工提出了很有意义的建议。

（7）日本《Earthquake Resistant Design Codes in Japan》（2000）。

该规范对于地震波动效应分析中提出了一种考虑管土相对滑动、不同于中国和美国规范的方法，在该规范中并未给出有限元解法。对于断层作用分析中，该规范给出了解析解，但是并未给出有限元解法，也未给出相应的抗震措施。

（8）比较说明。

美国规范在地震波动效应分析中主要使用 Newmark 法，该法未考虑管土相对滑动，结果偏保守；而日本规范中的方法则考虑了管土相对滑动，相对于 Newmark 法更接近于实际；中国规范根据不同领域的管道分别采取了不同的方法。三国相关规范汇总见表 6.22。

在断层作用分析方法中，主要是 Newmark - Hall 法和 Kennedy 法两种解析方法；至于有限元法则以梁单元或壳单元为主建立数值仿真计算模型。

表 6.22　中、美、日规范汇总

规范	地震波动效应分析			断层作用分析			
	方法	备注	有限元方法	解析方法	备注	有限元方法	抗震措施
SY/T 0450—2004	Newmark 法	不考虑管 - 土滑动	×	Newmark - Hall 法	比较管道变形	×	√
GB 50470—2017 输气管道	Newmark 法	不考虑管 - 土滑动	×	Newmark - Hall 法	比较管道应变 2 倍管道最大应变	√	√
GB 50032—2003 给水排水、燃气	位移传递系数法	考虑管 - 土滑动	×	×		×	√
ALA - 2001	Newmark 法	不考虑管 - 土滑动	×	×		√	×
PRCI - 2004	Newmark 法	不考虑管 - 土滑动	×	×		√	√
ASCE - 1984	Newmark 法	不考虑管 - 土滑动	√	Newmark - Hall 法 Kennedy 法		√	√
Japan - 2000	√	考虑管 - 土滑动	×	√		×	×

6.7.4.3 国外规范中海底管道抗震设计经验

（1）ANSI B31.4。

ANSI B31.4 是适用于陆地和海上液态烃输送和配送系统的设计、施工和运行的美国标准。该标准鲜有涉及管道地震设计的准则和要求，只是强调创建一个通用的评估海底管道地震灾害的必要。

在 B31.4 中，要求工程师在海底管道设计时要考虑地震的影响，尤其是一些特殊地段，如河谷交叉口、海底和内陆近海岸等。在偶然荷载作用下的极限应力计算和应力准则部分中，提出由压力、活荷载和死荷载以及风、地震等偶然荷载产生的纵向应力总和不应超过管道最小屈服应力的 80%。此限制是对地上管道或悬空管道而言，并不适用于因断层、液化等引起的大的地面运动。

（2）ANSI B31.8。

ANSI B31.8 是适用于陆地和海上气体输送和配送系统的设计、施工和运行的美国标准。与 B31.4 有部分相似，对于海底管线部分做了有限的叙述，但提出了许多抗震措施。

该规范对于极端荷载主要考虑的是地震惯性力而不是二次荷载，并建议当海底管道穿过已知的断层区域时，应考虑增加管道的滑动性来减少地震对管道的破坏。

在设计条件一节中，海底管道所受到的地震被认为是一种需预先考虑的设计条件。应变设计准则一节则规定当海底管道在经受一个可预测、非周期性的位移荷载，且预计损害率不会影响管道完整性时允许采用超过屈服应变的应变准则进行设计。允许应变标准应当以管道的延展性和屈曲行为为基础来确定，但并未给出明确值。

在海床稳定性一节中，管道的横向和竖直稳定性设计是受海床地形、土体特性，以及水动力、地震和土体行为控制。要求管道设计能够防止水平和竖直运动，或者虽然可以运动但是不超过管道的设计强度。

土壤液化一节要求海底管道在设计时要考虑液化和滑坡失效的影响，但并未定义明确的准则。

（3）API Recommended Practice 1111。

API Recommended Practice 1111 建立了海底管道设计准则，适于与 ANSI B31.4 和 B31.8 标准共同使用，故 API 的准则本质上与 ANSI 规定的标准是一致的。

在“2.1.4 动力”一节中，要求在管道设计时需要考虑施加在管道上的动力及由此引起的总应力。这种应力情况可能由一系列的荷载条件引起，其中之一就是地震。该准则只是将地震作用作为一种动态荷载考虑。

在“2.4.2.1 海床上的稳定性”一节，讨论了自然情况下管线在海底的稳定问题。特别提及，对于海底管道在由地震引起的海底沉积物的液化、漂浮等问题上要求专门作为一个潜在情况考虑。

（4）BS 8010 管道守则海底管道部分。

英国标准 BS 8010，第三部分对水下管道的设计、施工、安装和测试提出了相应的建议。BS 8010 中认为地震活动作为一种环境荷载条件是必须考虑的。其中规定的条款如下：

“4.2.2.5 结构和环境荷载”一节中，地震被定义为一种需要考虑的环境荷载，关于相互作用更详细的讨论见其附录 B。“4.2.5.4 等效应力”一节，指出海底管道等效应力（依据 von Mises 应力判断准则）应小于环境荷载条件下最小屈服应力的 0.96 倍。“4.2.6 应变设计准则”一节中，指出 4.2.5.4 节中的等效应力准则可由 0.1% 的允许应变准则代替。“4.5.4.2 土体稳定性”一节中，指出海底管道路由沿线由于各种原因（包括地震活动）可能引起的土壤不稳定应该考虑加固措施。

“B.1.10 地震活动”一节，要求考虑管道沿线的地震活动对管道的影响，尤其提到了土壤液化，但并未提供适当的指导措施。“B.2.7.5 液化”一节，要求考虑土壤液化的影响，地震是一种可以引起液化的因素。

（5）CSA Z662－96 油气管道系统。

加拿大《油气输送管道系统规范》提及了在运行压力下热膨胀范围、温差、持续荷载和风荷载的设计应力要求，但其他荷载条件并没有明确的提及。

（6）DNV 对于近海管道系统的规定。

DNV 海底管道系统设计规范中，认为地震活动作为一种环境荷载条件必须要考虑。其中相应的条款包括：

“2.1.1 自然环境现象”一节中，要求考虑所有损害结构功能或系统稳定性的环境现象。地震活动也应列为一种环境现象来考虑。

3.3.1.1 节中涉及环境荷载的部分，要求环境荷载的重现期均需大于 100 年。

6.7.4.4　断层特性对海底管道反应的影响

断层作用下管道反应研究分为两个部分：一是依据规范中给出的土体种类进行的研究，通过对不同埋设土体下管道反应的计算对比，得出了一些通用的具有普遍意义的结论；二是依据工程实测土进行研究。

（1）断层类型。

活动断层对管线的主要影响形式有，正断层俯拉受剪和逆断层逆冲受剪。从一定意义上说，当管线遭遇逆断层时，在剪压作用下，管线更容易因失稳而导致管线屈曲；而当管线遭遇正断层时，在剪拉作用下管线的主要破坏形式是拉断，拉力会使管线逐步达到屈服上限而产生破坏。

分析工况：管径 813mm 与 914mm；X65 与 X70HD2 级钢管；混凝土配重层厚度为 100mm；管道埋深为 2m；断层位错量为 2.48m；断层倾角为 80°，管道穿越角为 90°。由于温度对管道影响明显，为突出断层对管道的影响，忽略温度因素，只考虑内压和重力作为初始荷载情况。

不同断层类型对管道产生不同的应力，正断层产生拉应力，逆断层产生压应力，走滑断层，根据管道穿越断层的角度不同，会产生不同效应的应力（图 6.69 至图 6.72）。但在轴向位移和竖向位移相同的情况下，产生的应力是相同的。总体上来说，相同情况下，管道穿过正断层要好于穿过逆断层，穿过走滑断层时尽量使管道受拉。这是因为管道在断层下的允许拉伸应变要大于允许压缩应变。

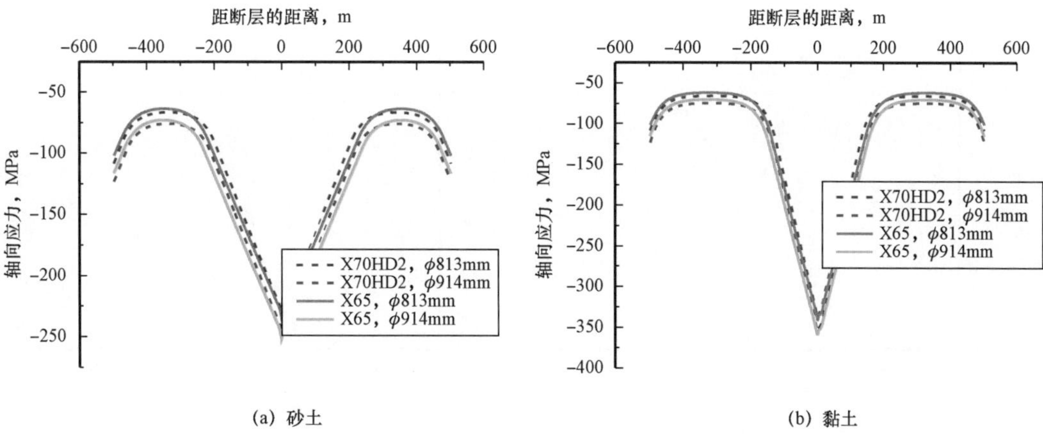

图 6.69 逆断层轴向应力

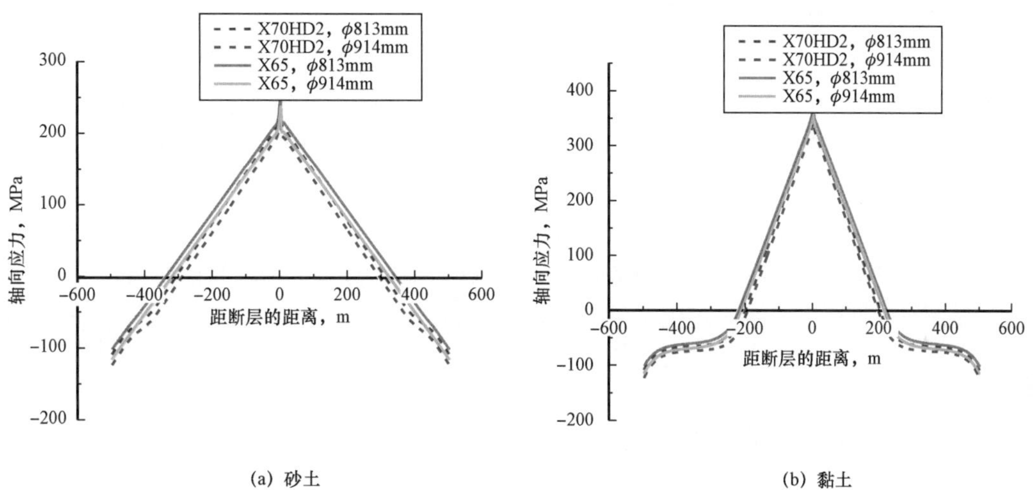

图 6.70 正断层轴向应力

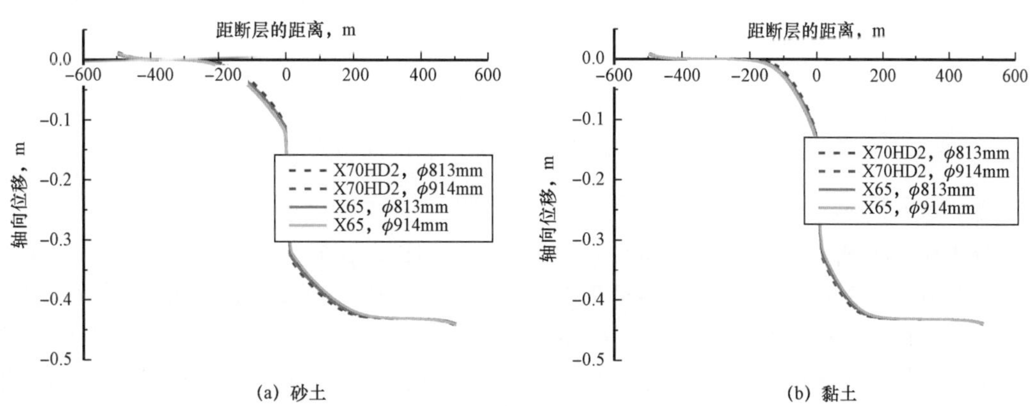

图 6.71 逆断层轴向位移

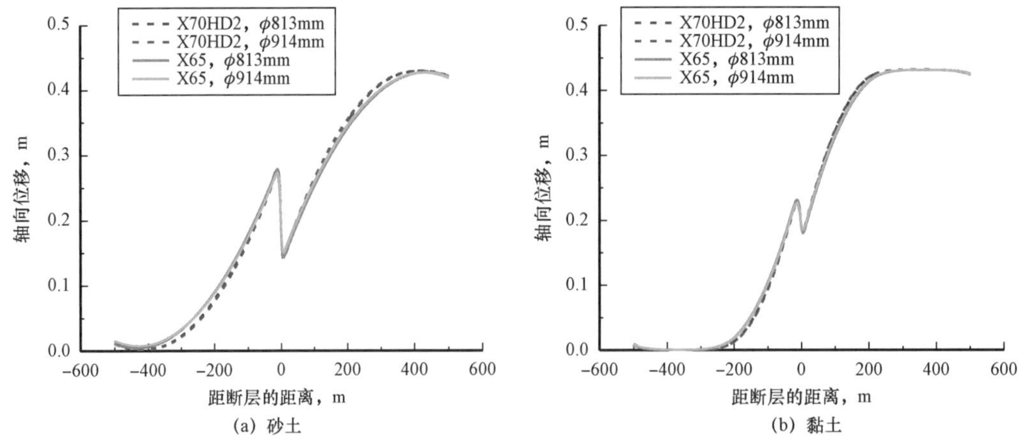

图 6.72　正断层轴向位移

（2）断层错动量。

分析工况：管径 813mm；X70HD2 级钢管；混凝土配重层厚度为 100mm；埋深为 2m；正断层；断层倾角为 80°，管道穿越角为 90°。黏土取 1000m 计算管长，砂土取 2000m 计算管长；断层错动量分别取为 2m，2.48m 和 3m。只考虑内压和重力作为初始荷载情况。

随着断层错动量的增加，管道反应均呈增加的趋势（图 6.73 和图 6.74）。且断层错动量越大，其对管道的影响范围也越大。在同样的断层错动量下，黏土情况下的轴向应力普遍大于砂土情况，但是最终的轴向位移均相同，在此验证了轴向变形只与断层错动量有关。

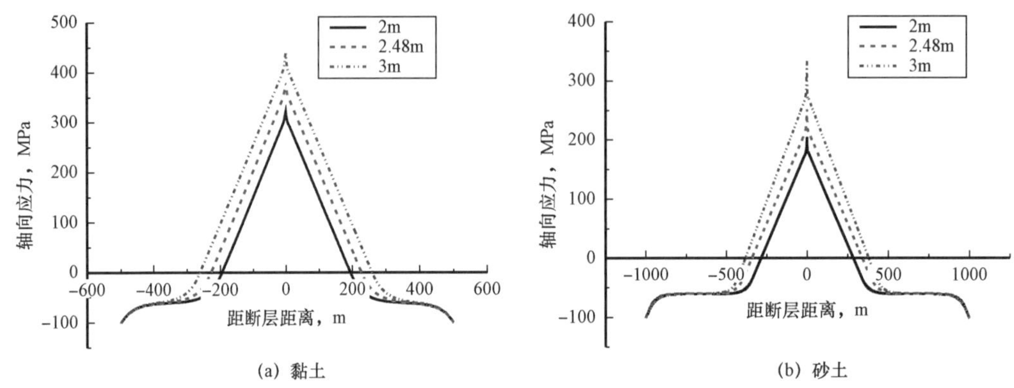

图 6.73　不同断层错动量下管道轴向应力

（3）断层倾角。

分析工况：管径 813mm 与 914mm；X65 与 X70HD2 级钢管；混凝土配重层厚度为 100mm；埋深为 2m；正断层；位错量 2.48m；管道穿越角为 90°。断层倾角取为 75°，80° 和 85°。只考虑内压和重力作为初始荷载情况。

随着断层倾角 β 的增大，管道的轴向应力极值也随之降低，且下降趋势明显，与之相应的轴向应变也呈下降趋势。另在大倾角情况下，X70HD2 管道和 X65 管道的应变反应基本相等；小倾角情况下，X70HD2 管道的应变反应增大。

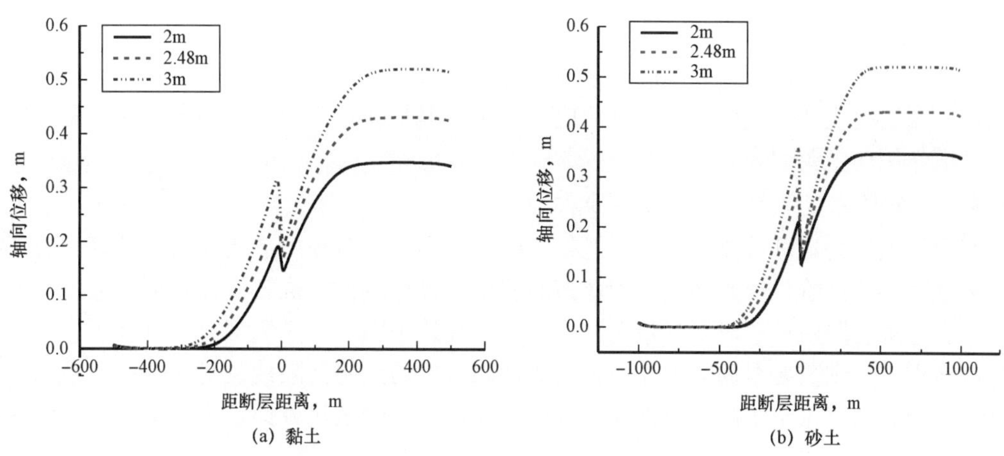

(a) 黏土　　(b) 砂土

图 6.74　不同断层错动量下管道轴向位移

对于断层倾角，随着角度的增大，管道轴向应力减小，其应变也减小。但是大变形钢对于角度变化比较敏感。图 6.75 显示了管道在正断层下的反应（黏土）。

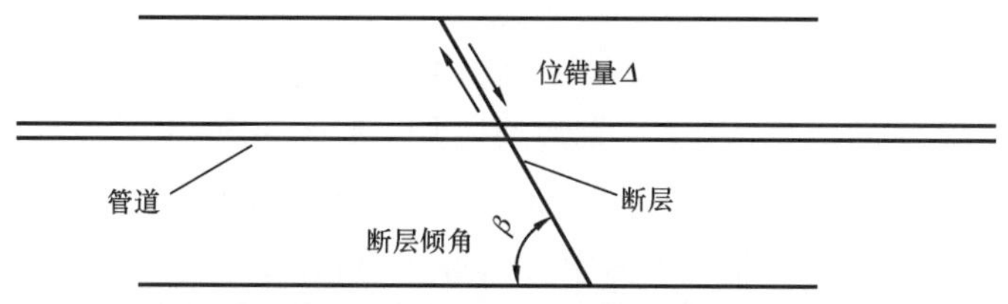

图 6.75　埋地管道穿越正断层纵剖面图

（4）管道穿越角。

管道跨越断层角度（断层倾角和管道穿越角）对管线地震反应分析的结果影响显著，根据对大量管线的分析结果，发现轴向应变最大值、轴向应力最大值的变化趋势，埋地管线跨越断层角度对管线地震反应影响是多方面的，特别是通过大量震害资料表明管线穿越断层角度变化对管线会产生不同的破坏影响（图 6.76）。

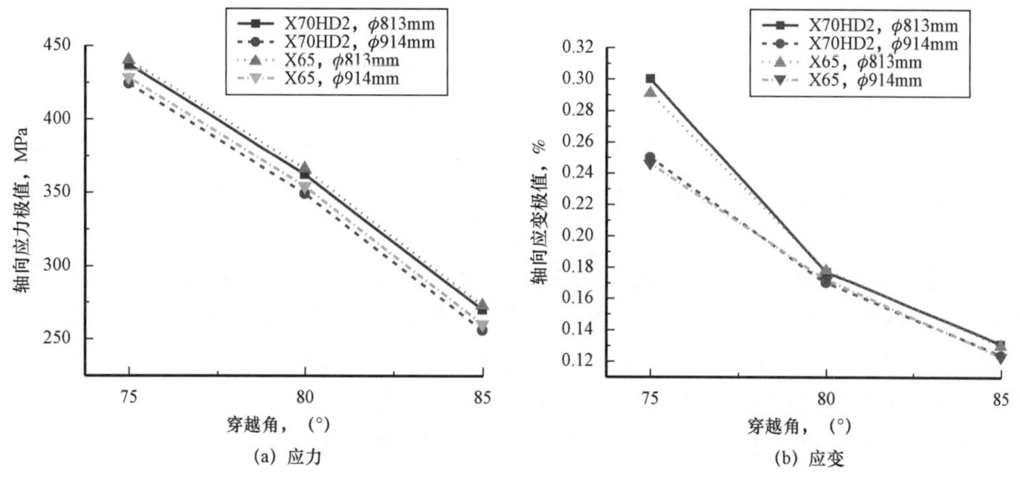

(a) 应力　　(b) 应变

图 6.76　管道在正断层下的反应（黏土）

（5）断层破碎带宽度。

断层运动过程，因为断裂缝的贯通或半通，导致管线地震反应结果也随之不同。总体上来说，裂缝宽度变化会引起管道轴向应力变化，但是变化范围不是很大，并不是影响断层对管道作用的主要因素。

6.7.4.5　穿越地震带的海底管道保护方法

海底管道所处地理位置特殊，一旦发生破坏，不仅会对环境造成极大的危害，后期补救也非常困难，造价也非常昂贵，因此海底管道在设计过程中抗震设计必须被考虑。原则上，海底管道在路由勘察时要尽量避开地震带，导致中国电信光缆管道严重破坏。如果必须穿越地震带，则需要全面考虑管道生命周期内可能遇到的极限载荷情况，然后采取相应的保护措施，如改善土壤的抗震性能，采用柔性较大的管道代替钢管等，从而保证海底管道在设计寿命期限内不发生破坏。

海底管道的地震保护设计主要集中于三种方式：改善管道周围的土壤环境，用于减小管道在地震作用下的受力；改善管道自身的结构，用于减小管道在地震作用下的受力；改进应急响应程序。

（1）改善土壤环境。

① 细沙或者细砂砾层回填。对于一些浅管沟，采用细沙或者细砂砾回填，是一种比较有效的降低土壤阻力的方法。其中，管沟的坡角一般为30°～45°，这样可以有效地缓解地震作用下管道受到的土壤横向力；互补的60°～55°垂向角，则可以有效地缓解土壤的垂向力。管道在细沙的包围下，其地震作用下受到的载荷将比管道直接接触周围的非扰动土（如黏土或者淤泥）来得小。通常情况下，用于回填的细砂砾的直径要控制在25mm以内。

② 将海底管道直接放置于海床或者海底支撑结构物上。地震作用下的土壤横向力，可以通过将管道直接放置在海底，或者放置在海床上的一些支持结构上来降低。对于放置在海床上的支持钢结构的海底管道，同时可以考虑加一些低摩擦阻力的滑靴，用于保证地震作用时，管道可以发生横向滑动，降低管道的横向变形，从而达到保护管道的作用。在这种方法中，如果需要同时对管道进行第三方破坏的保护，则可以考虑在管道周围以及上方加一些横梁以代替埋设管道。

需要注意的是，这种方法对于一些处于较深水域的偏远海底管道不太现实。但是在一些情况下，可以考虑在非回填管沟中设置支持结构以及滑靴用于抗震，同时在管沟的上方设置横梁，用于保护管道免受第三方抛锚以及拖网渔船的破坏。

③ 配置低摩擦保护层。地震作用下，轴向的摩擦力可以通过低摩擦的保护层（光滑、坚硬、低摩擦系数的保护层）来缓解。或者可以考虑将管道放置在两个垫层上，层与层易滑动，地震时，层与层将发生轴向滑动，从而减轻地震载荷对管道的轴向作用。

④ 使用可压碎材料来限制管道上的最大载荷。在管道周围使用可控强度的材料可以限制正常工作时管壁可能受到的横向载荷。发泡塑料和多孔混凝土是两种非常适合这一目的的材料，因为在它们在几乎固定的压缩载荷下可以承受很大的压缩应变。多孔混凝土是一种由沙、水泥和把发泡剂或者聚苯乙烯粉加入水中所形成的小的空气囊的混合物。使用可压碎材料作为一种减缓措施通常只有在迫不得已的时候才考虑，比如在岩石和类似岩石的断层交汇处使用，通常在该处会产生很大的横向土壤力从而导致梯形沟槽，而填充松散

的颗粒状材料在这里是困难和不切实际的。控制强度材料可以通过允许管道以一个更加渐进的方式弯曲来适应地表的运动来提高管道的地震响应能力。

管道周围需要填充多少范围的控制强度的材料，很大程度上由可能在材料开始表现出高得多的抗压强度之前就出现的不可恢复的压缩应变的量决定的。这种应变水平通常被称为锁定应变。多孔混凝土的锁定应变在 15%~35%。而 EPS 或者 XPS 发泡塑料可以达到 25%~50%，甚至更高。

⑤ 增加变形区到虚拟固定点的距离。埋设管道承受地面位移分量的能力可以通过最大化从变形区（断层断裂、滑坡、横向扩散等）到虚拟固定点的距离而得到提升。典型的虚拟固定点包括海底管道与立管的弯曲段、急弯管、三通管、分支接头处，阀门等；该虚拟固定点存在固定管道防止轴向运动的趋势。要尽量避免这些虚拟固定点与地面位移处接近。好的设计原则是提供尽量长的直管段，穿过地面位移区域，以使管道的应变分配长度可以最大化。

（2）改善管道结构。

① 改变海底管道的路由。管道路由上的土壤性能对海底管道的地震响应有很大的影响。大部分情况下，管道破坏是由于周围土壤的不稳定，如土壤滑坡、液化、沉降等造成的。因此选择合适的路由至关重要。

② 改善管道连接处的弯曲半径。管道连接处，如管道与立管的连接弯管，或者海底管道的弯管区域往往是容易造成应力集中的区域，在地震作用下也是最容易发生破坏的地方。需要采用一些曲率半径比较大的弯管，从而减小应力集中，达到保护管道的目的。

③ 减小壁厚、增加钢材等级。通过分析发现，海底管道在地震作用下，如果其壁厚减小，则管道壁厚上的应力也相应地会减小，这可以是减轻地震破坏的一个措施。

同时增加钢材等级，则增加管道的许用应力，响应的管道破坏的可能性也减小了。

6.8　管道登陆设计

海底管道于海底铺设完毕后，需要登陆上岸与陆上管线相连以输送流体。由于地质条件、海洋开发活动、区域性规划等因素，海底管道登陆点的选择具有比海上一般段管道路由选择更多的限制条件，因此在设计海底管道总体路由走向时应首先考虑海底管道登陆设计。需要首先根据工程建设目的和资源、市场分布，并结合沿线自然环境条件、海洋开发活动、区域性规划等因素，通过综合分析和多种方案的技术经济比较确定。

面对日益复杂的海岸开发、规划情况以及不同的地质条件，使得海底管道的登陆方式发生着改变，目前海底管道一般考虑弹性铺设登陆和斜立管登陆两种登陆方案，施工方式简单，投资少。但若海底管道登陆点地形地貌或社会条件较为复杂，就需要采用弹性铺设登陆、斜立管登陆、定向钻穿越登陆、栈桥登陆或小断面盾构登陆方案。

在进行登陆段海底管道设计前，需要结合管道登陆段区域分区以及安全等级定义，根据规范要求给出海底管道设计参数，包括最大制造系数、材料强度系数和安全等级抗力系数等。

6.8.1 管道登陆段分区及安全等级定义

6.8.1.1 分区定义

根据常用的海底管道设计相关规范，海底管道所在区域可划分为以下两区：

（1）1 区是指沿管道预期没有经常性人类活动的区域；

（2）2 区是指平台（人造的）附近区域的立管（管道）或者经常有人类活动的区域。

6.8.1.2 安全等级定义

管道的安全等级由于工程所在位置和人类活动等因素的不同也可分为不同的级别，具体划分见表 6.23。

表 6.23 管道安全级别划分

安全等级	定义
低	破坏后对人类伤害风险低，对经济和环境影响后果小，通常是海底管道安装施工期间
一般	对于临时条件，破坏后对人类有伤害风险，对环境污染显著，有非常大的经济和政治影响，通常是平台区域外海底管道的操作期情况
高	对于操作条件，破坏后对人类伤害风险高，对环境污染显著，有非常大的经济和政治影响，通常是在区域 2 范围内的操作期情况

根据管道安全等级划分的要求，海底管道登陆段在安装施工期通常处于低安全等级，但当管道正式投产后，管道破坏会产生严重后果，因此为高安全等级。

在确认输送介质分类、位置分类以及安全等级后，就可以对登陆段海底管道的设计参数做出选择。例如，海底天然气管道登陆上岸，根据规范要求，其各项设计参数可参考表 6.24。

表 6.24 天然气管道登陆设计参数参考表

设计参数		值
输送介质分类		D
位置分类		2 区
安全等级	安装期	低
	水压试验期	低
	运营期	高
偶然压力与设计压力比值 γ_{inc}		1.10
最大制造系数 α_{fab}		0.85
材料强度系数 α_u	通常情况	0.96
	水压试验期	1.00
材料抗力系数 γ_m	ALS/SLS/ULS	1.15
	FLS	1.00

续表

设计参数			值
安全等级抗力系数 γ_{SC}	承压状态	低安全等级	1.046
		高安全等级	1.308
	其他状态	低安全等级	1.04
		高安全等级	1.26
特征屈服强度 f_y			$f_y = (SMYS - f_{y,temp})\ \alpha_u$
特征抗拉强度 f_u			$f_u = (SMTS - f_{u,temp})\ \alpha_u$

注：SMYS—最小屈服强度；$f_{y,temp}$—由于温度影响使屈服强度降低值；SMTS—最小抗拉强度；$f_{u,temp}$—由于温度影响使拉伸强度降低值。

6.8.2　弹性铺设登陆

直接弹性铺设方式适合在坡度平缓的近岸段使用，施工时首先使用挖沟设备，铺管前沿预定的路由在近岸段预开设管沟（图6.77），管沟宽度一般3~10m，深度2~3m，然后使用拖拉方法在登陆段铺设管道，管道拖拉就位后，最后在管道上覆盖保护层。

图6.77　海底管道弹性铺设登陆预开沟

6.8.3　斜立管穿堤登陆

当海底管道穿越现有人工护岸时可以采用斜立管穿堤登陆方式，即对现有人工护岸（防浪堤）进行开挖，将海底管道通过护管斜铺至护岸后侧陆地，再进行护岸修复。在海底管道水平段和斜穿堤段之间需设置弯头，如图6.78所示。

6.8.4　定向钻穿越登陆

随着沿海经济的快速发展，近年来国家不断增加海岸生态保护红线的划定范围，严格限制海洋沿岸的开发生产活动。可供海洋管道登陆的海岸空间越来越紧张，若采用传统大开挖、斜立管登陆上岸方式进行海底管道登陆设计及施工，海底管道路由的选择将会相当困难，并且将越来越难以通过环境评价。而海底管道水平定向钻穿越登陆方案，具有不破坏原有海洋岸线、对环境条件影响小、埋设深度不受限制等优点，成为海底管道登陆复杂海岸的首选方案。

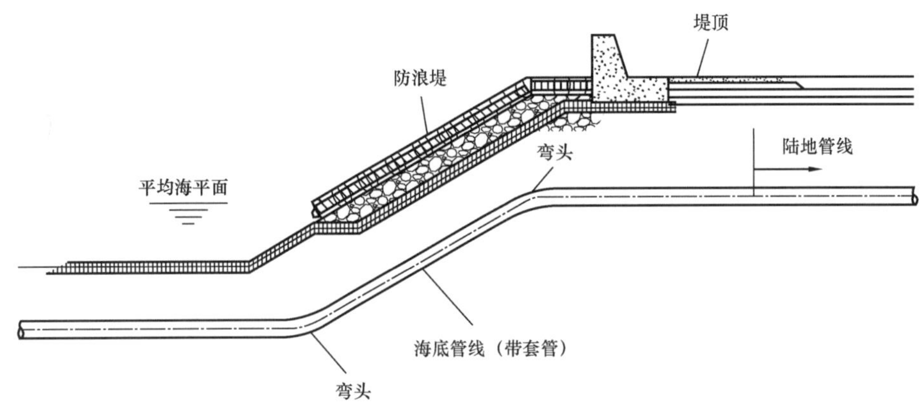

图 6.78　斜立管穿堤登陆示意图

海底管道定向钻穿越登陆施工方案通常要考虑钻导向孔、扩孔和管道回拖三个步骤，又根据管道回拖方向的不同有所差异。若采取由陆上向海上回拖管道的施工方案，则需要给预制管道留出场地空间，在场地空间不是十分充足的情况下，边预制边回拖的风险较大；如果采取由海上向陆上回拖管道的施工方案，管道提前预制放置于海床上，通常不需考虑场地空间问题。典型陆海定向钻穿越登陆曲线如图 6. 79 所示。

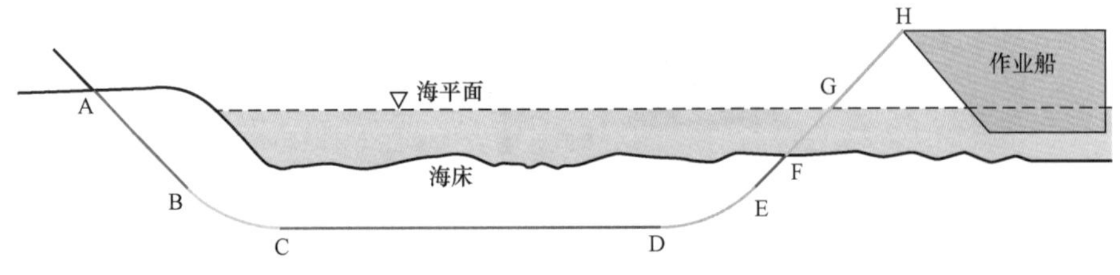

图 6. 79　典型陆海定向钻穿越登陆曲线

6. 8. 5　栈桥登陆

海底管道栈桥登陆方式在国内较少见。栈桥通常使用桁架式结构，由陆上向海上延伸数十米至数百米，在栈桥海上终点处管道使用立管方式下海。此海底管道登陆方式对地形地貌破坏较小，施工相对简单，但由于管道始终裸露在外，尤其是浪花飞溅带侵蚀十分严重，需要考虑额外的防腐措施保护管道。

6. 8. 6　小断面盾构登陆

当多条管道、线缆同时并行登陆或海底管道登陆区域地质条件复杂，难以进行海底管道定向钻穿越登陆施工时，可以考虑采用小断面盾构的方式进行海底管道登陆施工。根据当前隧道业界对盾构直径的分类，盾构的直径在 2 ~4. 2m 之间为小断面盾构，一条盾构隧道可同时容纳多条管道，并且可以为未来的管道登陆规划预留空间。在技术层面上，小断面盾构可以在几乎所有地质条件下进行，施工风险较低，但作为所有管道登陆方式中施工投资最高、施工工期最长的一种，优先级相对较低。

6.9　立管

6.9.1　立管分类

立管系统基本上是连接海面上的浮船和海床上井口的导管。依据不同的分类方法可分为不同的立管类型。从本质上来区分，立管可分为刚性立管及柔性立管两种；根据布置形式和结构的不同，又可以分为钢悬链立管（SCR）、顶部张力立管（TTR）等，而柔性立管则可分为松弛 S 立管、陡峭 S 立管、松弛波动立管、陡峭波动立管和柔顺波动立管等。除此之外还有混合式立管，其是在结合了柔性立管的优点后由顶张力立管发展而来的。下文主要对滩海海底管道工程实践中运用较广泛的几种立管系统进行介绍。

6.9.1.1　钢悬链立管

钢悬链立管（Steel Catenary Riser，SCR）最初用于固定平台上的输出管道，它与自由悬垂柔性立管有很多相似之处，都要求立管底部末端水平，立管顶端与垂向一般称 20°以内的角度，在这种布置形式下，立管呈流线型向下方延伸，以一种简单的悬链方式悬挂在平台上（图 6.80）。在钢悬链立管上有一个重要的部位叫作应力节（或称柔性接头），其作用是在立管和生产船舶之间提供一种平缓的刚性过渡。

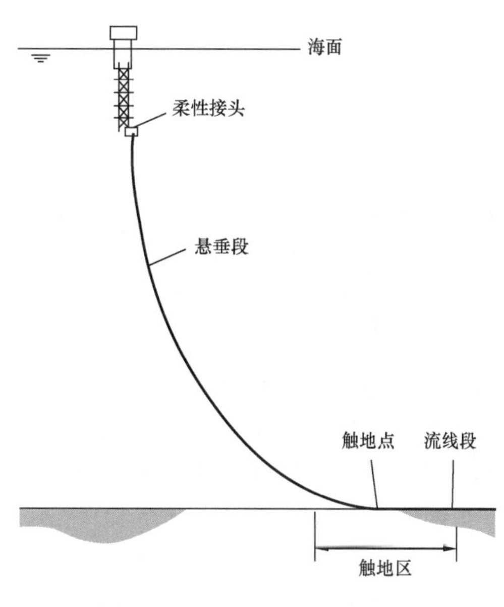

图 6.80　钢悬链立管（SCR）简图

钢悬链立管的应用在深水领域的油气输出和注水管线方面具有很好的效益，能够很好地控制成本。因为在深水应用中，大直径的柔性立管存在着技术和经济方面的限制，而钢悬链立管是一种没有中间浮体和漂浮装置的自由悬挂立管，这一结构形式大大降低了建造和施工难度。此外，当立管被提起或者下压到海床位置时，钢悬链立管自身具有补偿这种垂直运动的特点，不过，它也需要安装应力接头，以保障立管在浪、流和顶部船体运动的影响下能够旋转。

在敏感性方面，由于正常情况下立管中的有效张力较低，因此钢悬链立管对浪和流等环境载荷的变化很敏感，由涡激振动（VIV）引起的疲劳破坏也是致命的，而涡激振动抑制装置的应用能有效地将振动降低到可接受的程度，常用的装置有螺旋列板和整流罩。

在钢悬链立管的应用历史方面，螺旋钻井平台是第一个使用钢悬链立管的浮式生产设施，同时它采用了 12in 的管线进行油气输出。从那时起，钢悬链立管就开始在各种严酷的环境中广泛应用。

6.9.1.2 顶张力式立管

顶张力式立管（Top Tensional Riser，TTR）是一种较长且带有弹性的环形圆筒立管，用于连接海床和浮式平台。这种立管需要承受定常流动以及随时变化的波浪流动。在顶部需要通过张紧器为立管提供张力以确定顶部和底部在环境载荷作用下与垂向方向保持一定的角度。此外，因为顶部和底部连接处的旋转运动受到限制，在浪和流载荷的作用下，普通的顶张力式立管对于垂直运动比较敏感，因此需要顶部张紧装置来补偿垂直运动引起的张力损失。如果顶端张力降低过大，就会引起立管上较大的弯矩，特别是当立管处在很强的海流环境中时，这种弯矩就会更加明显。如果有效张力变成了负值，就会出现失稳。

顶部张紧器的应用，会使立管重力超出它的表观重力。对于生产用的顶张力式立管来说，立管张力的要求通常比钻井用的顶张力式立管低一些，它们通常成组出现，排成矩形或者圆形阵列。

通常情况下，顶张力式立管直接连接在平台井口和油田井口之间。这种立管要能承受漏液失效产生的管型压力，一般用作张力腿平台（TLP）和单浮筒干采油树生产平台（Spar）的生产立管。相对于其他类型平台，TLP 和 Spar 的垂直和旋转运动较小，因此刚性的顶张力式立管是这两种平台比较理想的选择。

在 TLP 上，顶张力式立管和平台下面的井口直接连接，再通过液压连接器和水下井口相连，液压连接器的上面是锥形的应力接头，用于控制立管的曲率和应力。在水面附近，立管由平台上的液压气动张紧轮支撑，张紧轮允许立管相对平台发生轴向运动。顶张力式立管通常设计应用于浅水，因此随着水深增加，就需要新的设计方法。

顶张力式立管第一次应用是在 20 世纪 50 年代的固定式平台海底钻探工程中，当时，第一个真正意义上的张紧器是由一个与线缆相连的装置组成的，这些线缆通过跨过滑轮组支撑着立管，可以称之为重力式张紧器。后来，重力式张紧器被气动式张紧器代替了。气动式张紧器使用一个液压圆筒控制活塞的冲程和张力。顶张力式立管在 1984 年开始在浮式生产设施上使用，当时是安装在北海海域 Hutton TLP 上，水深达到 148m。到 2005 年，全球已经有 29 个干采油树生产平台使用顶张力式立管，其中有 17 个 TLP 和 12 个 Spar。

6.9.1.3 柔性立管

柔性立管（Flexible Riser）是由柔性管发展而来的，是带有一定弯曲刚度的多层组合管，这种结构通常表现出很强的顺应性。柔性立管结构由很多层（内壳）组成，外层由不锈钢材料制成，可以承受外部压力，内层结构就像控制内部液体的障碍层，由碳钢结构组成的压力铠装可以承受很强的环状压力，由碳钢结构组成的抗拉伸铠装的作用是承受张力载荷。柔性立管的结构组成可以使用它应用于整个立管，或者应用在较短的动态立管单元中（如跨接软管）。

柔性立管已成为世界上众多输出油管系统所面临的许多问题的成功解决方案。经实践证实，柔性立管非常适合用作离岸工程中的生产输出立管，以及输出油管系统。

6.9.1.4 混合式立管

作为一种新型的生产立管，混合式立管（Hybrid Riser）是由顶张力式立管发展来的，它的主要特点是利用柔性跳接软管来连接刚性立管和浮式结构，这种结构允许浮式结构和刚性立管之间发生一定的相对运动。

混合式立管的雏形是捆绑式立管。第一个捆绑式立管于 1975 年应用在北海的 Argyll 地区，它是在低压钻井立管的建造中产生的，包括一个核心管和许多附属的生产立管，它们通过一个引导器连接在一起。这个引导器有一个漏斗结构，以便这些附属的立管能在安装完核心管之后从平台上以此布置下去。中部的核心管也可以输出立管，这种系统结构工作状态良好，但是因为每个附属立管有各自的张紧器而使得结构变得较为复杂。

捆绑式立管第二次应用是在 20 世纪 80 年代的 Placid 地区，这种立管包含一个作为大约 50 个附属管线引导器的核心管，而不再装备有张力器结构。这种立管通过使用合成泡沫浮力舱和半潜生产平台的下面。核心管的底端由钛合金应力节作为终端结构，这一结构形式使其本身具有较好的弹性。因为附属管是自由悬垂状态，因此必须在应力节处使它们穿过一个引导管来防止弯曲。在立管系统的顶端处，立管是通过一个油气输出跨接软管来和平台进行连接的，这种结构的应用，标志着混合式立管的第一次真正意义上的成形应用。

混合式立管的主要部分（捆绑式混合式立管）是核心管和浮力张紧系统，浮力系统由浮筒或者合成泡沫组成，次级生产和输出管线穿过浮力舱，可以沿着轴向自由移动，这一结构特点的目的是顺应热量和压力导致的膨胀和扩张运动。核心管通过液压连接器和应力节与立管根部连接在一起，次级管线需要连接到海床基部的刚性管上，并且将海底的出油管和水面下 30～50m 处的鹅颈管末端连接在一起。柔性立管安装在鹅颈和半潜式生产船的下浮体边缘之前，为流体提供一条通向船体的流通路径，并且允许刚性立管和平台之间存在一定的相对运动。

6.9.2　立管系统的选择

由于操作人员和安装承包商所关心的问题不一致，立管的选择是一个综合性的决定。通常立管的选择要考虑如下参数：环境、总体覆盖范围、工程施工能力、经验、技术/性能、安装能力等。在确定合适的立管系统时有以下 5 个步骤：

（1）确定可供选择的立管系统；

（2）找出立管系统的关键部位；

（3）评估运行成本；

（4）对比不同系统的生命周期；

（5）确定可行性低成本立管系统。

立管选择步骤中的关键问题是技术的可行性和立管的成本。

立管的应用随着作业区域的变化而变化。作业区域的环境状况和水深对立管类型的选择有很大影响。在不同区域使用的不同立管类型见表 6.25。

表 6.25　立管应用区域

立管类型	最适合应用于	已经应用的地区
钢悬链立管	FPSO	墨西哥湾的 TLP 输出立管
	半潜船	西非的 FPSO
		墨西哥湾的半潜船

续表

立管类型	最适合应用于	已经应用的地区
顶张力式立管	干采油树（TLP，Spar）	墨西哥湾的 TLP/Spar 生产立管
		南海的 TLP
柔性立管	FPSO	南海的 FPSO
	半潜船	浅水船舶
	浅水	墨西哥湾的回接装置
混合式立管	西非的局部地区结构	早期西非的立管系统

4 种类型立管的各自的优缺点详见表 6.26。

表 6.26　立管的优缺点

立管类型	优点	缺点
钢悬链立管	简单，成本贵相对较低	疲劳问题
	可用于高温、高压环境	主体区域的布局
	直径和水深的范围很广	柔性接头完整性问题
	管线系统的一部分	触地点的挑战
		较低和适中的船体运动
		静水环境
顶部张力立管	干采油树方案（TLP，Spar）	有限的钻井距离
	直接连接于井口	超深水中较重的立管重力
	直接连接于水面采油树	高温高压下较大的立管重力
	未来连接的弹性很大	较高的成本
柔性立管	较少的疲劳问题	直径限制
	适合于 FPSO	水深限制
	水下连接很方便简洁	温度限制
	有最简化的结构	高成本
	最小的水下基础设施	质量很大
	便于安装	操作困难
		触底点挑战
混合式立管	较好的强度和疲劳性能	地基的问题
	船体附近布局简单	硬件设施过于复杂
	技术上具有可行性	
	适合高强度的螺纹连接	

6.9.3　刚性立管设计

6.9.3.1　钢悬链立管设计

在深水环境下采用湿采油树进行水/气注入和油/气输出时，应该优先选择钢悬链立管

（SCR）。2008 年末，全球已经有超过 100 个工程项目应用钢悬链立管，其中主要以墨西哥湾地区为主。同时，全球 30 个正在使用的钢悬链立管具有详细的设计工程概念，钢悬链立管已经在后续的许多工程中使用。

在超深水浮式产品的生产中，SCR 的设计、焊接和安装方面所面临的问题主要与深水环境内重力整合引起的较高的悬挂张力有关，此外还需要考虑高温、高压、腐蚀、服务条件等方面的内容。

在初步设计阶段（Pre－FEED），需要确定以下内容：

（1）立管主体布局（与其他设备的结合）；

（2）立管悬吊系统（柔性接头、应力节点和拉管等）；

（3）立管悬挂位置、方位角（船体布局、水下布局、全部立管和干扰考虑）；

（4）每根立管的悬挂角度；

（5）船体上的立管位置提升（船体类型、安装和疲劳方面的考虑）；

（6）总体静态配置。

需要根据悬链线理论确定立管的静态布局，同时要考虑悬挂角度、水深和立管单位重力。钢悬链立管的设计还应该满足基本的功能要求，例如钢悬链立管的内外径、主船体上的水下张力、设计压力/温度、流体成分等。

还要考虑回接管安装的位置。回接管是为了调整悬挂系统、立管直径、方位角，以及所要求的极端响应和疲劳特性的变化而设计的。

在准备前期工程设计（FEED）程序说明书时，进行初步设计分析要满足以下要求：

（1）满足 API 2RD 应力规范要求的极端响应和柔性接头的极限旋转；

（2）涡激振动疲劳寿命和要求的条纹（减阻装置）长度；

（3）波浪载荷下的疲劳寿命；

（4）立管和浮动船体的相互干扰。

初步设计和分析会在详细设计阶段中得到证实，并且会记录在技术报告中。在详细设计阶段，需要进行安装分析和一些特殊的分析，如涡激运动（VIM）引起的疲劳分析、半潜平台垂向涡激振动诱导的疲劳分析和系统耦合分析等。

主船体的运动要通过整体技术性能分析来说明，其中要考虑波浪、风和流载荷的影响，采用时域或者频域分析的方法。运动数据需要表达成船体随时间变化的运动轨迹，而幅值响应算子需要通过在浮体重心位置（COG）预先定义的载荷情况加以说明。立管悬挂点的运动需要通过刚性体假设从重心位置进行转换得到。立管系统可以看作一根流载荷作用下的缆线系统，并且含有通过立管悬挂点的运动而定义的边界条件。

6.9.3.2　顶张力立管设计

顶端张力式立管（Top Tensioned Risers，TTR）通常用作动态浮动生产单元（FPU）和海底水下系统之间的沟通管道，常见的动态浮动生产单元有 Spar 和 TLP 等干采油树生产设施。

顶端张力式立管是一种独特的立管形式，它依靠能够提供超过本身表观重力的顶端张力器来保持稳定。顶端张力式立管通常用于 TLP 和 Spar 的干式采油树生产平台。顶端张力式立管一般设计为直接连接海底油气井的形式，井口通常位于平台上。这种类型的立管必须能够承受管道渗漏或者失效而引起的管道压力。目前，一共有4种典型的顶端张力式立管，分别是钻井立管、完井/修井立管、生产/注入立管和输出立管（表6.27）。

表6.27 顶端张力式立管（TTR）类型

TTR类型	应用	规范
钻井立管	移动海底钻探单元 （Mobile Offshore Drilling Unit，MODU）	API RP 16Q
	钻井立管	API RP 2RD
	水面井口平台钻井立管	DNV－OS－F201
		DNV－RP－F204
		DNV－RP－F202
		DNV－OSS－302
完井/修井立管	MODU完井/修井立管	API RP 17G
	水面井口平台完井/修井立管	API RP 2RD
		DNV－OSS－302
生产/注入立管	水面井口平台生产立管	API RP 2RD
	水下回接器	API RP 1111
		DNV－RP－F204
		DNV－OSS－302
输出立管	表面井口运输立管	API RP 2RD
		API RP 1111
		ASME B31.4
		ASME B31.8
		DNV－OS－F201
		DNV－OSS－302

一般来讲，顶端张力式立管可以承担生产、注入、钻井和输出的功能。

目前，深水钻井和修井工作由含接缝的钢管来完成。船舶或平台设备已经发展到可以在水深达1700m以上的区域进行工作，在深水环境下，与钻井工作相关的主要挑战源于浮力控制、减阻装置的应用等方面。

钻井立管在设计中需要考虑的主要因素如下：

（1）质量；

（2）顶端张力；

（3）成本；

（4）运行时间；

（5）涡激振动（VIV）等。

深水钻井的两个关键内容是立管质量的确定和立管工作状态的控制。为了降低立管质量，需要考虑许多新型的材料。

在设计顶端张力式立管之前，为确保设计满足标准，需要进行如下的分析工作：

(1) 顶端张力因数的分析；
(2) 管子尺寸大小的分析；
(3) 张紧系统尺寸的分析；
(4) 冲程分析；
(5) 立管涡激振动引起的疲劳分析；
(6) 干扰分析；
(7) 强度分析；
(8) 疲劳分析。

在初步设计阶段，主要的内容包括：顶端张力因子的确定，管子尺寸、形式，冲程分析，张紧系统的尺寸确定，立管部件尺寸确定，初步 VIV 分析，干扰分析，强度分析，疲劳分析。

详细设计阶段包括细致的强度和疲劳分析、对中器间隔分析、立管操作和安装分析。由于这种立管本身的性质，立管系统的设计是一个反复迭代的过程，流程大致如下：

(1) 考虑系统操作的所有方面，确定设计时需要考虑的全部情况，同时需要确定选择单层还是双层结构，以及立管堆叠形式。

(2) 确定初步的壁厚尺寸、材料、其他相关的设计因素（如腐蚀裕量、尺寸公差）。

(3) 通过静态分析来校核连接形式，并确定需要的张力。

(4) 进行极限工况分析、VIV 分析、疲劳响应分析。

(5) 进行干扰预测。

(6) 如果 (3) (4) (5) 或 (6) 中的结果要求进行设计方面的调整，就需要改进系统设计并重新进行所有相关的分析工作。

(7) 最后确定一些特殊部位的设计形式，如锥形应力节头（TSJ）或者龙骨接头。

(8) 进行安装分析。

(9) 完成所有的设计报告。

6.9.4　柔性立管设计

6.9.4.1　柔性立管的布置形式

柔性立管系统的布置形式有多种，选择何种形式要根据产品的要求和当地的环境条件，这期间需要进行静态分析，考虑以下因素：整体的性能和形状；结构完整性、刚性和连续性；横剖面属性；支撑方式；材料；成本。

影响布置形式设计的因素有很多，比如水深、与主船体的连接和悬挂位置、油田布置（如不同类型的立管数量和系泊线的分布），最为重要的是环境数据和主船体的运动特性。

(1) 自由悬链线形。

自由悬链线形是柔性立管最简单的布置形式，其对海底基础设施的要求最小，安装简便、廉价。然而，该种布置形式会因船体运动使立管遭受恶劣的载荷情况。当船体运动剧烈时，在立管系统的触地点很可能遭受屈曲压力，拉伸防护层作用减弱。随着水深的增加，由于立管长度的加长，立管的顶部张力需求增大。

（2）懒散波形和陡峭波形。

选用波浪形式的系泊布置，浮力和重力共同作用在长长的立管上，从而解耦了立管触地点与船体运动的关系。懒散波形相比于陡峭波形，需要的海底基础设施更少，但是如果在立管作业期间的管内流体密度有所改变，懒散波的布置形状容易发生改变，而陡峭波形具有较好的海底基础和弯曲加强器，则不容易发生变形。

浮力模块是由合成泡沫制成的，具有较低的流体分离特性。浮力模块需要夹紧在立管上，以避免滑脱使立管布置形式发生改变，铠装层遭受较高的应力。但是夹紧时要注意夹具不会损伤立管的外套，避免水进入管间隙。浮力模块在一定时间后发生浮力损失，所设计的波形布置结构要能顺应浮力损失 10% 的情况。

（3）懒散 S 形和陡峭 S 形。

懒散 S 形和陡峭 S 形的系统布置，会在海底安装一个固定的支撑或浮力块。该支撑固定在海底的结构物上，通过钢链定位浮力块。这一方法解决了触地点问题，使得触地点的运动仅引起很小的张力变化。

（4）中国灯笼形。

与陡峭波形布置相似，中国灯笼形的系统是通过锚控制触地点，立管的张力传递给锚而不是触地点。此外，该种布置形式的立管是系到位于浮体下面的井口，这使得井口受到其他船舶干扰的可能性减小。

这种布置形式能够适应流体密度的大范围变化和船体的运动，而不发生布置结构形状的改变，也不会引起管结构产生高应力。但是其安装复杂，所以仅在前面介绍的布置形式都不可用时才采用。该种布置形式最大的缺点是安装成本过高。

当前，世界上只有 3 家公司供应柔性软管，分别是丹麦的 NKT Flexibles 公司、美国的 Wellstream 公司和法国的 Technip 公司。

6.9.4.2 柔性立管设计分析

柔性立管设计分析主要任务和其他立管相似。

设计文件应最少包含以下内容：

（1）主体结构和海底结构的布置图；

（2）用于立管分析的风、浪、流以及船体运动数据；

（3）适用的设计规范和公司规范；

（4）适用的设计准则；

（5）边缘和形管数据；

（6）用于计算静强度、疲劳和干涉分析的载荷状况矩阵；

（7）应用分析方法。

实施柔性立管设计分析时应执行几种类型的分析。分析类型如下：

（1）有限元建模和精力分析；

（2）整体动力分析；

（3）干扰分析；

（4）横剖面模型分析；

（5）极限状态分析和疲劳分析。

6.9.4.3　有限元模型和静态分析

进行非线性静态分析时需要建立有限元模型，为了获得较准确的结果，在有限元建模时需要做如下考虑：

（1）曲率半径的网格尺寸；

（2）波浪载荷计算中拖曳力系数和附加质量系数的选取；

（3）边界条件的确定；

（4）动态分析的时长和步长的设定；

（5）有限单元类型的选择；

（6）阻尼模型和阻尼系数的确定。

对于柔性立管的静态分析，至少需考虑其与船体位置的三种情况：近位、远位和极限远位。极限位置不一定要处于立管平面之内，尤其是在考虑环境的方向性影响时。

6.9.4.4　整体动态分析

动态分析用来评估立管整体的动态响应。在静态分析阶段已经选择了柔性立管和船体的位置，这一阶段的分析需要考虑一系列的动态载荷情况。许多不同的波浪和流载荷、船的位置和运动、立管内环境载荷等复合成立管的作业载荷工况和极限环境载荷工况，立管整体的可行性评估都是基于这些工况进行的。

在动态分析阶段，船体运动的影响应该与波浪和流的载荷结合，以获得立管的响应。水动力可以用莫里森公式计算，船体运动载荷可以通过模型实验和计算机模拟得到。

由于柔性立管的动态性能是几何非线性的，所以利用频域分析的结果是不精确的，因此，柔性立管的分析通常用时域模拟。

动态分析中要得到的重要参数有：

（1）顶部和底部的角度（针对陡峭布置）；

（2）顶部和底部的有效张力（针对陡峭布置）；

（3）沿立管方向的最大和最小有效张力；

（4）浮筒系链的张力；

（5）浮筒运动距离；

（6）浮筒与立管的偏离角度；

（7）最大曲率（最大曲率半径）；

（8）立管间距；

（9）结构物和海床的间距；

（10）触地点区域立管的运动和曲率。

6.9.4.5　碰扰分析

实际的海洋平台很少只悬挂一根立管，往往很多不同功用的立管同时悬挂在平台的不同位置，因此立管与立管之间要保持互不干扰，更不能发生碰撞。立管系统设计应该包括潜在立管干扰（包括水下动态干扰）的评估或分析。在立管设计寿命之内的所有阶段，都必须考虑干扰，包括安装、在位、分离以及异常情况。当确定接触的可能性和严重性时，应该评估所选择的分析技术的精确性和合适性。

立管系统应该设计成能够控制对立管或者系统的其他部分造成破坏的干扰问题。

控制立管干扰有两种方法：一种方法要求立管系统在一个可接受的范围内，有一个最低的可能性，立管和其他物体之间的间隙必须小于特定的一个最小值；另一种方法允许在立管和其他物体之间有接触，但是要求分析和设计这个接触带来的影响。

6.9.4.6 横截面模型设计

细致的横截面模型的建立是为了计算重要的截面系数，比如：弯曲刚度、轴向刚度，FAT 压力等。截面的布置和尺寸的选择是根据管线的功能要求和层结构的选择经验。截面设计计算和检查通常是由制造商用特定的经过实验数据验证的软件完成的。

6.9.4.7 极限分析和疲劳分析

线材和管材的应力是在设计压力下进行计算的。极限响应分析根据规格波理论来判断张力和循环角等。横截面模型用于疲劳分析。

6.9.5 混合立管设计

6.9.5.1 概述

海洋混合立管系统主要由一根通过柔性跳接软管与近水面浮力筒张紧相连的垂直或悬链线形式的钢制立管构成。这种垂直或悬链线形式的立管可以使用基础桩锚泊到海床上，或者直接连接到流线终端。

混合立管系统可以在浮式生产装置（这里称为 FPI 或浮体）停泊到位后进行安装，例如浮式生产储卸油装置（FPSO）的安装。浮力筒能够支撑立管自身的重量，使浮体上的反作用力降低。柔性跳接软管能够将立管脱离浮体的运动，使立管的疲劳响应对浮体的运动不敏感。

混合立管系统是经过实践检验的概念，它们已经被安装在墨西哥湾、巴西近海和西非近海。混合立管系统的安装应用已经覆盖了从 450m 至 2600m 的水深范围。

混合立管系统有不同的版本，并且多年来它们的配置经过了不断的修改，迄今，已开发的混合立管系统有以下几种：

（1）混合立管塔（HRT）；

（2）单线混合立管（SLHR）；

（3）张力腿立管（TLR）；

（4）混合“S”立管系统（HySR）；

（5）混合悬链线立管（HCR）。

其中，应用最广泛的单线混合立管（SLHR）如图 6.81 所示。

6.9.5.2 初步分析

初步分析要满足两点要求：沿立管的浮力和张力分布；具有涡激振动抑制装置。

初步分析有以下两步：

（1）静力分析，确定对流和船体位移条件的响应；

（2）时域规则波分析，确定对时变载荷的响应。

分析的结果可作为响应优化设计的指导。

在建混合立管模型之前，需要先了解油田要求并对立管系统进行初步测量，得到以下几点信息：

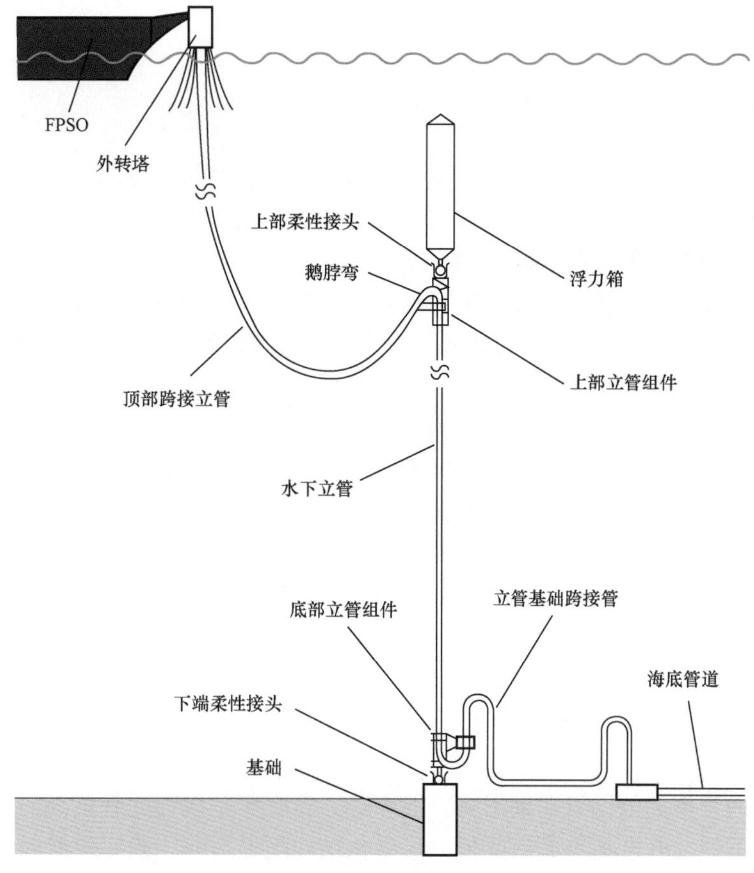

图 6.81　单线混合立管（SLHR）的典型结构示意图

（1）数量、尺寸、干重、湿重、注水质量、自由流面的压力和函数；

（2）柔性管与浮式生产系统（FPS）连接处的水深；

（3）上部立管连接模块（URCP）与水面的距离，在风暴情况时，FPS 与 URCP 的顶部运动不应耦合；

（4）URCP 和鹅颈弯的十重、湿重；

（5）URCP 下面的舱室的数量、尺寸、净重量和净举油高度；

（6）带有浮力块的典型立管、采用 VIV 抑制装置的立管、内部气舱，或者加压性质立管节点的干重、浸没重力、外径和特征；

（7）立管下部压力节和底部立管连接处的干重、湿重和外径；

（8）立管下部应力节的材料；

（9）立管底部与海底井口、管汇或独立桩基连接处距海底高度。

多数立管分析模块是基于单线性立管的模型分析。因为所有的混合式立管都可以单独建模，这些模型过于复杂，容易产生潜在错误或求解困难，因此用等效的单线性模型来模拟混合式立管的刚性金属部分更为方便。

等效单线性模型通常有以下几方面特性：

（1）质量。所有线性质量、泡沫浮块的质量、内部流体质量、浮块与结构之间所夹带的水的质量，还有外部导向管的质量。

（2）弯曲刚度。所有构件的总弯曲刚度。

（3）轴向刚度。结构构件轴向刚度。

（4）浮块直径。浮块的外部直径，或者所有外层的管结构部分的投影直径。

（5）有效张力。把出油管带来的张力叠加到立管的张力上。

该方法可以用于极限载荷、疲劳和VIV分析。

顶部组件建模也用单线性立管模型简单完成。为模拟相应的水动力特性和重力，鹅颈弯、阀和管线构件都可以用管单元模拟。可用弹簧锁单元模拟绳索，以恰当模拟载荷变化。

柔性管的建模更复杂。从简化模型的角度讲，所有的柔性管可以独立建模。跨接软管可以只建成2个或4个，但具有所有跨接管的质量、刚度和水动力载荷分布。这个方法对混合立管设计师非常有意义。额外的跨接管可以在后续的分析中加入，为验证简化的方法同时生成柔性管的终止载荷详细设计提供依据。建立顶端模型是为VIV分析，整个顶端装置的自由运动会因跨接软管的存在而衰减。采用一个与跨接管提供的转动阻尼等效的转动弹簧刚度作为立管顶端装置的横向约束。

风暴情况会引起曲率的显著变化，而在频域分析中不能准确地模拟柔性管的结构变形。因此混合式立管的频域分析只考虑跨接管的弹簧刚度、质量、阻力和惯性特性等的影响进行等效。

由于受导向管里的外围管运动影响，混合式立管有比单线性立管更高的结构阻尼，它在不同的工况里使立管载荷升高或降低。要量化结构阻尼影响，确定建模时结构变化的敏感度，需要进行参数分析。上述结果比较重要，为确定阻尼等级以及验证预期的响应，还需要水池试验。

满足用于单线性模型中体分析的全部要求后，在分析结果时需要修改模型进行后处理。各个管的弯矩可根据所有金属管总刚度的抛物线曲率获得。因为管件的惯性影响很小，基于垂向支撑点和关键重心的距离，很容易计算外围管的有效张力。然后用给定高度立管模型有效张力与所有外围管件有效张力和值的差值，作为结构内部的有效张力。这样的计算增加分析过程和分析输出的转换难度。

在外部管件的顶端支撑处，这种补偿修正计算可得出结构单元受压值。与单线性立管系统不同，允许存在受压结构，倘若设计时考虑这种情况，那么在一根或几根管件出现受压情况并不严重。在外部管件的支撑点，为保证有足够的欧拉弯曲强度，必须检查局部的屈曲强度，并且外部管件的横向约束必须详细考虑/设计。

在立管发生横向运动和弯曲时，立管顶部会倾斜，因此鹅颈弯不能阻碍立管顶部的运动。独立出油管在顶端必须有一个额外的长度来适应出油管和结构立管之间的相对移动。

6.9.5.3 强度分析

在最初的混合式立管系统的工程设计中，Fisher 和 Berner（1988）对应力水平和系统的疲劳寿命进行了设计分析工作。得到的总体结论是整个结构系统应力水平都很好地符合保守设计值。

刚性立管系统的详细设计要求包括：

（1）在 1 年一遇风暴海况下能够进行钻井和修井完井作业；

（2）一个锚链损坏时，能够抵御 100 年一遇的风暴海况；

（3）沿立管方向的几个不连续点或者立管顶部遭受选择性浮力损失时能工作；

（4）顶部具有解脱能力，以保证立管有效工作。

进行强度分析是为了优化下面几点：

（1）分布浮力的要求；

（2）顶部张力；

（3）绳索张力；

（4）基座载荷。

通过优化对上述参数的敏感性分析，研究它们对立管响应的影响。

强度分析基于一系列可能发生的工况，包括：

（1）分布浮力要求；

（2）极限波浪情况；

（3）极限海流情况；

（4）极限船体漂移情况；

（5）风向和来流方向相反的情况。

通常基于构成成分的有效性、成本和安装施工上的考虑来进行最合适的安排。

需要分析的设计细节包括：

（1）对外围管的热损失分析；

（2）对立管本身的管系和到外围管的过渡部分的分析；

（3）鹅颈弯的设计。

下面介绍墨西哥湾深水 FSO 立管强度设计。

立管设计参照 API RP 2RD 规范。墨西哥湾单管混合式立管的跨接管设计在已知最大张力、最大压强和最小弯曲半径符合工作手册规范时才执行。对于内径为 368.3mm 的跨界管来说，规范要求的最大张力、最大压力、最小弯曲半径分别为：2.18×10^3kN 和 4.5m，用 OrcaFlex 进行立管的动力分析。

极限风暴情况下的强度校核，需要分析空间环流、1000 年一遇飓风情况下的移动。FPSO 需要计算每种情况下的缓慢漂移极限位移，波浪幅值响应算子（Response Amplitude Operator，RAO）用于模拟船周围的低频率波浪频率运动位移。设计内容包括意外情况以及设计海况。压舱及满载情况也需被校核。

对于单管混合式立管强度设计，需要假设不存在螺旋侧板的惯性系数为 2.0，拖曳系数为 0.7。当使用侧板时，由于系统会有较小的黏性阻尼系数，使用小额拖曳系数进行强度设计将会导致保守的结果和更大的动态响应。

6.9.5.4　疲劳分析

如同其他类型的立管分析一样，混合式立管的疲劳分析包括船体漂移分析、波浪运动分析、涡激振动分析和安装疲劳分析，湿拖法安装必须进行疲劳分析。

作用在立管上部的水动力载荷是造成立管一阶疲劳损伤的主要原因，可通过降低立管顶部高度缓解，由跨接软管引起的疲劳问题可以通过增加软管的长度来减缓。

漂移运动可能会在鹅颈弯处引起显著的疲劳损伤，在这个位置柔性跳接软管连接到立管和根部应力节上。可以通过在选定海况下的立管总体分析方法来计算立管的响应，同时应用 Weibull 统计学分布方法确定长期的应力循环载荷。进行这些分析，必须要认真选取平均漂移量，因为连接到 FPS 上的绳索可能会对船体的响应产生显著的非线性影响。

如果混合式立管是采用控制深度湿拖法，可能会产生显著的安装疲劳问题，因为湿拖法会诱导立管以其固有频率发生振动。因此需要对一系列的波高、周期和浪向进行分析，确定可能引起立管疲劳损伤的情况，此时可以采用模型试验或者全尺度测量方法，这种方式已在 Girassol 工程中使用过。

对于其他的立管系统，涡激振动分析需要考虑变化的海流轮廓形式，包括 100 年一遇的海流数据。总体 VIV 疲劳损伤可以通过每个海流形式以及相关发生概率的形式进行计算。进行前期分析的时候，可以假设没有安装抑制装置。发生振动和未抑制的显著疲劳损伤的区域也可以进一步确定。然后需要选择合适的抑制装置。传统的形式是螺旋侧板，因为它们可以稳定地附着在合成泡沫浮力筒表面。

水下重力和张力较低容易使立管遭受较高的涡激振动疲劳损伤，VIV 分析的目的就是确定抑制装置的安装长度。

疲劳损伤沿着立管长度方向的分布可以通过一阶或二阶损伤影响、在位涡激振动和安装疲劳累积的形式进行计算。关键部件的疲劳寿命需要采用断裂力学的分析方法进行校核。每种影响产生的损伤可以用来形成载荷图谱，这些图谱必须要顺次给出，使得它们能够代表立管安装和长期的响应形式。

首个混合式立管系统的疲劳分析中，预估钛合金柔性接头的疲劳寿命超过 500 年，余下的部分至少有 60 年的疲劳寿命，立管接头在没有旋涡脱落侧板的情况下持续了约 70 年，带侧板的大约 75 年。

涡激振动抑制系统是在 GC29 混合式立管中研发的，是根据疲劳分析和水池试验的结果设计的。该系统暴露在持续多天等剧烈环流海况下，测得的最高环流速度大于 3. 5kn，但没有观察到涡激振动现象。在立管上施加的高张紧力会显著地增加 VIV 疲劳寿命，因此在恶劣环流海况下，增加立管张力是一个最有效的 VIV 抑制技术。

参 考 文 献

[1] Sotberg T, Moan T , Bruschi R, et al. The SUPERB Project: Recommended Target Safety Levels for Limit State based Design of Offshore Pipelines [C]. Proc. of OMAE' 97, 1997.

[2] Timoshenko Stephen P, James M Gere. Theory of Elastic Stability [M]. 3rd Edition. New York: McGraw - Hill Book Company, 1961.

[3] Kellogg Brown & Root, Inc. Submarine Pipeline On - bottom Stability (Volume 2) [R]. Pipeline Research Council International (PRCI), 2008.

[4] Chiew Y M. Effect of Spoilers on Wave Induced Scour at Submarine Pipelines [J]. Waterway port, Coastal and Ocean Engineering, 1993, 119: 417 - 428.

[5] Kenny J P. Structual Analysis of Pipeline Spans [J]. OTI 93613, 1993.

[6] MMS. Assessment and Analysis of Unsupport Subsea Pipeline Spans [R]. United States Department of the

Interior Minerals Management Service, 1997.

[7] Mouselli A H. Offshore Pipeline Design Analysis and Methods [M]. Tulsa, OK, PennWell Publishing Co., 1981.

[8] Choi H S, Free Spanning Analysis of Offshore Pipelines [J]. Ocean Engineering, 2001, 28 (10): 1325 - 1338.

[9] Roger E Hobbs, Liang F. Thermal Buckling of Pipelines Close to Restraints [C]. OMAE, 1989.

[10] Hobbs R E. In - service Buckling of Heated Pipelines [J]. Journal of Transportation Engineering, 1984, 110 (2): 175 - 189.

[11] Leif Collberg, Malcolm Carr, Erik Levold. Safebuck Design Guideline and DNV RP F110 [C]. OTC 21575, 2011.

[12] Palmer A C, Ellinas C P, Richards D M, et al. Design of Submarine Pipelines Against Upheaval Buckling [C]. OTC 6335, 1990.

[13] Pedersen Terndrup P, Jensen Juncher J. Upheaval Creep of Buried Heated Pipelines with Initial Imperfactions [J]. Marine Structures, 1988, 1 (1): 11 - 22.

[14] Kent W Muhlbauer. Pipeline Risk Management Manual [M]. 3rd Edition. Houston: Gulf Publishing Company, 2004.

[15] Trond Eklund (Hydro), Kare Hgmoen (Hydro), Gunnar Paulsen, Ormen Lange Pipeline Installation and Seabed Preparation [C]. OTC 18967, 2007.

[16] Grosh L W, Tillman F A, Lie G H. Fault Tree Analysis, Methods and Application—a Review [J]. IEEE Trans. Reliability, 1985, 34 (3): 194 - 203.

[17] Mott MacDonald Ltd.. PARLOC 2001: The Update Loss of Containment Data for Offshore Pipelines [R]. HSE, The UK Offshore Operators Association and the Institute of Petroleum, 2001.

[18] Daniel G True. Rapid Penetration into Seafloor Soils [C]. OTC 2095, 1974.

[19] Coastal Engineering Research Center. Shore Protection Manual [R]. U. S. Government Printing Office Washington, D. C. 20402, 1984.

[20] Newmark N M, Hall W J. Pipeline Design to Resist Large Fault Displacement [C]. Proceeding of US Conference on Earthquake Engineering, Ann Arbor, Michigan, 1975: 416 - 425.

[21] Kennedy R P, Chow A W, Williamson R A. Fault Movement Effects on Buried Oil Pipeline [J]. Transportation Engineering Journal, 1977, 103 (5): 617 - 633.

[22] Wang L R L, Yeh Y H. A Refined Seismic Analysis and Design of Buried Pipeline for Fault Movement [J]. Earthquake Engineering and Structural Dynamics, 1985, 13: 75 - 96.

第7章　海 上 施 工

7.1　管道安装方法

海底管道投资规模大，海上施工所需船舶资源多，安装费用高，施工方法的选择尤为重要，好的施工方法能够控制成本、保证进度和降低风险。施工方法的选择需要综合评价，需要从技术、投资和工期等因素综合考虑。海底管道主要铺设方法有：铺管船铺设法（S形铺管法、J形铺管法和卷管式铺管法）、拖管法（浮拖法、近底拖法、底拖法）和围堰法[1,3]。

7.1.1　铺管船铺设法施工

海底管道安装的最常用的方法是铺管船铺设法。目前有3种不同类型的铺管船，包括传统的箱形铺管船、船形铺管船以及半潜式铺管船，按定位形式又可分为锚泊定位和动力定位两种形式铺管船。（最常用的4种类型的铺管船：常规铺管船、半潜式铺管船、动力定位式铺管船和卷管式铺管船。）

普通船形式铺管船吃水深度相对较深，适合需要承载较重设备或高起吊力时使用。半潜式铺管船通常是非自航式，但也可采用动力定位系统。半潜式铺管船船形巨大，作业线多设置在船的中央，其最大的特点就是稳定性强，可以在比较恶劣的环境中以及深海海域施工作业。

铺管船铺设法主要有3种铺管方式：S形铺管法、J形铺管法、卷管式铺管法。

7.1.1.1　S形铺管法

S形铺管法一般需要在艉部增加一个很长的圆弧形托管架，管道在重力和托管架的支撑作用下自然的弯曲成S形曲线（图7.1）。目前，S形铺管法是技术最成熟、应用最广泛的深水铺管法。1998年建成的Solitaire号代表了最新一代的S形铺管船，该船载重量达22000tf，采用动力定位系统，已经完成了大量海底管道铺设工程，保持着2775m的海底管道铺设水深最大纪录。

7.1.1.2　J形铺管法

J形铺管法是20世纪80年代以来为了适应铺管水深不断增加而发展起来的一种铺管方法。目前，J形铺管法主要有两种：一种是钻井船J形铺管法；另一种是带倾斜滑道的J形铺管法。在铺设过程中，借助于调节托管架的倾角和管道承受的张力来改善悬空管道的受力状态，达到安全作业的目的（图7.2）。

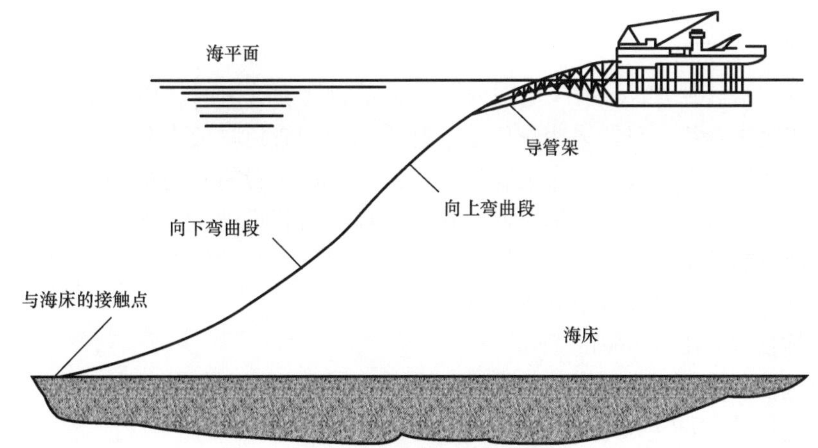

图 7.1　S 形铺管法示意图

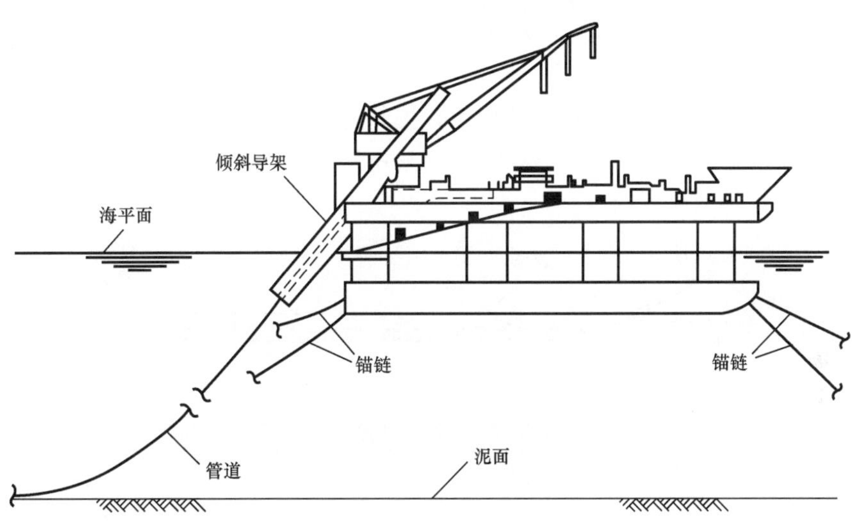

图 7.2　J 形铺管法示意图

7.1.1.3　卷管式铺管法

卷管式铺管法是一种在陆地预制场地将管道接长，卷在专用滚筒上，然后送到海上进行铺设的方法（图 7.3）。卷管式铺管法铺设效率高、费用低、可连续铺设、作业风险小。

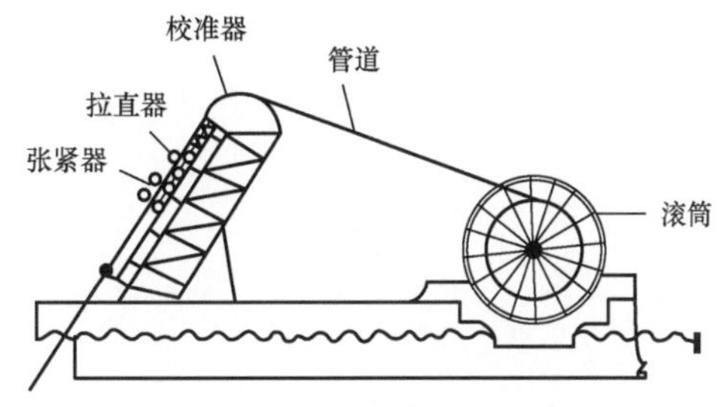

图 7.3　卷管式铺管法示意图

卷管法所用滚筒一般有水平放置和竖直放置两种，为减小管道卷绕后的塑性变形，滚筒直径一般比较大。由于受到铺管船尺寸和滚筒直径的限制，卷管式铺管法中的管道直径较小。

7.1.2 拖管法施工[2,10,11]

在近岸浅滩海（通常5m水深范围内）区域铺设海底管道时，由于水深限制导致不能采用铺管船铺设法安装，只能采用拖管法。拖管法中的管道一般在陆上组装场地或在浅水避风水域中的铺管船上组装成规定的长度，然后用起吊装置将管道吊到发送轨道上，再绑上浮筒和拖管头，用拖船将管道拖下水，按预定航线将管道就位、下沉，最后将各段管道对接，完成管道铺设全过程。

目前，拖管法又可分为以下几种方法：

（1）浮拖法（surface tow）；

（2）底拖法（bottom tow）；

（3）离底拖法（off - bottom tow）；

（4）控制深度拖法（CDTM）；

（5）水面下拖法（below surface tow）；

（6）复合式拖法（combined tow）。

7.1.2.1 浮拖法施工

浮拖法施工时管道漂浮在水面，船艏由首拖轮通过拖缆拖航，船艉用尾拖船通过拖缆控制管道在水中的摇摆（图7.4）。这种方法适用于海面平静、风浪较小的海域，拖航速度较快，但波浪作用力较大。

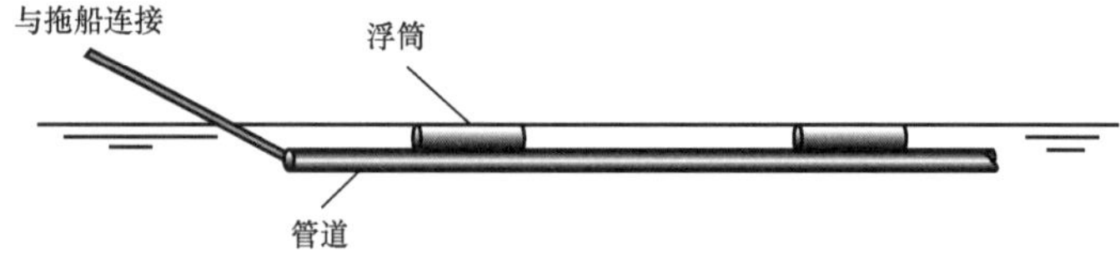

图7.4 浮拖法施工

7.1.2.2 底拖法施工

底拖法施工时管道紧贴着海底，由拖船通过拖缆将管道拖航前进，其需要的拖力最大，但疲劳损伤最小（图7.5）。

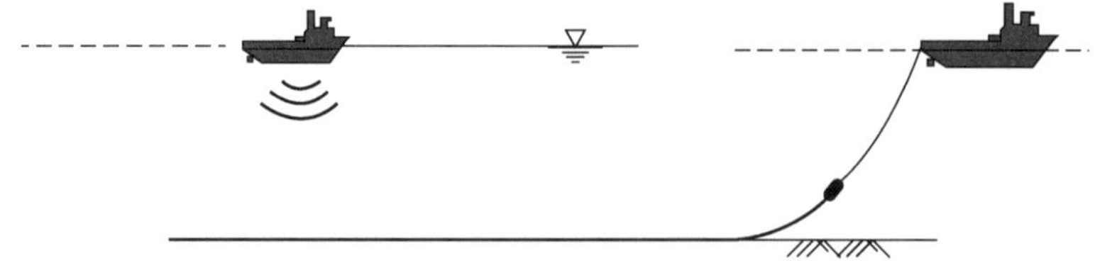

图7.5 底拖法施工

7.1.2.3 离底拖法施工

离底拖法施工利用浮筒和压载链将管道悬浮在距海床一定高度上，再由拖轮拖航（图7.6）。这种方法适用于海底地形已知情况，需要的拖力很小，水动力也较小。

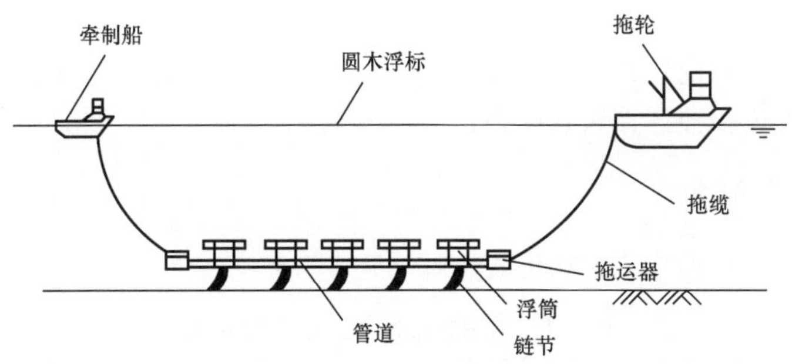

图 7.6　离底拖法施工

7.1.2.4　控制深度拖法

控制深度拖法施工时，管道被控制在水面以下一定深度悬浮着，由水面拖轮牵引。拖航时水对压载链的拖曳力产生一种升力，减小了管道水下重量。拖速越大，拖缆与垂直方向夹角也越大。这种方法在国外应用最多，研究也最广泛。

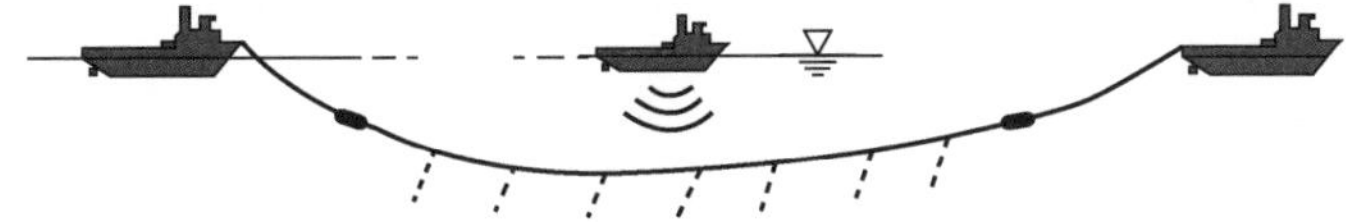

图 7.7　控制深度拖法施工

7.1.2.5　水面下拖法

此方法与浮拖法相似，只是为了避免波浪对管道的影响，利用浮筒将管道悬浮在距海面一定深度下（图 7.8）。相对于浮拖法，此方法可使管道的侧向位移和受水动力都大大减小。

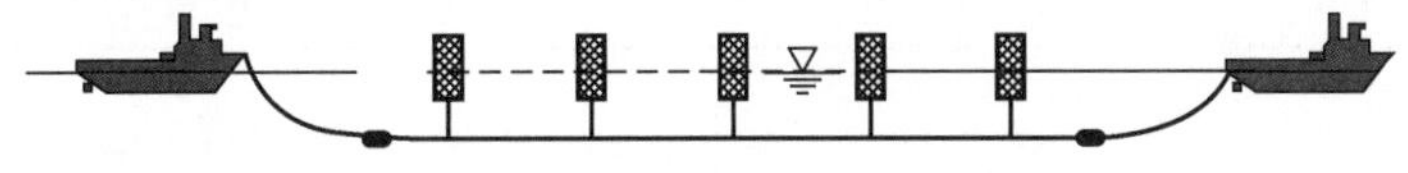

图 7.8　水面下拖法施工

7.1.2.6　岸拖法

借助岸上的拖拉设备，将管段沿其路由从海里拖至岸边登陆点的施工技术，在海底管道工程中称为岸拖（图 7.9）。一般分为两种情况：一是借助铺管船的铺设岸拖；二是将在陆地专用场地预制好的管段，浮拖至该水域后进行的整段全浮式岸拖。

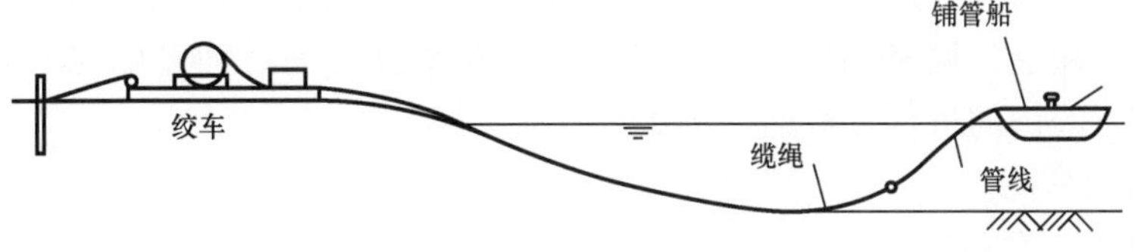

图 7.9　岸拖法施工

7.1.2.7 复合式拖法

复合式拖法是几种拖航方法的组合，根据离海岸距离及水深的不同，综合采用多种拖管法，从而充分发挥各种拖管法的优势。

7.1.3 施工方法对比

海洋管道铺设的各种施工方法优缺点对比见表7.1。

表7.1 海洋管道铺设施工方法对比

序号	施工方法	经济技术性	
		优点	缺点
1	浮拖法	牵引力小；不受水深影响，适用于各种水深；浮力控制相对简单	受水上交通影响大；受波浪、海流影响大，对天气条件要求高；牵引长度有限；不可预见费用高
2	离底拖法	牵引力小；受水上交通影响小，仅在浅水区域受影响；受不利天气条件影响小	浮力控制相对复杂；受海底地形影响大；拖拉长度有限；不可预见费用较高
3	底拖法	受不利天气条件影响最小；如果天气条件超过了拖轮的极限，可安全地弃管；停留于牵引通道上的管段长期稳定	牵引力大；管道涂层易受到损害；管道有碰到海底障碍物的可能；不可预见费用较高
4	岸拖法	适用于水深较浅的海域，不借助于拖轮，方法简单	施工周期较长，受海况、气象、岸拖管段的长度等影响，风险较大
5	铺管船铺设法	适用较深的海域；受波浪影响小；施工速度快，工期短	对于浅水区域，受船型影响大；铺管船的资源相对较缺；动迁费、租船费用较高
6	围堰法	施工便利；不受波浪、海流影响	工程量大、工期长；对环境的影响大；围堰的施工难度大；围堰费用高

7.2 国内外铺管船舶资源

海底管道铺设作业是由陆上管道穿越河流、湖泊水域的施工方法发展起来的。随着海洋石油天然气开发的不断深入，海底管道的作用显得越来越重要，而作为海底管道铺设的专用设备，铺管船的关注程度也在不断提高。目前，铺管船更新换代的速度明显加快，专业化程度越来越高。该方法铺设海底管道较其他方法具有抗风能力强、广泛的适用性、机动灵活和作业效率高等优点。它是以铺管船为中心和其他辅助船如：抛锚船、运管驳船、潜水作业船、供应船、调查船等组成施工船队，在水深能满足铺管船吃水要求的滩海区域，高效、安全经济的进行管道铺设作业。其优点是：

（1）铺管效率高。

（2）铺管安全性高。

（3）节省施工场地。

7.2.1　国内现有铺管船舶资源及能力

2012 年，我国国内现有铺管船 10 艘，其中中国石油两艘：中油海 101、CPP601，中国海油 5 艘：滨海 106、滨海 109、蓝疆号、海洋石油 201 和海洋石油 202，中国石化 2 艘：胜利 901 和胜利 902，其他两艘：天易 601 和俊昊 3。目前国内拥有的铺管船多为起重铺管船，性能差异较大，既有浅滩海作业的，也有具备在 3000m 水深作业的能力的。

我国最早的铺管船是 1987 年从新加坡购买的美国二手铺管船，即滨海 109。滨海 109 和滨海 106 起重铺管船（表 7.2 和表 7.3，图 7.10 和图 7.11）基本上都属于侧边式铺管船，由右舷铺管。由于侧边式铺管船稳定性稍差，但甲板利用率较高，多用于浅近海等工作环境不是很恶劣的场合。这两艘铺管船的铺管方式均为 S 形铺管。

表 7.2　滨海 109 主要参数

建造（改造）时间	总长 m	型宽 m	型深 m	满载平均吃水 m	床位 人	载重量 tf	载货面积 m^2
1976 年（1987 年）	91.44	28.35	6.7	4.025	172	500	400
最大起重载荷 tf	张紧器 tf	A&R 绞车 tf	托管架 m	焊接工作站 个	检测站 个	补口站 个	舷吊 套
318	66.6	45	45 + 25	4	1	1	3

表 7.3　滨海 106 主要参数

建造时间	总长 m	型宽 m	型深 m	满载平均吃水 m	床位 人
1974 年	80	23	5	2.5	120
最大起重载荷 tf	张紧器 tf	A&R 绞车 tf	托管架 m	管径范围 mm	工作站 个
200	22.5	34.6	22.5	304.8 ~ 762	2

图 7.10　滨海 109 起重铺管船

图 7.11　滨海 106 起重铺管船

滨海 109 的定位系统为早起罗经式，精度较差，吃水相对较深，不适于水浅且区域较长的滩海海域施工。

滨海 106 的主要不足之处在于其移位绞车未采用变频调速式，控制性能差，船上配套设备自动化程度低，效率差，工作站数量偏少，施工速度慢。

作为我国的两艘比较早期的起重铺管船，滨海 109 和滨海 106 控制性能比较差，工作效率不高，最大负荷比较小，仅适用于浅水铺管，总体性能和随后的蓝疆号、海洋石油 201 和海洋石油 202 相比差距较大。

图 7.12　蓝疆号起重铺管船

蓝疆号起重铺管船建于 2000 年，为非自航在无限航区作业的大型工程船舶（表 7.4，图 7.12）。在船主甲板及船艉部装有起吊能力为 37240kN 的全回转起重机，右舷设有先进的海管铺设系统。通过托挂结构连接船体和长达 87m 的托管架，可在水深范围 6 ~ 150m 内铺设管径为 114.3 ~ 914.4mm 的海底管道，在水深为 6 ~ 100m 的范围内铺设管径为 1219.2mm 的海底管道。作为侧边式铺管船，蓝疆号的铺管方式为 S 形铺管。

表 7.4　蓝疆号主要参数

建造时间	总长 m	型宽 m	型深 m	满载平均吃水 m	床位 人	甲板载荷 tf	作业水深 m
2001 年	157.5	48.8	12.5	8	278	500	8 ~ 150
最大起重载荷 tf	张紧器 tf	管径范围 mm	A&R 绞车 tf	工作站 个	检测站 个	定位锚机 套	锚缆长度 mm
3800	2 × 72.5	114.3 ~ 1219.2	158	10	12	12	762 × 2200

蓝疆号起重铺管船虽然性能参数相比滨海 109 与滨海 106 而言提升很多，并且设备相对比较先进，施工范围进一步增大，施工能力进一步增强，但是相对于国际上的一些大型铺管船而言，还是有一定的差距。

海洋石油 202：

2009 年，国内首艘独立设计的浅水铺管船“海洋石油 202”交付使用（表 7.5，图 7.13）。该船主要用于浅海海域海底管线铺设和起重作业，采用驳型，为非自航在无限航区作业的大型起重铺管船。该船能保持 60 天自持作业能力，铺管作业水深达 300m，采用 12 点锚泊定位方式，并在船艉设有一台固定起重能力 1200tf、全回转起重能力 800tf 的重型起重机。甲板堆管能力达 5000tf，设计铺管能力为每天 3km。海洋石油 202 的铺管方式为 S 形铺管。

表 7.5　海洋石油 202 主要参数

总长 m	型宽 m	型深 m	平均吃水 m	作业水深 m	最大起重负荷 tf	张紧器 tf	A&R 绞车 tf	工作站 m	管径范围 mm
168	46	13.5	9	300	1200	3×125	425	7	101.6～1524

采用 DP2 动力推进系统的海洋石油 202 浅水起重铺管船铺管作业水深相比蓝疆号提升 1 倍，铺管性能都有不同程度的改进。该铺管船填补了我国铺管工程船舶完全自主研制的空白，提高了我国海洋工程作业能力。

海洋石油 201：

“海洋石油 201”深水起重铺管船采用全电力推进的 DP3 动力定位系统，使用自动铺管作业线，主要用于深水油气田海底管线铺设和海上设施的吊装作业，最大作业水深可达 3000m，甲板堆管能力达 9000t，设计铺管能力为每天 5km，海上最大起重能力为 4000tf，全回转起重能力达 3500tf（图 7.14，表 7.6）。该深水起重铺管船的工作时长为每年工作 250 天，包括 200 天的铺管时间和 50 天的待命时间，目前在世界上属于先进水平。海洋石油 201 采用 S 形铺管方式。

图 7.13　海洋石油 202

图 7.14　海洋石油 201

表 7.6　海洋石油 201 主要参数

总长 m	型宽 m	型深 m	平均吃水 m	作业水深 m	最大起重负荷 tf	张紧器 tf	A&R 绞车 tf	管径范围 mm
204	39.2	14	7～10.8	15～3000	4000	400	400	152.4～1524

海洋石油 201 是我国第一艘从事深水铺管和起重作业的工程船舶，也是国内自主进行详细设计和建造的第一艘具有自航能力并满足动力定位要求的深水铺管起重船，能在除北极外的全球无限航区作业。

7.2.2　国外现有铺管船舶资源及能力

国外铺管船的研究和应用起步比较早，一般都比较专业化。相对国内而言，国外铺管作业对深水和浅水铺管都比较有经验，所使用的铺管船形式也具有多样化。根据应用领域的不同，一般多为 S 形（S－Lay）铺管船和 J 形（J－Lay）铺管船。

在国际市场上，2004 年有铺管船 88 艘，到 2009 年达到 113 艘，到 2011 年达到 128 艘，2015 年达到 150 艘。国外拥有铺管船的几大公司包括 Allseas 集团、Subsea 7 公司和 Saipem 公司等。

总部设在瑞士的 Allseas 集团是全球最主要的海洋管道铺设公司之一，目前旗下有 5 艘铺管船，到 2010 年已铺设管道的总里程已达 14500km（表 7.7，图 7.15）。Lorelay 是全球第一艘采用动力定位技术的铺管船，配备 DP3 系统，按照流线型设计、航速 16kn，具有较大的管子存储能力，铺设管径 2 ~ 36in，1996 年以铺管水深 1645m 打破了当时 S－Lay 铺管的世界纪录。Solitaire 是目前世界上最大型的铺管船，管子存储能力 22000tf，航速 13kn，铺管速度曾达到每天 9km，铺设管径 2 ~ 60in，创造了铺管水深 2775m 的世界纪录。

表 7.7　Allseas 集团铺管船主要参数

名称	船长 m	型宽 m	型深 m	吃水 m	最大起重量 tf	床位 人
Lorelay	183	25.8	15.5	9	300	216
Solitaire	300	40	24	8.5	300	420
Tog Mor	111	—	—	—	300	112
Audacia	—	—	—	550	240	2 ~ 60
名称	管径范围 in	张紧器 tf	A&R 绞车 tf	托管架 m	工作站 个	铺管方式
Lorelay	2 ~ 36	3 × 55	—	—	10	S－Lay
Solitaire	2 ~ 60	3 × 350	—	60	10	S－Lay
Tog Mor	2 ~ 60	100	—	—	5	S－Lay
Audacia	3 × 175	—	—	—	11	S－Lay

(a) Lorelay铺管船

(b) Solitaire铺管船

图 7.15　Allseas 集团铺管船

Saipem 公司是一家大型的、国际性的、石油和天然气领域最佳的交钥匙工程承包商之一，着重于偏远地区和深水海域的石油和天然气活动，在设计和实施大规模海上和陆地项目上具有与众不同的能力，目前旗下拥有 16 艘铺管船（表 7.8，图 7.16）。Saipem7000 半潜式 J 形铺管船，最大起重量达 14000t，铺管水深超过 2000m，配备 DP3 系统，管子存储能力超过 6000t，配备 1 台张紧器、1 台 A&R 绞车，铺设管径 4 ~ 32in。Castoro7 管子存储能力 2000t，配备全自动焊接设备，铺设管径 8 ~ 60in。

表 7.8　Saipem 公司铺管船主要参数

名称	船长 m	型宽 m	型深 m	吃水 m	最大起重量 tf	床位 人
Saipem7000	197.95	87	43.5	27.5	14000	725
Semac 1	148.5	54.9	27.8	13.7	318	362
Castoro Sei	152	70.5	29.8	15.5	134	330
Saipem FDS	163	30	—	7.4	600	235
Castoro Otto	191.4	35	15	9.5	2177	356
Castoro Ⅱ	135	32.6	9	5.5	998	248
Crawler	150.5	34.25	14.22	—	546	230
S 355	108	30	7.5	4.75	590	206
Castoro 10	134	30	9	5.2	108.7	168
SB 230	70	22.8	4.52	3.22	86	120
Castoro 12	101	29.35	5	1.4	35	150
Castoro 7	167.5	58.5	33.2	20	54	401

名称	管径范围 in	张紧器 tf	A&R 绞车 tf	托管架 m	工作站 个	铺管方式
Saipem7000	4 ~ 32	525	550	—	2	J – Lay
Semac 1	max. 60	3 × 75	275	39.6	—	S – Lay
Castoro Sei	max. 60	3 × 110	330	—	5	S – Lay
Saipem FDS	4 ~ 22	3 × 90	320	—	5 + 1	J – Lay
Castoro Otto	4 ~ 60	2 × 180	135	52 + 42	9 + 1	S – Lay
Castoro Ⅱ	—	2 × 90	91	—	8	S – Lay
Crawler	—	2 × 72	90	65	—	S – Lay
S 355	3 ~ 48	2 × 100	110	—	7	S – Lay
Castoro 10	max. 56	2 × 60	100	30.62	—	S – Lay
SB 230	max. 32	25	50	—	7	S – Lay
Castoro 12	max. 40	—	30	—	9	S – Lay
Castoro 7	8 ~ 60	—	225	—	—	S – Lay

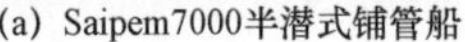
(a) Saipem7000半潜式铺管船

(b) Castoro Sei半潜式铺管船

图 7.16　Saipem 铺管船

Cal Dive International 公司是一个在海洋石油和天然气领域提供载人潜水、起重、铺管和埋管服务的承包商，旗下拥有 7 艘 S－Lay 型铺管船，铺管水深可达 214m（表 7.9）。BRAVE 建造于 1970 年，配备 Manitowoc 3900 和 Link belt338 起重机，配备 1 台张紧器、4 台舷吊，托管架长 16.8m，铺设管径 2～20in。Rider 建造于 1995 年，配备 2 台 Manitowoc 4000 起重机，八点系泊，配备 1 台张紧器、1 台 A&R 绞车，托管架长 12.2m，设有 5 个工作站。

表 7.9　Cal Dive International 公司铺管船主要参数

名称	船长 m	型宽 m	型深 m	吃水 m	最大起重量 tf	床位 人
BRAVE	83.8	5.5	21.3	—	100	80
Rider	79.2	21.9	4.9	2.1	150	88
SEA HORIZON	110	30	7.8	4	1088	255
AMERICAN HORIZON	54.9	25.9	4.1	2.7	82	74
BRAZOS HORIZON	64	21.3	4.6	3	82	119
LONE STAR HORIZON	95.4	27.4	5.8	3.7	80	177
PECOS HORIZON	78.2	22	4.9	2.9	103	102
名称	管径范围 in	张紧器 tf	A&R 绞车 tf	托管架 m	工作站 个	铺管方式
BRAVE	2～20	22.5	—	16.8	5	S－Lay
Rider	—	22.5	36	12.2	5	S－Lay
SEA HORIZON	max. 36	2×45	90	—	7	S－Lay
AMERICAN HORIZON	24	3×5.5	—	—	—	S－Lay
BRAZOS HORIZON	24	36	32	—	—	S－Lay
LONE STAR HORIZON	39	2×40	80	—	—	S－Lay
PECOS HORIZON	24	2×25	50	22.86	—	S－Lay

Global Industries 公司于 1973 年成立于美国路易斯安那州哈维，通过提供生产海洋石油和天然气过程中至关重要的潜水和铺管服务而不断发展壮大，逐渐从一个小型潜水公司成长为全球海洋工程的巨人。Global Industries 公司拥有 9 艘铺管船，7 艘为 S－Lay 型，1 艘为 Reel Lay 型，1 艘既可以 S－Lay、也可以 Reel Lay；拥有 Mudbug 专利技术，能够同时铺设和埋设 20in 钢管（表 7.10）。Global 1200 配备增强型 DP2 系统，配备 4 台张紧器（3 用 1 备）、2 台 A&R 绞车（1 用 1 备），设有 10 个工作站，铺设管径 4～60in。Hercules 配备 1 个可移去的水平卷筒，很容易将其由 Reel Lay 转变为 S－Lay，S－Lay 时铺设管径 6～60in、Reel Lay 时铺设管径 4～18in。

表 7.10　Global Industries 公司铺管船主要参数

名称	船长 m	型宽 m	型深 m	吃水 m	最大起重量 tf	床位 人
Cherokee	117.96	30.48	7.62	5.19	839	174
Cheyenee	106.68	30.48	7.62	5.03	725	220
Chickasaw	83.82	24.38	6.1	4.27	150	73
Comanche	122.22	30.48	8.84	5.79	907	243
DLB 264	121.92	30.48	9.14	6.1	997	275
DLB 332	107.44	30.48	7.92	5.49	725	247
Hercules	148	42.67	7.62	5.49	1814	269
Iroquois	121.92	30.48	9.14	5.49	226	261
Global 1200	162.3	37.8	16.1	6.6	1200	264
名称	管径范围 in	张紧器 tf	A&R 绞车 tf	托管架 m	工作站 个	铺管方式
Cherokee	2～48	2×72	135	48.77	7	S－Lay
Cheyenee	2～36	36	90	30.48	7	S－Lay
Chickasaw	4～12	—	90	30.48	3	Reel Lay
Comanche	4～60	2×60	120	73.15	8	S－Lay
DLB 264	6～60	2×68	135	48.77	7	S－Lay
DLB 332	4～42	82	90	73.15	7	S－Lay
Hercules	6～60 4～18	2×270	200	91.44	9	S－Lay
Iroquois	8～48	2×100	200	73.15	8	S－Lay
Global 1200	4～60	(3+1)×125	(1+1)×400	105.2，38.5	10	S－Lay

在全球深水石油天然气田，Helix 公司能够提供管道铺设等多种海下作业；在墨西哥湾，Helix 公司是最活跃的深水管道铺设承包商；Helix 公司旗下拥有 3 艘铺管船，1 艘为 S－Lay型，2 艘为 Reel Lay 型，具有航速块、铺管水深深（可达 3000m）等特点（表 7.11）。Caesar 的托管架长度可在 70～100m 范围内调节、半径可在 70～300m 范围内调节，设有 9 个工作站，航速约 14kn，管子存储能力 10000t，铺管水深超过 2000m，铺设管径6～42in。Express 航速超过 12kn，两个卷筒可容纳约 3000t 管子，配备 1 台张紧器、2 台 A&R 绞车，铺设管径 2～14in。

表 7.11　Helix 公司铺管船主要参数

名称	船长 m	型宽 m	型深 m	吃水 m	最大起重量 tf	床位 人
Caesar	146.5	30	17.1	9	300	220
Express	162	34.6	9.85	6	400	132

续表

名称	船长 m	型宽 m	型深 m	吃水 m	最大起重量 tf	床位 人
INTREPID	116.3	31.9	7.6	5.6	400	74
名称	管径范围 in	张紧器 tf	A&R 绞车 tf	托管架 m	工作站 个	铺管方式
Caesar	6 ~ 42	3 × 135	450	max. 90	9	S - Lay
Express	2 ~ 14	160	250, 80	—	—	Reel Lay
INTREPID	3.5 ~ 12	120, 18	400	—	—	Reel Lay

Sea Trucks Group 公司是一家为海洋石油和天然气领域提供服务的全球性公司，在西非、中东、欧洲、东南亚和澳洲都设有分公司，全球雇员超过 2000 人，旗下拥有 6 艘 S - Lay 型铺管船（表 7.12）。JASCON 2 是一艘铺管生活驳舶，八点系泊，工作水域为浅海海域，配备 1 台张紧器、1 台 A&R 绞车，设有 5 个工作站，托管架长 35.3m，铺设管径 4 ~ 32in。JASCON 34 配备 DP3 系统，配备 2 台张紧器、1 台 A&R 绞车、5 台舷吊，设有 6 个工作站，托管架长 57.5m，铺设管径 4 ~ 48in。

表 7.12 Sea Trucks Group 公司铺管船主要参数

名称	船长 m	型宽 m	型深 m	吃水 m	最大起重量 tf	床位 人
JASCON 2	79.4	35.35	4.27	3	300	220
JASCON 18	150	36.8	15.1	6	1600	400
JASCON 25	118.8	30.4	8.4	5	800	355
JASCON 30	111	30.48	6.71	4.78	270	298
JASCON 34	118.8	30.4	8.4	5	800	335
JASCON 35	150	36.8	15.1	6	800	400
名称	管径范围 in	张紧器 tf	A&R 绞车 tf	托管架 m	工作站 个	铺管方式
JASCON 2	4 ~ 32	25	25	max. 35.3	5	S - Lay
JASCON 18	4 ~ 48	3 × 200	2 × 300	120	7	S - Lay
JASCON 25	4 ~ 48	2 × 60	120	55	6	S - Lay
JASCON 30	4 ~ 48	100	100	55	6	S - Lay
JASCON 34	4 ~ 48	2 × 60	120	57.5	6	S - Lay
JASCON 35	4 ~ 48	2 × 200	400	120	8	S - Lay

Subsea 7 公司是全球最主要的海洋工程公司，专注于非洲、太平洋、巴西、墨西哥湾和北海的深海脐管、立管和输送管市场，在工程能力、工程管理和项目执行方面全球著名，旗下拥有 18 艘铺管船（表 7.13）。Seven Oceans 配备 DP2 系统，航速超过 13kn，主卷筒管子存储能力为 3500t，铺管水深可达 3000m，铺设管径 6 ~ 16in。Seven Pacific 主甲

板下设有 2 个存储能力为 1200t 的卷筒，主甲板上设有 5 个存储能力为 300t 的卷筒，最大张紧力 260tf，铺设管径 2 ~ 24in。

表 7.13 Subsea 7 公司铺管船主要参数

名称	船长 m	型宽 m	型深 m	吃水 m	最大起重量 tf	床位 人
Kommandor 3000	118.4	21	10.08	4.9	30	73
Lochnagar	105	23	10	5.7	30	73
Normand Seven	130	28	12	8.8	250	100
Seven Oceans	157.3	28.4	12.5	7.5	400	120
Seven Seas	153.24	28.4	12.5	7.5	400	120
Seven Navica	108.53	22	9	7.341	60	73
Skandi Neptune	104.2	24	10.45	6.4	140	106
Subsea Viking	103	22	9.6	7.85	100	70
Toisa Perseus	113.57	22	9.5	6.75	250	100
Seven Pacific	133.15	24	10	6.5	250	100
Skandi Seven	120.7	23	9	7	250	120

名称	管径范围 in	张紧器 tf	A&R 绞车 tf	托管架 m	工作站 个	铺管方式
Kommandor 3000	—	2×75,55,2×15	200,140,60,30	—	—	Reel Lay
Lochnagar	max. 16	2×255	255, 75	—	—	Reel Lay
Normand Seven	4 ~ 20	2×150	300, 65	—	—	Reel Lay
Seven Oceans	6 ~ 16	400	450, 80	—	—	Reel Lay
Seven Seas	—	400, 170	450, 125	—	—	J - Lay
Seven Navica	2 ~ 16	205	250, 50	—	—	Reel Lay
Skandi Neptune	—	—	—	—	—	Reel Lay
Subsea Viking	—	—	—	—	—	Reel Lay
Toisa Perseus	2 ~ 24	110	—	—	—	J - Lay
Seven Pacific	2 ~ 24	260	—	—	—	J - Lay
Skandi Seven	2 ~ 24	110	—	—	—	J - Lay

7.2.3 国内外铺管船先进设备

铺管船法是利用安装在铺管船上的一系列专用的铺管设备进行海底管道铺设的方法，目前深水铺管主要都是采用这种方法。目前，世界上采用铺管船进行海底管线铺设的方法主要包括 S 形铺管（S - Lay）、J 形铺管（J - Lay）、卷管铺管（Reel Lay）和托管法（Tow - Method）。按照不同的不管方法，铺管船上布置不同的铺管船用设备。一艘铺管能力良好的深水铺管船，需要配套专门的管道铺设设备，主要包括：张紧器、收放绞车、恒张力锚机、管道输送系统、托管架等。目前，国外已经有很多厂家可以生产相关产品，而国内因为起步较晚，相关技术储备还很薄弱，研制的设备往往只能用于滩涂或浅海铺管作业。图 7.17 所示为 S 形铺管法铺管船上专用设备的布置图。

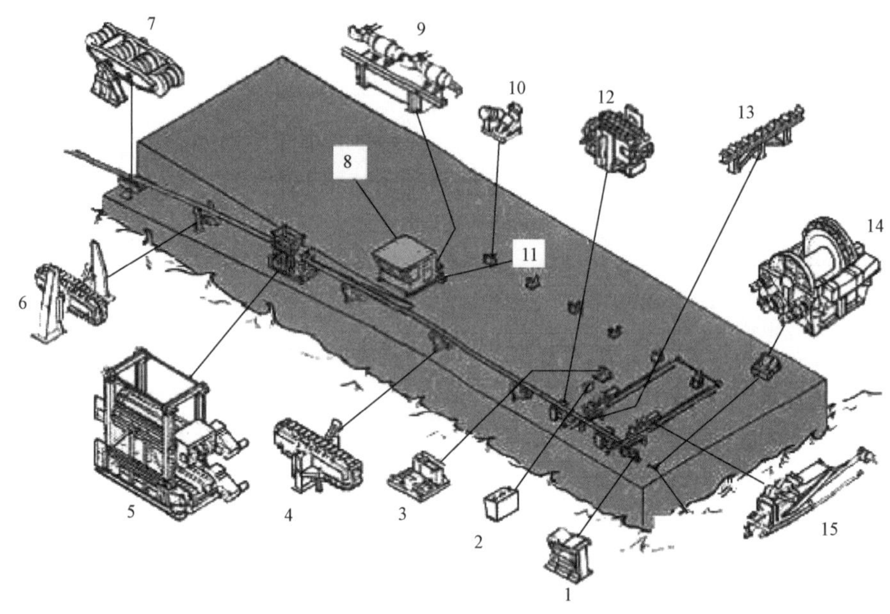

图 7.17 铺管船设备布局图

1—中间管架；2—控制单元；3—管输动力单元；4—固定式管架；5—张紧器；6—高度可调管架；7—水下支撑滚轮；8—控制室；9—张紧器动力单元；10—管道轴向传送器；11—传动阀；12—排管站；13—储管区；14—收放绞车；15—管道横向传送器

7.2.3.1 张紧器

铺管船采用张紧器进行铺管作业时，一般采用三种铺管方式：S－Lay，J－Lay 和 Reel Lay。S－Lay 适用于浅近海（10～50m）管道铺设，管道在下海输送过程中呈 S－Lay 变形曲线，这样的铺管船数量最多。它需要漂浮式的托管架，张紧器在甲板上施加张紧力。J－Lay适用于深海（延 1500m）管道铺设，它需要 J 式托管架，托管架上必须有张紧器，管线几乎是直上直下送到海中，但是 S－Lay 和 J－Lay 两者所使用的张紧器差别不大；Reel Lay 是一种更先进的铺管技术，管线缠绕在卷盘上，铺管时，从卷盘上放出，这种方法的铺管速度可以比以上两种方法快 10 倍，同时它也可使管线的焊接和防腐等工作在陆上完成，减少了人力成本并且更加安全可靠，但所铺管线的直径一般不超过 0.5m。可见水深和管线的直径决定了铺管方法。由于铺管作业主要在滩海浅近海地区进行，因此在铺管船船尾使用了 S 形水平铺管船用张紧器系统，这种张紧器系统能很好地满足水下铺管作业的需要，具有许多关键性的系统特点：恒张力控制，可以手动或自动控制，安装调节方便，自动转换速度快等。

张紧器是海底管道铺设系统的核心部分之一。张紧器能起到固定管线的作用，使得铺管塔上的焊接作业能正常进行；张紧器还能控制管线张力，使得铺管船在波动或是风浪的作用下，管线的张力能保持在允许值范围内，避免管线超过许用应力而破坏。图 7.18 所示为铺管用张紧器。张紧器总体结构包括压紧机构、履带机构、驱动系统、支架和底座、张力传感系统等 5 部分。张紧器系统主要由上下 2 套履带驱动机构组成。上履带驱动机构安装在上部可升降的动框架上，动框架由电动机驱动的螺旋压紧装置使其上下运动；下履带驱动机构安装在下部固定框架上，电动机驱动螺旋压紧装置，提升动框架和上履带板，把管线穿入上下履带板中间后，再反向旋转螺杆，使动框架带动上履带板等部件下降压紧在管线上。在铺管过程中，2 台液压马达被驱动，产生所需要的扭矩，带动夹持着管线的履带板运动。张紧系统可实现管线的恒张力控制。铺管时，监测系统通过安装在驱动轴上的编码器和张紧器与船甲板之间的传感器实时监测铺管速度和管线张紧力。当铺管船平稳地铺管时，管线输送系统使铺管速度在设定的范围内。当船上升时，管线输送系统加速放管；当船下降时，减慢放管速度，确保张紧力在一定的范围内。

图 7.18　铺管用张紧器

目前，国外已经可以生产张紧力最大为 5000kN 的张紧器。受管壁所能承受的夹持径向载荷的限制，深海铺管船常采用几个张紧器串联使用的技术方案。国外具有代表性的铺管船用张紧器的研发机构有意大利 Remacut 公司、美国 Westech 公司、荷兰 SASGouda 公司等。以上公司的铺管控制系统采取远程与现场控制相结合的方式。夹紧形式上有两履带式、三履带式和四履带式几种，并形成了一批专利。

SASGouda 公司自 1969 年以来销售近 100 台（套）张紧器，所采取的张紧系统与最大张紧力有关，最大张紧力小于 490.33kN 的张紧器张紧系统多采用螺旋夹紧、液压马达驱动；最大张紧力大于 490.33kN（50tf）的张紧器多采用液压缸夹紧、交流电动机驱动的形式。液压缸夹紧、交流电动机驱动的工作过程为：液压缸通过上履带将管线夹紧在下履带上，监控系统实时监测管线受到的夹紧力，当夹紧力满足要求时，液压缸进油口关闭，液压泵站停止运行，液压缸保持稳定压力。正常铺管时，监控系统通过安装在驱动轴上的编码器监测铺管速度，并控制驱动电动机按照要求的铺管速度运行，当船上升时，驱动电动机加速送管；当船下降时，驱动电动机减速送管，使张紧力时刻保持在设定值范围内。我国在 1996 年开始进行国产滩海铺管船用 300kN 张紧器的研究，采用双履带式恒压控制，液压驱动，1998 年进行了样机试验。目前国产滩海铺管船主要厂家有天津市精研工程机械传动有限公司和中国石化工程建设公司、胜利油建公司等。国内大吨位深海铺管船用张紧器还没有成熟技术。

张紧器的主要技术参数有：最大张紧力、适应管径、适合环境条件、装置总功率、蓄能器、装置重量、装置外形体积。

（1）SASGouda 公司和 Remacut 公司生产的张紧器。

荷兰 SASGouda 公司生产的张紧器主要有水平或垂直的两履带式张紧器系列，其张紧力为 50～3500kN；四履带式张紧器系列，张紧力为 500～5000kN。意大利 Remacut 公司率先开发出了电驱张紧器以及适用于所有管道的双开闭结构，张紧器的张紧力范围为 250～1750kN，且具备 4000kN 张紧器的技术储备。其主要参数见表 7.14。

表 7.14　Remacut 公司 1750kN 张紧器主要参数

最大张力 kN	最大铺管速度 m/min	张紧器长度 m	张紧器高度 m	张紧器宽度 m
1750	40	10.65	7.5	5.6

（2）RE. MAC. UT 公司生产的张紧器。

如图 7.19 所示是 RE. MAC. UT 公司生产的管道张紧器，其中张紧器系统总体外形结构主要由三个部分组成：管线夹持及输送系统、电力拖动系统和测量显示系统。如图 7.20 所示，管道夹持及输送系统主要由上下两套履带驱动驱动机构组成。

图 7.19　RE. MAC. UT 公司管道张紧器系统外观图

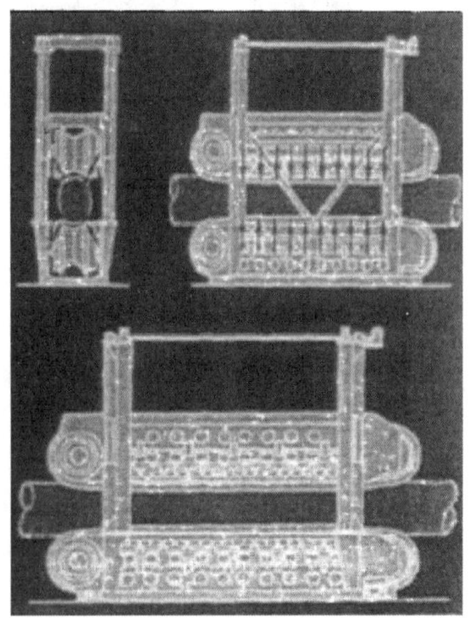

图 7.20　张紧器管道夹持剖面图

国内主要铺管船所用张紧器：（1）滨海 106 起重铺管船，1974 年建造，其张紧器适用管径为 304.8～762.0mm，张紧力为 225kN；（2）滨海 109 起重铺管船，1976 年建造，其张紧器张紧力为 666kN；（3）蓝疆号起重铺管船，2000 年建造，其张紧器采用螺旋压紧装置夹紧管线，液压马达实现管线的传送，适用管径为 114～1219mm，张紧力为 2 ×

725kN。国内铺管船样式较为单一，均为起重铺管船，张紧器最大张紧力较小，不能满足深海铺管作业的需求。

国外铺管船种类较齐全，主要有驳船式、普通船形式和半潜式三类。国外有特点的铺管船所用张紧器有：（1）驳船式铺管船，Arwana 是挪威 Stolt - offshore 公司的一艘专为滩海设计的专用铺管船，1998 年建造，其张紧器张紧力为 250kN，适用最大管径 1321mm；（2）普通船形式铺管船，瑞士 Allseas 公司的 Solitaire 铺管船，于 1998 年投入使用，其张紧器的张紧力为 3 × 3500kN，适用管径为 50. 8 ~ 1524. 0mm；（3）半潜式铺管船，挪威 Stolt - offshore 公司的 LB200 铺管船是世界上最大的铺管船之一，其张紧器的张紧力为 3400kN，可适用的最大管径为 1524mm。

7. 2. 3. 2　A&R 绞车

目前世界范围内普遍采用的铺管方法主要采用铺管船铺设法，海洋铺管绞车（也称收放绞车或 AR 绞车，即 Abandonment & Recovery Winch）作为海洋铺管船用主要设备之一，它与铺管张紧器、浮托输送架或铺管塔等组成铺管船的 AR 系统，海洋铺管船通过 AR 系统的协调工作来实施水下石油、天然气输送管道的铺设和回收工作。

铺管绞车从驱动形式来说，目前比较常见的有液压驱动、直流电驱动、交流变频驱动等多种形式。铺管绞车从结构形式来说主要有两种，一般拉力级别小于 2500kN 的铺管绞车多以单滚筒形式为主，但当绞车拉力超过 2500kN 时，受绞车结构和绞车功能等因素的限制，由于绞车滚筒体所需要的容绳量增加等导致滚筒体体积增大，给设计和生产加工带来诸多困难，从而使超过该级别的铺管绞车以摩擦形式的绞车为主，也称为双滚筒铺管绞车，这种形式的绞车容绳量大，可以适应大吨位和深水、特深水等海域的海洋铺管作业。

目前在铺管船设备的开发研制方面，美国、意大利、荷兰和挪威等国家起步较早，发展速度较快。荷兰 SASGouda 公司成立于 1896 年，自 1968 年开始生产铺管绞车，至今仍是铺管船设备的著名供应商。其产品从浅水到深水成系列发展，已经生产了百余套铺管作业装备，其中铺管绞车拉力级别已从 250kN 发展到 5000kN。意大利 Remacut 公司成立于 1952 年，1974 年开始涉及海洋铺管作业设备。美国 Westech 公司是世界著名的海工设备制造商，研制海洋铺管绞车已有近 30 多年的历史。荷兰 Bodewes 公司是生产大型绞车的专业制造商，其生产研制的铺管绞车多为海洋深水项目配备。

国内也有多家企业生产各种绞车，如宁波大港意宁液压有限公司生产有多种液压绞车和电动绞车，大连造船厂工具实业公司生产各种起货绞车、拖曳绞车、系泊绞车和组合起锚绞车等，但这些绞车尚不满足深水铺管要求，在深水领域的该类设备研究刚刚开始。

下面比较国外几种典型的 AR 绞车性能参数。

（1）ARW25E25AC 铺管绞车。

如图 7. 21 所示，ARW25E25AC 铺管绞车为 SASGouda 公司设计开发的具有 250kN 能力的铺管绞车，其主要技术参数如下：钢丝绳直径 38mm，钢丝绳容量 500m，最大拉力 250kN，额定速度 25m/min，长 3. 5m，宽 3. 2m，高 2. 2m，质量 18t。该绞车由 2 台立式交流变频电动机驱动，通过 2 台两级卧式齿轮箱减速和 2 个小齿轮带动 1 个大齿轮，最终驱动绞车滚筒工作。绞车配备有独立排绳装置，排绳装置为轮式结构，绞车主要用于滩海或浅水区域作业，适应管径范围小，铺管作业能力相对较低。

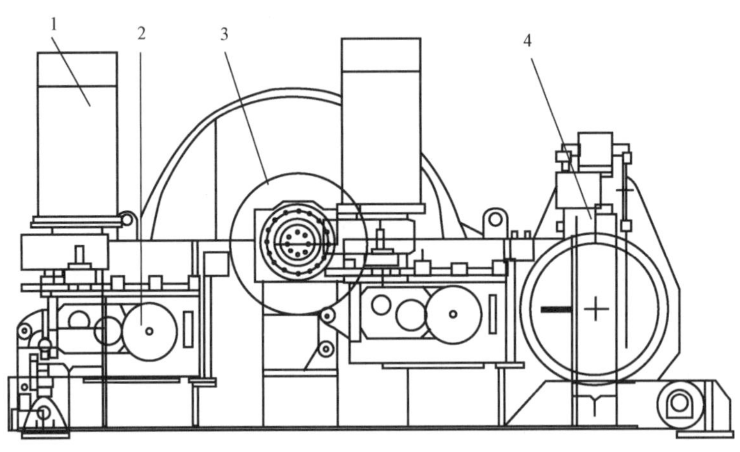

图 7.21　ARW25E25AC 铺管绞车

1—电动机；2—齿轮箱；3—滚筒；4—排绳装置

（2）ARW－250E30 铺管绞车。

如图 7.22 所示，该绞车为 Westech 公司研制的具有 1100kN 能力的铺管绞车，其主要技术参数如下：钢丝绳直径 64mm，钢丝绳容量 900m，最大拉力 1100kN，额定速度 30m/min，长 3.84m，宽 4.32m，高 3.05m，质量 85t。该绞车为全液压驱动绞车，配备 3 个液压马达。我国中国海油蓝疆号起重铺管船配备的铺管绞车是 Westech 公司的 1580kN 全液压铺管绞车，但蓝疆号目前铺管的最大水深只有 150m。

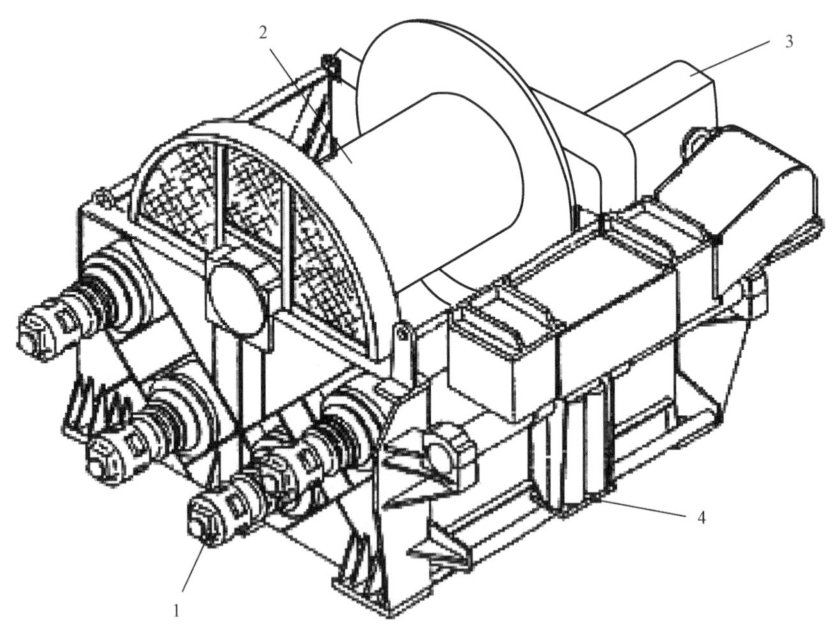

图 7.22　ARW－250E30 铺管绞车

1—液压马达；2—滚筒；3—齿轮箱；4—排绳装置

（3）Remacut 2500kN 铺管绞车。

如图 7.23 所示，Remacut 公司生产的 2500kN 铺管绞车动力采用 3 台立式交流变频电动机驱动，通过行星齿轮减速器最终驱动绞车滚筒体工作，排绳装置为“丝杠 + 双滚子”结构，结构紧凑，体积小。其主要技术参数如下：钢丝绳直径 88.9mm，钢丝绳容量 1200m，最大拉力 2500kN，额定速度 15m/min，长 5.62m，宽 5.54m，高 3.98m，质量 90t。

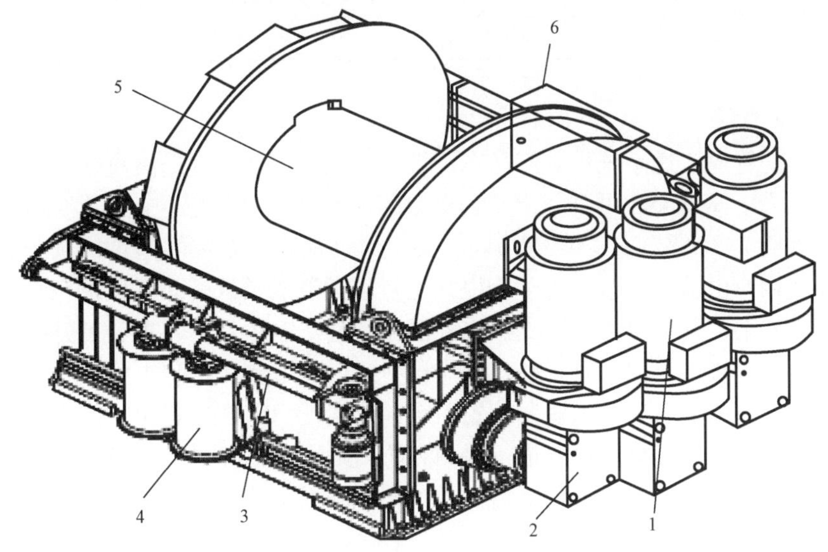

图 7.23　Remacute 公司 2500kN 铺管绞车

1—电动机；2—行星齿轮减速器；3—丝杠；4—滚子；5—滚筒；6—控制箱

（4）Bodewes 公司 10000kN 铺管绞车。

如图 7.24 所示，Bodewes 公司研制了具备 10000kN 拉力的海洋铺管绞车。该绞车为目前世界最大铺管绞车，配备在 Heerema 公司半潜式起重铺管船 Thialf 号上，其绞车结构为双滚筒形式。其主要设计参数如下：钢丝绳直径 152mm，钢丝绳容量 3200m，最大拉力 10000kN，额定速度 10m/min，最大速度 40m/min，最小速度 5m/min。但是拉力 10000kN 的收放绞车并不能满足铺管作业日益向更深更复杂的水域扩展，铺管承包商希望 AR 系统的能力达到 15000 ~ 20000kN，这也是当前铺管船的发展趋势之一。

(a) 双滚筒牵引单元

(b) 储绳单元

图 7.24　Bodewes 公司 10000kN 铺管绞车

（5）意大利 Remacut 公司 1800kN 绞车。

意大利 Remacut 公司 1800kN 的收放绞车（主要参数见表 7.15）主要由液压驱动装置、传动装置、滚筒卷缆装置、排缆装置和控制系统等组成。

表 7.15 Remacut 公司 1800kN 收放绞车主要参数

高度，mm	长度，mm	宽度，mm	最大速度，m/min	最大工作载荷，kN
3030	4119	5649	25	1800

7.2.3.3 输管系统

铺管船上的管道输送系统由装卸吊车、管道存贮站、动力输送滚筒（包括单向输送滚筒支架、可升降滚筒支架和可升降驱动调整型滚筒支架）、链传送中间转换站、自适应支撑架（支撑滚轮），以及控制系统等组成。其工作过程为：由装卸起重机从运输船上将管子输送到存储站，由辅助塔吊将管子分根（也可以预制成长管）依次送到由动力滚筒支架组成的输管支架上，并通过可升降支架将管子送到链式输送带上，再经可升降驱动调整型支架将管子送入焊接站，但是管子在送入焊接站前，一定要注意与上根管子之间的距离达到对焊所需要的缝隙要求，再由胀紧装置固定，以实现稳定准确定位，为下一步的管道对中、焊接做好准备。焊接完毕后，进行检测和防腐处理。再经过自适应调整支架，进入张紧器，张紧器一般由 2 台串联使用。管道再经过自适应调整支架就可以通过托管架入水，从而完成全程的管子输送任务。

国外铺管船管道输送系统已经十分成熟，其产品涵盖铺管过程管道输送的所有设备和部件，设计及制造工艺完善，可靠性高，产品操作简单，维修方便，寿命长。国外公司可提供管道输送系统集成所需全套部件，包括滚管机、滚轮、支管架、横向输送带、输管支架、驱动滚子、管道调整装置、纵向运输设备、横向运输设备、排管设备、滚子支架、提升滚子、自适应驱动滚子支架、调整型滚子支架、管道驱动轮箱、液压或电力驱动单元、控制系统、模块化生产线等，也可提供成套管道输送系统。系统最大承载能力每管节 300kN，传送速度为 24～30m/min，适应管径为 101.6mm（4in）至 1524mm（60in）。

国外的意大利 Goriziane 公司、意大利 Remacut 公司、荷兰 SASGouda 公司以及新加坡 Hydraulics & Engineering PTE. Ltd 公司（简称 PH 公司）对铺管船的管道输送系统有很深入的研究，技术比较先进、成熟，并且取得了很多重要成果。

Goriziane 公司是欧洲最重要的海底管道铺设工程机械的制造商。从开始建立到现在 30 多年的时间里，曾与赛彭（Saipem）公司和全世界其他一些国际性客户合作，一同致力于管道坡口机、张紧器、弯管机等管道处理设备的研究。历经 30 年，该公司设计及制造海底管道铺设工程机械的工艺已经相当完善，在外形结构及可靠性方面的技术水平很高，而且产品操作简单，维修方便，寿命长。Goriziane 公司在海底管道铺设方面技术完善，能够生产全套的管道铺设设备。Goriziane 公司专门为海上采油工程设计和制造专用设备，并通过与其他公司合作，维护和检修整个铺管船队的铺管专用设备。该公司具有设计制造管道铺设整体过程中所有设备的能力，包括从管道运输驳船运到管仓，再从管仓到焊接生产线，焊接成线，焊接检测设备，直至管道下放到海底的整个过程中的所有管道铺设专用设备。

Remacut 公司可以生产和研发先进的水面及水下工程设备。目前，Remacut 公司可以帮助世界各地的客户完成工程测试，调试和运行完整的控制系统。Remacut 公司对管道输送系统方面的研究很多，基本上形成了独立的完整的设计制造各种管道输送设备的能力。

荷兰 SASGouda 公司自 1968 年生产出第一台管道张紧器之后，就主要从事管道输送铺设系统的设计与制造。目前，SASGouda 公司已成为管道铺设系统制造领域中最具实力和经验的公司之一。SASGouda 公司主要产品有浅水管道铺设系统、深水管道铺设系统、管道输送系统、管道操作吊柱。1982 年，SASGouda 公司开始设计制造管道输送系统，多年来，该公司已经为世界各地的多艘铺管船安装了完整的管道输送系统。

新加坡 PH 公司是一家海洋、航空、建筑、环境的液压系统领域，设计和制造专用设备的企业，其业务范围覆盖了工程设计、制造、机械安装、试运行设备及维修。主要生产用于海洋领域的设备。新加坡 PH 公司生产的管道输送系统组成：纵向传送设备、横向传送设备、输送小车、对中站、管道支架、各种驱动及辅助滚子、管道升降设备。

我国相关的企业有青岛昊坤重型机械技术有限公司和天津市精研工程机械传动有限公司。青岛昊坤重型机械技术有限公司主导产品为直缝焊管机组、螺旋焊管机组及辅助设备。该公司主要针对制管过程中的不同规格的管道运输需要制造相应的管道运输设备。

天津市精研工程机械传动有限公司是 2001 年成立的高新技术企业。主要研究方向是工程机械智能化控制、液压传动、液力机械传动、电气传动及其复合传动的技术和产品；海洋石油行业、船舶行业、石油行业、军工行业等机电一体化设备的开发。具有浅水铺管船用管输系统设备的制造经验和能力。

综上所述，国外相关企业具有深水铺管用整个管输系统的设计、制造和成套能力。而国内企业主要能制造小型浅水铺管船用铺管设备，暂时没有掌握深水铺管船用管输系统的设计和制造技术，也不具备深水铺管船用管输系统的整体设计能力。

SASGouda 公司提供用于大型铺管船甲板上的管道接口的处理设备。早在 1990 年，SASGouda 公司就是 J 形铺设模式管道处理设备的合作生产商，生产的铺设系统包括所有的管道输送和夹紧设备。2001 年，SASGouda 公司开始单独提供 J－Lay 模式管道输送设备。这套设备包括所有管道输送设备和其他辅助设备，能够保证管节以正确的位置进行铺设。此外，为保证铺设过程平稳、安全、可靠，所有的动力单元和控制设备以及管道输送控制系统集成在一起。这个系统能使用户在铺设过程中或在铺设后，跟踪和监控各个管段输送设备的所有数据。

SASGouda 公司提供的管道输送系统主要技术参数：

（1）承载能力（max）为单根管节 30tf；

（2）输送速率为 24～30m/min；

（3）输送管径为 4～60in。

SASGouda 公司提供的管道输送系统包括管段从储管区到焊接站，再到张紧器直到海底的所有设备。主要有以下几部分：

（1）纵向传送滚轮设备（包括固定式和可调整式两种）（图 7.25）；

图 7.25　纵向传送滚轮

（2）横向输送设备（包括链条传送和吊车）；

（3）对中站设备；

（4）管道暂存支架（包括滚子型和支板型）液压或电力驱动单元控制系统。

7.2.3.4 恒张力锚机

恒张力锚机是浅水铺管船上的重要设备，主要用途是使铺管船在铺管过程中按照预先确定的路由前进，并配合铺管工艺和铺管进度，通过控制锚机的收放绳速度实现铺管船的前进速度和前进方向。实现锚机的恒张力控制，主要是通过主电动机的正反转并通过变频调速控制及对刹车系统的控制来实现的。变速制动器组是锚机刹车系统的重要组成部分，其液压系统的设计是否合理，对减速器功能的实现，锚机电动机扭矩的传递，以及锚机的控制具有重要意义。大功率的恒张力锚机技术一直由国外公司垄断。我国只能设计制造小功率的恒张力锚机。我国近年才具备设计制造大功率恒张力锚机的能力，但其中仍有许多问题值得探讨。

铺管船在铺设管道的过程中，要按照既定的轨道前进，并配合铺管的速度，尽量保持船的平稳行走，以提高铺管的质量。深水铺管船的行进速度和方向靠的是动力定位，而浅水铺管船则靠的是布置在艏舱和艉舱的 8～12 台/套恒张力锚机。铺管作业时，需要多台恒张力锚机控制船的运动方向和速度，同时还需要管道输送系统的配合。在管子输送过程中，由于焊接、检验和送管的需要，船要根据送管情况进行实时的停止、前进、速度控制和轨迹控制。船的这些运动完全靠铺管船上多台锚机的配合和协调来控制。

铺管船上安装有 12 台锚机，船头和船尾各有 6 台锚机（图 7.26）。在船头有两个艏舱，在船尾有两个艉舱，每个船舱里有 3 台锚机。为了空间布置的合理性，锚机的减速器可以布置在锚机的左侧（L 型），也可以布置在锚机的右侧（R 型），给锚机附属零件的布置留出空间。根据钢丝绳出船方向的不同，锚机所采用的排绳机构也分为双轮形式（下出绳）和单轮形式（上出绳）。

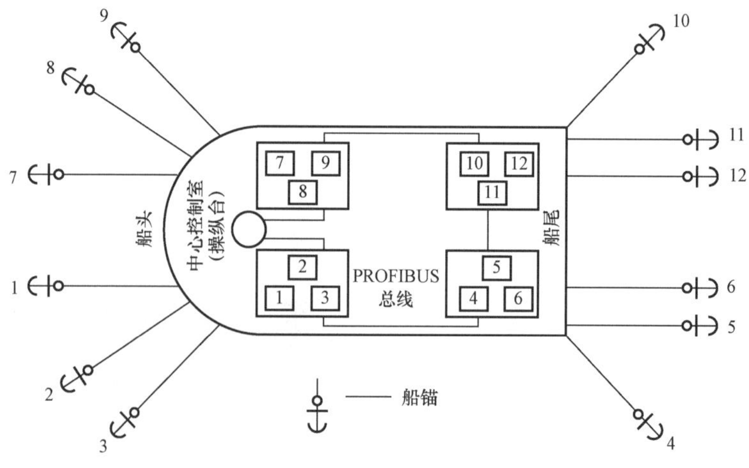

图 7.26 铺管船锚机分布图

锚机主要由电动机、减速器、滚筒、底座、排绳机构、压绳机构等组成，而由高速制动器、变速制动器 1、变速制动器 2、阻尼制动器、低速制动器、棘轮机构等组成了锚机的刹车系统。锚机总体结构图如图 7.27 所示。

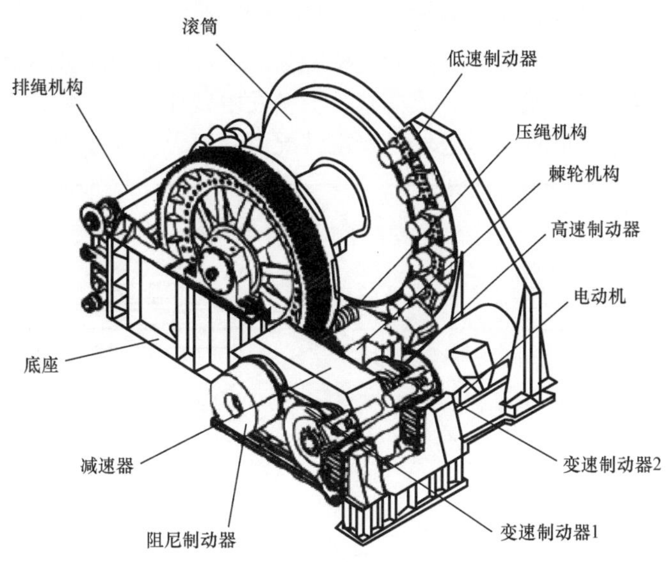

图 7.27　锚机总体结构图

电动机通过齿式联轴器带动减速器的输入轴（第一根轴）转动，经过多级减速后，由减速器的第三根轴输出。减速器输出轴端安装了开式小齿轮，由开式小齿轮带动滚筒上的开式大齿轮转动，从而带动滚筒转动。为了防止乱绳，在钢丝绳进出卷筒的前方设置了排绳机构。而布置于滚筒后下方的压绳机构可以使钢丝绳在滚筒上可靠压紧，防止钢丝绳出现松动混乱的现象。与船舱固定的底座是整个锚机的安装基础。减速器是锚机重要的组成部分，为了达到大扭矩、宽传动比地将电动机的功率传递给滚筒的目的，减速器采用了两种传动比，通过变速制动器 1 和变速制动器 2 工作状态的不同，实现减速器两种传动比的转换。

我国 2001 年建造的蓝疆号起重铺管船，虽然铺管水深仅为 60 ~ 150m，其恒张力锚机共有 12 台/套，单台/套的最大拉力为 50.5tf，均是由 AMCLYDE 公司生产的。型号：AMCLYDE6000 - M2，使用的钢缆规格为 76.2mm × 2200mm，锚缆末端封树脂胶，最大速度为 280m/min，最大刹车力为 390tf，阻尼刹车额定负荷为 119tf（96m/min），驱动方式：交流变频驱动，绞车功率 860kW。

7.2.3.5　托管架

托管架作为深水 S 形管道铺设关键设备之一，是保障深水 S 形海底管道正常铺设的基础。托管架的作用是为管线提供特定曲率，使管线从船体到水中平稳过渡，保护管线不会由于过度弯曲而破坏。

S 形铺管方式的一般过程是：在铺管船上管道水平焊接，通过调整焊站数量从而控制铺管速度；需要张紧器提供较大的水平张力；设置托管架，一般长度为 100 ~ 200m，曲率半径可达 200m；随着铺设水深的增加，托管架长度会随之增加，从而影响船体的稳性。

管道一般由三部分组成：直管区、上弯区和下弯区，如图 7.28 所示为深水 S 形铺管船。由于自身曲率半径，上弯区的管线所受的弯曲应力最大。通过设置托管架可以有效地降低管线离开艉部后的弯曲应力水平。为了减小管道最大弯矩，可以选取不同的托管架结构，或者改变其与水平方向的角度进行操作。

S 形铺管船在深水铺管作业中，其托管架受力复杂，不仅随铺管船运动，承受巨大的管道载荷，而且还要承受波浪、风、流荷载，极易发生破坏。而一旦托管架发生破坏其后果是灾难性的，不仅会使海底管道破坏，严重情况下甚至会使铺管船船体结构发生破坏。

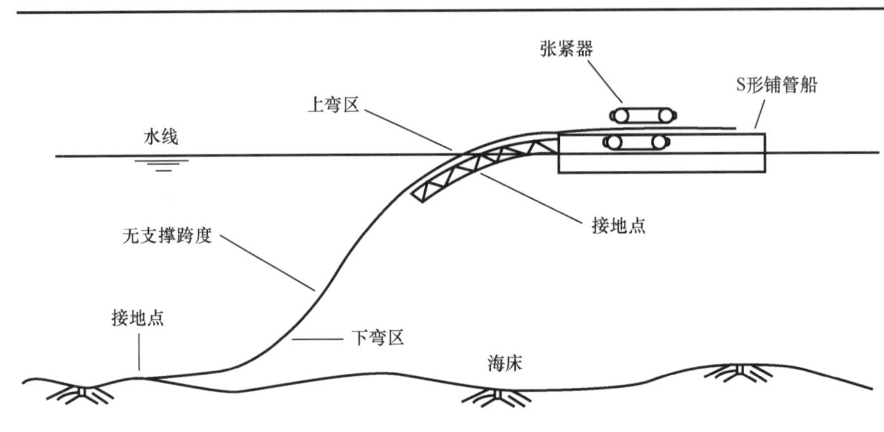

图 7.28　深水 S 形铺管船示意图

目前，托管架的形状已经由最初的适用于浅水的直线形改进为曲线形，多节以及铰接式架，并且在铺管过程中可以调节滚轮高度，以调整管道受弯程度。在水深的情况下，托管架的长度、浮力和强度都需要加长、增大，以便减小管线弯曲应力和支撑悬挂管线增加的重量。

在实际使用中，托管架要承受管线的巨大压力，产生一定的变形，从而导致其曲率半径不满足要求，可能发生托管架自身强度破坏或者其垂向弯曲刚度不足，产生较大的变形，引起整体半径的变化从而导致管线断裂。

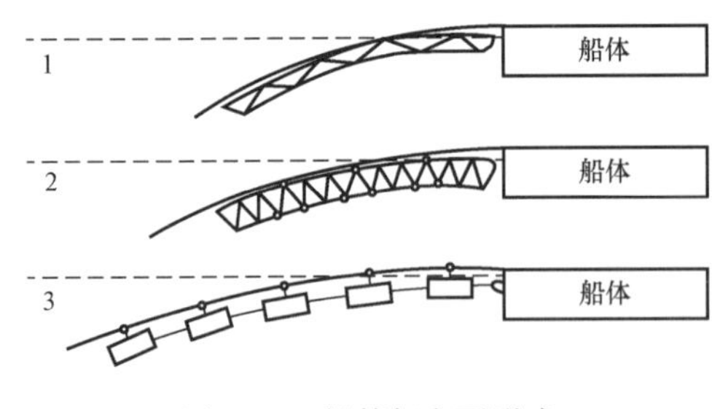

图 7.29　托管架主要形式

从采用形式上看，目前 S 形铺设托管架形式主要有三种，如图 7.29 所示。

（1）固定半径结构托管架：钢架形式，其半径固定，对应可铺设管径一定，为海底管道铺设早期所采用的一种托管架形式，直线形为其特例。

（2）可调半径结构托管架：托管架采用分段桁架形式（一般为 2 ~ 4 段），各段之间采用铰接连接，通过调整各段之间的相对角度以及托辊支撑的高度，可以实现一定范围内的半径变化，从而使其对应的可铺设管径以及水深比较丰富；并且由于各段桁架部分可以相对较小，施工装卸也具有很大的便利，是目前深海 S 形铺管所采用的主要托管架形式。

（3）柔性可控半径托管架：浮体机构形式，通过调整各部分不同的浮力以及压舱力，实现托管架半径的连续变化，并利用其自身的浮力来承担铺设时管道的重力。理论上此类托管架可以实现半径的连续可变，但由于机构的可控性较差，目前尚未查阅到文献提及其具体工程应用。

目前，托管架的主要生产厂商主要有：

（1）R Jbrown of America 公司；

（2）GustoMSC 公司；

（3）Saipem 公司。

荷兰 GustoMSC 公司是 SBM 公司（单点系泊公司）的子公司，在深水海洋钻井平台方面技术领先。自 1960 年起开始进入海洋平台设计领域。GustoMSC 公司在 20 世纪 70 年代末 80 年代初先后设计过 4 艘设计吃水为 1000 ~ 1600m 船式钻井船，1999 年设计了 1 艘设计水深 3000m 钻井船。其主要业务包括：海洋石油开发所需的设计、工程、采购供应、项目管理、咨询等。

7.2.4　铺管配套作业船舶

铺管船作为工程船的一种，在施工应用中也会用到一些配套的作业船舶，如无自航能力的铺管船需要用拖轮，运输管道用的运管船和抛锚起锚需要用锚艇。

近年来，随着拖曳对象的增加以及对拖曳性能要求的提高，拖轮的功能也在不断增强，截至 2010 年，美国已经拥有 1427 艘单艘吨位超过 100t 的海上拖船，占世界拖船市场的 12.1%，其拖船总功率约为 414×10^4hp。我国拖船建造也有几十年的历史了，进入 21 世纪，我国拖船的建造和设计水平已经达到了国际先进水平，主要有港作拖船和远海与近海拖船，以及为海洋石油平台服务的多用途守护船。而跟铺管船作业相关的拖船就是近海拖船。

近海拖船主要用于近海拖带，其性能介于港作拖船和远洋拖船之间。船长等主尺度不受航道和港口的限制，在满足设备布置、功能及拖带能力的条件下，尺度相比远洋拖船小，配置功率也较小。由于航行于近海，在风浪较大时具有一定的储备浮力并避免上浪，所以一般也设有艏楼，干舷相对较低，拖曳设备主要配有拖缆机。

在近海拖船的发展过程中，主要代表是为平台保障服务的多用途供应船和守护船。随着海上石油采集事业的发展，海洋平台的建造也得到了迅速发展，为平台保障服务的多用途供应船和守护船（实际上是多用途拖船）也发展迅速。我国自行设计和建造的多用途供应船和守护船的功率有：2000hp，4400hp，5000hp，6000hp，6500hp，8000hp，10000hp 和 13600hp 等。它们的主要功能是：近海拖带，为平台和其他船舶远距离伴航和近距离拖航；为海上工程船进行起抛锚作业；为平台供应油、水、水泥和钻井器材物资以及进行人员输送；对外消防以及进行海面油污处理。图 7.30 是达门船厂建造的 5420kW 的近

图 7.30　5420kW 近海拖船

海拖船，最大拖力可达 100tf。

从发展趋势来看，近海拖船的作业对象及多功能作业能力不断得以拓展，总体性能优化、作业设备合理配置及多功能任务模式平衡等综合性能优选是其追求的目标。而铺管船用拖轮的选择只需要根据铺管作业需求，如铺管船吨位、作业所需拖轮的能力等方面选择合适的拖轮辅助铺管船作业。国内外部分近海拖船主要参数见表 7. 16。

表 7. 16　拖船主要参数表

型号（船名）	3000hp 拖船	4000hp 拖船	6000hp 拖船	7000hp 拖船	JAYA AFFZNITY	FNA TREASWRE
总长，m	50. 8	56. 3	61. 3	52. 7	58. 7	51
两柱间长，m	40	51	55. 8	51. 7	—	—
型宽，m	12	12	13. 8	14	14. 6	15
型深，m	5. 2	5. 35	6. 4	6. 2	—	—
吃水，m	4. 2	3. 7	4. 9	4. 5	—	—
自由航速，kn	12. 9	13	13	13. 8	13	12
主机功率，kW	2 ×1125	2 ×1470	2 ×2206	2 ×2547	2 ×1920	2 ×2350
主机转速，r/min	—	1000	—	—	1600	—
系柱拖力，tf	42. 9	50	80	90	60	91

多用途拖轮可以承担铺管船的起抛锚任务，通常情况下，使用起锚艇辅助铺管船的起抛锚，起锚艇根据铺管船用锚的型号和大小来选取，跟铺管船本身特点并没有关系。图 7. 31和图 7. 32 以及表 7. 17 至表 7. 24 为几个锚艇的照片和参数，以供参考。

图 7. 31　交锚 3 号

图 7. 32　起锚艇 8 号

表 7. 17　交锚 3 号船舶参数

参数	数据	参数	数据
总长，m	25. 03	空载吃水，m	1. 42
两柱间长，m	23. 00	空载排水量，t	142. 8
型宽，m	6. 8	满载吃水，m	1. 5
型深，m	2. 6	满载排水量，t	155
建筑物最高点距轻载水线的高度，m	8. 6		

表 7.18　交锚 3 号船舶性能参数

性能参数	数据	性能参数	数据
起锚能力，tf	30	航区	沿海（随母船）
续航力，h	96	航速，kn	9.8

表 7.19　交锚 3 号锚泊系统

装置	配置
锚机	1 台 ×20t
锚配备	短杆霍尔锚 0.2t ×2 只

表 7.20　交锚 3 号动力配置

装置	配置
主机	99kW ×2 台
发电机	19.5kW ×1 套
推进装置	普通四叶固定式螺旋桨

表 7.21　起锚艇 8 号船舶参数

尺度及参数	数据	尺度及参数	数据
总长，m	28.00	空载吃水，m	2.28
两柱间长，m	24.00	空载排水量，t	170
型宽，m	8.0	满载吃水，m	2.1
型深，m	3.0	满载排水量，t	286.3
建筑物最高点距轻载水线的高度，m	11.3		

表 7.22　起锚艇 8 号船舶性能参数

性能参数	数据	性能参数	数据
起锚能力，tf	30	航区	沿海
系柱拖力，tf	20	航速，kn	9.78
续航，n mile	1600	兼用	拖轮

表 7.23　起锚艇 8 号锚泊系统

装置	配置
液压锚机	1 台
锚配备	霍尔锚 0.6t ×1 只

表 7.24　起锚艇 8 号动力配置

装置	配置
主机	367kW ×2 台
发电机	144kW ×1 套
推进装置	普通固定螺旋桨

7.3 管道登陆施工[4]

7.3.1 拖拉施工

近岸段海底管道施工一般采用拖拉法。拖拉法可分为海上拖拉法和陆上拖拉法，目前国内主要采用陆上拖拉法进行海底管道近岸段施工。

（1）海上拖拉法。

该方法的要点是：在岸上的建造场地上进行钢管组对、焊接、检验和节点处理，然后锚泊就位于海上的铺管船通过拖缆和船上的拖拉绞车将岸上预制好的管道沿管道路由着底拖拉入海或通过绑扎浮筒浮于水面拖拉入海。海上拖管铺设方法需要在陆上修建一套与铺管船上类似的接管作业线，而这套设备价格昂贵，因此目前国内较少采用。

（2）陆上拖拉法。

该方法的要点是：在锚泊就位于海上的铺管船上进行钢管组对、焊接、检验和节点处理，由陆地上的大型拖拉绞车通过托缆将预制好的管道沿管道路由着底拖拉至陆地或通过绑扎浮筒浮于水面拖拉至陆地。

陆上底拖法简单、安全。多年来，国内施工单位历经 JZ20－2 工程、渤西工程、渤南工程、大亚湾工程等海洋油气田开发工程实践，在陆上拖拉法方面已经积累了丰富的海底管道施工经验。现在陆上拖拉法已在国内普遍使用，如图 7.33 所示。

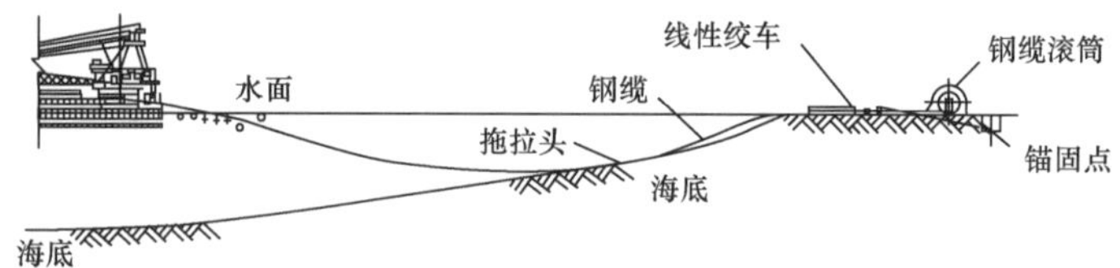

图 7.33　陆上拖拉法示意图

图 7.34　拖拉线性绞车作业现场

陆上拖拉法主要设备为安装在岸上的线性拖拉绞车，一般是小型的拖拉绞车，由柴油动力的卷缆滚筒和钢丝绳组成。较大型的拖拉绞车辅助有液压传动设备，图 7.34 所示为拖拉线性绞车作业现场。

拖拉设备选型时，须根据拖拉段管道性质（管重、拖拉长度等），计算所需的拖拉力，根据拖拉力选取相应型号的拖拉绞车。

7.3.2 定向钻施工[5]

随着环保要求的提高，近岸段多被划为海洋生态红线区，禁止实施可能改变或者影响原自然属性的开发建设活动，定向穿越成为海管登陆的主要方式。

7.3.2.1 夯套管

定向钻入土端斜直端中不能保证全部注满固化液，所以不能保证不稳定地层全面固化。由于固化剂固化后硬度不够，水平定向钻施工中，刀头切割地层时一般是将卵砾石从固化剂上啃下来，而不是将卵砾石切碎，易造成卡钻。而夯套管能直接将不稳定底层隔离在套管外面，不受底层塌方的影响，增加了安全系数。

定向穿越陆地段需夯入套管，将碎石土层、流砂层、淤泥层、硬质岩层等不稳定地层隔离，同时确保推力传递。

海上端钻导向孔、扩孔、洗孔时可夯入套管，回拖前需把套管拔出，也可不夯套管。

7.3.2.2　钻导向孔

将导向孔钻机放置在陆地，能够避免钻导向孔施工受潮汐、涌浪和海流等海洋环境因素影响。孔向对穿越精度及工程成功至关重要，钻导向孔要随时对照地质资料及仪表参数分析成孔情况，达到出土准确、成孔良好。

钻头在出土点海床出土后，潜水员下水到出土点附近海域寻找钻头位置，如果未找到，可以采用空压机向钻杆内注气，吹散海底泥沙，这样可以顺气泡找到钻头位置。出土点位于海表面一般为软淤泥，承载力低，考虑钻头出土困难，确定钻头深度及位置后，潜水员采用气举设备将钻头及钻杆吹出。潜水员在钻杆上连接钢丝绳，扩孔及洗孔支持船打捞钻杆至甲板。钻导向孔如图 7.35 所示。

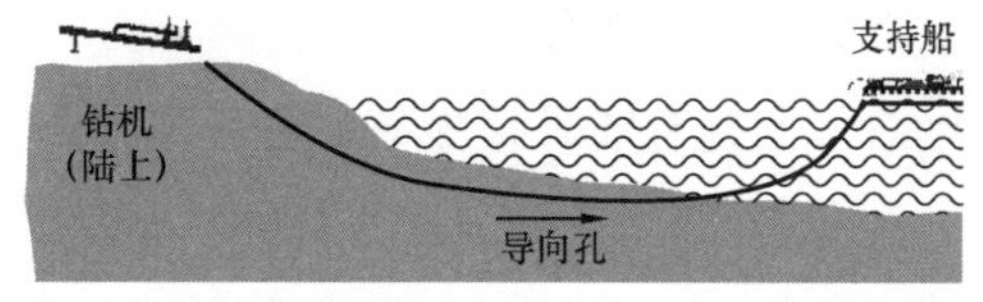

图 7.35　钻导向孔示意图（自陆上向海上钻孔）

7.3.2.3　扩孔及洗孔

扩孔及洗孔过程中，将主钻机放在陆地。海上支持船选用带锚系的甲板驳或者小浮吊，海上支持船上配备扩孔器及钻杆，不配备钻机。扩孔及洗孔过程中全靠陆地钻机推动，海上支持船仅负责钻杆拆卸及扩孔器拆卸工作。受潮汐和海流等海洋环境影响，海上支持船浮态不断变化，海上不设置钻机能够降低施工过程中对钻杆状态的要求，能够卸载即可，不需一直保持一定角度也大量减少了淡水的需求量。

7.3.2.4　管线预制

登陆海底管线预制一般有三种方式：陆地预制、铺管船提前预制、铺管船回拖预制，其优缺点对比见表 7.25。

表 7.25　登陆海底管线预制方式优缺点对比

预制方式	优点	缺点
陆地预制	回拖过程连续，用时短；回拖可使用推管机，夯管锤辅助，提高成功率；入土点有套管，管线入洞较易控制	需要征用预制场地，陆上没有预制空间无法实施；对回拖船锚系要求高
铺管船提前预制	回拖过程连续，用时短；可用于铺管船水深受限区域	需要征用海上预制场地；如果长时间不回拖，管线淤埋；打桩区域需要警戒值守；入土点没有套管，管线入洞较难控制
铺管船回拖预制	铺管船可以使用张紧器送管，增加回拖力；不需征用预制场地	每预制一根管，才能回拖一次，回拖过程不连续，回拖时间长；水深受限，铺管船无法进入的区域无法使用；入土点没有套管，管线入洞较难控制

（1）陆地预制。陆地预制管线，向海上回拖。陆地预制适用于陆上场地开阔、地基承载力较好的区域。在陆地布置预制辊轮并挖发送沟，降低回拖过程中摩擦力。

（2）铺管船提前预制。铺管船提前预制适用于出土点水深较浅，无法满足铺管船就位要求区域。管线预制前先打定位桩防止管线被海流带走，铺管船在远离出土点水深较深位置预制管线。浅吃水拖轮就位于出土点附近，将预制好的管线从铺管船拖拉到距离出土点20～70m位置。铺管船提前预制施工步骤包括：打桩、拖轮就位、铺管船就位、牵引缆布设、管线预制。

（3）铺管船回拖预制。铺管船回拖预制是使用铺管船配合回拖，铺管船预制一根管线（约12.2m），岸上钻机回拖一根钻杆（约9.5m），预制过程中由于管线长度和钻杆长度不一致，铺管船需不停地移动。

在条件允许的情况下，优先选择陆地预制方案，其次选择铺管船回拖预制方案。

7.3.2.5 管线回拖

管线回拖有陆对海及海对陆两种方式，与预制方案相对应。海对陆穿越需铺管船配合，水深应能满足铺管船就位要求。陆对海穿越时，为满足回拖要求，回拖支持船至少能提供200tf以上的锚抓力，对回拖船锚泊系统（定位锚、锚缆、锚机）要求较高。

7.3.3 登陆立管施工

对岸坡陡峭的自然海岸进行开挖，将海底管道通过立管斜铺至岸上，水平段和立管采用弯头连接，使海底管道斜穿岸坡登陆的方式。立管方式为海底管道登陆海洋平台的基本方式，在比较陡峭的海岸线考虑使用立管登陆。

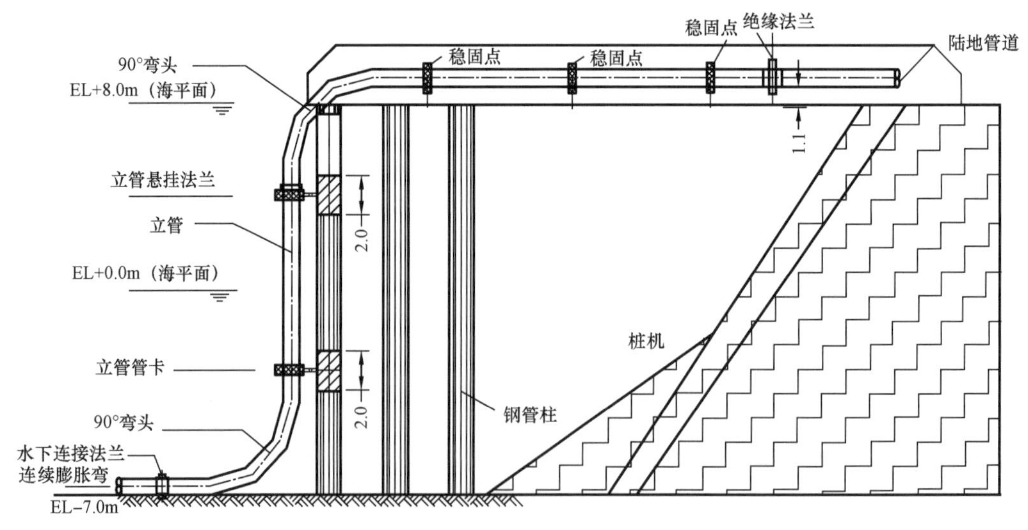

图7.36 立管登陆示意图

7.4　提吊连头

当两端海底管道需要进行对接连头时，常采用水面上的连头方式，将管道提吊至水面上，在铺管船舷侧对接连头。提吊连接主要过程如下：

（1）使用铺管船将管道一侧自由端使用舷吊吊起；

（2）使用舷吊船将管道另一侧自由端吊起；

（3）切除管端拖拉头；

（4）一侧自由端焊接弯管，然后与另一自由端对接，焊接连头（图 7.37）

（5）将管道放回海床。

图 7.37　水上提吊对接连头

7.5　立管安装

立管安装可以分为整体安装方法和水下法兰连接方法。

7.5.1　整体立管安装方法

（1）按照详细设计中立管安装图纸的要求将立管主要部分预制出来并准备好或焊接上相应附件，以节约海上作业时间。

（2）作业船在立管安装位置就位。

（3）水下测量。

（4）潜水员检查立管安装区域，清理和处理海底可能影响安装的情况。

（5）根据测量结果完成剩余立管预制工作。

（6）清理并打开立管卡子。

（7）起吊管道。

（8）立管起吊（起吊前完成所有的焊接和防腐，插挂扣起吊），如图 7.38 所示。

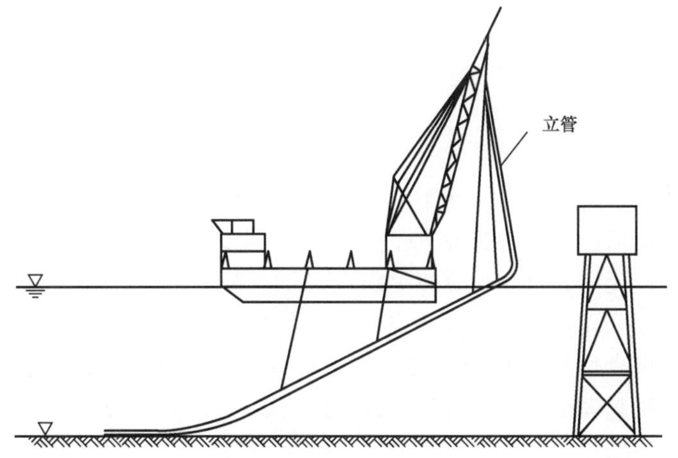

图 7.38　立管起吊图

（9）立管起吊后将立管和起出水面的管道组对焊接对于双层管。

① 双层管内口的安装工作：内口组对；内口焊接；内口检验；安装保温层。

② 焊接外管：安装半瓦；焊接；检验；节点防腐。

（10）管道和立管焊接完成后，立管和管道整体下放、就位到立管卡子内，关闭立管卡子，上紧螺栓。

（11）摘扣。

7.5.2 水下法兰连接方法

（1）膨胀弯的预制。

按照详细设计中膨胀弯安装图纸的要求，将膨胀弯主要部分预制出来，并准备好或焊接上相应附件，以节约海上作业时间。

（2）管道法兰准备。

如果管道在弃管时已经焊接了法兰，这一步可以省略。

如果管道没有焊接法兰，需要将管道提出水面焊接上法兰，再放入水中。

7.6 挖沟

海底管道的挖沟埋设方法有很多种，归纳起来可分为预挖沟埋设和后挖沟埋设两大类。预挖沟埋设即先挖好沟，再将管道铺设到沟底。继而将管道用工程回填的方法埋起来。后挖沟埋设则是先将管道埋设于海底，然后用专门的水下挖沟机械骑在管道上挖沟；随着挖沟机的前移，管道落入沟底，管沟两侧的挖掘土靠自然回淤填到沟内，以达到埋管的目的。挖沟方法有以下几种：（1）挖泥船挖沟（适用于预挖沟）；（2）水陆两用挖掘机挖沟（适用于预挖沟）；（3）履带式全天候水下挖沟机挖沟（适用于预挖沟）；（4）拖拉式开沟犁挖沟（适用于预挖沟与后挖沟）；（5）冲吸式水下挖沟机挖沟（适用于后挖沟），冲射铰吸式水下挖沟机挖沟（适用于后挖沟）[6]。

应根据地质勘察结果，将海底管道埋入较为稳定的土层深度；入海点和登陆点所在的近岸段由于拖拉施工的需要，必须进行预挖沟埋设；离岸区域海底管道为了满足安装期管道在位稳定性要求，管道铺设的同时进行后挖沟埋设，即铺设一段管道，随即进行后挖沟埋设；管道穿越航道段，应采用预挖沟＋堆石埋设保护方式。

7.6.1 预挖沟

预挖沟在管道预定路由位置，使用挖沟设备，在管道铺设之前按照规定要求挖出海底管道的沟槽，随后再铺设管道并回填埋设。预挖沟法多用于水深较浅，波浪、流作用较强，管道横向稳定性无法满足要求等相关水域（如登陆段部分）。对于特殊地质海床区域（如土质较硬、硬质岩石等），后挖沟设备能力无法进行挖沟作业的区域，也常采用预挖沟法。预挖沟法具有可靠性高，对管道安装校核要求较低等优点；缺点在于挖沟精度难控制，海底底流容易引起沟土回淤，可能导致预挖沟的深度达不要求，此外，为满足管道铺管要求，通常挖沟沟槽较宽，土方作业量大，施工周期较长，费用相对较高，铺管完成后一般还需要人工回填沟。

7.6.1.1　预挖沟使用设备

预挖沟方法按照使用设备的不同可分为：抓斗式挖泥船开挖、吸扬式挖泥船开挖、链斗式挖泥船开挖、水下铲斗式挖泥船和开挖爆破方法开挖。具体应根据海底土质和水深等条件，选取合适的沟槽开挖方法，对于坚硬底层，要预先爆破炸松后再用适当的机具在水下清理成要求的沟槽。各种预挖沟方法适用的土壤范围可参见表 7.26。

表 7.26　各种预挖沟方法的适用土壤范围

<table>
<tr><th colspan="2">土壤</th><th rowspan="2">适用的预挖沟方法</th></tr>
<tr><th>分类</th><th>状态</th></tr>
<tr><td rowspan="4">砂土类</td><td>软质</td><td>链斗式、抓斗式、吸扬式</td></tr>
<tr><td>中质</td><td>链斗式、抓斗式、吸扬式</td></tr>
<tr><td>硬质</td><td>链斗式、抓斗式、爆破</td></tr>
<tr><td>坚硬</td><td>链斗式、铲扬式、凿岩船、爆破</td></tr>
<tr><td rowspan="2">砂土夹石</td><td>软质</td><td>链斗式、抓斗式</td></tr>
<tr><td>硬质</td><td>链斗式、铲扬式、凿岩船、爆破</td></tr>
<tr><td rowspan="2">岩石</td><td>软质</td><td>铲扬式、凿岩船、爆破</td></tr>
<tr><td>硬质</td><td>凿岩船、爆破</td></tr>
</table>

7.6.1.2　近岸预挖沟区段的划分

在平坦海岸带登陆的海底管道，其登陆点一般选择在距海岸最高潮位线 100m 左右的陆地上。该段预挖沟可采用陆地挖沟机械进行，挖沟深度及沟底标高根据管道设计埋深而定，开槽宽度根据施工机械和管道铺设工艺而定。对于最高潮位线到海图水深 0.5m 的潮差段，陆地设备无法进入，海上设备又吃水不足，可采用水陆两用挖掘机。但有时为减少设备投入，也可让海上设备加大挖深与陆地挖沟直接相接，而后将两者挖沟高差用回填土的方法解决。从海图水深 0.5m 处一直到设计预挖沟的全部海上段，都可用海上挖沟机械。所以登陆管道近岸段预挖沟大致可分为上述三个区段。无论采用何种方法和何种机械挖沟，沟的中心线都不能偏离设计管轴线挖沟宽度的 10% 。各区段预挖沟沟底要连续平整，不允许出现漏挖、欠挖及不符合挖沟断面要求的现象。

7.6.1.3　近岸预挖沟断面的确定

海底管道在平缓的海滩上登陆要经过浅水区潮差段。由于海浪的影响，这一区段很容易形成破碎波流。破碎波流一般平行于海岸线移动，它可起到搬运泥沙、回填管沟的作用，这对近岸段预挖沟是一个极其不利的因素。为使近岸段预挖沟在管道铺设期间不被泥沙所淤平，确保管道埋设深度，应根据该地区的环境地质条件认真分析研究，必要时可进行数学或物理模型试验，做出潮差段及浅水区不同水深、不同挖沟断面的回淤历史曲线，确定各区段的开挖断面尺度，以满足近岸段预挖沟埋管的设计要求。

7.6.2　后挖沟

后挖沟是在管道铺设就位后，采用后挖沟机设备沿管道路由，在管道底部吹扫或开挖出管沟，同时将管道下沉至设计要求深度的施工方式。根据挖沟设备的作业原理，又可分为水力（喷射）式、机械式和犁式三种。

由于对挖沟断面没有特殊的要求，后挖沟方法只需要把管道沉降到指定的深度，回填保护多采取自然回淤方式。相比预挖沟方法，后挖沟方法施工具有挖方量小、成本低、施工速度快、工期短等特点。因此海底管道工程中，对于没有预挖沟特殊要求的区域，应优先考虑使用后挖沟埋设法，以节约工期与成本。

图 7.39 所示为挖沟作业示意图。

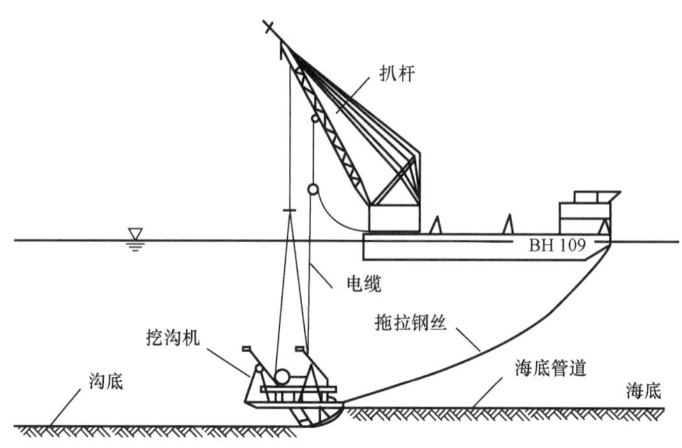

图 7.39　挖沟作业示意图

后挖沟施工作业流程：

（1）挖沟作业船就位在海底管道正上方。

（2）将挖沟设备放入水中，并做设备功能试验。

（3）在潜水员、ROV或声呐系统的引导下将挖沟设备放在管道起始挖沟位置。注意，一般挖沟起始位置离管道水下法兰不小于50m。

（4）开始挖沟应注意控制挖沟设备的压力、电流及挖沟作业船的移船速度等因素，并利用安装在挖沟设备上的监视设备实时控制，使挖出的沟深度和宽度均匀，满足设计要求。

（5）在出现设备异常或到了设计挖沟终止点时，把挖沟设备提出水面放到甲板上，然后对挖沟设备进行检查。

在挖沟过程中应派潜水员或ROV对挖出的沟管道和挖沟设备的状态进行例行检查。

7.7　回填

回填方法主要有人工回填、机械回填、自然回淤等，常用的回填材料主要有粗砂、碎石、块石等。

7.7.1　回填方法

为保证管道在波浪和潮流等水动力因素作用下的稳定性，防止第三方活动可能对管道造成的机械损伤，近岸段海底管道的埋设一般都是采用人工回填埋管的方法。人工回填埋管须根据当地的环境地质条件、管道的设计使用寿命及近岸段管道本身的保护情况，选用适当的回填材料，抛填于管道的上方，起到安全保护作用，从而达到安全生产的目的。工程回填是用人工或机械的方法来完成的，分为使用一般驳船直接倾倒砂料与石块的倾倒法和使用装备有大型漏斗和导管等石料回填装置的驳船进行回填的导管法。倾倒法速度较快，但回填质量不高。导管法需租用专门的回填船舶，成本较高，但回填质量较高。

7.7.2　回填材料及径粒配比

从管道防腐角度考虑，与管道接触的表层回填材料最好使用洁净的砂料，后逐层回填碎石与石块以起到保护作用。回填分为三层，紧靠管道的一层是沙土，中层是石子，表层是块石，总回填深度相当于预挖沟的深度。自然土回填可用预挖沟时挖掘的土，也可用泥驳或甲板驳到邻近海区运土，再用抓斗机或装载机抛填。对于预挖沟来说，所用的回填材料及其粒径，以及回填材料能否与原海床融为一体，形成稳定的土体，这一切都要根据当地的海洋工程环境和工程地质情况进行研究。一般回填层越靠近原海底泥面，所需的回填材料粒径也就越大，相当于粒径是从预挖沟的沟底往上逐渐增大。施工中一般是将回填材料分成几层，其粒径由下而上依次增大，并充分考虑每层的粒径级配比例，使层与层之间形成稳定的反向倒滤层；不但要确保上层稳定，而且要确保不使海流进入下层，将下层材料掏空。

参考文献

[1] 王立军，余志峰，王鹏．海底管道施工方法研究［J］．管道技术与设备，2010（3）：43－45.

[2] 赵冬岩，余建星，李秀锋．海底管道拖管法分析和研究［J］．海洋技术，2008（3）：84－89.

[3] 孙奇伟．海底管道铺管施工安装方法研究［J］．中国石油和化工标准与质量，2012，32（7）：105.

[4] 刘志刚，李庆，孙国民．登陆海底管道近岸段施工方法研究//2009 年度海洋工程学术会议论文集（下册）［C］．中国造船工程学会近海工程学术委员会，中国造船工程学会，2009.

[5] 魏国涛，于银海，李沙．海管水平定向穿越登陆案例分析及施工技术研究［J］．中国石油和化工标准与质量，2020，40（3）：209－210.

[6] 林如．海底管道射流式挖沟机的研究及射流破土的仿真分析［D］．哈尔滨：哈尔滨工程大学，2019.

[7] 程艳超，苏伟征，梁栋．海底管道铺管施工安装方法研究［J］．化工管理，2013（2）：74－75.

[8] 党学博，龚顺风，金伟良，等．海底管道铺设技术研究进展［J］．中国海洋平台，2010，25（5）：5－10.

[9] 张广学，冯超．海底管道铺管施工安装方法研究［J］．科技致富向导，2012（3）：396，358.

[10] 桑运水，韩清国．海底管道近岸浅水铺设的岸拖与海拖［J］．石油工程建设，2006（2）：28－30，5－6.

[11] 郑超．集束管道拖曳法下水设计与分析［D］．哈尔滨：哈尔滨工程大学，2009.

第 8 章　海底管道检测

海底油气管道是连续大量输送油气资源的经济可靠方式，担负着海上油气集输的重要任务，也被称为海洋油气工程的“生命线”。随着海底管道铺设距离的增加和运行时间的延长，海底管道损伤概率增大，事故也愈加频繁。一旦海底管道发生泄漏或破坏，就会给周围环境和人员带来严重影响；轻则导致海底管道出现泄漏而浪费资源，重则会因为原油或天然气的泄漏而导致爆炸，造成人员伤亡、财产损失和生态环境破坏。据国内公开报道，1995—2010 年共发生 28 起海底管道事故（事件）。因此，定期检查海底管道的运行状况，及时掌握海底管道安全状态，成为海上油气生产的重要保障措施。

8.1　管道检测内容

通常情况下，在针对海底管道进行检测时，需要分别检测管道的内部与外部，并且在检测管道外部时需要沿着管线进行检测，因此在实际检测过程中需要涉及多种检测设备。此外，这种单位分类方法也是根据检测设备所处位置来决定的，从而产生海底管道检测技术分类。

首先在进行海底管道内部检测时，需要根据海底管道信息获取程度来选择具体的检测技术，也就是需要先对管道内部的整体情况进行了解，并且针对容易出现隐患故障的区域进行重点检测。其次在进行管道外部检测时，需要从海底管道的环境、位置以及深埋程度等方面入手，根据综合情况来评定管道可能会存在的问题，这样在检测过程中可以划定重点区域，不仅能够提升海底管道检测技术的应用效率，也能够为工程项目的施工与规划提供参考依据[1-2]。

与陆上长输管道内检测相比，海底管道内检测技术的难度和要求更高，主要体现在以下几个方面：

（1）检测风险大，通过性要求高。海底管道可能遇到的渔船抛锚刮伤、海冰撞击及海流冲淘，这些极易造成海底油气管道的变形和损伤。如果检测器通过能力不强，卡在管道内，那么修复工程的代价几乎与重新铺设新管道一样高。

（2）速度控制难。由于海底管道内检测器一般需要穿越垂直立管和水平管，对检测器速度控制要求比陆地长输管道检测器要求高。

（3）检测难度大。海底管道壁厚大，管壁饱和磁化困难，而通过能力又要求永磁体的体积更小，这使海底管道检测的难度大很多。而且海底管道输送油气一般为高温高压条件，或者油、气、水混输，流量小，流速不稳增加了检测难度。

（4）操作难度大。海底管道检测装置的发射和回收装置可能在生产平台的狭小空间，深水管道位于水下，海底管道检测操作难度大。

（5）定位难度大。海底环境复杂，由于厚壁管或双层管的高屏蔽效应，以及水下定位系统与水上 GPS 定位系统数据协调融合，使得内检测器在水下管道内的定位难度很大。

8.2　内部检测

8.2.1　内检测原理与方法

海底管道的内检测主要包括清管环节与智能检测环节，在检测过程中需要涉及多种智能检测仪器与清管设备。首先是清管作业，根据管道清理顺序对内壁进行作业，具体为使用带刷子的清管球、泡沫清管球以及钢制清管球对管道内壁的污垢进行处理，保证检测探头能够与管壁紧密接触，这样才能准确分析出管道内部中出现的各类问题，以此来保证侦测数据的准确程度。

其次是针对海底管道内部进行智能检测。当前的海底管道检测技术存在被德国与美国等公司高度垄断的现象。常用的智能检测仪器包括几何变形检测器、漏磁检测器以及超声波检测器，其中几何变形检测器主要是针对管道内部整体结构进行检测，如果管道内部出现皱褶与变形等问题，能够根据智能检测结果进行对比分析，这样可以对海底管道内部的损坏区域与程度进行判定。漏磁检测器采用磁铁将磁通引入管壁或进行焊接，通过将传感器安装到两磁极中间区域，能够准确检出管道内部的腐蚀情况。而超声波检测技术指的是从管子内部与外表面之间进行检测，根据反射波的时间差来测定管道内壁的损坏与腐蚀情况，然而该类检测技术需要液体环境，因此在实际检测中会受到一定的限制。

8.2.1.1　几何变形检测器检测

几何变形检测清管器，顾名思义，是用来对管道几何形状和断面的变形情况以及可能的屈曲或弯折进行检测的设备(图 8.1)。国外的智能检测清管器兼有变形检测的功能，可用来检测海底管道几何变形以及金属腐蚀，一般适用于 12in 以上口径的管道。

图 8.1　几何变形检测器

8.2.1.2　漏磁检测器检测

漏磁检测器的工作原理是利用自身携带的磁铁，在管壁圆周上产生个纵向磁回路场[3]（图 8.2 和图 8.3）。如果管壁没有缺陷，则磁力线封闭于管壁之内，均匀分布。如果管内壁或外壁有缺陷，磁通路变窄，磁力线发生变形，部分磁力线将穿出管壁产生漏磁。漏磁场被位于两磁极之间的、紧贴管壁的探头检测到，并产生相应的感应信号，这些信号经滤波、放大、模数转换等处理后被记录到检测器上的存储器中，检测完成后，再通过专用软件对数据进行回放处理、判断识别。

图 8.2　漏磁检测器

图 8.3 漏磁检测原理

漏磁法的检测内容包括金属减损情况、法兰和阀门等管道附件、壁厚变化、变形部分裂纹等。

漏磁检测系统的探测能力（适用于所有类型的管道，例如无缝管道、直缝焊管道、螺旋焊接管道等）。目前能够探测到管道内以下类型的缺陷和特征：

（1）金属损失，包括在环焊缝附近，凹陷相关及管壁外的腐蚀损失；划伤相关损失。

（2）修补夹板下面的金属损失。

（3）制造缺陷相关的金属损失。

（4）环焊缝、直焊缝、螺旋焊缝。

（5）包括环焊缝内环形裂纹在内的环焊缝异常。

（6）凹陷。

（7）制造型缺陷。

（8）施工损坏。

（9）标称管壁厚度不符。

（10）管道设备和配件，包括三通、支管、阀门、弯管、阳极、止屈器、外部支撑、地面锚固装置、修补壳层、CP 连接件——铁磁型。

（11）管道附近可能影响输送管保护涂层或阴极保护系统的铁金属物体。

（12）包括偏心度可能影响输送管保护涂层或阴极保护系统的偏心套管在内的套管。

8.2.1.3 *超声波检测*

超声波检测技术是目前唯一的一种能对壁厚进行直接精确测量的技术。它利用超声波匀速传播且可在金属表面发生部分反射的特性进行管道检测，检测器在管内运行时，用检测器探头发射的超声波分别在管道内外表面反射后，被检测器探头接收检测器的数据处理单元便可通过计算探头接收到两组反射波的时间差乘以超声波传播的速度，得出管道的实际壁厚。超声波检测方法的检测范围也较大，包括金属减损、变形、法兰和阀门等管道附件、部分裂纹、焊接情况等。此种方法在产品为液体的管道中（如石油或水）可在线检测，如果是天然气管道则需先停产，在管道中注满水或柴油后才可检测。

液体管道检测可使用超声波检测器（图 8.4），检测运行前应核实液体用于超声波检测的适宜性。对于气体管道，使用超声波检测器应考虑：

（1）超声波检测器通过在液体介质中运行而实现检测，可通过液体置换整条管道或将超声波检测器封装在液柱内。如果填充液体易于处理，宜完全充满管道，超声波检测过程使用同一液体驱动。

图 8.4 超声波检测器

（2）如提供的液体有限，超声波检测器宜在液柱中运行，这种方法应做详细设计，详细设计宜包含以下因素：

① 超声波检测替代方案；

② 积留气体排除；

③ 驱动气体进入液柱；

④ 沿管道运行过程中，在阀门、接口、支管等处损失的液体量；

⑤ 适当的液柱速度控制。

8.2.1.4　原子能清管器检测

英国天然气公司在线检测中心（BGOLIC）开发的中子发射清管器，用于发现管道外壁、外涂层的缺损和识别海底管道悬跨等。它不同于在管外工作的旁侧声呐、海底地震剖面仪和遇控装置等管外检查系统，它是在管内工作的 B & C（Burial and Coating）清管器。由于它是在管内工作，不再可能随意漂离管道；检测时不受管外海洋环境因素和海水浑浊度影响；可以在极浅水或潮间带完成检查任务，它是在管内工作的管外检查的专门设备。

这种装置还可用来了解阳极块状况和管段接口部位玛蹄脂填充的缺损状况，1988 年首次被用在 Rough 管道上，获得十分满意的检查结果。

8.2.2　内检测程序

8.2.2.1　检测流程

管道内检测流程如图 8.5 所示。

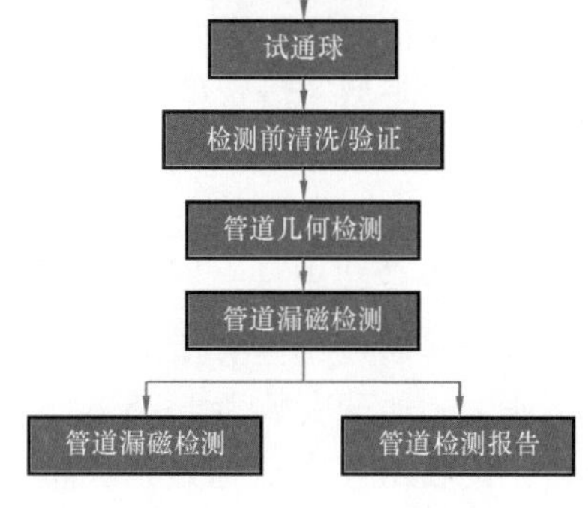

图 8.5　管道内检测流程图

8.2.2.2　管线调查

（1）管线基本情况调查。

管道的基本参数见表 8.1，该调查表便于运营方收集管道相关信息。内检测服务方通过分析管道运营方提交的管道调查表，可初步评估管道的可检测性。

表 8.1　管道内检测调查表

位置信息			
管道名称			
管道长度	km	管道外径	mm
发送位置		发送站#	
发送电话		接收电话	
接收位置		接收站#	
基地位置		基站#	
基地运输地址			
基地联系方式		基地电话	
所需检测类型：应力腐蚀开裂（SCC）磁漏（MFL）凹陷（Dent）剖面（Profile）清管（Clean）			
需要模拟体		需要定位器	
管道沿线地图可用			

（2）流程改造。

① 安装收发球筒及管道清洗附属装置（装置正后方需留出 3m 的空间，便于安装或取出检测设备）。

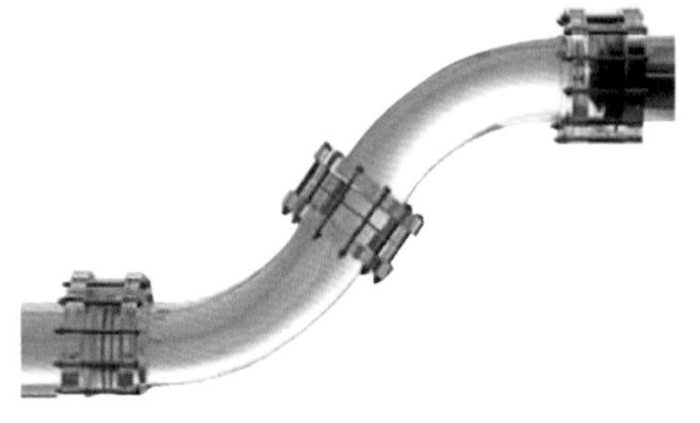

图 8.6　检测前的改造图

② 对局部管道弯头进行整改，使之具备 2D 的施工条件。

③ 对管道附属设备如阀门等进行改造，使之具备检测条件。

④ 对局部海管进行整改，使之具备 2D 的施工条件。

图 8.6 所示为检测前的改造图。

8.2.2.3　试通球

为了保证智能内管检测的成功实施，在投放检测器之前需要进行清管。特别是对于长期未清过管的管道，清管程序需要更加严谨。前期先投放密度小、硬度低的泡沫清球，随后根据通球情况逐步增大泡沫清管器的密度，可以初步了解管道最小直径和清洁程度，为下步清管器类型和清管程序的选择提供基础信息（图 8.7）。

试通球依靠背压（水、气、油等介质）作为动力，也可采用其他辅助方式。在发球端放球，收球端出球。发射端和接收端保持通信联络，通过调整背压的大小控制探球的运行速度，通球次数为 4 ~5 次。探球到达终点后，接收组观察探球是否完整，若完整用增大 10 ~20mm 探球再进行一次，直到探球有损伤，以此探球尺寸确定清管器尺寸。其特点：

图 8.7　泡沫清球

（1）使用简单方便，成本低，变形量大，通过能力强；

（2）钢丝硬泡沫型可用于清除硬垢；

（3）加装高性能定位发射机，有利于迅速查找卡堵或破碎位置；

（4）发生卡堵时可加大压力，使前后压差达 0.5 ~0.8MPa 将其击碎，解除堵管。

8.2.2.4　管道清洗

管道清洗的目的是净化管道、设备和工艺，以循序渐进的方法从输油、输气管道中去除污物、沉淀物、氧化铁堆积物，对于减缓内腐蚀、提高管道输送量、保障管道安全运营都有十分重要的作用（表 8.2，图 8.8）。同时也为检测做好准备，增加检测精度。

表 8.2 清管器的选型

序号	清管步骤数	清管器选型
1	第一步	标准双向清管器（双导向 4 密封皮碗）
2	第二步	磁铁清管器（双导向磁铁）
3	第三步	钢刷式清管器（双导向钢刷）
4	第四步	磁力钢刷式清管器（双导向钢刷磁铁）
5	第五步	磁力钢刷式清管器（双导向钢刷磁铁带测径盘）

图 8.8 清管器

8.2.2.5 管道几何变形检测

管道几何变形检测是测量管道因施工及使用过程中产生的变形，对管道阀门、三通、弯头等管件进行测量标识，并对上述管件及管道变形给予量化尺寸。图 8.9 所示为管道几何变形检测器结构。

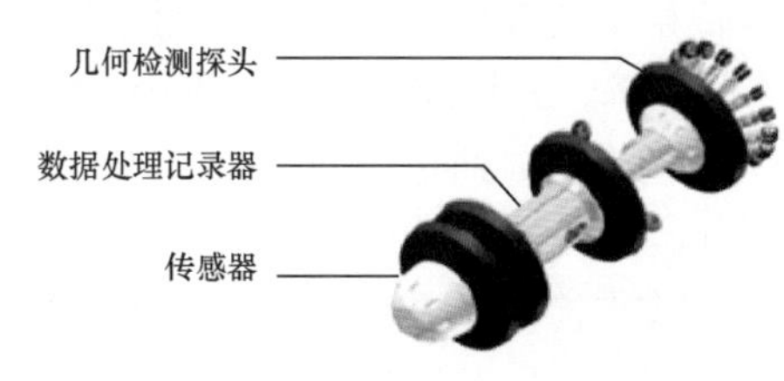

图 8.9 管道几何变形检测器结构图

（1）几何检测报告。

① 初步几何检测报告。在完成几何检测之后，几何检测技术人员进行数据分析得出初步分析结果。

② 特征点报告。确认凹陷、椭圆变径、弯头和内径变形的尺寸，探测并测量管道内径变形、弯曲和折皱，检测出管道内部污物。

③ 弯头报告。几何检测工具能准确测量弯头角度和弯头半径，其车载的陀螺仪采用三轴向方位计算弯头角度。

（2）几何检测精度。

几何检测的定位位置精度是到参考点距离的 1%，表 8.3 给出了几何检测壁厚变化的检测精度；所有百分比值都是建立在标称外径基础之上，但当工具检测速度在规范速度外时不适用。

表 8.3　几何检测壁厚变化检测精度表

标称直径，in	90%探测概率的敏感度，%	85%可信度下的精度，%
4	1.5	±0.50
6～8	1.0	±0.40
10～12	1.0	±0.40
14～22	0.5	±0.20
24～38	0.4	±0.15
40～56	0.3	±0.10

8.2.2.6　管道漏磁缺陷检测

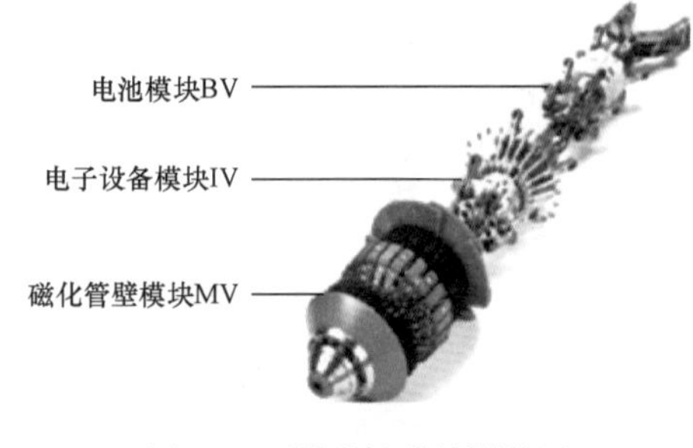

图 8.10　漏磁缺陷检测装置

图 8.10 所示为漏磁缺陷检测装置。

（1）对管道缺陷检测装置标定；

（2）将缺陷检测装置放入投放装置内，接收端准备好检测装置的接收等工作；

（3）检测装置通电，同时开始计时；

（4）打开清管流程，检测装置在压差的驱动下启动，以 0.5～1km/h 的速度运行，并开始检测；

（5）检测装置在管道内运行检测的过程中，要通过投放装置上的压力表变化、检测时间等实时跟踪，并按时间顺序详细记录所有事件，做好应急准备；

（6）检测装置到达接收端后，关闭清管，待卸压后，打开快开盲板，将检测装置取出，断电，并初步进行清洗；

（7）检查检测装置有无损伤等情况发生；

（8）读取数据进行分析。

8.2.2.7　检测数据分析及检测报告

内检测数据分析总体构成如下：

（1）当认为原始检测数据可接受后，检测服务方应处理、分析数据，形成报告。

（2）检测服务方应有合适的算法和软件来分析数据。分析结果宜在工具探测能力、精度、置信区间、最低探测水平和探测阈值等性能规格范围内。

（3）宜提前确定相关的异常等级和标准，作为检测合同和管道运营方的完整性计划的一部分，同时考虑检测器的局限性。讨论范围宜包括有关缺陷的几何形状的定义和分类、检出率、尺寸判定、检测器性能规格和报告提交时间。对于裂纹，典型的报告基于裂纹预测深度，或深度与长度的组合。对于腐蚀缺陷，宜根据内检测数据的详细程度，采用 SY/T 6151《钢质管道管体腐蚀损伤评价方法》或其他合适的评价算法计算承压值。对于凹陷和类凹陷异常，标准通常规定超过一定阈值的异常应换管或补强。

（4）宜建立开挖验证信息和内检测数据之间的关联性。与现场测量和内检测数据相关的精度误差都应在完整性评价和计划时考虑。

8.3　外部检测

海底管道的外部检测主要目的便是掌握管道外部形状，同时还要分析管道在海床上的状态，主要的检测内容包括海底管道所处水深、地貌、深埋程度、走向以及管道外部的冲刷情况等。在检测过程中应用的技术主要有工程物探方式与潜水检测方式。其中工程物探方式指的是采用浅剖面仪、多波束水深测量系统，以此来使用磁力探测的方式对海底管道进行综合检测。而潜水检测指的是通过 ROV 技术或潜水员进行水下检测作业，主要方法包括水下目视、磁粉探伤、超声波纵波探伤、涡流探伤以及漏磁探伤等方式[4]。

8.3.1　水下埋深探测

海底管道埋深探测的技术，是用电池为动力发射机将直流电转换成交流电信号，通过导线与管道连接，将交流电信号传送给管道，使管道产生电磁场并发射电磁波（图 8.11）。在橡皮艇上装有 Husky 计算机，经过计算处理后进行存储，并有声呐根据导管器的指示信号，测量并记录管道上的水深，并输入计算机。

管道被检测点的定位依靠电子定位总站和 EDU 电子测距仪来确定。测距仪的数据同时被输入计算机，最终将计算机和 DR－2 数据采集器所储存的数据输入 NEC－486 计算机进行数据筛选和处理，通过数据打印和 HP－GL/2 绘图机将管道全线埋深结果给出。

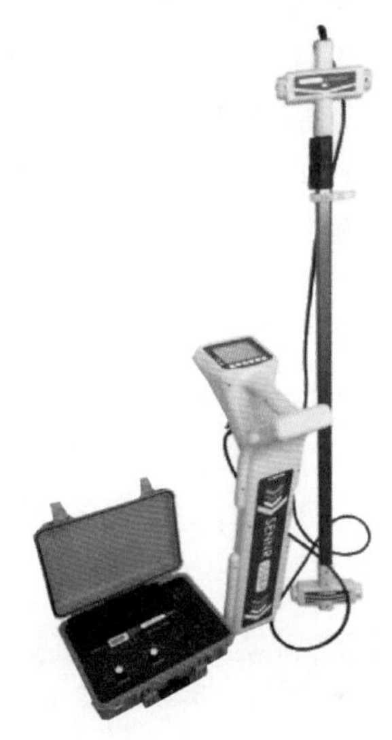

图 8.11　水下埋深探测仪

8.3.2　混水水下电视观察

该项技术是为适应国内某些海区水质浑浊而开发的，用显示录像方式记录海底管道在海底的总体状况。

常规的水下电视要求观察环境有足够的照明度和透视介质能见度，通常只能在清水中使用，而混水水下电视观察器是从排除电视视距内混水的技术入手，合适地布置水下照明灯，用结构排水的原理，在电视视距视角范围内用空气代替混水，使电视和照明穿透混水距离达到尽可能小，目前已做到 10mm。这样可在能见度大于 10mm 的水中观察目标，并有足够的分辨率。

8.3.3　侧扫声呐

侧扫声呐就是以声波为手段，通过发送和接收特定频率的声波后经过处理分析得出海底地貌特征，从而确定海底管道是否裸露、悬跨等[5,7]。针对管道所处海底地形，侧扫声呐能够探测管道不同状态，如海底比较平整，则能得知海底管道的悬跨、掩埋程度。若管道位于管道沟中，可以判断管道与沟底的接触状况、悬跨长度，但具体的埋深和悬跨的高度由于条件限制无法得知，必须借助其他辅助设备和手段。

8.3.4 多波束测深

多波束测深技术同样是利用声波作为能量形式工作的，与传统单波束测深技术相比较，多波束测深技术一次性获得的是沿着轨迹上的条带状区域的海底深度数据，这样测量的范围就更大，同时精度得到了提高，加快了速度，进而提高了工作效率，最后得到海底地形的三维特征地图。

8.3.5 潜水员水下检测

潜水员可以直接目视检测浅海区的海底管道管外状态，作为一项水下无损检测技术，潜水员水下检测可以确定管道的悬跨状况，并通过相关设备进行测量和记录，确定悬跨距离和高度，绘制得到海底管道悬跨段在海床上的剖面图。然而如果浅海区海水浑浊，水下能见度低，就无法通过目视手段，需要潜水员操作相关声呐设备对能见度低的海底管道进行检查以确定海底管道所处的状态。

8.3.6 ROV 水下巡航检测

近年来国内已有 ROV 水下巡航检测器开发并进行了实际检测。ROV 水下巡航检测器，可由工作母船上释放和控制，用以进行海底管道沿线巡航观测，并可以在母船上得到信号显示，用以了解管道沿线的总体情况，它可以在母船上控制其下潜深度、巡航位置和速度（图 8.12）。

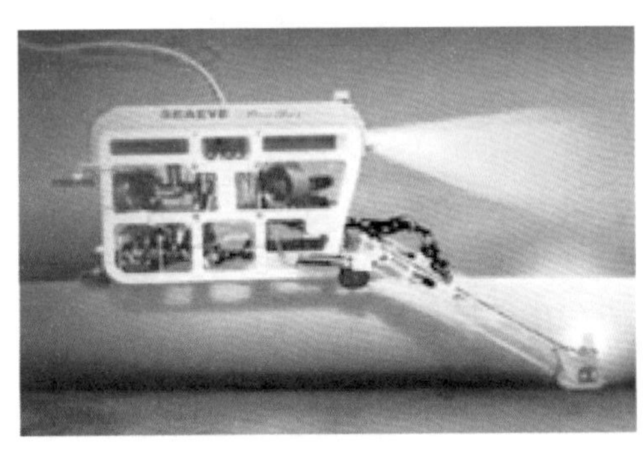

图 8.12 ROV 外观检测示意图

水下机器人检测技术以其工作深度深，范围广，作业的时间长，突破潜水员工作的水深、时间和环境要求的限制，在深水海底管道的检测中担当重任。

海底管道水下机器人检测技术包括遥控潜水器（Remotely Operately Vehicle，ROV）检测技术、自治水下机器人（Autonomous Underwater Vehicle，AUV）检测技术和混合型潜水器（Hybrid Remotely Oper - ated Vehicle，HROV）检测技术[6]。

ROV 使用配置的摄像头对管道损坏、管道悬空、牺牲阳极、管道保护装置和连接法兰、软管等进行巡航检测。多路水下监控系统可对海底管道进行全方位的观察，并对管道的重要部位、发现的缺陷和异常进行水环境下的实时摄影记录。

8.4 智能检测设备

8.4.1 国外智能检测设备

从 20 世纪 60 年代开始，美国、英国、德国和加拿大等国在政府支持下，大学、科研机构和企业界合作，已投入数十亿美元开展了管道检测技术的研究。经过几十年的不断发展和完善，一些发达国家相继开发出自己的管道智能检测系统，无论检测精度、定位精度还是数据处理，均已达到较高水平。

目前，国外在役超声管道检测爬行机的结构一般为一机多节，分别由探头部分、控制部分、数据处理部分、电源部分及驱动部分组成，总长可达数米。机体外径从 159mm 到 1504mm。整机可在管道内作水平或竖直行走，一些检测爬行机还带有自我行走机构，在 T 形管线内行走自如。这些检测爬行机行程可达 50 ~ 200km，行走速度最高可达 1m/s。1965 年，美国 TUBOSCOPE 公司研制出的 LINALOG 漏磁检测器（MFL - PIG）投入使用。1977 年，英国 British Gas 公司成功研制出直径 600mm 的漏磁管道检测装置。时至今日，英国的 Tracerco 公司、TDW 公司、British Gas 公司，美国的 StarTrak 公司、Tuboscope 公司、GE - PII 公司，挪威的 ClampOn AS 公司，德国的 ROSEN 公司、Pipetronix 公司等已成了可向用户提供海洋管道系列检测器及海洋管道检测服务的世界著名无损检测公司，推出的内检测器产品和检测服务也已基本达到了系列化和多样化。

国外公司在海洋石油和天然气管道内检测方面已有不少成熟案例。

（1）英国 Tracerco 公司智能检测设备。

英国 Tracerco 公司的管道检测清管器采用同位素作为辐射源，在海底管道中能保证有较远的传播距离，有利于管道外检测器对它的检测。Tracerco 公司的清管器跟踪系统可以准确、快速、高效地提供清管器的跟踪，以此来确定其位置。清管器跟踪系统适用于管道的预调试、调试、检验、操作、维护和修理、退役的全周期。其基本信息流程为：采用在母船上控制 ROV 将水下标记器固定在海底管道上，在母船上利用水声通信方式向海底标记器发送控制指令，并在母船控制中心接收处理海底标记器的监测信息，完成管道检测任务；但该公司在海底管道探测与精确定位、海底标记器回收上的公开资料较少，主要流程如图 8. 13 至图 8. 15 所示。

图 8. 13　ROV 布放标记

图 8. 14　水下标记器沿石油管道固定

图 8. 15　母船以水声通信方式与水下标记器进行双向通信

作为世界领先的创新检测系统研制商，Tracerco 公司已经提出了一些提高其可靠性、高寿命和多功能性的改进。Tracerco 公司的清管器跟踪技术配备与海底的无线通信，跟踪系统能够确保实时数据的采集和 ROV 的优化使用。清管器的定位误差精度可以精确到 5cm，准确和可靠的清管器跟踪也可作为管道清洗测试运行的一部分。Tracerco 公司的技术能够提高生产率，降低成本，减少对环境的影响。

（2）英国阿伯丁 TDW 公司智能检测设备。

英国阿伯丁 TDW 公司研制了一套针对清管器的智能跟踪（SmartTrack）系统。该系统创造性地在转发器和接收器之间利用双向电磁通信跟踪清管器。其具有较高的准确性和可靠性，加上它能够远程激活和停用转发使它成为市场上较为灵活的系统。

图 8.16 至图 8.20 所示为管道检测系统工作示意图。当清管器在接近海洋工作站的附近管道爬行时，采用蛙人手持水下接收机实时跟踪清管器的运行状态；清管器在海底管道运行时可采用 ROV 搭载接收机以伴随跟踪方式跟踪清管器的运行状态，ROV 通过脐带缆将检测信号回传至控制母船，也可采用作业船吊装水声通信声呐，同时将集成了电源、接收机、发射机、通信中继的海底通信 skid（类似于水下标记器）固定在管道上，以保证管内检测器与母船间的通信与数据传输；清管器在陆上管道爬行时，由检测人员手持检测器跟踪掩埋管道。

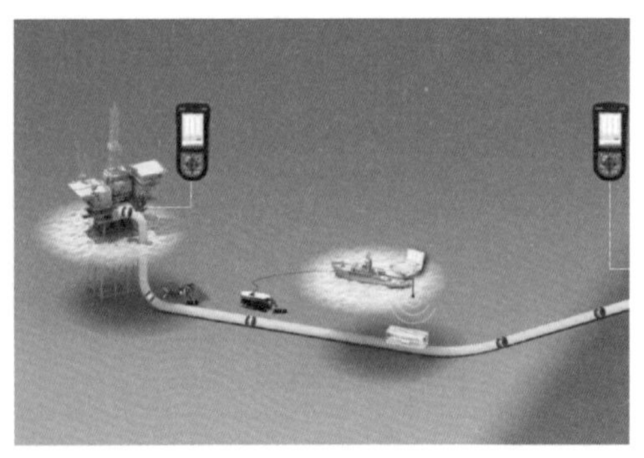

图 8.16　清管器智能跟踪全过程图

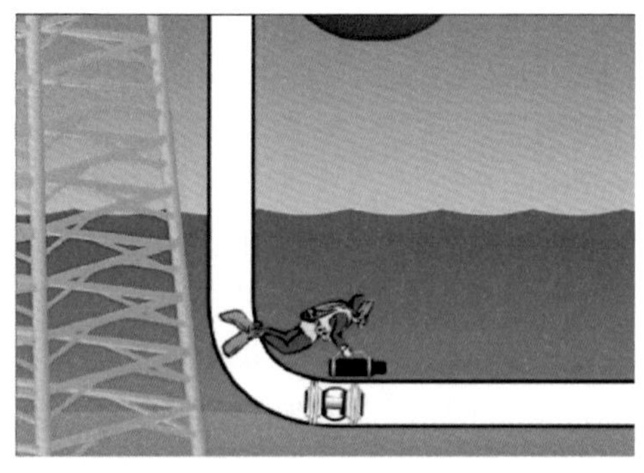

图 8.17　蛙人跟踪清管器

图 8.18　ROV 跟踪清管器

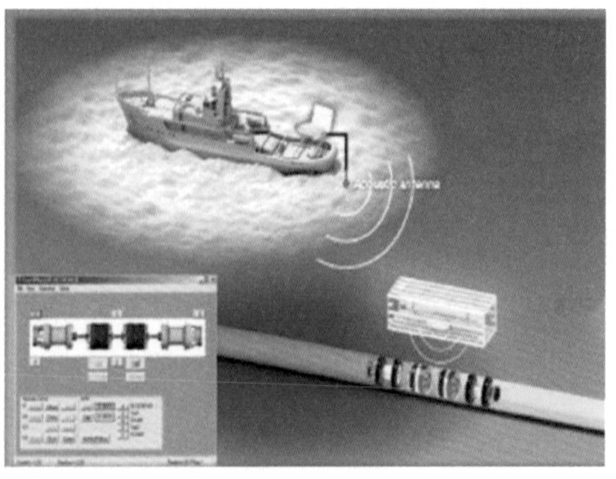

图 8.19　船载吊放声呐跟踪清管器

其主要优点是：每个清管器被赋予一个唯一的 ID，使每个清管器可以在一系列清管器被精确识别位置；无须使用放射性同位素跟踪和定位；定位精度高；监视多个清管器跟踪位置，而不需要移动海底跟踪系统或船只；海底接收器和平台或容器之间通过无线通信；接收器检测距离可达 10m。

图 8.20　水下跟踪设备

（3）美国 StarTrak 公司智能检测设备。

该公司主营业务是管道设备和管道检测服务，主要经营的产品有各种功能的清管器和检测猪通过的指示器。其中清管器有“开拓者”磁清管器、“射流式”除蜡系统、视频检测清管系统等。检测指示器则有可用于海洋管道的 Deep C，以及用于陆上管道监测的看门狗（Watch Dog）（图 8.21 和图 8.22）。

其中，Deep C 由磁感应系统及相关电路组成，可识别类似“开拓者”磁清管器的磁清管器通过。该装置拥有钛材质的双重密闭外壳，类似马鞍，可长期固定于管道上，使用时可利用 ROV 完成内部传感器或电子单元的插入、移除或更换，用于长时间的监测信号，各组件之间都是采用 ODI 开放式数据链路接口，经测试可在 1×10^4ft 水中作业。

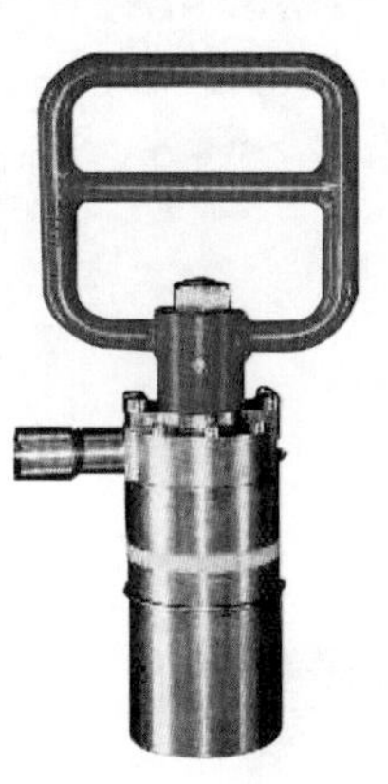

图 8.21　Deep C

图 8.22　Watch Dog

（4）挪威 ClampOn AS 公司智能检测设备。

挪威 ClampOn AS 公司主要采用超声波探测的办法进行清管器检测，管上标记器采用 ROV 携带、安装至管道上，检测标记器采用电磁固定的办法固定在管道固定装置上，具体如图 8.23 和图 8.24 所示。

（5）德国 ROSEN 智能检测设备。

ROSEN 公司已经为油气管道检测服务和技术支持已经超过 30 年了，是全球管道检测和完整管理的领导者。ROSEN 公司所有技术的发展是以市场需求为导向，以合作共赢为基础，ROSEN 公司是世界上少有的几家能够利用轴向探测设备准确地检测出不规则纵向焊缝、长细管道腐蚀和其他纵向横向腐蚀的公司，ROSEN 公司提供的信息管理软件能够快速精确地进行数据分析，长期提供方便和通用的管理平台。产品功能涵盖清管、漏磁检测、变径检测和软件服务等（图 8.25 至图 8.27）。

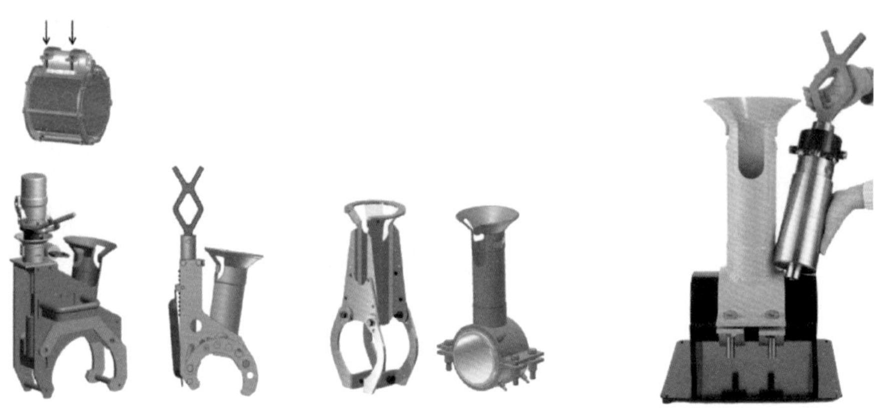

图 8.23　固定装置及固定办法

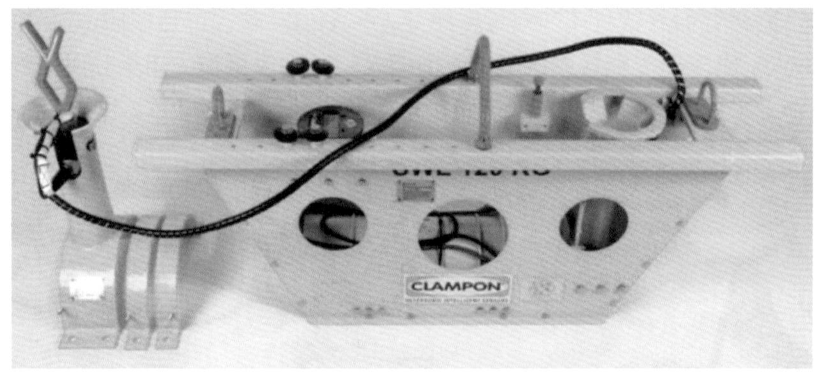

图 8.24　管上固定便携式供电设备图

图 8.25　ROSEN 公司的 56in 的漏磁检测器

图 8.26　ROSEN 公司的 26in/30in 的多径漏磁检测器

图 8.27 ROSEN 公司的 14in/18in 的多径漏磁检测器

8.4.2 国内智能检测设备

目前研制的管道检测系统只是应用于陆上管道检测，海底管道由于受海深和海流等情况的影响，在海底通常处于掩埋状态，对掩埋管道的探测、识别与精确定位所采用的技术及设备与陆地上差别较大。海底管道内检测技术仍然较薄弱，内检测作业开展时间较短。

我国海底管道已经陆续开始实施内检测作业，有效保障了海底管道的安全。2007 年 9 月，番禺油田海底管道使用 GE PⅡ公司的 ϕ304.8mm（12in）超声检测器 Ultra Scan WM 进行了超声内检测，这是南中国海油田首次海管智能内检测作业。2013 年 5 月，中国海油蓬莱 PL19－3 油田 4 条 ϕ609.6mm（24in）管道采用智能漏磁检测技术，检测器使用荷兰的内检测器 MFL 和电子测径检测器 Caliper。2014 年 11 月，中海油服深水技术有限公司承担了崖城海南管道（长 91km）内检测项目，完成了海油系统内首次依靠自主力量、运用国产技术的海管内检测作业。2015 年 11 月，海油系统在涠洲 11－4NB 平台至涠洲 12－2A 平台海管首次完成我国海底管道超声波内检测作业。

国内的海底管道内检测工程一般由国外公司或国内外合作完成，主要有中国海油海洋工程公司（RUSSELL 公司设备）、太原刚玉国际贸易有限公司（GE PⅡ公司设备）及香港 APC 集团（ROSEN 公司设备）等。虽然目前国内很多研发机构对海底管道智能内检测技术进行了大量的研究，也出现了一些通过海试的设备，主要研发单位有中国航天科工三院 35 所（与中国海油研究总院合作）、清华大学油田电气工程研究中心（与胜利油田合作）、中船重工 716 所（与中国石油管道局合作）和中海油服深水技术有限公司（与沈阳工业大学合作）等，但由于技术和风险等原因，我国实际实施的海底管道内检测工程仍然偏少，内检测技术仍然落后，而且测试阶段离大规模实际工程应用还有相当长的距离，因此必须大力发展内检测技术。

现在世界上的海底管道内检测技术采用了目前最先进的三轴漏磁、超声、电磁超声以及远场涡流等技术，实现了金属损失、裂纹、涂层和防护层剥离等缺陷的智能检测与自动识别，甚至 1 台检测器同时识别多种缺陷。目前，全世界最先进的检测技术主要集中在美国 GE PⅡ公司、德国 ROSEN 公司和加拿大 RUSSEL 公司等公司。知名的内检测设备主要有 GE PⅡ公司的三轴漏磁检测器 Magne Scan Triax（图 8.28）、圆周漏磁检测器 Tran Scan、超声检测器 UltraScan Wm（可检测金属损失），超声检测器 Ultrascan CD TM（可检测裂纹）、超声检测器 Ultra Scan duo（可检测金属损失和裂纹，如图 8.29 所示）和电磁超声检测器 Ematscan TMCD（可检测裂纹和涂层损伤），ROSEN 公司的圆周漏磁检测器 RoCorr·CMF、超声检测器 RoCorr. UT（可检测金属损失）、超声漏磁检测器 RoCorr. MFL/UT（可检测金属损失，如图 8.30 所示）、电磁超声检测器 R. CD2（可检测裂纹和涂层损伤）以及 RUSSEL 公司远场涡流检测器 Ferroscope R 308。

图 8.28 GE PⅡ公司三轴漏磁检测器

图 8.29 GE PⅡ公司超声 UltraScan 检测器

图 8.30 ROSEN 公司 RoCorr. MFL/UT 超声检测器

8.5 技术发展方向

当前的海底管道检测技术，能够不断与现代化技术相结合，例如海底管道快速外检测技术，通过应用 ROV 技术能够快速对海底管道外侧进行全面的检测，而且检测结果在分辨率与精细化程度等方面都具备良好效果，因此该项技术已经成为海底管道检测技术的发展趋势。然而，由于 ROV 技术在应用过程中会产生高额的成本损耗，如果降低技术应用成本的话将会直接影响到操作效率与检测精度，所以该技术主要适用于高风险管段的检测。也就是在保证高分辨率的基础上，合理提升海底管道的检测效率，以此来保证检测时间与结果的准确程度。这样能够看出，想要在今后的海底管道检测中大规模应用此项技术，需要对技术应用成本问题进行攻克。

与此同时，海底管道内检测类型智能识别系统的应用，也能够在作业过程中快速且全面进行检测，而且通过将智能识别系统的结果与海底管道状态数据进行对比分析，能够准确判定出故障区域，这对于检测效率与准确性来说都具有很大的提升。例如采用高精度量化检测技术对管道内部的金属损伤情况进行分析，进而根据裂纹与涂层剥离情况来预先判定管道内部可能出现问题的区域，然而此项技术在应用时，检测精度以及与管道状态数据库之间的对比分析等方面还存在很大的提升空间，这也是海底管道检测技术在今后的重点研究问题。

参 考 文 献

[1] 王金龙，何仁洋，张海彬，等．海底管道检测最新技术及发展方向［J］．石油机械，2016，44（10）：112－118.

[2] 陈更．海底管道检测技术发展方向研究［J］．化工管理，2020（17）：104－105.

[3] 黄作英．海底管道漏磁检测器的设计与关键技术研究［D］．上海：上海交通大学，2005.

[4] 王金龙，何仁洋，张海彬，等．海底管道检测最新技术及发展方向［J］．石油机械，2016，44（10）：112－118.

[5] 王雷．海底管道悬空检测及治理技术研究［D］．青岛：中国石油大学（华东），2014.

[6] 李真．水下管线自动跟踪式 ROV 的设计及研究［D］．大连：大连理工大学，2018.

[7] 柳黎明．基于侧扫声呐系统的海底管道检测技术研究［D］．杭州：中国计量学院，2014.

第 9 章　管道在位隐患治理

海底管道在运行过程中，由于外界因素的变化，可能发生威胁管道安全的隐患，需要在运行维护过程中进行在位隐患治理。已发生过的常见隐患类型包括：裸露悬空、第三方破坏、点腐蚀、整体屈曲（包括垂向隆起屈曲和侧向屈曲）、不均匀沉降、漂移（包括侧向滑移和垂向上浮）、内腐蚀、涂层破损、撞击凹坑、地震破坏等。本章将结合国内外发生过的案例，分析管道在位隐患的形成原因及治理措施。

9.1　裸露悬空

9.1.1　问题描述

海底管道作为海上石油天然气开发中的一个组成部分，担负着输送石油天然气的重要作用。调查显示，海底管道附近的局部冲刷对海底管道正常使用影响很大。海底管道附近海床的局部冲刷会造成海底管道裸露、管道悬跨长度增加、冲刷深度增大，同时，水流涡激振动将导致管道振动，进而使管道屈服破坏。在这种情况下管道可能发生突发性破坏，引起原油泄漏，造成重大的经济损失和环境破坏。

1977 年 3 月，美国 Texaco 公司海底管道因海床软泥滑移而被破坏，2100gal 原油泄漏至海中，造成重大的环境污染；2000 年 10 月和 11 月我国东海平湖油气田海底输油管道岱山段先后两次发生波流冲刷疲劳断裂，油气田被迫停产，使依靠平湖油气田供气的上海浦东市民天然气供应几乎中断，产生极其不良的社会影响，造成重大经济损失。

我国曾经对渤海埕北油田已铺设的海底管道进行调查，共收集到 61 根海底输油管道的现状调查资料，海底输油管道外径为 219 ~ 559mm，被调查的 61 条管道中，仅 5 条未被冲刷悬空，占 8%。海底管道悬空高度平均值为 1.33m，最大值为 2.5m，不小于 2m 的有 16 条，占 26%；不小于 1m 的有 48 条，占 79%，可见冲刷的普遍性。从悬空长度来统计，平均悬空长度为 15.1m，最大为 30m。不小于 20m 的为 22 条，占 36%；不小于 10m 的有 43 条，占 70%[1]。

9.1.2　原因分析

经过对海底管道的长时间检测，可以将海底管道局部冲刷分为以下 5 个阶段（图 9.1）：

第 1 阶段，海底管道暴露阶段。

此阶段是发生在早期铺设的海底管道，铺设完成以后的一段时间里，由于海床运动等原因，使得原本按照设计要求埋设于海床面以下的海底管道暴露出海床面。

第 2 阶段，海底管道形成微孔阶段。

此阶段是在第一阶段海底管道发生暴露的基础上，由于较高的流速作用或者波浪作用对管道周围的海床进行冲刷，使得在海底管道周围区域与海床之间产生很小的间隙（微孔）。

第 3 阶段，孔道冲刷扩大阶段。

在第二阶段微孔产生的基础之上，由于较高流速和波浪的进一步作用，加速了微孔的扩大，形成一个水流通道，在水流通道形成初期冲刷加速，不断增加海床的冲刷深度，从而不断增加海底管道与海床面之间的间隙直到形成稳定的剖面形态。

第 4 阶段，管道悬跨长度增大阶段。

此阶段是在第三阶段形成水流通道发展之后，由于支撑海底管道两端的海床仍然处于第二阶段及微孔阶段，所以支撑海底管道的两端海床将继续进行冲刷，从而不断增大海底管道的悬空长度，即加大悬跨长度。

第 5 阶段，管道下垂破坏阶段。

此阶段产生的机理是由于海底管道悬跨长度的增加从而降低了海底管道的刚度，致使海底管道发生下垂现象，从而减小了海底管道与海床面间的间隙，加深了海床冲刷的发展，进一步加大了海底管道的冲刷长度，经过这样周而复始的冲刷运动，将会使得海底管道的应力大于海底管道的屈服强度，从而破坏海底管道，甚至发生断裂现象。

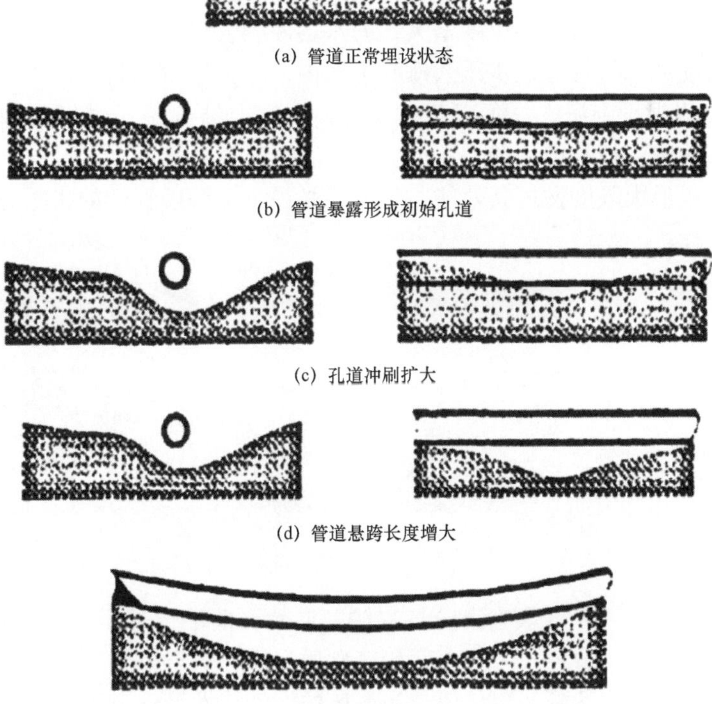

(a) 管道正常埋设状态

(b) 管道暴露形成初始孔道

(c) 孔道冲刷扩大

(d) 管道悬跨长度增大

(e) 管道下垂破坏

图 9.1　海底管道局部冲刷发展过程

9.1.3 治理措施

海底地形（斜坡/相邻沙波间）、沙波的移动和区域性冲沟的发育会造成海底管道悬跨的产生。悬跨段会使海底管道的承载能力大大降低，缩短管道的使用寿命，因此根据具体工程的情况，对海底管道采取有针对性的保护措施是非常必要的。根据不同区域的情况通常结合多种保护方法。

9.1.3.1 *砂石回填*

该方法是结合海底管道裸露与悬空的调查结果，通过抛石法将海底管道裸露段进行回填埋设或用支撑结构将产生的大悬跨段分成多个小悬跨段以满足设计要求。若用砂石回填法，实施前需要准确确定砂石回填位置及砂石回填量。

抛石通常由专用的抛石船完成，抛石船的甲板上必须有足够的空间以装载不同级配碎石块，抛石由专门的悬挂于水面的落石管路进行，用于抛石的落管底部通常装备一个遥控潜水器（ROV）。为了更好地完成抛石工作，抛石船上通常配备动力定位系统。抛石法的难度在于在深海和强劲的海流影响下也要满足抛石的精确度，此法可应对不同的海床土壤状态。

9.1.3.2 *利用阻流板*

该技术的工作原理就是在管道上方安装类似鱼“鳍”的阻流板（图9.2），当海底管道的路由垂直于海水的流动方向时，海水受到阻流板的阻挡会改变流动方向产生涡流，管道下方的海水受到压缩，其流动速度增大，海水会冲刷管道底部的土壤，利用管道的自重和阻流板产生的动力，将管道逐步压入海底土壤内，直至埋没到管径的1~1.5倍的深度，最终会将“鳍”也埋设到海底。海床若有变化，管道上的“鳍”继续发挥作用，自动调节埋设深度。一块阻流板长度一般在5m左右，以保证每根管道（12m）上安装2块阻流板。为保证阻流板最大限度发挥其效能，阻流板必须位于海底管道的正上方，最大偏差不超过10°。

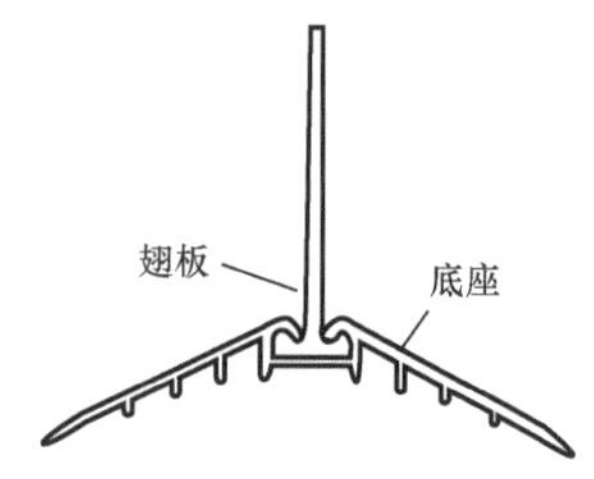

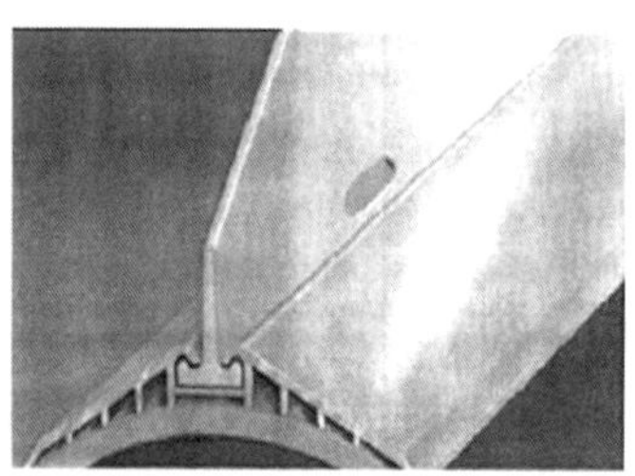

图9.2 阻流板示意图

阻流板有其局限性，一旦水流流向与“鳍”叶片方向平行时，涡流消失，“鳍”的自埋作用完全消失。另外，这种技术主要适用于砂质海床，对于以黏土和砾石为主的海床不适用，而且要求海底流速达到一定量值。当海床的泥沙特性沿管道不均匀时，涡流冲刷的速度不同，有可能造成管道局部悬空。在海洋水动力的不断变化下，当管道较长时，海床的泥沙特性沿管道非均匀性和水流流向都可能无法保障工程要求。

该技术于1985年首次应用于英国北海油田的海底管道铺设，取得了良好的效果。我国从 2003 年，在涌－沪－宁管道杭州湾海底铺设工程中也开始应用，韩国现代用 HD289 铺管船在杭州湾铺设了三条装有阻流板、总长近 160km 的海底管道。

9.1.3.3　稳固或支撑局部悬空管段

该类方法主要利用砂袋、灰浆气囊、升高枕或钢结构支架等支撑物给悬空部分的管道多个支撑点，以达到减小悬跨长度的目的。该类方法可以在管道不停产的情况下实施，且保护效果良好。但若悬跨段众多，用此类方法逐个处理，工程量很大，且由于人员、精度的限制，施工工艺随水深加大而变得困难。图 9.3 所示为袋装混凝土支撑保护方法[2]。

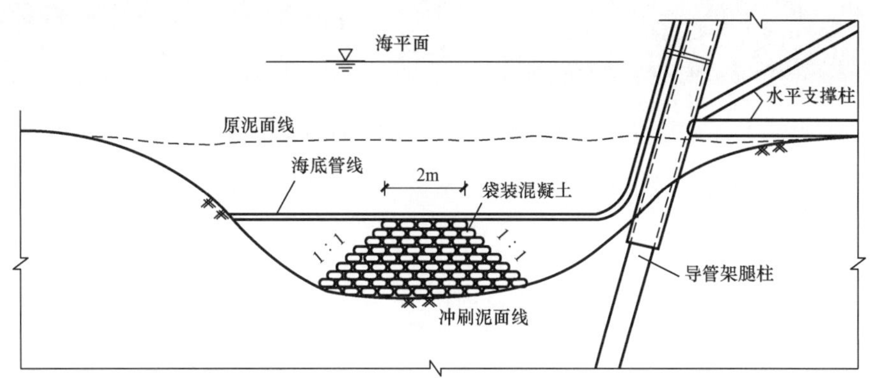

图 9.3　袋装混凝土保护方法示意图（适用于深度小，长度较大的悬空段）

（1）灰浆气囊。

灰浆气囊是一种克服管道悬空的更有效、更可靠的方法，它由一系列相互连接的气囊组成，当气囊中填充灰浆后就形成气囊型支垫。气囊型支垫呈 V 形，可以保证与管道接触良好。先由潜水员将未注灰浆的空气囊铺放在管道悬空段底下，然后用注浆设备将灰浆注入气囊中，从而托起管道。

英国开发了一种用于灰浆气囊施工的设备，已在北海成功地进行了实验。先将灰浆气囊固定在一个机架上，然后通过机架折叠、安放、填充灰浆。这些操作都通过遥控潜水器（ROV）在水面上连续操作。实验证明，这种系统非常灵活，能用在悬空 10cm 的管段。

（2）升高枕。

升高枕是一种大的充水橡胶枕，即将高压水注入 V 形橡胶枕，通过橡胶枕的膨胀将管道托起，它能将 40t 的重物升高 1.5m，具有很好的稳定性。这种橡胶枕安装方便，可以重复使用，主要用于临时支撑被掏空的管道。

（3）机械支撑。

该方法是采用支撑桩或钢结构来支撑悬空段。采用支撑桩修复悬跨的方法较为稳定，但费用昂贵。钢结构支撑的基础可以是防沉板也可以是桩，支撑形式多种多样。当海床土壤进一步沉降时，马鞍式结构支撑会出现与管道脱离，加重悬跨的现象。该方法适用于管道悬空 400～600mm 的情况，并要求海床应有一定的承载力。

图 9.4 所示为西非 Ceiba field 油田的管道悬跨支撑。

图 9.4　西非 Ceiba field 油田管道悬跨支撑

9.1.3.4　改变管道周围的局部流场

（1）仿生水草。

所谓仿生水草[3]是一种粗筛孔聚酯线编织垫，将它人工“种植”在水底，降低流经海底管道的流速，减缓水流对海床的冲刷，避免因海床冲刷引起的悬跨。沙坡沙脊区主要沉积物是砂、粉砂和黏土，经试验（吴俊杰，2008）证明仿生水草对砂质海床的防冲促淤的效果更为显著，对粉质海床也有明显的效果，在波浪和流作用下，都可以很好地保护管道附近海床免受冲蚀。

该项技术已经在国外成功地应用在各种水下工程。1984 年，仿生水草被安装在英国北海一条海底管道的若干地段，1985 年末的调查表明，已在该条管道上形成了由玻璃纤维加强并挤压得极其紧密的土埂。对于 30m × 5m 的仿生水草管道敷盖层，借助土壤的凝聚力，锚固桩可形成 25 ~ 75tf 的抑制力，从而保证了管道的长期稳定，抑制住了水流对海底管道的冲刷。目前，在我国渤海（胜利油田海域）已经开始使用。

海底管道仿生水草覆盖层工作原理如图 9.5 所示。大量海藻状的聚酯线连接在聚酯编织绳上，组成一个巨大的粗筛孔聚酯编织垫，依靠锚固桩固定在水下管道的四周。在水中，仿生水草的聚酯线由于浮力而垂直浮起（高 1 ~ 1.5m），在水流作用下来回摆动，形成一个黏滞阻力围栅，使流经的水流速度减缓，水流中的泥沙及携带的其他微小物质透过仿生水草迅速沉积，填充在水底。经过一段时间的沉积，便逐渐形成一个泥沙与仿生水草紧密结合的纤维加强埂，将管道覆盖。这种仿生水草覆盖层在形成后，非常坚固，只有高压水流才可以破坏它。

发挥促淤作用的主要是布设在管道两侧的仿生水草。通过试验表明，如果将仿生水草密集布设于管道上方，不仅不能保护底床，反而会加剧底床冲刷，这是由于管道上方的仿生水草加剧了管道前后涡流的强度。所以在实际施工过程中，要注意尽量增加管道前后仿生水草的密度，减少管道上方的仿生水草。

这种方法的优点是：一次性投资，可以一劳永逸地解决冲刷问题，仿生水草不需维修；安装后能够迅速阻止冲刷；能够逐渐形成永久性纤维加强层；不影响周围水域中动植物的生长；在深水及浅水水域都可获得良好使用效果；沉积的泥沙等物质可以吸收能量，使水下管道免受外力冲击损伤。但此方法的一次性投资较高。

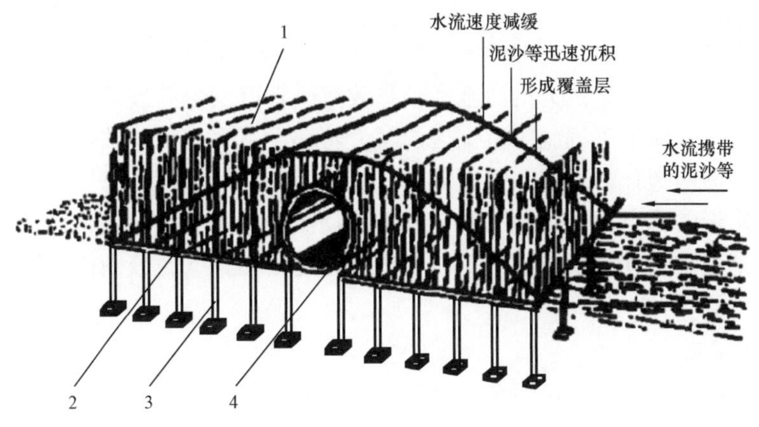

图 9.5　仿生水草覆盖层工作原理示意图

1—聚酯线；2—聚酯连接绳；3—锚固桩；4—管道

（2）重新挖沟埋管。

若管道悬跨比较集中或悬跨长度较长，则可使用重新挖沟埋管的方法，增加该管段的埋设深度（图 9.6）。挖沟埋管适用于沙脊的边坡处。在 Ormen Lange 项目中，此方法与土壤回填结合用于保护斜坡地段的管道，2006 年总挖沟 230km，最大深度 1.8m，2007 年挖沟 80km，最快速度可达 5km/d。

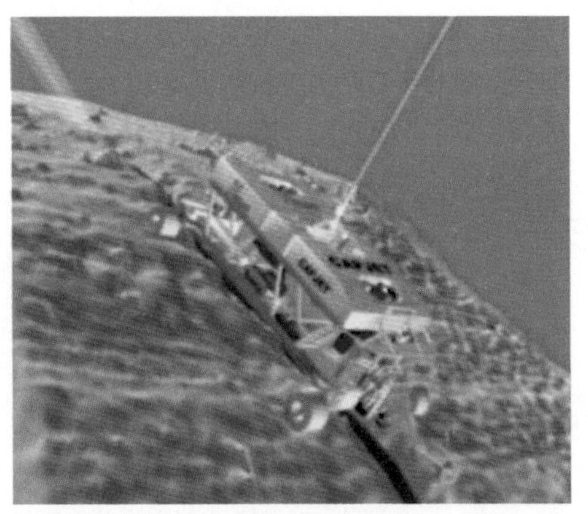

图 9.6　重新挖沟埋管

9.2　第三方破坏

9.2.1　问题描述

Armold 对美国密西西比河三角洲 1958—1965 年间海底管道失效事故进行了统计，发现海床运动和波流冲刷是海底管道失效的主要原因。它们所引起的海底管道失效占总失效的 36.2%，这与该海域水深较浅以及海底地质松软有关。腐蚀和第三方破坏是海底管道失效的次要原因。第三方破坏包括锚和其他不明物体造成的海底管道破坏，它们分别占总失效的 29.2% 和 26.6%，其他原因引起的海底管道失效占 8%。基于美国地质调查所（U. S. Geological Survey，USGC）记录的 1967—1975 年间墨西哥湾海底管道事故进行分析发现，腐蚀、波流冲刷、第三方活动和海床运动是引起海底管道失效的主要原因。由以上相关资料可以看出，第三方活动虽然不是造成海底管道失效的主要原因，但是其对海底管道的失效也会产生一定的影响。因此，对第三方破坏引起的海底管道失效的研究还是有必要的。

9.2.2 原因分析

第三方破坏是指由于第三方的海上活动导致海底管道发生的破坏。当海底管道位于渔业活动区、航道区或海上工程施工范围区内时，若埋设不深或由于波流冲刷而裸露出海底时，很容易受到渔网拖挂、航锚和船上落物撞击作用。另外，位于海上工程施工范围内的管道以及平台附近的管道部分受施工和平台上落物撞击作用的危险性也比较大。这些作用都将使管道受到一定程度的损伤，严重时会造成管道断裂。下面分别描述第三方破坏的各个失效原因。

9.2.2.1 渔业活动

渔业活动是海洋活动中不可避免的一种活动，如果海底管道穿越渔业繁忙区域，那么在海底管道沿线附近捕鱼、撒网、收网、抛锚和收拖锚等渔业活动都可能对海底管道产生很大的威胁。这些影响因素包括：

（1）锚击。

所谓锚击是指海上船舶抛锚时，锚撞击到海底管线上所引起的损伤。包括：抛锚、拖锚、收锚。在港口和海湾等保护区内，风、波浪、潮流等环境的影响相对小一些，于是锚击造成对近岸海底管道的影响，就成为管道失效的主要原因。锚击对海底管道造成的损伤，主要表现为：管道外部混凝土配重层损坏；管道局部因撞击而被压扁；管道受撞击局部破损开裂；撞击超过管道允许强度而断裂。

① 抛锚。抛锚是海底管道事故的重要原因。这主要是由于船锚无意中抛跨海底管道。在一些紧急情况下，也会出现临时抛锚。抛锚对海管的危害主要决定于锚的尺寸、锚的重量、锚入土深度、管道掩埋/保护状况。抛锚对海底管道的危害分为：水泥保护层的破坏、凹痕、刺破和撕裂等几种情况。

② 拖锚。拖锚就是在船舶抛锚之后，锚在水底被拖动的一段距离。一般来说，拖锚的距离在50～100m之间，具体长度还要看船只和锚的大小、船只拖锚时的速度以及海床地质情况。如果在锚拖动的路径上有海底管道，那么管道的外壁会受到破坏，一种情况是管道局部会被扣住并且凹进或者由于弯曲而发生屈曲（当锚的力量足够使管道发生侧向移动时）。另外一种情况是被拖的锚可能先勾在管道上，当收锚时破坏管道。

③ 收锚。抛锚时锚爪力大于管道承载力，或者是管道由于海流的冲刷致使管道埋深不足，使得锚勾到管道上，收锚时就会对管道造成破坏，严重时会导致管道泄漏，造成海洋污染和经济损失。

（2）渔网作业。

撒网和收网也会对海底管道造成破坏。拖网船是对海底管道的最大危险，拖网板、拖网梁、捞网、编网、铰链等捕鱼设备的损害影响可以分为缠绕、冲撞、拖拽过程。冲撞主要是破坏管道的防护层。

① 撒网。撒网对海底管道的破坏与抛锚有一些类似。在海底管道沿线附近撒网，有可能会缠绕到管道，另外，如果海底管道埋深不足，撒网时渔网上的铰链撞击管道，同样

会使之破坏。

② 收网。如果在撒网时已经对海底管道产生了一定的破坏，那么收网时的拖曳力过大就会对管道产生更大的破坏。严重时会导致管道泄漏。

（3）沉船破坏。

在海底管道路由区域内，虽然渔船出现事故而下沉这种情况发生的概率比较低，不过一旦发生，管道将承受过大的载荷，会使海管破坏。

9.2.2.2　航道作业

在海底管道路由区域内有船只行驶也会对管道造成潜在破坏风险。造成管道破坏有以下几种原因：

（1）锚击；

（2）沉船、搁浅；

（3）管道与未交叉航道的最小水平距离小；

（4）管道与航道交叉位置处的管道埋深小；

（5）船舶通过管道路由区域的频率高。

由以上这些原因可以看出，航道作业引起的海底管道破坏与渔业活动引起的破坏大致相同。

9.2.2.3　物体坠落

在海底管道沿线附近，过往的船只或者作业船只掉落的物体同样会造成海底管道的破损。例如，对海底电缆的维护、建设新的海底管道、修建新的海港的有关船只都会有落物的可能，而且落物的种类主要是建筑管材、各种容器以及建设/维护设备。如果海底管道埋深不足、承载能力不够或者管道本身就存在缺陷，那么坠落物体就会造成管道的破坏，严重时会导致管道泄漏，造成严重的经济后果。

9.2.3　治理措施

针对愈发严重的管道第三方破坏现象，各国管道公司根据自身状况，研究出了大量实用、有效的技术成果，并取得了明显的使用效果。

9.2.3.1　管理措施

加强第三方破坏的预防管理措施被认为是投入少且易见效的手段之一，所采取的措施涉及管道安全运营的方方面面，比如加快国家立法和技术标准化进程、加强沿线群众的信息沟通、违法施工举报奖励制度等。这里择其主要介绍如下：

（1）提高管道建设质量。

管道设计的好坏直接关系到管道的安全。选择设计应严格遵守相应的国家标准，选择路线时应尽量避开地质不稳定区域以及将要进行大规模拆迁或建设的区域。选购的管材、设备应符合国家标准和设计要求，尽量采用优质产品。施工时应注意对管道及防腐层的保护，应特别注意焊接和熔接工人的培训，对焊缝采用100%无损探伤检查，不符合要求的应及时返工；加强管道沿线警示标识（如浮标）等设施的建设管理。

（2）加强管道巡检力度。

巡检被认为是预防管道第三方破坏的简便易行的有效手段。对于海底管道，一般安排一年一次的管道外检测，掌握海底管道的状态。

（3）加大管道保护宣传力度。

宣传活动是通过介绍、文献报道、商业展示和管道监控网站等手段开展的。宣传的目的是提高人们对管道系统的安全意识，而提高公众的安全意识。完善管道监控措施是长期而重要的工作，有效的公众意识对破坏预防和管道安全运行是至关重要的。要求利益相关人员必须清楚水下设施的存在和与这些设施有关破坏的危险，以及清楚他们与防止这些设施人为破坏的相关责任。

9.2.3.2 技术措施

管道第三方破坏事故的发生除了与第三方外力的直接作用有关外，也与油气管道自身的结构抗力的大小密切相关。因此在加强各种管理措施的同时，也还需要依靠科学技术来提高油气管道抵抗第三方破坏的能力和强化第三方破坏事件的预警措施。合理的管道设计，包括确定合理的管道埋深和路由选线。相关内容见本书6.6节。

9.3 点腐蚀

9.3.1 问题描述

近几十年来，随着我国海上油气田的不断开发和海洋石油工业的发展，海上采油平台、浮式生产设施（FPSO）及海底管道也在不断增加。海底输油气管道已成为海上油气田开发生产系统的要组成部分，成为连续输送大量油气最快捷、最安全和经济可靠的运输方式，是广泛应用于海洋石油工业的一种有效运输手段。通过海底管道不仅能把海上油气田的生产集输和储运系统联系起来，而且可以使海上油气田和陆上石油工业系统联系起来。

目前，我国石油、天然气资源的输送主要依靠管道来实现，管材一般为钢制焊管，海底管道易遭受外部海洋环境腐蚀和内部介质腐蚀侵害。英国海上运营商协会、英国石油管理局（OGA）和英国健康与安全管理局（HSE）对北海2000年以前服役海底管道的事故做了统计和研究。发布的PARLOC 2001显示，腐蚀引起管道事故占所有事故类型的25%。管道的腐蚀不仅会造成因穿孔而引起的油、气跑漏损失以及由于维修所带来的材料和人力的浪费，而且还可能引起火灾。

9.3.2 原因分析

9.3.2.1 外环境腐蚀类型及影响因素

9.3.2.1.1 腐蚀类型

（1）电偶腐蚀：海水是一种极好的电解质，电阻率较小。因此，在海水中不仅有微观腐蚀电池的作用，还有宏观腐蚀电池的作用。在海水中由于两种金属接触引起的电偶腐蚀有重要破坏作用。大多数金属或合金在海水中的电极电位不是一个恒定的数值，而是随着水中溶解氧含量、海水的流速、温度以及金属的结构与表面状态等多种因素的变化而变化。在海水中，不同金属之间的接触，将导致电位较低的金属腐蚀加速，而电位较高的金属腐蚀速度将降低。水的流动速度和阴极与阳极电极面积的大小都是影响电偶腐蚀的因素。

（2）缝隙腐蚀：管道金属部件在电解质溶液中，由于金属与金属或金属与非金属之间形成的缝隙，其宽度足以使介质进入缝隙而又处于停滞状态。若缝隙内滞留的海水中的氧为弥合钝化膜中的新裂口而消耗的速度大于新鲜氧从外面扩散进去的速度，则在缝隙下面就有发生快速腐蚀的趋势。腐蚀的驱动力来自氧浓差电池，缝隙外侧与含氧海水接触的面积起阴极作用。因为缝隙下阳极的面积很小，故电流密度或局部腐蚀速率可能是极高的。这种电池一旦形成就很难加以控制。缝隙腐蚀通常在全浸条件下或者在飞溅区最严重。在海洋大气中也发现有缝隙腐蚀。凡属需要充足的氧气不断弥合氧化膜的破裂从而保持钝性的那些金属，在海水中都有对缝隙腐蚀敏感的倾向。

（3）点蚀：海水环境中大量 Cl^- 的存在可能会对管道金属表面形成点蚀。

（4）冲击腐蚀：在涡流情况下，常有空气泡卷入海水中，夹带气泡且快速流动的海水冲击金属表面时，保护膜可能被破坏，金属便可能产生局部腐蚀。

（5）空泡腐蚀：在海水温度下，如果周围的压力低于海水的蒸汽压，海水就会沸腾，产生蒸汽泡。这些蒸汽泡破裂，反复冲击金属表面，使其受到局部破坏。金属碎片掉落后，新的活化金属便暴露在腐蚀性的海水中，所以海水中的空泡腐蚀造成的金属损失既有机械损伤又有海水腐蚀。

9.3.2.1.2　影响因素

海水腐蚀是金属在海水环境中遭受腐蚀而失效破坏的现象。海水是丰富的天然电解质，海水中几乎含有地球上所有化学元素的化合物，成分非常复杂。除含有大量盐类外，海水中还含有溶解氧、海洋生物和腐败的有机物，这些都为发生腐蚀创造了良好的条件。此外，海水的温度、流速以及 pH 值等因素都对海水腐蚀有很大的影响。

（1）含盐量：海水区别于其他腐蚀环境的一个显著特征是含盐量大。世界性的大洋中，水的成分和含盐量是相对恒定的，而内海的含盐量区别较大，因地区条件的不同而异。水中含盐量直接影响到水的导电率和含氧量，因此必然对腐蚀产生影响。随着水中含氧量的增加，水的导电率增加而含氧量降低，所以在某一含氧量时将存在一个腐蚀速度的最大值，而海水的含盐量刚好接近腐蚀速度最大值所对应的含盐量。

（2）溶解氧：海水中的溶解氧是海水腐蚀的重要因素，因为绝大多数金属在海水中的腐蚀受氧去极化作用控制。海水表面始终与大气接触，而且接触面积非常大，海水还不断受到波浪的搅拌作用并有剧烈的自然对流，所以，通常海水中含氧量较高。可以认为，海水的表层已被氧饱和。随着海水中盐浓度的增大和温度的升高，海水中溶解的氧量将下降。自海平面至海平面以下 80m，含氧量逐渐减少并达到最低值。这是因为海洋动物要消耗氧气，从海水上层下降的动物尸体发生分解时也要消耗氧气。然而，通过对流形式补充的氧不足以抵消消耗了的氧，所以出现了缺氧层。从海平面以下 80m 至海平面以下 100m，溶解氧量又开始上升，并接近海水表层的氧浓度。这是深海海水温度较低、压力较高的缘故。

（3）温度：海水温度随纬度、季节和海水深度的不同而发生变化。越靠近赤道（纬度越小），海水的温度越高，金属腐蚀速率越大。而海水越深、温度越低，则腐蚀速度越小。海水温度每升高1℃，化学反应速度提高大约14%，海水中的金属腐蚀速率将增大1倍。但是，温度升高后氧在海水中的溶解度下降，温度每升高1℃，氧的溶解度约降低20%，可使金属腐蚀速率减小。此外，温度变化还给海水的生物活性和石灰质水垢沉积层带来影响。由于温度的季节性变化，铁、铜及其多种合金在炎热的季节里腐蚀速度较大。

（4）pH值：海水的pH值在7.2~8.6，接近中性。海水深度增加，pH值逐渐降低。海水的pH值因光合作用而稍有变化。白天，植物消耗CO_2，影响pH值。海面处，海水中的CO_2同大气中的CO_2互换，从而改变CO_2含量。海水pH值远没有含氧量对腐蚀速度的影响大。海水中的pH值主要影响钙质水垢沉积，从而影响到海水的腐蚀性。尽管海水pH值随海水深度的增加而减小，但由于表层海水含氧量高，所以表层海水对钢的腐蚀性大。

（5）流速：许多金属发生腐蚀时与海水流速有着较大关系，尤其是铁和铜等常用金属存在一个临界流速，超过此流速时金属腐蚀明显加快，促使溶解氧扩散到金属表面。所以，流速增大后氧的去极化作用加强，使金属腐蚀速度加快。但钝态金属在高速海水中更能抗腐蚀。浸泡在海水中的钢桩，其各部位的腐蚀速度是不同的。水线附近，特别是在水面以上0.3~1.0m的地方由于受到海浪的冲击，供氧特别充分而腐蚀产物不断被带走，因此该处的腐蚀速度要比全浸部位大3~4倍。

（6）海洋微生物：微生物的生理作用会产生氨、二氧化碳、硫化氢等，这些产物都能使腐蚀加速。海底泥区，由于氧气缺乏、电阻率较大等原因，腐蚀速率一般是各种环境中最小的。但对有污染物质和大量有机物沉积的软泥区，由于微生物存在、硫酸盐还原菌繁殖等原因，其腐蚀量也可达到海水的2~3倍。

9.3.2.2　内环境对油气管道的腐蚀

（1）CO_2腐蚀。

CO_2常作为油田伴生气或天然气的组分之一存在于油气中，采用CO_2混相驱技术提高原油采收率，也会将CO_2带入原油的生产系统。因此，油气工业中广泛存在着CO_2及其腐蚀的问题。油气采输系统中管道和设备的CO_2腐蚀时有发生。CO_2溶于水对钢铁有极强的腐蚀性，在同样的pH值条件下，因CO_2摩尔浓度比盐酸高，因此它对钢铁的腐蚀比盐酸严重，低碳钢的腐蚀速率可达3~6mm/a，有的甚至达7mm/a，其中CO_2在管道内腐蚀占的比例较大。CO_2的存在，能促使污垢和腐蚀产物在管道内壁沉积，使管道内壁粗糙度增大，表现为结蜡、结沥青和气泡等问题，造成能量的额外消耗。

我国东部9个油田各类管道腐蚀穿孔每年达2万次，更换管道数量达400km，每年每台容器腐蚀平均穿孔率为0.14次，平均更新率为1%~70%，每年因腐蚀造成的经济损失约2亿元，其中管道内腐蚀主要是CO_2腐蚀。

（2）H_2S腐蚀。

管道输送介质为油、气、水多相介质，H_2S是其中含有的酸性气体，在温度、压力、流速以及交变应力等多种因素的影响下，管道内的H_2S腐蚀十分严重，即使采取防腐措施也收效甚微。因此，对油气管道内H_2S腐蚀作用规律及腐蚀机理进行研究，是实施有效的内防腐措施的关键。H_2S只有溶解在水中才具有腐蚀性，其离解产物HS^-和S^{2-}吸附在金属表面，形成吸附复合物离子Fe（HS^-）。吸附的HS^-和S^{2-}使金属的电位移向负值，促进阴极放氢的加速，而氢原子为强去极化剂，易在阴极得到电子，可大幅削弱铁原子间金属键的强度，进一步促进阳极溶解而使钢铁腐蚀。在 H_2S 腐蚀引起的管道破坏中，H_2S 应力腐蚀开裂造成的破坏最大，所占比例也最大。金属管道在应力和特定的环境介质共同作用下所产生的低应力脆断现象，称为应力腐蚀开裂（SSCC）。输送介质中酸性 H_2S 含量超过临界值和拉应力的存在是 SSCC 产生的条件。自 20 世纪 50 年代发现由于硫化物的存在导致了诸多油田管道发生断裂以来，这种腐蚀破坏才被定性为硫化物 SSCC。油气管道硫化物 SSCC 过程是一个复杂的过程，它涉及电化学、力学以及金属物理等多个层面。首先，该管道表面比较粗糙，存在划痕、凹坑和钝化膜的不连续性，由于其电位比其他部位低，存在电化学的不均匀性而成为腐蚀的活泼点，以致成为裂纹源。

由于 H^+ 的存在而消除了阴极极化，有利于电子从阳极流向阴极，加强了腐蚀过程，即氢去极化腐蚀。这些裂纹源在电化学腐蚀和制造过程中产生的高应力作用下很快形成裂纹，这时应力集中于裂纹尖端，起到撕破保护膜的作用。在应力与腐蚀的交替作用下，致使裂纹向纵深方向发展，直至断裂。

（3）物理冲刷形成的腐蚀。

冲刷腐蚀又称为磨损腐蚀，是金属表面与腐蚀流体之间由于相对高速运动而引起的金属损坏现象，是材料受冲刷和腐蚀交互作用的结果，是一种危害性较大的局部腐蚀。冲刷腐蚀在石油、化工和水电等工业过程中广泛存在，暴露在运动流体中的所有类型的设备，都会遭受冲刷腐蚀的破坏。在含固相颗粒的双相流中，破坏更为严重，它将大幅缩短设备的寿命。多相流冲刷腐蚀是一个非常复杂的过程，主要影响因素可分为流体力学因素、材料因素、两相流体中的固相颗粒因素、液相方面的因素等 4 个方面，这些因素交织在一起，影响材料冲刷腐蚀性能。冲刷能加速传质过程，促进去极化剂（如氧）到达材料表面和腐蚀产物脱离材料表面，并且会刮去钝化膜，从而加速腐蚀。此外，冲刷的力学作用是产生磨痕（或冲蚀坑），若来不及修复则露出新鲜的活性金属表面，使痕内外构成腐蚀原电池而进一步加速腐蚀。即使不存在表面膜，摩擦或冲刷除去腐蚀产物也会露出新表面，磨损会增加表面粗糙度，还会使表层发生塑性变形、位错聚集或诱发微裂纹使之处于高能区，在腐蚀原电池中成为阳极区，从而加速材料的腐蚀。

9.3.3 治理措施

9.3.3.1 外腐蚀防护措施

（1）合理选材：钛及镍铝合金的耐腐蚀性最好，铸铁和碳钢较差，铜基合金如铝青铜、铜镍合金也较耐蚀。不锈钢虽耐均匀腐蚀，但易产生点蚀。

（2）电化学保护：阴极保护是防止海水腐蚀常用的方法之一，但只是在全浸区才有效。可在船底或海水中金属结构上安装牺牲阳极，也可采用外加电流的阴极保护法。

9.3.3.2 内腐蚀防护措施

（1）采用耐腐蚀合金钢。

油气田工业中主要采用碳钢和低合金钢。近年来，耐蚀性能较好的马氏体 13Cr 不锈钢、22－25Cr 双相不锈钢等在含 CO_2 的油井中的应用也在逐渐增多。直到 20 世纪 50 年代末，输送管道用钢一直是碳锰硅型的普通碳钢，随着管道断裂事故的发生，为了提高材料的综合性能，认为应控制含碳（C）量，就以锰（Mn）代碳，进一步提高了管道的强度。

后来美国开始以钒（V）、铌（Nb）、钽（Ta）作为钢材的增强剂，发展了按 API 标准划分等级的 X56，X60 和 X65 钢，广泛用作输送管道钢管。20 世纪 70 年代以来，推出了锰—钼—铌型的 X70 钢，碳质量分数控制在 0.23% 以下，具有较好的综合质量指标，并可用于低温条件下。在国外用这种钢材制造的钢管已广泛用于输送管道。我国管道直径一般小于 1000mm，在保证管道最小完全壁厚的前提下，采用 API X56—X65 强度级别的钢管再加上适当的防腐蚀措施，一般就能满足需求。近来，日本发明了 TS52K 新型的控扎管道钢板，用于制造油气管道中 CO_2等介质腐蚀严重的地方。

① 马氏体不锈钢：常用的马氏体不锈钢碳质量分数为 0.1% ~0.45%，铬（Cr）质量分数为 12% ~14%，属于铬不锈钢，通常所说的马氏体不锈钢指的是 Cr13 不锈钢。这类钢常用的典型钢号有 1Cr13，2Cr13，3Cr13 和 4Cr13 等，其特点是既有较好的强度又具有耐蚀性。耐蚀原因主要是由于钢中加入铬，提高了电极电位，从而使钢的耐蚀性能也属于铬不锈钢，其典型钢号有 0Cr13，1Cr17，1Cr17Ti 和 1Cr28 等。由于碳质量分数降低，铬质量分数又相应地提高，其耐蚀性、塑性以及焊接性均优于马氏体不锈钢。对于高铬铁素体不锈钢，其抗氧化性介质腐蚀的能力较强，随铬质量分数的增加，耐蚀性会进一步提高，但这类钢的强度比马氏体钢的强度低。因此，选材时应根据强度和耐蚀性两方面综合考虑。

② 奥氏体不锈钢：在 Cr 质量分数 18% 的钢中加入 8% ~10% 的镍（Ni），就是 18 -8 型的奥氏体不锈钢，典型钢号 1Cr18Ni9。由于 Ni 的加入，扩大了奥氏体区域，从而在室温下就能得到亚稳的单相奥氏体组织。这类钢中含有较高的镍和铬，因而具有比铬不锈钢更高的化学稳定性，有更好的耐蚀性，而且钢的冷加工性和焊接性也很好，是目前制造输送油气管道应用最广的一类不锈钢。在有应力的情况下，在某些介质特别是含氯化物的介质中，常产生应力腐蚀破裂，而且温度越高越明显。

③ 双相不锈钢：所谓双相不锈钢是在其固溶组织中铁素体相与奥氏体相约各占一半，一般含量较少的相质量分数也需要达到 30%。在含 C 较低的情况下，Cr 质量分数在 18% ~28%，Ni 质量分数在 3% ~10%，有些钢还含有 Mo，Cu，Nb，Ti 和 N 等合金元素。该类钢兼有奥氏体和铁素体不锈钢的特点，与铁素体相比，塑性、韧性更高，无室温脆性，耐晶间腐蚀性能和焊接性能均显著提高，同时还保持有铁素体不锈钢的 475℃脆性、导热系数高以及具有超塑性等特点。与奥氏体不锈钢相比，强度高且耐晶间腐蚀和耐氯化物应力腐蚀有明显提高。双相不锈钢具有优良的耐孔蚀性能，也是一种节镍不锈钢。

（2）改变金属的使用环境。

① 乙二醇和甲醇的作用：油气管道中的冷凝水是产生管内腐蚀的直接因素，但向管内加入单乙基甘醇（MEG）、二乙基甘醇（DEG）和甲醇，能够冲淡游离水并防止水合物的生成，从而降低腐蚀速率。在实践中，乙二醇和一些缓蚀剂也可结合起来使用。由于许多腐蚀数据都是从实验室获得，所以在实际生产中人们最关心的是需加入多少缓蚀剂才能对金属起到完全的保护作用。

② pH 值的控制：从 pH 值对 $FeCO_3$溶解度的影响中可以看出，在 pH 值为 6 ~7 时，$FeCO_3$的溶解度可降低很多，故 Fe^{2+}可在局部高 pH 值下沉积为 $FeCO_3$，这种 $FeCO_3$沉积物的不均匀性会大幅提高，尤其是铬质量分数超过 11.7% 时，绝大部分铬都溶于固体中，使

钢电极电位跃增，基体的电化学变化缓慢，当金属表面被腐蚀时，会形成一层与基体金属结合牢固的钝化膜，使腐蚀过程受阻，进而提高了钢的耐蚀性。由于碳质量分数越高其耐蚀性越差，因此，1Cr13 和 2Cr13 的耐蚀性优于 3Cr13 和 4Cr13，常用 1Cr13 和 2Cr13 作为耐蚀的结构钢来制造含 CO_2等介质的钢管。

③ 温度的控制：在 80℃以内，随温度升高，腐蚀速率增大，因此降低温度也是抑制管内 CO_2或者 H_2S 腐蚀的一种措施。在管道的前面温度较高部分使用无隔热层的不锈钢，后面温度较低部分则使用碳钢管材。这种方法使得温度降低的碳钢部分有较多的冷凝水，当直接接触后其 pH 值为 4，CO_2的分压为 0.5MPa、温度为 30℃的条件下，腐蚀速率为5 ~ 10mm/a，则这一部分应使用更耐蚀的涂层，可降低腐蚀速率。

（3）使用专用缓蚀剂。

使用含有表面活性剂的缓蚀剂能够达到一定的缓蚀效果，对油气生产和输送过程中的腐蚀控制起着重要的作用，而添加缓蚀剂可以有效、经济地达到腐蚀控制的目的，尤其在长距离输油、输气管道上更是如此。对油、气、水共存体系，要求缓蚀剂无乳化作用或乳化倾向小、无起泡倾向。缓蚀剂的乳化倾向严重，将增加油水分离的技术难度和成本。缓蚀剂易起泡，将增加气液分离的技术难度和成本。环境保护要求缓蚀剂低毒，此低毒缓蚀剂易于生物降解，在生物体内无残留。在油、气、水混输过程中，要求缓蚀剂与甲醇等防冻剂配合。在低温条件下，要求缓蚀剂流动性能好、不沉积、可以泵注且不引起管道堵塞。在油、气、水混输过程中，要求缓蚀剂在水相中分配系数高，起到缓蚀剂水相防腐。

（4）电化学保护。

从输油气管道中 CO_2或者 H_2S 腐蚀的机理得知，此腐蚀过程在本质上是一种电化学腐蚀。因此，可以利用电化学方面的基础知识对输油气管道进行电化学保护，进而更好地抑制腐蚀介质在其内部的腐蚀。在应用电化学保护时，还要注意以下问题：

① 在牺牲阳极的阴极保护中，牺牲阳极必须满足有足够负值的稳定电位，但负值又不宜过小，否则阴极上会析氢并导致氢脆。

② 要有高而稳定的电流效率。

③ 原料来源应充足，价格低廉，不会引起公害。

④ 加工制造简单，具有合乎要求的力学性能。

常用的牺牲阳极材料是由镁基、锌基或铝基的合金制造。如果输油气管道内大部分防腐状况良好，腐蚀轻微，仅有局部管段腐蚀点多且分散保护时，宜采用牺牲阳极保护方式。

阴极保护适用于中性或碱性电解质溶液中的金属材料的腐蚀问题，使用中也存在一些缺陷，如管内中部的保护电流达不到要求，不能起到保护作用，要采用联合防腐的措施来解决。

（5）采用保护性覆盖层。

保护性覆盖层指经过相应工艺处理，在金属表面形成一层具有抑制腐蚀的覆盖层，可直接将金属和腐蚀介质分离开，这是防止金属腐蚀普遍采用的一种方法。保护性覆盖层分为金属涂层和非金属涂层两大类。对保护性覆盖层有以下基本要求：结构紧密、完整无孔、不透过介质、与基体金属有良好的结合力不容易脱落、覆盖层具有高的硬度与耐磨性、能均匀分布在整个被保护金属表面。

① 金属涂层。大多数金属涂层采用电镀或热镀的方法实现，还有的涂层用渗镀、喷镀、

化学镀等方法形成。其他方法还有金属包覆、离子镀、真空蒸发镀及真空溅射等物理方法。

② 非金属涂层。非金属涂层绝大多数是隔离性涂层，它的主要作用是把金属材料与腐蚀介质隔开，防止钢材因接触腐蚀介质而遭受腐蚀。这类涂层致密、均匀，并与金属基体结合牢固，因此在石油和天然气行业的金属腐蚀与防护中应用极其广泛。非金属涂层可分为无机涂层和有机涂层。无机涂层包括搪瓷或玻璃涂层、硅酸盐水泥涂层和化学转化膜涂层。常用的涂料有环氧树脂防腐漆、酚醛树脂改性的环氧树脂漆、聚氨基甲酸脂防腐漆和环氧聚氨醋漆。这些防腐漆还常添加一些特殊填料，它们除了隔离腐蚀介质外，还具有化学缓蚀作用，有时借助涂料中某些成分与金属的化学反应，使金属表面钝化或形成保护膜，也有缓蚀的效果，或者这些成分发生电化学保护作用。常用的填料有磁性氧化铁粉末、锌粉、玻璃鳞片及活性石棉粉。使用中应当注意涂层厚度的均匀性，整个涂敷表面应当100%无针孔，否则管道内表面上会形成小阳极大阴极的腐蚀电池，导致金属管道内部遭受局部腐蚀。此外，管道内壁加一层衬里，使衬里直接粘结在管道内表面上，这样也可以达到防腐的效果。

（6）电偶效应的抑制。

在我国金属管道的腐蚀控制中大多忽视了对电偶效应的抑制，其实电偶效应的抑制也是金属输油气管道防腐的一项重要措施，已经引起国内外的重视，尤其是介质中含有 CO_2 气体时。

① 电偶效应机理。两种不同的金属浸在电解质溶液中时，由于两者自然电位的不同产生了电位差。两者相接触时，较低电位金属中的电子就要向高电位金属流动，与此同时，在电位较低的阳极金属表面发生氧化反应，在电位较高的阴极金属表面发生还原反应。在这一过程中，电位较低的阳极金属腐蚀就要加剧，这一现象称电偶效应，由电偶效应引起的腐蚀称为电偶腐蚀（或异种金属接触腐蚀）。

② 控制金属管道内电偶腐蚀措施。管道系统尽量选用单一材料，避免用复合材料进行组合，如必须选用复合材料时，应选电极电位相接近的材料。管道系统所用的焊接、铆钉、螺栓和螺母等材料的电极电位要比被保护的金属高。接触的异种金属之间要用电气绝缘，或者选用绝缘性粘合剂进行粘合。注意阳极面积不能太小，不能将面积小的阳极与面积大的阴极材料相接触。在管道内表面进行涂层时，可在阴极表面进行涂敷，但不能涂敷阳极。如果涂敷阳极，一旦出现针孔，阳极面积就变得很小，就会产生集中腐蚀，使管道系统处于危险状态。在进行结构设计时，选用易于更换的牺牲阳极材料。采用电气防腐，该方法对各种材料和复杂结构都适用。即使在使用其他方法不能充分减少异种金属接触的场合下，电气防腐方法也有很好的效果。电极极化性能对电偶腐蚀也有很大的影响。如极化大，即使开路电位差大，腐蚀也不大；反之，如极化小，电位差虽不大，也能促进阳极腐蚀。

9.4 不均匀沉降

9.4.1 问题描述

由于海底管道路由沿线海床地质条件变化较大，在承载力相差较大的海床段，海底管道极易发生不均匀沉降，导致海底管道局部应变超过规范允许值。

9.4.2　原因分析

管道的垂向稳定性问题主要解决两个问题：一是保证管道不会产生沉降，二是保证管道不会由于液化土浮力产生上浮。

一般来说，管道下沉主要出现在极软的淤泥上。淤泥中管道的沉降是因为地基土产生极限剪切破坏而产生的，管道开始与淤泥土接触会产生一个初始陷深，然后管道在自重和其他附加荷载（如管道中的介质重量、水动力等）作用下下沉直至接触面上的最大接触应力等于地基土的极限承载力。计算管道的垂向稳性需要知道管道的陷深，如果管道的自由陷深大于管道半径，则管道有可能会失效。陷深的计算主要基于两个力学方程的平衡，即管道垂向力与地基承载力。

9.4.3　治理措施

对于易发生不均匀沉降的海底管道，通常工程中主要可采取以下措施：

（1）海床土壤置换，即将承载力低的海床土壤移除，在管道路由沿线回填承载力较高的土壤或回填块石等。

（2）回填块石，即沿海底管道路由回填块石，达到挤淤的目的。

（3）爆破挤淤，即通过水下爆破的冲击力作用于海床上，达到挤淤的目的，增加海底土壤的承载力。

9.5　漂移

9.5.1　问题描述

近年渤海湾新建项目海底管道在铺设阶段，发生多起管道漂移事故，包括曹妃甸海管项目、BZ19－4 海管项目、BZ28－2S 海管等项目[4]。发生漂移管线基本上都为单层无配重管道。BZ28－2S 项目海底管道由常规浅水铺管船铺设，均是采用 S 形铺管法。管线公称直径为 6in，壁厚 8.7mm，带有 2.8mm 厚的 3LPE 防腐层。

BZ28－2S 海管等项目铺设完毕后调查发现部分管线发生漂移。其中 BZ34－1N－WHPC 平台到 BZ28－2S－CEP 平台 5.4km 注水管线整体发生了偏移，最大横向偏移距离为 90m 左右。并且该管线被随后铺设的 BZ34－1N－WHPC 平台到 BZ28－2S－CEP 平台 10in 混输管线（两条管道设计间距为 20m）压住，一共有 4 处交叉点。海管漂移情况如图 9.7 所示。

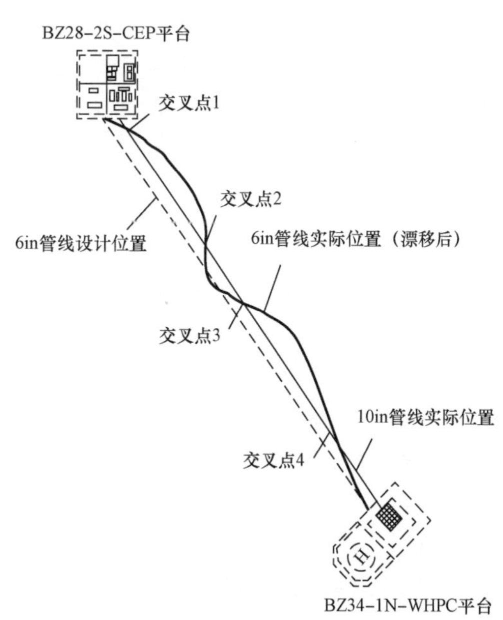

图 9.7　海管漂移情况

9.5.2 原因分析

9.5.2.1 事故调查

施工方对事故进行了调查，管线未发生变形和涂层损坏。从铺管完成到铺设后调查间隔大约7天左右，天气情况主要为7级以上大风。从其他几个发生类似事故的项目来看，海管发生漂移均是在恶劣天气（7级以上大风）之后。

9.5.2.2 原因分析

分析漂移原因及对相关设计计算分析，引起本次事故的主要原因如下。

（1）极端天气情况的影响。

由于全球环境变化，极端天气情况越来越频繁，台风近年也开始光顾渤海湾，以后的海洋工程施工应充分考虑极端天气的影响。

（2）坐底稳性计算安全裕度过小。

横向稳定性安全系数SF设计计算见表9.1。

表9.1 横向稳定性安全系数SF设计计算

工况	位置	横向偏移安全系数SF	
安装	BZ34－1－WHPC	1.25	1.54
安装	BZ34－1N－PL1	1.25	1.54
安装	BZ28－2S－CEP－BH2	1.06	1.27

BZ28－2S项目采用的载荷工况（波浪和海流）为1年重现期，体现坐底稳性的横向偏移安全系数SF的计算结果范围为1.06～1.54（理论上大于1为安全）；后续进行的渤海湾海管项目类似管道坐底稳性设计采用的载荷工况（波浪和海流）为10年重现期，进行稳定性分析计算。横向偏移安全系数SF的计算结果范围大致为1.47～2.27，安全裕度明显提高，而后续项目海管整个施工没有发生漂移现象。

9.5.3 治理措施

9.5.3.1 坐底稳性设计

从设计角度考虑，增加坐底稳性。主要有两种方式：

（1）增加管道壁厚或者配重层。

（2）采用更加苛刻的载荷工况（波浪和海流）进行坐底稳性计算。例如：现行施工一般采用的环境载荷的参数为相应季节1年重现期，可以调整为采用相应季节10年重现期的参数。

9.5.3.2 施工工艺

可以从以下几个方面对施工工艺进行改进：

（1）尽量选择较好的气候窗口进行作业。

（2）此类海底管道可以考虑带水铺设。由于带水铺设将增加施工风险，因此需要对铺设过程中的技术参数，包括张紧器张力、托管架角度、海管在托管架上状态等加强监控。

并且带水铺设应及时进行清管作业，置换里面的海水。

（3）铺设后注水，增加稳定性。但是如果与清管试压作业间隔较长的时间，需要对注入介质进行防腐处理。

（4）铺设时实时调查，并及时挖沟埋设处理。

由于近几年海上石油工业的迅速发展，新材料、新技术、新工艺层出不穷，相关技术也在不断发展。很多规范也在不断发展更新，对于规范的认识也必须随着技术进步而不断发展。这样，才能够更好地利用规范，服务于工程。

9.6 地震破坏

9.6.1 问题描述

虽然地震发生的概率比较低，但是一旦发生地震，也会造成海底管道破坏。海底管道震害的实际结果表明，管道的破坏主要源于地震时的地表变形和地面运动。前者包括断层错动、土壤液化、河岸滑坡等，在发生地表变形处，管道震害率明显升高。后者主要指地震波在土壤中的传播过程，后者主要指地震波在土壤中的传播过程。

在地震作用下，海底管道的破坏形式，主要有三种基本类型：

（1）管道接口破坏；

（2）管体的纵向或环向裂缝，通过断层的管体或小口径管，锈蚀严重管的折断；

（3）在三通、弯头、阀门以及管道地下构筑物连接处的破坏。

在这三种类型的破坏中，以管道接口破坏最为常见和普遍。

9.6.2 原因分析

海底管道穿越地震断层破坏形式及原因分析详见本书第 6.7.4 小节。

9.6.3 治理措施

对于穿越地震断层的海底管道，在设计时可采用以下措施，提高海底管道的抗震性能：

（1）选用合理的穿越断层角。通常情况下，当海底管道穿越正断层时，管道应变随着管道穿越断层的角度增大而增大。所以在水平面内管道穿越断层的穿越角不宜大于 90°，由于断层的不确定性，水平面内管道穿越角以 70°~80°为宜。在同样的穿越角下，断层倾角越小其反应越大，在断层倾角无法改变的情况下，此时可以通过调整管道在竖直面内走向，使管道走向尽可能地与断层垂直。

（2）选用合理的回填土。对于穿越地震断层的海底管道，需要合理选用回填土。通常在地震作用下，砂土对海底管道的作用力较淤泥对海底管道的作用力大。

（3）选用合理的埋设深度。海底管道的埋深对于管道的影响与土壤种类有关，通常情况下浅埋有利于管道抵抗断层，但当回填土取淤泥时，埋深对穿越断层管道无影响，可不予考虑。

（4）选用合理的管道壁厚。在其他条件一致的情况下增加管道壁厚可以减弱断层对管道的影响。因此，在条件允许的情况下可以适当增大管道壁厚。

（5）选用大变形钢。通常大变形钢的性能要略优于普通钢管。

参考文献

[1] 王利金，刘锦昆．埕岛油田海底管道冲刷悬空机理及对策［J］．油气储运，2004（1）：44－48，61－65.

[2] 刘锦昆．浅海海底管道悬空段防护技术研究及应用［D］．青岛：中国石油大学（华东），2014.

[3] 王法永，张旭，邢彩娟，等．仿生草在南堡油田海底管道防护中的应用及效果［J］．石油工程建设，2017，43（1）：28－30.

[4] 刘志强．海底管道漂移分析及处理方法研究［J］．中国石油和化工标准与质量，2014，34（4）：48.

第 10 章　管道泄漏维抢修及应急响应

10.1　管道泄漏因素

导致海底管道泄漏的原因主要有以下几个方面：

（1）自然灾害的破坏。主要有浪、潮、流、台风、地震、冰力、海啸海床运动、泥流、冲刷等非人力所能制约的灾害因素。

（2）第三方的破坏。主要包括不法分子盗油、近海工程施工、海上落物冲击、船舶起抛锚作业、拖网捕鱼和海洋开发等。

（3）安装问题。即指在管道安装施工过程中的工程质量、管道埋深、焊接等问题。

（4）设备故障。主要指管道选材质量不过关、管件、阀门质量及其中于疲劳工作所造成的设备损耗等问题。

（5）管道腐蚀。主要包括阴极保护和防腐层自身失效、管道自身缺陷等问题。腐蚀失效是海底管道失效的主要形式。

通过对海底管道泄漏原因进行分析，近海工程施工引发第三方破坏的主要原因是：无警示标志、违章操作或因标识不清挖断管道。渔业生产引发第三方破坏的主要原因是：拖网板、拖网梁、渔网和铰链对海底管道的缠绕、撞击和拖曳作用造成海底管道破坏；锚对海底管道的撞击、刮碰造成管道凹陷、撕裂、刺穿；沉船撞击造成管道破损；落物引发第三方破坏的主要原因是：水上施工过程坠物、台风吹落物撞击导致管道受损甚至破裂。

海洋开发引发第三方破坏的主要原因是：海洋油气勘探、路由勘探过程中意外撞；冲刷悬空，对于海底管道而言，管跨的出现不可避免，悬空管段因水流作用承受交变载荷，一定条件下导致涡激振动，造成管道疲劳破坏。设计埋深不合理、施工埋深不足、未采取保护措施、施工质量不达标和地形数据不准确是悬跨形成的深层次原因。

综上，通过对国内外海底管道失效原因研究，腐蚀、自然灾害、第三方活动是海底管道失效的主要原因，材料和焊缝缺陷、海底管道附件失效也是两个比较常见的原因。此外，对于海底管道，操作失误、设计不合理这些人为原因也是海底管道失效的原因（图 10.1和图 10.2）。

10.1.1　泄漏案例

海底管道作为一种输送流体介质的工具，具有连续、快捷、经济、输送量大等优点。自从 1954 年 Brown& Root 公司在美国墨西哥湾铺设全球第一条海底管道以来，世界各国铺设的海底管道总长度已达十几万千米，各种类型的海底管道已成为海上油田开发的主动脉和生命线，在海上油气田的开发、生产和产品外输中起着至关重要的作用。海底管道一旦出现泄漏，造成的直接损失巨大，间接损失难以估计。

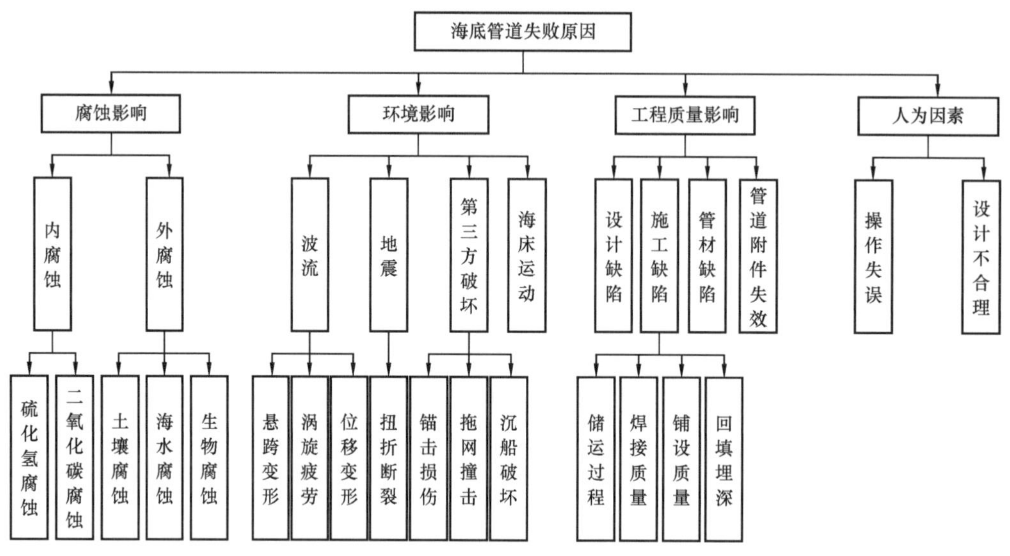

图 10.1　海底管道失效原因

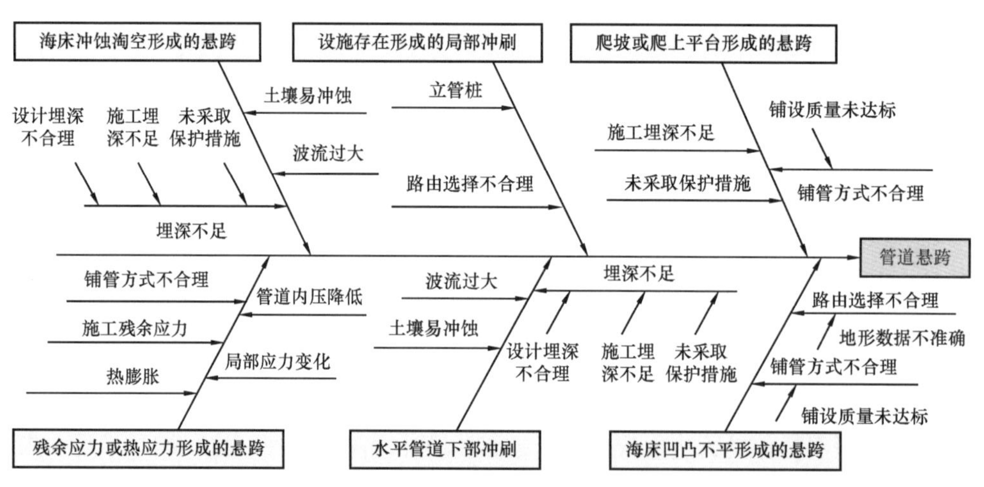

图 10.2　海底管道悬跨鱼刺图模型

据报告称，最多的海底管道故障是由腐蚀引起的，在 1971—2001 年间，1069 条海底管道在北海总共发生 65 起泄漏事件，其中 40% 的事故与腐蚀有关，在墨西哥湾 27% 的事故与腐蚀有关。在北海和墨西哥湾分别有 45% 和 85% 的腐蚀问题是内部腐蚀。

1997 年 7 月，墨西哥湾 Eugene 岛附近立管因腐蚀发生穿孔破坏，泄漏原油引发大火。2006 年 8 月，英国石油公司（BP）建在阿拉斯加普拉德霍湾的石油输送管道因年久老化、管壁被严重锈蚀导致原油泄漏，事故导致 BP 公司关闭阿拉斯加最大的油田；2008 年 12 月，阿塞拜疆里海海底管道泄漏，漂浮于海面的石油形成几千米污染带。2005 年，美国墨西哥湾共有 102 条油气管道在卡特里娜飓风攻击下发生不同程度的损毁破裂。据统计，仅 1967—2012 年期间，墨西哥湾共发生海底管道泄漏事故 184 起。

导致海底管道泄漏的原因有设备故障、外力、天气、飓风、人为失误、撞击、井喷和火灾。其中，设备故障是指整个管道系统或零部件丧失输送性能，包括老化性故障和事故性故障。外力是指管道系统以外的施加于管道上的作用力，可以来自引力、水流和风力等自然界的作用力，也可由人为施加。海底管道泄漏事故往往由多因素共同诱发，各种致因相互交织。

我国海底管道安全事故曾多次发生，尤以管道泄漏问题最为严重，统计显示，我国自1995 年以来各种海底管道事故导致海洋石油产量损失累计达 213×10^4t，直接维修费用超过 20 亿元。1998—2012 年，国内公开发表和报道的海底管道泄漏事故共 19 起，平均每年发生 1.3 起，按照事故海域分布，渤海海域发生的事故次数最多，为 10 起，占总事故次数的 52.6%；南海海域发生海底管道泄漏事故 6 起，占总事故数的 31.6%；东海海域 3 起，占 15.8%。按输送介质分类，天然气泄漏 4 起，占 21.1%；油品泄漏 15 起，占 78.9%。

2006 年胜利油田海底管道盗油事件导致渤海山东海域、天津海域和河北海域大面积原油污染，渔业生产遭受特大损失；2007 年，我国南海涠洲 12－1 至 11－4 原油管道因腐蚀发生泄漏，油田停产近 200 天，造成巨大经济损失，2008 年台风“风神”过后，惠州 19－2 和惠州 19－3 海底管道相继出现泄漏，造成油田停产；2003 年，埕岛油田 CB251C 至 CB251D 段海底注水管道因悬跨疲劳导致泄漏；2009 年 5 月，埕岛 CB25A 至 CB25B 海底管道因悬空发生断裂。表 10.1 为 1998—2012 年我国内海底管道部分泄漏事故统计。

表 10.1　1998—2012 年我国海底管道部分泄漏事故统计

事故时间	海域	事故概况
2000 年	东海	波流冲刷导致平湖油气田岱山段管道疲劳断裂
2001 年	渤海	渤西油田天然气管道因锚拖拉导致泄漏
2002 年	南海	涠洲 12－1 至 11－4A 油田输油管道泄漏
2003 年	渤海	悬空导致埕岛油田 CB251C 至 CB251D 海底注水管道泄漏
2004 年	南海	番禺油田 4－2 和 5－1 海底管道腐蚀泄漏
2005 年	渤海	不法分子打孔盗油导致埕岛油田海底管道泄漏
2007 年	南海	涠洲 12－1 至 11－4 原油管道腐蚀泄漏
2007 年	南海	船舶施工导致东方 1－1 油田海底天然气管道泄漏起火
2008 年	渤海	船舶起锚导致渤西油田外输天然气管道泄漏
2008 年	南海	台风导致惠州油田 19－2 和 19－3 海底管道损伤泄漏
2009 年	渤海	埕岛油田 CB25A 至 CB25B 海底管道因冲刷悬空导致泄漏
2009 年	渤海	埕岛油田中心二号至 CB20A 平台海底输油管道因外力拖拽导致破裂渗漏
2011 年	辽东湾	锦州 9－3 油田海底混输管道因船舶起锚作业导致泄漏
2011 年	珠海	挖沙作业导致横琴天然气处理终端海底天然气管道泄漏
2012 年	东海	平湖油田海底输油管道遭受台风，在距离岱山登陆点约 26km 处发生断裂

10.1.2　泄漏检测

海底管道泄漏的防范、检测与监测是保障海底管道安全平稳运行的重要环节，与陆地管道、油轮和钻采平台溢油事故相比，海底管道的泄漏原因、安全状态检测、泄漏定期检测以及实时监测方法等方面都有明显不同。

根据检测对象的不同，海底管道检漏方法分为直接法和间接法两大类。

直接法是对管道运行状态和泄漏物直接进行检测的方法。直接法又可分为直接观察法、水面检视法、清管检测法、油溶性压力管法、电缆检测法、声学检测法、光纤检测法、放射性失踪剂法、负压波法、压力传感器法等。间接法是借助于计算机系统，通过检测流体压力、流量、温度等物理参数的变化来判断泄漏量及泄漏位置，主要有质量/体积平衡法、流量差检测法、压力差检测法、应力波检测法、统计检测法、实时模型法等几种类型。这些方法可在海底管道泄漏预防监测、定期检测和实时监测中根据其特点进行选择应用，并且，为了达到良好的检测效果，在实际工程中往往将多种检测方法结合使用。

按照检测部位的不同，海底管道检测分为内部检测和外部检测。内部检测内容包括腐蚀剩余壁厚、局部腐蚀凹坑特征、腐蚀裂纹状况、几何变形状况等。外部检测内容包括管道机械损伤状况、涂层损伤状况、埋深、悬跨状况、位置、阳极消耗状况、外部状况等。

10.1.2.1 内部检测

管道内部检测通常要利用各种管道内检测器（如爬机和管内探测球 PIG）来完成，由管内流体推动其在管道内移动，在移动过程中，利用某种或几种检测原理来对管道进行检测，最后进行数据分析和处理，从而比较准确地进行危险点或泄漏点的定位。漏磁检测和超声波检测是两种主要的检测原理，可较方便地检测管壁金属损失的方法，其他的管道内检测器还包括尺寸测量检测器、惯性检测器、照相检测器、录像检测器、放射性检漏仪等。

与陆上长输管道内部检测相比，海底管道内部检测技术的难度和要求更高，主要体现在以下几个方面：

（1）检测风险大，通过性要求高。与陆地油气管道相比，海底油气管道可能遇到的渔船抛锚刮伤、海冰撞击及海流冲淘，这些极易造成海底油气管道的变形和损伤。如果检测器通过能力不强，卡在管道内，那么修复工程的代价几乎与重新铺设新管道一样高。

（2）速度控制难。由于海底管道内检测器一般需要穿越垂直立管和水平管，对检测器速度控制要求比陆地长输管道检测器要求高。

（3）检测难度大。海底管道壁厚大、口径小，管壁饱和磁化困难，而通过能力又要求永磁体的体积更小，这使海底管道检测的难度大很多。而且海底管道输送油气一般为高温高压，或者油、气、水混输，流量小，流速不稳，增加了检测难度。

（4）操作难度大。海底管道检测装置的发射和回收装置可能位于生产平台的狭小空间，深水管道可能位于水下，海底管道检测操作难度大。

（5）定位难度大。海底环境复杂，由于厚壁管或双层管的高屏蔽效应，以及水下定位系统与水上 GPS 定位系统数据协调融合，使得内部检测器在水下管道内的定位难度很大。

应从以下方面对内部检测方法总的可靠性进行评价：

（1）内部检测方法的置信度水平（如对缺陷进行检测、分类和尺寸确定的可能性）；

（2）内部检测方法/内检测器的历史；

（3）成功率/失败率；

（4）对管段整个长度和全周向的检测能力；

（5）对多种原因造成的缺陷的检测能力。

10.1.2.2　外部检测

海底管道外部检测[2]主要目的是掌握管道外部状况和管道在海床上的状态，主要内容包括海底管道地貌状况、水深，海底管道埋深、路由、走向，管道周围的冲刷情况，有无裸露悬空、有无发生位移及外力破坏、外部防腐层状况、管道外壁及其损伤状况等。

外部检测有两类方式：一类是工程物探方式，使用浅剖面仪、多波束水深测量系统、侧扫声呐系统及磁力探测等设备和方法进行常规海底管道外部检测；另一类是潜水检测方式，由潜水员或 ROV 进行水下检测作业，在海底几百米甚至几千米深度，潜水员无法到达的区域，则需要利用遥控潜水器（ROV）。它是一种应用于水下的远程操作装置，可提供接近水下结构物的工具和方式，在进行管道外检测时，ROV 可拖载检测设备沿管道移动。主要方法包括水下目视检测、水下磁粉探伤、水下常规超声纵波探伤、常规超声横波探伤、涡流探伤、超声衍射时差法、漏滋探伤、水下交流场检测和水下射线探伤等。

10.2　泄漏维抢修方法

10.2.1　泄漏抢修方法概述

海底管道维修方法因管道自身参数、破坏损伤形式、所处水深、周围环境等条件的不同，采取的方法和手段也不同。

针对具体的海底管道损伤形式，海底管道泄漏大体上可以分为三类情况：第一类，管道小泄漏，由局部腐蚀或焊接缺陷等引起的小破损，例如：小孔、小坑或小裂纹等。第二类，管道局部破损，例如：较大面积腐蚀、航船抛锚等引起的管道泄漏等。第三类，管道出现极大范围的破损，这种情况不常见，一般有恶劣自然环境所致，例如：地震、海啸等。针对破坏形式可以采取抢修卡具堵漏、复合材料补强、管段更换（停产更换或不停产开孔封堵更换）三种主要手段。

根据损坏程度大小、维修系统能力及作业支持船舶等，此外，综合考虑管径、水深、海底埋设深度、破坏位置、维修时间长短、现有其他设备和所需费用等。采用不同的维修方式。其中主要的维修方式有夹具维修（Clamp Repair）、海上提管维修（Surface – Lift Repair）、海底维修（On – bottonRepair or Subsea Repair），或根据特殊情况采用海上提管维修和海底维修相结合的维修方式或重新铺设管道。

根据不同作业水深及抢修作业形式，又可分为干式修复技术（水深小于 10m）、湿式修复技术，湿式修复技术又分潜水修复技术（水深小于 120m）和 ROV 修复技术（水深大于 120m）。对于潜水作业，目前国际常规的方式有空气潜水、混合气体潜水和饱和潜水，一般潜水员常规下潜深度为 120m。对于水深更深的饱和潜水（最深可达 300 余米），潜水员的作业时间和作业强度将大大降低，不适用于管道维抢修等复杂施工作业。所以国际上惯例在大于 120m 水深的管道维修作业一般采用 ROV 来完成。

由于海底管道所处环境的特殊性，要修复损坏的管道或管道上的缺陷，需要根据管道损坏或缺陷的情况和作业能力来选择合适的修复技术。一般情况下海底管道维修方式可分为如下几种：钢套袖修复法、外卡修复法、套筒修复法、机械连接器修复法、机械式三通维修法、法兰修复法、水下焊接修复法等（图 10.3，表 10.2 和表 10.3）。

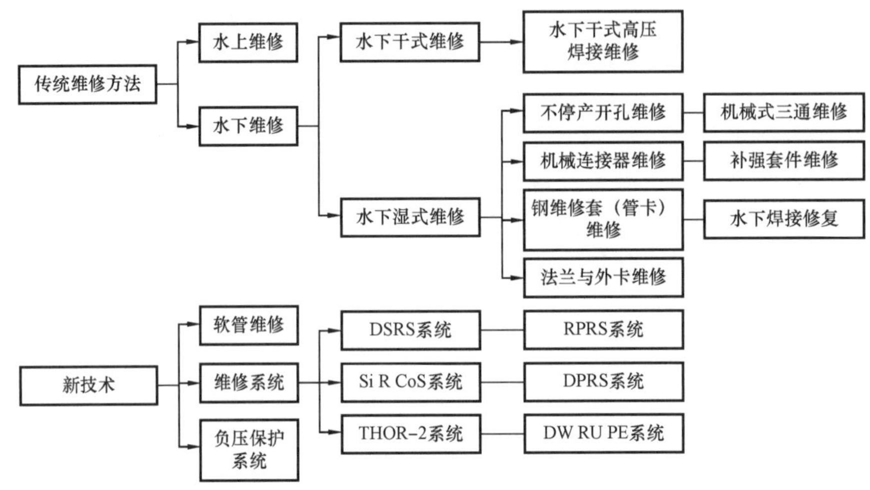

图 10.3　海底管道泄漏维修技术

表 10.2　国内部分海底管道泄漏事故维修实例

维修方法	事故/项目	年份
不停产双封双堵维修	渤西油田天然气管道泄漏事故	2001
	崖城 13－1 至香港外输天然气管道改线项目	2009
法兰维修	涠洲 12－1 至 11－4A 油田输油管道泄漏事故	2002
	锦州港改线管道铺设项目	2006
机械连接器维修	涠洲 12－1 至 11－4 原油管道腐蚀泄漏事故	2007
干式舱维修	东方 1－1 油田海底天然气管道泄漏起火事故	2007
水上焊接维修	锦州 9－3 油田注水管道损坏事故	1999
	渤西油田外输天然气管道泄漏事故	2008
管段更换、管卡维修和管道补强	南海惠州油田 19－23 海底管道泄漏事故	2008
管卡、干式舱维修	珠海横琴天然气处理终端天然气泄漏事故	2011

表 10.3　海底管道常用维修技术对比

维修技术		优点	缺点	适用范围
水上维修	水上焊接维修	工艺简单；不需要特种机具设备；维修质量高、速度快	需要专门的施工作业铺管船；需要进行精确的吊装技术分析；作业环境要求较高	浅海海域、小管径、服役时间较短的海底管道

续表

维修技术		优点	缺点	适用范围
水下维修	水下干式高压焊接维修	维修速度快、质量高；能保证修复管道的完整性；水下作业安全可靠；可在浑水环境下维修	维修成本较高；对油气管道内外清理及焊接要求较高	深海海域、中大管径、水域能见度低、不受服役时间限制的海底管道
	不停产开孔维修	油田无须停产；施工方法成熟	工艺复杂；需要有特种作业装备	不停产情况下，管壁局部凹陷但尚未变形或，大面积腐蚀的管道
	机械连接器维修	不需要特种设备；维修成本低；对管道直径没有特别要求	不能保证修复管道的完整性；需要定做机械连接器	海域能见度较高，且不易采用水上焊接的海底管道
	法兰维修	不需要特种设备；维修周期短，费用低	不能保证修复管道的完整性；需要定做法兰	海底管道法兰破损处的维修
	外卡维修	所用船舶较小，费用低	变形应在外卡的精度允许范围之内	操作压力等级和安全等级较低的海底管道
	钢维修套维修	与管道的连接可靠；可以修补较长（20m）的管段和大半径弯头	工艺复杂，水下焊接质量难以保证；需要配合维修船舶	局部较大的腐蚀、裂纹、泄漏、轴向或周向
新技术	软管维修	抗腐蚀性好；挠性良好；使用寿命长；施工周期短、成本低	使用水深较浅（200m）；技术不够成熟	水深 200m 以下的海域
	维修系统	维修深度大；技术含量高；可灵活选择维修方法	设备要求高、成本高	适用于深水海底管道
	负压保护系统	反应迅速；有效控制原油泄漏	需建立完整的系统	任何海域

海底管道一些严重的损伤要求高质量的水下焊接修复，而水下常压干式舱修复技术是目前水下裂纹永久性焊接修复的最有效手段。干式环境封堵作业是将干式舱置于拟维修、抢修管道位置之上，密封后将舱内海水排净，形成与陆地相同的干式作业环境，然后焊接三通、安装开孔机、封堵器等设备，然后对管线进行封堵改造。干式环境封堵作业可有效地保障焊接质量，而且利用现有设备即可完成。它是一个综合、复杂的维修系统，舱体安装在水下，舱内环境复杂，且需要有 2 ~ 3 名作业人员直接进入干式舱进行焊接、检验等工作，存在一定的风险。

常压干式舱主体结构包括舱体、人员进出通道、卡箍、水上作业平台、密封构件及安全系统 6 部分。干式作业所需干式密封舱及其封堵施工如图 10.4 和图 10.5 所示。

图 10.4　干式密封舱实例

图 10.5　利用干式密封舱对滩海、浅近海油气管道封堵施工示意图

10.2.2　常用修复方法

常规管道泄漏封堵维修方法有：开孔封堵维修方法、管内高压智能封堵维修方法、外卡夹具维修方法、机械连接方法等。

10.2.2.1　开孔封堵维修方法

管道开孔封堵维修方法指在待维修管段或阀门两侧安装机械三通、夹板阀与开孔机，利用开孔机及筒刀进行管道开孔作业，然后注入封堵头完成封堵。近年来，管道不停输带压开孔已成为主要的管道开孔维修方式，尽可能地降低了管道维抢修过程中因油气停输或降压输送而造成的经济损失。

随着管道铺设里程增加和在役年限延长，管道安全管理方式和维护技术也在不断改进，特别是在管道维护过程中用于封隔管道内部输送介质的管内高压智能封堵技术。

管内高压智能封堵系统由封堵机械机构、应急处理系统、通信与控制系统微型液压系统构成。管内高压智能封堵器通过清管器的发球端进入管内，在管道介质推动下向前运动，到达欲封堵管段时在超低频电磁脉冲信号（ELF）的控制下启动微型液压系统实现刹车并封堵。作业完成后在 ELF 信号控制下自动解封，继续在管内介质的推动下直至收球端取出。这样的管内高压智能封堵所需作业时间更短，作业完成后不会在管道中留下任何附加装置，减少了故障点，降低了维修成本，缩短了维修时间。

10.2.2.2　智能封堵维修方法

油气管道智能封堵维修方法大多用于海洋的油气开采中，可以缩短抢修时间，减少维修过程中油气输送的损失，更利于海面和海底阀门维修、安装、更换、铺管等作业，可以有效阻止海水进入维修中的油气管道，为油气管道抢修提供了可靠安全的作业环境，提高了维修效率，节约了维修成本。

在带压操作时为了保证油气管道维修工作的安全可靠，需要先对其维修管段实现封堵，管内高压智能封堵技术是一种用于管内的高压封堵技术，封堵器从管道发球端进入，在管内介质作用下向前运动，到达预定位置坐封完成封堵，解封后在介质的推动下直至收球端取出。该封堵技术的最大优点是不会破坏管道完整性，无须对管道进行开孔、焊接等操作，减小了对管道的二次伤害，适用于管道阀门的更换与维修、海洋立管的更换与维修、中断管道的维修和管道改造等封堵作业。图 10.6 所示为 STATS Group 公司封堵器（Remote Tecno Plug）实物。

图 10.6　STATS Group 公司封堵器（Remote Tecno Plug）实物

10.2.2.3　外卡夹具维修方法

海底油气管道发生泄漏时，在管道泄漏部位安装夹具，由夹具与泄漏部位形成密封空腔，并提高管道强度，以达到封堵泄漏源修复管道的目的。夹具维修方法主要用于较小泄漏（如裂纹、腐蚀穿孔等）管道的临时封堵和永久性维修，其要求管道形变在夹具精度允许范围内，适用于安全等级和压力较低的油气管道，优点是操作方法简单、维修成本较低。图 10.7 所示为 Furmanit 公司维修夹具实物。

（1）钢套袖修复法。

钢套袖修复法一般分为焊接式钢套袖和机械式钢套袖两种。焊接式钢套袖修复法是采用与原管道相同型号、分为两个半圆形的钢套将其套在破损管道表面，然后用焊接的方式焊接半圆形钢套，并在钢套和管道间的缝隙填充密封材料。

图 10.7　Furmanit 公司维修夹具实物

机械式钢套袖与焊接式钢套袖类似，也是分为两个半圆形钢套，不同之处是机械式钢套袖采用螺栓紧固上下半圆形钢套，将其紧固在受损管道的外表面，并在钢套内表面和管道外表面之间的间隙中填塞密封材料，这种修复方式操作简便，管道可不停输，也无须管道断管作业。但由于焊接式钢套袖方法涉及水下焊接作业，水下焊接质量难以保证，因此只适用于修复管道小面积的腐蚀以及对浅水管道的修复。图 10.8 所示为机械管卡结构组成。图 10.9 和图 10.10 分别为机械封堵卡具和水泥封堵卡具。

图 10.8　机械管卡结构组成

图 10.9　机械封堵卡具

图 10.10　水泥封堵卡具

（2）外卡具修复法。

外卡具修复法是在海底管道泄漏部位安装堵漏卡具，卡具主要由上下壳体、液压机构、密封机构及端塞组成。施工时，通过安装在卡具上的液压机构将上下壳体张开，由潜水员牵引至管道维修处并扣在需修复的管段上，采用液压扳手将上下壳体连接螺栓拧紧，两侧的端塞螺栓采用液压扳手拧紧，保证卡具的轴向和环向密封条达到密封要求，最终达到管道设计运行要求。外卡具修复主要用于修复泄漏较小的管道，外卡具管卡封堵如图 10.11 所示。

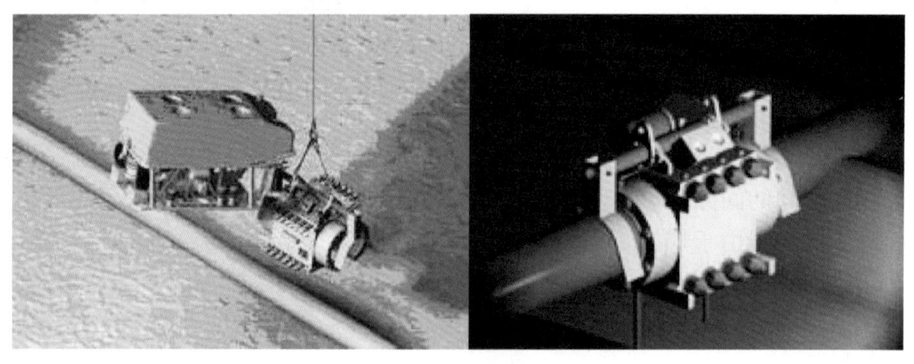

图 10.11　外卡具管卡封堵示意图

（3）连接器修复法。

连接器修复法可按照连接器的类别不同分为法兰连接器修复法和机械三通修复法。

法兰连接器修复法是将原有管道进行机械断管后，在管端安装法兰连接器（图 10.12），同时在更换管段端部预先焊接法兰，替换管段采用法兰连接的方式与原管道上的法兰连接器进行机械式连接，达到修复的目的。法兰连接器修复法的主要步骤如下：切割破损管段后，将法兰连接器安装到管端，再安装拉紧螺栓，然后通过螺栓拉伸器将螺栓拧紧。法兰连接器上的凹槽受到力的作用，与管道外表面接触，并使管道壁产生塑性变形，形成整体密封。安装好法兰连接器后，再安装替换管段。法兰分为标准法兰、旋转法兰和球形法兰。其中标准法兰适用于水面管道维修，旋转法兰和球形法兰适用于海底管道维修。

图 10.12　法兰连接器及其安装

法兰连接器修复法适用于大面积管道破损的维修、长距离管道更换；可在水下调节安装角度和方向，更加适宜于水下换管以及管道同轴度难以保证时的维修；作业过程比较简单，潜水人员可进行操作，简便易行。其缺点是：由于全部采用非焊接形式，易产生机械密封不严、微泄漏等现象。

（4）机械式三通修复法。

机械式三通修复法按照工艺来说，应归类于水下不停输或者停输开孔封堵修复工艺。机械式三通与水下开孔机和封堵器配合使用，即可达到修复管道的目的。机械式三通和陆地管道不停输封堵工艺使用的三通功能一致，区别在于机械式三通是通过螺栓紧固和密封机构共同作用使其固定在管道上的，而陆地管道不停输封堵采用的三通是直接焊接在管道上的。为了使得机械式三通便于在水下安装，在设计过程中采用了液压机构，使其能够在水下自由打开和闭合，横向和环向密封设计和端部卡瓦设计使得机械式三通使用更加安全。机械式三通的结构如图 10.13 所示。

10.2.2.4　水下焊接修复法

水下焊接修复法是在水下切割破损管段，并对管道切口端部进行机械处理，完成修复短节与原管道的对口，再将处理后的管端与替换管段进行对口焊接，焊口作防腐处理，最终完成修复工作。水下焊接修复法分为湿式焊接法、局部干式焊接法和干式焊接法。此外，还有水下摩擦叠焊修复法、等离子焊修复法等。

图 10.13　机械三通示意图

（1）水下湿式焊接法。

水下湿式焊接法施工时，设备置于海水环境中，电弧与水之间没有隔离措施，电弧仅依靠焊条在焊接作业过程中产生的气体来保护，焊接质量难以控制，效率低，可靠性相对较差。随着我国水下焊接技术的不断发展，近年来已经开发出了应用于水下焊接的专用焊条，进一步推动了水下湿式焊接技术朝着操作简便、成本低廉、施工作业简单的方向进一步发展。

（2）水下局部干式焊接法。

与水下湿式焊接法不同，水下局部干式焊接法是将焊接部位周围局部范围内的水用人工方法排除，形成局部气室，焊弧将被保护在这个区域内，而焊接所需设备和人员则处在海水中。

水下局部干式焊接法是将施焊部位区域的水排出，形成“干”式环境，之后再进行焊接操作。依据周围压力的不同，通常可以分为干式常压焊接法和干式高压焊接法两种。

水下干式常压焊接环境是“干”式环境，压力为常压状态，此种状态便于潜水员进行焊接作业，焊接质量与在陆地上相同，适合于浅水管道的修复；水下干式高压焊接法在最近几年发展较快，是一种效率较高的水下管道维修方法，尤其对于深水海底管道的维修具有一定优势，目前各国都在进行相关方面的研究和应用。干式维修需根据水深不同采用常压或高压干式舱来提供干式环境。

10.2.2.5　提升焊接法

提升焊接法是将破损管段在水下切除，利用工程船舷吊将切割后的管端分别提升至作业线，在水面进行管段焊接或法兰焊接后在水下进行管段回接。将海底管道提升至水面进行法兰焊接，解决了水下焊接法兰的难点，是浅水区域海底管道抢修的最佳方法。鉴于此条管道停产后仍然残留有大量天然气，不利于焊接安全，因此采用水面焊接法兰后在水下安装更换管段。

对于深水海底管道修复或大管径海底管道修复，采用提升焊接方法的风险和费用都会随水深和管径的增加而加大，对于水深超过 30m 的情况则需要动用具备铺管作业线大型铺管船等特殊作业船舶。而对此情况下的海底管道修复采用水下机械连接器更换管段的施工方法是最科学的方法选择，适用于各种水深环境下的海底管道修复，在水深小于 50m 海域借助于常规空气潜水进行水下修复作业，对于水深处于 50～300m 海域可以借助于饱和潜水完成修复，对于更深海域作业则可以通过特殊设计的机械连接器和 ROV 作业来实现。

海底管道维修一般应根据管道损坏程度、维修系统能力及作业支持船舶的综合能力等因素选择合适的维修方法。此外，还需考虑海底管道的基本参数（管径、设计压力、壁厚、管道形式）、水深、海底，埋设深度、破坏位置、临时性的还是永久性的维修措施、维修作业时间的长短、现有的维修技术和维修设备以及维修成本等。表 10.4 为 Joseph Killeen 等列举出的海底管道可能出现的几种损坏情况，以及可以选择的相应维修方式。

表 10.4　海底管道不同损坏类型采用不同的维修方式

序号	损坏类型	可选维修方式				
		夹具维修	海底维修	海上提管维修	海底与海上提管维修	重新铺管
1	小泄漏	√				
2	靠近钢悬链立管（SCR）的大泄漏					√
3	靠近管交叉的大泄漏		√		√	
4	大泄漏，无重型吊装设备支持船		√			
5	大泄漏，有重型吊装设备支持船		√	√	√	
6	大泄漏，且管道倾斜角度 >5°					√
7	管道短弯曲变形，无重大能力支持船		√			
8	管道短弯曲变形，有重大能力支持船		√	√	√	
9	管道长弯曲变形，无重大能力支持船		√			
10	管道长弯曲变形，有重大能力支持船		√	√	√	

10.2.2.6　深水 ROV 管道修复法

深水 ROV 管道修复法是指通过水面控制系统引导 ROV 来完成海底管道的水下修复作业的技术。ROV 根据水面控制信号具有水下自行走能力，可以到达控制范围内的水下任何位置，以进行作业区域全范围的设备操作（图 10.14）。

对于水深更深的饱和潜水（最深可达 300 余米），潜水员耐受的作业时间和作业强度将大大降低，不适用于管道维抢修等复杂施工作业。所以国际上惯例在大于 120m 水深的管道维修作业一般采用 ROV 来完成。

ROV 修复技术所采用的维抢修装备同样有：水下开孔封堵机械三通，水下开孔封堵设备、水下机械断管设备、水下抢修卡具以及用于管段更换所使用的机械连接器等（图 10.15）。这些装备的工作原理和主体结构与潜水修复系统所使用的装备基本一致，此外增加了大量的液压控制系统，从而使设备的安装和操作控制更为简单，以适合于 ROV 操作。另外，ROV 修复技术要求设备具有更好的密封和承压性能。

对于水深大于 120m 的海域作业，应利用深水管道修复系统来完成管道的换管施工。深水管道修复系统包括提升框架、对正框架、机械连接器等部分，完全由 ROV 完成操作。具体的换管作业步骤如下：

（1）由 ROV 对需更换管段的位置和长度进行定位并标记。

（2）ROV 引导操作深水组合切割系统，完成管道的断管、坡口打磨、环氧粉末涂层及管道焊缝外部余高的清除等换管前的准备工作。

（3）由 ROV 引导安装两个管道提升框架和两个管道对正框架。

（4）利用激光测量校准定位技术完成两端管道的找正对中。

（5）将两端预安装了机械连接器的新管段引导安装至对正框架。

（6）ROV 操作机械连接器的液压控制系统，完成新旧管道的机械连接器连接。

（7）ROV 引导拆除提升框架及对正框架。

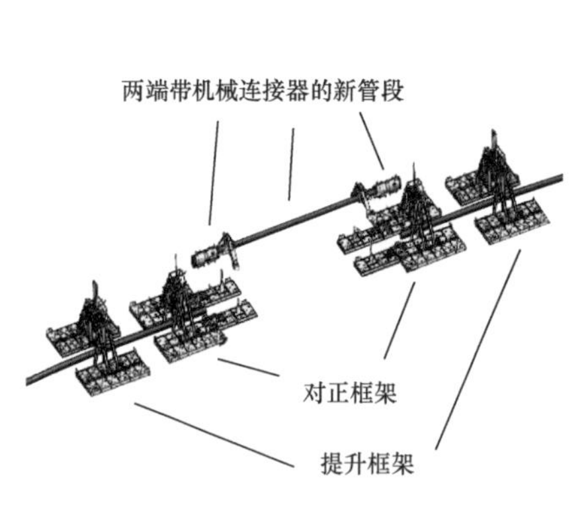

图 10.14　深水 ROV 管道修复系统

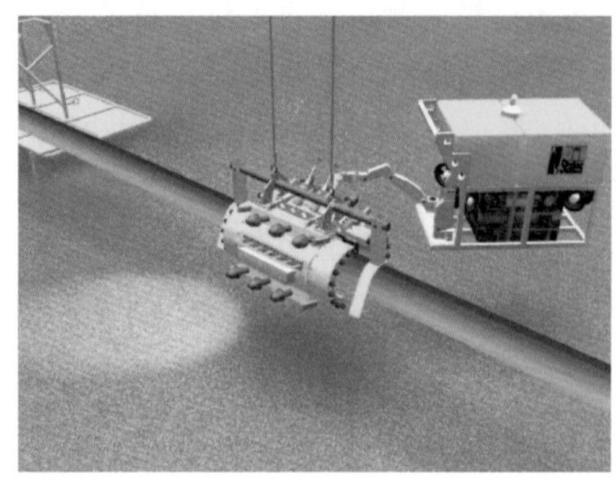

图 10.15　ROV 引导下的卡具修复

10.3　管道泄漏应急响应

10.3.1　应急响应流程

当海底管道泄漏事故出现，应该采取及时、有效地抢修管道作业，根据海底管道泄漏事故的等级，建立相应的应急抢修预案，海底管道泄漏事故应急响应原则包括：（1）设备配备齐全；（2）组织结构合理；（3）人员配备适当；（4）责任明确；（5）安全措施到位。图 10.16 所示为应急响应流程。

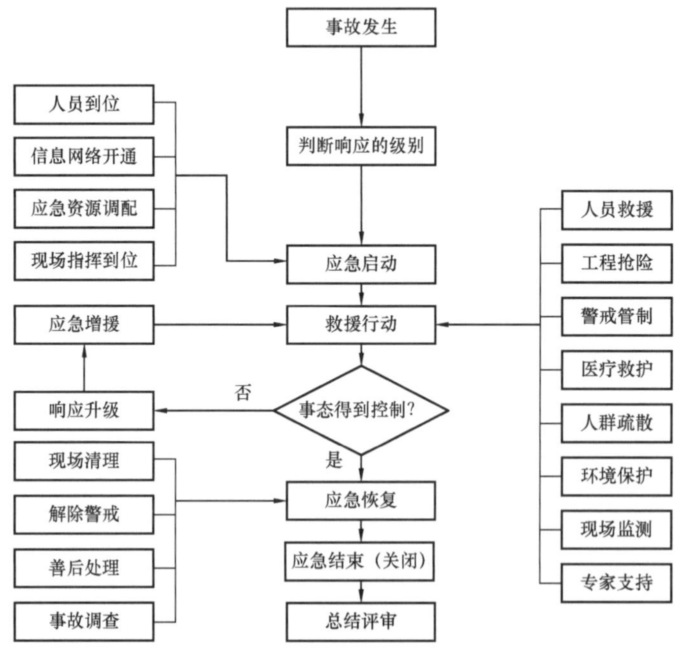

图 10.16　应急响应流程

完整的海底管道泄漏事故应急响应系统包括：（1）应急响应程序；（2）应急组织系统及其工作职责；（3）应急防护和救援；（4）应设应急预案；（5）应急状态终止。

事故发生后，发生事故的责任单位立即启动应急维修预案，并根据事故等级及时上报。同时油气田须立即采取紧急措施（确定是否停产、降压等）防止事态扩大。

10.3.2　事故点的定位查找

定位查找措施包括卫星定位、直升机勘查、调查船搜索、ROV 及潜水员水下排查等多种手段的有机结合。

若采用直升机、调查船的方式均不能确定泄漏点位置，则需要采取管道内检的方式，由于内检时间较长，需要 2～3 个月，因此管道内检测一般作为泄漏点位置确定的最后手段。在内检测工作的准备与作业过程中，直升机与调查船的搜寻方式还应继续，并辅以其他调查手段如其他调查设备、ROV 水下录像或管道加压的方式等。

10.3.3　事故点的检测

海底管道上出现大的漏点或管道断裂，利用直升机和调查船能够迅速确定位置，但是对于小的漏点须采用检测技术来确定位置。缺陷的性质及详细情况也需要通过检测来确定。

检测分为管道内检测与管道外检测两种方式，详细内容见泄漏检测章节。

常规管道内检测技术有：智能清管器法（Smart Pig）；漏磁检测法；压电超声波检测技术；电磁波传感检测技术（EMAT）；压差法；声波辐射方法；负压力波法等。其中漏磁检测技术趋于成熟，但对一些缺陷的测量精度还不高（要求缺陷深度大于 10% 管壁厚，而可信度只有 80%）。超声波检测精度要高于漏磁检测，可更好地显示缺陷外观和尺寸，但超声波检测结果容易受管内污垢及腐蚀物的影响，有时会给出错误结论，另外，超声波检测适用于壁厚超过 7mm 的管道，并且其工作时需要充填液体介质，它的检测费用也远远高于漏磁检测。

管道内检测主要是针对腐蚀和管道径向变形的，而对海底水流冲刷致使局部管道悬空；涡激振动导致的管道屈曲变形、开裂破坏；地震作用下海底土壤液化致使管道沉陷等管道破坏却难以检测。

对海底水流冲刷致使局部管道悬空，涡激振动导致的管道屈曲变形、开裂破坏，以及地震作用下海底土壤液化致使管道沉陷等管道破坏，应采用管道外检测和监测技术和方法，例如：阴极保护电位法；光纤传感器技术；水下激光成像技术；不接触测量阴极技术。

10.3.4　事态的评估

事故点位置确定并获取相关检测数据后，即应对海底管道运行可靠性和安全性影响进行全面评价，并根据海域水深条件、事故点的破损程度和海底管道的变形范围来提出修复建议方案。

10.3.5 应急预案编制

为确保海底管道根据海底管道的现状，提前编制针对不同维修工况需求的海底管道抢修预案，提前识别出所需的专用工机具、维修备件和耗材等清单，编制相应的施工安全应急预案，以备施工时随时调用。

应急预案的核心内容包括：

（1）对紧急情况或事故灾害及其后果的预测、辨识和评价；

（2）应急各方的职责分配；

（3）应急救援行动的指挥和协调；

（4）应急救援中可用的人员、设备、设施、物资、经费保障和其他资源，包括社会资源和外部援助资源；

（5）在紧急情况下或事故发生时保护生命和财产安全及环境免受污染的措施和现场恢复；

（6）应急培训和演练规定，预案的管理等。

从海底管道应急信息化的角度，以管道基础数据、应急救援流程、应急资源等为基础，对管道一旦发生事故后启动应急预案情况下的应急程序、应急人员组织、应急物资及设施调用等方面进行系统分析，对管道溢油外漏的扩散范围和趋势进行预测，提供较为完善的、基于用户现有应急设施及条件的应急决策单，供应急响应决策参考。

（1）认真做好海底管线基础资料的整理和管理工作。对每条海底管线建立各自的档案，详细记录海底管线的相关参数，如管线起始/止点坐标、管线长度、管线路由情况、管线的填埋情况、设计压力、设计温度、设计流量、管线材质及壁厚、管线内外表面的防腐材料及厚度、牺牲阳极的布置等。

（2）利用目前先进的管线完整性检测技术对海底管线制订出详细的检测计划，对海底管线的腐蚀状况、填埋状况等进行定期检测。根据每条海底管线的检测结果，制订出相应的维护计划，对发现的隐患及时进行整改，力争将隐患消除在萌芽状态。对检测结果显示管线的腐蚀速率异常情况，要进行深入调查，找出原因并制订整改措施，使海管的寿命得到最大限度的延长。

（3）结合海底管线的尺寸参数、使用寿命和路由情况，有针对性的储备一定型号和数量的管卡及备用管线。目前国内生产制造的管卡已经能够完全满足要求，并且价格也比较便宜，对比海管泄漏带来的损失和风险，这样的投资还是十分必要的。

（4）由海管所属单位相关职能部门牵头，建立专门的海管管理及应急抢修队伍（避免兼职），配备专业人员负责海管日常的检测维护、应急维修材料备件的管理、维修资料记录及新海管建造的全程跟踪，将海管的管理落到实处。

图 10.17 所示为典型的深水海底管道救援系统。

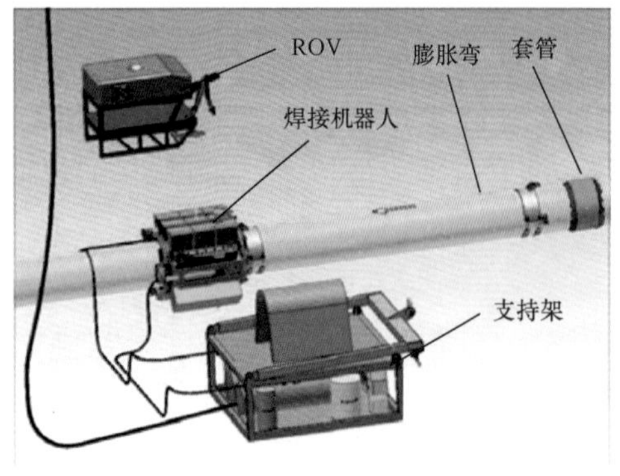

图 10.17　典型的深水海底管道救援系统

10.3.6　应急工作程序

海底输气管道一旦发生事故，运营公司应迅速进入应急状态，成立安全应急领导小组并组建安全应急指挥中心。具体应急工作程序及内容如下：

（1）确定事故处理过程中的组织机构，明确各部门职责职能。

（2）确定泄漏点位置。泄漏位置的确定为管道抢修工作展开的首要前提。

按照破损状况，泄漏一般分为穿孔裂缝小漏与折断大漏，针对油气输送管道在事故发生后不同的后果与表现方式，分别制订搜寻方案，包括搜寻流程、所需调查设备、辅助设备以及对于异常情况的处理方式，一般限定陆上延伸段搜寻 2h 内完成，平台立管、膨胀弯及平台 500m 以内的海底管道一般 1h 内完成巡检。

（3）再次确定修复方案。

泄漏点位置确定以后，根据海域水深条件、泄漏点的破损程度和海管的变形范围来确定修复方案。修复方案主要包括修复海管所使用的工作母船、潜水作业方式及海管对接方式、修复工具等，根据上海石油天然气有限公司的经验，对于小漏预估其修复时间为 3 ~6 周，折断大漏的修复时间则为 6 ~10 周。

（4）建立应急保障资源数据库。便于对管道安全运营进行经验积累和方式改进。

参考文献

[1] 方娜，陈国明，朱红卫，等．海底管道泄漏事故统计分析［J］．油气储运，2014，33（1）：99 -103.

[2] 常连庚，陈崇祺，张永江，等．管道腐蚀外检测技术的研究［J］．管道技术与设备，2003（1）：40 -42.

[3] 杨凤香，王东宝．东海平湖油气田海底管道抢修应急预案［C］．2008 年度海洋工程学术会议，2008：626 -628.

第 11 章　海底管道完整性管理

海底管道完整性是指海底管道系统在全生命周期内各种荷载作用下仍能保持结构/承压能力，满足安全运行要求。其内涵包括三个方面：一是海底管道在物理性能和设计功能上是完整的；二是管道本身的状态处于受控状态，管道运营商了解管道的运行状况；三是管道运营商已经并仍将不断采取措施防止海底管道失效事故发生。

海底管道完整性管理是管道安全管理的一种模式，是为保证海底管道完整性所开展的一系列管理活动，主要是针对不断变化的海底管道相关因素进行识别与评价，改善海底管道的不利因素，采取改进措施将风险控制在可接受的范围之内，达到降低海底管道事故发生率的目的，确保海底管道平稳运行。

海底管道完整性与海底管道的设计、施工、运行、维护、检修与管理的各个过程密切相关。海底管道完整性管理，需要遵守以下几项原则：

（1）在新建海底管道的设计、建造和运行过程中，要融入海底管道完整性管理的理念；若设计、建造阶段未引入完整性管理理念，将为后续运行阶段的管理大大增加难度，某些海底管道失效因素甚至不可避免。

（2）海底管道完整性管理要做到动态性。

（3）建立海底管道完整性管理机构，制订完整性管理的规划和日常工作流程，同时，借助必要的辅助手段增强海底管道完整性管理的针对性。

（4）要对所有的相关数据进行评估和整合；海底管道完整性管理以数据为媒介，完整的数据管理是海底管道完整性管理的基础。

（5）海底管道完整性管理贯穿于海底管道设计、建造、运行和退役全寿命周期，海底管道完整性管理要做到持续性。

在海底管道完整性管理体系中不断引入新方法、新思路。

11.1　海底管道完整性管理系统

11.1.1　海底管道完整性管理系统组成

一套完整的海底管道完整性管理系统以完整性管理流程为核心，包含但不限于[1]：

（1）公司政策；

（2）组织机构和人员；

（3）报告和交流；

（4）操作控制流程；

(5) 变更管理；

(6) 应急计划；

(7) 审计与核算；

(8) 信息管理；

(9) 完整性管理流程。

还应满足政府、相关作业公司、外部投资人的要求。完整性管理体系（IMS）的组成示意图如图 11.1 所示[2]。

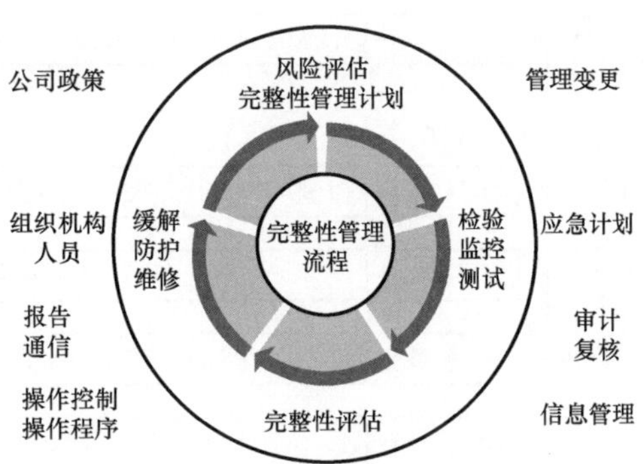

图 11.1　海底管道完整性管理系统

11.1.2　海底管道完整性管理流程

海底管道的完整性管理基本流程为一个闭环回路，其起点就是通过风险管理对潜在风险进行识别与分析，完整性管理的流程还包括：基线评价计划和完整性管理规划、完整性评价、问题管理和修复、预先防护和持续评价、报告和过程管理，最后又与风险管理的内容相连接。由此可见，海底管道的风险管理是其完整性管理的基础性工作。海底管道完整性管理的基本流程如图 11.2 所示。

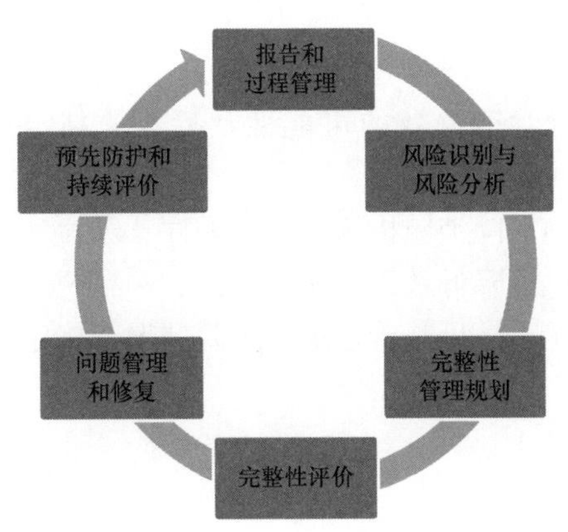

图 11.2　海底管道完整性管理的基本流程

海底管道完整性管理流程主要分为 5 步[3]：

(1) 数据采集。海底管道完整性管理的基础在于创建一套完整、科学的数据采集管理系统，需要进行不断的实践才能得到完善，为管道管理提供有力的数据支持。

(2) 风险评价。识别海底管道潜在的风险因素，综合考虑失效可能性和失效后果，以便开展针对性的风险减缓措施。

(3) 完整性评价。利用先进的检测技术，对海底管道进行定期检测，并对检测结果进行完整性评价，达到风险防控的目的。

(4) 维修维护。根据风险评价和完整性评价结果制订相应的管道维修对策，避免发生重大管道安全事故。

(5) 持续改进。不断发现海底管道完整性管理的不足之处，并对该管理技术进行持续完善，提高海底管道的管理水平。

海底管道完整性管理的核心技术主要有风险评价技术、检测技术、完整性评价技术以及海底管道维修与维护。

海底管道完整性管理方案框架如图 11.3 所示[5]。

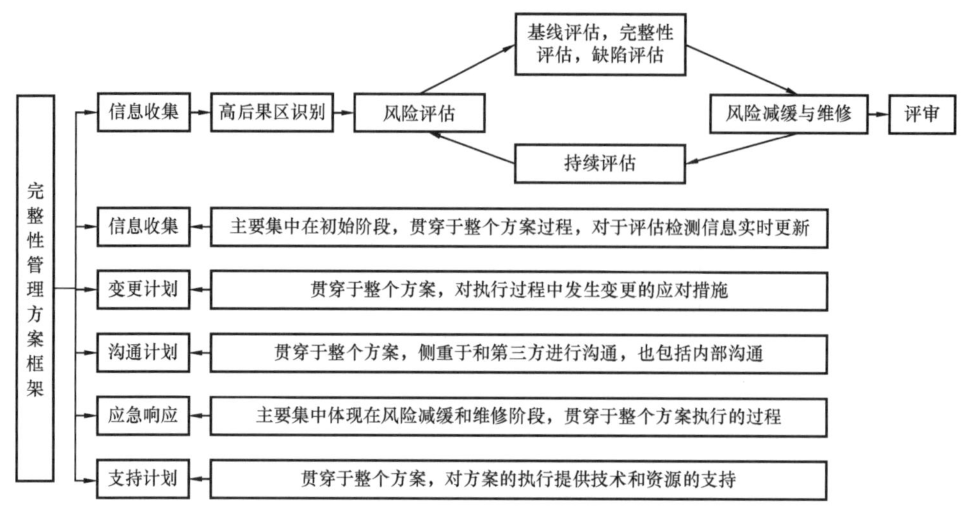

图 11.3　海底管道完整性管理方案框架

11.2　海底管道风险评价和完整性管理计划

11.2.1　海底管道风险评价目的与总体流程

海底管道风险评价主要目标为[4]：

（1）识别影响管道完整性的危害因素，分析管道失效的可能性及后果，判定风险水平；

（2）对管段进行排序，确定完整性评价和实施风险消减措施的优先顺序；

（3）综合比较完整性评价、风险消减措施的风险降低效果和所需投入；

（4）在完整性评价和风险消减措施完成后再评价，反映管道最新风险状况，确定措施有效性。

风险评价工作应达到以下要求：

（1）管道投产后 1 年内应进行风险评价；

（2）高后果区管道进行周期性风险评价，其他管段可依据具体情况确定是否开展评估；

（3）应根据管道风险评价的目标来选择合适的评价方法；

（4）应在设计阶段和施工阶段进行危害识别和风险评价，根据风险评价结果进行设计、施工和投产优化，规避风险；

（5）设计与施工阶段的风险评价宜参考或模拟运行条件进行。

海底管道风险评价的总体流程如图 11.4 所示。

11.2.2　海底管道风险评价阶段与风险管理流程

海底管道完整性管理风险评价技术分为风险的识别、评价、控制和信息反馈等阶段，各阶段主要内容见表 11.1。

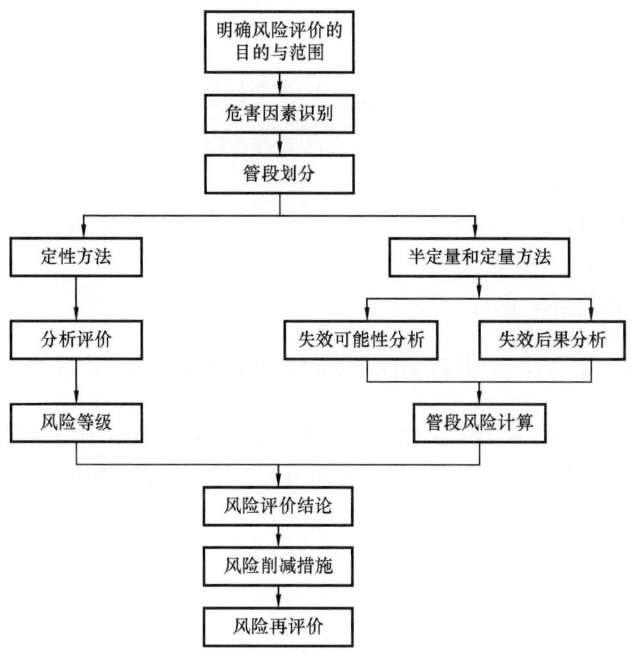

图 11.4　海底管道风险评价的总体流程图

表 11.1　海底管道风险评价阶段划分及主要内容

阶段	主要内容
第 1 阶段	识别——分析海底管道整体的运行情况和风险分析
第 2 阶段	评价——计算海底管道的风险系数以及管道失效概率并列出管道失效后果
第 3 阶段	控制——提出风险管控方案并开展风险的管理
第 4 阶段	信息反馈——将所有信息进行整合，使管理系统更加完善

海底管道铺设成本高、运行风险大，服役期间难免受到波浪、海流、荷载作用、渔网拖挂、船锚等各种因素的影响，从而产生损伤和抗力衰减。一旦海底管道受损，其修复需要巨额的费用（据统计，截至 2013 年，中国海油的海底管道直接维修费用约 7 亿元人民币），而若是出现严重环境污染，用于环境治理及处罚费用将不可估计。因此，有效地识别、分析、评价与控制海底管道的风险对保障海洋管道的安全运行必不可少。

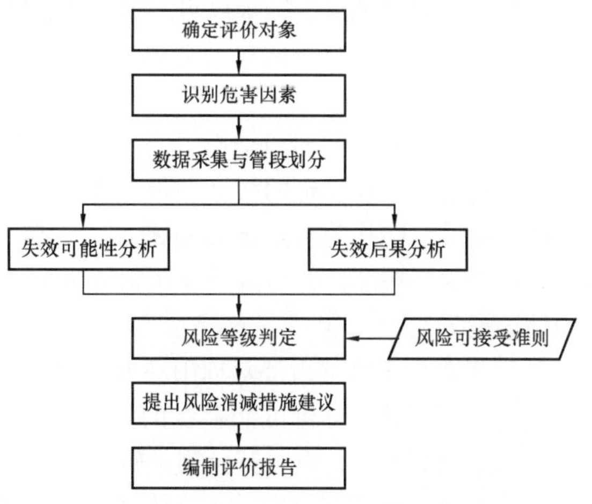

图 11.5　海底管道风险管理流程框架

海底管道风险管理流程应包含以下步骤（图 11.5）：

（1）确定评价对象，应根据开展风险评价的最初原因和关注的问题，确定管道风险评价的对象；

（2）识别危害因素，应定期进行管道危害因素识别；

（3）数据采集与管段划分；

（4）失效可能性分析；

（5）失效后果分析；

（6）风险等级判定；

（7）提出风险消减措施建议。

11.2.3 海底管道系统风险类别和失效原因与对策

海底管道全生命周期各阶段风险因素之间存在风险累加作用。前期阶段风险因素越多、风险程度越大，则在后期发生管道事故的可能性就越大。影响海底管道风险的因素存在于其生命周期的各个阶段，只关注单阶段无法从源头把控风险。监督力度和高后果区识别是影响海底管道完整性的重要因素。因此，管道公司在重视海底管道运行阶段的同时，还应在设计阶段注意识别高后果区以及全生命周期中对于第三方单位的监督。

在管道建设期的风险评价应考虑以下因素：

（1）根据管道沿线的地方政府规划，考虑现有设计是否能满足规划要求。

（2）根据沿线土地的使用情况及规划用地情况分析可能存在的第三方损坏、占压等情况。避免投产后引起的占地纠纷、交叉施工过多带来的第三方损坏风险、短期内改线等情况。

（3）应充分考虑腐蚀、疲劳、热应力等风险因素，在满足输量的情况下，合理选择管道材质、管径、壁厚等参数，并依据设计的正常工况及可能出现的紧急情况，对管道材质及壁厚选取进行校核；调研材质及焊接工艺对环境温度、湿度、土质等的敏感性，使管材及焊缝在运行环境中不产生异常失效速率。

（4）根据沿线土壤腐蚀性、岩土类型、沿线电气化设施等分析可能出现的防腐层损坏、杂散电流和腐蚀易发区等风险。对局部腐蚀环境、杂散电流等腐蚀控制措施的有效性进行评价。防腐层及补口材料的选择应考虑具体的管径、壁厚、施工温度、土壤类型等因素。

（5）应对管道穿跨越（含隧道）位置、活动断裂带及特殊不良地质地段的风险进行评价，管道应选择在稳定的缓坡地带、灾害地质较少的地段通过，避免通过滑坡、崩塌、泥石流、陡坡、陡坎等易造成管道破坏的地带；通过活动断裂带可选用应变能力强的钢管，宜适当加大壁厚，并尽量减少使用弯头等管件，断裂带两侧的过渡段范围内管道宜采用弹性铺设方式。

（6）考虑施工阶段可能对周围环境和地形、地貌造成的扰动和破坏，依据地貌、土壤类型、降雨等信息，分析可能存在的地质灾害类型及危险程度。对于可能存在的山体滑坡、冻胀融沉等灾害，审核其监测设施运行有效性。管道铺设应尽量避免横坡铺设。

（7）应识别施工可能对管道本体产生的危害，并给出评价结论。使用特殊的施工工艺应考虑对将来完整性评价的影响。

（8）考虑工程变更时的风险，识别出由于变更对今后运行可能产生的危害，并提出消除危害和预防风险的措施。

海底管道全生命周期风险因素[6]见表 11.2。

表 11.2　海底管道全生命周期风险因素

阶段	风险因素	具体描述
全周期	监督力度	管道公司对管道全生命周期中第三方参与活动的监督
设计	防腐层选择	根据管道铺设地的地质情况和相关标准，选择管材防腐层
	高后果识别区	是否识别出已发生事故或事故后果严重的区域
施工	制管缺陷	管道质量有缺陷，如出现凹坑、缝隙等情况
	焊接缺陷	管体焊接不合格或易导致后期出现缺陷的焊接
	非标准施工	施工单位未按照设计标准施工
运行	设备因素	如 O 形垫片损坏、控制设备故障等
	腐蚀	管道受到腐蚀，包括内腐蚀、外腐蚀等
	第三方破坏/机械损坏	管道受到第三方破坏或者前期管道缺陷引发的损坏
	操作不当	作业行为不规范、不恰当
	自然与地质灾害	如雷击、暴雨、地震等
退役	退役评估准确性	评估是否选择继续使用的结果的准确性

了解海底管道系统在整个生命周期受到的威胁和风险是风险评估的基础，从而允许操作人员关注完整性管理活动，防止和减缓失效，风险评估的作用是确保管道系统服役期内设计阶段的安全水平[7]。海底管道系统危害和不同危害对应的不同损伤见表 11.3 和表 11.4。

表 11.3　海底管道系统危害

危害分组	危害	危害分组	危害
设计、建造、安装	设计错误	自然灾害	极端天气
	建造相关		地震
	安装相关		滑坡
腐蚀、磨蚀	内腐蚀		冰载荷
	外腐蚀		重大温度变化
	磨蚀		潮流影响
第三方破坏	拖网		雷击
	抛锚	错误操作	不正确流程
	船舶撞击		流程未被执行
	落物		人员疏忽
	故意破坏/恐怖袭击		内部保护系统相关
	航运（船舶撞击、振动）		界面部件相关
	其他机械撞击		

续表

危害分组	危害	危害分组	危害
结构	整体屈曲，非埋设	结构	坐底稳定
	整体屈曲埋设		静力过载
	管端膨胀		疲劳（涡激振动、波浪或工艺流程变化）

表 11.4　海底管道不同危害对应的不同损伤

损伤/异样	危害分组					
	设计、建造、安装	磨损、磨蚀	第三方破坏	结构	自然灾害	错误操作
金属损失	√	√	√①	√①	√①	√
凹坑	√		√	√①	√	
裂纹	√	√	√	√	√	√
沟槽	√		√		√	
自由悬跨	√		√①	√	√	
局部屈曲	√		√	√	√	√
整体屈曲	√		√	√	√	√
移位	√		√	√	√	
非埋设	√		√①	√	√	
涂层损伤	√		√		√	√
阳极损伤	√		√		√	√

①次要的。

11.2.3.1　海底管道风险类别

风险就是指管道发生事故的概率，以及事故发生以后随之而来的不良后果。海洋管道的风险种类包括第三方破坏与机械损伤、腐蚀与冲蚀、设计与工程建设、运行与管理、自然与地质灾害等。对于海底管道来说，主要的风险有以下内容。

11.2.3.1.1　台风影响

台风导致的强台风爆流会引起海洋管道局部裸露和悬空。在台风的影响下，原来的冲淤动态平衡被打破，台风把能量传递给水体，通过改变底床切应力和水体的挟沙能力，导致短时间内管道剧烈的局部冲刷，致使原本掩埋的管道出现裸露、原本裸露的管道出现临界悬空和悬空段。尤其是在潮汐通道及其附近地带，台风造成沿岸的增减水，大量海水短时间通过潮汐通道涌入涌出，改变原有的水动力条件，使冲淤平衡在短时间内打破。

此外，台风还会影响海面浮标监测设施，导致浮标发生位置偏移。台风是强烈的局地扰动源，在移动中向海洋输送动量和涡度并带走热量，从而在短期内造成海洋中不同模态的显著的动力和热力变异，其最基本的特征是受风应力驱动产生近惯性振荡，导致浮标发生位置偏移。

11.2.3.1.2 结构威胁

结构威胁包含如下：总体屈曲（非埋设）、总体屈曲（埋设）/隆起屈曲、端部膨胀、坐底稳性、管道自由悬跨、管道走动、压溃、屈曲扩展。

（1）总体屈曲（非埋设管道）。需要考虑非埋设管道由于温度和压力载荷导致管道侧向发生移位的现象。经验表明，各类管道均能在海床上发生侧曲。整体屈曲仅影响小段管道，与水下重量大的管道（大管径且附带混凝土配重）相比，水下重量小的（管径小且附带较厚保温层）和侧向阻力小的容易发生整体屈曲。安装温度 20～30℃的管道，加温时需考虑整体屈曲。如果与安装温度相比，仅提升 5～10℃，不考虑整体屈曲。尽管如此，整体屈曲和膨胀不仅与温度相关，压力也可单独发展为整体屈曲，与整体屈曲相关的失效模型为：局部屈曲、疲劳和断裂。

（2）整体屈曲（埋设）/隆起。屈曲失效与土壤阻力相关，隆起屈曲的发生随温度、压力和流速的增加而增加。需考虑的其他问题有管道上部的土壤侵蚀，由于波浪或地震导致的土壤液化。隆起屈曲可考虑为最轻微的失效模式（由沿管道的局部载荷和阻力主导）。

（3）端部膨胀。所有管道系统均考虑端部膨胀（管道和连接部件之间的界面）。内压和温度将使管道延伸，端部膨胀对管道本身不需关注，需要考虑的是连接节点、膨胀弯、柔性滑轨、立管、跨接管吸收膨胀的能力。如果膨胀过大（或相关界面组件不能依据膨胀量进行合理设计），将导致移位，安装界面过弯，连接器或阀门泄漏等问题。

（4）坐底稳性。坐底稳性需要考虑非埋设管道由于环境载荷发生的长管段侧向移位，极端环境条件下（10 年、100 年一遇事件）可能发生有限的侧向移位（5～20m）。经验表明，过大的侧向移位随底流速度等级增加而增加。

（5）自由悬跨。自由悬跨需考虑非埋设管道的悬跨的静力过载和疲劳，即使埋设管道，在端部膨胀弯，立管也容易产生悬跨。悬跨长度和高度在很多情况下并不稳定，可能随温度、压力和流速变化，也可能由于海床冲刷、侵蚀、滑坡等发生变化。

（6）管道走动。适用于非埋设管道和埋设管道，走动是管道整体不可逆的轴向位移，与热启动和关停循环相关。长度较短、频繁冷热交替的管道容易走动，斜坡也将增加管道走动。钢悬链立管直接连接平管，也可能增加海管走动。

（7）压溃。在安装期间，通常发生外部过压导致堵塞。尽管如此，由于过压导致的管道压溃的情况有截面椭圆度大、凹痕或高度腐蚀。从初始椭圆状态至变形压溃，管道很可能由于减压而填充气体。

（8）屈曲扩展。在安装期间，通常发生外部过压导致堵塞。屈曲扩展由于存在初始凹痕或压溃，失效将沿管道扩展直到外压低于扩展压力。止曲器可阻止屈曲扩展和限制管道损伤长度。

11.2.3.1.3 腐蚀威胁

内外腐蚀威胁可根据不同的腐蚀机理分解，需针对特定介质类型、预期腐蚀机理、如何控制和缓解腐蚀来制定检测和监测方案。

关于腐蚀威胁评估，需考虑以下方面：

（1）与管道设计建造安装相关的文件可能影响系统服役寿命。

① 材料（碳锰钢、合金管、复合管）

② 介质组分（CO，H_2S，O_2）和腐蚀余量：

③ 设计和操作参数（压力温度、流速和水含量）；

④ 化学注入或其他腐蚀控制方法（如杀菌剂、抑制剂和清洁剂等）。

制造和安装事故可能对管道服役寿命产生影响，例如：涂层损伤和阳极损伤、凹痕。

（2）完整性管理系统及实施应包含：

① 腐蚀控制程序就位及实施；

② 有问题的介质实施产品监控；

③ 检测程序就位及实施。

（3）依据设计确认的操作包括：

① 操作中的监控数据应明确记录并定期评估；

② 适当的报告和评估条例包含超出规格的时间；

③ 介质腐蚀性变化；

④ 管道内部情况确认（金属损失）；

⑤ 基于完整性系统的检测数据定期开展腐蚀评估。

11.2.3.1.4　第三方威胁

海底管道风险评估之前需考虑第三方威胁，并准备相应的系统描述。描述应包括全部管道的全生命周期信息。

（1）潜在影响管道完整性的活动概述，主要包括：平台或钻井船的吊机操作、捕鱼（底部拖网）、在管道附近的补给船和船舶事故、水下操作（如钻井、完井和干预）、其他（计划的建造工作等）。

（2）管道的物理特性，主要包括：管径、壁厚、涂层厚度、材料（钢材和涂层）、建造细节（连接器、鹅脖等）、保护（埋设、堆石、保护框架）、路由和水深。

（3）ROV 外部检测和监测、内检测和船舶监测的数据汇总。

第三方威胁与人类活动有关，或可能增加管道外载荷的物体。相关的典型载荷包括冲击载荷、拖拉载荷、钩拉载荷以及以上载荷的组合。

第三方威胁很可能导致管道损伤，如凹痕、擦伤、裂纹、凿痕、局部屈曲、涂层损伤、阳极损伤和移位。这些类型的损伤可能随时间发展成泄漏失效，相关的成因非常复杂，并且时间相对独立。表 11.5 为海底管道第三方威胁示例。

表 11.5　海底管道第三方威胁示例

活动事例	典型威胁	管道受荷载
安装活动： （1）平管、立管、海底单元、保护装置等的安装； （2）挖沟、抛石； （3）悬跨	落物	撞击
	拖锚、锚链	撞击/拖拉/勾钓
	船舶撞击（动力船或漂流船）； 挖沟犁拖住管道	撞击

续表

活动事例	典型威胁	管道受荷载
抛锚（帆船和铺管船）	落物	撞击
	抛锚	撞击/拖拉/勾钓
	抛锚链	拖拉
吊装（帆船和铺管船）	落物	撞击
海底工作（同时工作）	水下机器人的撞击	撞击
	设备安装/拆除/维修出错	撞击
		撞击/拖拉
捕鱼活动	拖网干扰	撞击/拖拉/勾钓
水运—油轮、补给船、商务船、潜艇	船舶撞击（动力船或漂流船）	撞击
	锚泊	撞击/拖拉/勾钓
	落物	撞击

11. 2. 3. 1. 5　地震影响

由于地震使水平和垂直方向的应力增大，使沉积物中的孔隙水压力发生变化，沉积物强度也就发生变化，海床存在冲刷及沙坡不稳定滑移的风险，容易对管道的接口、三通、弯头及腐蚀裂缝等薄弱区域造成破坏，导致管道泄漏。

对国内外海底管道失效事故原因进行分析统计会发现，管道内部流体的腐蚀，海洋波流的冲刷作用，拖网撞击、锚击等第三方破坏是导致管道事故的主要因素；管材缺陷和施工缺陷等工程质量问题也是比较常见的事故原因。除此之外，施工前期的设计缺陷、管道运行过程中的操作失误等也是海底管道失效的原因。

11. 2. 3. 2　海底管道失效原因

失效的表现是通过失效模式实现的。通常状况中，油气管道失效模式主要包括断裂、变形以及表面损伤。经过欧洲钢管研究组织的大量研究工作，提出了管道失效模式。

一般情况下，油气管道的失效原因中包括外部干扰、腐蚀、焊接设备及材料缺陷、操作等原因。通过对油气管道失效事故进行统计分析可知，外部干扰、施工以及设备材料等是失效主要原因。其中外部干扰事故频率与管道直径，管道壁厚度以及管道埋深度有关。施工材料所造成的事故和管道使用年限有关。腐蚀失效的频率与管道服役的年限有关。我国管道失效的事故频率高于发达国家，主要是由于在早期建设中，管道材料的选择不合理，钢管制造问题，输送介质中腐蚀介质含量超标等。油气管道腐蚀失效是威胁管道安全的重要因素，大多数油气管道采用埋地铺设，避免腐蚀失效是极为关键的。

海底管道失效的原因可分为腐蚀、机械破坏和第三方活动、波流冲刷作用、管道附件失效以及焊缝缺陷和管道的材料缺陷。

（1）腐蚀。作为海底管道失效最主要的原因，海底管道的腐蚀分为管外腐蚀和管内腐蚀两种。管外腐蚀主要指的是电化学腐蚀，在海底土壤还有海水等电解质溶液当中，金属管道的表面会由于失去离子而发生腐蚀。这种腐蚀不均匀，管材的不均匀会使管道各处电位存在差异，低电位区受腐蚀较轻，高电位区受腐蚀则比较严重。除了电化学腐蚀，管外腐蚀还包括海生物腐蚀、化学腐蚀、大气腐蚀等类型。土壤和海水的含盐度、含氧量、海流流速、海洋生物浓度、电阻和温度等因素会影响管外腐蚀速度。

所谓管内腐蚀是所输送油气中含有的硫、水、氧这些杂质跟铁发生化学反应从而使管内发生化学腐蚀，如果油气中含有硫化氢，管道会发生氢致开裂或硫化氢应力腐蚀开裂，从而使管道在低应力下发生脆断，这是非常危险的一种情况，油气中硫、水、氧的含量会直接影响管内腐蚀的速度。海底管道在腐蚀作用下常以局部穿孔的形式而破坏。

土壤环境对管道腐蚀产生影响的主要因素有 4 种，分别是土壤的 pH 值、温度、微生物以及 CO_2 含量。尽管温度因素对管道腐蚀的影响非常大，当温度升高时，管道的腐蚀速率会大大加快，但温度仅仅影响管道腐蚀量，而对腐蚀质的影响较小，即只产生量变，而不产生质变，在此不讨论温度因素对管道的影响，仅从微生物和 CO_2 含量两个腐蚀因素角度进行分析。

油气资源在管道内的流速也会对腐蚀产生一定影响。这种影响主要体现在两个方面，首先油气流动会加速腐蚀反应中物质的交换速度，其次可以阻止腐蚀保护膜的形成，从而使得管道腐蚀过程更加复杂。研究表明，当油气的流速较高时，可使管道内形成空蚀现象众所周知，油气管道所使用钢材的钢级越高，油气输送的经济性就越好，油气管道输量和管道压力越高，经济性越好，但是在压力增大时，管道的腐蚀速率也会发生变化。

（2）机械破坏和第三方活动。第三方的海上活动也可能会破坏海底管道，位于海上工程施工范围区、航道区或渔业活动区的管道若埋设不深或由于波流冲刷而裸露出海床，就会很容易受到航锚和船，上落物撞击或渔网拖挂作用，位于平台附近和海上工程施工范围内的管道部分受平台上落物撞击和施工作用的危险性也非常大，这些作用都会在一定程度上损伤管道，甚至严重的时候还会造成管道断裂等严重问题。

（3）波流冲刷作用。如果海底管道埋设不够深，就会在波流反复冲刷作用下逐渐裸露出海底，从而至悬跨的状态，在波流流经悬跨道时，会在管道的后部释放旋涡从而导致管道振动，如果旋涡释放频率和悬跨管道自振频率相近，管道就会发生涡激共振，在很短的时间里就会使管道发生疲劳甚至造成强度破坏。

（4）管道附件失效。海底管道上的机械连接器、法兰、管卡、阀门、垫片、接头等附件也会因腐蚀、老化或其他原因而导致失效，使海底管道无法正常控制甚至发生泄漏。除此之外，设计不合理和操作失误也是造成海底管道失效的原因，相对于其他几种原因这两种原因是比较容易避免的，因为它们主要是由于人为因素造成的管道失效。很多情况下，海底管道失效的原因都不是简简单单的一种，常常可能是几种情况共同作用引起的，海底管道失效的原因与海底管道运行环境和运行年限有密切的关系。有些海底管道已经服役了很长时间，那么管道附件老化和腐蚀可能是导致其失效的主要原因；而有些海底管道则是铺设在砂质海床上，因此海床运动和波流冲刷可能是导致其失效的主要原因。

（5）焊缝缺陷和管道的材料缺陷。所谓焊缝缺陷是指管道在制造和施工过程中由于焊接质量不过关，存在着夹渣、裂纹或气孔等缺陷。而管道的材料缺陷则是指管材在制造过程中存在的质量问题，例如，材料内部存在着偏析、气泡、夹杂物或表面存在着裂纹、划伤等。管道的材料缺陷和焊缝缺陷处在外力作用下很容易产生应力集中现象，而它们也常常是管道发生疲劳破坏和强度破坏的潜在危险点。

11.2.3.3　防止海底管道失效的对策

（1）合理设计。海底管道设计过程是有效防止管道失效最重要的环节，在一定程度上可以通过合理的设计来防止波流冲刷和腐蚀等造成的海底管道失效，比如在设计中可以采用用砂袋或混凝土对管道进行外部防护、给悬空管道加固定支撑、将海底管道埋设等方法来防止管道底部被波流冲刷淘空而发生涡激振动；采用在管内流体内加缓蚀剂、管外涂防腐层、增加管壁厚度、阴极保护法等方法来防止管道发生腐蚀。

（2）合理选线。防止海底管道失效应首先从选线开始，作为海底管道工程的前期工作，选择海底管道路由时，要避开海床起伏较大、具有活动断层或软弱土层和冲淤严重的区域，还要尽可能避开渔业活动区、矿业活动区和船运航道，以降低管道因遭受渔网拖挂、外物撞击等破坏的概率。应尽可能选择在海底地形稳定而平坦的区域。

（3）管理措施。应建立健全的 HSE 管理体系；根据各单位的特点制订适宜的应急预案，并且每年都要对有关人员进行重复的培训和演习；根据港口溢油应急设备配备要求，配备相应的溢油应急设备（吸油带、围油栏、燃烧型围油栏、撇油器拖油网等）；溢油动态跟踪预报系统；还可与周边邻近地区具有溢油防治资源的港口、码头进行区域协作，可依协议的规定借用彼此的溢油防治资源等。积极宣传《中华人民共和国海域使用管理法》严格按照海域功能进行海洋保护、开发利用，确保在海底石油管线区禁止抛锚和捕捞作业，从而降低外力作用造成的海底石油管道的泄漏风险。

（4）严控材料质量。这里所说的材料包括牺牲阳极块、混凝土等防护材料，还包括法兰、阀门、垫片等附件以及管道钢材。在用于海底管道工程前，要对这些材料进行认真的检测，以免将性能不满足要求和有质量缺陷的材料用于工程中，为海底管道失效埋下隐患。

（5）加强施工质量监督。海底管道施工质量的好坏直接关系到海底管道的安全。海底管道施工质量包括很多方面，除了管道是否铺设在预定设计位置、管道埋深是否达到设计要求、管道焊缝质量外，混凝土保护层和管道防腐涂层的厚度是否达到设计要求等也都属于管道施工质量范畴。严格执行施工验收标准、加强对海底管道施工质量监督能够使因管道施工质量问题而引起的管道破坏得到有效减少。

11.2.4　风险评价步骤与方法

风险评估步骤如下：

（1）收集可靠性资料。对可靠性资料的收集可深入了解未知数的多少。

（2）确定研究的目标变量的以及关键变量。在计算过程中的衡量标准为目标变量，关键变量能够对目标变量产生重要影响。

（3）可根据风险变量建立模型。建立一种有效正确的模型可提高计算结果准确性和可靠性。

（4）风险变量的定量化。风险变量的，定量化基于一种合理数学方法，科学进行风险分析。为决策者提供衡量标准和理论基础。

（5）计算风险失效概率。通过建立的模型以及定量化的数学方法可计算出风险失效概率。

（6）计算风险后果。通过不同性质的风险可建立不同的计算模型，并找到合适的数学方法将风险后果定量化。

（7）计算风险数。通过风险失效概率和风险后果相乘，能够计算出风险评估中的风险数。

（8）风险分析。对计算结果进行详细分析，能够为风险决策提供科学依据。

常用的海底管道风险评价方法包括：

（1）故障树分析法。该种方法属于风险分析方法。在 1976 年我国开始研究并使用这种方法，同时在核工业，机械，电子，航空，航天领域中都得到了广泛的应用，进一步提高了产品自身安全性以及可靠性。故障树是通过几个节点和连接节点的线段组合而成的，每个节点相当于具体的某一个事件，这些线段是事件间的一种特定关系。

（2）失效模式、影响和评估方法。这类方法是一种对元件或系统整体进行评估的方法。这种方式是在失效概率的基础上，得出相应的失效模式和结果。在此之前还需要准备好数据、资料、表格以及计算机数据库等。失效模式、影响和评估方法是基于工程鉴定以及具体数据的，评估的结果能够为现运行的设计进行改进，也能够为新项目做出指导。

（3）指数法。指数法能够对管道风险进行指数评分，在评价的过程中需要对每种因素都做出独立性假定，同时能够考虑到最坏的状况。最后的分值具有主观性和相对性。造成管道事故的四大原因为破坏、腐蚀、设计以及操作失误。在结合管道运输介质的危险性和环境因素，再对泄漏影响系数进行评估，最终得出相对风险数，风险数越小则风险越小。

（4）概率风险分析。通过这种分析方法能够有对事件的组合进行识别和描述。当事件发生时，可以对严重事故和没有预料到的时间进行描述；对事件的组合进行评估。概率风险分析是综合了运行实践，人为因素，事故物理以及环境等潜在因素进行分析。将造成事故的复杂事件通过逻辑模式进行描述，并通过物理模式对危险材料在环境中运输和事故进程进行综合描述。这两种模型是通过概率方式表现出事故危险特点的。

海底管道的直接评估程序可用于外部和（或）内部的评估。Sueh 计划将遵循标准的 4 步直接评估程序：预评估、间接检查和（或）样本收集和分析、直接检查。

目前国际上针对管道安全主要采用以下 4 种评价模式：风险性评价、适用性评价、完整性评价和可靠性评价。风险性评价的目的就是维护油气管道系统的运行稳定，在不影响生产的情况下，将危险因素一一排除，并按照危害程度逐一判断管道风险发生的概率，针对每种风险的特点制定相应的排除措施以保证管道系统安全运行[8]。

对于海洋管道来说，由于外部环境与陆上管道区别极大，其设计、施工和运行条件都与陆上管道不同，因此其风险识别与评估方法的制定应体现海洋管道的特征。下面给出海洋管道风险识别与评估方法的主要制定依据：

（1）海洋管道完整性管理解决方案；

（2）DNVGL – ST – F101 海底管线系统规范；

（3）DNV – RP – F116 海洋管道系统完整性管理。

根据以上标准规范，制订出海洋管道的风险评估流程如图 11.6 所示[9]。

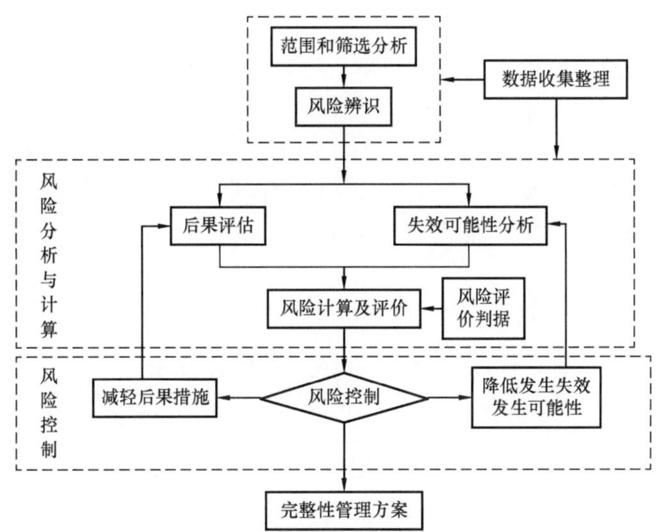

图 11.6 根据海底管道风险识别与评估方法制订的风险评估流程

通常，风险评估的方法有很多种，ASME B31.8S《天然气管道完整性管理》给出了4种主流的方法：专家打分法、相对评估模型、基于事件的模型法和概率模型法，这4种方法的一个共同点就是都评估事件发生的概率并且给出了事故的后果。总体来说，可采用定性、半定量、定量等风险评价方法开展海洋管道风险识别与评估[10]。

海底管道风险评估流程需要注意以下几点：

（1）海底管道的风险辨识要从静态（管道参数、历史事故数据）和动态（海域特征、运行参数、检测数据）两面考虑。国内海底管道失效原因中，管跨占15.8%，仅次于第三方破坏，故海底管道的风险辨识过程应提高对管跨的重视程度。

（2）海底管道分段可以采用设计者和施工者的分段方法，也可以依据管道沿途海洋环境自行分段。为降低风险评估流程难度、减少评估工作量的角度，可以借鉴前一种分段方式。

（3）风险分析包括概率计算和后果评估，海底管道的环境复杂，概率计算难度较大，为避免层次分析法、模糊综合评价等风险评价方法的主观性，建议在概率计算时参考和借鉴数据库统计数据和管道现场实测数据。同时，多种方法组合运用可避免单一方法的局限性。

（4）海底管道事故类型包括变性损伤、穿孔小漏、裂缝大漏和断裂4种，后3种事故类型均为不同程度的泄漏事故，可采用CFD软件辅助评估。

（5）风险评价是划分风险等级、确定风险严重性的过程，该过程需结合具体评价需求划分风险等级。

（6）风险严重性较低，不足以产生不良后果时可以暂时不制订应急对策和风险控制措施。由于海底管道事故损失严重，维修难度大，所以风险评价结束后建议根据风险分析的结论制订针对性的应急对策和风险控制措施，同时应避免应急对策和风险控制措施过于笼统、空泛。

11.2.4.1 定性风险评价方法

定性评价常用于基本方案的风险评价或风险评价的初始阶段，为制定进一步的定量风险评价提供依据。

针对海洋管道识别的失效模式，可采用定性风险矩阵进行第三方破坏与机械损伤、腐蚀与冲蚀、设计与工程建设质量、结构、运行与管理、自然与地质灾害等因素的风险评估，根据不同失效模式发生的可能性和失效后果，从安全、环境、经济损失、维修成本、声誉等方面确定风险等级[13]。

海洋管道失效概率等级划分参见表 11.6。

表 11.6 海洋管道失效概率等级划分

等级	定量	定性	描述
1	$>10^{-2}$	非常高	在小管道样本中，每年发生一次或一次以上的失效
2	$10^{-3}\sim10^{-2}$	高	在大管道样本中，每年发生一次或一次以上的失效
3	$10^{-4}\sim10^{-3}$	中等	在小管道样本中，每年发生一次或一次因超出设计寿命造成的失效
4	$10^{-5}\sim10^{-4}$	低	在大管道样本中，每年发生一次或一次因超出设计寿命造成的失效
5	$<10^{-5}$	非常低	几乎没发生过失效

注：一个小的管道样本是指 20～50 个统计对象，而一个大的管道样本是指 200～500 个统计对象。

海底管道失效后果等级划分见表 11.7。

表 11.7 海底管道失效概率等级划分

风险后果等级	后果描述
5（灾难性）	管道全部损失。大量重度污染介质泄漏，不能被除掉，并需要很长时间被空气和海水分解。修复管道需要大量的经济投入和长时间的生产关断，多于一人死亡
4（重大）	失效引起无限期的管道关断，重要的设施失效和经济损失。污染介质大量泄漏，但可以从海水或空气中除掉，或经一段时间后被空气和海水分解。修复需要在水下进行。在恢复生产之前，管道系统的修复不能完全被验证有效。有人员受伤，一人死亡
3（严重）	失效引起超出计划地的设备或系统损失和较多的修复费用。修复超出计划，需要在水下进行。管道再运行需要提前验证的修复系统。污染介质中度泄漏。泄漏介质需要一段时间才能在空气中或海水中分解或变中性，或者很容易从海水或空气中除掉。有人员严重受伤，无人员死亡
2（轻微）	污染介质轻微泄漏。泄漏介质在空气中或水中快速分解或变中性。在发生计划关断之前，可以不进行修复。会产生一部分修复费用。无人员受伤
1（可忽略）	运行期间不重要的效果，会产生少量的修复费用。由于无内部介质泄漏或轻微泄漏，对环境无影响或轻微影响。无人员受伤

风险大小评判矩阵见表 11.8。

表 11.8 风险大小评判矩阵表

后果大小	风险发生后果					风险发生可能性				
	声誉	安全	环境	经济损失（设施非计划关停时间）	维修成本（非计划）	1 非常低	2 低	3 中等	4 高	5 非常高
1	轻微	轻微	轻微	轻微	轻微	1	2	3	4	5
2	一般	一般	一般	一般	一般	2	4	6	8	10
3	中等	中等	中等	中等	中等	3	6	9	12	15
4	重大	重大	重大	重大	重大	4	8	12	16	20
5	灾难	灾难	灾难	灾难	灾难	5	10	15	20	25

定性风险矩阵评估的风险级别定义见表 11.9。

表 11.9 风险级别定义

风险区域	分数	建议的处理措施要求
P1	15 ~ 25	高风险，需要提供处理措施、计划以及验证处理措施实施的效果，残余风险评估及定期追踪
P2	8 ~ 12	中等风险，风险责任人可考虑适当的控制措施也可决定暂不做处理，持续监控此类风险
P3	1 ~ 6	低风险，只需要正常的处理措施或者容忍和接受风险

11.2.4.2 半定量风险评估方法

海底管道失效可能性评价指标体系分为第三方破坏与机械损伤、腐蚀与冲蚀、设计与工程建设、结构、运行与管理、自然与地质灾害等 6 大类风险因素，共计 76 项指标[15]。根据已有海底管道失效统计数据，结合 KENT 风险评估方法，确定第三方破坏与机械损伤、腐蚀与冲蚀、设计与工程建设、结构、运行与管理、自然与地质灾害 6 大类风险因素的评分依次为 200 分、200 分、100 分、50 分、50 分、50 分，总分 650 分，海底管道失效可能性评价指标与评分见表 11.10。

表 11.10 海底管道失效可能性评价指标与评分

评价指标		评分准则			
埋设条件（20 分）	埋深	<0.5m	[0.5m，1.5m]	(1.5m，2.5m]	>2.5m
		10 分	6 分	3 分	1 分
	水深	<10m	[10m，50m]	(50m，100m]	>100m
		10 分	6 分	3 分	1 分
管壁/管径（20 分）		≤0.02	(0.02，0.05]	(0.05，0.1]	>0.1
		20 分	5 分	3 分	1 分

续表

评价指标		评分准则			
周围活动程度（40分）	渔船工程作业活动（挖沙作业）	周围渔船或其他工程作业活动频繁	少量渔船或其他工程作业活动	偶尔会渔船与工程作业活动	无其他活动
		10分	6分	3分	1分
	拖网	频繁	一般	偶尔	无
		10分	6分	3分	1分
	抛锚与坠落	频繁	一般	偶尔	无
		10分	6分	3分	1分
	恶意破坏/恐怖活动	频繁	一般	偶尔	无
		10分	6分	3分	1分
航道及周围设施（40分）	航道影响	重要设施或船舶活动频繁	一般设施、船舶活动一般	船舶活动频率低	无重要设施/无船舶活动
		20分	15分	8分	1分
	与其他管道的交叉和干扰（沿线区域使用冲突）	多条	少量	极少	无
		20分	15分	8分	1分
警示状况（20分）		海图无任何标志，且登陆管线无任何警示标志、从不巡检	仅有海图标志、登陆管线无警示标志、无定期巡检	无海图标志、但登陆管线有警示标志、巡检周期较长	海图标志和登陆管线标志准确明显、且定期巡检
		20分	15分	10分	1分
海洋管道巡检情况（20分）		无任何巡检记录	每年巡检1次	每月巡检1次	每日巡检一次
		20分	15分	10分	1分
内外检测管道顶部凹槽数量（20分）		>20个	10~20个	1~10个	0~1个
		20分	15分	10分	1分
第三方破坏失效历史次数（20分）		>5次	(3，5］次	(1，3］次	≤1次
		20分	15分	10分	5分

11.2.4.3　风险分值计算

风险分值 = 风险因素评分总和 × 后果系数

后果系数 = 输送介质扩散系数 ÷ 输送介质危害性指标

输送介质扩散系数 = 10min 管输介质泄漏量 ÷ 海域重要程度指标

根据确定的风险分值确定相应的风险等级：

高风险：≥260分；

较高风险：［195~260）分；

中等风险：［130~195）分；

较低风险：[65～130）分；

低风险：<65 分。

海底管道输送介质危害性指标具体评分项参见表 11.11[5]。

表 11.11　海底管道输送介质危害性指标评分

泄漏后果指标	分项指标构成			指标评分
输送介质危害性指标	当时性指标	Tf（燃烧性）	非燃烧性	4
			闪点大于 93℃	3
			38℃ <闪点 <93℃	2
			闪点 <38℃和沸点 <38℃	1
			闪点 <23℃和沸点 <38℃	0
		Tr（反应性）	处于稳定状态	4
			在带压加热条件下出现轻微反应	3
			即使在不加热条件下，也出现剧烈反应	2
			在密闭条件下可能出现爆炸	1
			在非密闭条件下可能出现爆炸	0
		Th（有毒性）	不具危害性	4
			可能存在轻微的后遗症伤害	3
			需要立即采取医疗措施	2
			能导致严重的暂时性或后遗症伤害	1
			短时间的暴露就会导致死亡或严重伤害	0
	长期性指标 FL（根据可报告泄漏量判定）		无长期性危害	5
			5000.0m^3（气）/50m^3（油）	4
			1000.0m^3（气）/10m^3（油）	3
			100.0m^3（气）/5m^3（油）	2
			10.0m^3（气）/1m^3（油）	1
			1.0m^3（气）/0.5m^3（油）	0
输送介质扩散系数（根据 10min 介质泄漏量和海域类型确定）	管输介质泄漏量	液体管线	≥10m^3	4
			[5～10m^3)	3
			[0.5～5m^3)	2
			<0.5m^3	1
		天然气管线	≥1000m^3	4
			[100，1000m^3)	3
			[0.5～100m^3)	2
			<0.5m^3	1
	海域重要程度指标	重要海域		1
		相对重要海域		2
		其他海域		3

如果评价的海底管道发生过泄漏事故，可根据历史泄漏次数对风险分值进行修正，发生过1次泄漏，提高风险分值5%，发生过2次及以上泄漏提高分值10%。

应用举例：

某海底管道的介质危害性指标评分根据表11.10依次选择：3分、2分、3分、1分、0分、6分、4分、2分、2分，确定的后果系数为0.33；根据表11.9确定的失效可能性评分为400分，则其风险分值为400×0.33=132分，属于“中等风险”等级。

基于半定量风险评估方法，针对不同风险评估结果和划分的风险等级，按照总体风险、单项风险统一考虑的原则制定相应的风险控制措施，主要包括管理制度、岗位职责、应急预案或应急计划、改进方案或技术，以实现对海底管道风险的有效控制。

（1）风险分析评价小组对海底管道的风险进行优先排序，并制订相应的风险减缓措施、完整性管理计划，同时向（分/子）公司生产部备案。

① 高风险（严重级）：如管道折断、裂缝大尺寸泄漏，为“不可接受”的风险等级，应该立即采取实施性风险缓解措施，降低海底管道风险等级。

② 较高风险（较严重级）：如裂缝较小尺寸泄漏，应该及时采取针对性、实施性风险缓解措施，降低海底管道风险等级。

③ 中等风险（重要级）：如穿孔小漏，要加强检测或监测，安排针对性的检（维）修计划，采取风险控制措施，控制风险，降低风险等级。

④ 较低风险（较重要级）：如存在潜在的小孔泄漏，要缩短检测或监测周期、进行有效检测与评价方法的应用，监控风险，并制定相应的管理计划。

⑤ 低风险（较轻级）：可接受的风险，能继续使用。

如采用定性风险矩阵评估方法，不同风险评估结果及风险等级的完整性管理计划参照半定量风险评估方法执行。

（2）作业单元具体落实风险控制措施，将风险的处理情况按照相关要求填报并向上级主管部门备案，并将高风险中的处理措施总结成良好作业实践，内容包括但不限于风险评估过程中的存在问题、控制措施的适应性等。

11.2.4.4　定量风险评价方法

根据管道历史数据分别计算管段事故发生的概率（或频率）、事故发生的后果的大小（通常用伤亡率或经济损失率来表示），然后计算风险值，风险值通常用个人风险、社会风险或经济损失来表示；所需数据较多，计算复杂；可用于风险排序、确定检测周期[16]。

11.2.4.5　剩余寿命评价方法

在国外已经开展了长输管道运行的腐蚀、剩余强度和剩余寿命的预测研究。剩余强度时评价管线的当前情况，剩余寿命则是预测管道的未来发展状况，管道剩余强度是剩余寿命预测中的一个重要课题，因管道剩余寿命的影响因素多、随机性大，并且非常复杂，所以对于管道剩余强度的研究最多，对剩余寿命预测的研究相对较少，缺乏系统研究。

国外研究方法主要是通过大量现场腐蚀数据来分析统计结果，或者通过大量的管内外挂片腐蚀数据获得腐蚀速率的数学模型，并应用到实际管道[17]。对于经验少、数据少的不确定问题，采用灰色系统理论进行解决，采用灰色原理，可以预测管线任何时间的腐蚀速率，进而获得管道的腐蚀剩余寿命。同时，针对不同腐蚀类型、不同环境，建立了大量的腐蚀速率、腐蚀寿命预测模型和专家系统，苏联拥有世界上最长、管径最大的管网系统，对于管道腐蚀寿命的研究非常重视，研究出了疲劳寿命模型和管材性能衰减寿命模型，但是由于在役管道主要受内压，并且内压波动范围小，所以疲劳模型并不适用，同时管材衰减模型需要长期衰减检测，适用性也受到了限制。

近几年，国际上对于管道的寿命预测非常重视，并开展了大量的研究，目前国际上主要有以下几种腐蚀剩余寿命预测方法：

（1）基于埋地管线电化学腐蚀机理的预测模型。该模型对管道腐蚀缺陷的形态和发展趋势进行了近似处理，根据金属电化学腐蚀机理进行推导，得到剩余寿命的预测模型。该模型仅适用于预测长输管道外壁土壤腐蚀。

（2）基于室内对管材挂片腐蚀实验所测腐蚀速率数据而建立的预测模型。该模型采用实验室环境模拟现场的腐蚀，从而建立预测模型。但是因为室内条件无法与现场不同区域的土壤环境一致，所以与实际条件存在很大的差异，不能用于去定量预测管道剩余寿命。

（3）基于土壤腐蚀性因素引起管体外腐蚀的经验总结的腐蚀状态指标预测模型。该模型是根据特定土壤环境获得的，适用性较差。

（4）基于定期全线腐蚀检测数据的剩余寿命预测模型。该模型的获得需要大量的实际数据，可以获得不同管段的腐蚀状态，但是定期检测费用高，对于模型的使用产生了很大的限制。

（5）基于人工神经网络理论的管线寿命预测模型。该模型通过各种腐蚀因素与腐蚀结果建立已知样本集，获得数学模型来预测剩余寿命。由于腐蚀的影响因素多，随机性大，样本数据有限，预测的精度有限。

（6）基于灰色系统理论的管道寿命预测模型。所谓灰色系统是指系统的影响因素不完全明确，影响因素之间关系不完全清楚，灰色理论采用摸着算法，对无规律的数据进行处理，再生成预测模型。该模型预测精度有待进一步考证。

（7）基于极值统计规律的剩余寿命预测。腐蚀剩余寿命由最大腐蚀深度决定，而该值的分布符合极值分布，根据概率统计方法，对腐蚀深度进行分析处理，通过极值分布概率理论就可以得到最大腐蚀深度，从而获得剩余寿命，该模型必须依赖大量的管道腐蚀检测，可操作性不强。

通常求解管道腐蚀寿命的计算方法主要建立在已知腐蚀速率的基础上。当对管道进行腐蚀检测时，若发现腐蚀缺陷不存在，则可以认为开挖管道的剩余寿命与新管道相同。如果发现腐蚀缺陷存在，则需要根据检测数据进行腐蚀速率求解计算，然后根据已知的管道运行压力、壁厚等数据进行腐蚀管道剩余寿命求解。通常使用的理论预测剩余寿命计算公式为：

$$R_{\mathrm{L}} = CS_{\mathrm{M}} \frac{t}{G_{\mathrm{R}}}$$

式中　R_{L}——剩余寿命，a；

C——修正系数；

S_{M}——安全边际量（失效压力比率 - 最大允许操作压力比率）；

t——公称壁厚，mm；

G_R——腐蚀速率，mm/a。

其中

$$失效压力比率=计算失效压力/屈服压力$$

$$最大允许操作压力比率=最大允许操作压力/屈服压力$$

11.2.5 油气管道的废弃

油气管道的废弃是管道生命周期的重要环节，油气管道继续输送油气的效益低于输送成本且管道没有其他潜在用途，或者管道自身条件老化严重无法继续安全运行时，废弃处理是不可避免的选择。北美地区管道废弃处置经验丰富，而我国则缺乏实际操作经验。

废弃后的管道将永久停止油气输送服务。典型的废弃方式包括管道原位弃置（也称就地废弃）和拆除，实际应用中通常是拆除废弃和就地废弃的组合方式，油气管道废弃不是简单的弃之不理，需要根据管道输送介质、输送工艺、防腐保温措施、途经地质条件和社会环境等因素，决定不同状态管道的废弃方式和相关的废弃处理技术。同时，对于涉及生态敏感区域，废弃后管道沿线环境状况跟踪评价也至关重要。

管道废弃是一项复杂的系统工程，应该在遵循国家和地方政府法律法规的基础上，做好充分准备并制订详细计划，将经济成本和环境负面影响降到最低，尽量减小废弃处置经济成本和环境负面影响。

油气管道废弃处置的重要内容包含以下几个方面：

（1）管道内残留物清理与残留浓度评价；

（2）穿越段关键位置的地面沉降问题解决；

（3）阻止管道导流问题引起水流迁移而破坏环境平衡；

（4）干线管道和管道附属设施的拆除；

（5）管道弃置后的跟踪维护。只有这些技术环节互相衔接，才能保证管道废弃处置工作安全无污染地进行。

管道废弃工程完成后，应该通过持续的监管，确保废弃管道不会造成不可接受的地面沉陷、意想不到的生态影响或者其他损害。尤其当废弃计划没有按照常规的程序（如穿跨越点的填充）进行时，更需要注意管道废弃后的影响。持续监管包括以下几个方面：

（1）对管道线路进行巡逻和环境分析，确保管道上方有足够的再生植被，并且已经恢复到原本的自然状态；

（2）应该与土地所有者和公共土地管理者保持联系，向其提供一个快捷的联系方式，以便当废弃管道所在土地进行新的开发或者出现其他问题时取得联系；

（3）对确认为生态敏感地区的废弃管段所在地定期进行针对性勘察，对穿跨越点进行监测，以确保没有发生土地沉陷。

11.2.6 完整性管理计划

检测和监测为收集操作数据和表明部件状态的其他类型信息所采取的状态监测活动。操作数据通常是物理数据，如温度、压力、流量、化学药剂注入量。

对于海底管道，其维护活动通常包含在检测和监测程序中。维护活动包括典型的清管

（划伤处理或化学处理）或在阴极测量之前清除阳极上的杂物。

通常，检测是直接测量组件的状态（如壁厚、管道损伤），监测是收集相关的工艺参数，这些参数能间接地反映组件的状态。

在海底管道系统完整性管理的框架下，试验包含以下内容：系统压力试验、安全设备测试、压控制设备、过压保护设备、应急关断系统、自动关断阀门、连接配管的安全设备。

系统压力试验并不作为常规完整性控制活动来实施，尽管如此，在有些情况下还是需要考虑系压力试验，例如，如果管道设计为不可通球，并且操作条件已经产生能导致与系统结构完整性相关重大不确定性的变化。服役期内系统压力试验也可和系统维修或调整一起进行。

11.3 检测、监测与试验

11.3.1 检测

检测技术可以分为管道内检测和管道外检测，又可以分为水面检测和水下检测两种。

管道内检测技术可以在保证管道正常运行的状态下对管道进行内检测，准确把握管道内部状况及存在的缺陷，通过对多次检测数据进行分析，对缺陷的腐蚀率、增长率进行计算，从而对管道的剩余强度、修复建议、再检周期等进行预测，对管道剩余寿命进行评估，对管道进行完整性评价。

用于管道内检测常见的检测器包括：智能清管器、漏磁检测器、超声波壁厚检测器、超声波裂纹探测器、环向漏磁检测器。

目前国内海底管道外检测技术主要是采用声学调查设备对管道的路由位置、埋设状况及周边地形地貌进行定期检测，但无法判断管道的外防腐系统保护状况。南海一些深水管道由于采用非掩埋设计，水下能见度较高，一般通过潜水员或 ROV 对位于海床面管道上的牺牲阳极进行定期抽检，来了解和掌握海底管道阳极的工作状态。海底管道牺牲阳极检测技术包括外观检查和电位测量。

水面检测利用相关设备和技术来确定管道埋设深度、坑道的轮廓以及检测管道泄漏的情况等；水下检测利用一些潜水设备和遥控设备对管道进行定位和跟踪，同时检测管道的保护层、厚度、腐蚀情况、机械损伤等。

新建管道的外检测及定位测量为管道的完整性管理提供了最真实的、最可靠的基础数据，从而从源头上控制了管道腐蚀的发生，同时全面掌握管道沿线腐蚀环境，为今后管道的防腐工作提供依据。准确把握管道及周围环境状况并根据一定的优选原则，对具有严重环境腐蚀地段加强管理，可以大量避免事故发生；同进也能大大延长管道寿命，其经济效益是十分可观的。

由于管道长期的运行，管道外防腐层、管体有可能出现缺陷，该类缺陷包括管道运行期间的自然缺陷和第三方破坏，防腐层缺陷点检测、管体腐蚀检测及管道完整性评价对于该类缺陷的修复与维护提供了科学、可靠的依据。为保证管道的安全运行，常用的管道检测内容包括：管道外防腐层检测、管道阴极保护检测、管道铺设环境检测、管道开挖检测及管道附属设施检测。

（1）管道外防腐层检测。

管道外防腐层检测主要包括管道外防腐层漏点检测和管道外防腐层等级评价。管道外防腐层破损点是管道防腐效果不理想或者受外界影响，管道金属本体与大地接触，从而产生腐蚀。外防腐层绝缘电阻是防腐层评价等级的标准，防腐层绝缘电阻越大，说明管道的绝缘效果越好，管道的防腐层越优等。

管道外防腐层破损点检测常用的方法为：直流电位梯度法（DCVG）、交流电位梯度法（ACVG）、皮尔逊法。直流电位梯度法（DCVG）采用当直流信号施加到管线上时，在管道防腐层破损点和土壤之间存在直流电压梯度。在接近防腐层破损点部位，电流密度增大，电压梯度增大。一般地，电压梯度与裸露面积成正比关系。直流电压梯度（DCVG）检测技术，就是基于上述原理而建立的。

交流电位梯度法（ACVG）亦是使用发射机将发射一定频率的检测电磁波信号施加于被测管道上，若管道绝缘层有破损点或搭接点，其周围会形成球形电场，在地面上形成以改点为中心的圆形分布电场，中心处向外形成电位梯度，假设土壤的导电率是均匀的，则由许多同心圆形成等电位线。通过两根接地钢探针（A 字架）测量地表面的电位差来精确定位破损点，并可根据测量的电位差峰值定性判断破损点大小或搭接情况。

皮尔逊法是通过测试桩向管道发出一个交流信号源，当管道防腐绝缘层出现破损时，该处金属管道与大地相短路；在该处经大地形成电流回路，并向地面辐射，在该破损点正上方辐射信号最强。检测人员通过人体电容法，在地面检测并准确定位，同时根据发射机和接收机增益大小、接收信号强度、接收机与发射机距离及附近环境情况来判定破损点大小。管道外防腐层绝缘电阻测试主要方法为：阴极保护电流衰减法、管中电流衰减法。管内电流检测有电压降法和补偿法。管道拱、跨、浅埋及浅埋位置定位，通过对管道拱、跨、浅埋及浅埋位置进行汇总，为以后管道管理提供依据。

（2）管道阴极保护检测。

管道阴极保护主要检测管道的自然电位、保护电位、近距离电位（CIPS）、测试桩状况、阴极保护站、阀室接地、线路阳极参数、穿跨越段、排流设施参数。

管道电位测试方法主要有：地表参比法、近参比法、瞬间断电发、试片法。其中测试最为准确的方法为瞬间断电法和试片法。因为以上两种方法在测试的时候消除了土壤 IR 降的影响，CIPS 方法是在被测管道的测试桩上引一根细线用作参比信号。测量时电极探头在管线正上方，测量时沿管道的走向，在管道的正上方每隔 1m 测量一组电位，根据电位的变化情况来评价管道阴极保护的状况，管道阴极保护站检测主要有观察并记录阴极保护设备运行参数、电位法长效参比电极有效性测试、采用长效参比电极测试并记录阴极输出端对地电位；将代替参比电极埋设在长效参比电极附近，用代替参比电极测试并记录阴极输出端对地电位；比较两个参比电极测试电位，若两次测试电位差 $AV \leq 30mV$，则长效参比电极有效；若两次测试电位差 $AV > 30mV$，长效参比电极存在偏差，需要进行更换或维护。

（3）管道铺设环境检测。

环境腐蚀性评价主要为土壤腐蚀性评价，土壤腐蚀的影响因素是多方面的，例如：土壤电阻率、土壤的氧化还原电土壤 pH 值和土壤年腐蚀速率。土壤电阻率是反映土壤导电性能的指标；土壤 pH 值是反映土壤酸碱度的指标；土壤腐蚀速率是钢材在土壤中的年腐蚀速度。

管道杂散电流干扰状况评价主要是对管道上交直流干扰调查、测试、分析。杂散电流测试分为一般测试和重点测试，一般测试是指对管道沿线所有测试桩处的管道进行杂散电流测试，重点测试是指对管道沿线与高压线平行或相交处、管道与铁路交叉处、有可能对管道产生杂散电流的地方进行检测测试。

直流干扰的测试方法主要分两种：管道自然电位正向偏移法和管道沿线直流电位梯度法。交流电位测量主要是测量管道内交流电压对管道设备、人员造成伤亡的可能性。通过测试管道铺设环境的电阻率和管道内的交流电压计算管道的交流干扰密度，依据交流干扰密度的大小来分析管道的交流干扰情况。

（4）管道开挖检测。

开挖检测主要是对探坑的土壤理化性质及管线腐蚀及防腐蚀程度所作的描述及分析，开挖检测主要目的是对检测的结果进行验证开挖和检测开挖。验证开挖主要是对管道外防腐层等检测结果进行验证，看是否与开挖检测的结果一致，并依据开挖结果校正检测数据。检测开挖主要包括管道金属本体检测、防腐检测、管道铺设环境理化分析。

（5）管道附属设置检测。

绝缘法兰检测主要有三种方法：电位法、电流法、直接测试法。电位法就是通过测试绝缘法兰两侧的电位差来评定管道绝缘接头的有效性。电流法即在绝缘法兰的一侧施加一定的电流，在绝缘法兰的另一侧测试电流的大小，通过测试结果分析绝缘接头的有效性。直接测试法即采用兆欧表直接测试绝缘接头的绝缘性能。

检测管壁金属损失的方法有两种：漏磁检测法（MFL）和超声检测法（UT）

检测方法分类见表 11. 12。

表 11. 12　检测方法分类

检测方法	描述
一般外观检测（GVI）	一般外观检测由 ROV 或潜水员实施，不需要清理管道，但是能检测绝大部分外部危害情况，如涂层、保温材料、阳极状态、泄漏等。主要目的在于发现系统明显损伤。发现系统异常需要更加细致的检测，参考 DVI 和 CVI
扩展外观检测（GVI XTD）	检测使用工作级的 ROV，通常会包括三视图数字视频（左/中/右）、数码相机、海底的横剖面扫描（如旁扫声呐和多波束声呐）、阴极保护探测（组分和探针）和管道跟踪（埋深）。GVI XTD 能发现 GVI 所能发现的异常，还能给出管道悬跨和埋深的详细数据
详细外观检测（CVI）	对于这种类型的检测，需要进行高标准的清理工作，所有的软硬海洋生物的生长都需要清除。检测的目的是针对特定的关注区域实行详细的检测，需要潜水员或工作级 ROV
高精度调查（HPS）	高精度的调查来确定绝对位置和每年海底管道相对横向运动。这是通过使用一个工作级 ROV 附带高精度校准位置的设备［如高纠错性能 DGPS 定位、应答器（USBL/LBL 系统）、ROV 安装陀螺仪和运动传感器、高频多普勒速度测量仪等］。由于比标准 GVI 需要更多的校准时间，预期的检测速度可能较慢

续表

检测方法	描述
在线检测（ILI）	智能清管的管道利用各种无损检测（NDT）的方法从一端到另一端连续检测管道壁厚损失或管道异常/缺陷
监测	腐蚀探针——当前系统的工艺参数、流体成分和任何陆上荷载/压力的检测
试验	设备或控制系统的系统试验或功能试验

管道公司业主和内检测服务公司应重点分析检测的目标和预期目标相匹配的问题。这些问题包括甲乙双方了解管道的特点和内检测器的性能、预期的检测的缺陷类型和精度以及存在的风险，应评价在线内检测方法的精度和检测能力要求。

检测精度要求是指在线检测器规定的最小可检测缺陷尺寸应小于将被检测的预期的缺陷尺寸；缺陷识别能力要求是指在线检测器应能够从其他缺陷类型中辨别出目标缺陷类型；应优先考虑尺寸精度要求，定位精度应能准确定位缺陷位置；缺陷评价的要求是指在线检测的结果必须满足适用性评价的算法和数据输入精度的要求；管道可检测性要求是指应评价管道可检测性，首先确保检测操作的安全；缺陷评价要求是指内检测必须为运营公司的缺陷评价程序提供足够的数据；此外还需考虑检测缺陷的类型要求，如以检测裂纹为主，则检测器考虑选择超声波检测器，以体积型腐蚀缺陷为主，则考虑漏磁检测器。

除了费用，针对既定海底管道选择泄漏检测系统还要考虑很多重要的原则：

（1）距离，如管道的长度。

（2）灵敏度（检测较小的泄漏点）。

（3）响应时间或者检测频率。

（4）可靠性（确保没有错误警报）。

（5）准确定位泄漏位置。

（6）适用寿命和维护要求（针对外部检测系统）。

（7）管道的类型和产品/流体保险问题。

11.3.2 监测

11.3.2.1 监测基础

最常见的监测技术与监测如下：

（1）化学组分（如二氧化碳、硫化氢、水）。

（2）工艺参数（如压力、温度、流速）。

（3）外腐蚀或内腐蚀。

（4）内部冲蚀（如含沙量）。

（5）流。

（6）波。

（7）振动。

（8）振荡（由冲击引起）。

（9）疲劳。

（10）船舶和渔业活动。

（11）海床运动。

（12）泄漏检测。

腐蚀速率可显示任一工艺设备可安全操作的期限。腐蚀监测技术的作用体现在以下几个方面：

（1）提供腐蚀速率变化的早期预警。

（2）工艺参数的变化趋势和相应的腐蚀影响。

（3）监测采用腐蚀抑制后的效果，如注入化学药剂。

对于外部腐蚀检测，管道外部腐蚀的防护是通过防腐涂层（主要保护手段）和阴极保护（二级保护手段）来实现的。

阴极保护通常是使用海底管道牺牲阳极和陆上管道外加电流。定期进行外观检测用于检测涂层损伤。牺牲阳极的监测是通过阳极的电压和电流输出或电场的测量。

对于内部腐蚀和冲蚀检测，腐蚀和含沙检测相关设备如下：

（1）电阻探头。

（2）失重挂片。

（3）线性极化电阻探头。

（4）氢探头。

（5）含沙检测设备（如含沙监测探头、非介入声学探测）。

由于电阻探头、线性极化电阻探头和失重挂片通常位于上部组块，对记录的值进行了分析。然而，这种探针记录能够使运营方掌握腐蚀性介质的任何重大变化趋势，并确定腐蚀速率增加的可能性，却无法检测到局部腐蚀。

对于海流及振动，海床处底流的监测可控制海床冲刷和管道移动的可能性，同时振动监测可安装在悬跨处，用来监测由海流导致的涡激振动。

振动监测系统通常是钳形的传感器，固定到管道上，定期记录三个轴向上的振动情况。

对于船舶及渔业活动，管道易发生受损的部分（如没有对拖网或高危区域进行保护设计），需要对船舶和渔船的位置轨迹进行监测。

对于泄漏探测，通过流量检测或外部泄漏检测系统的泄漏监测是必要的，以便在早期发现泄漏，工业实践表明，质量/流量监测和压降监测传感器是常用的海底管道泄漏检测方法，而外部设备如点感应器是常用的检测设备，如用于基盘上或管汇阀门泄漏检测。

11.3.2.2　管道监控技术的任务与内容

管道监控是一种故障诊断技术，它的任务是了解和掌握流体管道输送系统在运行过程中的状态，并判断它是正常工作还是发生异常现象，以便及时发现其泄漏故障并进行精确定位。

管道监控位技术包含检测和定位两层含义，都属于信息技术范畴。因此，它包括信息的采集、信息的分析处理和状态识别三个基本环节。但信息技术不等于故障诊断技术，后者还包括故障机理和对诊断对象的研究等，诊断技术是建立在检测技术、识别理论、决策预报、计算机技术等现代科学成就基础上的一门学科。

国内外曾经研究过的管道泄漏检测与漏点定位方法大体可以分为两类：一类是因泄漏引起的流量、压力等物理参数发生变化的管内流量状态检漏方法和直接检测流体（油、水、气）泄漏的管外检漏法获检测管壁状况。

（1）管内流量状态检测法。

主要包括化学方法、应力法、漏磁法、流量差监测法、负压波法、全线压力分布法、全线质量平衡法、管道瞬变模型法等，且理论上均较为成熟。随着计算机技术的广泛应用，以及现代控制理论和信号处理技术的发展，管内流量状况检测法在输油管道的实时监测及报警技术逐渐占据了主导地位，而且还在不断发展之中。

（2）管壁状况及管道外检测方法。

泄漏检测和定位的直观方法就是检测管壁是否出现损坏。最初人们采用沿管分段巡视的方法进行泄漏检测，但这种方法不能及时发现泄漏，为了提高检测效率，人们研制了各种可携带的检测仪表和设备。智能清管器是一类基于超声技术或漏磁技术的检测仪器，它可以随着流体在管道中流动，其优点是检测准确，但是它只能进行间断性的探测。由于体积较大，容易造成管道堵塞，而且工程造价高。

国内输油管道实时监测技术目前总体上处于引进吸收、研制开发的阶段，但就国内已有的技术能力，利用综合监测技术可以解决石油管道的实时监视和泄漏报警问题。总结起来较为成熟的技术有以下三个：

（1）流量监测法。

该方法在长输管线的进口和出口安装流量计，对进口和出口的流量进行实时监测和记录。利用一种通信手段（如无线电台）将一端的数据传至另一端并定时将两个流量进行对比，一旦发现两边的流量有差别，立刻报警。目前中原油田已在各采油厂的几十条管线上应用，对于及时发现原油的泄漏，收到了较好的效果。但是，该方法的不足之处在于，它不能确定泄漏的大体位置，当有泄漏发生时，必须依靠大量的人力并花费大量的时间去查找泄漏点。

（2）压力梯度法。

当长输管线上有泄漏发生时，泄漏点处的压力将发生变化，从而改变了整个长输管线正常的压力梯度。形成以泄漏点为拐点的新的压力梯度曲线。通过求解压力曲线的拐点，可大体计算出泄漏点的位置。该方法的不足之处是，要在长输管线的进口和出口处安装两对压力传感器。为了计算出压力梯度曲线的斜率，每对压力传感器之间需要有一定的距离。多数情况下有至少一只压力传感器安装在站外，容易遭受意外破坏。

（3）压力波监测法。

当长输管道发生泄漏时，泄漏点处由于管道内外的压差，流体迅速流失，压力下降。泄漏点两边的液体由于存在压差而向泄漏点处补充，这一过程依次向上游和下游传递，相当于泄漏点处产生了以一定速度传播的负压力波（减压波）。根据泄漏时产生的瞬时压力波传播到上游与下游的时间差和管内压力波的传播速度计算出泄漏点的位置。

11.3.2.3 监测数据审核

对监测活动的结果至少每年进行一次评估，在运营初期应适当增加审查次数，审查应至少考虑：

（1）所有计划内的监测活动已经完成，并符合规范要求。

（2）检测数据应在设计范围内，如果没有，则确保根据相关程序对偏离项做出处理。

（3）高级的检测数据评估包含对完整性评估的可能影响。

（4）需要做进一步评估的建议。

11.3.3　试验

试验主要包括测试系统或部分系统是否满足结构的完整性或能够正常运行。

压力试验可用来表明管道的强度，这种完整性评估方法可同时采用强度试验和泄漏试验。要求进行系统压力试验的情况如下：

（1）工厂进行的压力试验或是系统压力试验不再满足设计要求，如设计压力升高、再评定。

（2）重要管段没有进行压力试验，如改造或维修后的新管段。

（3）如果通常的检测技术不能对管道的内部和外部状态进行检测，压力试验可作为一种替代方法。

对于已经服役数年的管道，在实施压力试验时通常有如下限制：该方法不提供任何有关进一步的临界缺陷的深度或位置信息；该方法不能证明管道满足接受的标准（如壁厚）；通常需要在管道停产后进行试验；在水压试验后，除水或许面临挑战，因为残留的水可能对管道造成初始的内腐蚀。

（1）水压试验。

水压试验需要对注入管道内的水加压，并超出最大操作压力，然后稳压确定是否有任何泄漏。能超出最大操作压力多少及能超出多少时间取决于管道标准（见 ASME B31.8 和 DNVGL－ST－F101）。如果顺利通过水压试验，焊接和管道的操作完整性是有保证的（在测试时）。在水压试验开始之前，应制定试压用水和试压后管道干燥的详细处理程序并得到批准。

（2）气体或介质试验。

气体：用惰性气体或与生产气体或工艺流动介质的压力试验也是可能的。在气压试验中，产生破裂的可能性要大于泄漏。出于这个原因，气体试压往往限于较短管道。

介质：如果 PoF（Probability of Failure）较小，采用输送介质或工艺流体进行管道压力试验来证明管道的完整性更具有吸引力。当用流动介质试验时，会用一些气体来升压，当所需气体体积很大时，会产生较大的断裂风险。

（3）封闭保压试验。

除了升压试验，还应进行保压泄漏试验。通过压力封闭一段时间，来试验泄漏的速度。保压试验常用在液体输送管道管道，由于介质几乎不可压缩，泄漏很容易被检测。对于非常小的渗漏，需要长时间保压试验。

升压试验可能使亚临界状态下的管道缺陷和裂缝扩大规模，因此在随后低于试验压力的压力下失效。将管道暴露在大于试验压力的环境下很短的时间，以消除任何可能会在随后低压力时段继续发展的临界缺陷。

压力试验的一个限制是它没有提供缺陷的位置信息，甚至是否存在亚临界缺陷。亚临界尺寸增长到临界尺寸所需要的时间会随着试验压力与操作压力的比率升高而升高。低的试验压力（即接近的运行压力），只能提供很小的甚至根本不能提供安全余度。

11.4 完整性评价

管道完整性是指在运行条件下，管道系统的各组成部分能够满足运行要求，完全经济地完成输送任务并保证各项性能指标符合要求。

国外现役管道完整性评价研究开始于20世纪70年代的美国、德国、法国等核电工业比较发达的国家，管道的完整性评价是指由于影响管道安全的因素不断变化，需对天然气管道运营中面临的各种风险因素进行识别和技术评价，通过检测、监测和检验等各种方式，获取与专业管理相结合的管道完整性的信息，对可能使管道失效的主要威胁因素进行检测、检验，从而对管道的适用性进行评估，最终达到持续改进，减少和预防管道事故发生，经济合理地保证管道安全运行的目的。

管道系统的可靠性分析：可靠性是一种确定系统性能的概率度量，即确定某些不确定的影响因素，如各种不确定风险因素地震、滑坡、采空区塌陷、腐蚀以及缺陷等对管道的失效影响。通过计算管道系统的各项可靠性指标，分析某段管道出现故障的原因及模式，提出相应的改善和提高的具体有效措施，保证管道系统在要求的可靠度指标下顺利完成工作。

完整性评价技术基本上都是从不同角度、采用不同方法对造成管道完整性下降的某些因素如机械损伤、腐蚀、应力开裂等进行评价，通过风险分析最终确定高风险部位，判断哪些因素是最有可能导致管道事故和不利于潜在事故预防的，并提供科学的防范措施和管理决策方法，通过采用各种智能检测设备确定管道故障类型及严重程度，根据缺陷的类型和严重程度，例如：定量地分析出管道各种缺陷具体位置和对应尺寸，进一步分析确定管道承受载荷能力大小，评价确定该管道能否继续使用，及如何合理使用使得风险最小，即通过确定管道允许的最大操作指标来对管道的稳定性和强度进行评价与预测，最终确保现役管道平稳、安全、经济地运行来达到管道检测的目的。

管道完整性评价技术可以系统地概括为管道的可靠性分析、检测评价和风险分析几项技术的有机结合，管道完整性评价技术从三个大的方面着手，再分步进行（表11.13和表11.14）。

表11.13 完整性评价技术与方法

管道可靠性分析与计算	管道缺陷无损检测技术与评价	管道风险分析与计算
管道运行的数据统计、系统可靠性评价理论、系统可靠性评价软件	运行参数采集与测试、管道各种缺陷无损检测、剩余强度评价与寿命预测	风险分析数据的收集、相对风险数值的计算、管道的风险评估与管理

表 11.14　海底管道不同类型损伤的完整性评价方法

损伤/异常	规范/准则	说明
金属损失	DNV – RP – F101	适于腐蚀管道
	ASMEB31. G	包括 ASMEB31. G 修正版
	PDAM	管道缺陷评价手册
凹坑	DNVGL – ST – F101	凹坑深度可接受的临界值
	DNV – RP – F113	管道修复
	DNV – RP – C203	疲劳
	ERPG/PDAM	管道缺陷评价手册
裂纹	DNV – OS – F101	要求进行详细的 ECA 分析
	DNV – RP – F113	管道修复
	BS – 7910	金属结构许可裂纹缺陷评价方法导则
	PDAM	管道缺陷评价手册
划痕	PDAM	管道缺陷评价手册
自由悬跨	DNV – RP – F105	自由悬跨管道
	DNV – RP – C203	疲劳
局部屈曲	DNVGL – ST – F101	可接受准则
	DNV – RP – F113	管道修复
整体屈曲	DNV – RP – F110	海底管道的整体屈曲
	GermanischerLloyd	建造等级划分标准 Ⅱ 海岸工程技术　第 4 部分：海底管道与立管，1995
露管	DNV – RP – F107	管道保护
位移	DNV – RP – F109	海床稳定性
防护层损伤	DNV – RP – F102	防护层修复
阳极损坏	DNV – RP – F103	阴极保护

11.5　缓解、改造与修复

11.5.1　详细计划

详细计划通常包括：

（1）工作范围的详细定义。

（2）如果必要，选定的活动或措施的详细规格书需要完成。这取决于风险评估和完整管理计划中的减缓、干预和维修策略。

（3）详细操作程序的准备。

（4）责任和通信线路的建立。

（5）实施风险管理活动。

（6）建立干预和维修活动的动员计划。

（7）后勤和协调。

（8）实施干预和维修。

（9）无损检测和泄漏试验。

（10）操作文件。

（11）将操作状态加入风险检测和策略的建立活动中。

应急计划和程序针对所有可能状况进行系统评估后建立并维持。根据管道系统的经济重要程度，建立管道系统的应急维修计划和程序。

应急预案：紧急事件是指任何可能危害人员安全、设施安全、环境安全或管道运营安全的突发事件。因此，应辨识管道发生失效（如断裂）的可能后果。为减轻潜在突发状况的后果，应建立和执行预先准备好的计划和程序。海底管道系统应急程序应包含以下几个方面：

（1）突发事件发生时有关方的组织机构、角色和责任。

（2）沟通渠道，应急事件各个阶段需通报的人员。

（3）辨识管道可能发生的紧急事件。

（4）发现并报告应急事件的资源和系统。

（5）对紧急事件或状况的初始响应程序，如隔离管道系统受损部分、控制关闭程序和应急关闭程序、系统降压程序等。

（6）应急计划、组织，以及负责评估和启动应急响应的团队。

（7）降低环境危害的响应计划和程序。

在评估所需的应急计划和程序，以及相应的对应急维修设备和备件的前期投资规模时，需要考虑以下几个方面：

（1）管道停产所造成的经济影响。

（2）事先确定的维修方法的可行性。

（3）所需设备和备件发货时间。

（4）维修预计所需时间。

制订时间表时，可将维修响应分为 3 类：

（1）立即响应——危险迹象表明缺陷处于失效点；

（2）计划响应——危险迹象表明缺陷很严重，但不处于失效点；

（3）进行监测——危险迹象表明在下次检测之前，缺陷不会造成事故。

根据内检测的检测结果显示的危险缺陷的特征，管道公司应迅速检查，立即对危险缺陷的检测结果进行响应。对其他危险迹象的检测结果，应在 6 个月内进行检查，并制订相应的响应计划。响应计划（检查和评价）应包括实施方法和响应时间。

11.5.2 缓解措施

主要缓解措施如下：

（1）对于操作参数的限制，如许用操作压力、入口温度、流速和特定情况下的幅值（如关闭时冲击值），这些限制可能对压力保护系统或压力管理系统的关断阀有影响。

（2）使用化学药剂减缓腐蚀速率，改善流动，降低结垢，抑制水合物生成。

（3）清管维护，目的在于去除结垢、杂质、下弯段积液。可能包含临时加快流速来清除积液和颗粒。

11.5.3　干预活动

干预活动是与管道外部条件如针对管道在海床上相互作用和支撑情况相关的主要措施。管道干预措施通常用于控制轴向热膨胀导致的侧向屈曲和隆起屈曲、海床稳定性、防止第三方损坏、提供保温措施、降低自由悬跨和间隙；典型的干预方法有堆石保护、混凝土压块、灌浆袋、保护结构、碎石覆盖（防止第三方损坏）、挖沟。

海底天然气管道在输气中，在运输过程中随着气体能量、管线温度降低等，往往会出现管线积液，管线积液会影响管线输气效率，一旦输气效率降低，就会引起系统压力升高，从而出现管线积液的现象。尤其是在冬季，很容易造成输气管的冻堵，如果输气管中长期出现积液现象，不仅会加重管线的腐蚀，还会造成管道的穿孔，甚至油、气、煤泄漏等问题。

日常管道积液缓解措施主要是：

（1）通过提高管线温度和压力，补充天然气气体能量，从而减缓液体析出，达到减少积液。

（2）建立管线积液变化数据库，分析管线持液量变化规律，为后期上游处理工艺适应性分析、清管效果、腐蚀研究等提供理论依据。

（3）电伴热技术，通过补充管道、管体及设备上的热量损失来预防管道堵塞。

（4）建立定期清管制度，根据管线流型、压力温度、管径、管线长度、气体组分等不同，建立合理的清管周期。

在海上油田油气回收的实际运行过程中，出现冰堵是经常遇到的情况，冰冻情况的出现与季节的变化有着密切的关系，当气温达到极低的时候，管道内的液体就会出现凝固的现象，由于管道内有水的存在，因而冰冻情况在冬季时有发生，这对油田的生产作业产生了极其不利的影响。治理天然气传输管道冰堵的方法有：

（1）干线清管方面清堵方法。

采用干线清管方面清堵方法也是治理冰堵最基本的方式之一。一般情况下针对冰堵段输送管道进行分区阀门关闭，关闭的最主要目的是为放空降压做好准备，放空降压可以让水凝结成的冰块有效分解，通过不断分解直至消失，达到管道疏通的目的。当然这种情况下可以用外部辅助手段进行管道疏通，一般情况下会采用高温水蒸气，因管道内的水合物在高温下迅速溶解，保证了管道疏通正常。

（2）调压阀方面清堵方法。

在调压阀方面，如果出现冰冻的情况，一般情况下会采用一些化学物质进行溶解，考虑降凝剂筛选，及降凝剂与缓蚀剂、MEG、阻垢剂的配伍性。会采用一些化学物质进行溶解或者做好提前的防冻措施，一般情况下选用甲醛作为防冻剂是一种比较好的选择。

（3）局部管段方面清堵方法。

当一些局部管段出现冰冻的情况，一般情况下会给管道内的区域冰冻部分进行加热处理，通过温度提升水管道内水合物不断溶解，达到疏通管道的目的。一般情况下采取加热的设备有两种类型，一种是水套炉，另一种是电加热器，这两种类型的设备应用的情况不同，当冰堵不是十分严重的时候一般使用电加热器，当情况比较严重时则使用水套炉，具体如何使用应当根据实际情况进行分析。

（4）分输管路方面清堵方法。

同样当管道堵塞的情况下，应当开通备用管道，以保证油气的运输顺利，同时对于局部冰堵管道，根据实际情况进行加热处理，一般情况下采用电伴热带的实际缠绕的方式进行加热，这种方式可以提供较大的功率，使管道的温度迅速上升，溶解水合物，针对分输管路方面清堵应当考虑局部与整体之间的关系，且运用适当的加热方式解决冰堵问题。

（5）压气站场方面清堵方法。

为良好解决压气站场存在的冰堵状况，可以利用调节工艺，通过压缩机对冰堵管道区域给予高温反吹处理，而堵塞管道在压缩机高温反吹作用下促使管内水合物大量被分解，最终实现了压气站场冰堵状况的实际解决。

（6）排污管方面清堵方法。

在排污管出现冰堵的情况之后，可以根据实际情况，直接对排污管进行清理，而这种处理方式一般情况下都以人工处理为主，将管道内的疲滞进行有效地处理，同时结合假药的形式，以及添加一定的溶解剂，让管道内的水合物有效减少和分解，最终达到清理排污管的目的。

防止油气管道腐蚀失效的措施主要包括：

（1）内防腐技术。对管道进行内外防腐处理是减缓管道腐蚀速率最有效的方法，目前，常见的管道内防腐技术主要有以下 4 种：

① 选择耐腐蚀性强的管道材料。该方法可以从根本上减缓管道的腐蚀速率。最常见的耐腐蚀性管道金属材料有不锈钢以及合金材料：最常见的耐腐蚀性非管道金属材料有塑料、陶瓷以及橡胶等，其中塑料材料最为优越，不仅具有较强的抗腐蚀能力，而且制作成本较低，还有利于环保。

② 缓蚀剂。在油气资源中加入一定量的缓蚀剂可以在管道内表面形成一层保护膜，从而使内表面的腐蚀速率大大降低。缓蚀剂的优点在于使用量较少，较为经济，且对环境无污染；操作较为简单，不需要对管道增设额外的设备；同一种缓蚀剂可以在不同的油气环境中得到应用。因此，向油气资源中加入缓蚀剂成为主要的管道防腐措施。目前，国内外使用的缓蚀剂主要成分为有机物，常见的缓蚀剂有咪唑啉、有机胺以及炔醇类等。

③ 内涂层。在管道内表面增设一层内涂层是防止管道发生内腐蚀的有效手段之一。管道内表面增设内涂层后不仅可以对其起到保护作用，而且可以使管壁粗糙度降低，从而使油气流动的摩擦系数大大降低，因此油气的输送成本也将降低。目前常见的内涂层技术主要有两种，分别是环氧粉末涂敷技术和液体环氧涂料技术。

④ 衬里技术。该技术也是防止管道发生内腐蚀的主要手段。目前，国际上常见的衬里技术主要是橡胶衬里技术、玻璃钢衬里技术和塑料衬里技术，其中塑料衬里技术在国外应用较为广泛。

（2）外防腐技术。

油气长输管道的外防腐技术主要有两种，分别是外涂层技术和阴极保护技术。

① 外涂层技术。在油气管道外表面增设外涂层是防止管道外壁腐蚀最有效的手段。管道外壁增设外涂层后，管道将和周围的环境相隔离，此时的管道将无法和土壤及空气产生接触。选择的外涂层技术不同时，管道外壁的保护作用也将不同。采用外涂层材料必须具有以下三大特点：力学性能较强，可以抵消管道在土壤中的微小移动，且在环境出现热胀冷缩时，外涂层不会脱落；外涂层材料具有较强的抗腐蚀性，可以抵抗微生物、酸碱物质以及大气的腐蚀：外涂层材料较为经济，且厚度较薄，可以得到大规模的应用。

② 阴极保护技术。主要的阴极保护技术有两种，分别是外加电流的阴极保护法和牺牲阳极的阴极保护法。外加电流的阴极保护法就是在管道中通入电流，从而防止管道被腐蚀，这种方法的优点在于对保护管道的长度无限制，即适用于长输管道的保护；牺牲阳极的阴极保护法就是在管道表面增设一种比管道金属活跃的材料，使管道成为原电池的阴极，从而防止被腐蚀，这种方法的优点在于不需要通入电流，操作较为简单。根据管道运行特点，在保证管道防止被腐蚀的前提下，对两种技术的经济性进行对比，阴极保护技术经济性较为突出的情况下可以选择阴极保护技术。

11.5.4　改造措施

海底管道更换技术主要包括以下方法。

（1）机械连接法。机械连接法更换管道包括机械连接器维修、法兰连接器维修、水下机械式三通修复等。

用机械连接器对损坏管段进行更换是海底管道更换维修中常采用的方法。该方法一般不将管道提升到水面和进行水下焊接，而是用专用设备在水下将破损管段切掉，然后用机械连接器将替换管段与原管道连接好。机械连接器包括一系列管端固定和机械密封构件，是可以进行长度调节和角度调节的水下管道修复设备（图 11.7）。机械连接器可分夹套式和压接式两种。

法兰修复是利用原有的法兰或切除破损段后在管端安装特种法兰，在中间短节两端用旋转法兰或球形法兰进行连接。用法兰连接器修复管道的优点是，采用旋转法兰或球形法兰，降低了对法兰连接器端面与原管轴线垂直度的要求，但是安装后在压力试验时可能会泄漏（图 11.8）。

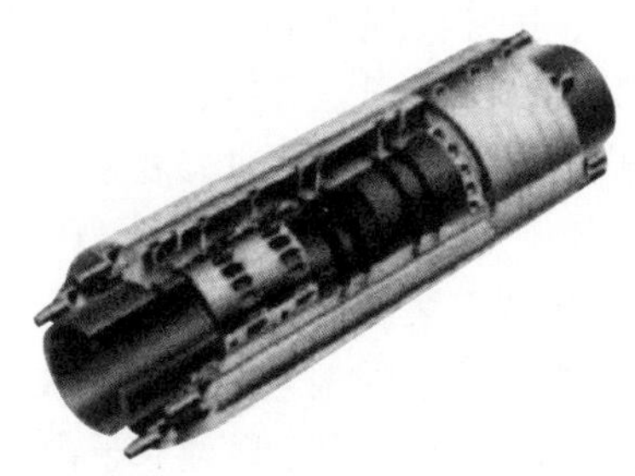

图 11.7　水下机械接头

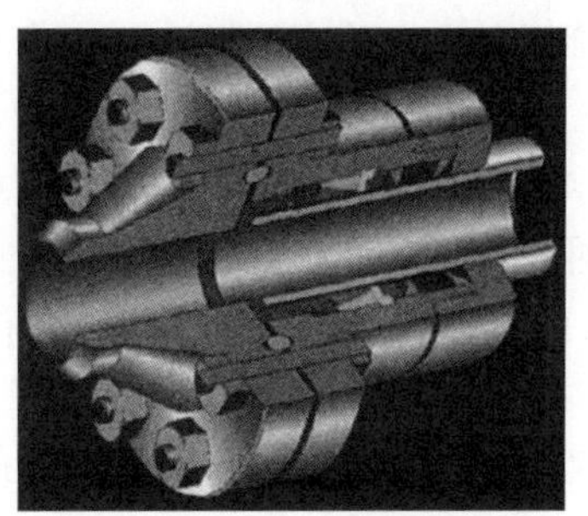

图 11.8　法兰连接器

水下机械式三通修复方法可适于海水中悬浮质较多、浑浊度较大的海域，也可满足业主的不停输抢修的要求，能达到较高的修管质量，可保证管道原有的整体性。机械三通是由 TDW 公司开发研制的，用于水下石油天然气管道不停输开孔封堵的专利技术，水下机械式三通在墨西哥湾海底管道修复中已安全使用了多年。

（2）焊接法。焊接是管道施工和维修中运用频繁的一项操作，包括水面焊接和水下焊接。水面焊接需要停输管道；水下焊接一般也要在管道停输的情况下实施；特殊情况下，水下焊接修理也可以在管道运行时实施。

焊接维修的一般过程是检查管道和勘查管道周围情况，编制合理的管道修理程序；进行管段清理切割管段并回收损坏的管段，将管道提升到水面以上或海底以上所要求的位置，清理、定位好管端；实施焊接、焊上新的管段；焊接检查，进行其他必要的操作（如涂层、防腐等）；重新铺设管段。焊接完成后，应通过目测和无损探伤检查，必要时还需要对修理部分进行压力试验。

水面焊接修复受管道直径和水深的限制，适用于小直径管道和浅水区域的管道安装和修复。水面焊接通常是一种常压焊接，可得到较好的焊缝质量。常压焊接还可在水下的常压舱室内进行，当不能在水面对管道实施焊接修复时，可以采用水下常压焊接方式，这时就需要一个水下焊接室以及其他辅助设备。除水下常压焊接外，还有一种应用广泛地被称为水下干式高压焊接的水下维修技术，这种焊接技术将一个水下作业舱放到需要更换的管段上，用压缩空气将作业舱中的水排出，形成进行修复的“无水”环境，把管道控制在干环境中进行修复，能达到较高的修管质量。

（3）复壁管的修复。由于复壁管结构不止一层管道，所以修复包括内管修复和外管修复。内管的修复需要先把外管移除，修复方法与单壁管相同，主要有钢维修套法和机械连接器法。对于外管，如果替换管段的长度小于水下作业舱的长度，则可以采用高压焊接法。如果替换管段的长度大于水下作业舱的长度，则不宜采用高压焊接法。开启式维修套可修复外管，但难以抵抗由于内管受热膨胀而产生的轴向拉伸荷载，如果向开启式维修套的环形空间内注入砂浆，则能使荷载从外管传递到开启式维修套上，从而提高管道轴向强度，保护内管不弯曲和受到破坏。

11.5.5 修复方法

维修活动是使管道系统的功能、结构完整性/压力容器重新符合相关要求的主要措施，管道维修最适合的方法取决于损伤程度、管道材质、尺寸、损伤部位、荷载情况、压力和温度。维修的目的是通过加强或替换受损部位来保持管道的安全等级，修复可以是临时性的或永久性的，取决于管道的受损程度。在永久修复实施之前，临时修复是可接受的。

可能用到的维修方法如下：

（1）切除管道的受损部分，通过焊接或机械连接器安装新的管段。

（2）在管道外部安装维修卡子进行局部维修。维修卡子的型号和功能取决于管道损伤机理。结构卡子满足管道的轴向和径向荷载要求，而密封卡子需要对卡子内的泄漏提供密封。

泄漏的法兰和组件的密封方法如下：

(1) 覆盖法兰的密封卡子。

(2) 安装新的组件。

(3) 增加螺栓预紧力。

(4) 替换垫圈和密封圈。

对于维修操作，其详细程序通常包括：

(1) 项目程序，定义维修项目组织结构、角色、责任和各方通信。

(2) 切割管段前的清空和清洗程序。

(3) 操作中应急预案。

(4) 海床平整程序。

(5) 水下操作要求程序，包含天气窗口制约。

(6) 管道维修程序。

(7) 无损检测和泄漏试验程序。

(8) 维修段防第三方损伤的保护程序。

这里以管段更换维修操作中的典型流程加以说明：

(1) 清空管道或采用隔离塞隔离该区域。

(2) 海床平整（如挖掘、填石块），为管道支持和校直工具提供便利和稳定支撑。

(3) 切除管道配重和防腐涂层。

(4) 清洁，详细外观检测和无损检测。

(5) 切割前固定和支撑管道（如采用工字梁）。

(6) 切割并移除损伤部分。

(7) 海上详细检测受损部分。

(8) 在海床修整和检测管端，需要满足维修工具的要求。

(9) 通过维修工具校直之后，进行新管段的安装和端部连接（水下操作程序，如浮袋、海床上千斤顶、支持船的吊装协助、连接和校直工具、安装框架和焊接舱）。

(10) 回收安装工具和设备。

(11) 维修操作调试（如无损检测、泄漏试验）。

(12) 对维修区域进行保护（如覆土、沙袋或水泥压块），防止第三方损坏。

(13) 压力试验。

表 11.15 为控制总体屈曲的水下修复措施。

表 11.15 控制总体屈曲的水下修复措施

措施	目的
水平弯曲	在水平方向上形成初始弯曲
蛇形铺设	在管道铺设时，每特定间隔制造曲线，每个弯曲作为初始整体屈曲
触发坡台	预安装的石质坡台可在特定的位置触发总体屈曲
可滑动的石质地面	预先设置的石质地面，设置在预计发生总体屈曲的区域，目的是限制管—土相互作用的不确定性或者是减低土壤的绝对抗力

续表

措施	目的
枕木	预安装的板条，用来在特定的位置触发总体屈曲。枕木通常由多余的管节点制成，然后安装在管道的特定位置。为了防止陷入土壤中，部分会配有地基。管道可在枕木上滑移，或者在管道发生侧向挠曲时将枕木作为一个转折点
挖沟	限制或避免侧向屈曲
轴向约束/抛石作业	在管道顶部设置的石质坡台可限制管道偏离实际位置而发生的总体轴向偏移。它们可用来限制管道的端部膨胀，防止对已发生屈曲位置过多的轴向压力。确认两个相邻的屈曲位置都已触发
隆起阻力	抛石作业或放置水泥压块可防止管道发生隆起，以及在特定位置发生屈曲
额外的浮力	在管道上安装浮力单元或者涂层，用来减轻管道的重量和与土壤之间的摩擦力。目的是易于触发弯曲，在已发生屈曲的情况下使弯曲变得更加平滑

11.5.5.1 防腐涂层修复

管道防腐涂层修复普遍采用机械化修复，但有时也采用手工修复，或者机械修复与人工修复结合使用，主要取决于管道的实际状况而定。人工修复的优势比较灵活，但施工质量和速度与操作人员的水平和熟练程度密切相关。机械修复无论在质量和速度上都优于人工修复，但其修复成本高，对管道状况、周围环境以及修复人员的素质等条件的要求也相对较高。因此，通过多年的实际应用，国外一些管道公司普遍认为，ϕ402mm 或以下口径的管道采用人工修复较为经济有效，而大口径管道，机械化修复则更经济高效。

11.5.5.2 管道铺设状况和管跨修复

管道在沿管道铺设方向上出现几何形状改变、管道出现不利的海底铺设状态都需要进行处理，超过了允许长度和跨高的管跨也需要进行校正。改善管道铺设状态，进而减少或消除管道悬空的方法有支撑、回填、加重及其他方法。当管道底部悬空时，可采用砂袋、灰浆袋（或水泥袋）、举升垫或机械装置支撑管道，支撑适用于没有旋涡冲刷的场合；回填是用一些特殊的材料（如石料）填在管道和海底的间隙之间，可以回填和保护整个悬空段，并可抑制现有悬空段的侧向摆动，适用于有旋涡冲刷的场合；加重方法是指加压载块，如果管道跨度大、悬空段比较长、悬空量小，则可用加压载块的方法把管道压在海床上；其他修复方法包括用桩稳定管道、重新挖沟埋管、在管道自由跨度两端挖沟开槽，使管道处于所开出的海底沟槽内，使管道降低消除管跨。

11.5.5.3 管道保护层、加重层和阴极损伤的修复

如果管道外防腐层遭到破坏，最好把管道吊到修理船上修复，但吊到修理船上修复一般仅用于浅水区域和小口径管道。对于破损的混凝土加重层，如果它具有加重和保护的双重作用，或者破坏面积比较大时，就需要进行维修。同样，修复混凝土加重层，最好是把管道吊到修理船上，如果必须在水下修复，则应使用水下不分散的混凝土。对于牺牲阳极方式的阴极保护系统，当测量结果不在正常范围内时，证明阴极保护系统不充足，则应考虑修复、替换或调整阴极保护系统，安装附加的阳极，并清除管道。

11.5.5.4　沟槽和裂纹等损伤的修复

对于管道表面的沟槽、凿槽、裂纹、凹坑、切痕等损伤，如果损伤不是很严重，可以通过打磨的方法用锉刀将损伤部位锉平即可。对于沟槽、凿槽、裂纹、凹坑、切痕较深的情况，则需要采取另外的修复方法，这些方法与下面介绍的管道小泄漏的修复方法类同，如采用管箍或套筒修复等。

11.5.5.5　管道穿孔泄漏的修复

管道泄漏情况大体上可以分成3类。

第一类是由局部腐蚀或焊接缺陷等造成的局部坑孔，如小孔或小裂纹导致管道泄漏。

第二类是局部损坏，如较大面积的严重腐蚀、船锚钩挂等造成管道泄漏，这是造成管道泄漏的一种常见的情况。

第三类是在相当长的管段上出现大范围损坏。

第一类管道泄漏情况可称为小泄漏，这种情况下一般可采用修复维修方法。第二类和第三类管道泄漏可能造成大的泄漏事故，需要用长管段替换已损坏的部分。修复可在水下进行，为了取得较佳的维修效果，最好是提升到水面上修复。根据缺陷或破损类型，可采用钢维修套修复、外卡修复、管箍或套筒修复等方法修复，主要是对泄漏部位夹紧后将泄漏部位封堵起来。这些不切割、不更换管道的维修方法都是先安装止漏装置，通过焊接、填充材料、摩擦力或其他核准的机械方式进行止漏和密封。从 1982 年开始，墨西哥的 Mexssub 公司就开始使用钢维修套修复立管。环氧树脂套筒修理法是英国 BG 公司推出的一种修理方法，此种修理法曾由 BG 公司在北海海底管道的隔水管修理中采用过，实践表明，它完全完全达到国际标准[18]。

11.5.5.6　修复详细程序

管道修复技术在国外一般被称为“3R 技术”，即 Repair，Rehabilitation，Replace（修补、修复及更换管段）。修补多指管道日常的维护、维修以及泄漏事故发生时的抢险和临时性维修，而修复及更换管道则属管道的永久性修复，国内也称为“管道大修”。

在管道大修中，不仅仅要对管道防腐涂层进行修复和更换，最重要的是对管道的管体缺陷进行永久性修复。在确定管道修复项目时，国外公司通常依据以下程序。

（1）管道的缺陷检测。通过管道内外检测，确定管道上的管体缺陷和防腐层缺陷位置。

（2）缺陷评价及定位。根据最新的管道内外检测结果进行管体缺陷和防腐层缺陷及严重程度的评价，并进行较为准确的缺陷定位。按严重程度分类，列出需要优先修复的次序，确定采用何种方式进行修复获取最大收益。

（3）修复管道的工程评价。根据最新的内检测和缺陷评价结果，对拟修复的管道进行现场考察，开挖检测，并收集现场土壤、温度场、腐蚀机理等详细数据。

（4）制订修复计划和步骤。根据最新的管道缺陷评价结果，制订详细的管道修复计划和具体实施方案。在制订计划过程中，对修复方式、方法和修复产品（包括补强材料及防腐材料）进行选择，并建立修复标准、操作程序、工艺规程和选择、确定管道修复工程的承包商等。

（5）工程实施、验收及总结。确定管道缺陷和定位，将其按严重程度分类，列出优先修复次序，并确定采用何种方式进行修复以获取最大收益是实施管道修复计划的关键。在实施管道修复项目时，制订管道修复计划及实施步骤是一项非常重要的工作，常常需要花费几年（3~5年）的时间用于修复工程前的缺陷检测、定位及评估，确定修复范围和修复方法等。例如，澳大利亚曾对一条600km的高压天然气管道进行大范围的涂层修复，为了顺利实施修复，制订严密的计划就用了6年时间，使费用控制在合理的范围内。

参考文献

[1] 海底管道系统完整性管理推荐做法：SY/T 7342—2016 [S].

[2] 张义远．管道完整性管理方案的研究 [D]．兰州：兰州理工大学．

[3] 侯永强．浅谈海底管道维修技术 [J]．科教导刊（电子版），2013 (27)：136.

[4] 赵新伟，李鹤林，罗金恒，等．油气管道完整性管理技术及其进展 [J]．中国安全科学学报，2006 (1)：129.

[5] 严大凡，翁永基，董绍华．油气长输管道风险评价与完整性管理 [M]．北京：化学工业出版社，2005.

[6] 乔红东．海底管道的完整性管理 [D]．哈尔滨：哈尔滨工程大学，2008.

[7] 王弢，帅健．管道完整性管理标准及其支持体系 [J]．天然气工业，2006 (11)：126-129.

[8] 王超众，谢维纶，崔鹏，等．海底管道完整性管理技术及其应用 [J]．中国石油和化工标准与质量，2013 (12)：186-187.

[9] 许焕．埋地管道结构完整性评价技术研究 [J]．河南科技，2013 (12)：75.

[10] 鞠成科，宋常清．海底管道第三方破坏事故树分析 [J]．物流技术（装备版），2014 (14)：46-48.

[11] 王超众，谢维纶，崔鹏，等．海底管道完整性管理技术及其应用 [J]．中国石油和化工标准与质量，2013 (12)：186-187.

[12] 赵建平．油气海底管道的风险评价 [J]．油气储运，2007 (11)：5-8.

[13] 王海霞，范玮．在役输气管线的完整性评价方法 [J]．管道技术与设备，2008 (3)：4-5.

[14] 郭爱玲．成品油长输管道完整性评价与维修响应 [J]．石油库与加油站，2018，27 (3)：11-15，5.

[15] 楚彦方，赵聪．管道完整性评价和修复 [J]．石油石化节能，2004，20 (2)：32-34.

[16] 刘旋，徐辉，任钊震．长庆油田油气管道腐蚀检测与剩余寿命评价 [J]．油气田地面工程，2015 (9)：36-38.

[17] 钱红武，徐成裕，何仁洋，等．埋地输油管道检测、维修与评估的探讨 [J]．化工设备与管道，2009 (6)：51-55.

[18] 廖志敏，熊珊．油气输送管道完整性管理——智能检测及缺陷修复 [J]．山东化工，2014，43 (2)：156-157.